大话数据恢复

◎ 陈培德 编著

清華大學出版社
北京

内容简介

本书介绍了数据恢复的基本概念、硬盘相关知识、虚拟硬盘工具与磁盘编辑软件 WinHex 的使用；以实例形式详细讲解 MBR 分区与 GPT 分区的管理方式，FAT32 文件系统整体布局、文件及文件夹的管理方式等，NTFS 文件系统整体布局、元文件的作用、索引目录的管理等；以实例和案例形式介绍了数据恢复的基本思路、方法与步骤。

读者通过每章的学习并完成每章思考题后，不仅加深了对每章知识的理解与掌握，而且还增强了解决实际问题的能力。

本书内容丰富，讲解由浅入深、通俗易懂、重点突出、示例翔实。在内容编排上，系统全面、新颖实用、可读性强。

本书适用于高等院校计算机相关专业学生，同时也适用于从事数据恢复、电子取证以及其他有关人员自学、参考等。

图书在版编目（CIP）数据

大话数据恢复/陈培德编著. —北京：清华大学出版社，2019（2025.1 重印）
ISBN 978-7-302-50693-5

Ⅰ. ①大… Ⅱ. ①陈… Ⅲ. ①数据管理－安全技术 Ⅳ. ①TP309.3

中国版本图书馆 CIP 数据核字（2018）第 163544 号

责任编辑：贾 斌
封面设计：刘 键
责任校对：李建庄
责任印制：丛怀宇

出版发行：清华大学出版社
网　　址：https：//www.tup.com.cn，https：//www.wqxuetang.com
地　　址：北京清华大学学研大厦 A 座　　**邮　　编**：100084
社 总 机：010-83470000　　**邮　　购**：010-62786544
投稿与读者服务：010-62776969，c-service@tup.tsinghua.edu.cn
质量反馈：010-62772015，zhiliang@tup.tsinghua.edu.cn
课件下载：https：//www.tup.com.cn，010-83470236
印 装 者：三河市龙大印装有限公司
经　　销：全国新华书店
开　　本：185mm×260mm　　**印　　张**：25.25　　**字　　数**：648 千字
版　　次：2018 年 4 月第 1 版　　**印　　次**：2025 年 1 月第 9 次印刷
印　　数：5601～6100
定　　价：79.80 元

产品编号：078661-01

FOREWORD 前言

人们常用“硬盘有价、数据无价”来形容存储在外存储器中数据的重要性。但是由于各种原因(如:计算机病毒的破坏,用户误Ghost、误删除文件、误分区、误格式化,外存储器物理损坏或者其他原因等),导致存储在外存储器中数据丢失的现象时有发生。

当数据丢失后,能否很好地保护现场,并找回丢失的数据就显得十分重要。于是“数据恢复”这个在国外已经使用了二十多年,而在国内却鲜为人知的名词和技术也逐渐被国人所接触和使用。与此同时,国内一些出版社已出版了有关数据恢复方面的书籍。这些书籍从不同的角度讲解了数据恢复的一些基本理论、方法和步骤。但是“数据恢复”要想走进高校课堂并成为计算机相关专业的课程仍然还有很长的路要走。

为此,经作者长时间的思考,认为有必要撰写一本有关“数据恢复”的书籍,以满足高校开设该课程的需要。如何撰写?根据作者长期的教学、实践经验,只有理论与实践相结合的书籍才最受读者欢迎。因此,本书在撰写过程中,始终坚持硬盘分区与文件系统的基本理论和数据恢复的实践紧密结合的原则。本书中所列举的每一个实例均能够找到相应的实践素材,读者在阅读本书过程中,可以按本书中的实例边阅读、边操作,这样可以在较短的时间内,加深对硬盘分区、文件系统基本理论的理解与掌握,本书为读者开展数据恢复工作提供了强有力的理论依据;通过数据恢复案例,不仅增强了读者的实际动手能力,而且提升了读者的操作技能。

俗话说“树有根、水有源”,任何形式的数据丢失,都有其原因所在,只有找到数据丢失的真正原因,才能对症下药,快速恢复所需数据。通过本书的学习,读者不仅能够掌握数据存储的基本结构、硬盘分区和文件系统的基本原理,而且还能以该原理为基础来查找数据丢失的真正原因,在较短的时间内制订数据恢复方案、以最好的方式恢复丢失的数据。

如果你是一位数据恢复的初学者,本书将带你步入数据恢复领域的殿堂,为你揭示数据存储、硬盘分区以及文件系统的神秘面纱,让你找到数据丢失的真正原因并制订出最佳的数据恢复方案,最终恢复所需数据。如果你已经是一位数据恢复的能手,本书同样可以带来让你万分惊喜的一些经验与技巧。

如果你使用的计算机操作系统是Windows 7,你可以将本书所提供的素材复制到计算机的硬盘上,使用Windows 7操作系统计算机管理中的硬盘管理功能将素材文件附加成为虚拟硬盘，即可按本书的章节来研究学习。

如果你使用的计算机操作系统是 Windows XP，可以下载并安装虚拟磁盘管理软件(如 InsPro Disk v2.0)，将本书所提供的素材复制到计算机的硬盘上，并将素材文件的扩展名“.vhd”改为“.hdd”，使用虚拟磁盘管理软件将素材文件加载成为虚拟硬盘，同样也可以按本书的章节来研究学习。

全书共分为7章，第1～3章介绍了数据恢复的基本概念、硬盘相关知识、虚拟硬盘工具与磁盘编辑软件 WinHex 的使用等。第4章以实例的形式详细讲解了 MBR 分区与 GPT 分区的存储形式和管理方式等；第5章以实例的形式详细讲解了 FAT32 文件系统整体布局、文件及文件夹的管理方式等；第6章以实例的形式详细讲解了 NTFS 文件系统整体布局、元文件的作用、NTFS 对索引目录的管理等；第7章以实例和案例的形式介绍了数据恢复的基本思路、方法与步骤。

每章后均有大量的思考题，读者通过每章的学习并完成每章思考题后，不仅可加深对每章知识的理解与掌握，而且增强了实际动手能力和解决实际问题的能力。

第1～7章、各章思考题、第3～7章所需素材、思考题所需素材和思考题参考答案由陈培德老师完成；云南大学图书馆殷莉芬老师、云南大学信息学院刘洪涛老师对本书进行了部分排版及校对工作；全书由陈培德老师最后完成审稿及校对工作。

在本书的策划与撰写过程中，得到了电子科技大学计算机科学与工程学院计算机与网络取证与鉴定实验室主任刘乃琦教授，云南大学信息学院杨鉴、代红兵、岳昆、王丽清、吴建平、周永录、王云峰，云南大学软件学院姚绍文等专家学者的大力支持，并提出了许多建设性的意见和建议，在此表示由衷感谢。同时也感谢清华大学出版社的支持与帮助，使得本书得以顺利出版。

学习的道路是没有尽头的，作者非常愿意与广大读者进行交流，共同学习、共同进步、共同提高，同时也非常愿意为广大读者提供帮助和技术支持。

读者在阅读本书的过程中，有什么好的意见或建议，请通过 QQ(QQ 号：1814433586)告知作者，作者将不胜感激，并虚心接受。

由于作者水平有限，书中难免存在某些疏漏和不足，恳请读者批评、指正。

本书中各章所使用到的素材、思考题素材，读者可从清华大学出版社网站自行下载。网址：http://www.tup.com.cn。

如需各章思考题参考答案，请通过 QQ 直接与作者联系。

作者：陈培德
云南大学信息学院
2018年10月

CONTENTS

第1章

概　述

1.1 数据恢复

随着信息技术的飞速发展和无纸化办公时代的到来，计算机在人们的工作和生活中扮演着越来越重要的角色。企业、商家、银行、政府机关、事业单位等通过计算机来获取和处理信息，同时也将重要信息以数据的形式保存在计算机的外存储器上。这些数据一旦丢失，将给企业、商家、银行、政府机关、事业单位等造成无法挽回的损失。因此，数据丢失后，能否很好地保护现场并找回丢失的数据就显得十分重要。于是，数据恢复，这个在国外已经使用了二十多年，而在国内却鲜为人知的技术也逐渐被国内人所接触和使用。

1.1.1 数据恢复定义

什么是数据恢复呢？到目前为止，数据恢复还没有一个统一的定义，但有一个大家公认的提法。数据恢复是指外存储器硬件损坏或者用户误操作、误分区、误格式化、误删除文件、计算机病毒破坏等导致存储在外存储器中的数据无法通过正常方式进行存取，只有通过特殊的方式将所需要的数据恢复到正常状态，以便进行正常的存取或将其存储到其他外存储器的过程。

数据恢复一般分为"硬恢复"和"软恢复"两种。所谓"硬恢复"是指外存储器在物理上出现问题而导致数据无法正常读取的恢复；也就是说，由于外存储器出现物理问题所引起的故障，对此类故障进行的数据恢复，一般称为"硬恢复"。而"软恢复"则是指逻辑故障（如：用户误操作、误分区、误格式化、误删除文件、误 Ghost、硬件逻辑锁、操作过程中突然掉电、病毒破坏等原因）导致数据无法通过正常的方式进行存取，使得数据发生丢失，而存储介质不存在任何物理故障，对此类故障进行的数据恢复，一般称为"软恢复"。

"硬恢复"需要对存储介质的结构及工作原理相当了解；而"软恢复"则需要对硬盘分区和文件系统等有足够的认知。

1.1.2 常用数据恢复硬件和软件

随着数据恢复行业的逐渐兴起，一些数据恢复公司先后研发了一些数据恢复硬件产品，常用的数据恢复硬件产品如下。

(1) DC一体机计算机取证恢复专业设备：该设备是目前最先进的全球第四代专业数据恢复工具，也是全球首款全功能性数据恢复一体式设备，是一款高智能化专业数据恢复设备；该设备配备了USB接口，在移动性、便携性、功能性等方面表现强悍，其数据恢复以及计算机取证成功率较高。

(2) SD Ⅱ 9000服务器取证专业设备：该设备支持所有品牌的SAS/SCSI接口硬盘，支持所有的文件系统格式、各种服务器磁盘阵列类型、数据库类型等。

(3) SAS/SCSI数据擦除一体机：该设备是SAS/SCSI存储介质数据擦除销毁设备巅峰之作，冠绝全球，兼容所有品牌SAS/SCSI接口硬盘，全面支持IBM、HP、DELL、SUN、联想、浪潮、华硕、曙光、长城、清华同方、方正、天翱、Acer、AblestNet NE等市面上所有品牌服务器，其特点是Windows界面、一体工控键盘设计、操作简单。

(4) FLASH闪存数据恢复大师设备：该设备是一台专门针对U盘、CF卡、记忆棒、录音笔等FLASH存储介质进行数据提取的专业FLASH数据恢复设备。

(5) 智能数据指南针(Data Compass)专业设备：该设备是一款专门针对硬盘逻辑层、固件层、物理层故障数据恢复和数据提取的高智能、高效率的专业设备。

(6) 硬盘复制机——DATA COPY KING：该设备是目前全球最先进的全领域硬盘复制产品，融合了硬盘高速复制、数据高速复制、安全擦除和故障自动检测的高性价比一体设备，硬盘复制机采用了效率源科技2010年最新技术，专为TB级大容量硬盘而设计，最大支持131072TB。硬盘复制速度、擦除速度、对缺陷扇区的数据获取能力均超过市场同类硬盘复制产品。

与此同时，一些数据恢复公司也先后开发了一些数据恢复软件，如：EasyRecovery、Anedata、安易数据恢复软件、Get Data For FAT32/NTFS、WinHex、FinalData、R-studio、Recover my file、易我数据恢复向导、易我分区表医生、DiskGenius、顶尖数据恢复软件、效率源数据恢复软件，等等。

1.1.3 数据恢复需要注意的事项

在数据恢复过程中，应注意以下6点。

(1) 在数据恢复过程中最怕被误操作而造成二次破坏，导致数据恢复的难度陡增。因此，在数据恢复过程中，严禁再向要恢复数据的外存储器中写入新的数据。

(2) 严禁做磁盘检查：一般文件系统出现错误后，系统开机进入启动界面时，会自动提示——是否需要做磁盘检查？大约10秒后，开始进行磁盘检查；这种操作有时候可以修复一些比较小的损坏目录或文件，但是很多时候则会破坏数据链表。因为复杂的目录结构是无法修复的。当修复结束后，会在根目录下产生以“FOUND.XXX”(其中：XXX为000至999之间的数字)命名的文件夹，文件夹里有大量的以“.CHK”为扩展名的文件。有时候这些文件重命名后就可以直接恢复，而有时候则不能，特别是比较大且不连续存储的文件。

(3) 严禁再次格式化逻辑盘或卷：如果再次对逻辑盘或卷进行格式化，将会给数据恢复带来更大的困难，数据可能无法恢复。

(4) 不要把数据直接恢复到源盘上：很多普通客户删除文件后，使用数据恢复软件将恢复出来的文件直接存储到原来的外存储器中，这样破坏原来数据的可能性非常大。因此，严禁直接将数据恢复到源盘上。

(5) 最好不要使用分区工具重建分区：对分区原理不熟悉的数据恢复人员而言，如果分区被破坏后，最好不要使用分区工具重建分区，这样很容易破坏分区内的原来文件系统中的重要参数，从而导致数据恢复的难度大大增加。

(6) 服务器磁盘阵列丢失后不要重做磁盘阵列重组：在挽救服务器阵列的实践中遇到过有些网管员，在服务器崩溃后强行让阵列上线，即使掉线了的硬盘也强制上线，或者直接做 Rebuilding 命令。这些操作都是非常危险的，任何写入盘的操作都有可能破坏原来的数据。

总之，当数据丢失后，严禁向盘里存入任何新数据。建议关闭计算机，然后把硬盘卸下，连接到别的计算机上作为辅盘，先将该硬盘上的数据通过克隆的方式备份到新的硬盘上，再进行数据恢复操作。

1.1.4 数据恢复应用领域

电子证据第一次出现是在 1998 年，当时某公安机关网安部门在侦办某网络案件时对有关证据进行了提取，并被法院采纳。在具体法律规定方面，我国较发达国家而言相对晚一些。一方面在于可以用于证明案件事实的材料都是证据，与案件相关的电子证据自然属于证据范畴；另一方面在于刑事诉讼法中将证据种类限定为 7 种，并没有设定电子证据。2012 年 3 月 14 日，第十一届全国人民代表大会第五次会议通过了《关于修改〈中华人民共和国刑事诉讼法〉的决定》。根据该决定，电子证据成为法定证据类型，这适应了现代化技术的发展需要，同时也丰富了证据范围。

随着计算机犯罪数量的不断上升和犯罪手段的数字化，搜集电子证据的工作成为提供重要线索及破案的关键。恢复已被破坏的计算机数据并提供相关的电子资料证据就是电子取证。具体来说，电子取证就是利用计算机硬件和软件技术，以符合国家的法律、法规等方式对计算机入侵、破坏、欺诈、攻击等犯罪行为进行证据获取、保存、分析和出示的过程。从技术方面看，电子取证就是对受侵计算机系统进行扫描和破解，对入侵事件进行重建的过程。

因此，数据恢复不仅能为个人恢复已丢失的数据，同时也应用于公安、检察院、法院、司法等领域。

1.1.5 数据恢复从业人员

曾经有业内人士对从事数据恢复的人员按其所掌握的理论知识进行过分类，认为数据恢复从业人员可以分为 3 类，即数据恢复软件使用人员、理论知识与数据恢复软件使用相结合人员和数据恢复的“自由王国”人员。

1. 数据恢复软件使用人员

这类人员基本没有存储方面的理论基础，只会操作现有的数据恢复软件进行数据恢复，数据恢复的效果只能由所操作的数据恢复软件的功能来决定。

2. 理论知识与数据恢复软件使用相结合人员

这类人员具有深厚的存储知识理论功底，对文件系统环境及文件结构有相当的了解，熟悉各种数据恢复软件参数设置的理论含义，可以针对不同的数据丢失情况，进行详细分析，并制定切实有效的数据恢复方案。在常用的数据恢复软件无法很好地完成恢复工作时，能够手工修改部分参数，为数据恢复软件创造一个良好的环境，从而最大限度地挽救丢失的数据。

3. 数据恢复的"自由王国"人员

具备第2类人员的基础，同时具有良好编程能力，在现有的数据恢复软件无法胜任恢复要求的情况下，随时可以自行编写实用的程序，以弥补现有数据恢复软件的不足，最大程度、最快速地恢复数据。

成为数据恢复软件使用人员是很容易的，只要有一定的计算机操作经验即可，但这也是最危险的，因为数据恢复的成功率不仅取决于数据丢失后的情况，同时也取决于用户对数据丢失现场的保护程度，见参考文献[3，前言]。

1.2 数据恢复相关知识

1.2.1 数据的表示方式

计算机内的数据一般分为无符号数和带符号数两种，对于无符号数而言，整个数据均为数值部分，也就是说，该数据是正数或者是零；对于带符号的数据，在计算机中有3种表示方法：即原码、补码和反码；它们都是由符号位和数值两部分组成，数据最高位为符号位，符号位使用"0"表示正数，使用"1"表示负数；剩余位为数值部分。

1. 原码表示法

正数的符号位用"0"表示，而负数的符号位用"1"表示，数值部分按二进制的形式表示。

例 1.1 已知 $X=+42, Y=-42$，求：X、Y 的八位和十六位二进制数的原码并转换为对应的十六进制数。

解：

(1) X 和 Y 八位二进制数以及对应十六进制的原码

因为 $X=(+42)_{10}=(+010\ 1010)_2=(0010\ 1010)_2$

所以 $[X]_{原}=(0010\ 1010)_2=(2A)_{16}$

因为 $Y=(-42)_{10}=(-010\ 1010)_2=(1010\ 1010)_2$

所以 $[Y]_{原}=(1010\ 1010)_2=(AA)_{16}$

(2) X 和 Y 十六位二进制数以及对应十六进制的原码

因为 $X=(+42)_{10}=(+000\ 0000\ 0010\ 1010)_2=(0000\ 0000\ 0010\ 1010)_2$

所以 $[X]_{原}=(0000\ 0000\ 0010\ 1010)_2=(002A)_{16}$

因为 $Y=(-42)_{10}=(-000\ 0000\ 0010\ 1010)_2=(1000\ 0000\ 0010\ 1010)_2$

所以 $[Y]_{原}=(1000\ 0000\ 0010\ 1010)_2=(802A)_{16}$

原码表示很直观，与真值转换也很方便；但是原码进行加、减运算时，符号位不能视同数值一起参与运算，这时需要通过判断两数的符号来决定两数绝对值是做加法运算还是做减法运算，而且还要判断两数绝对值的大小，取绝对值大的数的符号作为结果的符号，这样运算规则不仅复杂,而且运算时间长。

2. 反码表示法

正整数的反码表示与其原码表示相同;负整数的反码表示是将该数的原码除符号位以外其余各位取反。

例 1.2 已知 $X=+42$,$Y=-42$,求:X、Y 的八位和十六位二进制数的反码并转换为对应的十六进制数。

解:

(1) X 和 Y 八位二进制数以及对应十六进制的反码

因为 $X=(+42)_{10}=(+010\ 1010)_2=(0010\ 1010)_2$

所以 $[X]_{反}=(0010\ 1010)_2=(2A)_{16}$

因为 $Y=(-42)_{10}=(-010\ 1010)_2=(1010\ 1010)_2$

所以 $[Y]_{反}=(1101\ 0101)_2=(D5)_{16}$

(2) X 和 Y 十六位二进制数以及对应十六进制的反码

因为 $X=(+42)_{10}=(+000\ 0000\ 0010\ 1010)_2=(0000\ 0000\ 0010\ 1010)_2$

所以 $[X]_{反}=(0000\ 0000\ 0010\ 1010)_2=(002A)_{16}$

因为 $Y=(-42)_{10}=(-000\ 0000\ 0010\ 1010)_2=(1000\ 0000\ 0010\ 1010)_2$

所以 $[Y]_{反}=(1111\ 1111\ 1101\ 0101)_2=(FFD5)_{16}$

3. 补码表示法

正整数的补码表示与其原码表示相同;负整数的补码表示为先求该数的反码,再在最低位加1,即负整数的补码等于其反码加1。

补码是计算机中用得最多的一种带符号数表示,因为计算机中最多的运算是加、减运算,补码的表示使符号位可以和有效数值部分一起直接参与加、减运算,无须像原码那样对符号位进行判断,从而简化了运算规则,提高了机器运算速度。因此,在计算机中对于带符号的数值一般是以补码表示的。

例 1.3 已知 $X=+42$,$Y=-42$,求:X、Y 的八位和十六位二进制数的补码并转换为对应的十六进制数。

解:

(1) X 和 Y 八位二进制数以及对应十六进制的补码

因为 $X=(+42)_{10}=(+010\ 1010)_2=(0010\ 1010)_2$

所以 $[X]_{补}=(0010\ 1010)_2=(2A)_{16}$

求 Y 的补码,先求 Y 的反码:

因为 $Y=(-42)_{10}=(-010\ 1010)_2=(1010\ 1010)_2$

所以 $[Y]_{反}=(1101\ 0101)_2=(D5)_{16}$

由于负整数的补码等于反码加1,

因此,$[Y]_{补}=[Y]_{反}+(1)_2=(1101\ 0101+1)_2=(1101\ 0110)_2=(D6)_{16}$

(2) X 和 Y 十六位二进制数以及对应十六进制的补码

因为 $X=(+42)_{10}=(+000\ 0000\ 0010\ 1010)_2=(0000\ 0000\ 0010\ 1010)_2$

所以 $[X]_补=(0000\ 0000\ 0010\ 1010)_2=(002A)_{16}$

求 Y 的补码，先求 Y 的反码：

因为 $Y=(-42)_{10}=(-000\ 0000\ 0010\ 1010)_2=(1000\ 0000\ 0010\ 1010)_2$

所以 $[Y]_反=(1111\ 1111\ 1101\ 0101)_2=(FFD5)_{16}$

由于负整数的补码等于反码加 1，

因此，$[Y]_补=[Y]_反+(1)_2=(1111\ 1111\ 1101\ 0110)_2=(FFD6)_{16}$

1.2.2 数据的存储形式

数据的存储形式，也就是数据在存储器中的存放顺序。在表示数值的大小时，由于 1 字节最大只能表示到 255（注：无符号数），如果要表示大于 255 的数据，则需要 N 字节，其中：N 为大于或者等于 2 的正整数，这就存在 N 字节在存储器中存放顺序的问题；在存储器中对 N 字节组成的数据有大头位序和小头位序两种存储形式。

1. 大头位序（Big-Endian）

采用大头位序存储的数据，在存储器中的存放顺序是：从左到右为最高字节向最低字节依次存放，即高字节存放在前（左）、低字节存放在后（右）。

假设某数据由 N 字节组成，其中：N 为大于或者等于 2 的正整数；N 字节分别为"X_1，X_2，X_3，…，X_N"，如果采用大头位序存储，在存储器中的存放顺序为"X_1 X_2 X_3 … X_N"；则该数据的值为 $X_1X_2X_3\cdots X_N$。

例 1.4 十进制数 143360，转换成十六进制数为 23000；在存储器中至少需要 3 字节来存储该数据。十进制数 143360 采用大头位序在存储器中分别占用 3 至 8 字节的存储形式见表 1.1 所列。

表 1.1 采用大头位序在存储器中的存储形式

分配给该数据的字节数	值		
	存储形式	十六进制	十进制
3	02 30 00	23000	143360
4	00 02 30 00	23000	143360
5	00 00 02 30 00	23000	143360
6	00 00 00 02 30 00	23000	143360
7	00 00 00 00 02 30 00	23000	143360
8	00 00 00 00 00 02 30 00	23000	143360

如果该数据占用 9 字节，则在该数据前（左）添加 1 字节值"00"，以此类推。

2. 小头位序（Little-Endian）

采用小头位序存储的数据，其数据在存储器中的存放顺序是：从左到右为最低字节向最高字节依次存放，即低字节存放在前（左）、高字节存放在后（右）。

假设某数据由 N 字节组成，其中：N 为大于或者等于 2 的正整数；N 字节分别为“X_1，X_2，X_3，…，X_N”，如果采用小头位序存储，在存储器中的存放顺序为“X_1　X_2　X_3　…　X_N”；则该数据的值为 $X_N \cdots X_3 X_2 X_1$。

例 1.5　十进制数 143360，转换成十六进制数为 23000；在存储器中至少需要 3 字节来存储该数据。十进制数 143360 采用小头位序在存储器中分别占用 3 至 8 字节的存储形式见表 1.2 所列。

表 1.2　采用小头位序在存储器中的存储形式

分配给该数据的字节数	值		
	存储形式	十六进制	十进制
3	00 30 02	23000	143360
4	00 30 02 00	23000	143360
5	00 30 02 00 00	23000	143360
6	00 30 02 00 00 00	23000	143360
7	00 30 02 00 00 00 00	23000	143360
8	00 30 02 00 00 00 00 00	23000	143360

如果该数据占用 9 字节，则在该数据后(右)添加 1 字节值“00”，以此类推。

不同的分区形式、文件系统，数据的存放形式不同。在 MBR 分区、GPT 分区、FAT32 和 NTFS 文件系统中，数据的存储形式采用小头位序；而在动态磁盘的 LDM 数据库中数据存储形式则是采用大头位序。

1.2.3　计算机的启动过程

计算机的启动过程主要由以下几个步骤组成。

(1) 开机，BIOS 加电自检，如果自检正常，则转到第 2 步；自检不正常，则出现错误提示或者响声并死机。

(2) 根据 CMOS 的设置开始启动，将硬盘(假设 CMOS 的设置是硬盘为第一启动顺序)的 0 号扇区(即硬盘 0 磁头 0 柱面 1 扇区，也就是主引导扇区)读入内存地址 0000:7C00 处，并且从 0000:7C00 处开始执行。

(3) 检查 0000:7DFE 是否等于 0XAA55。若不等于则转去尝试其他介质；如果没有其他启动介质，则显示“No ROM BASIC”，然后死机。

(4) 主引导记录先将自己复制到 0000:0600 处，然后继续执行。

(5) 在主分区表中搜索标志为活动的分区。如果发现没有活动分区或者不止一个活动分区，则停止。

(6) 将活动分区的第一个扇区读入内存地址 0000:7C00 处。

(7) 检查 0000:7DFE 是否等于 0XAA55，若不等于则显示“Missing Operating System”，然后停止。

(8) 跳转到 0000:7C00 处继续执行特定系统的启动程序。

以上步骤是标准的硬盘主引导扇区，多系统引导程序的引导过程与此不同；多系统引导程序(如：Smart Boot Manager，BootStar，PQBoot 等)是将标准主引导记录替换成自己的引导程序，在运行系统启动程序之前让用户选择想要启动的分区。而某些系统自带的多系统引导程序(如：LILO、NT Loader、一键还原等)，则可以将自己的引导程序放在系统所处分区的 0 号扇区中，在 Linux 中即为两个扇区的 Super Block。有关多系统引导程序，请读者参阅有关资料。

思考题

1.1　什么是数据恢复？从事数据恢复工作应注意哪些事项？

1.2　目前数据恢复从业人员主要分为哪 3 类？

1.3　数据恢复主要应用于哪些领域？

1.4　常用的数据恢复软件有哪几种？你最喜欢使用的数据恢复软件是哪款？

1.5　数据的存储形式有哪两种？

1.6　在 FAT32 文件系统和 NTFS 文件系统中，数据使用的是哪种存储形式？

1.7　按表 1.3 中的示例，将十进制正整数 5、45、60、98 和 108 按下列要求进行转换，并将结果填入到表 1.3 对应单元格中。

表 1.3　十进制正整数转换为二进制数和十六进制数的原码、反码和补码

十进制正整数 原码、反码、补码		65(示例)	5	45	60	98	108
八位二进制	原码	0100 0001					
	反码	0100 0001					
	补码	0100 0001					
八位二进制对应十六进制(即 1 字节)	原码	41					
	反码	41					
	补码	41					
十六位二进制	原码	0000 0000 0100 0001					
	反码	0000 0000 0100 0001					
	补码	0000 0000 0100 0001					
十六位二进制对应十六进制(即 2 字节)	原码	0041					
	反码	0041					
	补码	0041					

(1) 转换为八位二进制数的原码、反码和补码以及对应十六进制数。

(2) 转换为十六位二进制数的原码、反码和补码以及对应十六进制数。

1.8　按表 1.4 中的示例，将十进制负整数−5、−45、−60、−98 和−108 按下列要求进行转换，并将结果填入到表 1.4 对应单元格中。

(1) 转换为八位二进制数的原码、反码和补码以及对应的十六进制数。

(2) 转换为对应十六位二进制数的原码、反码和补码以及对应的十六进制数。

表 1.4 十进制负整数转换为二进制数和十六进制数的原码、反码和补码

原码、反码、补码 \ 十进制负整数		−65(示例)	−5	−45	−60	−98	−108
八位二进制	原码	1100 0001					
	反码	1011 1110					
	补码	1011 1111					
八位二进制对应十六进制(即1字节)	原码	C1					
	反码	BE					
	补码	BF					
十六位二进制	原码	1000 0000 0100 0001					
	反码	1111 1111 1011 1110					
	补码	1111 1111 1011 1111					
十六位二进制对应十六进制(即2字节)	原码	8041					
	反码	FFBE					
	补码	FFBF					

1.9 在计算机中数据一般是用补码表示，以字节为存储单位，存储形式分为小头位序和大头位序两种；当用户使用磁盘编辑软件查看数据时，则是以十六进制的形式显示，表 1.5 给出了十进制“65”和“−65”转换为二进制后以十六进制存储形式的示例；请按照表 1.5 示例，将表 1.6 和表 1.7 中的十进制数转换为十六进制存储形式。

表 1.5 十进制整数转换为十六进制存储形式示例

存储形式 \ 十进制		65	−65
小头位序	占2字节	41 | 00	BF | FF
	占4字节	41 | 00 | 00 | 00	BF | FF | FF | FF
	占6字节	41 | 00 | 00 | 00 | 00 | 00	BF | FF | FF | FF | FF | FF
大头位序	占2字节	00 | 41	FF | BF
	占4字节	00 | 00 | 00 | 41	FF | FF | FF | BF
	占6字节	00 | 00 | 00 | 00 | 00 | 41	FF | FF | FF | FF | FF | BF

表 1.6 十进制正整数转换为十六进制数存储形式

存储形式 \ 十进制		5	45	98	108
小头位序	占2字节				
	占4字节				
	占6字节				
大头位序	占2字节				
	占4字节				
	占6字节				

表 1.7　十进制负整数转换为十六进制数存储形式

存储形式 \ 十进制		-5	-45	-98	-108
小头位序	占 2 字节				
	占 4 字节				
	占 6 字节				
大头位序	占 2 字节				
	占 4 字节				
	占 6 字节				

1.10　某硬盘 0 号扇区存储的 4 个 MBR 分区表如图 1.1 所示，分区表中的数据均为无符号数，存储形式采用小头位序；每个分区表占 16 字节，其中：相对扇区和总扇区数各占 4 字节。第 1 个分区表中相对扇区和总扇区数已填入到表 1.8 对应单元格中；请将第 2～4 个分区表中相对扇区和总扇区数填入到表 1.8 对应单元格中。

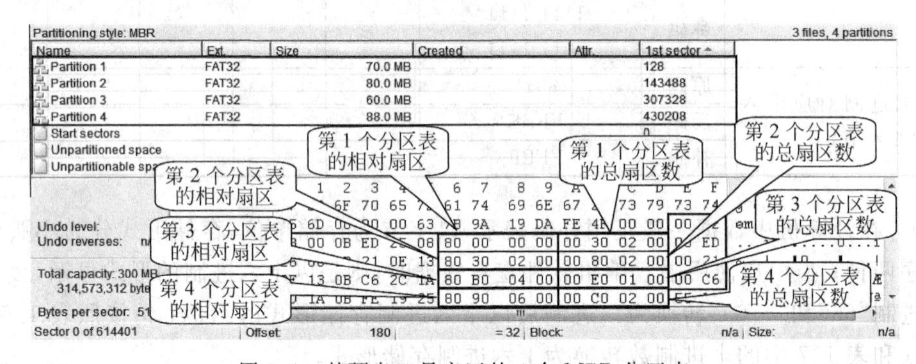

图 1.1　某硬盘 0 号扇区的 4 个 MBR 分区表

表 1.8　整个硬盘 0 号扇区 4 个分区表的相对扇区和总扇区数

分区	相对扇区						总扇区数					
	存储形式				十六进制	十进制	存储形式				十六进制	十进制
第 1 个(示例)	80	00	00	00	80	128	00	30	02	00	23000	143360
第 2 个												
第 3 个												
第 4 个												

1.11　某硬盘 128 号扇区 FAT32_DBR 中的 BPB 参数如图 1.2 所示，FAT32_DBR 中的 BPB 参数均为无符号数，数据存储形式采用小头位序；请按图 1.2 中对应参数的标注将 FAT32_DBR 中的 BPB 参数填入表 1.9 对应单元格下画线处。

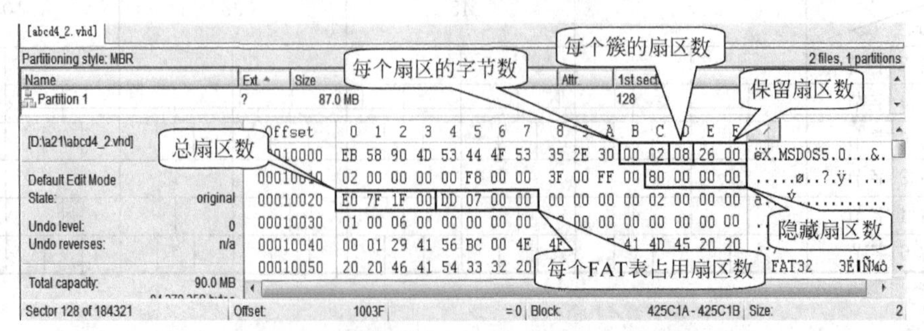

图 1.2　硬盘 128 号扇区 FAT32_DBR 的 BPB 参数

表 1.9 FAT32_DBR 的 BPB 参数

字节偏移	字节数	值			含 义
		十进制	十六进制	存储形式	
0X00～0X0A	11	略	略	略	略
0X0B	2	______	______	______	每个扇区的字节数
0X0D	1	______	______	______	每个簇的扇区数
0X0E	2	______	______	______	保留扇区数
0X10～0X1B	12	略	略	略	略
0X1C	4	______	______	______	隐藏扇区数
0X20	4	______	______	______	该分区总扇区数
0X24	4	______	______	______	每个 FAT 表占用扇区数
0X28～0X3F	24	略	略	略	略

1.12 某硬盘 18560 号扇区存储的 NTFS_DBR 备份中的 BPB 参数如图 1.3 所示，数据存储形式采用小头位序；请按图 1.3 中对应参数的标注将 NTFS_DBR 备份中的 BPB 参数填入表 1.10 对应单元格下画线处。注：在 NTFS_DBR 中的 BPB 参数中，扇区偏移 0X40 和 0X44 所存储的参数为带符号数，其余参数均为无符号数，负整数使用补码表示。

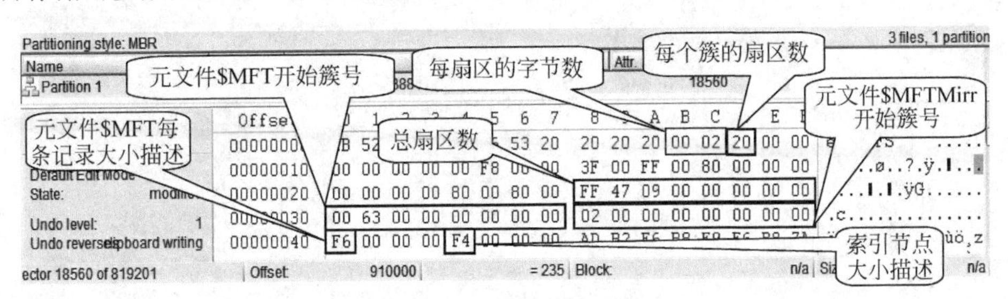

图 1.3 硬盘 18560 号扇区 NTFS_DBR 备份的 BPB 参数

表 1.10 NTFS_DBR 的 BPB 参数

字节偏移	字节数	值			含 义
		十进制	十六进制	存储形式	
0X00～0X0A	11	略	略	略	略
0X0B	2	______	______	______	每个扇区的字节数
0X0D	1	______	______	______	每个簇的扇区数
0X0E～0X27	26	略	略	略	略
0X28	8	______	______	______ ______	总扇区数，所对应分区表总扇区数减 1
0X30	8	______	______	______ ______	元文件 $ MFT 开始簇号
0X38	8	______	______	______ ______	元文件 $ MFTMirr 开始簇号
0X40	1	______	______	______	元文件 $ MFT 每条记录大小描述
0X41	3	0	0	00 00 00	未用
0X44	1	______	______	______	每个索引节点大小描述

续表

字节偏移	字节数	值			含　义
		十进制	十六进制	存储形式	
0X45	3	0	0	00 00 00	未用
0X48	8			AD B2 F6 B8 F9 F6 B8 7A	卷的序列号
0X50	4	0	0	00 00 00 00	检验和
0X54	426			略	引导记录
0X1FE	2			55 AA	签名

注："总扇区数""元文件 $ MFT 开始簇号"和"元文件 $ MFTMirr 开始簇号"分别各占 8 字节，由于存储形式单元格宽度太小，请分两行填写，第 1 行填写低 4 字节，第 2 行填写高 4 字节。

第2章

硬盘相关知识

2.1 硬盘基础知识

硬盘(英文名称 Fixed disk 或者 Hard disk)是计算机系统中最为常见的一种外存储器，是集机、电、磁于一体的高精密存储设备。

1956 年 9 月，IBM 公司推出了世界上第一个称为 IBM 350 RAMAC 的硬盘。这个容量仅为 5MB 的硬盘共计使用了 50 个直径为 24 英寸的盘片，这些盘片表面涂有一层磁性物质，它们被叠放在一起，绕着同一个轴旋转，其磁头可以直接移动到盘片上的任意一块存储区域，从而成功地实现了随机存储。尽管这个硬盘的体积大得像一台大型家用洗衣机，速度和容量都不尽如人意，但在当时总比使用纸带记录数据好得多。随着计算机技术的不断发展，硬盘驱动器从控制技术、接口标准、机械结构等方面都有了一系列改进。正是因为这一系列技术上的突破，使得我们今天终于用上了容量大、体积小、速度快、性能可靠、价格便宜的硬盘。

从尺寸上划分，硬盘主要有：5.25 英寸、3.5 英寸、2.5 英寸和 1.8 英寸等。外存储器除硬盘外，还有移动硬盘、U 盘、各种存储卡、VCD 光盘、DVD 光盘、固态硬盘等。

2.1.1 硬盘物理结构与工作原理

一般来说，除固态硬盘外，无论哪种硬盘，都是由盘片、磁头、盘片主轴、控制电机、磁头控制器、数据转换器、接口、缓存等几个部分组成。所有的盘片都固定在一个旋转轴上，这个轴称之为盘片主轴。而所有盘片之间是平行的，在每个盘片上面都有一个磁头，磁头与盘片之间的距离比头发丝的直径还小。所有的磁头连接在一个磁头控制器上，由磁头控制器负责各个磁头的移动。磁头沿盘片的半径方向移动，而盘片以每分钟数千转甚至上万转的速度在高速旋转，这样磁头就能对盘片上的指定位置进行数据的读/写操作。由于硬盘是高精密设备，所以必须完全密封。

1. 硬盘外部结构

从外观看，硬盘是一个长方体的金属盒子。底层控制电路板裸露在腹部，尾部是与计算机主板相连接的数据接口、电源接口、主-从盘设置。硬盘的正面图大致如图 2.1 所示，而背面图大致如图 2.2 所示。

图 2.1　硬盘的正面

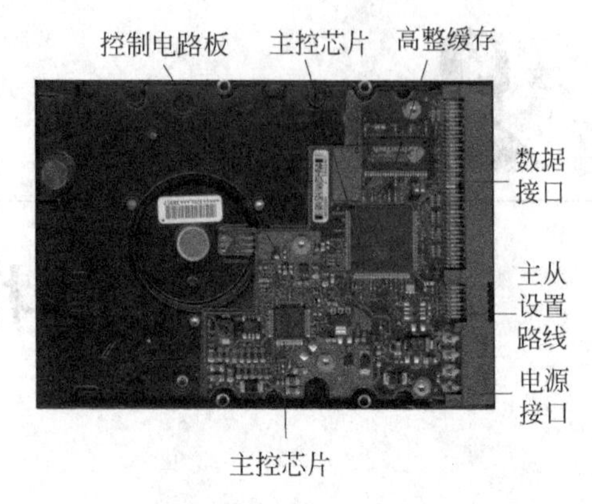

图 2.2　硬盘的背面

硬盘的主要厂商有：IBM 公司、希捷(Seagate)、西部数据(Western Digital)、迈拓(Maxtor)、富士通(Fujitsu)和三星(Samsung)等等。在硬盘的正面贴有产品标签，产品标签上主要有厂商的信息和硬盘产品的基本信息，如：商标、硬盘型号、序列号、生产日期、硬盘容量、硬盘主要参数和主-从盘设置方法等。不同硬盘厂商所标识的硬盘信息方式不同，这些信息是用户正确使用硬盘的基本依据。

硬盘主要部件的作用如下。

(1) 电源接口：硬盘的电源接口由 4 根针组成，分别连接 4 条不同颜色的电源线；其中一条红线连接＋5V 电压，一条黄线连接＋12V 电压，而另外两根黑线为接地线。

(2) 跳线：当用户要在一条数据线上连接两个硬盘时，需要将一个硬盘跳线设置为“主盘”或者“从盘”，而将另外一个硬盘的跳线设置为“从盘”或者“主盘”；跳线的具体设置方法，请参照硬盘正面上的说明。

(3) 接口：接口是硬盘和主板接口进行数据交换的通道。

(4) 电容：硬盘存储了大量的数据，为了保证数据传输时的安全，需要高质量的电容使电压稳定。

(5) 控制芯片：硬盘的控制芯片负责数据的交换和处理，是硬盘的主要核心部件之一，同型号的硬盘电路板可以相互替换。

2. 硬盘内部结构

硬盘内部由固定面板、控制电路板、磁头组件、盘片、主轴组件、电机、接口及其他附件组成。硬盘内部结构大致如图 2.3 所示。

硬盘内部主要部件作用说明如下。

(1) 磁头：用来读/写数据，磁头在启动或者停止的时候接触硬盘盘片表面；在工作时，不接触盘片表面，而是“悬浮”在距盘片表面约 0.1～0.3μm 的高度，处于高速飞行状态；磁头的编号从 0 开始，顺序编号。

(2) 盘片：是存放数据信息的载体，出厂的一些重要信息也存储在盘片上。

(3) 主轴组件：主轴组件主要包括主轴部件，如：轴承、驱动电机等。

(4) 前置电路：前置电路控制磁头的感应信号、主轴电机调速、磁头驱动和伺服定位等。

其中：磁头组件是构成硬盘的核心部件，也是硬盘最精密的部件之一，主要包括磁头、传动手臂、传动轴 3 个部分。磁头组件如图 2.4 所示。

图 2.3 硬盘内部结构

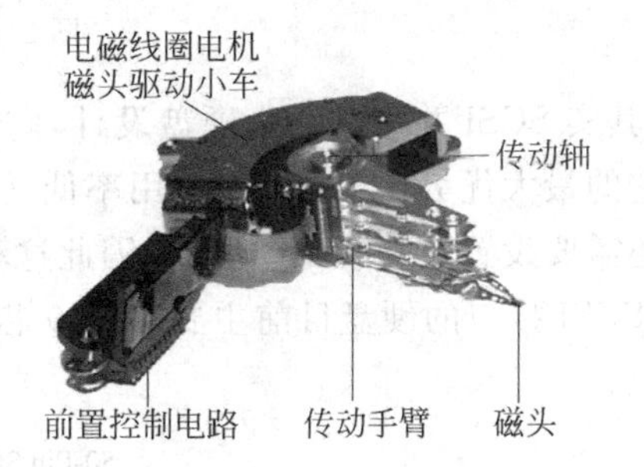

图 2.4 磁头组件图

3. 硬盘读/写原理

系统将数据存储到硬盘盘片上，按柱面、磁头、扇区的方式进行写操作，即从硬盘盘片 0 磁头 0 柱面 1 号扇区开始，同一磁道写操作完成后，接下来是同一柱面的下一个磁头，以此类推，一个柱面存储满后就推进到下一个柱面，直到把数据全部写入硬盘盘片。系统也以相同的顺序读出数据，读出数据时通过告诉控制器读出扇区所在的柱面号、磁头号和扇区号。控制器直接将磁头部件步进到相应的柱面，选通相应的磁头，等待要求的扇区移动到磁头下。在扇区到来时，控制器读出每个扇区的头标，把这些头标中的地址信息与期待检出的磁头和柱面号作比较(即寻道)，然后寻找要求的扇区号。待控制器找到该扇区头标时，根据其任务是写扇区还是读扇区，来决定是转换写电路，还是读出数据和尾部记录。找到扇区后，控制器必须在寻找下一个扇区之前对该扇区的信息进行后处理。如果是读数据，控制器计算出此数据的 ECC 码，然后，把 ECC 码与已记录的 ECC 码相比较。如果是写数据，控制器计算出此数据的 ECC 码，与数据一起存储。在控制器对此扇区中的数据进行必要处理期间，盘片继续旋转。

2.1.2 硬盘主要接口技术

硬盘接口是连接硬盘驱动器和主机板的专用部件。目前，硬盘接口类型主要有 6 种，即 IDE 接口、SCSI 接口、SATA 接口、SAS 接口、IEEE 1394 接口和 USB 接口。

1. IDE 接口

IDE(Integrated Drive Electronics)接口也称 ATA(Advanced Technology Attachment)接口，含义是“高级技术附加装置”。IDE 接口是目前最主流的硬盘接口之一。经过数年的发展，其变得更加成熟、廉价和稳定。IDE 接口使用一条 40 芯的扁平电缆将硬盘与主板连接起来，每条扁平电缆线最多可以连接两个 IDE 接口的硬盘或光驱。所有 IDE 接口的硬盘都使用相同的 40 针连接器，其结构如图 2.5 所示。

2. SCSI 接口

SCSI(Small Computer System Interface)接口出现主要是因为其硬盘转速慢、传输速率

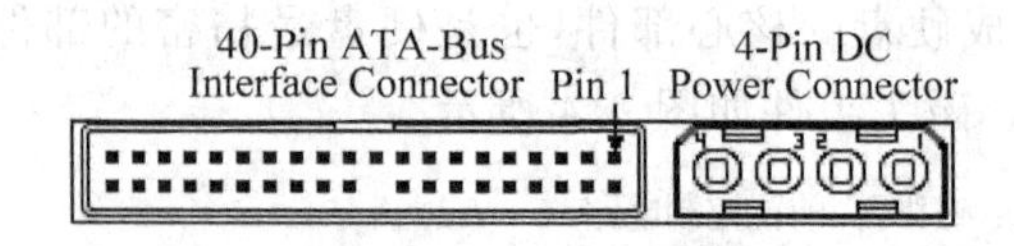

图 2.5 硬盘 IDE 接口图

低。其实 SCSI 并不是专为硬盘设计,它实际上是一种总线型接口。由于独立于系统总线工作,它的最大优势在于:系统占用率低、转速快、传输率高。不足之处在于:价格高、安装不方便,还需要设置及安装驱动程序,因此这种接口的硬盘大多用于服务器等。

SCSI 接口的硬盘目前主要有:50 芯、68 芯和 80 芯 3 种,这 3 种 SCSI 接口结构如图 2.6 所示。

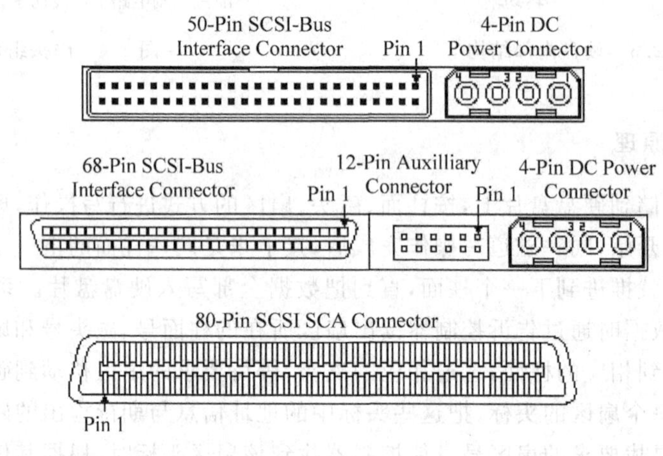

图 2.6 SCSI 接口图

随着 IDE 技术的发展,如今 IDE 接口的硬盘在容量和速度上已与 SCSI 接口硬盘相差无几。

3. SATA 接口

串行 ATA(Serial ATA,SATA)接口是一种完全不同于并行 ATA 的新型硬盘接口类型,由于采用串行方式传输数据而得名。SATA 总线使用嵌入式时钟信号,具备了更强的纠错能力,与以往相比,其最大的区别在于能对传输指令进行检查,如果发现错误会自动矫正,这在很大程度上提高了数据传输的可靠性。串行接口还具有结构简单、支持热插拔等优点。SATA 接口如图 2.7 所示。

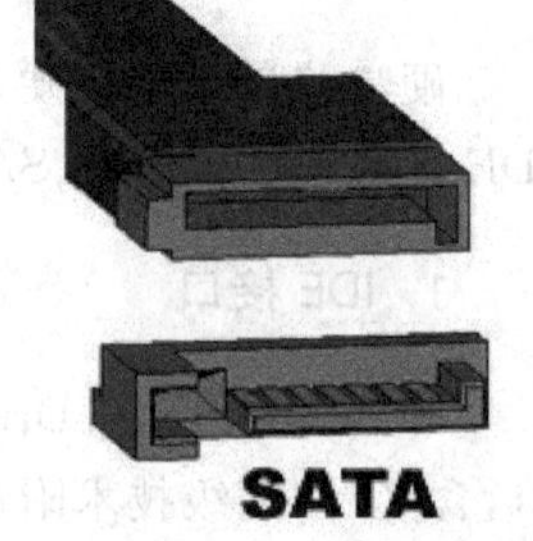

图 2.7 SATA 接口图

Serial ATA 接线较传统的并行 ATA(Paralle ATA,PATA)接线要简单得多,具有占用空间小、扩充性强、可以外置等特点,目前许多台式计算机都使用这种接口的硬盘。

4. SAS 接口

SAS(Serial Attached SCSI)即串行连接 SCSI,是新一代的 SCSI 技术,和现在流行的 Serial ATA(SATA)硬盘相同,都是采用串行技术以获得更高的传输速度,并通过缩短连接线以改善内部空间等。SAS 是并行 SCSI 接口之后开发出的全新接口。此接口的设计是为了改善存储系统的效能、可用性和扩充性，并且提供与 SATA 硬盘的兼容性。

5. IEEE 1394 接口

IEEE 1394 接口是为增强外部多媒体设备与计算机连接性能而设计的高速串行总路线，传输速率可以达到 400MB/s，利用 IEEE 1394 技术可以轻易地将计算机与摄像机、高速硬盘、音响设备等多媒体设备连接在一起。IEEE 1394 接口的主要优点是：即时传输数据、支持热插拔、驱动程序安装简易、接口速度快等；缺点是：IEEE 1394 硬盘需要价格昂贵的 IEEE 1394 硬盘适配器。

6. USB 接口

通用串行总线（Universal Serial Bus，USB）接口是于 1994 年底由 Compaq、IBM、Microsoft 等多家公司联合提供的。USB 接口不需要单独的供电系统，而且还支持热插拔。在软件方面，针对 USB 设计的驱动程序和应用软件支持自动启动，无须用户作更多的设置；同时，USB 接口有自己的保留中断，不会争夺其他资源。

USB 接口优点是：价格低廉、连接简单快捷、兼容性强、扩展性好、速度快等。缺点是：USB 接口之间的通信效率低、连接电缆较短。

2.1.3　硬盘性能指标

1. 转速

转速是电机主轴的旋转速度，也就是硬盘盘片在一分钟内所能完成的最大旋转速度。转速的快慢是标识硬盘档次的重要参数之一，它是决定硬盘内部传输率的关键因素之一，在很大程度上直接影响到硬盘的速度。转速越快，硬盘读/写数据的时间也就越短，相对硬盘的传输速度也就越快。转速以每分钟多少转来表示，单位表示为 RPM（Revolutions Per Minute，即转/分钟）。RPM 值越大，内部传输率就越快，访问时间就越短，硬盘的整体性能也就越好。硬盘的主轴马达带动盘片高速旋转，产生浮力使磁头飘浮在盘片上方。因此，转速在很大程度上决定了硬盘的速度。

普通台式计算机的硬盘转速一般为 5400RPM 和 7200RPM 两种，高转速硬盘也是现在台式机用户的首选；而对于笔记本用户则是以 4200RPM、5400RPM 为主，虽然已经有公司发布了 7200RPM 的笔记本硬盘，但在市场中还较为少见；服务器用户对硬盘性能要求最高，服务器中使用的 SCSI 硬盘转速基本都采用 10000RPM，甚至还有 15000RPM 的，性能要超出家用产品很多。

2. 平均寻道时间

平均寻道时间（Average Seek Time）是了解硬盘性能至关重要的参数之一。它是指硬盘在接收到系统指令后，磁头从开始移动到数据所在的磁道所花费时间的平均值，它在一定程度上体现了硬盘读取数据的能力，是影响硬盘内部数据传输率的重要参数，单位为毫秒（ms）。不同品牌、不同型号的产品其平均寻道时间也不一样，这个时间越低，则产品越好，现今主流硬盘平均寻道时间都在 9ms 左右。

3. 数据传输率

数据传输率是衡量硬盘速度的一个重要参数，它与硬盘的转速、接口类型、系统总线类型有很大关系，它是指计算机从硬盘中准确找到相应数据并传输到内存的速率，以每秒可传输多少兆字节(即 MB/s)来衡量，IDE 接口目前最高的是 133MB/s，SATA 已经达到了 150MB/s。

数据传输率分为外部传输率(External Transfer Rate)和内部传输率(Internal Transfer Rate)两种。外部传输率也称为突发数据传输率(Burst Data Transfer Rate)或接口传输率，是指从硬盘的缓存中向外输出数据的速度；而内部传输率也称为持续传输率(Sustained Transfer Rate)，是指硬盘在盘片上读/写数据的速度。

由于硬盘的内部传输率要小于外部传输率，所以内部传输率的高低才是评价一个硬盘整体性能的决定性因素，只有内部传输率才可以作为衡量硬盘性能的真正标准。一般来说，在硬盘的转速相同时，单碟容量越大，则硬盘的内部传输率越大；在单碟容量相同时，转速高的硬盘内部传输率也高；在转速与单碟容量相差不多的情况下，新推出的硬盘由于处理技术先进，所以它的内部传输率也会较高。

4. 缓存

缓存(Cache Memory)是硬盘控制器上的一块内存芯片，具有极快的存取速度，它是硬盘内部存储和外界接口之间的缓冲器。由于硬盘的内部数据传输速度和外界介面传输速度不同，缓存在其中起到一个缓冲作用。缓存的大小与速度是直接关系到硬盘传输速度的重要因素，能够显著影响硬盘整体性能。当硬盘存取零碎数据时需要不断地在硬盘与内存之间交换数据，可以将零碎数据暂存在缓存中，这样不仅减小系统的负荷，同时也提高了数据的传输速度。

5. 平均潜伏期

平均潜伏期(Average Latency)指当磁头移动到硬盘盘片数据所在的磁道后，然后等待所要的数据块继续转动到磁头下的时间，单位为毫秒(ms)。平均潜伏期越小表示硬盘读取数据的等待时间也就越短，硬盘数据传输率也就越快。

2.1.4 盘面、磁道、柱面与扇区

硬盘的读/写操作与扇区有着紧密关系。

1. 盘面

硬盘盘片一般用铝合金材料做基片，高速硬盘也可能用玻璃做基片。硬盘的每一个盘片都有两个盘面，即上、下盘面，一般每个盘面都会利用，都可以存储数据；也有的硬盘只使用一个盘面。硬盘的每一个盘面有一个盘面号，按顺序从上至下从“0”开始依次编号。由于每个盘面对应一个读/写磁头，所以有时候也将盘面号称作磁头号。

2. 磁道

硬盘盘片在低级格式化时被划分成许多同心圆，这些同心圆轨迹称作磁道(Track)。磁

道从外向内从“0”开始顺序编号。硬盘的每一个盘面大约有300～1024个磁道不等，新式大容量硬盘每面的磁道数更多。信息以脉冲串的形式记录在这些轨迹中，这些同心圆不是连续记录数据，而是被划分成一段段的圆弧，这些圆弧的角速度一样。由于径向长度不一样，所以，线速度也不一样，外圈的线速度较内圈的线速度大，即同样的转速下，外圈在相同时间段里，划过的圆弧长度要比内圈划过的圆弧长度大。每段圆弧叫作一个扇区，扇区从“1”开始编号，每个扇区中的数据作为一个单元同时读出或写入。一个标准的3.5寸硬盘盘面通常有几百到几千条磁道。磁道是“看”不见的，只是盘面上以特殊形式磁化了的一些磁化区，在硬盘低级格式化时就已规划完毕。

3. 柱面

所有盘面上的同一磁道构成一个圆柱，通常称作柱面(Cylinder)，每个圆柱上的磁头由上而下从“0”开始编号。数据的读/写按柱面进行，即磁头读/写数据时首先在同一柱面内从“0”磁头开始进行操作，依次向下在同一柱面的不同盘面即磁头上进行操作，同一柱面所有的磁头全部读/写完毕后，磁头才转移到下一柱面，因为选取磁头只需通过电子切换即可，而选取柱面则必须通过机械切换。电子切换相当快，比在机械上磁头向邻近磁道移动快得多，所以，数据的读/写按柱面进行，而不按盘面进行。也就是说，一个磁道写满数据后，就在同一柱面的下一个盘面来写，一个柱面写满后，才移到下一个扇区开始写数据。读数据也按照这种方式进行，这样就提高了硬盘的读/写效率。

一块硬盘驱动器的圆柱数(或每个盘面的磁道数)既取决于每条磁道的宽窄，同样也与磁头的大小有关，也取决于定位机构所决定的磁道间步距的大小。

4. 扇区

硬盘上的数据以扇区为存储单元，每个扇区的大小由低级格式化来确定，一般取值为512字节、1024字节、2048字节或者4096字节等等；通常一个扇区的大小为512字节(注：存储数据区的大小)。

一个扇区的结构大致如图2.8所示，从图2.8可知，一个扇区主要由两部分组成，即扇区头标和数据区。扇区头标由该扇区的物理位置和该扇区的状态组成，扇区的物理位置包括扇区所在的磁头号、柱面号和扇区号，而扇区的状态也就是该扇区是否能够可靠地存储数据，还是已发现某个故障因而不宜使用的标记。有些硬盘控制器在扇区头标中还记录有指示字，可在原扇区出错时指引盘片转到替换扇区或磁道的位置；扇区头标以循环冗余校验值作为结束，以供控制器检验扇区头标的读出情况，确保准确无误。扇区的数据区也就是该扇区存储数据的区域。

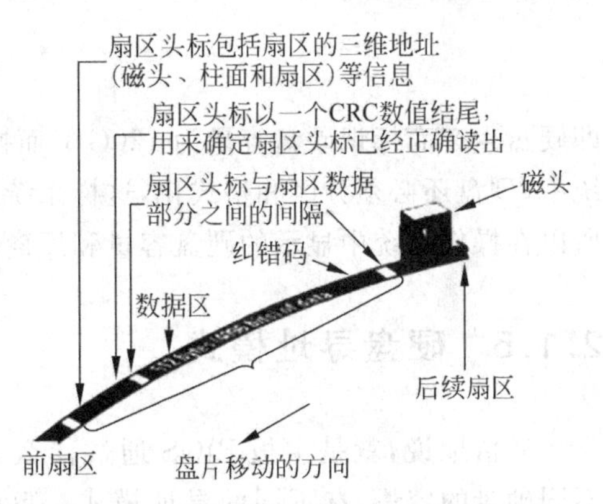

图2.8　一个完整的硬盘扇区结构

5. 硬盘容量的计算方式

硬盘容量是以MB、GB和TB等为单位，早期的硬盘容量较小，一般以MB为单位，1956

年 9 月 IBM 公司制造的世界上第一台磁盘存储系统容量只有 5MB 左右，经过 60 多年的发展，目前几百 GB、TB 容量的硬盘已不足为奇。随着硬盘技术的不断发展，容量更大、速度更快的硬盘将不断推出。

依据计算机表示数据的特点、数据的表示方式及计算机本身的运算方式，硬盘的容量单位是以 2 的次方来表示，即以 KB、MB、GB、TB、PB、EB、ZB、YB 为单位，操作系统中，硬盘容量各种单位之间的换算关系如下：

$1KB=2^{10}B=1024B$

$1MB=2^{10}KB=2^{20}B=1\,048\,576B$

$1GB=2^{10}MB=2^{20}KB=2^{30}B=1\,073\,741\,824B$

$1TB=2^{10}GB=2^{20}MB=2^{30}KB=2^{40}B=1\,099\,511\,627\,776B$

$1PB=2^{10}TB=2^{20}GB=2^{30}MB=2^{40}KB=2^{50}B=1\,125\,899\,906\,842\,624B$

$1EB=2^{10}PB=2^{20}TB=2^{30}GB=2^{40}MB=2^{50}KB=2^{60}B=1\,152\,921\,504\,606\,846\,976B$

$1ZB=2^{10}EB=2^{20}PB=2^{30}TB=2^{40}GB=2^{50}MB=2^{60}KB=2^{70}B$
$=1\,180\,591\,620\,717\,411\,303\,424B$

$1YB=2^{10}ZB=2^{20}EB=2^{30}PB=2^{40}TB=2^{50}GB=2^{60}MB=2^{70}KB=2^{80}B$
$=1\,028\,925\,819\,614\,629\,174\,706\,176B$

在购买硬盘之后，细心的用户会发现：在操作系统中查看到的硬盘容量与厂商标识的容量并不相符，厂商标识的硬盘容量往往要多于用户通过操作系统查看到的容量，硬盘容量越大，这个差异也就越大。这是因为硬盘生产商对硬盘容量的计算方法与操作系统的计算方法不同。

例如：120GB 的硬盘，硬盘生产商对硬盘容量计算的方法为

120GB ＝120 000MB
＝120 000 000KB
＝120 000 000 000 B(字节)

而操作系统对硬盘容量计算的方法为

120 000 000 000B/1024 ＝117 187 500KB/1024
＝114 440.917 968 75MB
≈114GB

即硬盘生产商标识硬盘容量为 120GB，而操作系统显示的硬盘容量为 114GB。同时在操作系统中，硬盘还必须分区和格式化，这样系统还会在硬盘上占用一些空间，提供给系统文件使用，所以在操作系统中显示的硬盘容量和厂商标识的容量会存在差异。

2.1.5 硬盘寻址模式

通俗地说，就是主板 BIOS 通过什么方式来查找硬盘低级格式化划分出来的扇区位置。不同硬盘的容量，有不同的寻址模式。目前硬盘的寻址模式主要有：CHS 模式（即柱面、磁头、扇区）或称为 Normal 模式、LARGE 模式和 LBA 模式，这 3 种寻址模式可在 CMOS 硬盘设置的 MODE 选项中选择。

1. CHS 寻址模式

CHS 寻址模式将硬盘划分为磁头、柱面和扇区。知道了数据存储的磁头号、柱面号和扇

区号,就可以确定数据在硬盘上的位置;早期的系统就是直接使用磁头号、柱面号和扇区号来对硬盘进行寻址(称为 CHS 寻址),这就需要知道每个扇区的 3 个参数,存取硬盘数据时再分别读取这 3 个参数,然后再送到硬盘控制器去执行。

由于系统使用 8 位二进制数来存储磁头号,使用 10 位二进制数来存储柱面号,使用 6 位二进制数来存储扇区号,而一个扇区一般为 512 字节。因此,使用 CHS 寻址一块硬盘,最大容量=256×1024×63×512B=8064MB(注:1MB=1 048 576B;如果按 1MB=1 000 000B 来算就是 8.4GB)。硬盘容量计算公式如式(2.1):

$$硬盘容量=磁头数\times柱面数\times扇区数\times512\ 字节/扇区 \tag{2.1}$$

2. LARGE 寻址模式

LARGE 模式把柱面数除以整数倍、磁头数乘以整数倍而得到的逻辑磁头/柱面/扇区参数进行寻址,所以表示的已不再是硬盘中的物理位置,而是逻辑位置。目前使用 LARGE 寻址模式的硬盘已经很少了。

3. LBA 寻址模式

随着硬盘技术的不断发展,硬盘的容量也越来越大,CHS 模式无法管理超过 8064MB 的硬盘。因此,工程师们发明了更加简便的 LBA(Logical Block Addressing)逻辑块寻址模式。在 LBA 模式下,硬盘上的一个扇区由它所在的磁头号、柱面号和扇区号来确定。LBA 编址方式通过地址译码器将 CHS 三维寻址方式转变为一维的线性寻址方式,将硬盘所有物理扇区的 CHS 编号通过一定的规则转变为某一线性的编号,系统效率得到大大提高,避免了繁琐的磁头号、柱面号、扇区号的寻址方式。在访问硬盘时,由硬盘控制器再将这种逻辑地址转换为实际硬盘的物理地址。硬盘不再有柱面、磁头和扇区三维定义,而是将硬盘上的所有扇区依次从"0"开始连续编号,直到硬盘的最后一个扇区为止;即硬盘 0 磁头、0 柱面、1 扇区为整个硬盘的 0 号扇区;硬盘 0 磁头、0 柱面、2 扇区为整个硬盘的 1 号扇区;硬盘 0 磁头、0 柱面、3 扇区为整个硬盘的 2 号扇区;以此类推。目前,大多数硬盘都是采用 LBA 模式来寻址,这种存取方式与硬盘分区表的 LBA 存储方式相对应。

2.1.6 硬盘故障

硬盘故障按是否存在物理损坏,将硬盘故障分为物理故障和逻辑故障两大类。

1. 硬盘物理故障

如果硬盘存在物理损坏,则称为硬盘物理故障,常见的硬盘物理故障有以下 5 种:

(1) 盘片划伤。

(2) 磁头损坏。

(3) 电机损坏。

(4) 硬盘盘片上有坏磁道。

(5) 电路板及其他元器件损坏。

硬盘存在物理故障的具体表现如下:

(1) 加电后,读外存储器速度明显变慢,有时无法读取数据。

(2) 加电后,在 CMOS 中不认外存储器,外存储器伴有咔喳、咔喳声。

(3) 加电后,在 CMOS 中不认外存储器,外存储器电机不转。

(4) 加电后,在 CMOS 中不认外存储器,无任何声音。

2. 硬盘逻辑故障

如果硬盘在物理上没有任何故障,只是在逻辑上存在故障,这类故障称为硬盘逻辑故障,常见的硬盘逻辑故障如下:

(1) MBR 被破坏:MBR 是硬盘的主引导扇区,位于硬盘的 0 磁道 0 柱面 1 扇区,存储着硬盘的主引导记录、磁盘签名、分区表和有效标志。如果 MBR 被破坏,计算机无法从该硬盘正常启动;在 BIOS 中虽然可以读取硬盘的一些参数,但在操作系统下可能无法找到该硬盘所产生的逻辑盘。

(2) 分区表丢失:计算机病毒、坏磁道、误操作、误用一键恢复(注:许多品牌机具有的新功能)都可能会导致分区表丢失。如果分区表丢失,用户最好不要再做多余的操作,以免覆盖数据。

(3) 误格式化逻辑盘或误删除文件:由于用户操作失误,将某一逻辑盘误格式化或误删除重要的文件。

(4) 误 Ghost:许多计算机软件安装人员喜欢使用 Ghost 来安装系统,由于操作不慎,在选择目标盘时,应该选择 C 盘,而安装人员即误选择整个物理硬盘,系统安装完成后,整个物理硬盘只有一个分区表。

判断硬盘故障的初步方法如下:

(1) 加电后,硬盘没有任何反应,与加电前一样,这种情况大部分是由于电路出现故障,硬盘其他部件一般正常。

(2) 接上电源后,硬盘运转正常,在 BIOS 中可以检测到,将其挂为从盘,在磁盘管理中,可以发现这块硬盘,屏幕显示"磁盘未分配"。这种情况基本上是分区表出错或分区引导扇区被破坏,导致分区与分区引导扇区无法建立链接,一般硬盘本身无物理故障。

(3) 加电后,硬盘发出嗒嗒的响声或者其他不正常的声音,这时应该马上切断电源,不要再试,如果再试几次,有可能磁头会将盘面划伤,造成存储在盘面上的数据永久无法恢复。

(4) 进入系统后,可以看到数据,但是无法访问或者复制。这种情况绝大部分是由于硬盘出现坏道,还有可能是硬盘固件出现故障。如果用硬盘坏道修复工具发现一些特殊字符,则有可能是硬盘盘面介质本身质量存在问题。

(5) 硬盘运转正常,但在 BIOS 中无法检测到,这种情况基本上是固件问题,也可能是硬盘初始化信息丢失。

(6) 硬盘被误识别,绝大部分是由于磁头偏移,个别品牌硬盘固件问题也会导致出现这种现象。

2.1.7 操作计算机时需要注意的事项

为了避免外存储器的数据发生丢失,平时操作计算机时,应注意以下 4 点:

(1) 不要剪切文件,因为在剪切文件的过程中,有可能会出现突然断电或出错,这样源盘中的文件已被删除,而文件还没有完全复制到目标盘中,从而导致文件丢失。所以,建议如果

文件比较重要，可先将文件复制到目标盘中，确认目标盘中的文件准确无误后，再将源盘中的文件删除。

（2）不要直接作磁盘碎片整理，因为磁盘碎片整理过程中可能会出错，一旦出错，数据就很难恢复；建议将文件复制到一块空的逻辑盘中，再格式化要作磁盘整理的逻辑盘，然后再将文件复制到已整理好的逻辑盘中。

（3）不要用第三方工具调整分区，因为调整分区过程中也很容易出错。建议在重新调整分区之前，备份好数据，再使用 Windows 自带的磁盘管理来调整分区，安全性会更高些。

（4）定期备份数据，确保数据安全，最好是刻盘备份，比存储在硬盘里更安全些。

2.2 硬盘分区

2.2.1 硬盘分区作用

一块硬盘经生产商低级格式化后，才能出厂销售。对于用户来说，要想在硬盘上存储数据，还要将硬盘再进行区域划分，这一过程我们称之为分区，划分好的每一个分区都有一个确定的开始位置和结束位置；还要逐一将划分好的区域进行高级格式化成某种文件系统后才能够存储数据。硬盘分区主要有以下 6 个作用：

（1）便于对硬盘的规划与管理。

（2）有利于病毒防治与数据安全。

（3）提高硬盘空间利用率。

（4）提高系统运行效率。

（5）便于为不同用户分配不同的权限。

（6）在对硬盘进行整理时，更能体会到分区带来的好处。

2.2.2 硬盘分区类型

按计算机结构和服务器结构的不同，可以将分区分为 DOS/Windows 分区、Apple 分区、BSD 分区和 Sun Solaris 分区等。

1. DOS/Windows 分区

DOS/Windows 分区体系一直是 Intel IA32 硬件平台（i386/X86 等）的分区体系，也是用户遇到最多的分区类型。虽然许多资料对 DOS/Windows 分区进行了介绍，但一直没有一个统一的标准，也没有一个统一的命名规则。从 Windows 2000 开始，微软公司又引入了“基本磁盘”和“动态磁盘”的概念，对应的分区有 MBR 分区、GPT 分区和动态磁盘分区。在 DOS / Windows 分区中，各逻辑盘分区的开始位置和结束位置是不能交叉的，有些资料将 DOS/Windows 分区称作 MBR 分区，详见 4.2 节。

GPT 分区是 Windows Server 2003 中的一种新型磁盘架构，是一种由基于 Itanium 计算机中的可扩展固件接口使用的磁盘分区架构，这种 64 位的 Itanium 版本 Windows 系统采用的磁盘布局架构，与传统的 32 位磁盘完全不同。

GPT 分区的主要优点有：支持唯一的磁盘和分区；将 GPT 分区表在磁盘的最后做了备份；每个磁盘最多分区数为 128 个；支持高达 18 千兆兆字节的卷大小；性能更加稳定；详见 4.3 节。

动态磁盘是微软从 Windows 2000 时代增加的新特性，它提供了更加灵活的管理和使用特性，可以在动态磁盘上实现数据的容错、高速读/写操作、相对随意修改卷的大小等。

2. Apple 分区

苹果机于 20 世纪 70 年代诞生于美国，主要用于图形图像的处理，广泛应用于电影制作、广告设计、排版印刷等领域。苹果机使用基于其自身硬件的操作系统，是一种基于 UNIX 内核的操作系统，目前的版本为 Mac OS X，苹果机所使用的 Apple 分区体系与 DOS 分区体系统不同。

3. BSD 分区

BSD 分区主要用于 BSD UNIX 服务器，如：Free BSD、Open BSD、Net BSD 等，大多数的 BSD 系统使用基于 32 位间接寻址的硬件平台，BSD 分区可以与微软公司的产品共存于一个磁盘上。每个 BSD 分区在磁盘标签结构中都有一个类型区域，BSD 系统会为磁盘标签中的每个表项建立一个设备文件。

4. Sun Solaris 分区

Sun 公司的 Solaris 操作系统主要应用于大型服务器和桌面系统，根据磁盘大小的不同以及 Solaris 版本的不同，使用两种不同的分区方式。Solaris 的其他版本使用的数据结构与 BSD 磁盘标签类似。Solaris 数据结构中的有些名字与 BSD 中相同，但表示的意义不一样。

2.3 文件系统

2.3.1 文件系统定义

操作系统中负责管理和存储文件信息的软件机构称为文件管理系统（简称文件系统），它是操作系统的重要组成部分。从系统角度来看，文件系统是指对外存储器空间按一定的格式进行有效地组织、分配与管理，负责文件存储并对存入的文件进行保护、检索等的系统。具体来说，它负责为用户将存储在外存储器上的数据以文件的形式进行管理，提供在外存储器上建立、复制、修改、移动、删除、控制文件的存取权限等操作。文件系统主要由 3 部分组成：与文件管理有关软件、被管理文件以及实施文件管理所需数据结构。

2.3.2 常见文件系统

目前，用户经常使用到的文件系统主要有：FAT32、NTFS、exFAT、EXT2、EXT3、UFS、GFS、CDFS 等。

1. FAT32 文件系统

FAT32 文件系统是硬盘分区格式中最常见的一种。采用 32 位文件分配表，使其对磁盘的管理能力大大增强，突破了 FAT16 对每一个分区的容量只有 2GB 的限制。由于硬盘生产成本下降，容量越来越大，运用 FAT32 分区格式后，可以将一个大硬盘定义成一个分区而不必再划分为几个分区使用，大大提高了对大容量硬盘的管理能力。U 盘、SD 卡、CF 卡等一般都使用 FAT32 文件系统，详见第 5 章。

2. NTFS 文件系统

NTFS 文件系统(New Technology File System)随着 Windows NT 操作系统的诞生而产生，它是微软 Windows NT 内核的系列操作系统支持的，特别为网络、磁盘配额、文件加密等管理安全特性而设计的磁盘格式。它支持文件系统故障恢复，尤其是大存储媒体、长文件名等。NTFS 文件系统的设计目标就是用来提高大容量硬盘的速度，如：读/写和搜索标准文件的速度、快速恢复受损的文件系统等。它的主要优点是：安全性高、稳定性好、不易产生文件碎片、提供容错结构日志等，详见第 6 章。

3. exFAT 文件系统

exFAT 文件系统(extended File Allocation Table)是微软公司在 Windows Embeded 6.0(包括 Windows CE6.0、Windows Mobile)中引入的一种适合于闪存的文件系统。因为 NTFS 文件系统结构复杂，且系统开销大，在某些场合(如：闪存、嵌入式系统等)并不适用，这时候 exFAT 是最好的选择。

4. EXT2 和 EXT3 文件系统

EXT2 和 EXT3 是许多 Linux 操作系统版本的默认文件系统，均基于 UFS 文件系统，是一种快速、稳定的文件系统。

随着 Linux 操作系统在关键业务中的应用，EXT2 文件系统的弱点也渐渐显露出来；其中，非日志式是 EXT2 文件系统的一个致命弱点；而 EXT3 文件系统直接从 EXT2 文件系统发展而来，目前 EXT3 文件系统已经非常稳定、可靠；它完全兼容 EXT2 文件系统；并弥补了 EXT2 文件系统非日志式的这一缺点。

5. UFS 文件系统

UFS 是 UNIX 文件系统的简称，是大部分 UNIX 类操作系统默认的基于磁盘的文件系统，甚至 Apple 的 OS X 也能支持 UFS 文件系统。

在 UFS 中，重要的数据结构贯穿于整个文件系统，并且数据做到了局部化，因此在读取文件的时候，磁头的运动量大大降低。UFS 使用"柱面组"对数据进行分段组织，每个柱面组的大小与磁盘的几何特性关联。

6. GFS 文件系统

GFS 文件系统(Google File System)是谷歌公司为了满足其迅速增长的数据处理要求，设计并实现的一种大型的、可扩展的、分布式的文件系统，主要用于大型的、分布式的、对大量数据进行访问。它运行于廉价的普通硬件上，可以给大量的用户提供总体性能较高的服务，也可以提供容错功能。

7. HFS+文件系统

HFS+(HFS Plus)是苹果公司为替代其分层文件系统(HFS)而开发的一种文件系统。它被用在macintosh计算机(或者其他运行Mac OS的计算机)上。它也是iPod上使用的一种格式。HFS+也被称为Mac OS Extended(或称为HFS Extended)。在开发过程中，苹果公司也把这个文件系统的代号命名为"Sequoia"，HFS+是一个HFS的改进版本，支持更大的文件，并用Unicode来命名文件或文件夹，代替了Mac OS Roman或其他一些字符集。

8. CDFS文件系统

CDFS(Compact Disc File System)是一种适合光存储的文件系统。CDFS是指专门的CD格式的文件系统，只针对CD唱片，也就是我们平时说的音轨。这都是针对兼容计算机上现有的文件系统而定义的，仅仅是为了兼容。不能直接打开，可以用软件进行抓音轨。部分U盘也可通过量化软件进行CDFS系统化，如：银行的网银U盾HDZB_USBKEY就是使用这样的方法。

9. RAW文件系统

准确地说，RAW不能认为是一种文件系统，它是一种没有被Windows操作系统所识别的文件系统。如果"单击"逻辑盘，系统会提示"磁盘未格式化，是否进行格式化"。

切记！此时"千万不要对逻辑盘进行格式化"操作。

排除此类故障的基本思路、方法和步骤在7.2节中将有详细介绍。

一般来说，有以下6种情况，可能造成正常文件系统变成RAW文件系统。

【情况1】 分区表所对应逻辑盘开始扇区的DBR被破坏。

【情况2】 对于FAT32文件系统而言，FAT1表和FAT2表的开始值不是"F8 FF FF 0F"(存储形式)。

【情况3】 如果是刚刚重装系统，发现有几个逻辑盘出现"磁盘未格式化"提示。原因很可能是这几个逻辑盘的文件系统都是exFAT，操作系统还未及时更新，所以不支持新文件系统。

【情况4】 如果是无缘无故地出现"磁盘未格式化"提示，那很可能是文件系统结构损坏，具体哪里被破坏则需要手工进行分析。

【情况5】 如果是U盘出现"磁盘未格式化"提示，则需要查看设备状态是否良好。如果良好，一般是软故障；如果是无媒体或不可读取，则是硬件故障。

【情况6】 如果U盘分区表被破坏后，U盘分区表所对应的文件系统也会变成RAW文件系统。

解决问题需要对症下药，如果是分区表被破坏，则需要恢复对应的分区表；如果逻辑盘的FAT32_DBR或NTFS_DBR被破坏，则需要恢复FAT32_DBR或NTFS_DBR；对于FAT32文件系统而言，如果FAT1表和FAT2表的开始值不是"F8 FF FF 0F"(存储形式)，则将FAT1表和FAT2表的开始值修改为"F8 FF FF 0F"(存储形式)，等等。

思考题

2.1　硬盘主要部件有哪些？其作用是什么？

2.2　目前硬盘的接口类型有哪几种？

2.3　硬盘的性能指标有哪几种？

2.4　平时操作计算机时应注意哪些事项？

2.5　硬盘生产商对硬盘容量的计算公式与操作系统对硬盘容量的计算公式有何不同？

2.6　目前硬盘的寻址方式有哪几种？各有何特点？最常用的是哪种寻址方式？

2.7　什么是文件系统？它由哪几部分组成？目前常见的文件系统主要有哪些？

2.8　你家或者办公室里的计算机硬盘被划分为几个分区？每个分区分别是什么文件系统？

2.9　你的U盘被划分为几个分区？每个分区分别是什么文件系统？

2.10　exFAT文件系统主要用于哪种外存储器？你使用过exFAT文件系统吗？

2.11　Ext3文件系统是哪种操作系统默认的文件系统？

2.12　UNIX操作系统主要使用哪种文件系统？

2.13　CDFS文件系统主要用于哪种外存储器？

2.14　当你使用U盘或硬盘时，如果出现文件系统是RAW，主要原因有哪些？

第3章

虚拟硬盘工具与WinHex的使用

3.1 虚拟硬盘工作原理

《数据恢复》是一门实践性非常强的课程，学生在学习该课程的过程中，需要做大量的实验；如果使用真实环境，则需要大量的硬盘作为实验素材，并且要花费更多时间，给这一门课程的开设带来一定的困难。因此，使用虚拟硬盘不仅可以在较短的时间内让学生掌握硬盘分区和文件系统的一些基本原理，而且还能获得更多的实践经验。

虚拟硬盘的工作原理是在硬盘中划出一定的空间，并将这片空间虚拟成一块独立的物理硬盘或逻辑盘。用户在使用虚拟硬盘时，感觉与真实物理硬盘或逻辑盘没有区别。这样，我们可以像对待真实硬盘那样来对虚拟硬盘进行分区、格式化、删除文件等各种破坏性的操作。

3.2 虚拟硬盘工具 InsPro Disk 使用介绍

虚拟硬盘工具种类较多，其中：InsPro Disk 是一款比较优秀的软件，该软件由陆麟编写。其特点是：软件短小、安装使用方便，大部分版本都是免费提供的。InsPro Disk 比较常用的版本有 InsPro Disk 2.0 和 InsPro Disk 2.8。InsPro Disk 2.0 可以用于 Windows 2000 和 Windows XP 操作系统。但不能用于 Windows 2003 和 Windows 7 操作系统。对于初学者而言，建议使用 InsPro Disk 2.0。

3.2.1 安装 InsPro Disk

InsPro Disk 安装程序只是用 WINRAR 简单包装的一个应用，用户将其解压并安装即可。InsPro Disk 软件安装完毕后，在程序菜单中出现两个程序运行快捷方式，一个是“Disk Creator”，另一个是“InsPro Disk Loader”，默认安装目录为 C:\Program Files\InsPro。

3.2.2 卸载 InsPro Disk

卸载 InsPro Disk 的方法如下：

(1) 将所有的 InsPro Disk 用 InsPro Disk Loader 卸载掉。

(2) 打开设备管理器。操作步骤：右击"我的电脑"→"属性"→"硬件"→"设备管理器"。

(3) 在 IDE ATA/ATAPI 控制器中找到 SECU-X BUS Disk Controler，右击，从快捷菜单中选择"卸载"。

(4) 删除安装目录，注：默认安装目录为 C:\Program Files\InsPro。

(5) 删除 C:\windows(winnt)\system32\drivers 目录中的 SDBUS. SYS 和 SDDISK. SYS 文件。

3.2.3 InsPro Disk 使用介绍

InsPro Disk 的主要作用是创建一个虚拟硬盘文件，加载/卸载虚拟硬盘文件；其中：Disk Creator. exe 用于建立虚拟硬盘文件，虚拟硬盘文件默认路径为：C:\Program Files\InsPro\SdDisk；而 DiskLoader. exe 则用于加载/卸载虚拟硬盘文件。

例 3.1 使用 DiskCreator 创建一个虚拟硬盘文件，文件名为 abc. hdd，文件大小为 200MB。操作步骤如下：

(1) 启动 Disk Creator. exe 后，出现"Inside Programming Virtual Disk Creator"窗口。

(2) 在"Virtual Hard disk filename："下方的文本框中输入文件名"abc. hdd"，在"Virtual Hard Disk Size:"右侧的文本框中输入"200"，如图 3.1 所示，单击"Create"按钮即可。注：虚拟硬盘文件存储在默认路径下，文件大小计量单位：MB；虚拟硬盘文件建立后，它还只是一个文件，只有加载后才会变成一个虚拟硬盘。

图 3.1　创建虚拟盘文件

例 3.2 使用 Disk Loader 加载刚才创建的虚拟硬盘文件，操作步骤如下：

(1) 启动 InsPro Disk Loader，出现"Inside Programming Disk Loader"窗口。

(2) 单击"Brower"选择虚拟硬盘文件，注：刚才建立的虚拟盘文件 abc. hdd 存储在 C:\Program Files\InsPro\SdDisk 目录下，如图 3.2 所示。

(3) 单击"Load/Unload"按钮，第一次加载虚拟硬盘文件则会弹出"找到新的硬件向导"窗口，如图 3.3 所示；此时单击"下一步"按钮。

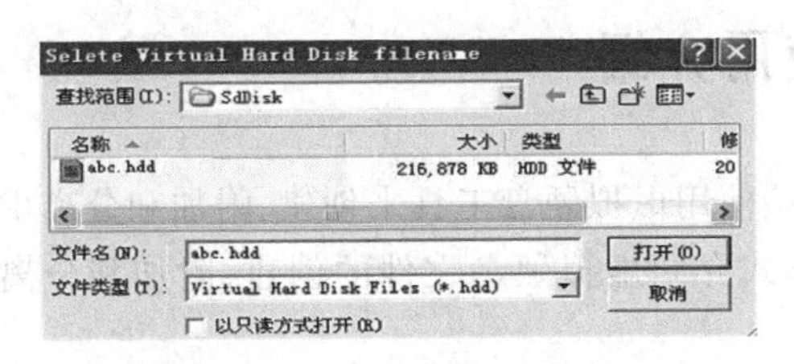

图 3.2　加载虚拟磁盘文件

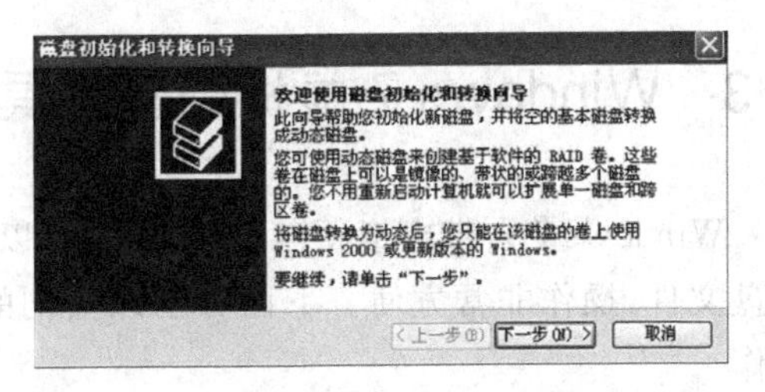

图 3.3　磁盘初始化和转换向导

（4）出现“选择要初始化的磁盘”窗口，选择“磁盘 3”前的复选框，如图 3.4 所示；此时单击“下一步”按钮。

（5）出现“选择要转换的磁盘”窗口，请不要选择“磁盘 3”前的复选框；如图 3.5 所示；此时单击“下一步”按钮；注：如果选择“磁盘 3”前的复选框，则将该虚拟硬盘转换成动态磁盘。

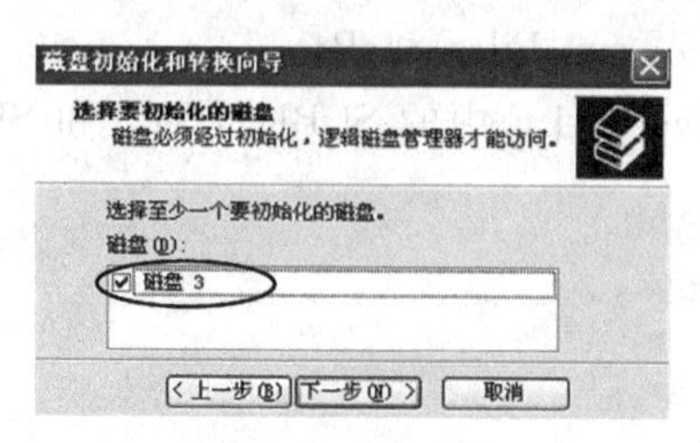

图 3.4 选择初始化磁盘

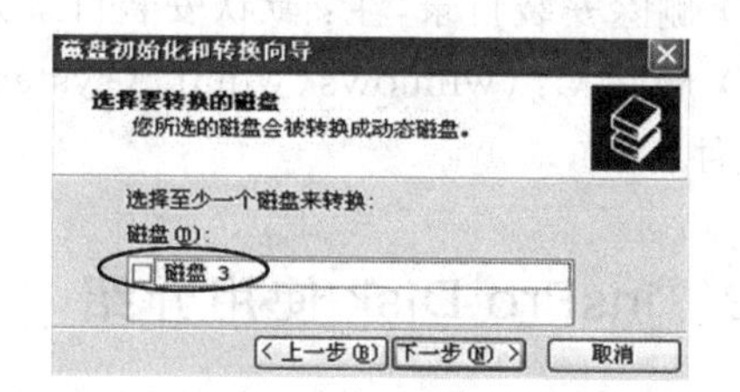

图 3.5 不转换动态磁盘

（6）出现“正在完成磁盘初始化和转换向导”窗口，如图 3.6 所示，单击“完成”按钮；此时虚拟盘文件已经转换成了虚拟硬盘，可以将其作为硬盘使用。

（7）完成以上操作后，在“Inside Programming DiskLoader”窗口中会出现“1 C:\ProgramFiles\InsPro\SdDisk\abc.hdd”；表示虚拟硬盘文件已加载成功；其中的“1”表示虚拟硬盘加载的次数，如图 3.7 所示，此时单击“Exit”按钮退出。

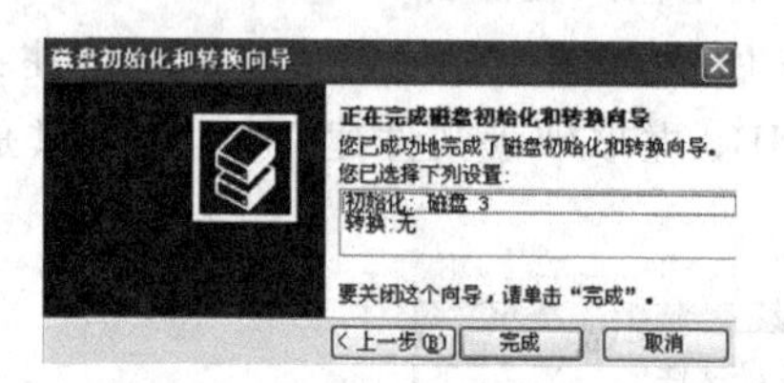

图 3.6 磁盘初始化完成

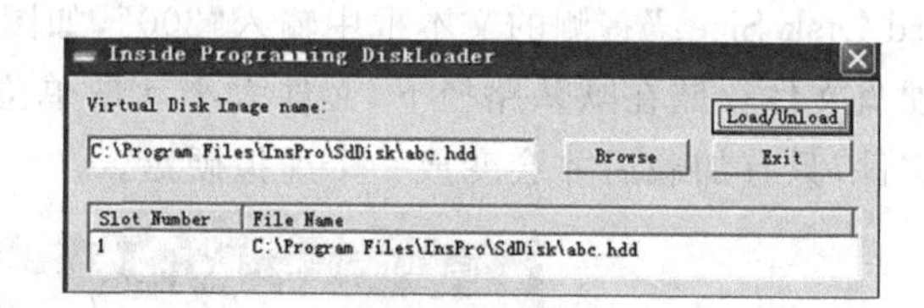

图 3.7 选中虚拟盘文件 abc.hdd

（8）在“计算机管理”→“磁盘管理”中可以看到刚才加载的虚拟磁盘，如图 3.8 所示。此时可以对虚拟磁盘进行分区、格式化等操作，这些操作与对真实硬盘的操作没有区别。

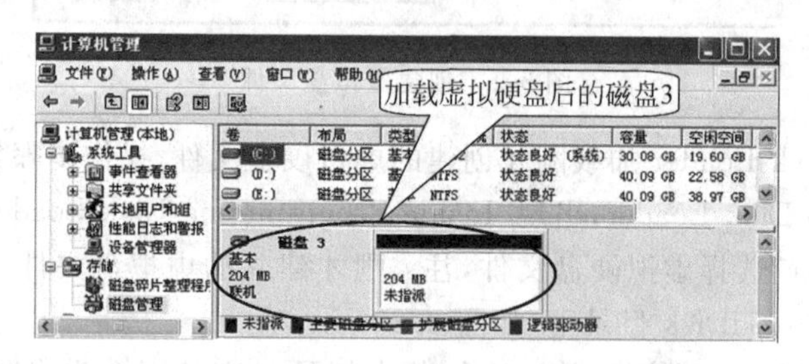

图 3.8 附加虚拟盘文件 abc.hdd 后的虚拟磁盘 3

3.3 Windows 7 虚拟硬盘工具使用介绍

Windows 7 自带虚拟硬盘工具，用户可以直接使用虚拟硬盘工具来创建、附加和分离虚拟硬盘文件，操作非常方便。下面分别以实例的形式介绍虚拟硬盘文件的创建、附加和分离等操作。

3.3.1　创建虚拟硬盘文件

在 Windows 7 操作系统下,创建虚拟硬盘文件的操作方法是:选择“计算机管理”→“磁盘管理”,在菜单栏中选择“创建 VHD”,按步骤分别输入虚拟硬盘文件名、存储位置和文件大小,即可完成虚拟硬盘文件的“创建”工作,创建好的虚拟硬盘文件扩展名为“. vhd”。

例 3.3　在 D 盘的根目录下创建一个文件名为 abcd. vhd 的虚拟硬盘文件,文件大小为 500MB。操作步骤如下:

(1) 将光标移动到桌面上“计算机”图标处,右击,从弹出的快捷菜单中选择“管理”,如图 3.9 所示,出现“计算机管理”窗口。

(2) 在“计算机管理”窗口中,单击“存储”下的“磁盘管理”;选择菜单栏上的“操作(A)”→“创建 VHD”,如图 3.10 所示,出现“创建和附加虚拟硬盘”窗口。

(3) 在“创建和附加虚拟硬盘”窗口的“位置(L):”下方的文本框中输入“d:\abcd. vhd”;在“虚拟硬盘大小(S):”右侧的文本框中输入“500”,计量单位选择“MB”;虚拟硬盘格式选择“固定大小(推荐)(F)”;如图 3.11 所示,单击“确定”按钮。几秒钟后,在 D 盘的根目录下创建一个名为 abcd. vhd 的虚拟硬盘文件,文件大小为“500MB”。

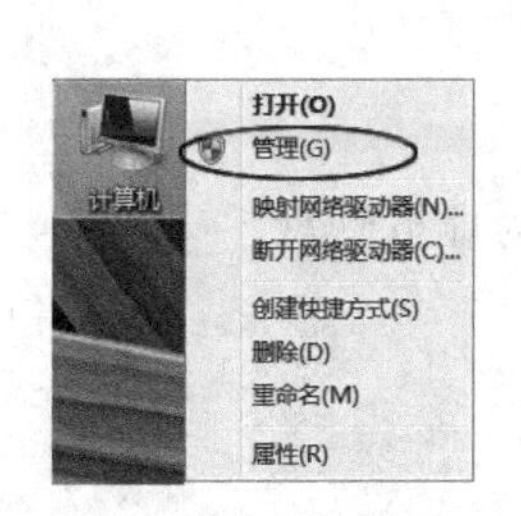

图 3.9　创建虚拟硬盘文件

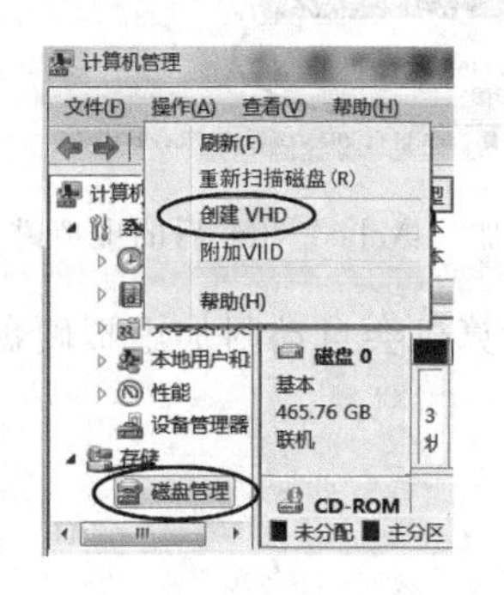

图 3.10　创建 VHD 文件

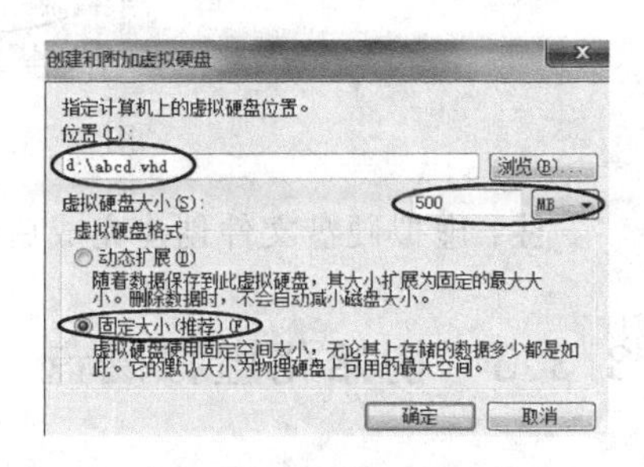

图 3.11　选择虚拟硬盘文件

3.3.2　附加虚拟硬盘文件

在 Windows 7 操作系统下,附加虚拟硬盘文件的操作方法是:选择“计算机管理”→“磁盘管理”,在菜单栏中选择“操作”→“附加 VHD”,按步骤即可完成“虚拟硬盘文件”的附加工作。

例 3.4　附加 D 盘根目录下的 abcd. vhd 虚拟硬盘文件。操作步骤如下:

(1) 将光标移动到桌面上“计算机”图标处,右击,从弹出的快捷菜单中选择“管理”,出现“计算机管理”窗口。

(2) 在“计算机管理”窗口中,单击“存储”下的“磁盘管理”;选择菜单栏上的“操作”→“附加 VHD”,如图 3.12 所示,出现“附加虚拟硬盘”窗口。

(3) 在“附加虚拟硬盘”窗口“位置(L):”下方的文本框中,输入虚拟硬盘文件所在盘符、路径以及文件名“d:\abcd. vhd”;或者通过“浏览”的方式获得虚拟硬盘文件所在盘符、路径及文件名,如图 3.13 所示,单击“确定”按钮,完成虚拟硬盘文件的附加工作。

(4) 附加虚拟硬盘文件后,在计算机管理中可以看到虚拟磁盘 1,如图 3.14 所示。

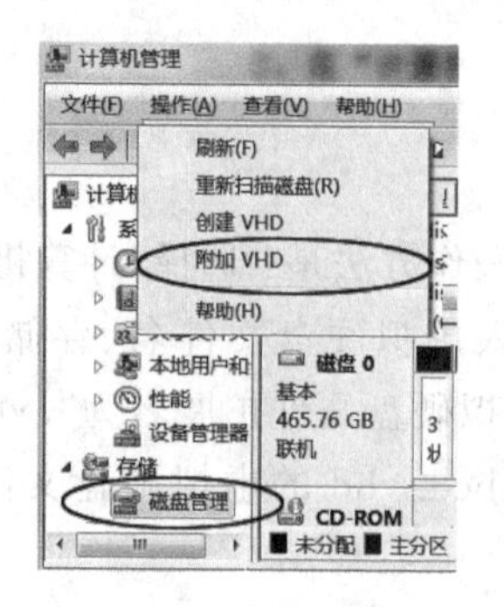

图 3.12 附加 VHD 文件

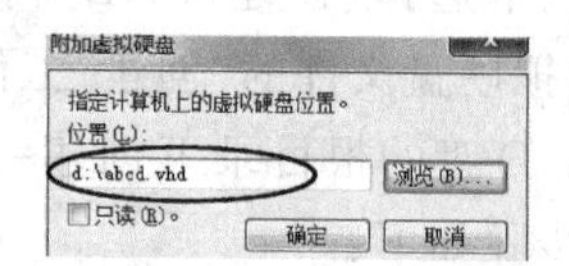

图 3.13 指定虚拟硬盘位置

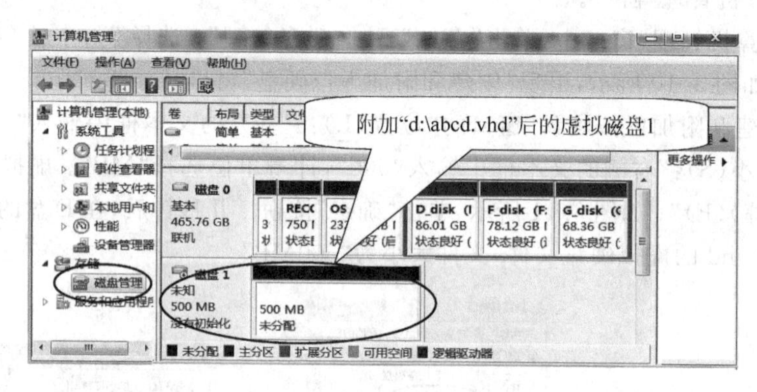

图 3.14 附加“d:\abcd. vhd”后的虚拟磁盘 1

注：虚拟硬盘文件创建完成后，计算机会自动附加虚拟硬盘文件为虚拟磁盘。

3.3.3 初始化虚拟磁盘

附加虚拟磁盘后，在计算机管理中可以看到磁盘 1，磁盘 1 还要进行初始化后才能进行分区和格式化操作。在 Windows 7 平台下，对磁盘进行初始化操作的成员身份最低要求为 Backup Operators 或 Administrator。初始化磁盘的步骤如下：

(1) 在“计算机管理”的“磁盘管理”中，右击要初始化的磁盘，从弹出的快捷菜单中选择“初始化磁盘(I)”。

(2) 在“初始化磁盘”对话框中，选择要初始化的磁盘。并选择磁盘分区形式，即选择“MBR(主启动记录)(M)”或者“GPT(GUID 分区表)(G)”分区形式。

例 3.5 对例 3.4 附加后的虚拟硬盘 1 进行初始化，操作步骤如下：

(1) 将光标移动到“磁盘 1”处，右击，从弹出的快捷菜单中选择“初始化磁盘(I)”；如图 3.15 所示，出现“初始化磁盘”窗口。

(2) 在“初始化磁盘”窗口中选择磁盘，由于附加“D:\abcd. vhd”后的虚拟硬盘为磁盘 1，选择“磁盘 1”前的复选框，“磁盘分区形式”选择“MBR 分区(主启动记录)(M)”形式，如图 3.16 所示，单击“确定”按钮，即可完成对磁盘 1 的初始化。对磁盘 1 完成初始化后，便可以对磁盘 1 按物理硬盘的形式进行分区和格式化等操作。

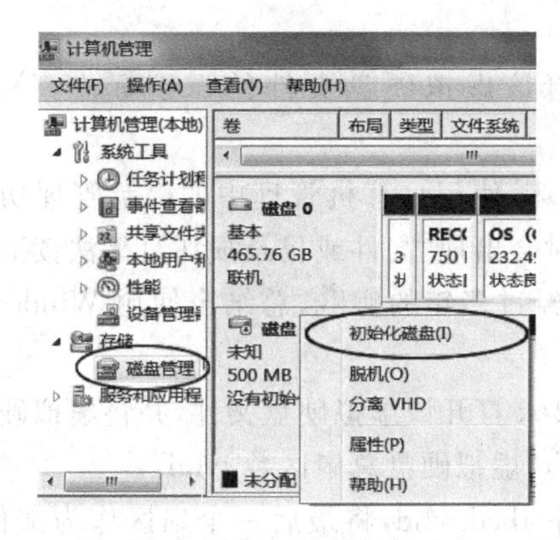

图 3.15　附加初始化虚拟磁盘 1

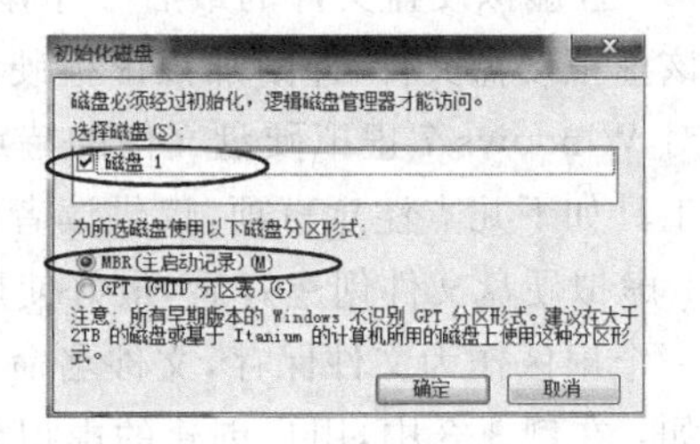

图 3.16　选择磁盘分区形式

3.3.4　分离虚拟硬盘

如果不再使用虚拟硬盘，可以将虚拟硬盘分离出来。操作方式是：将光标移动到要分离的虚拟硬盘前，右击，从弹出的快捷菜单中选择“分离 VHD”，即可完成对虚拟硬盘的分离工作。

例 3.6　分离例 3.4 附加后的虚拟硬盘 1，操作步骤如下：

(1) 将光标移动到“磁盘 1”处，右击，从弹出的快捷菜单中选择“分离 VHD”；如图 3.17 所示，出现“分离虚拟硬盘”窗口。

(2) 在“分离虚拟硬盘”窗口中，请确认虚拟硬盘文件位置为“D:\”，虚拟硬盘文件名为“abcd.vhd”，如图 3.18 所示，单击“确定”按钮，完成虚拟硬盘的分离。

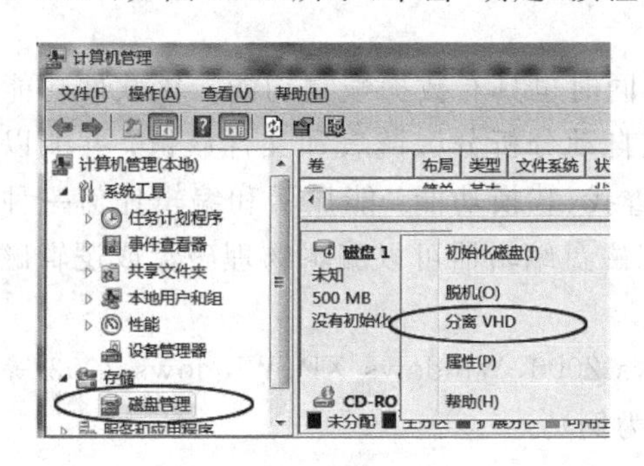

图 3.17　分离 VHD

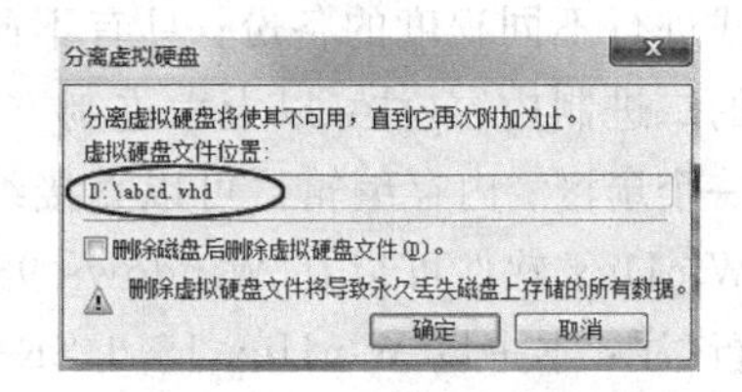

图 3.18　确定虚拟磁盘文件位置

3.3.5　虚拟硬盘文件的特点

使用 Windows 7 虚拟硬盘工具创建的虚拟硬盘文件，主要有以下 4 个特点：

(1) 虚拟硬盘文件以“.vhd”为扩展名。

(2) 虚拟硬盘文件比用户实际输入的虚拟硬盘大小多 1 个扇区。

例如：在例 3.3 中，用户创建的虚拟硬盘文件 abcd.vhd，输入的虚拟硬盘大小为 500MB，换算为 1024000 个扇区；实际上 abcd.vhd 文件的总扇区数为 1024001，即 abcd.vhd 文件的实际大小为500.0005MB。

(3) 虚拟硬盘文件的最后一个扇区存储着该虚拟硬盘文件的识别标志，该扇区以"conectix"作为开始标志。

(4) 一旦虚拟硬盘文件的最后一个扇区被破坏，使用计算机管理中的磁盘管理功能将无法附加该虚拟硬盘文件，即附加该虚拟硬盘文件时会出现"文件或目录损坏且无法读取"提示。

针对 Windows 7 虚拟硬盘文件的特点，作者经过多年的实践，总结出使用 Windows 7 虚拟硬盘工具如下几点注意事项，仅供读者参考。

(1) 虚拟硬盘文件创建好后，最好使用 WinHex 打开该虚拟硬盘文件，并将虚拟硬盘文件的最后一个扇区作为文件保存，文件名命名规则为"虚拟硬盘总扇区数.vhd"。

例如：在例3.3中，用户创建的虚拟硬盘文件 abcd.vhd，将最后一个扇区作为文件保存，其文件名为"1024001.vhd"。

(2) 使用计算机管理中的磁盘管理功能附加虚拟硬盘文件时，如果出现"文件或目录损坏且无法读取"提示；可以判断是该虚拟硬盘文件的最后一个扇区已损坏；如果用户已经将虚拟硬盘文件的最后一个扇区做了备份，可以使用 WinHex 软件打开备份文件，并将备份文件复制到该虚拟硬盘文件的最后一个扇区即可。

(3) 如果用户没有将虚拟硬盘文件的最后一个扇区做备份，使用 WinHex 软件打开虚拟硬盘文件，并获得该虚拟硬盘的总扇区数，将虚拟硬盘的总扇区换算为虚拟硬盘的大小(单位：MB)，假设为 S；使用计算机管理中的磁盘管理功能创建另一个虚拟硬盘文件，大小为 S；使用 WinHex 软件打开该虚拟硬盘文件，将该虚拟硬盘文件的最后一个扇区复制到受损虚拟硬盘的最后一个扇区即可。

3.4 WinHex 简介

WinHex 是一款非常优秀的磁盘编辑软件，同时也具有数据恢复功能。该软件功能非常强大，有着完善的分区管理和文件管理功能；能自动分析分区链表和文件簇链；并能以不同的方式进行不同程度的备份；具有不同方式的查找、替换功能；能显示和编辑任何一种文件类型的二进制内容(注：以十六进制方式显示)；磁盘编辑器可以编辑物理磁盘或逻辑磁盘的任何一个扇区；内存编辑器可以直接编辑内存。

WinHex 软件可以在 Windows 98、Windows 2000、Windows XP、Windows 2003 等平台上运行(注：本书以 WinHex 15.1 SR-8 汉化版为例)。

3.4.1 安装 WinHex

WinHex 15.1 SR-8 汉化版只是一文件，文件名为 ha_winhex.exe。安装过程非常简单，安装步骤如下：

(1) 双击 ha_winhex.exe，出现第1个窗口后，单击"下一步(N)>"按钮。

(2) 出现"选择安装位置"窗口，目标文件夹选择默认(即 C:\Program Files\Winhex)，单击"安装(I)"按钮。

(3) 出现"正在完成 WinHex V15.1 SR-8 汉化版安装向导"窗口。单击"完成(F)"按钮，完成 WinHex 软件的安装过程。

WinHex 软件安装完成后，程序图标就会出现在“开始→程序→WinHex”菜单和桌面上。

3.4.2　启动 WinHex

双击桌面上的 WinHex 图标，或者选择“开始→程序→WinHex”即可启动 WinHex。第一次启动 WinHex 后，会弹出“启动中心”窗口，如图 3.19 所示。

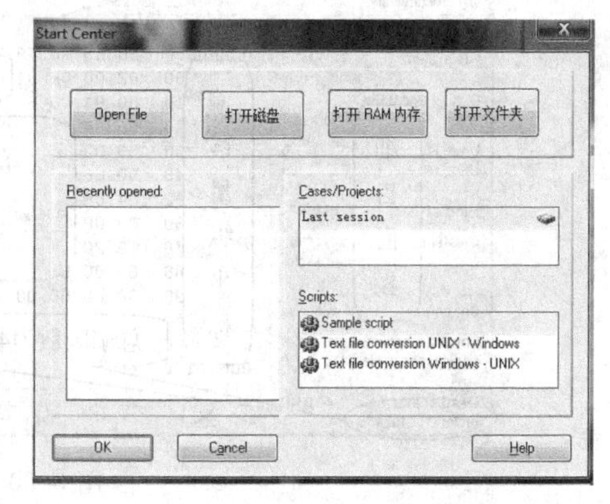

图 3.19　“启动中心”对话框

如果以后要启动“启动中心”，可在菜单栏中选择“工具→启动中心(S)…”即可。在“启动中心”窗口上方，有 4 个按钮，即“Open File”“打开磁盘”“打开 RAM 内存”“打开文件夹”。也可以直接从“Recently opened:”来选择需要打开的项目。

右边中间的“Cases/Projects:”为用户有选择保留操作成果提供便利条件；右边下方的“Scripts:”是一个批处理脚本编辑系统，可以调用 WinHex 已经开发并集成的各种函数指令进行编辑。

用户可以通过启动中心来完成对文件、磁盘、内存和文件夹的打开，也可以通过菜单或工具栏上相应按钮来完成。其中，打开磁盘是数据恢复工作中最常用的一项。用户可以在启动中心窗口中选择“打开磁盘”按钮或选择菜单栏上的“工具→打开磁盘(D)…”来打开磁盘。

打开磁盘的方式有两种，即打开“Logical Drive Letters”(逻辑驱动器)和“Physical Media”(物理磁盘)；打开逻辑磁盘和物理磁盘的区别如下。

(1) 打开逻辑磁盘时，WinHex 使用该分区内的文件系统参数来遍历整个分区，可以从文件系统层面解释分区内的数据，即该文件系统的开始扇区为逻辑 0 号扇区。注：每个逻辑盘都有自己的逻辑 0 号扇区，该逻辑 0 号扇区为整个物理盘中的某一扇区，其位置由该分区对应分区表的相对扇区来确定。

(2) 打开物理磁盘时，WinHex 软件不以任何文件系统为基础，只是简单地将整个物理磁盘的内容以十六进制的形式展现在用户面前，物理磁盘的开始扇区为整个磁盘的逻辑 0 号扇区，该逻辑 0 号扇区不同于逻辑盘中的逻辑 0 号扇区。

3.4.3　WinHex 主界面

WinHex 主界面由菜单栏、工具栏、目录浏览、细目面板、偏移量纵坐标、偏移量横坐标、十六进制数据编辑区、十六进制数据对应文本区和底边栏等组成。

例 3.7　使用 WinHex 软件打开 H 盘(注：H 盘为素材文件 abcd31.vhd 附加后产生的虚拟逻辑盘，以下类同)，其 WinHex 主界面如图 3.20 所示，功能说明如下：

(1) 菜单栏：是 WinHex 所有菜单的集合，由文件菜单、编辑菜单、搜索菜单等组成。

(2) 工具栏：是菜单栏各项常用工具按钮的集合。

(3) 目录浏览：与用户打开的对象有关；当用户打开一个物理磁盘时，显示磁盘分区情况；当用户打开一个逻辑盘时，显示当前磁盘的当前目录；当用户打开一个文件时，没有目录浏览。

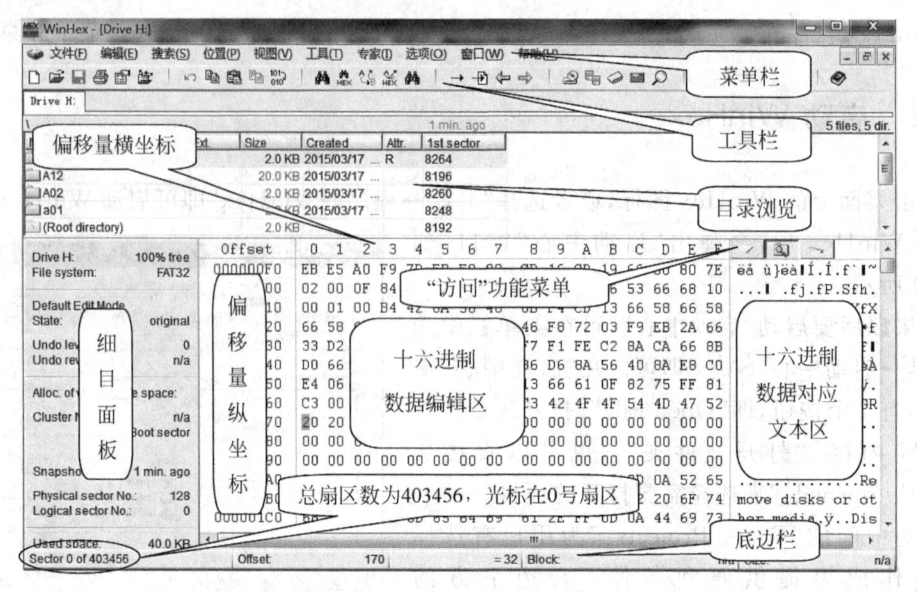

图 3.20　WinHex 主界面

(4) 细目面板：通过细目面板可观察 WinHex 主界面的系统分布信息。

① 用户打开一个物理硬盘时，在细目面板中显示以下信息：

- 硬盘参数：包括硬盘的型号(Model)、序列号(Serial No.)、固件版本号和接口类型。
- 硬盘状态：状态为"原始的"；如果对内容进行修改，这里就会显示"被修改"。此外还有撤销级别(0)、反向撤销(由"n/a"→"键盘输入")。
- 容量：包括物理硬盘的总容量，每个扇区的字节数，最后的剩余扇区(即指分区完成后，最后没有被分区的扇区数)。
- 分区和相对扇区：在目录浏览中选择分区时，在这里显示分区情况和相对扇区。
- 窗口情况：包括当前窗口号、窗口数、模式、字符集设置情况、偏移地址、每页的字节数。
- 剪贴板情况：包括剪贴板状态、临时文件夹可用大小等等。

例 3.8　使用 WinHex 打开某硬盘，操作步骤："工具→打开磁盘(D)..."，在弹出的编辑磁盘窗口"Physical Media"下选择要打开的物理硬盘后，"细目面板"如图 3.21 所示。

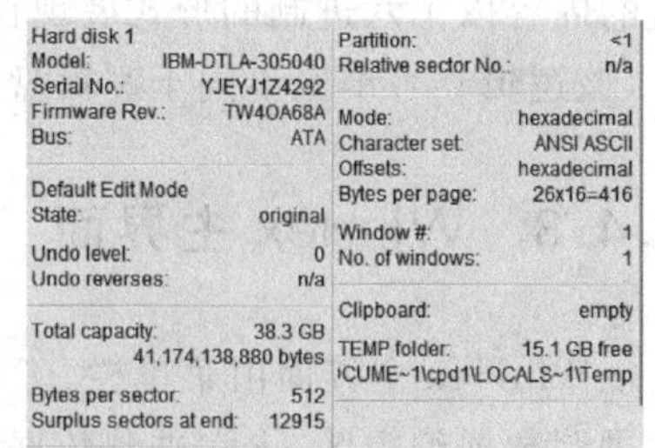

图 3.21　某物理硬盘的细目面板

硬盘参数如下：

Hard Disk 1：所打开的物理硬盘为 1 号硬盘；

Model：硬盘型号是 IBM-DTLA-305040；

Serial No：硬盘序列号是 YJEYJ1Z4292；

Firmware Rev：固件版本号是 TW4OA68A；

Bus：硬盘数据总线接口是 ATA；

Default Edit Mode(缺省编辑模式)；

State：original (状态为原始状态)；

Undo level：0 (撤销级别为 0 级)；

Undo reverses：(撤销翻页)；

Total capacity：物理硬盘容量：38.3GB＝41 174 138 880B；

Bytes per sector：每个扇区的字节数为 512；

Surplus sectors at end：最后剩余结束扇区有 12915 个；

Partition：当前光标所在分区，"＜1"即当前光标在第 1 分区前；

Relative sector No.：当前光标在逻辑盘的相对扇区数，"n/a"表示光标在逻辑盘 DBR 之前，注：DBR 在逻辑盘的 0 号扇区；

Mode：十六进制数据编辑区显示模式，此处为十六进制显示模式；

Character set：十六进制所对应的文本区字符集为 ANSI ASCII；

Offsets：偏移量纵坐标和横坐标的显示模式，此处为十六进制显示模式；

Bytes per page：每页显示的字节数，此处是一页显示 26 行，每行 16 列，每页显示 416 字节；

Window ＃：WinHex 所打开的窗口数，此处是打开一个窗口；

No. of windows：当前在第一窗口；

Clipboard：剪切板的情况，此处是可用的；

TEMP folder：临时文件夹的情况，此处是临时文件夹有 15.1GB 的自由空间。

② 当用户打开一个逻辑盘时，在细目面板中显示以下信息：

- 逻辑驱动器、文件系统、卷标；
- 缺省编辑模式、状态、撤销级别(0)、反向撤销(由"n/a"→"键盘输入")；
- 当前光标所在的簇号(如果是光标所在位置是文件，则再显示文件名和文件所在路径)、物理扇区号(即当前光标在整个硬盘中的扇区号)、逻辑扇区号；
- 逻辑盘已使用的空间、自由空间和总容量；
- 逻辑盘中每个簇的扇区数、自由簇数、总簇数、每个扇区的字节数、可使用的扇区数、第一个数据所在扇区号(对于 FAT32 文件系统而言，该值等于 DBR 中的每个 FAT 表占用扇区数×2＋保留扇区数；对于 NTFS 文件系统没有该项)等等。

例 3.9 使用 WinHex 打开 H 盘，其"细目面板"如图 3.22 所示。

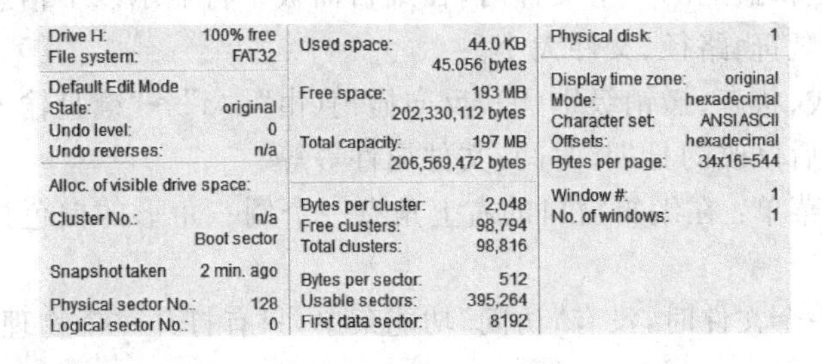

图 3.22　H 盘的细目面板

H 盘的参数如下：

Drive H：用户打开的逻辑驱动器是 H 驱动器，有 100％的自由空间；

File system：文件系统是 FAT32；

Default Edit Mode：缺省编辑模式；

State：状态；

Undo Level：撤销级别，此处为 0 级；

Undo reverses：反向撤销(由"n/a"→"键盘输入")；

Alloc. of visible drive space;

Cluster No.：当前光标所在簇号，n/a 表示当前光标在簇号之前，Boot sector 即光标在 Boot sector 区；

Snapshot taken：2 min. ago 获取快照，此处是 2 分钟之前；

Physical sector No.：当前光标在整个物理盘的扇区号，此处是当前光标在 128 号扇区；

Logical sector No.：当前光标在逻辑盘的扇区号，此处是 0 号扇区，即 H 盘的 DBR 处；

Used space：已使用的空间占 44.0KB(即 45 056B)；

Free space：自由空间是 193MB(即 202 330 112B)；

Total capacity：H 盘总共容量是 197MB(即 206 569 472B)；

Bytes per cluster：每个簇的字节数，此处是 2048；

Free clusters：自由簇数，此处是 98 794；

Total clusters：总共簇数，此处是 98 816；

Bytes per sector：每个扇区的字节，此处是 512；

Usable sectors：可用扇区数，此处是 395 264；

First data sector：第 1 个数据扇区号，此处是 8192，在 FAT32 文件系统中，该值＝保留扇区数＋每个 FAT 表占用扇区数×FAT 表数；

Physical disk：物理硬盘为 1 号盘；

Display time zone：original 显示时间区域为原始；

Mode：十六进制数据编辑区显示模式，此处为十六进制显示模式；

Character set：十六进制数据对应的文本区字符集为 ANSI ASCII；

Offsets：偏移量纵坐标和横坐标的显示模式，此处为十六进制显示；

Bytes per page：每页显示的字节数，此处是一页显示 34 行，每行 16 列，每页显示 544 字节；

Window #：WinHex 所打开的窗口数，此处是打开一个窗口；

No. of windows：当前在第一窗口。

③ 当用户打开逻辑盘上的一个文件时，在细目面板中将显示以下信息：

- 文件名、所在盘符、路径、文件大小。
- 缺省编辑模式、状态、撤销级别(0)、反向撤销(由“n/a”→“键盘输入”)。
- 文件建立、最后修改的日期、时间，文件属性等等。

(5) “访问”功能菜单：在编辑窗口的右上角有一个倒三角形的白色按钮，该按钮就是“访问”功能菜单。

① 当用户打开一个文件时，没有“访问”功能菜单，只有打开一个物理盘或逻辑盘时，才有“访问”功能菜单。

② 当用户打开一个逻辑盘(注：文件系统为 FAT32)时，功能菜单如下：

- Boot sector：将光标移动到 FAT32_DBR 处(即逻辑盘 0 号扇区)。
- Boot sector(template)：用模板显示 FAT32_DBR。
- FAT1：将光标移动到 FAT1 表开始扇区处。
- FAT2：将光标移动到 FAT2 表开始扇区处。
- Root directory：将光标移动到 FAT32 根目录开始扇区处，即 2 号簇的开始扇区处。
- Root directory(template)：用模板显示根目录文件名及其属性情况。
- Search directory(up)：向前搜索子目录项。

- Search directory(down)：向后搜索子目录项。

③ 当用户打开一个逻辑盘(注：文件系统为 NTFS)时，功能菜单如下：

- Boot sector：将光标移动到 NTFS_DBR 处(即逻辑盘 0 扇区)。
- Boot sector(template)：用模板显示 NTFS_DBR。
- Master File Table($ MFT)：将光标移动到元文件 $ MFT 开始扇区处，并弹出一个显示"元文件 $ MFT 占用簇数和占用段数"的窗口。
- Search File record(up)：向前搜索文件记录。
- Search File record(down)：向后搜索文件记录。
- Volume slack：将光标移动到卷忽略扇区处即剩余扇区处。
- Template(NTFS FILE Record)：弹出一个窗口，用模板显示元文件 $ MFT 当前记录情况。

④ 当用户打开一个物理盘时，显示该物理盘的分区数和 Go To Unpartitionable space；如果物理硬盘有 4 个分区，则出现 4 个分区选项，即 Partition1(容量、文件系统)，Partition2(容量、文件系统)，Partition3(容量、文件系统)，Partition4(容量、文件系统)和 Go To Unpartitionable space。

选择一个选项，例如：选择 Partition1(容量、文件系统)功能菜单如下：

- Open：打开 Partition1，与在菜单栏中选择"工具→打开磁盘→在 Edit Disk 中的 Logical Drive Letters 选择 Partition1"所对应的逻辑盘相同。
- Partition table：将光标移动到所选分区的分区表所在扇区。
- Partition table(template)：用模板显示分区表。
- Boot sector：将光标移动到所打开分区的 DBR 所在扇区。
- Boot sector(template)：用模板显示分区的 DBR 情况。
- Clone Partition (as source)…：将分区作为源盘刻录。
- Clone Partition(as destination)…：将分区作为目标盘刻录。
- Go To Unpartitionable space：将光标移动到磁盘未分区的开始扇区处，与在"目录浏览"中选择"Unpartitionable space"作用相同。

(6) 偏移量：偏移量(Offset)是指某个地址相对于一个指定的开始地址所发生的位移。WinHex 的偏移量由纵坐标与横坐标构成，用来具体定位十六进制数据编辑区中每个字节的地址。偏移量的纵坐标和横坐标所显示的地址默认为是十六进制数，如果需要改为十进制数则只需在纵坐标处的任意位置单击鼠标即可。

(7) 十六进制数据编辑区：当用 WinHex 打开一个编辑目标时，编辑目标中存储的所有数据都会以十六进制的形式显示在该区中。

(8) 十六进制数据对应的文本区：该区的作用是将十六进制数据编辑区的数据按一定的编码解释为相应的字符。所显示的字节集可以通过菜单栏中的"选项→字符集"来进行选择。

(9) 底边栏：底边栏位于主窗口的最下边，主要显示打开的文件或者物理磁盘或者逻辑盘的总扇区数以及当前光标所在扇区和偏移地址。

3.4.4 WinHex 菜单介绍

WinHex 菜单栏是所有菜单的集合，由文件菜单栏、编辑菜单栏、搜索菜单栏等组成。

1. 文件菜单栏是由新建、打开、存储扇区等组成

(1) 新建：该命令用于建立一个文件，新建文件以缺省编辑模式打开。新建文件时，必须指定文件的大小，单位可以选择：B、KB、MB或者GB，默认文件名为noname。

(2) 打开：以十六进制形式打开一个已经存在的文件。这种打开文件的方式与其他编辑软件打开文件的方式不同。使用其他编辑软件打开文件不能看到文件的原代码，而使用WinHex软件打开文件则可以查看到文件的原代码。

例 3.10 使用记事本打开素材文件 chapter3.txt，其内容如图 3.23 所示。

图 3.23 使用记事本打开 Chapter3.txt 文件

从图 3.23 可知，该文本文件只有 3 行；第 1 行显示的是 26 个大写英文字母；第 2 行显示的是"0～9"这 10 个数字；第 3 行显示的是"云南大学"这 4 个汉字。

例 3.11 使用 WinHex 打开素材文件 chapter3.txt，其内容如图 3.24 所示。

WinHex - [chapter3.txt]

文件(F) 编辑(E) 搜索(S) 位置(P) 视图(V) 工具(T) 专家(I) 选项(O) 窗口(W) 帮助(H)

chapter3.txt

Offset	0	1	2	3	4	5	6	7	8	9	A	B	C	D	E	F	
00000000	41	42	43	44	45	46	47	48	49	4A	4B	4C	4D	4E	4F	50	ABCDEFGHIJKLMNOP
00000010	51	52	53	54	55	56	57	58	59	5A	0D	0A	30	31	32	33	QRSTUVWXYZ..0123
00000020	34	35	36	37	38	39	0D	0A	D4	C6	C4	CF	B4	F3	D1	A7	456789..云南大学
00000030	0D	0A															..

Page 1 of 1 Offset: 0 = 65 Block: 0 - 0 Size: 1

图 3.24 使用 WinHex 打开 chapter3.txt 文件

从图 3.24 可以看到 26 个大写英文字母、"0～9"这 10 个数字和"云南大学"这 4 个汉字的内码(即 ASCII 码)。

即"A～Z"的 ASCII 码分别为"41～5A"；"0～9"的 ASCII 码分别为"30～39"；"云南大学"这 4 个汉字的内码(即 ASCII 码)分别为"D4 C6""C4 CF""B4 F3"和"D1 A7"(存储形式)；在代码"5A"与"30"之间、"39"与"D4"之间存在有代码"0D"和"0A"，分别为回车符和换行符的 ASCII 码，正是因为这两个代码的存在才使得用记事本打开该文件后，"0～9"这 10 个数字在第 2 行显示；而"云南大学"这 4 个汉字则在第 3 行显示。

(3) 保存：存储当前打开的文件到磁盘上。当对磁盘进行编辑时，该命令为"存储扇区"。

(4) 另存为：以别的文件名存储当前打开的文件。

(5) 建立磁盘镜像/做备份副本。

(6) 打印：用于发送打印指令。

(7) 属性：用于对一个文件的大小、时间信息等进行编辑。编辑完成后按回车键，程序将提示编辑结果立即生效。

(8) 打开文件夹：用于同时打开一个文件夹下的多个文件，单击后弹出 Open Folder 文件

夹选择窗口，如图 3.25 所示，说明如下。

① mask(掩码)：可以打开文件夹下的所有文件，也可以通过设置掩码打开某种指定的文件。例如：设置掩码为“*.doc”，则打开当前文件夹下的所有 Word 文档。

② 打开方式：选择打开文件的方式，包括只读方式(Read-Only Mode)、缺省编辑方式(Default Edit Mode)和输入方式(In-place Mode)。

③ Must contain specified text：包含指定文本。单击后，弹出查找文本对话框(对话框设置见后面的“文本搜索”)，可以在对话框中输入文件中包含的文本。

图 3.25　文件夹选择窗口

④ Must contain specified hex values：包含指定的十六进制值。单击后，弹出十六进制搜索对话框(对话框设置见后面的“十六进制搜索”)，可以在对话框中输入包含在文件中的十六进制值。

⑤ Include subfolders：包括子文件夹。选择该项后，不只打开当前文件夹下的文件，还会打开当前文件夹下的子文件夹。

2. 编辑菜单栏是由撤销、复制选块、写入选块等组成

(1) 撤销：用以撤销刚才进行的操作。如：对某个字节进行了修改后，想撤销修改，可以单击该按钮。

(2) 复制选块：用以将选中的选块复制到剪贴板。

(3) 写入选块：将剪贴板中的内容从指定当前所在位置写入。

(4) 转换文件：只对打开的文件有效，单击后，弹出转换选择框，如图 3.26 所示，可以在转换选择框中选择需要进行的转换。

(5) 修改数据：用于对选块或文件数据进行各种处理，可以用来对数据进行简单的加密。

3. 搜索菜单栏是由查找文本、查找 Hex 数值等组成

(1) 查找文本：用于查找文本字符；在“The following text string will be searched:”列表框中输入要查找的文本，如图 3.27 所示。

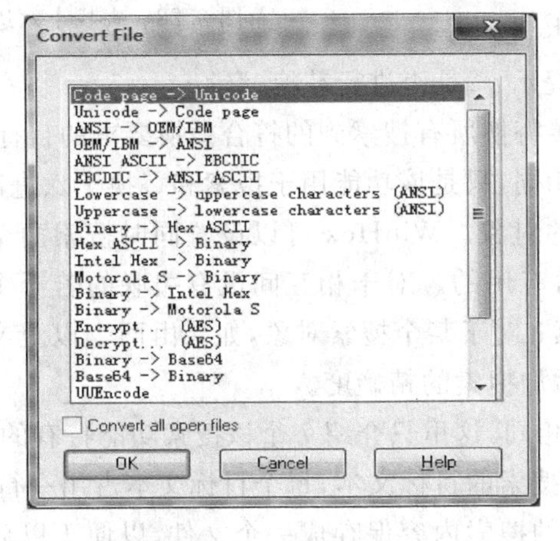

图 3.26　转换文件

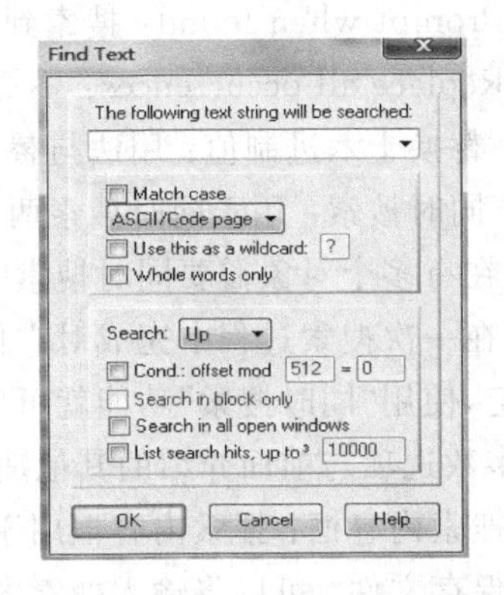

图 3.27　查找文本

① Match case：区分大小写。选择该项后，搜索中将完全匹配字母的大小写，默认是忽略大小写。例如：要搜索“Test”，但输入的是“test”，如果不选择区分大小写选项，可以搜索到；如果选择了区分大小写（即选择 Match case 前的复选框），则只严格搜索“test”，大小写不一致的将搜索不到。

② 编码选择：选择 ASCII/Code page 与 Unicode 码。如果选择 ASCII/Code page，则以 ASCII 码的形式进行搜索；如果选择 Unicode，则以 Unicode 码的形式进行搜索。

③ Use this as a wildcard：设置通配符。例如：要搜索由 4 个字母组成的单词，但是单词的后 3 个字母为“est”；可以选择该复选框，并设定一个通配符；同时配合 Whole words only（全字符匹配）进行搜索；例如：可以使用“?”作为通配符，搜索“? est”。

④ Whole words only：全字符匹配，即搜索目标和结果需要整个单词完全匹配。

⑤ Search：用于设置在整个磁盘或文件范围内进行搜索的方向；如果选择“All”，则在打开的物理盘或者逻辑盘或者文件中搜索；如果选择“Up”，则从光标所在位置开始向前搜索；如果选择“Down”，则从光标所在位置开始向后搜索。

⑥ Cond：设定符合要求的目标位置。例如：要搜索位于每个扇区偏移 82 字节处的某字符，可以设置为“Cond：offset mod 512＝82”，即只有偏移位置除以每扇区字节数 512 余数为 82 字节的位置才符合要求，其他位置的相同字符将不在搜索结果内。

⑦ Search in block only：只在选块内搜索。如果确定搜索目标就在某个范围内，可以选中该选块，这时 Search in block only 选项将变成可选状态，选择该项后即可实现只在设定的范围内搜索目标。

⑧ Search in all open windows：在所有打开的窗口中搜索。如果打开一个以上的对象，则该选项处于可选状态，选择该项后程序会在所有打开的窗口中搜索目标。

⑨ List search hits，up to：将搜索结果列表显示，可以设定显示的搜索结果数量。

(2) 查找 Hex 数值：用于查找十六进制值；在“The following hex values will be searched:”列表框中输入要查找的十六进制值，如图 3.28 所示，其他选项与查找文本相同。

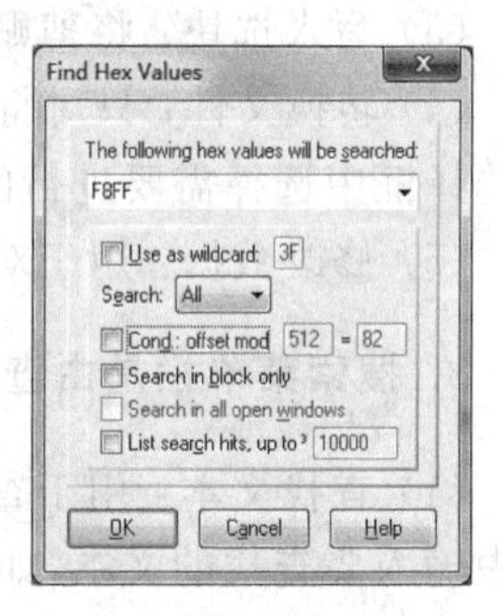

图 3.28　查找十六进制值

(3) 替换文本：用于搜索指定的文本内容，并将其替换为设定的文本。

① Search for：搜索目标，也就是将要被替换的文本。

② Replace with：作为替换结果的新文本。

③ Prompt when found：搜索到目标后提示：“是否进行替换?”。

④ Replace all occurrences：不提示，直接替换所有搜索到的符合替换要求的目标。

(4) 替换十六进制值：用法与替换文本相同，只是该功能用于搜索和替换十六进制值。

(5) 同时搜索：用于同时搜索两个以上的对象。WinHex 可以设置同时搜索两个以上的对象，这在有多个对象需要同时搜索时是非常有用的。对于相互间没有关联的若干个文本对象，可以在一次搜索过程中完成对它们的搜索；对于某个搜索对象，如果由两个以上文本对其进行限定，使用“同时搜索”功能就可以大大增加搜索的精确度。

大多数选项与前面介绍的其他搜索设置相同，这里只介绍 7 个该搜索功能特有的选项：

① 搜索内容框：搜索内容框用于输入要搜索的目标文本，每个目标文本占用一行。

② 保存文件：可以将输入搜索内容框中的搜索内容保存成一个文件，以便于以后搜索相

同(或包含部分相同内容)时减少输入量。

③ 打开文件：打开一个以前保存过的搜索内容文件。

④ 搜索方式：有两个单选项——逻辑搜索和物理搜索。只有打开磁盘时才会出现“搜索方式”选择项,如果目前打开的只是一个文件,则不会出现该选择项。

⑤ Logical(file-wise)：逻辑搜索。逻辑搜索是指按逻辑存储在文件中进行遍历搜索。

⑥ Physical(sector-wise)：物理搜索。物理搜索即不考虑逻辑存储关系,针对物理扇区进行搜索。

4. 位置菜单栏是由转到偏移、Go to Sector、Go to FAT Entry 等组成

(1) New position：新位置,即要跳过的数量(单位以输入框后的单位设置按钮显示的单位为准)。输入的数值可以是十进制也可以是十六进制,这取决于偏移量坐标的显示形式——如果偏移量坐标是十进制,则此处输入的是十进制；如果偏移量坐标是十六进制,则此处输入的是十六进制。

① 转到某偏移量：用于将光标跳转到某偏移量位置,单击后弹出跳转到偏移量对话框。

② 单位设置按钮：位于跳转数量输入框后面,每按一次,跳转单位在扇区(Sectors)、字节(Bytes)、字(Words)、双字(Dwords)之间循环变化。

③ Beginning：从当前对象窗口的偏移 0 处向偏移量较大方向跳转。

④ Current position：从光标所在的当前位置向偏移量较大的方向跳转。

⑤ Current position (back from)：从光标所在的当前位置向偏移量较小的方向跳转。

⑥ End(back from)：从当前对象窗口的最大偏移量处向偏移量较小方向跳转。

(2) 转到某扇区：跳转到某个指定的扇区。根据打开的对象不同,界面输入框也略有不同。

如果打开的是物理盘,则只可以输入逻辑扇区号(或输入物理地址,即柱面号、磁头号和扇区号),如图 3.29 所示；如果打开的是逻辑磁盘,则既可以输入扇区号,也可以输入簇号,如图 3.30 所示。

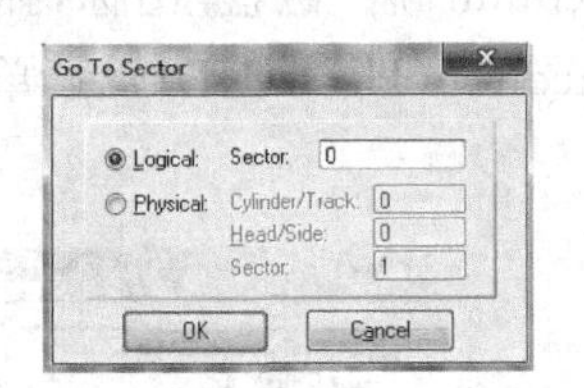

图 3.29　打开物理盘,转到某扇区号

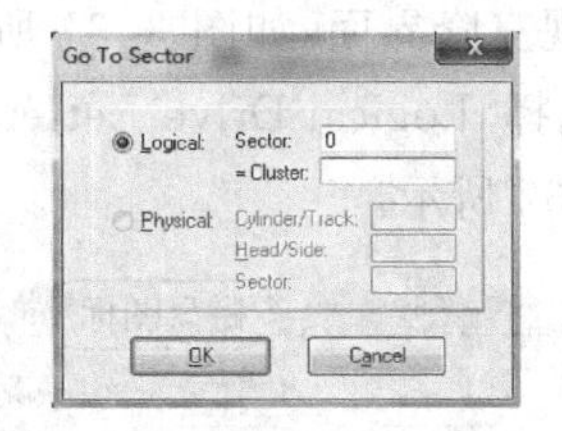

图 3.30　打开逻辑盘,转到某扇区号

① Go to FAT Entry.../Go to FILE Record

如果打开的是 FAT32 文件系统,此项为“Go to FAT Entry ... ”,其作用是：将光标移动到簇号项在 FAT1 表中的位置,用户需要输入簇号；

如果打开的是 NTFS 文件系统,此项为“Go to FILE Record ... ”,其作用是：将光标移动到元文件 $MFT 某个记录号的位置,用户需要输入记录号。

② ⇦倒退(B)：将光标移动到上一个位置。

③ ⇨前进(F)：将光标移动到下一个位置。

④ 转到：转到包括 8 个子菜单,即文件头(B)、文件尾(E)、选块头(L)、选块尾(K)、页面

头(A)、页面尾(N)、行首(G)和行末(O)。如果打开的是文件,可以将光标移动到文件头或文件尾;如果选择的是块,可以将光标移动到选块头或选块尾;也可以将光标移动到页面头或页面尾;也可以将光标移动到行首或行末。

5. 视图菜单栏是由仅显示文本、仅显示 Hex、记录简报、显示、模板管理器等组成

特别要注意显示下一级菜单下的数据解释器(D),该功能所显示的值与选项中"数据解释器"中的选择有关,默认为小头位序。当选中数据解释器中的"Big Endian"时为大头位序显示光标所在位置的数值。将光标移动到要解释数值的开始位置,则将以 8 位、16 位、24 位、32 位、64 位显示该数值十进制值或者显示日期时间值。

WinHex 提供了以模板的形式显示硬盘 MBR 分区表、FAT32_DBR、NTFS_DBR 等的详细信息,以供用户参考。

6. 工具菜单栏是由打开磁盘、磁盘工具等组成

(1) 打开磁盘:用于打开一个物理磁盘或一个逻辑磁盘。

磁盘工具与打开的磁盘有关;如果打开的是物理磁盘,则包括:克隆磁盘、按类型恢复文件、获取新建卷快照、扫描丢失分区、设置磁盘参数。

如果打开的是逻辑磁盘,则包括:克隆磁盘、按类型恢复文件、获取新建卷快照、初始化自由空间、初始化备用空间、初始化目录项和设置磁盘参数。

(2) 克隆磁盘:可以很方便地将一块硬盘或一个分区克隆到另一个硬盘上,或作为镜像文件。对话框中的来源和目标可以是硬盘、分区或者文件,可以根据实际情况进行选择,克隆时还能选择完整复制或者自定义扇区进行复制。另外,如果介质中有坏扇区,可以选择跳过的数目,还能定义坏扇区所对应的目标盘中填入的值。

例 3.12 将 U 盘以文件的形式克隆到 D 盘的根目录下,文件名为 U_disk2015-11-25。操作步骤如下:

① "工具(T)→磁盘工具(O)→"克隆磁盘(D)..."。

② 出现克隆界面,如图 3.31 所示,单击"Source: medium"后"磁盘"图标,弹出"选择磁盘"窗口,选择"Logical Drive Letters"下的"Removable medium(H:), HD1"后,单击"OK"按钮,如图 3.32 所示。

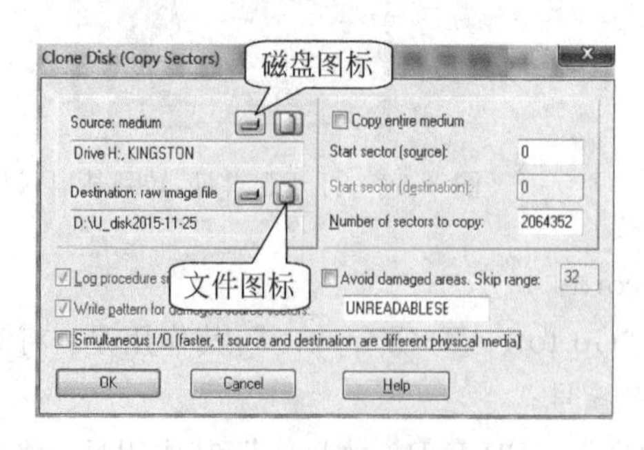

图 3.31 克隆磁盘窗口

图 3.32 选择磁盘窗口

③ 单击"Destination: raw image file"后"文件"图标,弹出"Make Backup/CreateImage Files"窗口,在"保存在(I)"后的下拉式列表框中选择"D:\",在文件名右边的文本框中输入文件名"U_disk2015-11-25",即 U 盘克隆后的文件名为"U_disk2015-11-25",存储在 D 盘的根目

录下，单击“保存”按钮，返回到克隆窗口。

④ 从图 3.31 可知，U 盘的开始扇区号(Start sector(source):)为 0，结束扇区号为 2064351；总扇区数(Number of sectors to copy:)为 2064352。

⑤ 单击“OK”按钮，开始克隆，克隆完成后，U 盘的数据便以文件的形式存储在 D 盘的根目录下，文件名为“U_disk2015-11-25”。

(3) 按类型恢复文件：在恢复文件时，如果文件名已经被覆盖或者用户不知道要恢复的文件名时，可选择该功能来恢复所需文件，前提是文件内容必须连续存储且文件内容没有被覆盖过；如果文件内容不连续存储，所恢复出来的文件内容将不完整。WinHex 可以按类型恢复“.jpg”“.png”“GIF”等文件。

(4) 打开内存：WinHex 支持直接对内存进行编辑。

(5) 计算器：调用 Windows 的计算器功能。

7. 专家菜单栏是由获取卷快照、技术细目报告等组成

(1) 重新获取卷快照：WinHex 可以对卷进行快照，即记录卷中的管理信息。当卷发生改变后，可以单击该按钮，重新获取卷的快照。

(2) 技术细目报告：显示当前打开的物理盘、逻辑盘或文件有关的技术参数。

对于打开物理盘而言，显示硬盘序列号、硬盘总线类型、硬盘总容量、每个扇区字节数、硬盘分区类型及分区情况等参数。

对于打开逻辑盘而言，显示逻辑盘文件系统类型、总容量、总扇区数、每个扇区字节数和每个簇的字节数等参数。

对于打开文件而言，显示文件所在的盘符、路径、文件名、文件大小(单位：字节)、文件建立的时间、文件最后写入的时间和文件属性。

(3) 映像文件为磁盘：当使用菜单栏中的“文件→打开”打开一个文件后，使用该功能可以将文件映像为磁盘。

(4) 重建 RAID 系统：WinHex 提供了对 RAID-0 和 RAID-5 服务器磁盘阵列进行重建的功能。

对于 RAID-0 的重建只需要分析磁盘的盘序、MBR 开始扇区号、每个条带的扇区数(即条带大小)，即可完成对 RAID-0 的重建工作。而对于 RAID-5 服务器磁盘阵列进行重建，则要比 RAID-0 复杂一些，需要分析磁盘的盘序、MBR 开始扇区号、每个条带的扇区数(即条带大小)、数据校验方向(数据校验方向一般分为同步和异步两种)和磁盘结构(磁盘结构一般分为左结构和右结构)。

8. 选项菜单栏是由常规、目录浏览器、数据解释器等组成

(1) 常规选项主要是对 WinHex 进行常规设置，包括临时文件夹的位置、图像和备份文件位置等设置。

(2) 目录浏览器选项主要是对目录浏览的一些参数设置，包括显示或隐藏项目的设置等。

(3) 数据解释器选项主要是对所显示的数据解释器进行设置；包括大头位序设置，8 位、16 位、24 位、32 位显示设置，日期时间显示设置等等；数据解释器是一个浮动窗口，可以在屏幕窗口中任意拖拽；当鼠标指针位于十六进制区或文本字符区时，数据解释器可以很方便地将鼠标指针当前所处位置的字节(或字符区的字符在十六进制区的对应字节)及向后若干个字节的十六进制数解释成十进制数、八进制数和日期等数据显示出来。

(4) 编辑模式选项主要是对编辑方式进行选择,编辑模式主要有:只读(即写保护)模式、缺省(可编辑)模式和读/写(可编辑)模式。

(5) 字符集选项主要是在"十六进制数据所对应的文本区"以什么样的字节集进行显示,选项有:ANSI ASCII码、IBM ASCII码、EBCDIC码和Unicode(UCS-2LE)码。例如:如果选择ANSI ASCII码,则在"十六进制数据对应的文本区"中以ANSI ASCII码进行显示。

3.4.5 使用WinHex注意事项

WinHex是一款非常优秀的磁盘编辑软件,在使用该软件时一定要小心、谨慎;稍有不慎将会给用户带来难以弥补的损失。作者经过多年的实践,总结出使用WinHex软件时的如下几点注意事项,供读者参考。

(1) 在使用WinHex前,用户需要具有一定的硬盘结构、数据存储、硬盘分区、文件系统等相关知识作为基础。

(2) 在使用WinHex软件搜索文本功能时,要注意搜索的文本是"ASCII/Code page"还是"Unicode",即要注意搜索文本窗口中的文本选项。

(3) 在使用WinHex软件查看磁盘扇区数据时,最好将编辑模式设置为"只读(写保护)",以免由于误操作造成损失。

操作方式:菜单栏上的"选项(O)"→"编辑模式(M)...",在弹出的"编辑模式(M)"窗口中选择"Read-only Mode(Write Protected)"。

(4) 在对硬盘的扇区进行编辑前,最好先将要编辑的扇区以文件的形式存储到其他硬盘上,文件名最好以扇区号命名。

(5) 定期或者不定期地将WinHex"临时文件夹"中存储的所有文件删除,并清空回收站;否则可能会影响到数据的正确性。

注:"临时文件夹"的位置可以通过菜单栏上的"选项(O)→常规(G) ...",在弹出的"常规选项"窗口中获得。

(6) 对要恢复数据的磁盘,严禁再在该盘上存储新的文件,更不要对磁盘进行整理。

(7) 在使用"克隆磁盘(D)..."功能对磁盘进行克隆时;**切记:一定要区分清楚"哪个是源盘""哪个是目标盘"**。

(8) 在使用"数据解释器"功能显示数据的十进制或日期时间时,请将光标移动到要解释数值的开始位置,同时还要注意数据的存储形式,即是小头位序还是大头位序。注:系统默认为是小头位序;当选中数据解释器中的"Big Endian"时为大头位序显示光标所在位置的数值。

思考题

3.1 InsPro Disk2.0默认安装目录是________。

3.2 InsPro Disk软件安装完成后,在程序菜单中出现两个程序运行快捷方式,一个名为________,另一个名为________。

3.3 在使用DiskCreator创建虚拟硬盘文件时,默认虚拟盘文件大小的计量单位是什么?虚拟硬盘文件存储在哪个目录下?默认扩展名是什么?

3.4　如何卸载 InsPro Disk2.0？

3.5　使用 Windows 7 操作系统的虚拟磁盘管理功能创建一个虚拟磁盘文件后，虚拟硬盘文件的扩展名是________，计量单位选项主要有________、________或________。

3.6　在D盘的根目录下有一个名为 abc.txt 的文件，使用记事本打开后的内容如图 3.33 所示；而使用 WinHex 打开该文件后的内容如图 3.34 所示。

图 3.33　使用记事本打开文本文件 abc.txt

```
WinHex - [abc.txt]
文件(F) 编辑(E) 搜索(S) 位置(P) 视图(V) 工具(T) 专家(I) 选项(O) 窗口(W) 帮助(H)
abc.txt
  Offset     0  1  2  3  4  5  6  7   8  9  A  B  C  D  E  F
00000000   D4 C6 C4 CF CA A1 C0 A5  C3 F7 CA D0 0D 0A 61 62   云南省昆明市..ab
00000010   63 64 65 66 67 68 69 6A  6B 6C 6D 6E 6F 70 71 72   cdefghijklmnopqr
00000020   73 74 75 76 77 78 79 7A                            stuvwxyz
Page 1 of 1      Offset:      0      = 212  Block:      n/a  Size:      n/a
```

图 3.34　使用 WinHex 打开文本文件 abc.txt

(1) 通过对图 3.33 和图 3.34 的比较，得知"云"和"a"的 ASCII 码见表 3.1 所列；请将表 3.1 中剩余汉字和小写英文字母的 ASCII 码填入到表 3.1 对应单元格中。

表 3.1　abc.txt 文件内容对应汉字和英文字母的 ASCII 码(存储形式)

汉　字	云	南	省	昆	明	市
ASCII 码	D4　C6					

英文字母	a	b	c	d	e	f	g	h	i	j	k	l	m
ASCII 码	61												
英文字母	n	o	p	q	r	s	t	u	v	w	x	y	z
ASCII 码													

(2) 在图 3.34 中，将 abc.txt 文件内容中的代码"0D"改为"61"、"0A"改为"62"(注：图 3.34 中方框中的内容)，然后存盘并退出 WinHex；再使用记事本打开该文件，请写出在记事本中查看到的文件内容。

3.7　使用记事本软件和使用 WinHex 打开同一个文本文件所查看到的内容有何区别？

3.8　WinHex 的专家菜单栏主要有哪些功能？

3.9　某用户将一个 Word 文档(注：该文档内容是连续存储的)放入回收站并且将回收站清空；但他又忘记了该文档删除前的文件名及文件的存放目录，可以使用 WinHex 来恢复该文档吗？如果能，请写出操作步骤；如果不能，请说明原因。

3.10　使用 WinHex 打开逻辑磁盘和打开物理盘有何区别？

3.11　如果当前打开的是物理磁盘，从专家菜单栏的技术细目报告功能，我们可以获得哪些关于物理磁盘的信息？如果当前打开的是逻辑盘，从专家菜单栏的技术细目报告功能，我们又可以获得哪些关于逻辑盘的信息？

3.12　WinHex 的重建 RAID 系统提供了哪几种磁盘阵列重组功能？

3.13　在“数据解释器中”默认显示数据的方式是大头位序还是小头位序？如何来改变数据解释器中的数据显示方式？

3.14　如何使用“数据解释器”的功能来查看数据？

3.15　WinHex编辑模式主要有哪几种？如何来改变WinHex编辑模式？

3.16　某用户的U盘通过计算机管理中的磁盘管理功能附加后，产生一个逻辑盘，盘符为G:，G盘的文件系统为FAT32，整个U盘0号扇区偏移0X01BE～0X01CD处的分区表为“00 02 03 00 0B FE 3F 18 80 00 00 00 00 28 06 00”(注：分区表中数据的存储形式为小头位序)。相对扇区在分区表中占4字节(即阴影部分)，其存储形式、十六进制和十进制已填入到表3.2对应单元格中。请回答下列问题：

(1) 分区表中最后4字节(即“00 28 06 00”)为总扇区数的存储形式，请将总扇区数的存储形式、十六进制和十进制填入到表3.2对应单元格中。

(2) 每个扇区的字节数为512，请计算G盘的容量，并将计算结果填入到表3.2对应单元格中；(注：G盘容量＝G盘总扇区数×每个扇区的字节数/1024/1024MB)

表3.2　整个U盘0号扇区的分区表中相对扇区和总扇区数

对应分区	相对扇区						总扇区数						G盘容量（单位：MB）
	存储形式				十六进制	十进制	存储形式				十六进制	十进制	
G盘分区	80	00	00	00	80	128							

(3) 请将G盘的总扇区数填入到表3.3对应单元格中，请计算G盘在整个U盘中的位置，即G盘在U盘中的开始扇区号和结束扇区号，并转换成对应的十六进制填入到表3.3对应单元格中。

表3.3　G盘的开始扇区号、结束扇区号和总扇区数(十进制数)

分区表对应盘符	开始扇区号		结束扇区号		总扇区数	
	十六进制	十进制	十六进制	十进制	十六进制	十进制
G盘						

注：由于U盘的分区表存储在整个U盘的0号扇区，所以，分区表中的相对扇区也就是G盘在整个U盘中的开始扇区号；G盘结束扇区号＝G盘开始扇区号＋总扇区数－1

3.17　在使用WinHex时，应该注意哪些事项？

第4章

Windows平台下硬盘分区

4.1 硬盘分区与主引导扇区结构

硬盘生产商将硬盘生产出来后，硬盘一般要经过低级格式化、初始化、建立分区和高级格式化这4个步骤后，才能用来存储数据。

4.1.1 低级格式化

低级格式化(Low Level Format)就是将整个硬盘中的盘面划分成若干个磁道，将每个磁道划分为若干个扇区，又将每个扇区划分为标识部分ID、间隔区GAP和数据区DATA等。低级格式化是针对整块硬盘的，是初始化、建立分区和高级格式化之前一项非常重要的工作。每块硬盘在出厂之前，低级格式化已由硬盘生产商完成；通常情况下，用户无须再对硬盘进行低级格式化操作。概括地说，硬盘低级格式化主要对硬盘做了以下6项工作：

(1) 测试硬盘盘面介质。

(2) 对每个扇区进行读/写检查，对已损坏的扇区做“坏扇区标记”。

(3) 将每个扇区的数据区清零，并重写校验值。

(4) 对每个扇区重新进行编号。

(5) 写磁道伺服信息，对所有磁道进行重新编号。

(6) 写状态参数，并修改特定参数。

硬盘是计算机系统中最重要的外存储器，存储着大量的用户数据；因此，使用时要重点保护，不到万不得已(如：硬盘出现许多坏扇区)，千万不要轻易对硬盘进行低级格式化。

4.1.2 初始化

销售商或用户在对硬盘分区之前，还需要对硬盘进行初始化操作；对硬盘进行初始化就是选择硬盘的分区形式。Windows 7平台为硬盘提供了两种分区形式，即MBR分区形式和GPT分区形式(注：有关硬盘初始化过程，请读者参照3.3.3节)。

对硬盘进行初始化时，如果用户选择MBR分区形式，系统在硬盘0号扇区写入主引导记录、磁盘签名和结束标志；如果用户选择 GPT 分区形式，系统在硬盘 0 号扇区写入主引导记录、磁盘签名、分区表和结束标志，在硬盘 1 号扇区写入 GPT 头、2 号扇区建立微软公司保留分区、倒数 34 号扇区建立微软公司保留分区、倒数 2 号扇区写入 GPT 头备份。

4.1.3 建立分区

硬盘初始化完成后，就可以在硬盘上建立分区；建立分区的方法主要有以下 4 种：

(1) 在 DOS 下，通过 FDISK 命令来建立。

(2) 在安装系统过程中建立分区。

(3) 在 Windows 平台下，通过计算机管理中的磁盘管理功能来建立分区。

(4) 通过其他分区软件或数据恢复软件来建立分区。

下面以实例的形式介绍在 Windows 7 平台下建立 MBR 分区的过程。

例 4.1 在磁盘 1 上建立一个 MBR 分区，分区大小为 197MB；注：磁盘 1 是素材文件 abcd40.vhd 通过计算机管理中的磁盘管理功能附加后产生的虚拟硬盘，该虚拟硬盘已经过 MBR 分区初始化，操作步骤如下：

(1) 在计算机管理窗口中，选择左侧“存储→磁盘管理”，将光标移动到磁盘 1 中“199MB 未分配”处，右击，从弹出的快捷菜单中选择“新建简单卷(I)...”，如图 4.1 所示。

(2) 出现“新建简单卷向导”第 1 个窗口，单击“下一步”按钮；出现“新建简单卷向导”第 2 个窗口，在“简单卷大小(MB)(S):”右侧列表框中输入或者选择“197”，如图 4.2 所示，单击“下一步”按钮。

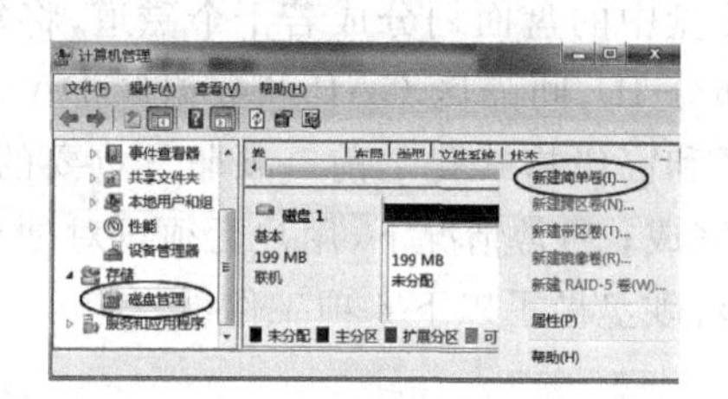

图 4.1 新建简单卷

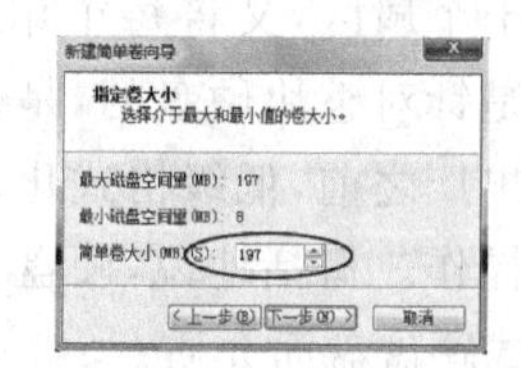

图 4.2 输入简单卷大小(MB)(S)

注：用户在建立分区时，输入简单卷的大小 197MB 后会转换为总扇区数存储在分区表中，存储形式采用小头位序，占 4 字节，即存储形式为“00 28 06 00”；

$$197\text{MB} \div 512\ \text{字节/扇区} = 197 \times 1024 \times 1024\ \text{字节} \div 512\ \text{字节/扇区}$$
$$= 403\,456\ \text{扇区(即 0X062800 扇区)}$$

(3) 出现“新建简单卷向导”第 3 个窗口，分配驱动器号和路径，这里选择“H”，即该分区表对应的逻辑盘为 H 盘，如图 4.3 所示，单击“下一步”按钮。

(4) 出现“新建简单卷向导”第 4 个窗口，格式化分区，用户可以选择“不格式化这个卷(D)”，也可以选择“按下列设置格式化这个卷”，这里选择“不格式化这个卷(D)”，如图 4.4 所示，单击“下一步”按钮。

至此，在磁盘 1 的 0 号扇区偏移 0X01BE～0X01CD 处建立了一个 MBR 分区表，分区表的长度为 16 字节，其存储形式为“00 02 03 00 06 FE 3F 18 80 00 00 00 00 28 06 00”，该分区表对应盘符为 H:，大小为 197MB，从分区表可以获得 H 盘在磁盘 1 的开始扇区号为

0X00000080(即128),总扇区数为0X00062800,通过分区表中的开始扇区号和总扇区数可以计算H盘的结束扇区号为0X06287F。

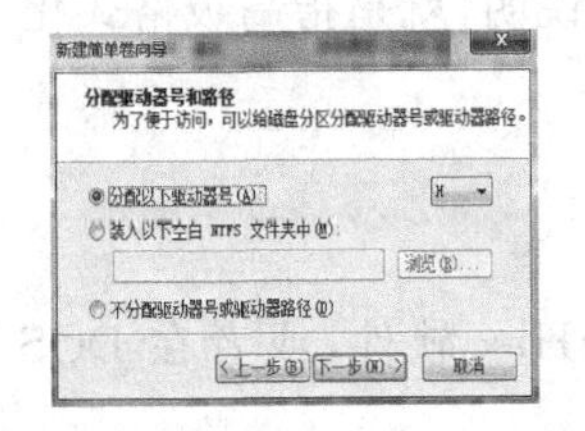

图4.3　分配驱动器号与路径

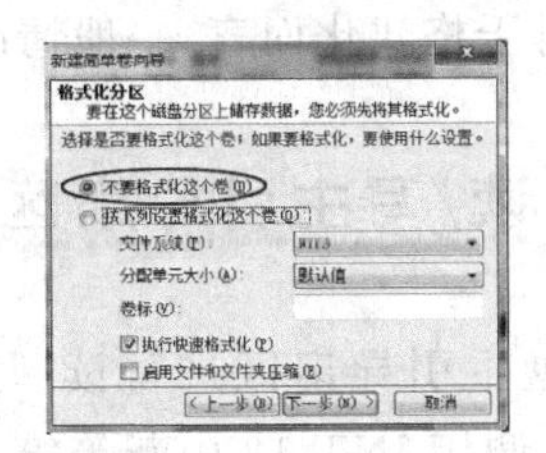

图4.4　格式化分区

由于用户没有对建立的分区进行(快速)格式化操作,所以MBR分区表中的分区标志为"06"。用户对建立的分区进行(快速)格式化操作,如果文件系统选择"FAT32",那么分区表中的分区标志为"0B"或者"0C";如果文件系统选择"NTFS",那么分区表中的分区标志为"07"。

温馨提示:建立分区后,如果用户没有对逻辑盘进行(快速)格式化操作,该分区对应的开始扇区会被填充为"00"。在例4.1中,磁盘1的128号扇区的值为512个"00"。

4.1.4　删除分区

一般来说,删除分区的方法主要有以下4种:

(1) 在DOS下,通过FDISK命令来删除分区。

(2) 在安装系统过程中删除分区。

(3) 在Windows平台下,通过计算机管理中的磁盘管理功能删除分区。

(4) 通过其他分区软件或数据恢复软件删除分区。

例4.2　删除磁盘1中建立的MBR分区;操作步骤如下:

(1) 在计算机管理窗口中,选择左侧"存储"→"磁盘管理"。

(2) 将光标移动在磁盘1中的"(H:)197MB RAW"处,右击,从弹出的快捷菜单中选择"删除卷(D)..."后,弹出"删除简单卷"警告窗口,单击"是"按钮。

至此,磁盘1的0号扇区偏移0X01BE～0X01CD处的值已被16个"00"填充,即MBR分区已经被删除。

4.1.5　高级格式化

硬盘分区结束后,在硬盘中就建立了一个个相对"独立"的逻辑盘(或者称为卷),这些相对"独立"的逻辑盘还需要进行高级格式化后,才能够用来存储数据。

高级格式化就是在操作系统环境下,对逻辑盘按指定文件系统的要求进行的一种结构重组;具体来说,就是对逻辑盘进行初始化,对逻辑盘中的扇区进行检测,如果存在坏扇区,则对其进行标注,生成引导区信息等,以便操作系统能够对逻辑盘进行正常的管理。

高级格式化还有另一种方式就是快速格式化,快速格式化省略了高级格式化中检测扇区这一步骤,直接按文件系统要求对逻辑盘进行重组。快速格式化提高了格式化的速度,却牺牲了可靠性。经快速格式化的逻辑盘，可以用磁盘检测工具对逻辑盘进行扫描来校验扇区，以保证数据存取的可靠性。

注：对于格式化而言，一般情况下，如果没有作特别说明，就是指高级格式化。

4.1.6 读/写主引导扇区

对硬盘主引导扇区进行读/写操作，可以使用 WinHex 软件，或者在 DOS 方式下使用 debug. exe 调用 INT 13 中断等等。

这里只介绍使用 WinHex 软件读/写硬盘主引导扇区，在 Windows XP 操作系统下，操作步骤如下：

(1) 启动 WinHex 软件。

(2) 在菜单栏上选择“工具”→“打开磁盘”。

(3) 在“Select Disk”窗口的 Physical Media 下选择要编辑的物理磁盘，单击“OK”按钮；例如：选择[abcd41. vhd]，如图 4.5 所示。

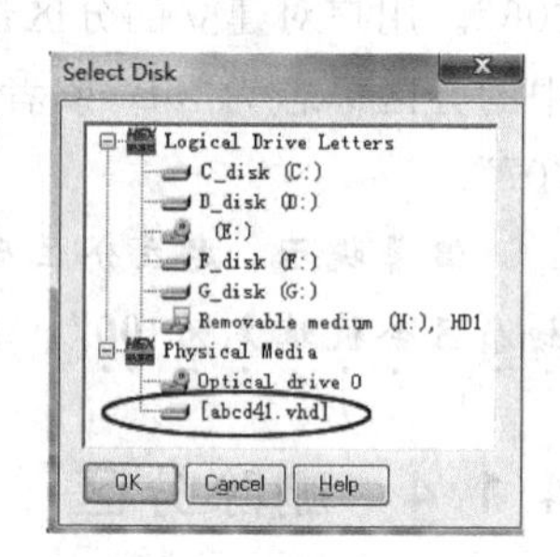

图 4.5 选择物理盘

(4) 在“Partitioning style：MBR”中选择“Start sectors 0”，即将硬盘主引导扇区读入到内存；可以对硬盘主引导扇区进行编辑，单击“保存”完成写操作。

例 4.3 由于这里使用的是虚拟磁盘文件，其操作方法为：以文件的形式打开素材文件 abcd41. vhd，并映像成为磁盘。操作步骤如下：

(1) 启动 WinHex 软件。

(2) 在菜单栏上选择“文件(F)→打开(O)...”，在弹出的“Open Files”窗口中选择 abcd41. vhd 文件。

(3) 在菜单栏上选择“专家(I) →映像文件为磁盘(A)”；单击“Start sectors 64. 0KB 0”即可选择硬盘主引导扇区，如图 4.6 所示。

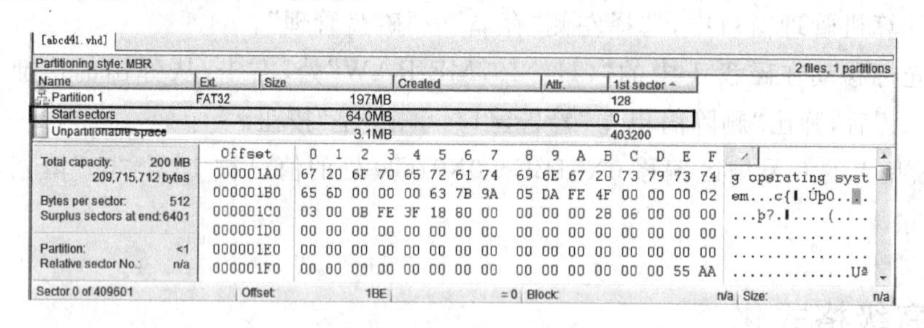

图 4.6 选择整个硬盘 0 号扇区

(4) 如果要对主引导扇区进行编辑操作，直接在工作区进行编辑操作即可，如果要存盘，单击“工具栏”上的“💾”图标或者选择菜单栏上的“文件→存储扇区”，出现警告窗口，单击“OK”按钮即可。

4.1.7 主引导扇区结构

硬盘经分区后(注：本节主要讨论 MBR 分区，有关其他分区，请读者自行查询有关资料)，

就形成了硬盘主引导扇区的结构。一般情况下，硬盘的主引导扇区位于硬盘的0磁头0柱面1扇区（即整个硬盘的0号扇区），该扇区的信息可以通过以下4种方式中的一种来建立：

（1）通过分区命令（如：DOS操作系统下的FDISK.EXE命令）来建立。

（2）安装操作系统时随安装过程自动建立。

（3）Windows操作系统下，通过计算机管理下的磁盘管理来建立。

（4）通过其他分区软件或者数据恢复软件来建立。

该扇区由4部分组成，即硬盘主引导记录、磁盘签名、分区表和结束标志。正常的主引导扇区（注：素材文件abcd41.vhd映像为硬盘后的0号扇区）如图4.7所示。

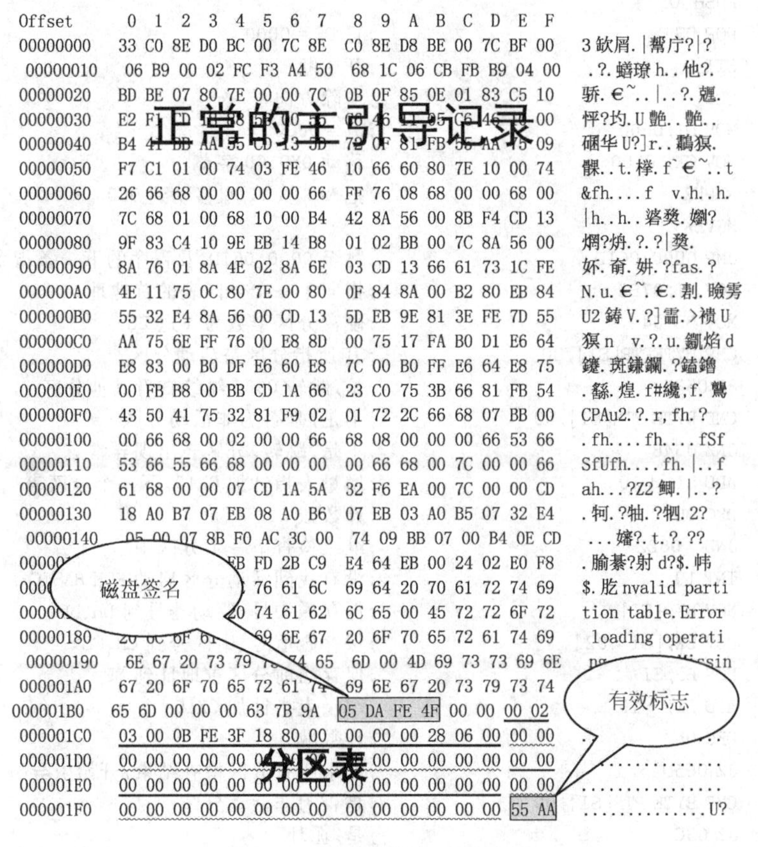

图4.7 硬盘0号扇区原代码

如果计算机用硬盘启动，计算机自检完成后，硬盘的主引导扇区首先被调入到内存，并将控制权转移到内存中的主引导扇区开始位置，然后开始执行主引导记录。

1. 硬盘主引导记录

正常的硬盘主引导记录大约占用硬盘主引导扇区前434字节，一般从扇区偏移0X0000开始至扇区偏移0X01B1结束；主要作用是寻找活动分区并将活动分区的引导记录调入到内存并执行活动分区的引导记录。如果该硬盘主引导扇区被计算机病毒感染，或者用户安装了一键还原软件、还原卡等，则主引导扇区一般会被移动到硬盘0磁头0柱面2扇区至0磁头0柱面63扇区之间的某一个扇区（注：假设硬盘每个磁道的扇区数为63），具体位置与病毒程序、一键还原软件或还原卡的安装软件有关。该引导记录被篡改后，成为非正常的主引导记录。正常的硬盘主引导记录如下(注：该记录是硬盘主引导记录被调入内存后,并开始执行的记录)。

```
0000:7C00  CLI                          ;关中断
0000:7C01  XOR AX,AX                    ;设置堆栈段地址为 0000
0000:7C03  MOV SS,AX
0000:7C05  MOV SP,7C00                  ;设置堆栈指针为 7C00
0000:7C08  MOV SI,SP                    ;置 SI = 7C00
0000:7C0A  PUSH AX
0000:7C0B  POP ES                       ;置 ES = 0000
0000:7C0C  PUSH AX
0000:7C0D  POP DS                       ;置 DS = 0000
0000:7C0E  STI                          ;开中断
0000:7C0F  CLD                          ;清除方向
0000:7C10  MOV DI,0600                  ;DI = 0600
0000:7C13  MOV CX, 0100                 ;移动 0X0100 字节
0000:7C16  REPNZ                        ;把 MBR 从 7C00 移动到 0600
0000:7C17  MOVSW
0000:7C18  JMP 0000:061D                ;跳至 0000:061D,及程序的下一条指令
0000:061D  MOV SI,07BE                  ;指向第一个分区表的首地址
0000:0620  MOV BL,04                    ;硬盘分区个数为 4 送 BL
0000:0622  CMP BYTEPTR[SI],80           ;SI 所指分区是活动分区?
0000:0625  JZ 0635                      ;是,跳转 0635 继续查看其他分区
0000:0627  CMP BYTE PTR[SI],00          ;不是,是否为非活动分区
0000:062A  JNZ 0648                     ;不是,跳转,分区表出现异常
0000:062C  ADD SI, +10                  ;增量表指针加 0X10,下一个分区表
0000:062F  DEC BL                       ;计数减 1
0000:0631  JNZ  0622                    ;继续检查下一个分区中
0000:0633  INT 18                       ;没有找到活动分区启动 ROM BASIC
0000:0635  MOV DX,[SI]                  ;保存磁头号、驱动器号到 DH、DL
0000:0637  MOV CX,[SI + 02]             ;保存磁道号、扇区号到 CH、CL
0000:063A  MOV BP,SI                    ;保存当前分区首地址到 BP
0000:063C  ADD SI, +10                  ;增量表指针加 0X10
0000:063F  DEC BL                       ;计数减 1
0000:0641  JZ 065D                      ;如果所有分区检查结束,开始引导
0000:0643  CMP BYTE PTR[SI],00          ;是否为非活动分区
0000:0646  JZ 63C                       ;是,循环
0000:0648  MOV SI,068B                  ; SI 指向字符串"Invalid partition table"
0000:064B  LODSB                        ;取得消息的字符
0000:064C  CMP AL,00                    ;判断消息的结尾
0000:064E  JZ 065B                      ;显示错误信息后挂起
0000:0650  PUSH SI                      ;保存 SI
0000:0651  MOV BX,0007                  ;BL = 字符颜色,BH = 页号
0000:0654  MOV AH,0E                    ;显示一个字符
0000:0656  INT 10
0000:0658  POP SI                       ;恢复 SI
0000:0659  JMP 064B                     ;循环显示剩下的字符
0000:065B  JMP 065B                     ;死循环挂起
0000:065D  MOV DI,005                   ;设置尝试的次数
0000:0660  MOV BX,7C00                  ;设置读盘缓冲区
0000:0663  MOV AX,0201                  ;读入一个扇区
0000:0666  PUSH DI                      ;保存 DI
```

```
0000:0667   INT 13                    ;把扇区读入 0000: 7C00
0000:0669   POP DI                    ;恢复 DI
0000:066A   JNB 0678                  ;读扇区操作成功,转 0678
0000:066C   XOR AX,AX                 ;读盘操作失败,硬盘复位
0000:066E   INT 13
0000:0670   DEC DI                    ;计数器减 1
0000:0671   JNZ 0660                  ;剩余次数不为零,继续尝试
0000:0673   MOV SI,06A3               ;SI 指向字符串"Error loading operation system"
0000:0676   JMP  064B                 ;显示出错信息,并挂起
0000:0678   MOV SI,06C2               ;SI 指向字符串"Missing operation system"
0000:067B   MOV DI,7DFE               ;指向分区结束标志
0000:067E   CMP WORD PTR[DI],AA55     ;自举标志是 AA55 吗?
0000:0682   JNZ 064B                  ;不正确,显示出错信息,挂起
0000:0684   MOV SI,BP                 ;是,恢复可引导分区首地址与 SI
0000:0686   JMP 0000:7C00             ;一切正常,转分区引导记录执行
0000:068B   DB  "Invalid partition table"
0000:06A3   DB  "Error loading operation system"
0000:06C2   DB  "Missing operation system"
```

如果一块硬盘不引导操作系统,可以没有主引导记录,即主引导记录代码可以为全“00”。

2. Windows 磁盘签名

Windows 磁盘签名占用 4 字节,位于扇区偏移 0X01B8～0X01BB 处,是 Windows 系统对硬盘初始化时写入的一个磁盘标签,它是 MBR 扇区中不可缺少的一个组成部分,Windows 系统依靠它来识别硬盘,如果磁盘签名丢失,Windows 系统就会认为该硬盘没有初始化,Windows 会自动产生一个磁盘签名。

3. 分区表

分区表位于扇区偏移 0X01BE～0X01FD 处,是该扇区中最重要的组成部分；在图 4.7 中,只有一个 MBR 分区表,分区表为“00 02 03 00 0B FE 3F 18 80 00 00 00 00 28 06 00”。从分区表可知,该逻辑盘占用整个硬盘扇区号范围为 0X80～0X06287F；详见本章 4.2 节。注：分区表中的数据存储形式采用小头位序。

4. 结束标志(有效标志)

有的资料也称有效标志,位于扇区偏移 0X01FE～0X01FF 处,其值固定为“55 AA”,即[01FE]=55,[01FF]=AA。如果不是“55 AA”,附加该硬盘后,在计算机管理窗口中会现出“磁盘没有初始化”提示,如图 4.8 所示。

切记,“千万不要对硬盘进行初始化”操作；如果对“硬盘进行初始化”操作,硬盘 0 号扇区的 MBR 分区表将被删除；此时,只要将扇区最后两个字节的值修改为“55 AA”即可排除此故障。

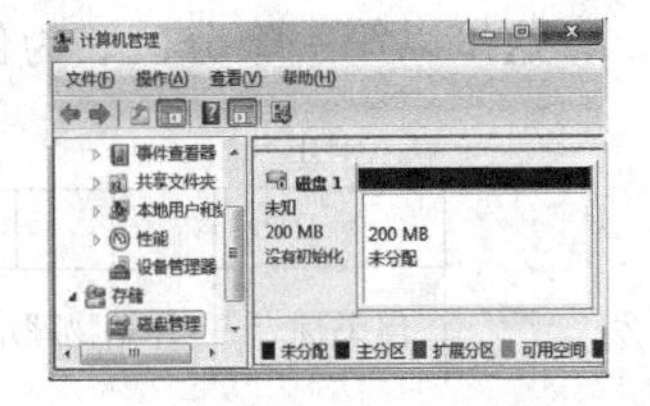

图 4.8　有效标志被破坏后

4.2 硬盘 MBR 分区

4.2.1 MBR 分区分类

MBR 分区是目前微型计算机中使用比较多的一种分区形式。如果按分区的作用来划分，可以将分区分为主逻辑盘分区、扩展磁盘分区、逻辑盘分区、逻辑盘链接项(注：有的资料又称为子扩展分区)和隐藏分区。描述分区对应的数值称为分区表。

(1) 主逻辑盘分区(简称主分区)表：存储在硬盘 0 磁头 0 柱面 1 扇区(即整个硬盘逻辑 0 号扇区)，除扩展分区以外的分区，该分区的开始地址对应着一个逻辑盘的开始扇区，也就是该逻辑盘的 0 号扇区，即逻辑盘的 DBR。

(2) 扩展磁盘分区(简称扩展分区)表：存储在硬盘的 0 磁头 0 柱面 1 扇区(即整个硬盘逻辑 0 号扇区)，分区标志为 0X05 或 0X0F，该分区的开始扇区对应一个逻辑扇区，在该逻辑扇区中存储着一个分区表(注：该分区表对应着一个逻辑盘)或两个分区表(其中：一个分区表对应一个逻辑盘，而另一个对应逻辑盘链接项表)。

(3) 逻辑盘分区表：在扩展分区中，如果再建立一个逻辑盘，那么，该逻辑盘的分区表就存储在扩展分区的开始扇区中。

(4) 逻辑盘链接项表：在扩展分区中，如果再建立两个以上的逻辑盘，则将产生一个以上的逻辑盘链接项，逻辑盘链接项的数量等于扩展分区中逻辑盘的数量减 1。例如：如果在扩展分区中再建立三个逻辑盘，则将产生两个逻辑盘链接项；在扩展分区中，使用二叉树结构对逻辑盘分区表和逻辑盘链接项进行管理。

(5) 隐藏分区表：隐藏分区是指在资源管理器中，用户不能查看到该分区对应逻辑盘的分区形式，隐藏分区表一般存放在整个硬盘的 0 号扇区，分区标志一般为 0X12、0X1B、0X1C、0X1D、0X1E 和 0XDE 等等。用户只要修改其分区标志，并重新附加该硬盘后，在资源管理器中便可以查看到该分区对应的逻辑盘符。

4.2.2 MBR 分区表存储方式

硬盘的寻址方式主要有 CHS(即柱面、磁头和扇区)寻址方式和 LBA(即逻辑块)寻址方式两种。按数据存取方式可以将分区表的存储方式分为 CHS 方式和 LBA 方式两种。

1. CHS 方式

这里以第一个分区表为例，分区表结构如图 4.9 所示，说明如下：

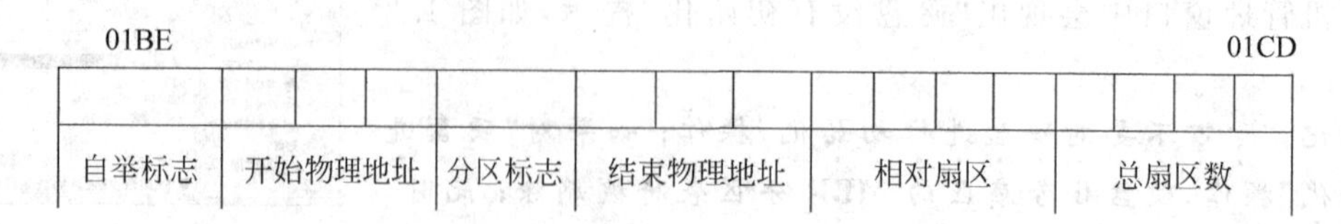

图 4.9 CHS 存取方式下，MBR 分区表存储结构

(1) [01BE]表示自举标志,该值取 0X80 时表示该分区可以自举,取 0X00 时表示该分区不可自举,其他值为非法。

(2) [01BF~01C1]表示该分区开始物理地址;其中:[01BF]表示该分区开始磁头号;[01C0]中的 Bit_5~Bit_0 表示该分区开始扇区号(即该字节的低 6 位表示该分区开始扇区号),Bit_7~Bit_6 分别表示该分区开始柱面号的 Bit_9~Bit_8;[01C1]表示该分区开始柱面号的 Bit_7~Bit_0,与[01C0]中的 Bit_7~Bit_6 一起共计 10 位表示该分区开始柱面号。

(3) [01C2]表示该分区标志,即该分区所对应文件系统的类型。该字节取不同值时含义不同,详见表 4.1 所列。

(4) [01C3~01C5]表示该分区的结束物理地址;其中:[01C3]表示该分区结束磁头号;[01C4]中的 Bit_5~Bit_0 表示该分区结束扇区号(即该字节的低 6 位表示该分区结束扇区号),Bit_7~Bit_6 分别表示该分区结束柱面号的 Bit_9~Bit_8;[01C5]表示该分区结束柱面号的 Bit_7~Bit_0,与[01C4]中的 Bit_7~Bit_6 一起共计 10 位表示该分区的结束柱面号。

(5) [01C6~01C9]表示该分区的相对扇区;对于主分区表和扩展分区表是指相对于主引导扇区(即 0 磁头 0 柱面 1 扇区)的扇区数;对于 D 盘分区表和链接项是指相对于扩展分区的开始物理地址的扇区数;对于各逻辑盘是指相对于该逻辑盘链接项的扇区数,该值占 4 字节。

(6) [01CA~01CD]表示该分区总扇区数;即该分区可用总扇区数,该值占 4 字节。

目前,CHS 存储方式已经基本不再使用,但是当硬盘总柱面数小于 1023 时,从表面上看好像仍是 CHS 存储方式。

2. LBA 方式

这里以第一个分区表为例,分区表结构如图 4.10 所示,说明如下:

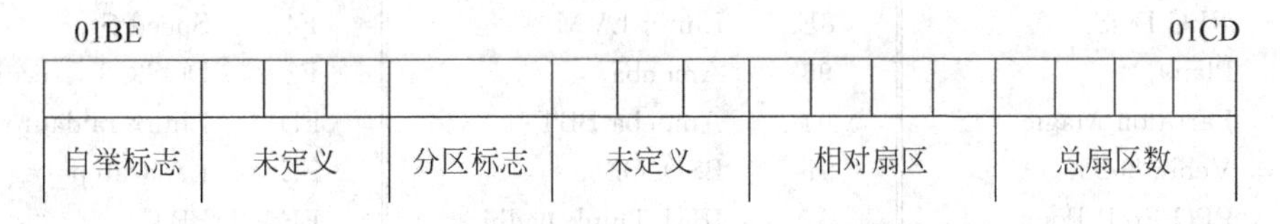

图 4.10 LBA 存取方式下,MBR 分区表存储结构

(1) [01BE]表示该分区的自举标志,该值取 0X80 时表示该分区可以自举,取 00 时表示该分区不可自举,其他值为非法。

(2) [01BF~01C1]在 LBA 存取方式下没有定义,一般情况下,该值可以取成与 CHS 存取方式下的值。如果开始柱面超过 1023 时,对于扩展分区和接链项该值一般为[01BF]=0X00、[01C0]=0XC1 和[01C1]=0XFF;而对于逻辑盘分区表,该值一般为[01BF]=0X01、[01C0]=0XC1 和[01C1]=0XFF,当然也可以是其他任何值。

(3) [01C2]表示该分区的标志,即该分区所对应文件系统的类型,该字节取不同值时含义不同,详见表 4.1 所列。

(4) [01C3~01C5]在 LBA 存取方式下未定义,一般情况下,该值可以取成与 CHS 存取方式下的值。如果结束柱面超过 1023 时,对于扩展分区和逻辑盘分区该值一般为[01C3]=0XFE、[01C4]=0XFF 和[01C5]=0XFF,当然也可以是其他任何值。

表 4.1 分区标志说明表(十六进制)

标志	说　明	标志	说　明	标志	说　明
00	Empty	4D	QNX4. x	A6	Open BSD
01	FAT12	4E	QNX4. x2ndpart	A7	NeXT STEP
02	XENIX root	4F	QNX4. x3rdpart	A8	Darwin UFS
03	XENIX	50	On Track DM	A9	Net BSD
04	FAT16 <32M	51	On Track DM6Aux	AB	Darwin boot
05	Extended	52	CP/M	B7	BSD Ifs
06	FAT16	53	OnTrackDM6Aux	B8	BSDI swap
07	HPFS/NTFS	54	OnTrackDM6	BB	Boot Wizardhid
08	AIX	55	EZ-Drive	BE	Solaris boot
09	AIX bootable	56	Golden Bow	C1	DRDOS/sec(FAT)
0A	OS/2 BootManag	5C	Priam Edisk	C4	DRDOS/sec(FAT)
0B	Win FAT32	61	Speed Stor	C6	DRDOS/sec(FAT)
0C	Win FAT32(LBA)	63	GNUHUR DorSys	C7	Syrinx
0E	Win FAT16(LBA)	64	Novell Netware	DA	Non-FS data
0F	Win Ext'd(LBA)	65	Novell Netware	DB	CP/M/CTOS
10	OPUS	70	Disk SecureMult	DE	Dell Utility
11	Hidden FAT12	75	PC/IX	DF	Boot It
12	Compaq diagnost	80	Old Minix	E1	DOS access
14	Hidden FAT16	81	Minix/oldLin	E3	DOSR/O
16	Hidden FAT16	82	Linux swap	E4	Speed Stor
17	Hidden HPFS/NTFS	83	Linux	EB	BeOSfs
18	AST Smart Sleep	84	OS/2 hidden C:	EE	EFI GPT
1B	Hidden FAT32	85	Linux extended	EF	EFI FAT12/16
1C	Hidden FAT32(LBA)	86	NTFS Volume set	F0	Linux /PA-RISCb
1E	Hidden LBA VFAT	87	NTFS Volume set	F1	Speed Stor
24	NEC DOS	8E	Linux LVM	F4	Speed Stor
39	Plan9	93	Amoeba	F2	DOS3. 3+secondary
3C	Partition Magic	94	Amoeba BBT	FD	Linux raidauto
40	Venix 80286	9F	BSD/OS	FE	LAN step
41	PPC PreP Boot	A0	IBM Think padhi	FF	BBT
42	SFS	A5	Free BSD		

(5) [01C6～01C9]表示该分区相对扇区,对于主逻辑盘分区表和扩展分区表是指相对于主引导扇区(即整个硬盘 0 号扇区)的扇区数;对于 D 盘分区表和各链接项表是指相对于扩展分区的开始物理地址的扇区数;对于各逻辑盘分区表是指相对于该逻辑盘链接项表的扇区数,该值占 4 字节。

(6) [01CA～01CD]表示该分区的实用扇区数,即该分区总扇区数,该值占 4 字节;如果 1 个扇区等于 512 字节,那么,该分区的容量=该分区的实用扇区数×512 字节。

4.2.3 MBR 分区表管理方式

在硬盘 0 号扇区偏移 0X01BE～0X01FD 处最多只能存放 4 个分区表,用户在分区时,可以根据需要建立一些逻辑盘。注:各逻辑盘的大小由用户在建立分区时,根据需要设定。

作者根据大量的实验发现：在MBR分区形式中，常见的分区形式有主逻辑盘分区，主逻辑盘分区与扩展分区，隐藏分区、主逻辑盘分区与扩展分区。

1. 主逻辑盘分区

在这种方式下，在硬盘的主引导扇区（即0磁头0柱面1扇区）偏移地址0X01BE～0X01FD处最多可以存放4个分区表；假设硬盘在计算机管理为磁盘0，0号扇区的4分区表分别对应C盘分区、D盘分区、E盘分区和F盘分区，其分区逻辑结构如图4.11所示。采用这种分区管理方式通常是安装了硬盘还原卡；计算各逻辑盘在整个硬盘中的位置如式(4.1)～式(4.8)：

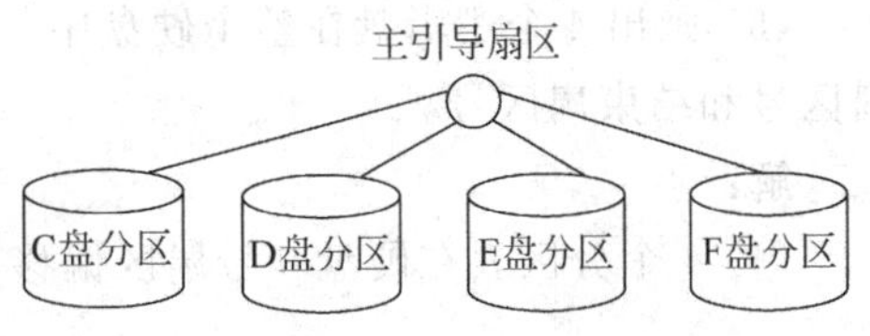

图4.11 主逻辑盘分区结构

C盘开始扇区号 = C盘分区相对扇区 (4.1)

C盘结束扇区号 = C盘开始扇区号 + C盘分区总扇区数 − 1 (4.2)

D盘开始扇区号 = C盘结束扇区号 + 1 = D盘分区表相对扇区 (4.3)

D盘结束扇区号 = D盘开始扇区号 + D盘分区总扇区数 − 1 (4.4)

E盘开始扇区号 = D盘结束扇区号 + 1 = E盘分区相对扇区 (4.5)

E盘结束扇区号 = E盘开始扇区号 + E盘分区总扇区数 − 1 (4.6)

F盘开始扇区号 = E盘结束扇区号 + 1 = F盘分区相对扇区 (4.7)

F盘结束扇区号 = F盘开始扇区号 + F盘分区总扇区数 − 1 (4.8)

从式(4.1)～式(4.8)可知，这4个分区是尾首相连的，即第1个分区结束后的下一个扇区是第2个分区的开始扇区，以此类推。

各逻辑盘单独打开后，其开始扇区号均为0，计算结束扇区号如式(4.9)：

各逻辑盘单独打开后结束扇区号＝各逻辑盘分区总扇区数－1 (4.9)

例4.4 某硬盘容量为299MB(注：素材文件名为abcd42.vhd)，被划分为4个分区，使用WinHex打开该物理硬盘。

操作方式："文件→打开"→"选择abcd42.vhd文件"，"专家→映像文件为磁盘"→"选择整个硬盘的0号扇区"。

整个物理硬盘共有614401个扇区，扇区编号为0～614400，分区类型为MBR，在整个硬盘的0号扇区偏移0X01BE～0X01FD处共存储4个分区表，即Partition1～Partition4，假设4个分区对应的4个逻辑盘分别为H盘、I盘、J盘和K盘(即磁盘0时的C盘、D盘、E盘和F盘)，文件系统均为FAT32，如图4.12所示。请回答下列问题：

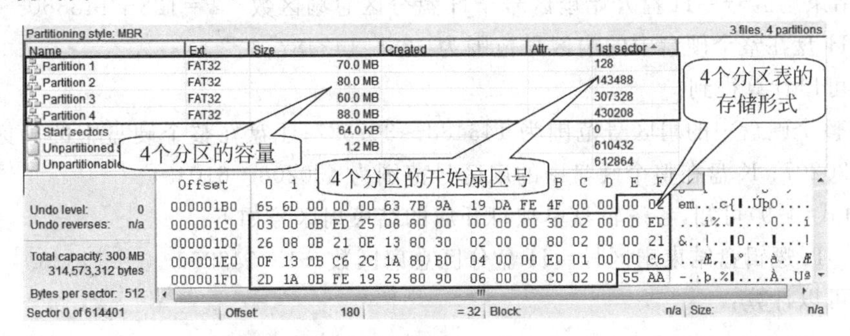

图4.12 某硬盘0号扇区的4个分区

(1) 将硬盘 0 号扇区 4 个分区表的存储形式分别填入到表 4.2 对应单元格中。

(2) 将 4 个分区表的含义分别填入到表 4.3 对应单元格中。

(3) 计算 4 个逻辑盘在整个硬盘中的扇区号范围。

(4) 每个逻辑盘单独打开后，开始扇区号均为 0，计算每个逻辑盘单独打开后的结束扇区号。

(5) 画出 4 个逻辑盘在整个硬盘中的分布结构图，并标明 4 个逻辑盘单独打开后的开始扇区号和结束扇区号。

解：

(1) 4 个分区表在硬盘 0 号扇区偏移和存储形式见表 4.2 所列。

表 4.2 整个硬盘 0 号扇区偏移 0X01BE～0X01FD 处 4 个分区表(存储形式)

对应分区	扇区偏移	自举标志	开始地址	分区标志	结束地址	相对扇区	总扇区数
H 盘分区	01BE～01CD	00	02 03 00	0B	ED 25 08	80 00 00 00	00 30 02 00
I 盘分区	01CE～01DD	00	ED 26 08	0B	21 0E 13	80 30 02 00	00 80 02 00
J 盘分区	01DE～01ED	00	21 0F 13	0B	C6 2C 1A	80 B0 04 00	00 E0 01 00
K 盘分区	01EE～01FD	00	C6 2D 1A	0B	FE 19 25	80 90 06 00	00 C0 02 00

(2) 4 个分区表含义见表 4.3 所列。

表 4.3 H、I、J 和 K 盘 4 个分区表含义

分区表	进制	自举标志	开始地址			分区标志	结束地址			相对扇区	总扇区数
			磁头	扇区	柱面		磁头	扇区	柱面		
H 盘	十进制	0	2	3	0	11	237	37	8	128	143360
	十六进制	00	02	03	00	0B	ED	25	08	80	23000
I 盘	十进制	0	237	38	8	11	33	14	19	143488	163840
	十六进制	00	ED	26	08	0B	21	0E	13	23080	28000
J 盘	十进制	0	33	15	19	11	198	44	26	307328	122880
	十六进制	00	21	0F	13	0B	C6	2C	1A	4B080	1E000
K 盘	十进制	0	198	45	26	11	254	25	37	430208	180224
	十六进制	00	C6	2D	1A	0B	FE	19	25	69080	2C000

(3) 由式(4.1)～式(4.8)可知：

H 盘开始扇区号＝H 盘分区相对扇区＝128

H 盘结束扇区号＝H 盘开始扇区号＋H 盘分区总扇区数－1＝128＋143360－1＝143487

所以，H 盘在整个硬盘中的扇区号范围为 128～143487。

同理，可以计算得到：

I 盘在整个硬盘中的扇区号范围为 143488～307327；J 盘在整个硬盘中的扇区号范围为 307328～430207；K 盘在整个硬盘中的扇区号范围为 430208～610431。

(4) 由式(4.9)可知，各逻辑盘单独打开后的结束扇区号如下：

H 逻辑盘结束扇区号＝H 盘分区总扇区数－1＝143360－1＝143359

同理，可以计算：

I逻辑盘结束扇区号＝163839

J逻辑盘结束扇区号＝122879

K逻辑盘结束扇区号＝180223

(5) 4个逻辑盘的逻辑结构如图4.11所示，在整个硬盘中的分布情况如图4.13所示。

K盘相对扇区　J盘相对扇区　I盘相对扇区　H盘相对扇区

逻辑盘	整个硬盘扇区号	各逻辑盘扇区号
	0	H盘分区表 I盘分区表 J盘分区表 K盘分区表
	1~127	
H盘 (70MB)	128~143487	0~143359
I盘 (80MB)	143488~307327	0~163839
J盘 (60MB)	307328~430207	0~122879
K盘 (88MB)	430208~610431	0~180223
未分区的 扇区	610432~610440	

图4.13　H盘、I盘、J盘和K盘在整个硬盘中分布示意图

例4.5　对于I盘而言，单独打开后，其逻辑扇区号范围为0～163839；而在整个硬盘中的扇区号范围为143488～307327，也就是说，I盘在整个物理硬盘中的开始扇区号为143488，而对于I盘来说就是0号扇区。

当I盘的0号扇区被破坏后，通过WinHex不能来打开I盘，只能通过WinHex打开整个物理盘，通过I盘的分区表可以计算出I盘的开始扇区在整个物理硬盘中的位置，然后就可以恢复I盘的0号扇区，即整个物理盘的143488号扇区。使用计算机管理中的磁盘管理功能查看磁盘1的分区情况如图4.14所示。

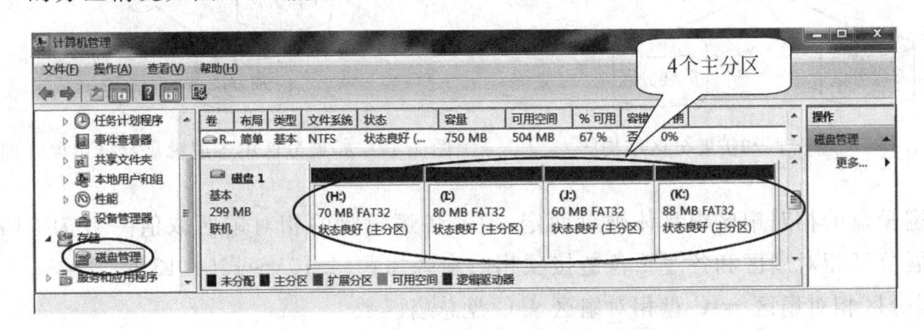

图4.14　使用计算机管理查看分区情况

使用WinHex模板管理器的Master Boot Record查看0号扇区结果如图4.15所示。

从图4.15可以看到4个分区的开始地址(即开始磁头、扇区和柱面)，分区标志，结束地址(即结束磁头、扇区和柱面)，相对扇区和总扇区数。

说明：该模板已经过作者汉化，第1个分区表为H盘分区表，第2个分区表为I盘分区表，第3个分区表为J盘分区表，第4个分区表为K盘分区表。

Offset	Title	Value
0	主引导代码	33 C0 8E D0
1B8	Windows磁盘签名	4FFEDA19
第1个分区表		
1BE	自举标志	00
1BF	开始磁头	2
1C0	开始扇区	3
1C0	开始柱面	0
1C2	分区标志(hex)	0B
1C3	结束磁头	237
1C4	结束扇区	37
1C4	结束柱面	8
1C6	相对扇区	128
1CA	总扇区数	143360
第2个分区表		
1CE	自举标志	00
1CF	开始磁头	237
1D0	开始扇区	38
1D0	开始柱面	8
1D2	分区标志(hex)	0B
1D3	结束磁头	33
1D4	结束扇区	14
1D4	结束柱面	19
1D6	相对扇区	143488
1DA	总扇区数	163840
第3个分区表		
1DE	自举标志	00
1DF	开始磁头	33
1E0	开始扇区	15
1E0	开始柱面	19
1E2	分区标志(hex)	0B
1E3	结束磁头	198
1E4	结束扇区	44
1E4	结束柱面	26
1E6	相对扇区	307328
1EA	总扇区数	122880
第4个分区表		
1EE	自举标志	00
1EF	开始磁头	198
1F0	开始扇区	45
1F0	开始柱面	26
1F2	分区标志(hex)	0B
1F3	结束磁头	254
1F4	结束扇区	25
1F4	结束柱面	37
1F6	相对扇区	430208
1FA	总扇区数	180224
1FE	结束标志 (55 AA)	55AA
模板制作:陈培德(云南大学)		

图 4.15　使用 WinHex 模板管理器的查看分区表

2. 逻辑盘分区与扩展分区

在这种方式下，在硬盘的 0 号扇区偏移 0X01BE～0X01FD 处只存放两个分区表，即 C 盘分区表和扩展分区表，在扩展分区中再建立各逻辑盘分区表和链接项。

例 4.6　假设某硬盘为物理磁盘 0，用户在硬盘 0 号扇区建立 C 盘分区表和扩展分区表；在扩展分区中再建立 D 盘分区表和 E 盘链接项、E 盘分区表和 F 盘链接项、F 盘分区表，其逻辑结构如图 4.16 和图 4.17 所示。

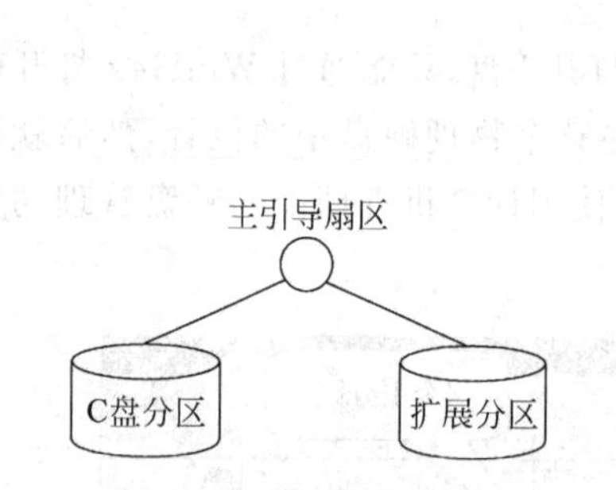

图 4.16　C 盘分区和扩展分区结构图

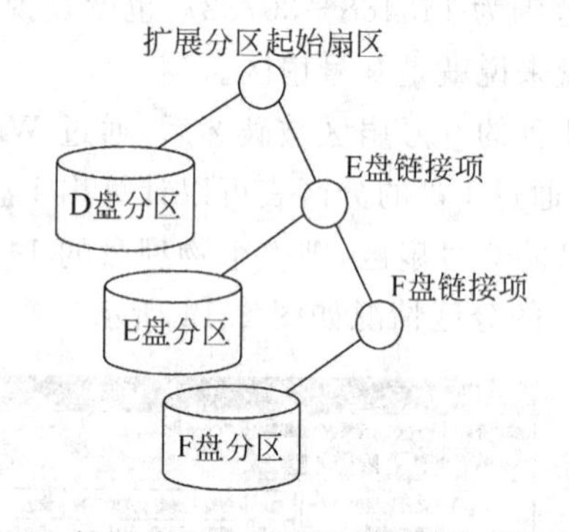

图 4.17　扩展分区中各逻辑盘及链接项管理方式

各逻辑盘的相对扇区视具体硬盘而定，但是各逻辑盘的相对扇区取值一般为 63 或 128，计算扩展分区相对扇区和各逻辑盘链接项相对扇区如式(4.10)～式(4.13)：

扩展分区相对扇区 ＝ C 盘相对扇区 ＋ C 盘总扇区数　　(4.10)

E 盘链接项相对扇区 ＝ D 盘相对扇区 ＋ D 盘总扇区数　　(4.11)

F 盘链接项相对扇区 ＝ E 盘相对扇区 ＋ E 盘总扇区数 ＋ E 盘链接项相对扇区　　(4.12)

G 盘链接项相对扇区 ＝ F 盘相对扇区 ＋ F 盘总扇区数 ＋ F 盘链接项相对扇区　　(4.13)

以此类推。

从式(4.11)～式(4.13)可知，各逻辑盘链接项的相对扇区是指相对于扩展分区开始扇区号。

计算各链接项分区的总扇区数如式(4.14)～式(4.16)：

E 盘链接项总扇区数 = E 盘相对扇区 + E 盘总扇区数　(4.14)

F 盘链接项总扇区数 = F 盘相对扇区 + F 盘总扇区数　(4.15)

G 盘链接项总扇区数 = G 盘相对扇区 + G 盘总扇区数　(4.16)

以此类推。

计算分区表所在扇区号如式(4.17)～式(4.20)：

C 盘分区表和扩展分区表所在扇区号 =0　(4.17)

D 盘分区表和 E 盘链接项所在扇区号 =C 盘相对扇区 + C 盘总扇区数
=扩展分区相对扇区　(4.18)

E 盘分区表和 F 盘链接项所在扇区号 =D 盘分区表和 E 盘链接项所在扇区号 +
D 盘相对扇区 + D 盘总扇区数　(4.19)

F 盘分区表和 G 盘链接项所在扇区号 =E 盘分区表和 F 盘链接项所在扇区号 +
E 盘相对扇区 + E 盘总扇区数　(4.20)

以此类推。

计算各逻辑盘、扩展分区在整个硬盘中的位置如式(4.21)～式(4.30)：

C 盘开始扇区号 = C 盘分区表所在扇区号 + C 盘相对扇区 = C 盘相对扇区　(4.21)

C 盘结束扇区号 = C 盘开始扇区号 + C 盘总扇区数 − 1　(4.22)

扩展分区开始扇区号 = C 盘相对扇区 + C 盘总扇区数　(4.23)

扩展分区结束扇区号 = 扩展分区开始扇区号 + 扩展分区总扇区数 − 1　(4.24)

D 盘开始扇区号 = D 盘分区表所在扇区号 + D 盘相对扇区
= C 盘相对扇区 + C 盘总扇区数 + D 盘相对扇区
= 扩展分区相对扇区 + D 盘相对扇区　(4.25)

D 盘结束扇区号 = D 盘开始扇区号 + D 盘总扇区数 − 1　(4.26)

E 盘开始扇区号 = E 盘分区表所在扇区号 + E 盘相对扇区　(4.27)

E 盘结束扇区号 = E 开始扇区号 + E 盘总扇区数 − 1　(4.28)

F 盘开始扇区号 = F 盘分区表所在扇区号 + F 盘相对扇区　(4.29)

F 盘结束扇区号 = F 开始扇区号 + F 盘总扇区数 − 1　(4.30)

以此类推。注：C 盘分区表所在扇区号为 0。

计算各链接项在整个硬盘中的位置如式(4.31)～式(4.34)：

E 盘链接项开始扇区号 = 扩展分区开始扇区号 + E 盘链接项相对扇区　(4.31)

E 盘链接项结束扇区号 = E 盘链接项开始扇区号 + E 盘链接项总扇区数 − 1　(4.32)

F 盘链接项开始扇区号 = 扩展分区开始扇区号 + F 盘链接项相对扇区　(4.33)

F 盘链接项结束扇区号 = F 盘链接项开始扇区号 + F 盘链接项总扇区数 − 1　(4.34)

以此类推。

例 4.7　某硬盘容量为 299MB(注：素材文件名为 abcd43.vhd)，使用 WinHex 打开该物理硬盘；操作方式："文件→打开"→"选择 abcd43.vhd 文件"，"专家→映像文件为磁盘"→"选择整个硬盘的 0 扇区"，如图 4.18 所示。

注：该硬盘的分区形式为在整个硬盘的 0 号扇区存储着 C 盘分区表和扩展分区表，而 D 盘分区表和 E 盘链接项、E 盘分区表和 F 盘链接项、F 盘分区表分别存储在扩展分区的 3 个扇区中。

从图 4.18 可知，整个硬盘共有 614401 个扇区(扇区编号 0～614400)；C 盘分区表和扩展分区表，详见表 4.4 所列；使用 WinHex 模板查看 C 盘分区表和扩展分区表情况，如图 4.19 所示。

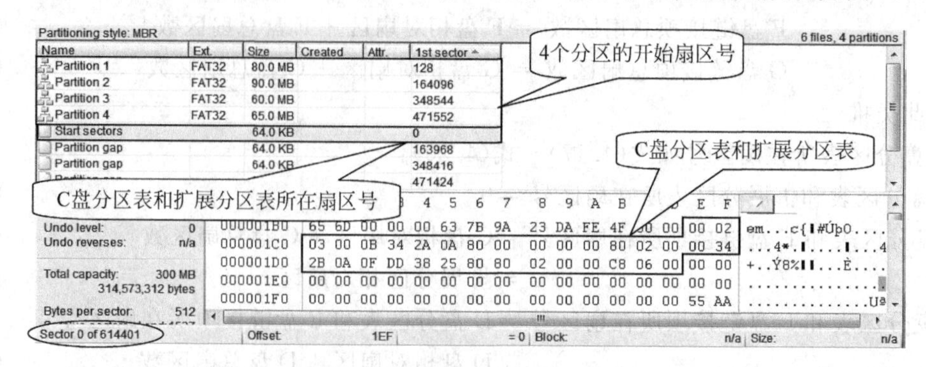

图 4.18　整个硬盘 0 号扇区

表 4.4　整个硬盘 0 号扇区偏移 0X01BE～0X01DD 处分区表(存储形式)

分区表	自举标志	开始地址	分区标志	结束地址	相对扇区	总扇区数
C 盘	00	02 03 00	0B	34 2A 0A	80 00 00 00	00 80 02 00
扩展	00	34 2B 0A	0F	DD 38 25	80 80 02 00	00 C8 06 00

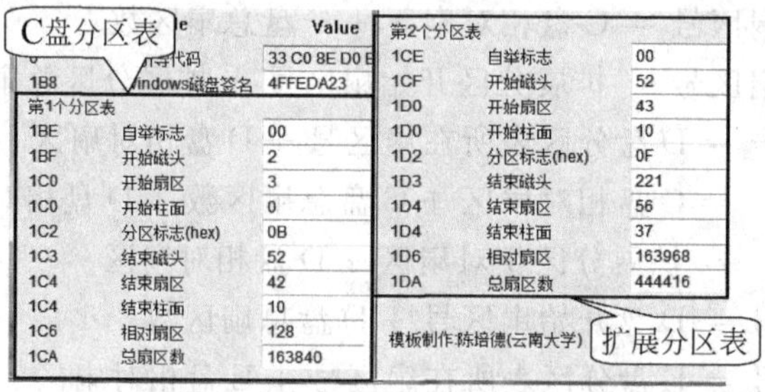

图 4.19　使用 WinHex 模板管理器查看 C 盘分区表和扩展分区表

从式(4.18)可知：

$$D盘分区表和E盘链接项所在扇区号 = C盘相对扇区 + C盘总扇区数 = 128 + 163840 = 163968$$

将光标移动到 163968 号扇区，可以看到 D 盘分区表和 E 盘链接项，如图 4.20 所示。

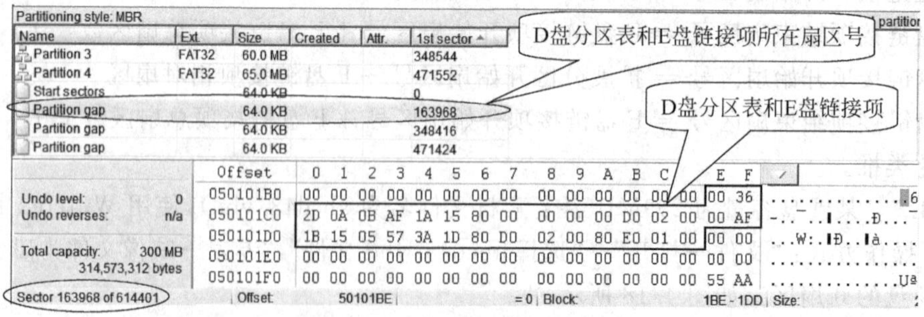

图 4.20　整个硬盘 163968 号扇区

D 盘分区表和 E 盘链接项，详见表 4.5 所列；使用 WinHex 模板所看到的分区表如图 4.21 所示。

表 4.5 整个硬盘 163968 号扇区偏移 0X01BE～0X01DD 处分区表(存储形式)

分区表	自举标志	开始地址	分区标志	结束地址	相对扇区	总扇区数
D 盘	00	36 2D 0A	0B	AF 1A 15	80 00 00 00	00 D0 02 00
E 盘链接项	00	AF 1B 15	05	57 3A 1D	80 D0 02 00	80 E0 01 00

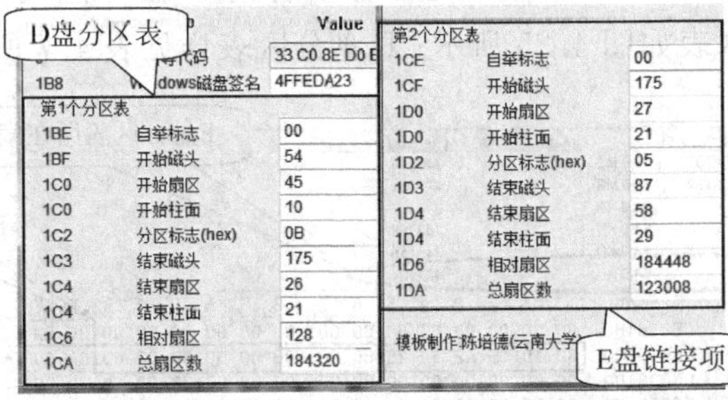

图 4.21 使用 WinHex 模板管理器查看 D 盘分区表和 E 盘链接项

从式(4.19)可知：

E 盘分区表和 F 盘链接项所在扇区号 ＝D 盘分区表和 E 盘链接项所在扇区号＋D 盘相对扇区＋D 盘总扇区数

＝163968＋128＋184320 ＝ 348416

将光标移动到整个硬盘的 348416 号扇区，可以看到 E 盘分区表和 F 盘链接项，如图 4.22 所示，使用 WinHex 模板查看到的分区表，如图 4.23 所示；E 盘分区表和 F 盘链接项见表 4.6 所列。

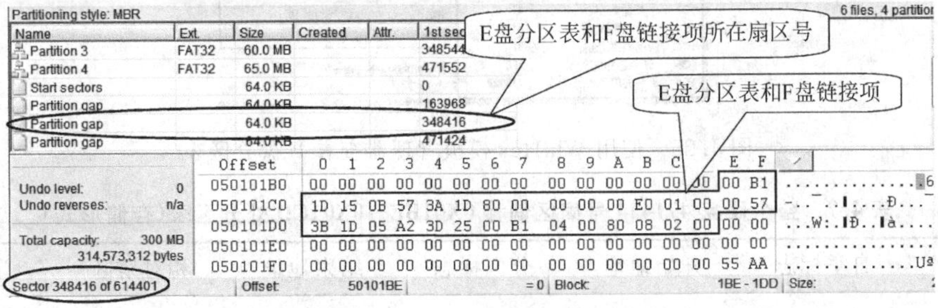

图 4.22 整个硬盘 348416 号扇区

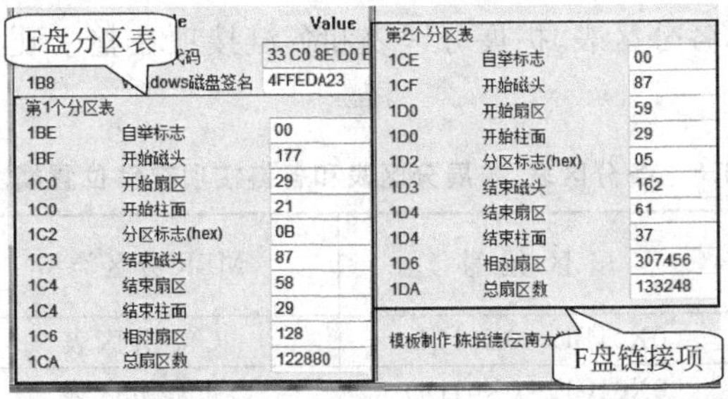

图 4.23 使用 WinHex 模板管理器查看 E 盘分区表和 F 盘链接项

表 4.6 整个硬盘 348416 号扇区偏移 0X01BE～0X01DD 处分区表(存储形式)

分区表	自举标志	开始地址	分区标志	结束地址	相对扇区	总扇区数
E 盘	00	B1 1D 15	0B	57 3A 1D	80 00 00 00	00 E0 01 00
F 盘链接项	00	57 3B 1D	05	A2 3D 25	00 B1 04 00	80 08 02 00

从式(4.20)可知：

F 盘分区表所在扇区号 = E 盘分区表和 F 盘链接项所在扇区号 + E 盘相对扇区 + E 盘总扇区数 = 348416 + 128 + 122880 = 471424

将光标移动到整个硬盘 471424 号扇区，可以看到 F 盘分区表，如图 4.24 所示；使用 WinHex 模板查看 F 分区表如图 4.25 所示；F 盘分区表详见表 4.7 所列。

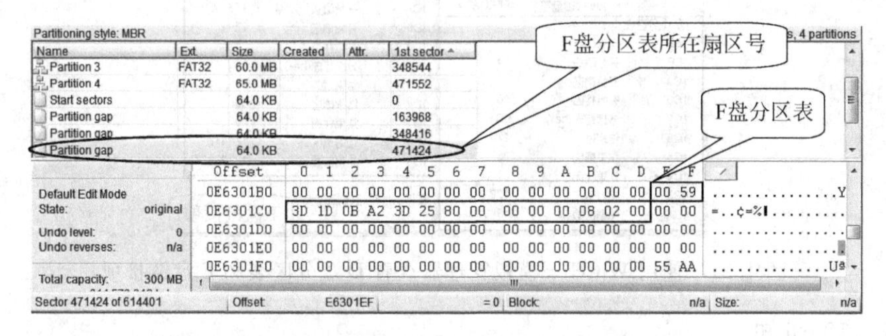

图 4.24 整个硬盘 471424 号扇区

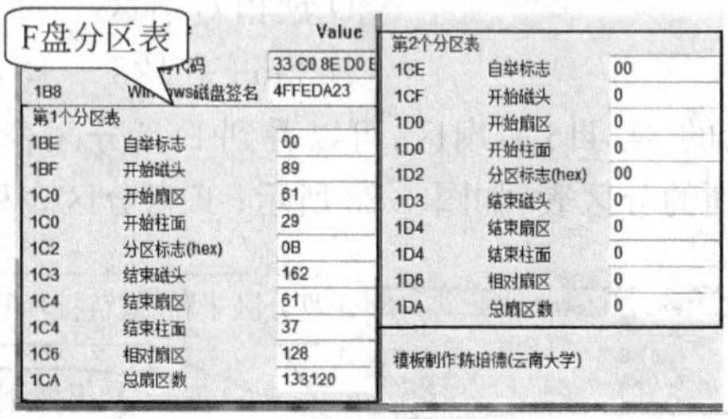

图 4.25 使用 WinHex 模板管理器查看 F 盘分区表

表 4.7 整个硬盘 471424 号扇区偏移 0X01BE～0X01CD 处分区表(存储形式)

分区表	自举标志	开始地址	分区标志	结束地址	相对扇区	总扇区数
F 盘	00	59 3D 1D	0B	A2 3D 25	80 00 00 00	00 08 02 00

综合表 4.4～表 4.7，各分区表、扩展分区表和各链接项在整个硬盘中的存储情况见表 4.8 所列。

表 4.8 各分区表、扩展分区表和各链接项存储位置情况表

分区表在整个硬盘扇区号	扇区偏移	MBR 分区类型	分区表详细情况
0	0X01BE～0X01CD	C 盘分区表	见表 4.4 所列
	0X01CE～0X01DD	扩展分区表	
163968	0X01BE～0X01CD	D 盘分区表	见表 4.5 所列
	0X01CE～0X01DD	E 盘链接项	
348416	0X01BE～0X01CD	E 盘分区表	见表 4.6 所列
	0X01CE～0X01DD	F 盘链接项	
471424	0X01BE～0X01CD	F 盘分区表	见表 4.7 所列

从式(4.21)～式(4.30)可以计算出C盘开始扇区号和结束扇区号、扩展分区开始扇区号和结束扇区号、D盘开始扇区号和结束扇区号、E盘开始扇区号和结束扇区号、F盘开始扇区号和结束扇区号。

C盘开始扇区号 = C盘分区表所在扇区号 + C盘相对扇区 = C盘相对扇区 = 128

C盘结束扇区号 = C盘开始扇区号 + C盘总扇区数 − 1 = 128 + 163840 − 1 = 163967

扩展分区开始扇区号 = C盘开始扇区号 + C盘总扇区数 = 128 + 163840 = 163968

扩展分区结束扇区号 = 扩展分区开始扇区号 + 扩展分区总扇区数 − 1
= 163968 + 444416 − 1 = 608383

D盘开始扇区号 = D盘分区表所在扇区号 + D盘相对扇区
= C盘开始扇区号 + C盘总扇区数 + D盘相对扇区
= 128 + 163840 + 128 = 164096

D盘结束扇区号 = D盘开始扇区号 + D盘总扇区数 − 1 = 164096 + 184320 − 1
= 348415

E盘开始扇区号 = E盘分区表所在扇区号 + E盘相对扇区 = 348416 + 128 = 348544

E盘结束扇区号 = E盘开始扇区号 + E盘总扇区数 − 1 = 348544 + 122880 − 1 = 471423

F盘开始扇区号 = F盘分区表所在扇区号 + F盘相对扇区 = 471424 + 128 = 471552

F盘结束扇区号 = F盘开始扇区号 + F盘总扇区数 − 1 = 471552 + 133120 − 1 = 604671

从式(4.31)～式(4.34)可以计算出E盘链接项开始扇区号和结束扇区号、F盘链接项开始扇区号和结束扇区号。

E盘链接项开始扇区号 = 扩展分区开始扇区号 + E盘链接项相对扇区
= 163968 + 184448 = 348416

E盘链接项结束扇区号 = E盘链接项开始扇区号 + E盘链接项总扇区数 − 1
= 348416 + 123008 − 1 = 471423

F盘链接项开始扇区号 = 扩展分区开始扇区号 + F盘链接项相对扇区
= 163968 + 307456 = 471424

F盘链接项结束扇区号 = F盘链接项开始扇区号 + F盘链接项总扇区数 − 1
= 471424 + 133248 − 1 = 604671

综上所述，各逻辑盘、扩展分区和各链接项在整个硬盘分布情况见表4.9所列。

表4.9 各逻辑盘、扩展分区和各链接项在整个硬盘分布情况表

分区表在整个硬盘扇区号	各逻辑盘、扩展分区和链接项	开始扇区号	结束扇区号	总扇区数	容量（单位：MB）
0	C盘	128	163967	163840	80
	扩展分区	163968	608383	444416	217
163968	D盘	164096	348415	184320	90
	E盘链接项	348416	471423	123008	60.0625
348416	E盘	348544	471423	122880	60
	F盘链接项	471424	604671	133248	65.0625
471424	F盘	471552	604671	133120	65

根据表4.9可以画出C盘分区、扩展分区、各逻辑盘分区以及各逻辑盘链接项结构示意图如图4.26所示，从图4.26可以清楚地知道C盘分区、扩展分区、逻辑盘分区以及逻辑盘链

接项在整个硬盘中的位置和相互关系，以及各逻辑盘的开始扇区、结束扇区在整个硬盘中所对应的扇区号。

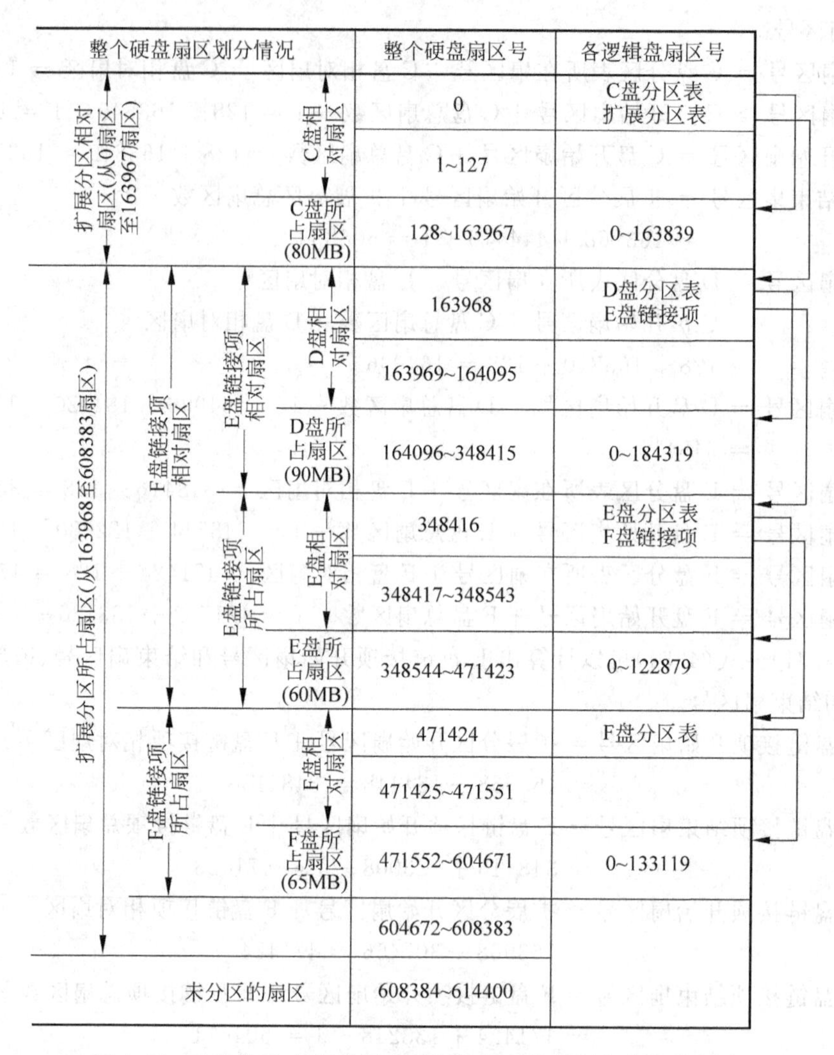

图 4.26　C 盘分区、扩展分区和各逻辑盘在整个硬盘分布示意图

例 4.8　对于 C 盘而言，其逻辑扇区编号为 0～163839，而在整个硬盘的扇区编号为 128～163967，也就是说，C 盘在整个硬盘的开始扇区号为 128，而对于 C 盘来说就是 0 号扇区。如果 C 盘的 0 号扇区被破坏，通过 WinHex 选择逻辑盘功能无法打开 C 盘，只能通过 WinHex 选择物理盘功能来打开整个物理盘，通过 C 盘分区表计算 C 盘的开始扇区在整个物理硬盘中的扇区号，然后再恢复 C 盘的 0 号扇区(即整个硬盘的 128 号扇区)。

使用计算机管理看到的分区情况如图 4.27 所示，从图 4.27 只能看到一个硬盘被划分为 2 个分区，即 C 盘分区和扩展分区；扩展分区又被划分为 3 个分区，即 D 盘分区、E 盘分区和 F 盘分区，4 个分区的文件系统均为 FAT32。不能查看到各逻辑盘、扩展分区以及链接项的分区表。

3. 隐藏分区、主逻辑盘分区和扩展分区

在这种方式下，在整个硬盘的 0 号扇区偏移 0X01BE～0X01FD 处建立 3 个分区，即隐藏

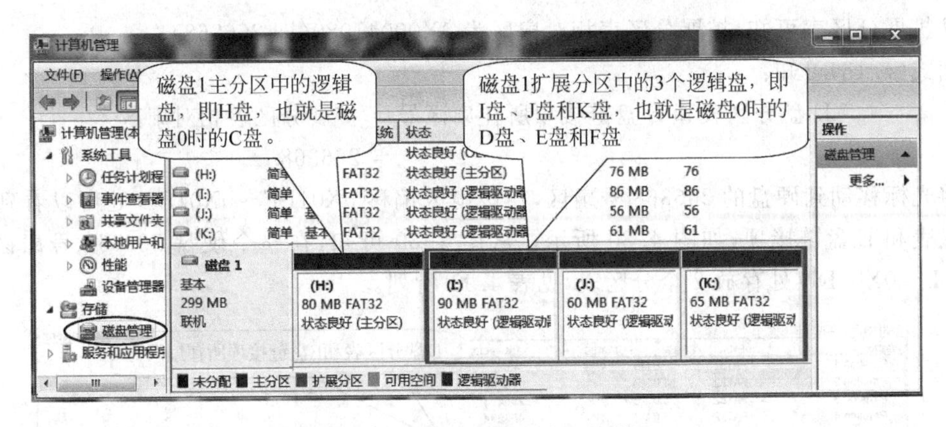

图 4.27 计算机管理中分区结构图

分区、C 盘分区和扩展分区。这种方式通常是计算机厂商将系统中的一些重要数据(如：驱动程序)存放在隐藏分区中。其分区管理方式如图 4.28 所示，而扩展分区的管理如图 4.17 所示。注：有的硬盘可能会有 2 个隐藏分区。

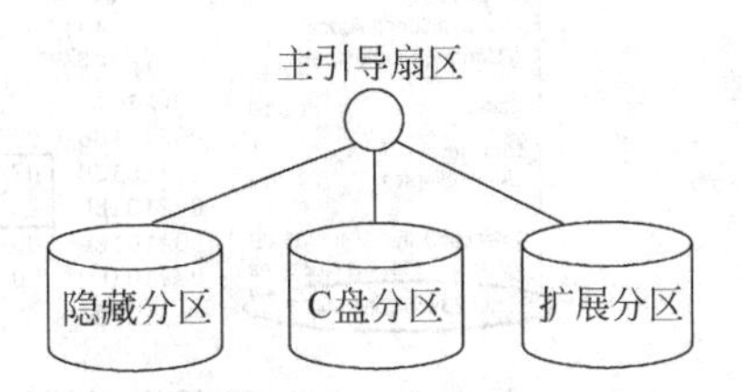

图 4.28 隐藏分区、C 盘分区和扩展分区结构图

例 4.9 某硬盘容量为 299MB(注：素材文件名为 abcd44.vhd)，使用 WinHex 打开该物理硬盘。

操作方式："文件→打开"→"选择 abcd44.vhd 文件"，"专家→映像文件为磁盘"→"选择整个硬盘的 0 号扇区"，如图 4.29 所示。

从图 4.29 可知，在整个硬盘 0 号扇区偏移 0X01BE～0X01ED 处存放 3 个分区表，如表 4.10 所列，第 1 个分区表的分区标志为 0X1C，即该分区为隐藏分区，如果将该分区类型"0X1C"更改为"0X0C"并存盘。重新附加该硬盘后，在资源管理器中可以看到该分区对应的逻辑盘盘符。

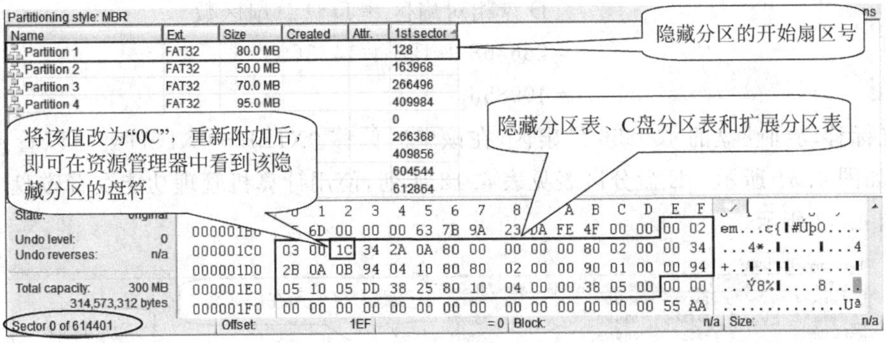

图 4.29 整个硬盘 0 号扇区的 3 个分区表

表 4.10 整个硬盘 0 扇区偏移 0X01BE～0X01ED 处分区表(存储形式)

分区表	自举标志	开始地址	分区标志	结束地址	相对扇区	总扇区数
隐藏	00	02 03 00	1C	34 2A 0A	80 00 00 00	00 80 02 00
C 盘	00	34 2B 0A	0B	94 04 10	80 80 02 00	00 90 01 00
扩展	00	94 05 10	05	DD 38 25	80 10 04 00	00 38 05 00

从扩展分区表可知，扩展分区表相对扇区为 0X00041080(即 266368)。

由式(4.18)可知：

D 盘分区表和 E 盘链接项所在扇区号= 扩展分区表相对扇区
= 266368

将光标移动到硬盘的 266368 号扇区，在该扇区偏移 0X01BE～0X01DD 处可以看到 D 盘的分区表和 E 盘链接项，如图 4.30 所示。从图 4.30 可知，在整个硬盘 266368 号扇区偏移 0X01BE～0X01DD 处存放 2 个分区表，见表 4.11 所列。

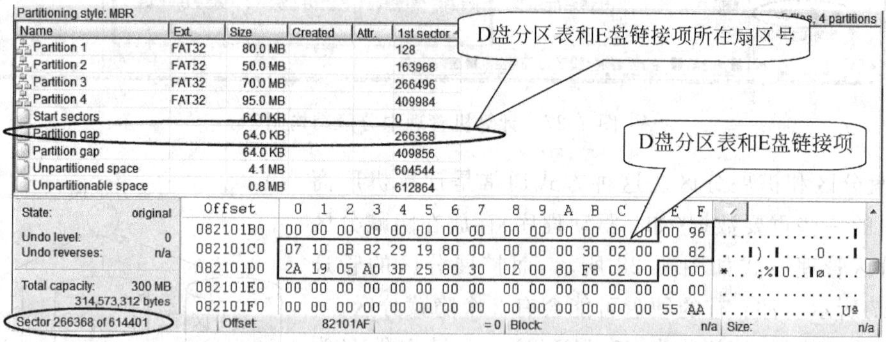

图 4.30　266368 号扇区偏移 0X01BE～0X01DD 处存储的 D 盘分区表和 E 盘链接项

表 4.11　整个硬盘 266368 号扇区偏移 0X01BE～0X01DD 处分区表(存储形式)

分区表	自举标志	开始地址	分区标志	结束地址	相对扇区	总扇区数
D 盘	00	96 07 10	0B	82 29 19	80 00 00 00	00 30 02 00
E 盘链接项	00	82 2A 19	05	A0 3B 25	80 30 02 00	80 F8 02 00

由式(4.19)可知：

E 盘分区表所在扇区号 =D 盘分区表和 E 盘链接项扇区所在扇区号 +
D 盘相对扇区 + D 盘总扇区数
=266368 + 128 + 143360
=409856

将光标移动到硬盘的 409856 号扇区，在该扇区偏移 0X1BE～0X1CD 处可以看到 E 盘的分区表，如图 4.31 所示。E 盘分区表见表 4.12 所列，使用计算机管理功能查看磁盘 1 的分区情况如图 4.32 所示。

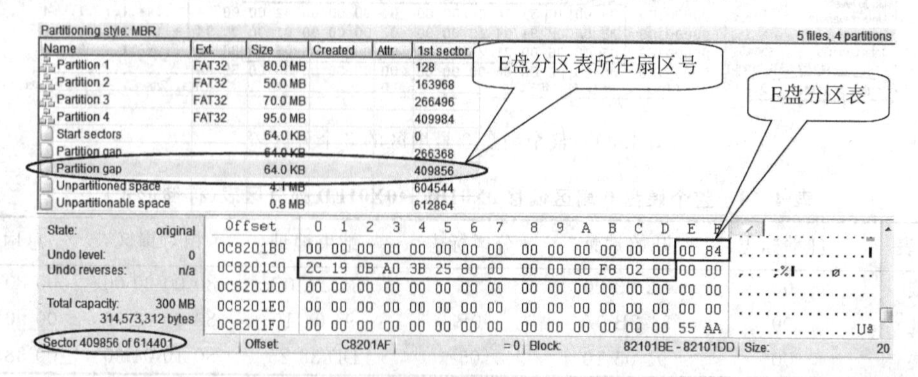

图 4.31　409856 号扇区偏移 0X01BE～0X01CD 处存储的 E 盘分区表

表 4.12 整个硬盘 409856 号扇区偏移 0X01BE～0X01CD 处分区表(存储形式)

分区表	自举标志	开始地址	分区标志	结束地址	相对扇区	总扇区数
E 盘	00	84 2C 19	0B	A0 3B 25	80 00 00 00	00 F8 02 00

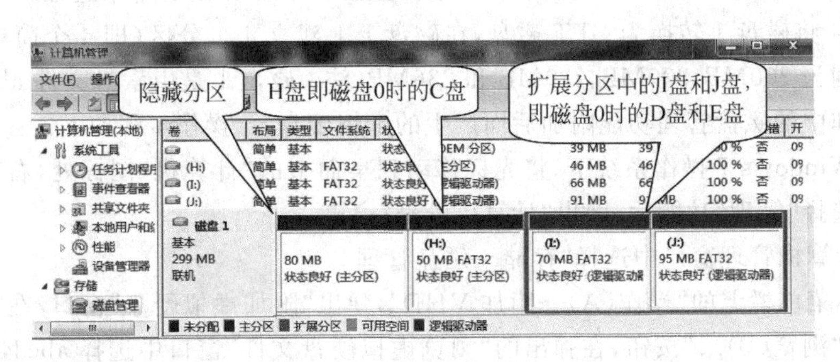

图 4.32 使用计算机管理查看磁盘 1 的分区情况

4.3 硬盘 GPT 分区

4.3.1 硬盘 GPT 分区简介

全局唯一标识分区表(GUID Partition Table，缩写为 GPT)是一个实体磁盘的分区结构布局标准，它是可扩展固件接口(EFI)标准的一部分，用来替代 MBR 分区。GPT 作为 MBR 的继任者，解决了 MBR 所带来的诸多限制，如：在 MBR 分区中总扇区数不能超过 4 294 967 295。在 GPT 分区中，分区表的位置信息储存在 GPT 头中，但出于兼容性考虑，硬盘 0 号扇区仍然用作 MBR 分区，而 1 号扇区则用来存放 GPT 头。

对于每个扇区为 512 字节的磁盘而言，MBR 分区不支持容量大于 2.2TB 的分区格式。而 GPT 的逻辑块使用了 64 位的 LBA 寻址方式；GPT 分区支持的最大分区容量为 9.4ZB(注：每扇区仍然为 512 字节)。

4.3.2 在 GPT 磁盘上建立分区

在 GPT 磁盘上可以创建的分区有 6 种，它们分别是：EFI 系统分区、微软保留分区(MSR)、LDM 元数据分区、LDM 数据分区、OEM 分区和主分区。

(1) EFI 系统分区：EFI 系统分区内包含了启动操作系统所需要的文件，该分区对应的文件系统一般为 FAT16。

(2) 微软保留分区：每个 GPT 磁盘都会包含有一个微软保留分区。

(3) LDM 元数据分区和 LDM 数据分区：将基本 GPT 磁盘转换为动态 GPT 磁盘时，系统会创建 LDM 元数据分区与 LDM 数据分区。LDM 元数据分区的大小为 1MB，主要用于存储 LDM 数据库。而 LDM 数据分区则用于存储转换时创建的动态卷，LDM 数据分区包含了转换后磁盘上未分配的磁盘空间和动态卷。

(4) OEM 分区：OEM 分区是系统制造商创建的分区，系统制造商会将附加内容放在特定的

OEM 分区中。OEM 分区内容是不公开的,如果用户删除该分区会导致操作系统无法运行。

(5) 主分区:主分区是 GPT 磁盘的基本数据分区,用来存放用户的数据。

GPT 磁盘上分区存放的顺序一般为 EFI 分区(如果存在)、OEM 分区(如果有)、MSR 分区,然后才是其他主分区。下面以实例的形式介绍创建 GPT 分区的基本过程。

例 4.10 将磁盘 1 转换为 GPT 磁盘,在磁盘 1 上建立 4 个分区(即 4 个简单卷),4 个分区的容量分别为 200MB、300MB、230MB 和 236MB(注:磁盘 1 是由素材文件 abcd45.vhd 使用计算机管理中的磁盘管理功能附加后而产生的虚拟硬盘)。操作步骤如下:

(1) 在 Windows 7 操作系统下,将光标移动到桌面上的"计算机"图标处,右击,从弹出的快捷菜单中选择"管理"功能后,弹出"计算机管理"窗口。

(2) 在计算机管理窗口中选择"存储→磁盘管理"。

(3) 选择菜单栏上的"操作(A)→附加 VHD",弹出"附加虚拟硬盘"窗口,在"附加虚拟硬盘"窗口单击"浏览(B)..."按钮,在弹出的"浏览虚拟硬盘文件"窗口中选择 abcd45.vhd 文件,单击"打开(O)"按钮,单击"确定"按钮,产生磁盘 1。

(4) 单击"磁盘管理",将光标移动到"磁盘 1"处,右击,从弹出的快捷菜单中选择"转换成 GPT 磁盘(V)",如图 4.33 所示,将 MBR 磁盘转换为 GPT 磁盘。

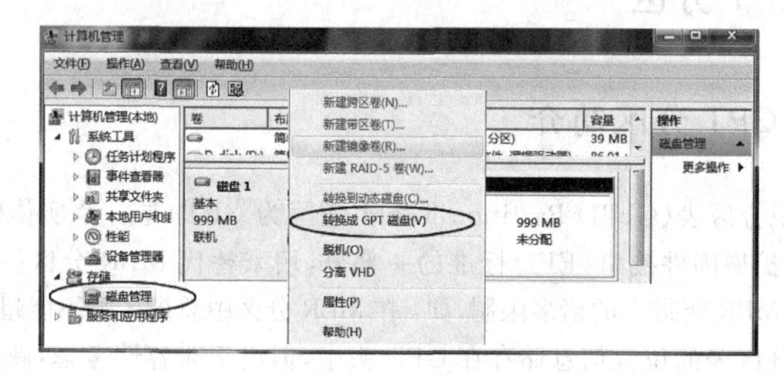

图 4.33 将磁盘 1 转换成 GPT 磁盘的操作

(5) 转换后的磁盘 1 如图 4.34 所示,从图 4.34 可知,磁盘 1 的磁盘空间减少了 31MB。将光标移动到"968MB 未分配"处,右击,从弹出的快捷菜单中选择"新建简单卷(I)...";出现"新建简单卷向导"第 1 个窗口,单击"下一步"按钮;出现"新建简单卷向导"第 2 个窗口,在"简单卷大小(MB)(S):"右侧的列表框中输入"200"。如图 4.35 所示,单击"下一步"按钮。

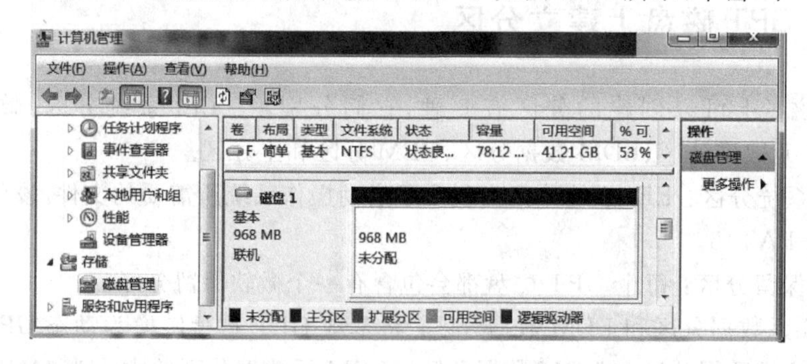

图 4.34 磁盘 1 转换为 GPT 磁盘后

(6) 出现"新建简单卷向导"第 3 个窗口,选择驱动器号和路径。在"分配以下驱动器号(A):"右边的下拉式列表框中选择驱动器号,本例中选择"H",如图 4.36 所示,单击"下一步"按钮。

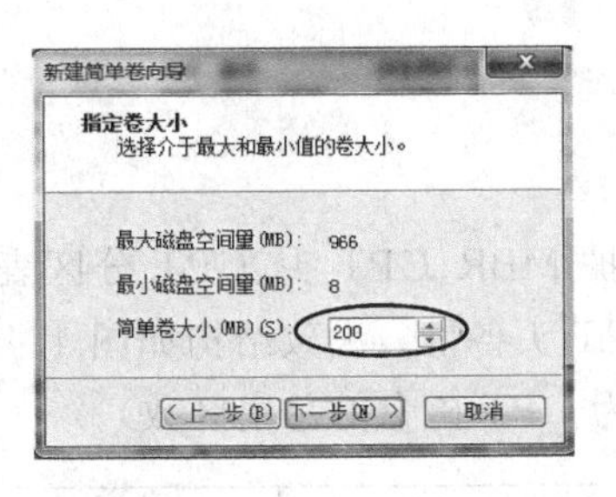

图 4.35　指定卷的大小

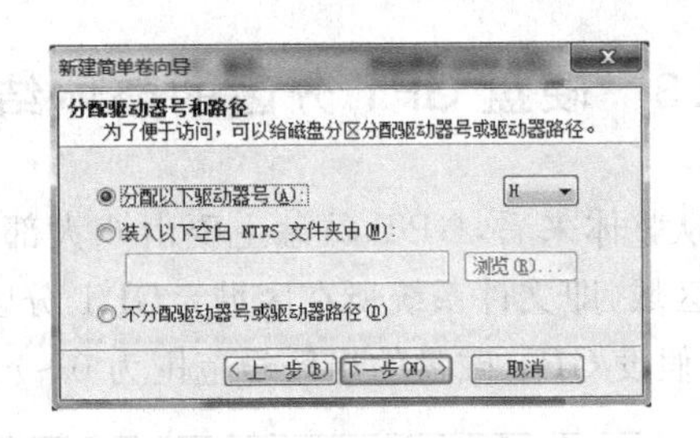

图 4.36　选择驱动器号

(7) 出现"新建简单卷向导"第 4 个窗口,格式化分区；这里选择"不要格式化这个卷(D)"选项；如图 4.37 所示,单击"下一步"按钮。

(8) 出现"新建简单卷向导"第 5 个窗口；在该窗口中可以看到该卷的基本情况,如图 4.38 所示；单击"完成"按钮。

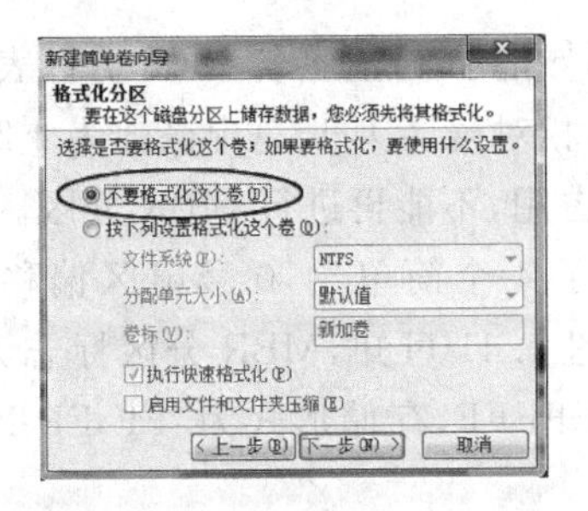

图 4.37　格式化分区

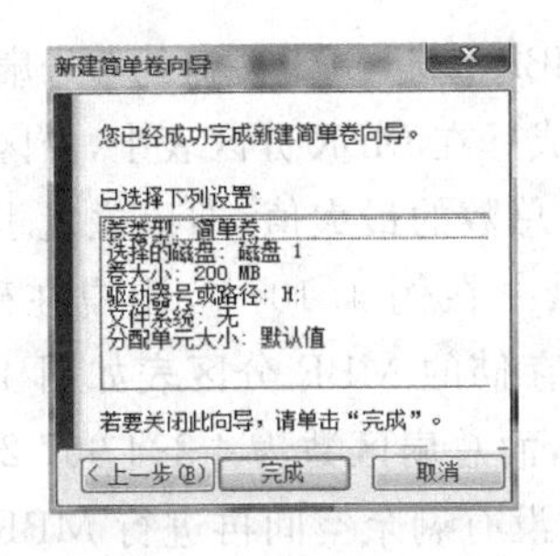

图 4.38　简单卷建立完成

(9) 重复第 5 步至第 8 步,共计 3 次,在"简单卷大小(MB)(S):"右侧的列表框中分别输入"300""230"和"236"；驱动器号分别选择"I""J"和"K"；在出现"新建简单卷向导"第 5 个窗口,均选择"不要格式化这个卷(D)"选项。

(10) 分区建立完成后,可以在磁盘管理中看到 4 个逻辑盘,文件系统均为 RAW。

(11) 将光标移动到磁盘 1 的"(H:)200MB RAW"处,右击,从弹出的快捷菜单中选择"格式化(F)...",弹出"格式化"窗口；在"格式化"窗口中,文件系统选择"FAT32",单击"确定"按钮,完成对 H 盘的格式操作。

(12) 重复步骤 11 共计 3 次,分别对 I 盘、J 盘和 K 盘进行格式化操作,文件系统均选择"FAT32"。

至此,在磁盘 1 的 GPT 分区中已经建立了 4 个逻辑盘,如图 4.39 所示。

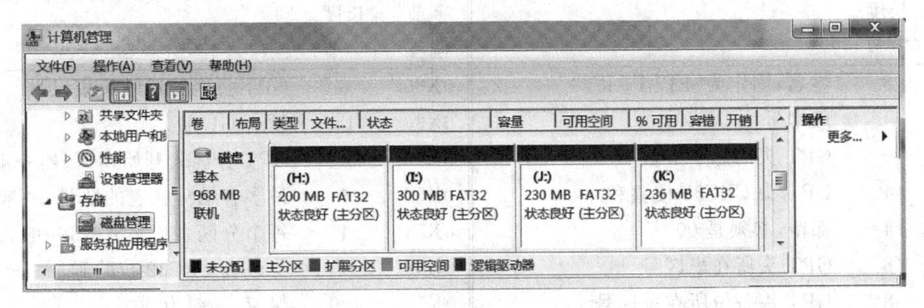

图 4.39　GPT 磁盘中的 4 个逻辑盘

4.3.3 硬盘 GPT 分区的整体结构

从整体来看,GPT 磁盘主要由 6 大部分组成,即保护 MBR、GPT 头、GPT 分区表、GPT 分区区域(即文件系统所在区域)、GPT 分区表备份和 GPT 头备份。大致结构如图 4.40 所示(注:假设 GPT 磁盘的扇区号范围为 0～n－1,其中:n 为 GPT 磁盘的总扇区数)。

保护MBR	GPT头	GPT分区表	分区区域	GPT分区表备份	GPT头备份
0号扇区	1号扇区	2~33号扇区	34~(n−35)号扇区	(n−34)~(n−3)号扇区	n−2号扇区

图 4.40　GPT 磁盘的整体结构图

1. 保护 MBR

保护 MBR 位于 GPT 磁盘的 0 号扇区,也是由主引导记录、磁盘签名、MBR 分区表和结束标志 4 个部分组成。在 MBR 分区表中,分区标志为 0XEE,相对扇区为 1,总扇区数为 4 294 967 295,也就是分区总数的最大值,即该磁盘也被 GPT 分区占用,不能再进行 MBR 分区。

例 4.11　在例 4.10 中,用户在磁盘 1 上新建了 4 个简单卷,0 号扇区偏移 0X01BE～0X01CD 处存储的 MBR 分区表如图 4.41 所示;从图 4.41 可知,MBR 分区标志为 0XEE,相对扇区为 1,而总扇区数为 4 294 967 295(即 0XFFFFFFFF,存储形式为"FF FF FF FF"),即磁盘 1 已经没有剩余空间再进行 MBR 分区。

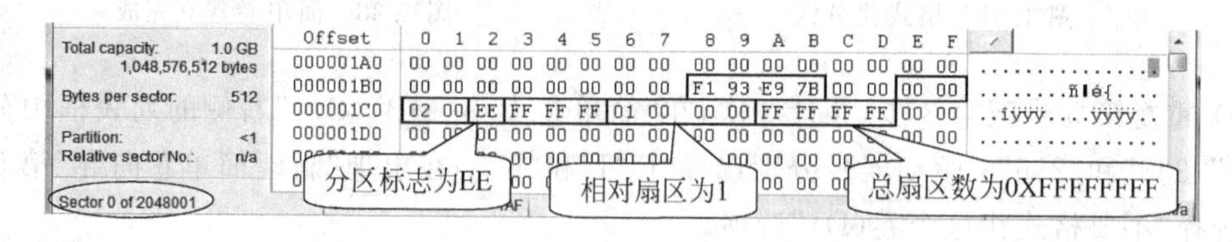

图 4.41　GPT 磁盘 0 号扇区 MBR 分区表

2. GPT 头

GPT 头位于 GPT 磁盘的 1 号扇区,该扇区是在转换成 GPT 磁盘后自动生成的,GPT 头定义了 GPT 分区各参数的基本信息,详见表 4.13 所列。

表 4.13　GPT 头各参数含义表

字节偏移	长度(字节)	内　容	字节偏移	长度(字节)	内　容
0X00	8	签名,固定为"EFI PART"	0X30	8	GPT 分区区域结束扇区号
0X08	4	版本号	0X38	16	硬盘 GUID
0X0C	4	GPT 头的总字节数	0X48	8	GPT 分区表开始扇区号,一般为 2
0X10	4	GPT 头 CRC32 校验和	0X50	4	最多容纳分区表的数量,一般为 128
0X14	4	保留,必须是 00	0X54	4	每个分区表项字节数,一般为 128
0X18	8	GPT 头所在扇区号	0X58	4	分区表 CRC32 校验和
0X20	8	GPT 头备份所在扇区号	0X5C	420	保留,一般为 00
0X28	8	GPT 分区区域开始扇区号			

例 4.12 磁盘1的GPT头位于1号扇区,如图4.42所示,使用WinHex模板查看磁盘1的GPT头,如图4.43所示,GPT磁盘1的整体布局大致如图4.44所示。

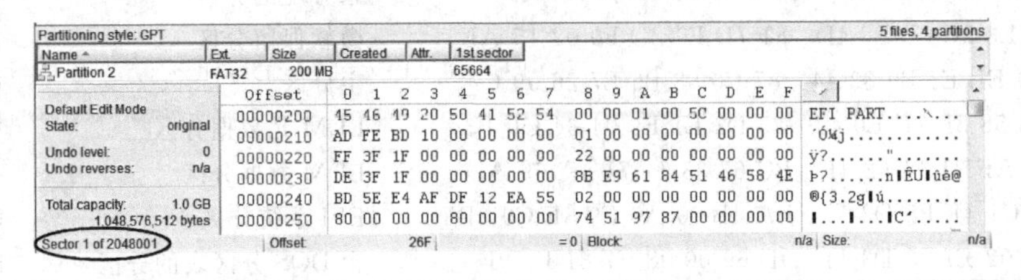

图 4.42 GPT 磁盘1号扇区中的GPT头

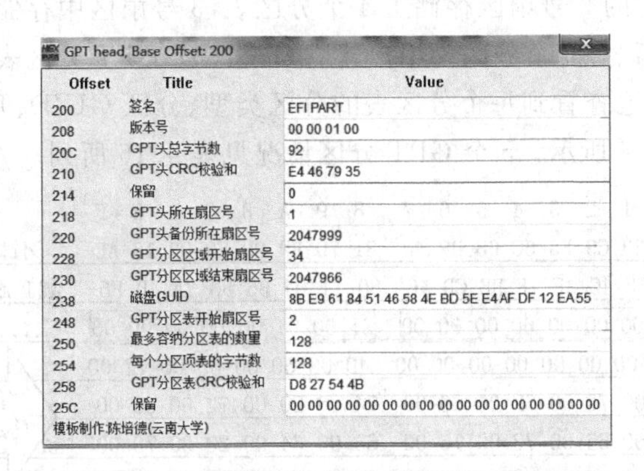

GPT head, Base Offset: 200

Offset	Title	Value
200	签名	EFI PART
208	版本号	00 00 01 00
20C	GPT头总字节数	92
210	GPT头CRC校验和	E4 46 79 35
214	保留	0
218	GPT头所在扇区号	1
220	GPT头备份所在扇区号	2047999
228	GPT分区区域开始扇区号	34
230	GPT分区区域结束扇区号	2047966
238	磁盘GUID	8B E9 61 84 51 46 58 4E BD 5E E4 AF DF 12 EA 55
248	GPT分区表开始扇区号	2
250	最多容纳分区表的数量	128
254	每个分区项表的字节数	128
258	GPT分区表CRC校验和	D8 27 54 4B
25C	保留	00 00 00 00 00 00 00 00 00 00 00 00 00 00 00 00 00 00 00

模板制作:陈培德(云南大学)

图 4.43 使用WinHex查看GPT头

保护MBR	GPT头	GPT分区表	分区区域	GPT分区表备份	GPT头备份
0号扇区	1号扇区	2~33号扇区	←—— 34~2047966号扇区 ——→	2047967~2047998号扇区	2047999号扇区

图 4.44 GPT 磁盘1的整体布局图

3. GPT分区表

GPT分区表位于GPT磁盘的2~33号扇区,共占用32个扇区,每个分区表占用128字节,最多可以容纳128个分区表,由于第1个分区表为系统保留,所以用户在GPT磁盘上最多可以建立127个分区,每个分区表管理一个分区。分区表各项参数见表4.14所示,GPT分区类型GUID定义说明见表4.15所示。

表 4.14 GPT分区表各项参数含义表

字节偏移	长度(字节)	内容	字节偏移	长度(字节)	内容
0X00	16	分区类型GUID,说明见表4.15所列	0X28	8	该分区结束扇区号
0X10	16	分区GUID	0X30	8	属性标签
0X20	8	该分区开始扇区号	0X38	72	分区名(Unicode码)

表 4.15 GPT 分区类型 GUID 定义说明

GUID 代码(存储形式)	分区类型	公司名
00 00 00 00 00 00 00 00 00 00 00 00 00 00 00 00	未分配的分区	
16 E3 C9 E3 5C 0B B8 4D 81 7D F9 2D F0 02 15 AE	微软保留分区	微软公司
A2 A0 D0 EB E5 B9 33 44 87 C0 68 B6 B7 26 99 C7	主分区	微软公司
AA C8 08 58 8F 7E E0 42 85 D2 E1 E9 04 34 CF B3	LDM 元数据分区	微软公司
A0 60 9B AF 31 14 62 4F BC 68 33 11 71 4A 69 AD	LDM 数据分区	微软公司
28 73 2A C1 1F F8 D2 11 BA 4B 00 A0 C9 3E C9 3B	EFI 系统分区	Intel 公司
41 EE 4D 02 E7 33 D3 11 9D 69 00 08 C7 81 F3 9F	含 DOS 分区表的分区	Intel 公司

例 4.13 在磁盘 1 的 2 号扇区存储了 4 个分区表，3 号扇区中存储了 1 个分区表(注：第 1 个分区为系统保留，第 2～5 个分区为用户建立)；这 5 个 GPT 分区表如图 4.45 所示。使用 WinHex 模板可以清楚地查看到每个分区表的分区类型、分区 GUID、开始扇区号和结束扇区号等分区信息，如图 4.46 所示。5 个 GPT 分区情况见表 4.16 所列。

```
Offset     0  1  2  3  4  5  6  7   8  9  A  B  C  D  E  F
00000400  16 E3 C9 E3 5C 0B B8 4D  81 7D F9 2D F0 02 15 AE   .闵鉢.窶.}??.?
00000410  EA EF 4C AF 7E BE CD 46  80 11 04 B5 F3 7A 4D F6   觑L瘇就F€..ㄗzM?
00000420  22 00 00 00 00 00 00 00  21 00 01 00 00 00 00 00   ".......!.......
00000430  00 00 00 00 00 00 00 00  4D 00 69 00 63 00 72 00   ........M.i.c.r.
00000440  6F 00 73 00 6F 00 66 00  74 00 20 00 72 00 65 00   o.s.o.f.t. .r.e.
00000450  73 00 65 00 72 00 76 00  65 00 64 00 20 00 70 00   s.e.r.v.e.d. .p.
00000460  61 00 72 00 74 00 69 00  74 00 69 00 6F 00 6E 00   a.r.t.i.t.i.o.n.
00000470  00 00 00 00 00 00 00 00  00 00 00 00 00 00 00 00   ................
00000480  A2 A0 D0 EB E5 B9 33 44  87 C0 68 B6 B7 26 99 C7   塴须骞3D嚴h斗&檠
00000490  2D 9F A6 46 B8 87 78 47  9B D6 A3 36 DE A4 53 59   -氅F笣xG涢?搴SY
000004A0  80 00 01 00 00 00 00 00  7F 40 07 00 00 00 00 00   €.......@......
000004B0  00 00 00 00 00 00 00 00  42 00 61 00 73 00 69 00   ........B.a.s.i.
000004C0  63 00 20 00 64 00 61 00  74 00 61 00 20 00 70 00   c. .d.a.t.a. .p.
000004D0  61 00 72 00 74 00 69 00  74 00 69 00 6F 00 6E 00   a.r.t.i.t.i.o.n.
000004E0  00 00 00 00 00 00 00 00  00 00 00 00 00 00 00 00   ................
000004F0  00 00 00 00 00 00 00 00  00 00 00 00 00 00 00 00   ................
00000500  A2 A0 D0 EB E5 B9 33 44  87 C0 68 B6 B7 26 99 C7   塴须骞3D嚴h斗&檠
00000510  97 BF 42 AE 06 4C C3 45  96 BB F8 76 62 88 F3 C1   椏B?L肊柣鴙b報?
00000520  80 40 07 00 00 00 00 00  7F A0 10 00 00 00 00 00   €@.......?.....
00000530  00 00 00 00 00 00 00 00  42 00 61 00 73 00 69 00   ........B.a.s.i.
00000540  63 00 20 00 64 00 61 00  74 00 61 00 20 00 70 00   c. .d.a.t.a. .p.
00000550  61 00 72 00 74 00 69 00  74 00 69 00 6F 00 6E 00   a.r.t.i.t.i.o.n.
00000560  00 00 00 00 00 00 00 00  00 00 00 00 00 00 00 00   ................
00000570  00 00 00 00 00 00 00 00  00 00 00 00 00 00 00 00   ................
00000580  A2 A0 D0 EB E5 B9 33 44  87 C0 68 B6 B7 26 99 C7   塴须骞3D嚴h斗&檠
00000590  D3 EC 9B A7 93 B4 9C 43  BF 06 9A DC 5A 8C A6 08   屿泭搫涓?甼Z對.
000005A0  80 A0 10 00 00 00 00 00  7F D0 17 00 00 00 00 00   €?......?.....
000005B0  00 00 00 00 00 00 00 00  42 00 61 00 73 00 69 00   ........B.a.s.i.
000005C0  63 00 20 00 64 00 61 00  74 00 61 00 20 00 70 00   c. .d.a.t.a. .p.
000005D0  61 00 72 00 74 00 69 00  74 00 69 00 6F 00 6E 00   a.r.t.i.t.i.o.n.
000005E0  00 00 00 00 00 00 00 00  00 00 00 00 00 00 00 00   ................
```

第1个分区表(微软保留分区)
第2个分区表
第3个分区表
第4个分区表

图 4.45 GPT 磁盘的 5 个分区表

```
000005F0   00 00 00 00 00 00 00 00  00 00 00 00 00 00 00 00   ................
00000600   A2 A0 D0 EB E5 B9 33 44  87 C0 68 B6 B7 26 99 C7   垺须骞3D嚴h斗&檿
00000610   CF 10 7D 97 8C EA 85 4C  BF 7E 25 FE 74 74 91 01   ?}椛隉L縹%羊t?
00000620   80 D0 17 00 00 00 00 00  7F 30 1F 00 00 00 00 00   €?......0......
00000630   00 00 00 00 00 00 00 00  42 00 61 00 73 00 69 00   ........B.a.s.i.
00000640   63 00 20 00 64 00 61 00  74 00 61 00 20 00 70 00   c. .d.a.t.a. .p.
00000650   61 00 72 00 74 00 69 00  74 00 69 00 6F 00 6E 00   a.r.t.i.t.i.o.n.
00000660   00 00 00 00 00 00 00 00  00 00 00 00 00 00 00 00   ................
00000670   00 00 00 00 00 00 00 00  00 00 00 00 00 00 00 00   ................
```

第5个分区表

图 4.45 （续）

GPT Partition Table, Base Offset: 600

Offset	Title	Value
GPT分区表1		
400	分区类型	16 E3 C9 E3 5C 0B B8 4D 81 7D F9 2D F0 02 15 AE
410	分区GUID	EA EF 4C AF 7E BE CD 46 80 11 04 B5 F3 7A 4D F6
420	分区起始扇区	34
428	分区结束扇区	65569
430	分区属性	0
438	分区名	Microsoft reserved partition
GPT分区表2		
480	分区类型	A2 A0 D0 EB E5 B9 33 44 87 C0 68 B6 B7 26 99 C7
490	分区GUID	01 3E 9E C8 F0 64 A3 4D 96 24 F5 7D 9B 87 65 71
4A0	分区起始扇区	65664
4A8	分区结束扇区	475263
4B0	分区属性	0
4B8	分区名	Basic data partition
GPT分区表3		
500	分区类型	A2 A0 D0 EB E5 B9 33 44 87 C0 68 B6 B7 26 99 C7
510	分区GUID	27 3B 29 85 FB B1 39 49 B7 9D 3E 99 E8 76 1A DF
520	分区起始扇区	475264
528	分区结束扇区	1089663
530	分区属性	0
538	分区名	Basic data partition

GPT Partition Table, Base Offset: 600

Offset	Title	Value
GPT分区表4		
580	分区类型	A2 A0 D0 EB E5 B9 33 44 87 C0 68 B6 B7 26 99 C7
590	分区GUID	3B 2E 3F FA 7B D2 6F 4C AF 7D C9 57 B0 E8 3F 26
5A0	分区起始扇区	1089664
5A8	分区结束扇区	1560703
5B0	分区属性	0
5B8	分区名	Basic data partition
GPT分区表5		
600	分区类型	A2 A0 D0 EB E5 B9 33 44 87 C0 68 B6 B7 26 99 C7
610	分区GUID	BE 32 2E 89 8C 56 E7 40 A6 78 02 EF 97 71 D7 60
620	分区起始扇区	1560704
628	分区结束扇区	2044031
630	分区属性	0
638	分区名	Basic data partition

图 4.46 使用 WinHex 模板查看 GPT 磁盘的分区表

表 4.16 磁盘 1 中 5 个 GPT 分区情况表

分 区	分区类型	开始扇区号	结束扇区号	总扇区数	容量(单位：MB)
Partition1	微软保留分区	34	65569	65536	32
Partition2	主分区	65664	475263	409600	200
Partition3	主分区	475264	1089663	614400	300
Partition4	主分区	1089664	1560703	471040	230
Partition5	主分区	1560704	2044031	483328	236

4. 分区区域

GPT 分区区域是整个 GPT 磁盘中最大的区域，位于 GPT 磁盘的中间位置，GPT 分区区域的开始扇区和结束扇区由 GPT 头定义，一般情况下，开始扇区为 34 号扇区，而结束扇区为 GPT 磁盘总扇区数减去 35。该区域由多个具体的分区组成，如：微软保留分区、EFI 系统分区、LDM 元数据分区、LDM 数据分区、OEM 分区和主分区等。各分区的开始扇区和结束扇区在各分区表中均有定义。

5. 分区表备份

一般情况下，分区表备份位于 GPT 磁盘的倒数 33 号扇区～倒数 2 号扇区，也是占用 32 个扇区，是 GPT 分区表位于 GPT 磁盘的 2～33 号扇区的备份。

6. GPT 头备份

GPT 头备份位于 GPT 磁盘的倒数 1 号扇区，该扇区也是在转换成 GPT 磁盘后自动生成的，GPT 头备份也是定义了 GPT 分区各参数的基本信息，但该扇区不是 GPT 头的简单备份，GPT 头备份对 GPT 分区各参数基本信息的定义与 GPT 头对 GPT 分区各参数基本信息的定义稍有不同，GPT 头备份对分区各参数基本信息的定义详见表 4.17 所列。

表 4.17 GPT 头备份各参数含义表

字节偏移	长度（字节）	内　容	字节偏移	长度（字节）	内　容
0X00	8	签名，固定为“EFI PART”	0X30	8	GPT 分区区域结束扇区号
0X08	4	版本号	0X38	16	硬盘 GUID
0X0C	4	GPT 备份总字节数	0X48	8	GPT 分区表备份开始扇区号
0X10	4	GPT 备份 CRC32 校验和	0X50	4	最多容纳分区表的数量，一般为 128
0X14	4	保留，必须是 00	0X54	4	每个分区表项字节数，一般为 128
0X18	8	GPT 头备份所在扇区号	0X58	4	分区表备份 CRC32 校验和
0X20	8	GPT 头所在扇区号	0X5C	420	保留，一般为 00
0X28	8	GPT 分区区域开始扇区号			

例 4.14 磁盘 1 的 GPT 头备份位于磁盘 1 的 2047999 号扇区，如图 4.47 所示。使用 WinHex 模板查看 GPT 头备份如图 4.48 所示，可以看到 GPT 头备份所存储的有些参数与 GPT 头所存储的不同。

```
Partitioning style: GPT                                              5 files, 4 partitions
Name          Ext.    Size     Created   Attr.   1st sector
Partition 2   FAT32   200 MB                     65664

Default Edit Mode     Offset     0  1  2  3  4  5  6  7   8  9  A  B  C  D  E  F
State:  original      3E7FFE00  45 46 49 20 50 41 52 54  00 00 01 00 5C 00 00 00  EFI PART....\...
Undo level: 0         3E7FFE10  A5 FA C6 7B 00 00 00 00  FF 3F 1F 00 00 00 00 00  ´Ó¼j............
Undo reverses: n/a    3E7FFE20  01 00 00 00 00 00 00 00  22 00 00 00 00 00 00 00  ÿ?......"......
Total capacity: 1.0 GB 3E7FFE30 DE 3F 1F 00 00 00 00 00  8B E9 61 84 51 46 58 4E  Þ?......nÉÛ.ûê@
1,048,576,512 bytes   3E7FFE40  BD 5E E4 AF DF 12 EA 55  DF 3F 1F 00 00 00 00 00  ®{3.2g.ú.......
                      3E7FFE50  80 00 00 00 80 00 00 00  D8 27 54 4B 00 00 00 00  ....ÌC'.....
Sector 2047999 of 2048001   Offset: 26F   = 0  Block:   n/a  Size:   n/a
```

图 4.47　磁盘 1 的 GPT 头备份

例 4.15 在磁盘 1 中的 2 号扇区中存储了 4 个分区表，在 3 号扇区存储了 1 个分区表；在 2047967 号扇区中存储了 2 号扇区中的 4 个分区表的备份，在 2047968 号扇区中存储了 3 号扇区的 1 个分区表的备份。使用 WinHex 模板查看 GPT 磁盘如图 4.49 所示；而整个磁盘 1 的 GPT 磁盘的整体结构如图 4.50 所示。

GPT head（备份），Base Offset: 3E7FFE00

Offset	Title	Value
3E7FFE00	签名	EFI PART
3E7FFE08	版本号	00 00 01 00
3E7FFE0C	GPT头备份总字节数	92
3E7FFE10	GPT头备份CRC校验和	A5 FA C6 7B
3E7FFE14	保留	0
3E7FFE18	GPT头备份所在扇区号	2047999
3E7FFE20	GPT头所在扇区号	1
3E7FFE28	GPT分区区域开始扇区号	34
3E7FFE30	GPT分区区域结束扇区号	2047966
3E7FFE38	磁盘GUID	8B E9 61 84 51 46 58 4E B
3E7FFE48	GPT分区表备份开始扇区号	2047967
3E7FFE50	最多容纳分区表的数量	128
3E7FFE54	每个分区表的字节数	128
3E7FFE58	GPT分区表备份CRC校验和	D8 27 54 4B
3E7FFE5C	保留	00 00 00 00 00 00 00 00 00

模板制作:陈培德(云南大学)

图 4.48　使用 WinHex 查看磁盘 1 GPT 头备份

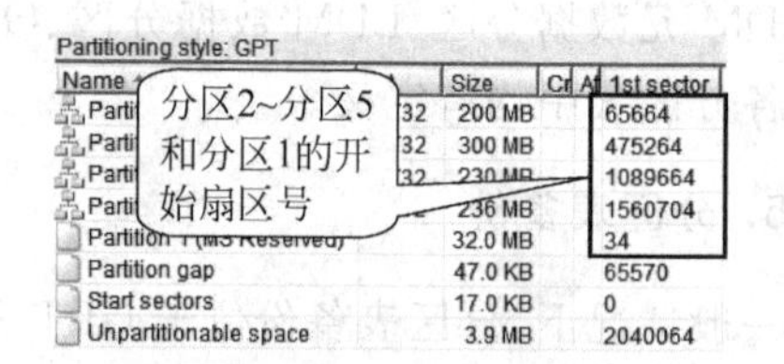

图 4.49　GPT 各分区情况图

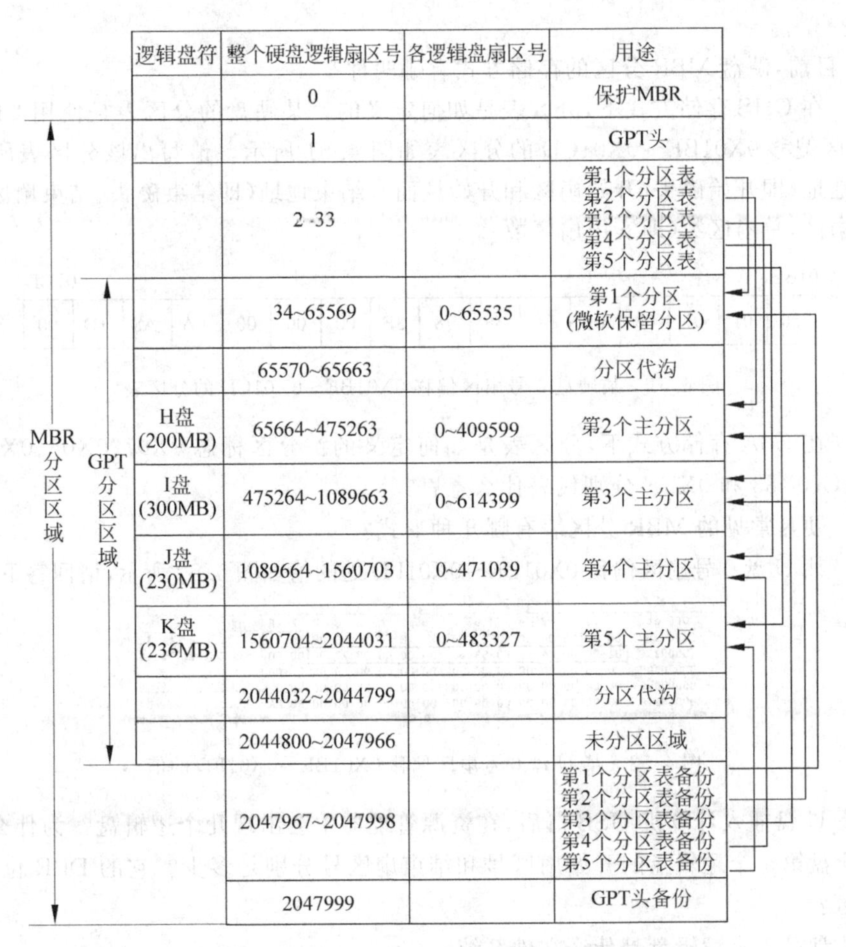

图 4.50 磁盘 1 中存储的 5 个 GPT 分区结构图

思考题

（注：在以下作业题中，1 个扇区等于 512 字节）

4.1 什么是硬盘低级格式化？硬盘低级格式化主要对硬盘做了哪几项工作？

4.2 硬盘分区有何作用？目前硬盘分区类型有哪几种？在 Windows 操作系统下，硬盘主要分区类型有哪几种？你使用的 U 盘或者笔记本电脑上的硬盘分区属于哪种类型？

4.3 什么是高级格式化？

4.4 一般情况下，硬盘的主引导扇区位于硬盘什么位置？它由哪几部分组成？在学习本章之前，你使用过其他软件查看过硬盘的主引导扇区吗？

4.5 建立硬盘主引导扇区中的信息有哪几种方式？

4.6 硬盘主引导记录和分区表的作用分别是什么？

4.7 如果一块硬盘作为辅盘使用，其主引导记录全部被“00”填充，分区表和有效标志完好，对硬盘的正常使用有影响吗？

4.8 如果硬盘的分区表被破坏，在 Windows 操作系统下的资源管理器中，你能查看到该硬盘所产生的逻辑盘符吗？你能够通过正常方式读取存储在该硬盘对应文件系统中的文件或文件夹吗？

4.9　目前，硬盘 MBR 分区的存储方式有哪两种？

4.10　在 CHS 存储方式下，分区表是如何定义的？某硬盘的分区表是使用 CHS 存储方式，0 号扇区偏移 0X01BE～0X01CD 的分区表如图 4.51 所示。请写出该分区表所对应逻辑盘的开始地址（即开始磁头、开始扇区和开始柱面），结束地址（即结束磁头、结束扇区和结束柱面），相对扇区，总扇区数（即实用扇区数）。

01BE　　　　　　　　　　　　　　　　　　　　01CD

80	01	01	00	0B	FE	3F	78	3F	00	00	00	FA	A8	1D	00

图 4.51　某硬盘 0 号扇区偏移 0X01BE～0X01CD 的分区表

4.11　在 LBA 存储方式下，分区表是如何定义的？分区标志 0X07、0X05、0X0F、0X0C、0X0B、0X1C、0X83 和 0XEE 分别代表什么意思？

4.12　硬盘常见的 MBR 分区表有哪几种形式？

4.13　某 U 盘 0 号扇区偏移 0X01BE～0X01FD 处的值如图 4.52 所示，请回答下列问题：

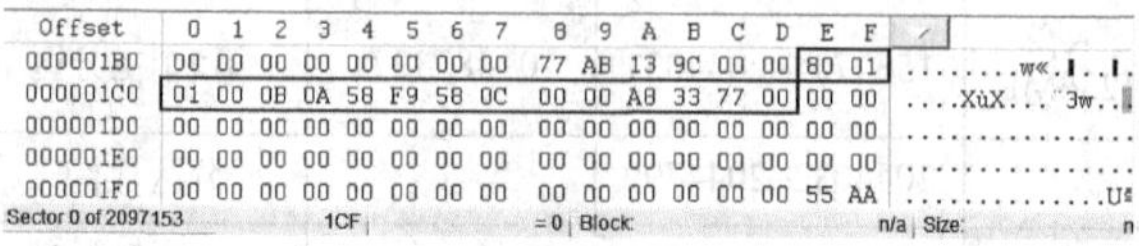

Offset	0	1	2	3	4	5	6	7	8	9	A	B	C	D	E	F	
000001B0	00	00	00	00	00	00	00	00	77	AB	13	9C	00	00	80	01	........w«.▌..▌.
000001C0	01	00	0B	0A	58	F9	58	0C	00	00	A8	33	77	00	00	00	....XùX...¨3w...
000001D0	00	00	00	00	00	00	00	00	00	00	00	00	00	00	00	00	....
000001E0	00	00	00	00	00	00	00	00	00	00	00	00	00	00	00	00	....
000001F0	00	00	00	00	00	00	00	00	00	00	00	00	00	00	55	AA	..............Uª

Sector 0 of 2097153　1CF　=0　Block:　n/a　Size:

图 4.52　某 U 盘 0 号扇区偏移 0X01BE～0X01FD 的值

（1）该 U 盘插入计算机 USB 口后，在资源管理器中会出现几个逻辑盘？为什么？

（2）U 盘第 1 个逻辑盘的开始扇区号和结束扇区号分别是多少？它的 DBR 位于该 U 盘的几号扇区？

（3）U 盘第 1 个逻辑盘是什么文件系统？

（4）U 盘第 1 个逻辑盘占用总扇区数是多少（分别用十进制数和十六进制数回答）？并写出小头位序的存储方式。如果使用大头位序存储方式，也是占四个字节，请写出存储形式。

（5）第 1 个逻辑盘的容量是多少（单位：字节）？该容量等于该逻辑盘高级格式化后的总容量吗？为什么？

4.14　某硬盘 0 号扇区偏移 0X01BE～0X01FD 处的 4 个分区表如图 4.53 所示（注：素材文件名为 zy4_14.vhd），请回答下列问题：

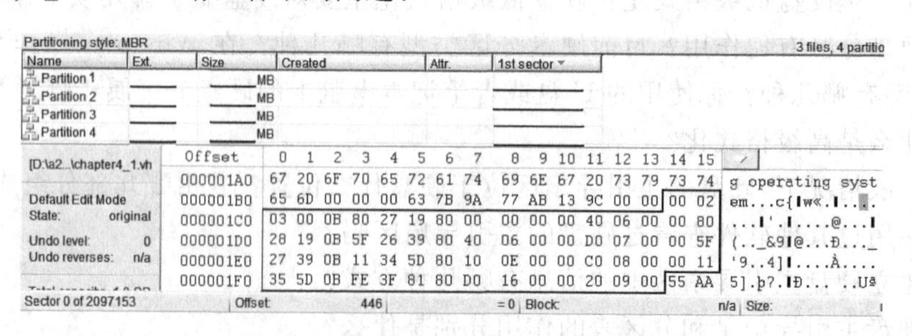

图 4.53　某硬盘 0 号扇区最后 96 字节

（1）如果将该硬盘通过计算机管理中的磁盘管理功能附加后，成为磁盘 1，所产生的 4 个逻辑盘对应盘符分别是 H:、I:、J:和 K:（即 Partition1～Partition4 对应的逻辑盘符），请将 4 个分区表在整个硬盘 0 号扇区偏移、分区标志以及分区表填入到表 4.18 对应单元格中。

表 4.18 某硬盘分区表情况表(存储形式)

分区表对应的逻辑盘	扇区偏移	分区标志	对应的 MBR 分区表															
H 盘	~																	
I 盘	~																	
J 盘	~																	
K 盘	~																	

(2) 根据 4 个分区表的分区标志,请将 4 个分区表对应的文件系统填入到图 4.53 中“Ext.”对应下画线处。

(3) 由于 4 个分区表均存储在硬盘的 0 号扇区,通过 4 个分区表中的相对扇区计算 4 个逻辑盘的开始扇区号,将结果分别填入到图 4.53“1st sector”对应下画线处。

(4) 通过 4 个分区表中的总扇区数,请计算 4 个分区表所对应 4 个逻辑盘的容量,并将结果填入到图 4.53 中“Size”对应下画线处。4 个逻辑盘的容量是用户依次建立 4 个分区时输入的容量吗?

(5) 通过这 4 个分区表,请计算每个分区表所对应逻辑盘在整个硬盘中的开始扇区号、结束扇区号和总扇区数,并将计算结果填入到表 4.19 对应单元格中。

表 4.19 某硬盘分区表情况表

对应逻辑盘	开始扇区号	结束扇区号	总扇区数
H 盘			
I 盘			
J 盘			
K 盘			

(6) 如果分别单独打开 4 个逻辑盘,它们的开始扇区号均为 0,请计算分别单独打开 4 个逻辑盘后的结束扇区号,将结果填入到表 4.20 对应单元格中;同时也分别将各逻辑盘的总扇区数和容量填入到表 4.20 相应单元格中。

表 4.20 4 个逻辑盘单独打开后的开始扇区号、结束扇区号和容量

对应逻辑盘	开始扇区号	结束扇区号	总扇区数	容量(单位:MB)
H 盘	0			
I 盘	0			
J 盘	0			
K 盘	0			

(7) 4 个分区表对应 4 个逻辑盘在整个硬盘中的分布情况如图 4.54 所示,请分别将 4 个分区表对应 4 个逻辑盘的开始扇区号和结束扇区号填入到图 4.54 对应下画线处。

(8) 各逻辑盘单独打开后,其开始扇区号均为 0,将各逻辑盘单独打开后的结束扇区号填入到图 4.54 对应下画线处;将各逻辑盘容量填入到图 4.54 盘符下画线处。

(9) 使用 WinHex 模板管理器中的 Master Boot Record 功能查看该硬盘的 4 个分区表,如图 4.55 所示;请将 4 个分区表中的相对扇区和总扇区数分别填入到图 4.55 中的相应位置(十进制)。

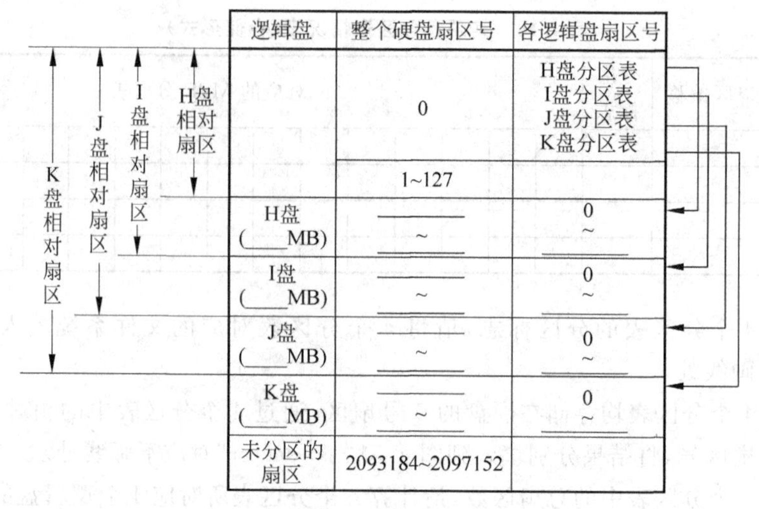

图 4.54　某硬盘逻辑盘分布情况

Offset	Title	Value
0	主引导代码	33 C0 8E D0
1B8	Windows磁盘签名	4FFEDA19
第1个分区表		
1BE	自举标志	00
1BF	开始磁头	2
1C0	开始扇区	3
1C0	开始柱面	0
1C2	分区标志(hex)	0B
1C3	结束磁头	128
1C4	结束扇区	39
1C4	结束柱面	25
1C6	相对扇区	
1CA	总扇区数	
第2个分区表		
1CE	自举标志	00
1CF	开始磁头	128
1D0	开始扇区	40
1D0	开始柱面	25
1D2	分区标志(hex)	0B
1D3	结束磁头	95
1D4	结束扇区	38
1D4	结束柱面	57
1D6	相对扇区	
1DA	总扇区数	
第3个分区表		
1DE	自举标志	00
1DF	开始磁头	95
1E0	开始扇区	39
1E0	开始柱面	57
1E2	分区标志(hex)	0B
1E3	结束磁头	17
1E4	结束扇区	52
1E4	结束柱面	93
1E6	相对扇区	
1EA	总扇区数	
第4个分区表		
1EE	自举标志	00
1EF	开始磁头	17
1F0	开始扇区	53
1F0	开始柱面	93
1F2	分区标志(hex)	0B
1F3	结束磁头	254
1F4	结束扇区	63
1F4	结束柱面	129
1F6	相对扇区	
1FA	总扇区数	
1FE	结束标志 (55 AA)	55 AA

模板制作:陈培德(云南大学)

图 4.55　使用 WinHex 查看 4 个分区表情况

4.15　某硬盘通过计算机管理中的磁盘管理功能附加为磁盘 0,其 0 号扇区最后 80 字节如图 4.56 所示,D 盘分区表和 E 盘链接项所在扇区最后 80 字节如图 4.57 所示,E 盘分区表和 F 盘链接项所在扇区最后 80 字节如图 4.58 所示,F 盘分区表所在扇区最后 80 字节如图 4.59 所示(注:素材文件名为 zy4_15.vhd)。

Partitioning style: MBR　　6 files, 4 partitio

Name	Ext.	Size	Created	Attr.	1st sector
Partition 1		____MB			
Partition 2		____MB			
Partition 3		____MB			
Partition 4		____MB			
Start sectors		64.0 KB			0
Partition gap 1		64.0 KB			
Partition gap 2		64.0 KB			
Partition gap 3		64.0 KB			

```
[D:\..\chapter4_1.vh
Default Edit Mode
State:          original
Undo level:     0
Undo reverses:  n/a

Offset      0  1  2  3  4  5  6  7   8  9 10 11 12 13 14 15
0000000432 65 6D 00 00 00 63 7B 9A  77 AB 13 9C 00 00 00 02  em...c{...
0000000448 03 00 0B F3 1D 16 80 00  00 00 00 A0 05 00 00 F3  ...ó.......
0000000464 1E 16 0F FE 3F 81 80 A0  05 00 00 48 1A 00 00 00  ...þ?....H..
0000000480 00 00 00 00 00 00 00 00  00 00 00 00 00 00 00 00  ............
0000000496 00 00 00 00 00 00 00 00  00 00 00 00 00 00 55 AA  ............
Sector 0 of 2097153   Offset: 446   = 0   Block: n/a   Size:
```

图 4.56　某硬盘 0 号扇区最后 80 字节

```
Partitioning style: MBR                                              6 files, 4 partition
Name          Ext.   Size   Created   Attr.   1st sector
[D:\...\chapter4_1.vh]   Offset     0  1  2  3  4  5  6  7   8  9 10 11 12 13 14 15
                         0B4101B0  00 00 00 00 00 00 00 00  00 00 00 00 00 00 00 F5
Default Edit Mode        0B4101C0  20 16 0B 1B 23 38 80 00  00 00 00 20 08 00 00 1B   ...#8I.......
State:    original       0B4101D0  24 38 05 5B 3D 5E 80 20  08 00 80 60 09 00 00 00   $8.[=^I ..I`...
Undo level:    0         0B4101E0  00 00 00 00 00 00 00 00  00 00 00 00 00 00 00 00
Undo reverses: n/a       0B4101F0  00 00 00 00 00 00 00 00  00 00 00 00 00 00 55 AA   ..............U
Sector ____ of 2097153   Offset:   188809648        = 0 | Block:        n/a | Size:   n/
```

图 4.57　D 盘分区表和 E 盘链接项所在扇区号最后 80 字节

```
Partitioning style: MBR                                              6 files, 4 partition
Name          Ext.   Size   Created   Attr.   1st sector
[D:\...\chapter4_1.vh]   Offset     0  1  2  3  4  5  6  7   8  9 10 11 12 13 14 15
                         1B8201B0  00 00 00 00 00 00 00 00  00 00 00 00 00 00 00 1D
Default Edit Mode        1B8201C0  26 38 0B 5B 3D 5E 80 00  00 00 00 60 09 00 00 5B   ...#8I.......
State:    original       1B8201D0  3E 5E 05 EE 2D 81 00 81  11 00 80 B8 08 00 00 00   $8.[=^I ..I`...
Undo level:    0         1B8201E0  00 00 00 00 00 00 00 00  00 00 00 00 00 00 00 00
Undo reverses: n/a       1B8201F0  00 00 00 00 00 00 00 00  00 00 00 00 00 00 55 AA   ..............U
Sector ____ of 2097153   Offset:   188809648        = 0 | Block:        n/a | Size:   n/
```

图 4.58　E 盘分区表和 F 盘链接项所在扇区号最后 80 字节

```
Partitioning style: MBR                                              6 files, 4 partition
Name          Ext.   Size   Created   Attr.   1st sector
[D:\...\chapter4_1.vh]   Offset     0  1  2  3  4  5  6  7   8  9 10 11 12 13 14 15
                         2E4301B0  00 00 00 00 00 00 00 00  00 00 00 00 00 00 00 5E
Default Edit Mode        2E4301C0  01 5E 0B EE 2D 81 80 00  00 00 00 B8 08 00 00 00   ...#8I.......
State:    original       2E4301D0  00 00 00 00 00 00 00 00  00 00 00 00 00 00 00 00   $8.[=^I ..I`...
Undo level:    0         2E4301E0  00 00 00 00 00 00 00 00  00 00 00 00 00 00 00 00
Undo reverses: n/a       2E4301F0  00 00 00 00 00 00 00 00  00 00 00 00 00 00 55 AA   ..............U
Sector ____ of 2097153   Offset:   188809648        = 0 | Block:        n/a | Size:   n/
```

图 4.59　F 盘分区表所在扇区号最后 80 字节

请回答下列问题：

(1) C 盘分区表和扩展分区表存储在整个硬盘的 0 号扇区，请将 D 盘分区表和 E 盘链接项、E 盘分区表和 F 盘链接项、F 盘分区表在整个硬盘的扇区号填入到表 4.21 对应单元格中。

(2) 请将 C 盘分区表、扩展分区表、D 盘分区表、E 盘链接项、E 盘分区表、F 盘链接项和 F 盘分区表扇区偏移填入到表 4.21 对应单元格中。

表 4.21　某硬盘分区表情况表(存储形式)

分区表	整个硬盘扇区号	扇区偏移	对应的 MBR 分区表															
C 盘分区表	0	～																
扩展分区表		～																
D 盘分区表		～																
E 盘链接项		～																
E 盘分区表		～																
F 盘链接项		～																
F 盘分区表		～																

(3) 请将 C 盘分区表、扩展分区表、D 盘分区表、E 盘链接项、E 盘分区表、F 盘链接项和 F 盘分区表填入到表 4.21 对应单元格中。

(4) C 盘分区表和扩展分区表存储在整个硬盘的 0 号扇区；请将 D 盘分区表和 E 盘链接项、E 盘分区表和 F 盘链接项、F 盘分区表所在扇区号分别填入到图 4.57、图 4.58 和图 4.59

左下角的“Sector ________ of 2097153”下画线处。

(5) 将 4 个逻辑盘的总扇区数填入到表 4.22 对应单元格中，计算 4 个逻辑盘的容量，并将结果填入到表 4.22 对应单元格中。

表 4.22　4 个逻辑盘在整个硬盘中的开始扇区号、结束扇区号和容量

逻辑盘	开始扇区号	结束扇区号	总扇区数	容量(单位：MB)
C 盘				
D 盘				
E 盘				
F 盘				

(6) 计算 4 个逻辑盘在整个硬盘中的开始扇区号和结束扇区号；并将结果分别填入到表 4.22 对应单元格中。

(7) 每个逻辑盘单独打开后，开始扇区号为 0；请计算分别单独打开 4 个逻辑盘后的结束扇区号，并将结果填入到表 4.23 对应单元格中；计算各逻辑盘的总扇区数和容量，将结果分别填入到表 4.23 对应单元格中。

表 4.23　4 个逻辑盘单独打开后的开始扇区号、结束扇区号和容量

逻辑盘	开始扇区号	结束扇区号	总扇区数	容量(单位：MB)
C 盘	0			
D 盘	0			
E 盘	0			
F 盘	0			

(8) 在图 4.56 中，请将 Partition1～Partition4 以及 Partition gap1～Partition gap3 的开始扇区号填入到“1st sector”下的对应下画线处。

(9) 请根据 C 盘、D 盘、E 盘和 F 盘分区表的标志，将 4 个分区表标志所表示的文件系统填入到图 4.56 中“Ext.”对应下画线处。

(10) 请将 C 盘、D 盘、E 盘和 F 盘的容量填入到图 4.56 中“Size”对应下画线处。

(11) 磁盘 0 的布局大致如图 4.60 所示，请将 4 个逻辑盘在整个硬盘中的开始扇区号、结束扇区号、各分区表及链接项所在扇区号等填入到图 4.60 对应下画线处。

(12) 分别单独打开 4 个逻辑盘，它们的开始扇区号均为 0，请将 4 个逻辑盘单独打开后的结束扇区号填入到图 4.60 对应下画线处。

(13) 请将 C 盘、D 盘、E 盘、F 盘和扩展分区的容量填入到图 4.60 中对应下画线处。

(14) 请将扩展分区相对扇区的结束扇区号、扩展分区开始扇区号和结束扇区号填入到图 4.60 中对应下画线处。

4.16　某硬盘 0 号扇区偏移 0X01BE～0X01FD 处的 4 个分区表如图 4.61 所示(注：素材文件名为 zy4_16.vhd)，请回答下列问题：

(1) 请将该硬盘 4 个分区表的扇区偏移、分区标志和分区表填入到表 4.24 对应单元格中。

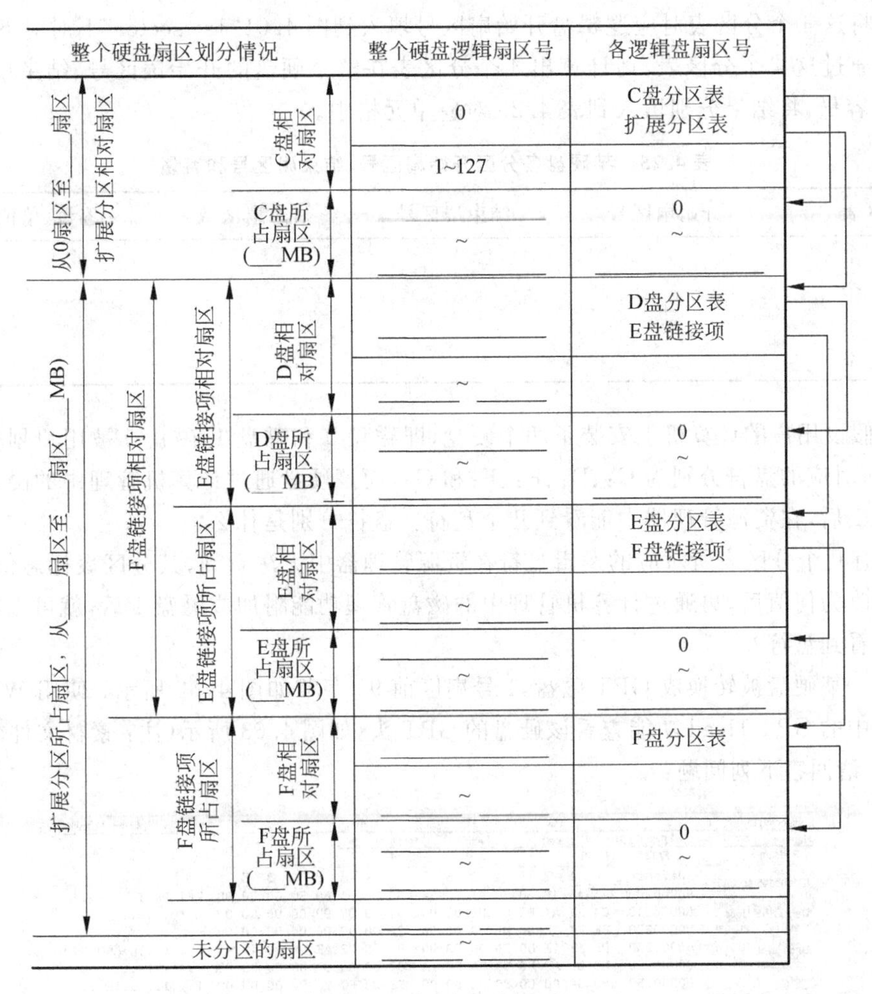

图 4.60 磁盘 0 布局图

```
Partitioning style: MBR                                        3 files, 4 partitions
Name           Ext.    Size      Created   Attr.   1st sector
Partition 1    NTFS    160 MB                      ______
Partition 2    FAT32   260 MB                      ______
Partition 3    FAT32   280 MB                      ______
Partition 4    FAT32   322 MB                      ______
Start sectors          64.0 KB                     0

[D:\a23\×÷Òµ\chapter4_3.v
Default Edit Mode
State:          original
Undo level:     0
Undo reverses:  n/a

Offset     0  1  2  3  4  5  6  7   8  9  A  B  C  D  E  F
000001A0  67 20 6F 70 65 72 61 74  69 6E 67 20 73 79 73 74  g operating syst
000001B0  65 6D 00 00 00 63 7B 9A  77 AB 13 9C 00 00 00 02  em...c{▌w«.▌....
000001C0  03 00 07 67 13 14 80 00  00 00 00 00 05 00 00 67  ...g..▌.........
000001D0  14 14 1C 8C 17 35 80 00  05 00 00 20 08 00 00 8C  ...▌.5▌.... ...▌
000001E0  18 35 0B 3E 25 59 80 20  0D 00 00 C0 08 00 00 3E  .5.>%Y▌ ...À...>
000001F0  26 59 1C FE 3F 81 80 E0  15 00 00 10 0A 00 55 AA  &Y.þ?.▌à.....U.

Sector 0 of 2097153    Offset:    1BE    = 0  Block:    1BE - 1BE  Size:    1
```

图 4.61 磁盘 1 的 0 号扇区最后 96 字节

表 4.24 某硬盘分区表情况表(存储形式)

分区表	扇区偏移	分区标志	对应的 MBR 分区表															
第 1 个	~																	
第 2 个	~																	
第 3 个	~																	
第 4 个	~																	

(2) 将这 4 个分区表对应逻辑盘开始扇区号填入到图 4.61“1st sector”下对应下画线处。

(3) 通过这 4 个分区表，请计算出 4 个分区表在整个硬盘的开始扇区号、结束扇区号、总扇区数和容量，将结果分别填入到表 4.25 对应单元格中。

表 4.25 某硬盘各分区开始扇区号、结束扇区号和容量

分区表	开始扇区号	结束扇区号	总扇区数	容量(单位：MB)
第 1 个				
第 2 个				
第 3 个				
第 4 个				

(4) 假设用户的计算机上安装了两个硬盘，即磁盘 0 和磁盘 1，磁盘 0 被用户划分为 5 个逻辑盘，所对应的盘符分别为 C:、D:、E:、F:和 G:，而该硬盘通过计算机管理中的磁盘管理附加成磁盘 1 后，在资源管理器中能看到几个盘符？盘符分别是什么？

(5) 有几个分区表所对应的逻辑盘符在资源管理器中无法看到，其分区表标志值是什么？将该值更改为何值后，再通过计算机管理中的磁盘管理功能附加成磁盘 1 后，就可以在资源管理器中查看到盘符？

4.17 某硬盘被转换成 GPT 磁盘，1 号扇区前 96 字节如图 4.62 所示；使用 WinHex 模板管理器中的 GPT Head 功能查看该硬盘的 GPT 头，如图 4.63 所示(注：素材文件名为 zy4_17.vhd)；请回答下列问题：

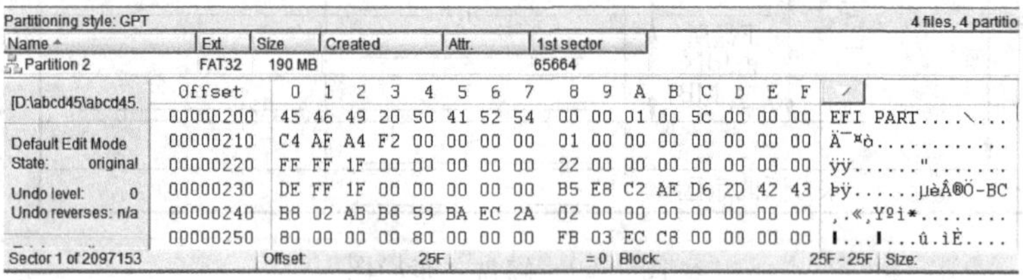

```
Partitioning style: GPT                                                  4 files, 4 partitio
Name ^            Ext.    Size     Created      Attr.     1st sector
Partition 2       FAT32   190 MB                          65664
[D:\abcd45\abcd45.   Offset     0  1  2  3  4  5  6  7   8  9  A  B  C  D  E  F
                     00000200  45 46 49 20 50 41 52 54  00 00 01 00 5C 00 00 00  EFI PART....\...
Default Edit Mode    00000210  C4 AF A4 F2 00 00 00 00  01 00 00 00 00 00 00 00  Ä¯¤ò............
State:     original  00000220  FF FF 1F 00 00 00 00 00  22 00 00 00 00 00 00 00  ÿÿ......".......
Undo level:       0  00000230  DE FF 1F 00 00 00 00 00  B5 E8 C2 AE D6 2D 42 43  Þÿ......µèÂ®Ö-BC
Undo reverses: n/a   00000240  B8 02 AB B8 59 BA EC 2A  02 00 00 00 00 00 00 00  ¸.«¸Yºì*........
                     00000250  80 00 00 00 80 00 00 00  FB 03 EC C8 00 00 00 00  ....û.ìÈ....
Sector 1 of 2097153   Offset:   25F   = 0  Block:   25F - 25F  Size:
```

图 4.62 某硬盘 1 号扇区前 96 字节

(1) 根据图 4.62，请将签名、GPT 头总字节数、GPT 头所在扇区号、GPT 头备份所在扇区号等值分别填入到图 4.63 中下画线相应位置处。

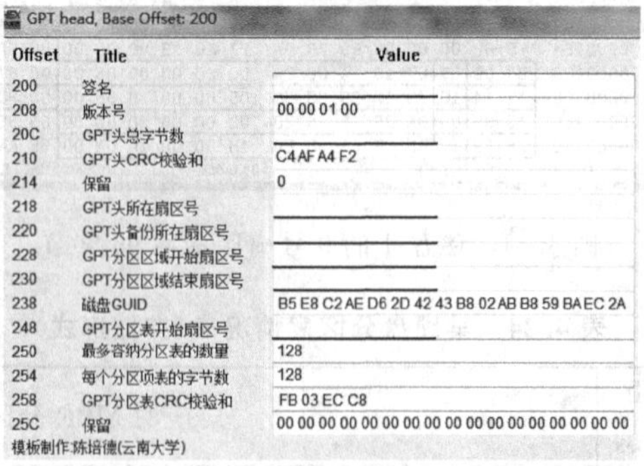

GPT head, Base Offset: 200

Offset	Title	Value
200	签名	
208	版本号	00 00 01 00
20C	GPT头总字节数	
210	GPT头CRC校验和	C4 AF A4 F2
214	保留	0
218	GPT头所在扇区号	
220	GPT头备份所在扇区号	
228	GPT分区区域开始扇区号	
230	GPT分区区域结束扇区号	
238	磁盘GUID	B5 E8 C2 AE D6 2D 42 43 B8 02 AB B8 59 BA EC 2A
248	GPT分区表开始扇区号	
250	最多容纳分区表的数量	128
254	每个分区项表的字节数	128
258	GPT分区表CRC校验和	FB 03 EC C8
25C	保留	00 00 00 00 00 00 00 00 00 00 00 00 00 00 00 00

模板制作:陈培德(云南大学)

图 4.63 使用 WinHex 中的模板管理器中查看该硬盘的 GPT 头

(2) 该硬盘的 5 个 GPT 分区表分别存储在 2 号扇区和 3 号扇区，如图 4.64 所示，从图 4.64 可知，第 1 个 GPT 分区范围为 34～65569 号扇区，总扇区数为 65536，容量为 32MB。请将

Partition2～Partition5 这 4 个 GPT 分区的开始扇区号和结束扇区号分别填入到表 4.26 对应单元格中；并计算这 4 个 GPT 分区的总扇区数和容量，将结果填入到表 4.26 对应单元格中。

```
Partitioning style: GPT                                   4 files, 4 parti
Name                       Ext.    Size     Created  Attr.  1st sector
Partition 2                FAT32   ____MB                   ________
Partition 3                FAT32   ____MB                   ________
Partition 4                FAT32   ____MB                   ________
Partition 5                FAT32   ____MB                   ________
Partition 1 (MS Reserved)          1 MB                     ________
Partition gap                      47.0 KB                  65570
Start sectors                      17.0 KB                  0
Unpartitioned space                1.9 MB                   2093184

Offset     0  1  2  3  4  5  6  7   8  9  A  B  C  D  E  F
00000400  16 E3 C9 E3 5C 0B B8 4D  81 7D F9 2D F0 02 15 AE
00000410  96 9C 0E 33 EF AC BF 42  A9 52 07 86 D6 B6 68 0B
00000420  22 00 00 00 00 00 00 00  21 00 01 00 00 00 00 00
00000430  00 00 00 00 00 00 00 00  4D 00 69 00 63 00 72 00
00000440  6F 00 73 00 6F 00 66 00  74 00 20 00 72 00 65 00
00000450  73 00 65 00 72 00 76 00  65 00 64 00 20 00 70 00
00000460  61 00 72 00 74 00 69 00  74 00 69 00 6F 00 6E 00
00000470  00 00 00 00 00 00 00 00  00 00 00 00 00 00 00 00
00000480  A2 A0 D0 EB E5 B9 33 44  87 C0 68 B6 B7 26 99 C7
00000490  74 E8 91 2B 7C B3 3A 44  98 79 35 E7 CA 5A 2A 38
000004A0  80 00 01 00 00 00 00 00  7F F0 06 00 00 00 00 00
000004B0  00 00 00 00 00 00 00 00  42 00 61 00 73 00 69 00
000004C0  63 00 20 00 64 00 61 00  74 00 61 00 20 00 70 00
000004D0  61 00 72 00 74 00 69 00  74 00 69 00 6F 00 6E 00
000004E0  00 00 00 00 00 00 00 00  00 00 00 00 00 00 00 00
000004F0  00 00 00 00 00 00 00 00  00 00 00 00 00 00 00 00
00000500  A2 A0 D0 EB E5 B9 33 44  87 C0 68 B6 B7 26 99 C7
00000510  D7 13 DF A2 1A 84 EC 4E  91 6E F3 90 67 F5 FD 59
00000520  80 F0 06 00 00 00 00 00  7F 30 0D 00 00 00 00 00
00000530  00 00 00 00 00 00 00 00  42 00 61 00 73 00 69 00
00000540  63 00 20 00 64 00 61 00  74 00 61 00 20 00 70 00
00000550  61 00 72 00 74 00 69 00  74 00 69 00 6F 00 6E 00
00000560  00 00 00 00 00 00 00 00  00 00 00 00 00 00 00 00
00000570  00 00 00 00 00 00 00 00  00 00 00 00 00 00 00 00
00000580  A2 A0 D0 EB E5 B9 33 44  87 C0 68 B6 B7 26 99 C7
00000590  0E 8A A6 41 64 B7 A8 42  82 9C B6 E5 66 99 AC D9
000005A0  80 30 0D 00 00 00 00 00  7F 50 15 00 00 00 00 00
000005B0  00 00 00 00 00 00 00 00  42 00 61 00 73 00 69 00
000005C0  63 00 20 00 64 00 61 00  74 00 61 00 20 00 70 00
000005D0  61 00 72 00 74 00 69 00  74 00 69 00 6F 00 6E 00
000005E0  00 00 00 00 00 00 00 00  00 00 00 00 00 00 00 00
000005F0  00 00 00 00 00 00 00 00  00 00 00 00 00 00 00 00
00000600  A2 A0 D0 EB E5 B9 33 44  87 C0 68 B6 B7 26 99 C7
00000610  9B 8D 40 66 CD E2 21 47  89 74 E0 40 60 4A 85 82
00000620  80 50 15 00 00 00 00 00  7F F0 1F 00 00 00 00 00
00000630  00 00 00 00 00 00 00 00  42 00 61 00 73 00 69 00
00000640  63 00 20 00 64 00 61 00  74 00 61 00 20 00 70 00
00000650  61 00 72 00 74 00 69 00  74 00 69 00 6F 00 6E 00

Sector 2 of 2097153 | Offset 56F | = 0 | Block: 232 - 25F | Size:
```

图 4.64　某硬盘 2 号扇区及 3 号扇区前 96 字节

表 4.26　某硬盘分区表情况表

分　　区	分区类型	开始扇区号	结束扇区号	总扇区数	容量(单位：MB)
Partition1		34	65569	65536	32
Partition2					
Partition3					
Partition4					
Partition5					

(3) Partition2～Partition5 这 4 个 GPT 分区的文件系统均为 FAT32，而 FAT32 文件系统的 DBR(简称 FAT32_DBR)分别存储在各逻辑盘的开始扇区，请问 Partition2～Partition5 这 4 个 GPT 分区对应 4 个逻辑盘的 FAT32_DBR 分别存储在整个硬盘的哪 4 个扇区？

(4) 请分别将 Partition2～Partition5、Partition1 这 5 个分区表的开始扇区号填入到图 4.64 中的 1st sector 对应下画线处。

(5) 请分别将 Partition2～Partition5 这 4 个分区的容量填入到图 4.64 中的 Size 对应下画线处。

(6) 假设用户计算机的磁盘 0 被划分为 5 个逻辑盘，盘符范围为 C:～G:。该硬盘通过计算机管理中的磁盘管理附加成磁盘 1 后，在资源管理器中将会看到 H:、I:、J:和 K:，请分别将这 4 个逻辑盘在磁盘 1 中开始扇区号和结束扇区号填入到图 4.65 对应下画线处。

(7) 这 4 个逻辑盘单独打开后，开始扇区号均为 0，将这 4 个逻辑盘单独打开后的结束扇区号填入到图 4.65 对应下画线处。

逻辑盘符	整个硬盘逻辑扇区号	各逻辑盘扇区号	用途
	0		保护MBR
	1		GPT头
	2~33		第1个分区表 第2个分区表 第3个分区表 第4个分区表 第5个分区表
	34~65569	0~65535	第1个分区 (微软保留分区)
	65570~65663		分区代沟
H盘 (____MB)	____~____	0 ~ ____	第2个主分区
I盘 (____MB)	____~____	0 ~ ____	第3个主分区
J盘 (____MB)	____~____	0 ~ ____	第4个主分区
K盘 (____MB)	____~____	0 ~ ____	第5个主分区
	2093184~2097152		未分区区域
	____~____		第1个分区表备份 第2个分区表备份 第3个分区表备份 第4个分区表备份 第5个分区表备份
	____		GPT头备份

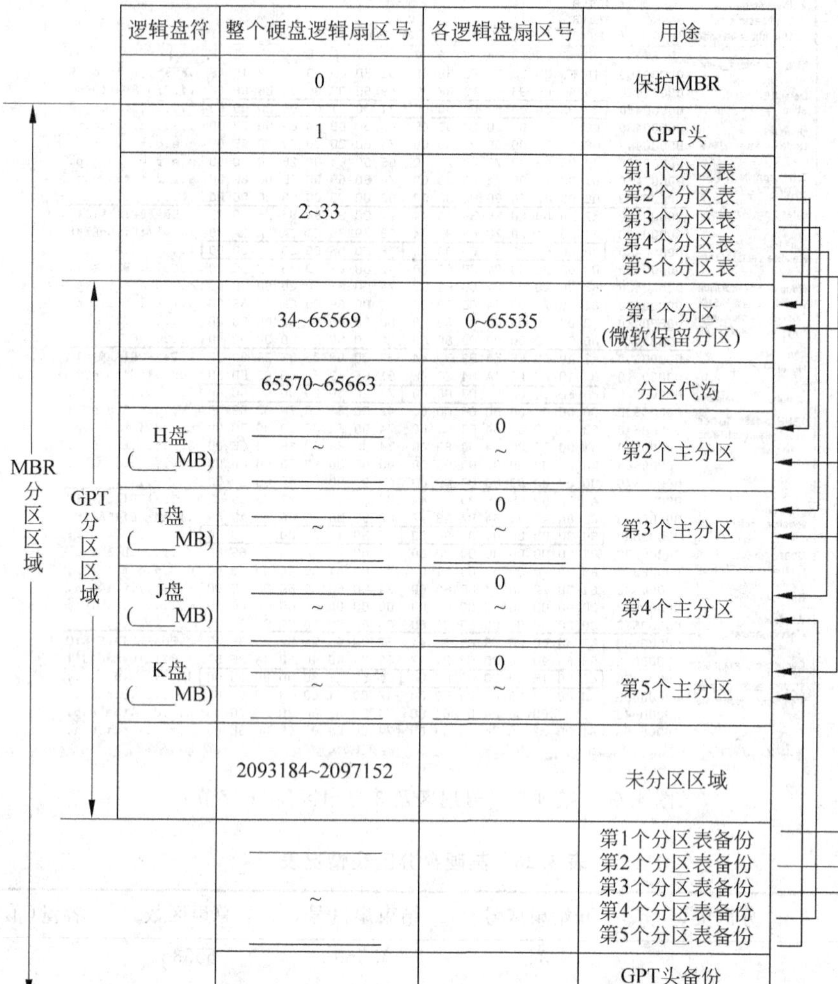

图 4.65 5 个 GPT 分区对应的 5 个逻辑盘在磁盘 1 中的分布情况图

(8) 将 4 个逻辑盘容量填入到图 4.65 盘符下画线处。

(9) 请将 GPT 分区表备份所在扇区号范围填入至图 4.65 对应下画线处，将 GPT 头备份所在扇区号填入至图 4.65 对应下画线处。

(10) 使用 WinHex 模板功能查看该硬盘的 5 个 GPT 分区表，如图 4.66 所示，请分别将这 5 个 GPT 分区表开始扇区、结束扇区和分区名填入到图 4.66 对应下画线处。

4.18 在本章第 50 页的例 4.1 中，用户在磁盘 1 上建立了一个 MBR 分区，假设用户在“简单卷大小(MB)(S):”右侧列表框中输入或选择 194MB，请回答下列问题：

(1) 用户建立的 MBR 分区表存储在磁盘 1 的几号扇区？扇区偏移范围是多少？

(2) 在“简单卷大小(MB)(S):”右侧列表框中输入或选择的 194MB，以什么样的形式存

Offset	Title	Value
GPT1		
400	分区类型	16 E3 C9 E3 5C 0B B8 4D 81 7D F9 2D F0 02 15 AE
410	分区GUID	96 9C 0E 33 EF AC BF 42 A9 52 07 86 D6 B6 68 0B
420	分区开始扇区	______
428	分区结束扇区	______
430	分区属性	0
438	分区名	______
GPT2		
480	分区类型	A2 A0 D0 EB E5 B9 33 44 87 C0 68 B6 B7 26 99 C7
490	分区GUID	74 E8 91 2B 7C B3 3A 44 98 79 35 F7 CA 5A 2A 38
4A0	分区开始扇区	______
4A8	分区结束扇区	______
4B0	分区属性	0
4B8	分区名	______
GPT3		
500	分区类型	A2 A0 D0 EB E5 B9 33 44 87 C0 68 B6 B7 26 99 C7
510	分区GUID	D7 13 DF A2 1A 84 EC 4E 91 6E F3 90 67 F5 FD 59
520	分区开始扇区	______
528	分区结束扇区	______
530	分区属性	0
538	分区名	______

Offset	Title	Value
GPT4		
580	分区类型	A2 A0 D0 EB E5 B9 33 44 87 C0 68 B6 B7 26 99 C7
590	分区GUID	0E 8A A6 41 64 B7 A8 42 82 9C B6 E5 66 99 AC D9
5A0	分区开始扇区	______
5A8	分区结束扇区	______
5B0	分区属性	0
5B8	分区名	______
GPT5		
600	分区类型	A2 A0 D0 EB E5 B9 33 44 87 C0 68 B6 B7 26 99 C7
610	分区GUID	9B 8D 40 66 CD F2 21 47 89 74 F0 40 60 4A 85 82
620	分区开始扇区	______
628	分区结束扇区	______
630	分区属性	0
638	分区名	______

模板制作：陈培德(云南大学)

图 4.66 使用 WinHex 模板查看 5 个 GPT 分区情况

储在磁盘 1 的什么位置(即扇区偏移范围)？占多少个字节？写出其存储形式、对应十六进制和十进制。

(3) 在建立 MBR 分区过程中，如果用户没有对该分区进行(快速)格式化操作，写出 MBR 分区表；如果用户对该分区进行(快速)格式化操作，文件系统选择“FAT32”，写出 MBR 分区表；如果用户对该分区进行(快速)格式化操作，文件系统选择“NTFS”，写出 MBR 分区表。

(4) 假设该分区表对应的逻辑盘符为 H:，请写出 H 盘的开始扇区号、结束扇区号和 H 盘占用总扇区数。

提示：在 Windows 7 平台下，如果用户在磁盘 1 上建立第 1 个分区，那么，第 1 个分区的开始扇区号一般为 128。

4.19 某硬盘 0 号扇区偏移 0X01BE～0X01FD 处存储有 4 个分区表，如果将该硬盘通过计算机管理中的磁盘管理功能附加后，成为磁盘 1，所产生的 4 个逻辑盘对应盘符分别是 H:、I:、J:和 K:；文件系统均为 FAT32，4 个逻辑盘在磁盘 1 中的分布情况如图 4.67 所示(注：素材文件名为 zy4_19. vhd)，请回答下列问题：

(1) 请分别将 4 个逻辑盘的容量填入到图 4.67 对应下画线处。

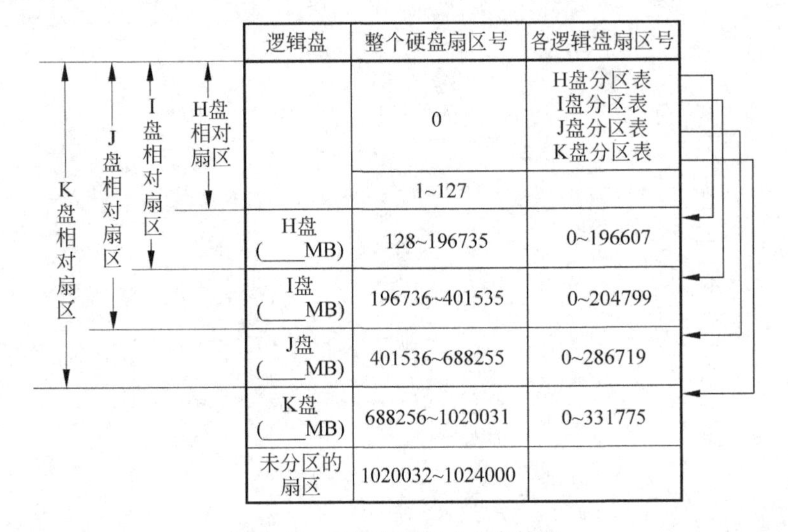

图 4.67 某硬盘逻辑盘分布情况

(2) 请将4个逻辑盘对应4个MBR分区表和在整个硬盘0号扇区偏移填入到表4.27对应单元格中。

(3) 请将表4.27中4个MBR分区表分别填入到图4.68对应下画线处,请分别将4个逻辑盘的容量(即Size)和开始扇区号(即1st sector)填入到图4.68对应下画线处。

表4.27 某硬盘分区表情况表(存储形式)

分区表 对应的逻辑盘	扇区偏移	对应的MBR分区表															
H盘	~																
I盘	~																
J盘	~																
K盘	~																

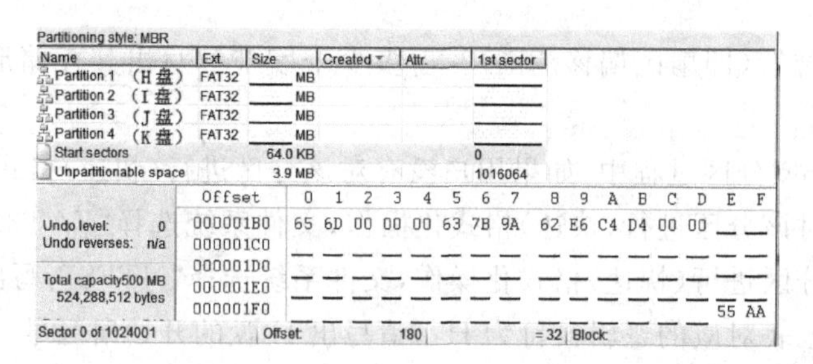

图4.68 某硬盘0号扇区最后80字节

4.20 在Windows平台下,假设你要为硬盘设计一种新的分区形式,你认为需要考虑哪些因素?

第5章 FAT32文件系统

5.1 FAT 文件系统概述

FAT(File Allocation Table)文件系统是微软公司最初为 DOS 操作系统设计的一种磁盘格式。FAT 文件系统用“簇”作为文件或文件夹(即子目录)的分配单元,1 个“簇”等于 2^n 个连续的扇区(注:$0\leqslant n\leqslant 10$),1 簇等于多少个扇区在逻辑盘的分区引导扇区中有定义。

目前,FAT 文件系统主要有 FAT12、FAT16、FAT32 和 exFAT 文件系统,最早的 FAT 文件系统是指 FAT12,FAT12 是用 12 位(即 1.5 字节)来对簇进行编号;可以管理的最大容量是 8MB,在当时的情况下,FAT12 管理能力是非常大的。但随着其他外存储器(如:U 盘、手机卡、存储卡等)的出现以及硬盘容量的不断增大,微软公司先后又推出了 FAT16、FAT32 和 exFAT 文件系统。

FAT16 是用 16 位(即 2 字节)来对簇进行编号;FAT32 则是用 32 位(即 4 字节)来对簇进行编号。对于 FAT12 和 FAT16 文件系统而言,如果逻辑盘被(快速)格式化,在该逻辑盘上存储的第一个文件或者子目录,它的开始簇号是 2;而对于 FAT32 文件系统而言,逻辑盘的根目录开始簇号是 2。

FAT12 文件系统主要用于软磁盘,而 FAT16 文件系统主要用于小容量的硬盘、U 盘、存储卡等;FAT32 文件系统主要用于大容量的硬盘、U 盘、存储卡等;而 exFAT 是微软公司在 Windows Embeded 6.0 中引入的一种适合于闪存的文件系统。

5.2 FAT16 文件系统

5.2.1 FAT16 文件系统介绍

DOS2.0 以前的操作系统使用的文件系统是 FAT12;在 DOS2.0 以后,微软公司推出了新的文件系统 FAT16,FAT16 除了采用 16 位(即 2 字节)来对一个簇进行编号外,在其他方面与 FAT12 没有区别。因此,FAT16 可以管理的总簇数增加到了 65534 个(即 0X02～

0XFFFF)。当簇的总数小于 4096 时,文件系统还是使用 FAT12; 当簇的总数大于 4096 时,文件系统使用的就是 FAT16。刚推出的 FAT16 文件系统管理磁盘的能力实际上是 32M,这在当时看来是足够大的。

1987 年以后,硬盘技术的发展推动了文件系统的发展。在 DOS4.0 以后,FAT16 可以管理到 128M 的磁盘,然而这个数字还在不断增加,一直到 2GB。需要指出的是,在 Windows 95 系统中,采用了一种比较独特的技术,叫作 VFat 来解决长文件名的问题。然而 FAT16 分区格式存在严重的缺点,即大容量磁盘利用率非常低; 因为磁盘文件的分配以簇为单位,当一个簇比较大时,存储的小文件越多,浪费的磁盘空间也就越多,也就是说,即使一个很小的文件也要占用一个簇,这个簇剩余的空间便会全部闲置,这样就造成了磁盘空间的浪费。

5.2.2 FAT16 文件系统组成

FAT16 文件系统由保留扇区、FAT 表(注: FAT 表由 FAT1 表和 FAT2 表组成)、根目录区域和数据区 4 大部分组成,总体布局大致如图 5.1 所示(其中: i 和 j 均为正整数,且 $i<j$)。在 FAT16 文件系统中,根目录占用区域是固定的,位于 FAT 表和数据区之间,因此,根目录下所存放的文件(夹)数量也是有限的。

<table>
<tr><td rowspan="2">保留扇区</td><td colspan="2">FAT表</td><td rowspan="2">根目录区域</td><td rowspan="2">数据区</td></tr>
<tr><td>FAT1表</td><td>FAT2表</td></tr>
<tr><td rowspan="2">0号扇区, 1号扇区, ……</td><td rowspan="2">i号扇区, ……</td><td rowspan="2">……</td><td rowspan="2">……</td><td>j号扇区, j+1号扇区, ……</td></tr>
<tr><td>2号簇, 3号簇, ……</td></tr>
</table>

图 5.1 FAT16 文件系统总体布局

5.2.3 FAT16 逻辑扇区号与簇号

当用户使用 FAT16 文件系统对一个逻辑盘进行(快速)格式化后,查看到的逻辑盘总容量是指数据区的容量,而不是指整个逻辑盘总扇区数的容量。对于逻辑盘而言,逻辑扇区是从 0 开始连续编号,即该分区引导扇区的逻辑扇区号为 0; 而簇则是从数据区开始连续编号,一般情况下,簇的开始号为 2。

计算逻辑盘总扇区数如式(5.1):

$$\begin{aligned}\text{逻辑盘总扇区数} &= \text{保留扇区数} + \text{每个 FAT 表占用扇区数} \times 2 + \\ &\quad (\text{根目录区域存放的目录项数} \times 32) \div 512 + \text{数据区占用扇区数}\end{aligned} \tag{5.1}$$

簇号与逻辑扇区号转换公式如式(5.2):

$$\begin{aligned}\text{逻辑扇区号} &= \text{保留扇区数} + \text{每个 FAT 表占用扇区数} \times 2 + \\ &\quad (\text{根目录区域存放目录项数} \times 32) \div \\ &\quad 512 + (\text{簇号} - 2) \times \text{扇区数} / \text{簇} + N - 1\end{aligned} \tag{5.2}$$

其中: 扇区数/簇、保留扇区数、每个 FAT 表占用扇区数、根目录区域存放的目录项数这 4 个参数直接从 FAT16 文件系统分区引导扇区的 BPB 参数中获得; N 为小于或者等于扇区数/簇的正整数集合。

5.3　FAT32 文件系统

5.3.1　FAT32 文件系统介绍

FAT32 文件系统目前主要用于 U 盘、照相机(或者摄像机)的 SD 卡、手机(或看戏机)的 TF 卡、移动硬盘以及硬盘等外部存储器。

FAT32 文件系统是 FAT 系列文件系统中的一个产品。它采用 32 位的文件分配表,突破了 FAT16 文件系统 2GB 的分区容量限制,增强了磁盘的管理能力。

FAT32 推出时,主流硬盘空间并不大,所以微软公司将其设计在一个不超过 8GB 的分区中,每个簇的大小固定为 4KB,与 FAT16 相比大大减少了磁盘空间的浪费,同时也提高了磁盘空间的利用率。一般情况下,FAT32 文件系统中逻辑盘容量与簇大小的关系大致见表 5.1 所列。

表 5.1　FAT32 文件系统逻辑盘容量与簇大小的关系

逻辑盘的容量	簇 的 大 小
逻辑盘容量≤8GB	4KB(即 8 个扇区)
8GB<逻辑盘容量≤16GB	8KB(即 16 个扇区)
16GB<逻辑盘容量≤32GB	16KB(即 32 个扇区)
逻辑盘容量>32GB	32KB(即 64 个扇区)

支持这种格式的操作系统有 Windows 95、Windows 98、Windows 98 SE、Windows Me、Windows 2000、Windows XP 和 Windows 7,Linux Redhat 部分版本也对 FAT32 提供有限支持。

5.3.2　FAT32 文件系统总体布局

FAT32 文件系统由保留扇区、FAT 表和数据区 3 大部分组成。这 3 个区域是在逻辑盘被(快速)格式化完成后创建的。注:保留扇区由分区引导扇区即 FAT32_DBR、FSINFO、FAT32_DBR 备份和 FSINFO 备份等组成;FAT 表则由 FAT1 表和 FAT2 表组成;FAT32 文件系统的总体布局大致如图 5.2 所示(注:在图 5.2 中,i 和 j 均为正整数,i=保留扇区数,$j=i+$每个 FAT 表占用扇区数×2)。

<table>
<tr><td rowspan="2">保留扇区</td><td colspan="2">FAT表</td><td rowspan="2">数据区</td></tr>
<tr><td>FAT1表</td><td>FAT2表</td></tr>
<tr><td rowspan="2">0号扇区, 1号扇区, ……</td><td rowspan="2">i号扇区, ……</td><td rowspan="2">……</td><td>j号扇区, j+1号扇区, ……</td></tr>
<tr><td>2号簇, 3号簇, ……</td></tr>
</table>

图 5.2　FAT32 文件系统总体布局

FAT32 文件系统与 FAT16 文件系统最大的区别在于:FAT32 文件系统将根目录作为数据区来处理,而 FAT16 文件系统则将根目录作为一块固定的区域来处理。因此,FAT32 文件系统对根目录的管理与对子目录(文件夹)的管理是一样的。簇的编号也是从数据区开始，开始簇号也是2,也就是根目录的开始簇号。从分区引导扇区到2号簇之间的扇区只能作为逻辑扇区来进行管理。

例5.1 某硬盘总扇区数为419841(从0至419840号扇区)。在该硬盘0号扇区存储有一个MBR分区表；MBR分区的相对扇区为128,总扇区数为413696,该分区表对应的盘符为J盘。FAT32_DBR位于J盘的0号扇区,从FAT32_DBR可知,保留扇区数为5022,每个簇的扇区数为2,每个FAT表占1585个扇区,J盘总扇区数为413696(扇区编号范围0～413695),文件系统信息(即FSINFO所在扇区)在J盘的1号扇区,FAT32_DBR备份在J盘的6号扇区；整个硬盘扇区号、J盘扇区号与簇号的对应关系见表5.2所列(注：在本章中如果没有作特别说明,J盘是指由素材文件abcd5.vhd通过计算机管理附加后所产生的虚拟硬盘)。

表5.2 整个硬盘扇区号、J盘扇区号与簇号的对应关系表

扇区用途		整个硬盘扇区号	J盘扇区号	簇号	描述	占用扇区数	备注
相对扇区		0～127			从分区表至J盘FAT32_DBR的扇区数	128	
保留扇区		128	0		FAT32_DBR	1	J盘占用扇区
		129	1		FSINFO	1	
		130～133	2～5		未用	4	
		134	6		FAT32_DBR备份	1	
		135	7		FSINFO备份	1	
		136～5149	8～5021		未用	5014	
FAT	FAT1表	5150～6734	5022～6606		FAT1表	1585	
	FAT2表	6735～8319	6607～8191		FAT2表	1585	
数据区		8320～8321	8192～8193	2	根目录开始簇号	2	
		8322～8323	8194～8195	3	子目录、根目录的下一个簇号、文件和数据存放位置	2	
		8324～413823	8196～413695	4～202753		405500	
未分区的扇区号		413824～419840				6017	

从表5.2可知,如果FAT32_DBR被破坏,而FAT32_DBR备份完好无损,可以通过菜单栏"工具→打开磁盘→选择Physical Media下的物理盘"来打开整个硬盘,然后再根据整个硬盘扇区号与J盘扇区号的对应关系,将FAT32_DBR备份复制到FAT32_DBR处即可解决。

注：如果FAT32_DBR被破坏,该逻辑盘的文件系统为RAW。在资源管理器中,单击该盘符时,会出现"磁盘未格式化"提示。

切记！此时"千万不要对逻辑盘进行格式化"操作。

5.3.3 FAT32分区引导扇区

FAT32分区引导扇区(简称FAT32_DBR)位于逻辑盘的0号扇区,共计512字节。由跳转指令、空操作指令、OEM ID、BPB(BIOS Parameter Block)参数、扩展BPB参数、分区引导记录、结束标志7部分组成。分区引导扇区各部分划分情况见表5.3所列。

表 5.3 FAT32_DBR 中各部分的位置划分

字节偏移	字段长度(单位：字节)	字 段 含 义
0X00	2	跳转指令
0X02	1	空操作指令
0X03	8	OEM ID
0X0B	53	BPB 参数
0X40	26	扩展 BPB 参数
0X5A	420	分区引导记录
0X01FE	2	结束标志

FAT32_DBR 前 3 字节必须是合法的、可执行的、基于 x86 的 CPU 指令，一般为跳转指令和空操作指令，跳转指令负责跳转到操作系统引导记录代码的开始位置。

空操作指令后是 8 字节长的 OEM ID，它是一组字符串，OEM ID 一般标识了格式化该分区操作系统的名称和版本号或者是厂商标志。为了保留与 MS-DOS 的兼容性，通常在被 Windows 95 格式化的逻辑盘上，OEM ID 字段出现"MSWIN4.0"；在被 Windows 95 OSR2 和 Windows 98 格式化的逻辑盘上，OEM ID 字段出现"MSWIN4.1"；在被 Windows 2000 以上版本格式化的逻辑盘上，OEM ID 字段出现"MSDOS 5.0"；在被厂商格式化的逻辑盘上会标识为厂商标志。

扇区偏移 0X0B～0X59 描述的是能够被可执行引导记录找到相关参数的信息。通常称为 BPB 参数，BPB 一般开始于相同的字节偏移量，标准的参数处于一个已知的位置。BPB 参数包含了该逻辑盘的一些基本参数，主要包括：每扇区的字节数、每簇的扇区数、FAT 表的个数、每个 FAT 表占用扇区数等。由于引导扇区的第一部分是一个 x86 跳转指令，因此将来通过在 BPB 末端附加新的信息，可以对 BPB 进行扩展。只需要对该跳转指令作一个小的调整就可以适应 BPB 的扩展。表 5.4 和表 5.5 分别给出了 FAT32_DBR 的 BPB 参数和扩展 BPB 参数含义。

表 5.4 FAT32_DBR 的 BPB 字段

字节偏移	字节数	含 义
0X0B	2	字节数/扇区
0X0D	1	扇区数/簇
0X0E	2	保留扇区数，即 FAT32_DBR 至 FAT1 表之间的扇区
0X10	1	FAT 表的个数，一般为 2，即有 2 个 FAT 表
0X11	2	对于 FAT32 分区为 00，即未用
0X13	2	对于 FAT32 分区为 00，即未用
0X15	1	媒体描述符，0XF8 表示硬盘、U 盘、SD 卡等
0X16	2	对于 FAT32 分区为 00，即未用
0X18	2	扇区数/磁道
0X1A	2	磁头数
0X1C	4	隐藏扇区数，即分区表至 FAT32_DBR 之间的扇区，注：该值的正确性系统一般不做检验
0X20	4	FAT32 文件系统的总扇区数，该值等于 MBR 分区表中的总扇区数
0X24	4	每个 FAT 表占用扇区数
0X28	2	扩展标志
0X2A	2	文件系统版本
0X2C	4	根目录的开始簇号，一般为 2
0X30	2	文件系统信息扇区号，位于 FAT32_DBR 之后，一般为 1
0X32	2	FAT32_DBR 备份所在扇区号，一般为 6
0X34	12	保留，供以后扩充使用的保留空间

表 5.5 FAT32_DBR 的扩展 BPB 字段

字节偏移	字节数	含　义
0X40	1	物理驱动器号，与 BIOS 物理驱动器号有关，软盘驱动器被标识为 0X00，物理硬盘被标识为 0X80，而与物理磁盘驱动器无关；一般地，在发出一个 INT13H BIOS 调用之前设置该值，具体指定所访问的设备；只有当该设备是一个引导设备时，这个值才有意义
0X41	1	保留，FAT32 分区总是将本字段的值设置为 00
0X42	1	扩展引导标签，本字段必须要有能被 Windows 2000 所识别的值 0X28 或 0X29
0X43	4	卷标序号，在格式化磁盘后所产生的一个随机序号
0X47	11	FAT12 的卷标，现在的卷标保存在根目录中，一般为“NO NAME”
0X52	8	系统 ID，FAT32 文件系统中一般取为“FAT32”

分区引导记录主要功能是：将逻辑盘中存储的操作系统主要文件调入到内存中；而有效结束标志则表示该扇区为有效扇区，固定值为“55 AA”(存储形式)。

例 5.2 J 盘 FAT32 文件系统分区引导扇区，即 FAT32_DBR，如图 5.3 所示。

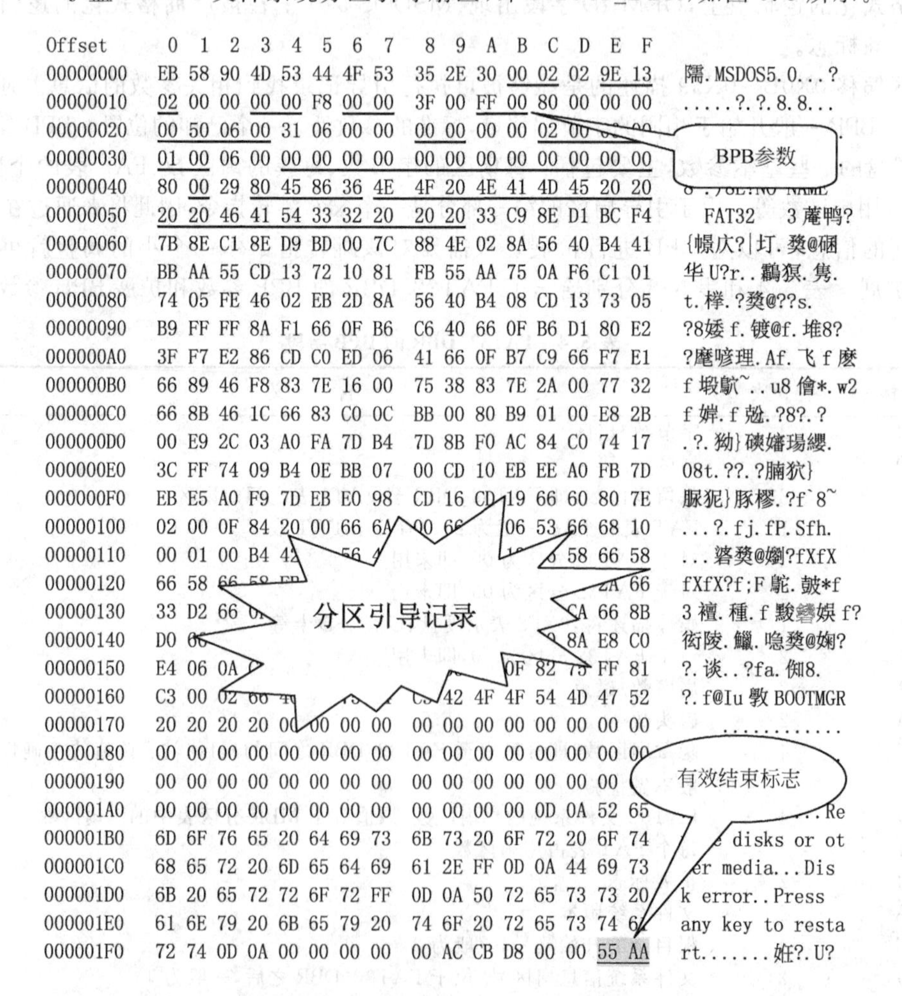

图 5.3　J 盘的 FAT32_DBR

J 盘 FAT32_DBR 的 BPB 参数见表 5.6 所列，扩展 BPB 参数见表 5.7 所列。

表 5.6 J 盘 FAT32_DBR 中 BPB 字段

字节偏移	字节数	值			含 义
		十进制	十六进制	存储形式	
0X00	2			EB 58	跳转指令
0X02	1			90	空操作指令
0X03	8			4D 53 44 4F 53 35 2E 30	OEM ID，即厂商标志或者操作系统版本号
0X0B	2	512	0200	00 02	字节数/扇区
0X0D	1	2	2	02	扇区数/簇
0X0E	2	5022	139E	9E 13	保留扇区数
0X10	1	2	2	02	FAT 表的个数
0X11	2	00	00	00 00	对于 FAT32 分区，本字段必须为 00
0X13	2	00	00	00 00	对于 FAT32 分区，本字段必须为 00
0X15	1			F8	0XF8 表示硬盘、U 盘、SD 卡等
0X16	2	00	00	00 00	对于 FAT32 分区，本字段必须为 00
0X18	2	63	3F	00 3F	扇区数/磁道
0X1A	2	255	FF	FF 00	磁头数
0X1C	4	128	80	80 00 00 00	隐藏扇区数
0X20	4	413696	65000	00 50 06 00	总扇区数
0X24	4	1585	631	31 06 00 00	每个 FAT 表占用扇区数
0X28	2	0	0	00 00	扩展标志
0X2A	2	0	0	00 00	文件系统版本
0X2C	4	0	2	02 00 00 00	根目录的开始簇号，一般为 2
0X30	2	1	1	01 00	文件系统信息所在扇区号，一般为 1
0X32	2	6	6	06 00	FAT32_DBR 备份所在扇区号，一般为 6
0X34	12				保留，供以后扩充使用的保留空间

表 5.7 J 盘 FAT32_DBR 中扩展 BPB 字段

字节偏移	字节数	值			含 义
		十进制	十六进制	存储形式	
0X40	1	128	80	80	物理驱动器号
0X41	1			0	保留，总为 00
0X42	1		29	29	扩展引导标签
0X43	4	914769280	36864580	80 45 86 36	卷标序号
0X47	11				一般为“NO NAME”
0X52	8				一般为“FAT32”

使用 WinHex 软件的模块管理器读取 J 盘 FAT32_DBR 参数，结果如图 5.4 所示。

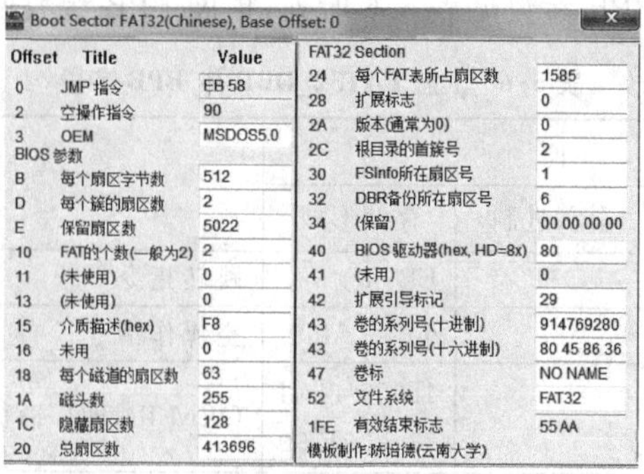

Boot Sector FAT32(Chinese), Base Offset: 0

Offset	Title	Value
0	JMP 指令	EB 58
2	空操作指令	90
3	OEM	MSDOS5.0
BIOS 参数		
B	每个扇区字节数	512
D	每个簇的扇区数	2
E	保留扇区数	5022
10	FAT的个数(一般为2)	2
11	(未使用)	0
13	(未使用)	0
15	介质描述(hex)	F8
16	未用	0
18	每个磁道的扇区数	63
1A	磁头数	255
1C	隐藏扇区数	128
20	总扇区数	413696

FAT32 Section		
24	每个FAT表所占扇区数	1585
28	扩展标志	0
2A	版本(通常为0)	0
2C	根目录的首簇号	2
30	FSInfo所在扇区号	1
32	DBR备份所在扇区号	6
34	(保留)	00 00 00 00
40	BIOS 驱动器(hex, HD=8x)	80
41	(未用)	0
42	扩展引导标记	29
43	卷的系列号(十进制)	914769280
43	卷的系列号(十六进制)	80 45 86 36
47	卷标	NO NAME
52	文件系统	FAT32
1FE	有效结束标志	55 AA
模板制作:陈培德(云南大学)		

图 5.4　FAT32_DBR 的 BPB 参数

5.3.4　计算 FAT32 有关参数

在使用 FAT32 文件系统的逻辑盘时，常常会碰到计算逻辑盘的一些参数，其公式如式(5.3)～式(5.6)：

数据区占扇区数 = 逻辑盘总扇区数 −
(保留扇区数 + 每个 FAT 表占用扇区数 × 2)　　(5.3)

逻辑盘总容量 = 逻辑盘总扇区数 × 512 字节　　(5.4)

剩余扇区数 = mod(数据区占扇区数，每个簇的扇区数)　　(5.5)

格式化后逻辑盘容量 =(数据区占扇区数 − 剩余扇区数) × 512 字节　　(5.6)

注：在式(5.3)至式(5.6)中，每个扇区的字节数为 512。

其中：逻辑盘总扇区数、保留扇区数和每个 FAT 表占用扇区数，可以从逻辑盘 FAT32_DBR 的 BPB 参数中获得。逻辑盘总扇区数也就是该逻辑盘所对应分区的总扇区数，mod 表示取余数。

用户使用 FAT32 文件系统对逻辑盘进行格式化后，报告的总容量是指数据区减去剩余扇区后的容量，而不是指整个逻辑盘的容量。

簇号转换成逻辑扇区号公式如式(5.7)：

逻辑扇区号 =保留扇区数 + 每个 FAT 表占用扇区数 × 2 +
(簇号 − 2) × 每个簇的扇区数 + N − 1　　(5.7)

在式(5.7)中：保留扇区数、每个 FAT 表占用扇区数、每个簇的扇区数直接从 FAT32_DBR 的 BPB 参数中获得；N 为小于或者等于每个簇的扇区数的正整数集合；簇号≥2。

逻辑扇区号转换成簇号公式如式(5.8)：

簇号 =2 + INT[(逻辑扇区号 − 保留扇区数 − 每个 FAT 表占用扇区数 × 2) ÷
每个簇的扇区数]　　(5.8)

在式(5.8)中：INT 表示取整，逻辑扇区号≥保留扇区数+每个 FAT 表占用扇区数×2

计算 FAT1 表、FAT2 表在逻辑盘中的位置以及根目录开始扇区号(即 2 号簇开始扇区号)在逻辑盘中位置公式如式(5.9)～式(5.15)：

FAT32_DBR 所在扇区号 = 0　　(5.9)

保留扇区数 = FAT1 表开始扇区号 − FAT32_DBR 所在扇区号　　(5.10)

FAT1 表结束扇区号 = 保留扇区数 + 每个 FAT 表占用扇区数 − 1　　(5.11)

FAT2 表开始扇区号 = 保留扇区数 + 每个 FAT 表占用扇区数 (5.12)

FAT2 表结束扇区号 = 保留扇区数 + 每个 FAT 表占用扇区数 × 2 − 1 (5.13)

每个 FAT 表占用扇区数 = FAT2 表开始扇区号 − FAT1 表开始扇区号

= 根目录开始扇区号 − FAT2 表开始扇区号 (5.14)

根目录开始扇区号 = 保留扇区数 + 每个 FAT 表占用扇区数 × 2 (5.15)

说明：在式(5.7)～式(5.15)中，扇区号均为单独打开逻辑盘后的扇区号。根目录开始扇区号也就是 2 号簇的开始扇区号。

例 5.3 在例 5.2 中，从 FAT32_DBR 可知，保留扇区数为 5022，每个簇的扇区数等于 2，每个 FAT 表占用 1585 个扇区，逻辑盘总扇区数为 413696。请回答下列问题：

(1) 计算 FAT1 表和 FAT2 表在 J 盘中的开始扇区号和结束扇区号。

(2) 计算 J 盘格式化后的容量，即在资源管理器通过查看 J 盘属性的总容量。

(3) 计算 2 号簇(即 J 盘根目录开始簇号)所对应 J 盘的逻辑扇区号。

(4) 计算 8416 号扇区所对应 J 盘中的簇号。

(5) 由于 J 盘每个簇的扇区数为 2，通过每个 FAT 表占用扇区数，计算 J 盘可以表示的最大簇号和最小簇号。

(6) 计算 J 盘可以表示的最大磁盘空间和最小磁盘空间。

解：

(1) 由于保留扇区数为 5022，而每个 FAT 表占用 1585 个扇区

由式(5.10)和式(5.11)可知：

FAT1 表开始扇区号 = 保留扇区数 = 5022

FAT1 表结束扇区号 = 保留扇区数 + 每个 FAT 表占用扇区数 − 1

= 5022 + 1585 − 1 = 6606

由式(5.12)和式(5.13)可知：

FAT2 表开始扇区号 = 保留扇区数 + 每个 FAT 表占用扇区数

= 5022 + 1585 = 6607

FAT2 表结束扇区号 = 保留扇区数 + 每个 FAT 表占用扇区数 × 2 − 1

= 5022 + 1585 × 2 − 1 = 8191

所以，FAT1 表在 J 盘中的位置为 5022～6606 号扇区；而 FAT2 表在 J 盘中的位置为 6607～8191 号扇区。

(2) 由式(5.3)可知：

J 盘数据区占扇区数 = J 盘总扇区数 −（保留扇区数 + 每个 FAT 占用扇区数 × 2)

= 413696 −（5022 + 1585 × 2)

= 405504

由式(5.5)可知：

剩余扇区数 = mod(J 盘数据区占扇区数，每个簇的扇区数)

= mod(405504，2) = 0

由式(5.6)可知：

J 盘格式化后的容量 =（J 盘数据区占扇区数 − 剩余扇区数）× 512 字节

= (405504 − 0) × 512 字节

= 207 618 048 字节

= 198MB

从J盘的属性可知,J盘格式化后的容量为198MB,如图5.5所示。

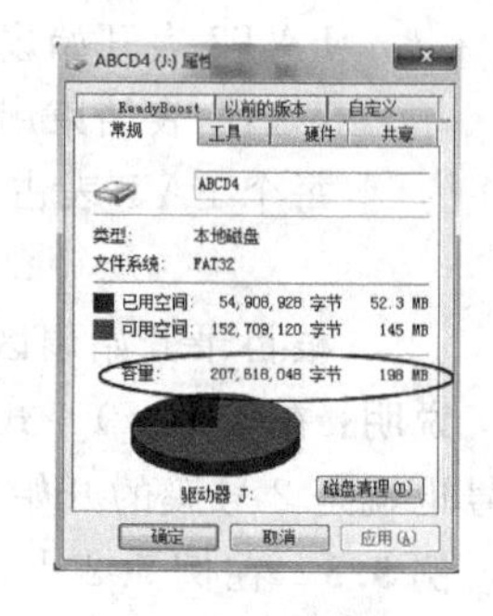

图5.5 逻辑盘J的属性

(3) 由于扇区数/簇=2,所以,$N=\{1,2\}$。

当 $N=1$ 时,由式(5.7)可知:

逻辑扇区号= 保留扇区数 + 每个FAT表占用扇区数 × 2 + (簇号 − 2) × 扇区数 / 簇 + N − 1

= 5022 + 1585 × 2 + (2 − 2) × 2 + 1 − 1

= 5022 + 3170 + 0 + 0

= 8192

当 $N=2$ 时,由式(5.7)可知,逻辑扇区号=8193;

所以,2号簇所对应的扇区号为8192和8193,共计2个扇区。

(4) 由式(5.8)可知:

簇号= INT[(逻辑扇区号 − 保留扇区数 − 每个FAT表占用扇区数 × 2) ÷ 扇区数 / 簇] + 2

= INT[(8416 − 5022 − 1585 × 2) ÷ 2] + 2

= INT(224 ÷ 2) + 2 = 114

即8416号扇区所对应的簇号为114。

同理可以验证,8417号扇区所对应的簇号也为114。

(5) 由于J盘每个FAT表占1585个扇区,而每个扇区可以存储128个簇号项。

J盘的FAT表可以存储的最多簇号数=1585×128=202880,因此最大簇号为202879;

由于每个FAT表占1585个扇区,而每个扇区可以存储128个簇号项。J盘的FAT表可以表示的最小簇号为最后一个扇区只使用了一个簇号项(即4字节),所以,J盘可以存储的最少簇号数=(1585−1)×128+1=202753,因此最小簇号为202752。

(6) 由于J盘的最大簇号为202879,而FAT32文件系统中0号簇和1号簇均未被数据区使用,所以J盘簇号范围为2~202879,共计202878个簇。

最大磁盘空间 = 202878簇 × 2扇区数 / 簇 × 512字节 / 扇区 = 198.123MB

由于J盘的最小簇号为202752,而FAT32文件系统中0号簇和1号簇均未被数据区使用,所以J盘簇号范围为2~202752,共计202751个簇。

最小磁盘空间 = 202751簇 × 2扇区数 / 簇 × 512字节 / 扇区 = 197.999MB

因此,J盘可以表示的最大磁盘空间为198.123MB,最小磁盘空间为197.999MB。

5.3.5 FAT32 FSINFO信息扇区

FAT32在保留扇区中增加了一个FSINFO扇区,存储于逻辑盘的1号扇区,用以记录文件系统中空闲簇的数量以及下一个可用簇等信息,供操作系统参考,FSINFO扇区结构见表5.8所列。

表5.8 FSINFO信息扇区的结构

字节偏移	字节数	含义
0X0000	4	扩展引导标志"RRaA"
0X0004	480	未用,全00
0X01E4	4	FSINFO签名标志"rrAa"

续表

字节偏移	字节数	含义
0X01E8	4	空闲簇,用以计算该逻辑盘可用空间
0X01EC	4	下一个可用簇号(注:该值不一定正确)
0X01F0	14	未使用
0X01FE	4	标志"55 AA"

例 5.4 J 盘的 FSINFO 扇区信息如图 5.6 所示。

```
Offset     0  1  2  3  4  5  6  7   8  9  A  B  C  D  E  F
0AFF0000  52 52 61 41 00 00 00 00-00 00 00 00 00 00 00 00  RRaA............
                              …(全 00)
0AFF01E0  00 00 00 00 72 72 41 61-8A 46 02 00 02 00 00 00  ....rrAa..F.:
0AFF01F0  00 00 00 00 00 00 00 00-00 00 00 00 00 00 55 AA  ..............U.
```

图 5.6 逻辑盘的 FSINFO 属性

从图 5.6 显示的信息可知,J 盘的下一个可用簇为 0X00000002,即 2;空闲簇为 0X0002468A,即 149130,由此可以计算出 J 盘的可用空间=149130×512 字节=152709120B=145MB;从 J 盘的属性可知,J 盘的可用空间与通过 FSINFO 扇区信息计算的可用空间相等。注:有时从该扇区所得到的信息不一定准确,但并不影响逻辑盘的正常使用,该扇区中的数据只能作为一种参考。

通常情况下,在逻辑盘的 7 号扇区有一个 FSINFO 信息备份,但该备份与 1 号扇区没有进行同时操作。因此,该扇区的信息不一定总是正确的,但这并不影响 FAT32 文件系统的正常使用。

5.3.6 FAT 表

在 FAT32 文件系统中,文件(夹)内容存储在数据区,并以簇为单位进行分配;而 FAT32 文件系统的文件分配表(简称 FAT 表)则以簇号的形式记录着 FAT32 文件系统数据区的使用状况。

FAT 表通常有两个(一般称为 FAT1 表和 FAT2 表),这两个 FAT 表的内容和长度完全相同。每个 FAT 表占用多少个扇区取决于逻辑盘的大小和每个簇的扇区数。在 FAT 表中,不同的值有着不同的含义,表 5.9 给出了 FAT 表中 XX 号簇项取值的含义。

表 5.9 FAT 表中 XX 号簇项取值含义(十六进制)

XX 号簇项		对应簇号项的含义
取值	取值在 FAT 中的存储形式	
0FFFFFF8	F8 FF FF 0F	FAT 表的开始标志
00000000	00 00 00 00	未分配的簇
00000003～0FFFFFFE	03 00 00 00～FE FF FF 0F	已分配的簇,其值为存储文件后续内容下一个簇的簇号
0FFFFFF0～0FFFFFF6	F0 FF FF 0F～F6 FF FF 0F	系统保留
0FFFFFF7	F7 FF FF 0F	坏簇
0FFFFFF8～0FFFFFFF	F8 FF FF 0F～FF FF FF 0F	文件或目录结束簇
0FFFFFFF	FF FF FF 0F	文件或目录结束簇一般用该值

FAT 表具有下列特性：

(1) 数据区对应簇号的状态保存在 FAT 表的相应位置；数据区每个簇号在 FAT 表中的位置，称之为 XX 号簇项，XX 号簇项所存储的内容称之为 XX 号簇项值；XX 号簇项值占用 4 字节(即 32 位)，存储形式采用小头位序。

(2) 0 号簇项和 1 号簇项系统保留，注：实际上是不存在的簇号。

(3) FAT 表以 0FFFFFF8(存储形式为 F8 FF FF 0F)开头，即 0 号簇项值。

(4) 1 号簇项值一般为 FFFFFFFF 或者 0FFFFFFF 或者 7FFFFFFF，对应的存储形式分别为 FF FF FF FF 或者 FF FF FF 0F 或者 FF FF FF 7F。

(5) 由于 FAT32 文件系统数据区是从 2 号簇开始，2 号簇被根目录占据；2 号簇项值如果是 0FFFFFFF，说明根目录只占据 1 个簇的位置，即 2 号簇；2 号簇项值如果不是 0FFFFFFF，则说明根目录占据了 2 个以上的簇号。

(6) 如果 1 个文件(夹)占据了 2 个以上的簇号，在 FAT 表中，该文件(夹)所占据的簇号将使用链表的形式链接。

(7) 如果数据区 XX 号簇未被分配，则 FAT 表中 XX 号簇项值为 0(存储形式为 00 00 00 00)。

(8) 如果数据区 XX 号簇已被分配，即 XX 号簇项值不再是 0，如果对应 XX 号簇项的值是 0FFFFFFF(存储形式为 FF FF FF 0F)，表示 XX 号簇为某文件(夹)的最后一个簇号。

(9) 如果数据区 XX 号簇已被分配，即 XX 号簇项值不再是 0，也不是 0FFFFFFF，那么对应 XX 号簇项值为某文件(夹)的下一个簇号。

(10) 如果对逻辑盘进行格式化时，发现有坏扇区，则该扇区所对应的簇号在 FAT 表中内容填为 F7FFFFFF(存储形式为 FF FF FF F7)。

例 5.5 J 盘的 FAT 表前 96 字节如图 5.7 所示(注：XX 号簇项用十六进制表示)。

	00 号簇项	01 号簇项	02 号簇项	03 号簇项
00273C00	F8 FF FF 0F	FF FF FF FF	B7 D4 00 00	FF FF FF 0F
	04 号簇项	05 号簇项	06 号簇项	07 号簇项
00273C10	FF FF FF 0F	FF FF FF 0F	07 00 00 00	FF FF FF 0F
	08 号簇项	09 号簇项	0A 号簇项	0B 号簇项
00273C20	FF FF FF 0F	0A 00 00 00	0B 00 00 00	0C 00 00 00
	0C 号簇项	0D 号簇项	0E 号簇项	0F 号簇项
00273C30	0D 00 00 00	0E 00 00 00	0F 00 00 00	10 00 00 00
	10 号簇项	11 号簇项	12 号簇项	13 号簇项
00273C40	11 00 00 00	12 00 00 00	13 00 00 00	14 00 00 00
	14 号簇项	15 号簇项	16 号簇项	17 号簇项
00273C50	FF FF FF 0F	16 00 00 00	17 00 00 00	18 00 00 00

图 5.7 J 盘的 FAT 表前 96 字节(注：图中的数据均为十六进制)

J 盘 FAT 表前 96 字节说明如下。

(1) 0 号簇项值为 0X0FFFFFF8(存储形式为 F8 FF FF 0F)，表示 FAT 表的开始。

(2) 1 号簇项值为 0XFFFFFFFF(存储形式为 FF FF FF FF)。

(3) 2 号簇项值为 0X0000D4B7(存储形式为 B7 D4 00 00)，即根目录的下一个簇号为 0X0000D4B7。

(4) 3 号簇项、4 号簇项、5 号簇项和 8 号簇项值均为 0X0FFFFFFF(存储形式为 FF FF FF 0F)；表示这 4 个簇分别被小于或者等于 1 个簇的 4 个文件(夹)占用。

(5) 6 号簇项值为 0X07(存储形式为 07 00 00 00)；表示它的下一个簇号为 0X07，7 号簇项值为 0X0FFFFFFF(存储形式为 FF FF FF 0F)，表示某文件(夹)已结束，即某文件(夹)占用 2 个簇，即 6 号簇和 7 号簇，6 号簇和 7 号簇在 FAT 表中以线性链表的形式链接。

(6) 0X09～0X14 号簇项为某一文件(夹)的分配表，即该文件(夹)共占用了 0X0C 个簇(即 12 个簇)；该文件(夹)的开始簇号为 0X09(即 9 号簇)，而结束簇号为 0X14(即 20 号簇)，0X09 号簇项值是 0000000A，即下一个簇是 0X0A 号簇(即 10 号簇)；而在 0X0A 号簇(即 10 号簇)值是 0000000B，即下一个簇是 0X0B 号簇(即 11 号簇)，以此类推，直到 0X14 号簇项(即 20 号簇)值是 0X0FFFFFFF(存储形式为 FF FF FF 0F)，表示该文件(夹)已经结束，分配链表如图 5.8 所示(注：图 5.8 中的数据均为十六进制)。如果该文件(夹)被彻底删除，该链表将被填充为 00000000，表示这 12 个簇号未被分配。

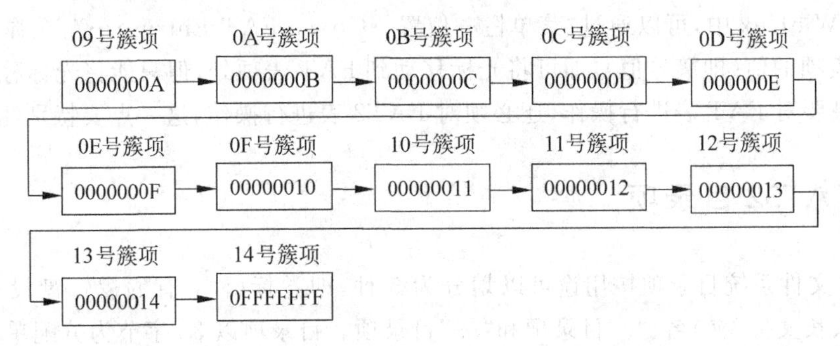

图 5.8 某文件或子目录(文件夹)的文件分配链表(图中数据均为十六进制)

计算簇号项在 FAT 表中的扇区号如式(5.16)：

$$\text{簇号项在 FAT 表中的扇区号} = \text{INT}(\text{簇号项}/128) + 1 \tag{5.16}$$

计算簇号项在 FAT 表中的扇区偏移和扇区号如式(5.17)～式(5.19)：

$$\text{簇号项在 FAT 表中的扇区偏移} = 4 \times \text{MOD}(\text{簇号项}, 128) + N - 1 \tag{5.17}$$

$$\text{簇号项在逻辑盘中的扇区号(针对 FAT1 表)} = \text{保留扇区数} + \text{INT}(\text{簇号项}/128) \tag{5.18}$$

$$\text{簇号项在逻辑盘中的扇区号(针对 FAT2 表)} = \text{保留扇区数} + \text{每个 FAT 占扇区数} + \text{INT}(\text{簇号项}/128) \tag{5.19}$$

注：在式(5.16)～式(5.19)中，INT 表示取整，MOD 表示取余数，N 为小于或者等于 4 的正整数集合，即 $N=\{1,2,3,4\}$。

由于 FAT32 文件系统有两个 FAT 表，式(5.18)给出了簇号项在逻辑盘中的扇区号(针对 FAT1 表)，式(5.19)给出了簇号项在逻辑盘中的扇区号(针对 FAT2 表)。

例 5.6 在例 5.4 中，计算 518 号簇项分别在 J 盘 FAT1 表和 FAT2 表中的位置。

解：

由式(5.16)可知：

$$\text{簇号项在 FAT 表的扇区号} = \text{INT}(\text{簇号项}/128) + 1 = \text{INT}(518/128) + 1 = 5$$

由式(5.17)可知：

$$\text{簇号项在 FAT 表中的扇区偏移} = 4 \times \text{MOD}(\text{簇号项}, 128) + N - 1 = \{24, 25, 26, 27\}$$

即 518 号簇项在 FAT 表的第 5 扇区，扇区偏移为 24～27(即 0X18～0X1B)。将光标移动到 FAT 表的第 5 扇区偏移为 24～27(即 0X18～0X1B)处，即可找到第 518 簇号项的位置，注：FAT 表是指 FAT1 表和 FAT2 表。

从J盘的FAT32_DBR可知，保留扇区数为5022，每个FAT表占用扇区数为1585；

由式(5.18)可知：

518号簇在J盘的逻辑扇区号(针对FAT1表)＝保留扇区数＋INT(簇号项/128)
＝5022＋INT(518/128)＝5026

由式(5.19)可知：

518号簇在J盘的逻辑扇区号(针对FAT2表)＝保留扇区数＋FAT表所占扇区数＋INT(FAT簇号/128)
＝5022＋1585＋INT(518/128)＝6611

所以，518号簇项在J盘的逻辑扇区号为5026(针对FAT1表)和6611(针对FAT2表)，而扇区偏移地址均为24～27(即0X18～0X1B)处。

注：在WinHex中，可以通过"菜单栏→位置→Go To FAT Entry……"，在弹出的窗口中输入FAT表项的值(即簇号值)，即可将光标移动到FAT表项处，但只能将光标移动到FAT1表项处，如果要对FAT表进行操作，还必须对FAT2表进行操作，这一点要特别注意。

5.3.7 FAT32目录项

FAT32文件系统目录项按用途可以划分为5种，即卷标(注：有的逻辑盘没有卷标)、短文件(夹)名、长文件(夹)名、"."目录项和".."目录项。目录项以32字节为分配单位，卷标、短文件(夹)名、"."目录项和".."目录项长度是32字节，而长文件(夹)名的长度则是32字节的倍数。

1. 卷标

卷标是逻辑盘的一个标志，是用户在逻辑盘格式化前直接输入；或者在资源管理器中通过重命名的方式添加。卷标存储在逻辑盘根目录中，其属性为"08"，卷标在"我的电脑"或"资源管理器"逻辑盘的盘符前会显示出来。如果本地逻辑盘没有卷标，在"我的电脑"或"资源管理器"逻辑盘的盘符前会显示"本地磁盘"；U盘或移动硬盘没有卷标，在"我的电脑"或"资源管理器"U盘或移动硬盘的盘符前会显示"可移动磁盘"。

2. 短文件(夹)名

短文件(夹)名是指文件名的命名规则是8.3格式，即短文件(夹)名由主文件名和扩展名两部分组成，主文件名的长度为1～8个字符，而扩展名的长度为0～3个字符。主文件名和扩展名可以使用的字符为52个大小英文字母，0～9这十个数字，除"/\：*?"<>|"外的其他专用符号。每个目录项的长度为32字节。主文件名不足8个字符、扩展名不足3个字符时用空格填充。短文件(夹)名具体的定义见表5.10所列。

说明：

(1) 主文件名与扩展名：偏移地址为0X00～0X0A，对于8.3格式的短文件名，将文件名分为两部分存储，即主文件名和扩展名。偏移地址0X00～0X07字节存储主文件名；偏移地址0X08～0X0A存储扩展名；不存储主文件名与扩展名之间的"."。主文件名不足8个字符、扩展名不足3个字符则以空格(ASCII码值为0X20)填充。

偏移地址0X00处的取值若为0X00，表示该目录项为空，在资源管理器中显示的目录到此结束；若为 0XE5，表示目录项曾经被使用，但对应的文件(夹)已被删除。

表 5.10　FAT32 短文件目录项 32 字节的表示定义

字节偏移(十六进制)	字节数	定　义
00～07	8	主文件(夹)名，以大写字母的形式存储
08～0A	3	扩展名，以大写字母的形式存储
0B	1	属性，见说明(2)
0C	1	文件(夹)名大/小字母显示标志，见说明(3)
0D	1	创建时间，精确到 10ms 的值
0E～0F	2	创建时间，包括时、分、秒
10～11	2	创建日期，包括时、分、秒
12～13	2	最后访问日期，包括年、月、日
14～15	2	文件(夹)开始簇号的高 16 位
16～17	2	最近修改时间，包括时、分、秒
18～19	2	最近修改日期，包括年、月、日
1A～1B	2	文件(夹)开始簇号的低 16 位
1C～1F	4	文件实际大小，单位：字节

(2) 属性：偏移地址为 0X0B，该目录项描述文件或文件夹的属性见表 5.11 所列。

表 5.11　文件或文件夹属性描述

偏移地址	0X0B							
二进制位	bit_7	bit_6	bit_5	bit_4	bit_3	bit_2	bit_1	bit_0
二进制值	0	0	1	1	1	1	1	1
含义	保留	保留	存档	子目录	卷标	系统	隐藏	只读

从表 5.11 可知，该字节的最高两位(即 bit_7 和 bit_6)保留、未用，bit_5～bit_0 分别是存档位、子目录位、卷标位、系统位、隐藏位和只读位。对应位为"1"时表示真，为"0"时表示假；属性值也可以进行组合。

例如：如果某文件的属性值为 0X27(对应二进制数为 0010 0111)，则表示该文件属性为存档、系统、隐藏和只读。

(3) 文件(夹)名大/小字母显示标志：偏移地址为 0X0C，该目录项描述文件(夹)名在资源管理器中是以大写字母还是以小写字母显示。在该字节中只使用了两位，即 bit_4 和 bit_3，对应位为"1"时表示真(即以小写字母显示)，为"0"时表示假(即以大写字母显示)；其他位的值可以是"0"，也可以是"1"，详见表 5.12 所列。

表 5.12　文件(夹)名大/小写显示标志

偏移地址	0X0C							
二进制位	bit_7	bit_6	bit_5	bit_4	bit_3	bit_2	bit_1	bit_0
二进制值	0	0	0	1	1	0	0	0
含义	保留	保留	保留	扩展名 以小写字母显示	主文件(夹)名 以小写字母显示	保留	保留	保留

说明：

- bit$_4$＝0 且 bit$_3$＝1：主文件名以小写字母显示，而扩展名则以大写字母显示；
- bit$_4$＝0 且 bit$_3$＝0：主文件名和扩展名均以大写字母显示；
- bit$_4$＝1 且 bit$_3$＝0：主文件名以大写字母显示，而扩展名则以小写字母显示；
- bit$_4$＝1 且 bit$_3$＝1：主文件名和扩展名均以小写字母显示。

(4) 创建时间(10 毫秒)：偏移地址为 0X0D，以 10 毫秒为单位。

(5) 创建时间(时：分：秒)：偏移地址为 0X0E～0X0F，这两个字节共 16 位被划分成 3 个部分，其含义见表 5.13 所列。

表 5.13 文件创建时间

偏移地址	0X0F								0X0E							
二进制位	bit$_{15}$	bit$_{14}$	bit$_{13}$	bit$_{12}$	bit$_{11}$	bit$_{10}$	bit$_9$	bit$_8$	bit$_7$	bit$_6$	bit$_5$	bit$_4$	bit$_3$	bit$_2$	bit$_1$	bit$_0$
含义	时					分						秒				

说明：

bit$_4$～bit$_0$ 表示秒，以 2 秒为单位，有效值为 0～29，可以表示 0～58 秒；

bit$_{10}$～bit$_5$ 表示分，有效值为 0～59，可以表示 0～59 分；

bit$_{15}$～bit$_{11}$ 表示时，有效值为 0～23，可以表示 0～23 时；

(6) 创建日期：偏移地址为 0X10～0X11，这两个字节共 16 位被划分成 3 个部分，其含义见表 5.14 所列。

表 5.14 文件创建日期

偏移地址	0X11								0X10							
二进制位	bit$_{15}$	bit$_{14}$	bit$_{13}$	bit$_{12}$	bit$_{11}$	bit$_{10}$	bit$_9$	bit$_8$	bit$_7$	bit$_6$	bit$_5$	bit$_4$	bit$_3$	bit$_2$	bit$_1$	bit$_0$
含义	年							月				日				

说明：

bit$_4$～bit$_0$ 表示日，有效值与对应的月份有关，有效值分别为：2 月份为 1～28(不闰月)或 1～29(闰月)，1、3、5、7、8、10 和 12 月份为 1～31，4、6、9 和 11 月份为 1～30；

bit$_8$～bit$_5$ 表示月，有效值为 1～12；

bit$_{15}$～bit$_9$ 表示年，有效值为 0～127，真正的年份为该值再加上 1980，即表示年份为 1980—2107 年。

(7) 最后访问日期：偏移地址为 0X12～0X13，其描述与创建日期相同，见表 5.14 所列。

(8) 文件(子目录)开始簇号：偏移地址为 0X14～0X15 存放文件(目录)开始簇号高 16 位，偏移地址为 0X1A～0X1B 存放文件(目录)开始簇号低 16 位。

开始簇号＝[0X15][0X14][0X1B][0X1A]

(9) 最后修改时间：偏移地址为 0X16～0X17，其描述与创建时间相同，见表 5.13 所列。

(10) 最后修改日期：偏移地址为 0X18～0X19，其描述与创建日期相同，见表 5.14 所列。

(11) 文件实际大小：偏移地址为 0X1C～0X1F，存储形式为小头位序，单位：字节；即文件实际大小＝[0X1F][0X1E][0X1D][0X1C]字节。注：子目录(文件夹)、“.”“..”和卷标该值为 0。

计算文件所占簇数、文件结束簇号和占用空间如式(5.20)～式(5.22)：

文件所占簇数 = ROUNDUP(文件实际大小 /(每个簇的扇区数 × 512),0)　　(5.20)

文件结束簇号 = 文件开始簇号 + 文件所占簇数 − 1　(注：假设文件内容是连续存储的)　　(5.21)

文件占用空间 = 文件所占簇数 × 每个簇的扇区数 × 512　　(5.22)

注：在式(5.20)中,ROUNDUP 为向上舍入函数,每个扇区等于 512 字节,每个簇的扇区数可以从 FAT32_DBR 中的 BPB 参数中获得。

例 5.7　J 盘根目录下某文件目录项的存储形式如图 5.9 所示(注：图 5.9 方框中的部分),请回答下列问题：

(1) 写出该文件名在J盘根目录中的存储形式,在资源管理器中查看到的文件名。

(2) 该文件目录项偏移 0X0B 的值是 0X20,该值描述的是什么类型的文件?

(3) 写出该文件创建的时间和日期。

(4) 写出该文件修改的时间和日期。

(5) 写出该文件内容的开始簇号和实际大小。

(6) 计算该文件所占簇数、结束簇号和占用空间(注：该文件内容是连续存储)。

(7) 画出该文件 FAT 表的链表结构图。

(8) 计算出该文件开始簇号项和结束簇号项分别在 FAT1 表和 FAT2 表中的位置。

(9) 如果将该文件删除并清空回收站,该文件目录项、FAT1 表和 FAT2 表有何变化?

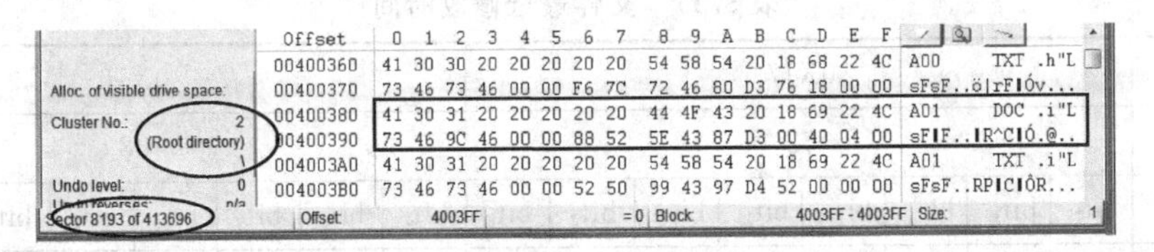

图 5.9　J 盘根目录下某文件名项的存储形式

解：

(1) 该文件名在J盘根目录中的存储形式为“41 30 31 20 20 20 20 20 44 4F 43”,所以,该文件的名称为“A01.DOC”；文件目录项偏移 0X0C 的值为 0X18,在资源管理器中主文件名和扩展名均以小写字母显示,即用户查看到的文件名称为“a01.doc”。

(2) 由于文件目录项偏移 0X0B 的值是 0X20,该值描述的是存档文件。

(3) 文件目录项偏移 0X0D、0X0E 和 0X0F 的值分别为 0X69、0X22 和 X04C。

由于偏移地址 0X0D 的值为 0X69,等于十进制数的 105,表示 1050 毫秒,即 1.050 秒。

偏移地址[0X0E]=0X22,[0X0F]=0X4C,共 16 位被划分成 3 个部分,见表 5.15 所列。

表 5.15　文件创建时间

偏移地址	0X0F								0X0E							
十六进制	4C								22							
二进制位	bit_{15}	bit_{14}	bit_{13}	bit_{12}	bit_{11}	bit_{10}	bit_9	bit_8	bit_7	bit_6	bit_5	bit_4	bit_3	bit_2	bit_1	bit_0
二进制	0	1	0	0	1	1	0	0	0	0	1	0	0	0	1	0
十进制	9					33						2				
含义	时					分						秒				
表示的时间	9					33						4				

注：由于偏移地址 0X0E 值的 $Bit_4 \sim Bit_0$ 表示的是秒，以 2 秒为单位；而偏移地址 0X0D 值也是表示秒，单位为 10 毫秒，值 0X69 表示 1050 毫秒(即 1.050 秒)。所以，a01.doc 文件的创建时间为 9:33:05 秒。

偏移地址[0X10]=0X73,[0X11]=0X46，这两个字节共 16 位被划分成 3 个部分，见表 5.16 所列。所以，a01.doc 文件的创建日期为 2015 年 3 月 19 日。

表 5.16 文件创建日期

偏移地址	0X11								0X10							
十六进制	46								73							
二进制位	bit_{15}	bit_{14}	bit_{13}	bit_{12}	bit_{11}	bit_{10}	bit_9	bit_8	bit_7	bit_6	bit_5	bit_4	bit_3	bit_2	bit_1	bit_0
二进制	0	1	0	0	0	1	1	0	0	1	1	1	0	0	1	1
十进制	35							3				19				
含义	年							月				日				
表示的日期	1980+35=2015							3				19				

(4) 偏移地址[0X16]=0X88,[0X17]=0X52，这两个字节共 16 位被划分成 3 个部分，见表 5.17 所列。所以，a01.doc 文件的最近修改时间为 10：20：16。

表 5.17 文件最近修改时间

偏移地址	0X17								0X16							
十六进制	52								88							
二进制位	bit_{15}	bit_{14}	bit_{13}	bit_{12}	bit_{11}	bit_{10}	bit_9	bit_8	bit_7	bit_6	bit_5	bit_4	bit_3	bit_2	bit_1	bit_0
二进制	0	1	0	1	0	0	1	0	1	0	0	0	1	0	0	0
十进制	10					20						8				
含义	时					分						秒				
表示的时间	10					20						16				

偏移地址[0X18]=0X5E,[0X19]=0X43，这两个字节共 16 位被划分成 3 个部分，见表 5.18 所列。所以，a01.doc 文件最近修改日期为 2013 年 10 月 30 日。

表 5.18 文件最近修改日期

偏移地址	0X19								0X18							
十六进制	43								5E							
二进制位	bit_{15}	bit_{14}	bit_{13}	bit_{12}	bit_{11}	bit_{10}	bit_9	bit_8	bit_7	bit_6	bit_5	bit_4	bit_3	bit_2	bit_1	bit_0
二进制	0	1	0	0	0	0	1	1	0	1	0	1	1	1	1	0
十进制	33							10				30				
含义	年							月				日				
表示的日期	1980+33=2013							10				30				

(5) 由于文件目录项偏移[0X14]=0X00、[0X15]=0X00、[0X1A]=0X87、[0X1B]=0XD3,所以，a01.doc文件内容开始簇号=[0X15][0X14][0X1B][0X1A]=0X0000D387（即54151）。

文件目录项偏移0X1C～0X1F的值分别为0X00、0X40、0X04和0X00,所以a01.doc文件实际大小=[0X1F][0X1E][0X1D][0X1C]=0X00044000,即278528字节。

(6) 由于a01.doc文件内容在J盘是连续存储,而J盘每个簇的扇区数为2,每个扇区等于512字节,由式(5.20)可知：

a01.doc文件所占簇数= ROUNDUP(文件实际大小/(每个簇的扇区数×512),0)
= ROUNDUP(278528/(2×512)) = 272

由式(5.21)可知：

a01.doc文件结束簇号 = 文件开始簇号 + 文件所占簇数 − 1 = 54151 + 272 − 1 = 54422

由式(5.22)可知：

a01.doc文件占用空间= 文件所占簇数 × 每个簇的扇区数 × 512
= 272 × 2 × 512 = 278528字节

(7) 由于a01.doc文件内容是连续存储,开始簇号为54151(即0XD387),结束簇号为54422(即0XD496),所以,a01.doc文件分配表的链表结构图如图5.10所示(注：图5.10中的数据均为十六进制)。

图5.10　a01.doc文件的FAT表

(8) 从J盘FAT32_DBR可知,保留扇区数等于5022,每个FAT表占用扇区数为1585；由于a01.doc文件内容开始簇号为54151,由式(5.18)和式(5.19)可知：

54151号簇项在J盘的逻辑扇区号(针对FAT1表)= 保留扇区数 + INT(簇号项/128)
= 5022 + INT(54151/128) = 5445

54151号簇项在J盘的逻辑扇区号(针对FAT2表)= 保留扇区数 + 每个FAT表占扇区数 + INT(簇号项/128)
= 5022 + 1585 + INT(54151/128)
= 7030

由式(5.17)可知：

54151号簇项在FAT表的扇区偏移= 4 × MOD(簇号项,128) + N − 1
= 4 × MOD(54151,128) + N − 1 = {28,29,30,31}

所以,54151号簇项在FAT1表的位置为5445号扇区,扇区偏移为28～31(即0X1C～0X1F)；54151号簇项在FAT2表的位置为7030号扇区,扇区偏移为28～31(即0X1C～0X1F)。

同理,可以计算54422号簇项在FAT1表的位置为5447号扇区,扇区偏移为88～91(即0X58～0X5B)；54422号簇项在FAT2表的位置为7032号扇区,扇区偏移为88～91(即0X58～0X5B)。

(9) 如果将a01.doc文件删除并清空回收站,目录项如图5.11所示,即a01.doc目录项首字节的ASCII码由0X41变为0XE5。

```
Offset    0  1  2  3  4  5  6  7   8  9  A  B  C  D  E  F
00400380  E5 30 31 20 20 20 20 20  44 4F 43 20 18 69 22 4C  ?1      DOC .i"L
00400390  73 46 74 46 00 00 88 52  5E 43 87 D3 00 40 04 00  sFtF..圧^C嚦.@.
```

图 5.11 删除 J 盘根目录下 a1.doc 文件后文件名目录项的存储形式

而在 FAT1 表和 FAT2 表从 54151 号簇项至 54422 号簇项的链表值被填充为"000 00000",即在 J 盘位置为 5445 号扇区(即在 FAT1 表的位置)偏移 28(即 0X1C)至 5447 号扇区(即在 FAT1 表的位置)偏移 91(即 0X5B)的值被填充为"00";而 J 盘位置为 7030 号扇区(即在 FAT2 表的位置)偏移 28(即 0X1C)至 7032 扇区(即在 FAT2 表的位置)偏移 91(即 0X5B)的值也被填充为"00";文件内容即完好无损地保存着。

3. 长文件(夹)名

FAT32 一个重要的特点是支持长文件名。为了兼容低版本的 DOS 系统或程序能正确读取长文件名文件,系统会自动为所有长文件名文件创建一个对应的短文件名,使文件内容既可以用长文件名寻址,也可以用短文件名寻址。不支持长文件名的 DOS 系统或程序会将长文件名忽略,认为是不合法的文件名字段,而支持长文件名的操作系统或程序则以长文件名来对文件内容进行存取、编辑等操作,并隐藏其短文件名。当用户对文件(夹)进行命名时,如果出现下列情况之一或者是 3 种情况之间的相互组合,在目录中将会存储两个文件名,一个以长文件名的形式存储,而另一个则以短文件名的形式存储。

【情况 1】 在文件(夹)名中同时包括大、小写英文字母;

【情况 2】 以汉字作为文件(夹)名;

【情况 3】 主文件(夹)名的长度超过 8 个字符或扩展名的长度超过 3 个字符。

当创建一个长文件名的文件后,系统会在长文件之后自动生成一个相应的短文件名目录项,短文件命名规则一般如下:

(1) 取长文件名的前 6 个字符加上"~1"作为对应的短文件名,扩展名不变。

(2) 如果已存在这个文件名,则符号"~"后的数字递增,直到 5。

(3) 如果文件名中"~"后面的数字达到 5,则短文件名只使用长文件名的前两个字母。通过数学操纵长文件名的剩余字母生成短文件名的后 4 个字母,然后加后缀"~1"直到最后(如果有必要,或是其他数字以避免重复的文件名)。

(4) 如果存在老操作系统或程序无法读取的字符,换以"_"。

长文件名的实现有赖于目录项偏移为 0X0B 的属性字节,当该字节的属性值为 0X0F(即只读、隐藏、系统、卷标属性的组合,0X0F=0X01+0X02+X04+X08),DOS 或 WIN32 会认为其不合法而忽略其存在。Windows 9X 或 Windows 2000、Windows XP 通常支持不超过 255 个字符的长文件名。系统将长文件名以 13 个字符为单位进行切割,每一组占据一个目录项。所以可能一个长文件名需要多个目录项,这时长文件名的各个目录项按倒序排列在目录中,以防与其他文件名混淆。

长文件名中的字符采用 Unicode 码形式编码,每个字符占据 2 字节的空间,其目录项定义见表 5.19 所列。

表 5.19　FAT32 长文件目录项 32 字节表示的含义

字节偏移	字节数	含　义
0X00	1	长文件名序列号，一个文件的第一个长文件名序列号为 01，然后依次递增。如果是该文件的最后一个长文件名目录项，则将该目录项序号与 0X40 进行“或运算”的结果写入该位置。如果长文件名目录项对应的文件或子目录被除删除，则将该字节设置成删除标志 0XE5。
0X01～0X0A	10	长文件名的第 1～5 个字符(Unicode 码)，未使用的部分填充两个字节“00”，然后用 0XFF 填充。
0X0B	1	长文件名目录项标志，取值 0X0F。
0X0C	1	系统保留
0X0D	1	校验值和，如果一个文件的长文件名需要几个长文件名目录项进行存储，则这些长文件名目录项具有相同的校验和。
0X0E～0X19	12	长文件名的第 6～11 个字符(Unicode 码)，未使用的部分填充两个字节“00”，然后用 0XFF 填充。
0X1A～0X1B	2	保留
0X1C～0X1F	4	长文件名的第 12～13 个字符(Unicode 码)，未使用的部分填充两个字节“00”，然后用 0XFF 填充。

FAT32 文件系统在存储长文件名时，总是先按倒序填充长文件名目录项，然后紧跟其对应的短文件名。从表 5.19 可知，长文件名中并不存储对应文件的开始簇号、文件大小、各种时间和日期属性，文件的这些属性存储在对应短文件名目录项中，一个长文件名总是与其相应的短文件名一一对应，短文件名没有对应的长文件名仍然可以进行正常的读/写；但长文件名如果没有对应的短文件名，不管什么系统都将其忽略。所以短文件名对于长文件名是非常重要的。在不支持长文件名的操作系统中对短文件名字段进行改动，都会使长文件名形同虚设。长文件名的字节偏移 0X0D“校验和”起很重要的作用，此“校验和”是用短文件名的 11 个字符通过一种运算方式得到的。系统根据相应的算法来确定相应的长文件名和短文件名是否匹配；如果通过短文件名计算出来的“校验和”与长文件名中的字节偏移 0X0D 处数据不匹配，则系统不会将它们配对；如果匹配，则依据长文件名和短文件名对目录项的定义，以短文件名的开始簇号和 FAT 表的相应链表，就可以对该文件进行访问。

例 5.8　J 盘根目录下某文件目录项存储形式如图 5.12 所示(注：图 5.12 中方框部分)。

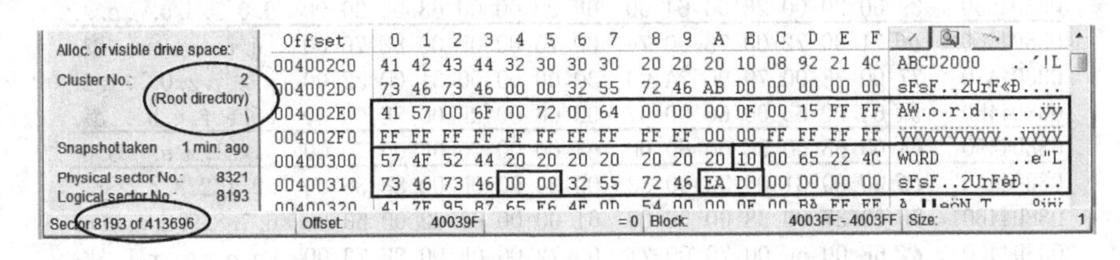

图 5.12　J 盘根目录下 Word 文件夹的存储形式

说明：

(1) 用户对文件夹名的命名规则属于【情况 1】，该目录项描述的是一个文件夹，文件夹名称存储在根目录下，用户在资源管理器中查看到的文件夹名为 Word。

(2) 在目录项中，存在有两个文件夹名，一个描述的是长文件夹名，另一个描述的是短文件夹名。

(3) 短文件夹名称为 WORD,短文件夹名以 ASCII 码的形式存储,属性代码为 0X10,即文件夹,开始簇号为 0X0000D0EA。

(4) 长文件夹名称为 Word,长文件夹名以 Unicode 码存储,即“W”“o”“r”和“d”的 Unicode 码分别为 0057、006F、0072 和 0064(注:存储形式为小头位序)。即用户在资源管理器中查看到的文件夹名称为 Word,由于长文件名的存在,用户不能在资源管理器中查看到对应的短文件夹名。

例 5.9 J 盘根目录下某目录项的存储形式如图 5.13 所示(注:在 J 盘的 8193 号扇区)。

```
Offset    0  1  2  3  4  5  6  7   8  9  A  B  C  D  E  F
00400320  41 7F 95 87 65 F6 4E 0D  54 00 00 0F 00 BA FF FF  A长文件名...?
00400330  FF FF FF FF FF FF FF FF  FF FF 00 00 FF FF FF FF    ..
00400340  B3 A4 CE C4 BC FE C3 FB  20 20 20 10 00 67 22 4C  长文件名  ..g"L
00400350  73 46 73 46 00 00 32 55  72 46 53 D3 00 00 00 00  sFsF..2UrFS?...
```

图 5.13 J 盘根目录下长文件名文件夹目录项的存储形式

说明:

(1) 用户对文件夹名的命名规则属于【情况 2】,该目录项描述的是一个文件夹,文件夹存储在根目录下,用户在资源管理器中查看到的文件夹名为“长文件名”。

(2) 在该目录项中,存在两个文件夹名,一个描述的是长文件夹名,另一个描述的是短文件夹名。

(3) 短文件夹名称为“长文件名”,短文件夹名以 ASCII 码存储,即“长”“文”“件”和“名”的 ASCII 码分别为 A4B3、C4CE、FEBC 和 FBC3(注:存储形式为小头位序)。属性代码为 0X10,即文件夹,开始簇号为 0X0000D353。

(4) 长文件夹名称为“长文件名”,长文件夹名称以 Unicode 码存储,即“长”“文”“件”和“名”的 Unicode 码分别为 957F、6587、4EF6 和 540D(注:存储形式为小头位序)。

例 5.10 在 J 盘“长文件名”文件夹下存储的文件名为 abcdefghijklmnopqrstuvwxyz0123456789abcdefghijklmnopqrstuvwxyz01234567890.doc 的目录项,存储形式如图 5.14 所示(注:存储在 J 盘的 116386 号扇区)。

```
Offset    0  1  2  3  4  5  6  7   8  9  A  B  C  D  E  F
038D4440  46 33 00 34 00 35 00 36  00 37 00 0F 00 8E 38 00  F3.4.5.6.7...?.
038D4450  39 00 30 00 2E 00 64 00  6F 00 00 00 63 00 00 00  9.0...d.o...c...
038D4460  05 71 00 72 00 73 00 74  00 75 00 0F 00 8E 76 00  .q.r.s.t.u...獻.
038D4470  77 00 78 00 79 00 7A 00  30 00 00 00 31 00 32 00  w.x.y.z.0...1.2.
038D4480  04 64 00 65 00 66 00 67  00 68 00 0F 00 8E 69 00  .d.e.f.g.h...巌.
038D4490  6A 00 6B 00 6C 00 6D 00  6E 00 00 00 6F 00 70 00  j.k.l.m.n...o.p.
038D44A0  03 30 00 31 00 32 00 33  00 34 00 0F 00 8E 35 00  .0.1.2.3.4...?.
038D44B0  36 00 37 00 38 00 39 00  61 00 00 00 62 00 63 00  6.7.8.9.a...b.c.
038D44C0  02 6E 00 6F 00 70 00 71  00 72 00 0F 00 8E 73 00  .n.o.p.q.r...巑.
038D44D0  74 00 75 00 76 00 77 00  78 00 00 00 79 00 7A 00  t.u.v.w.x...y.z.
038D44E0  01 61 00 62 00 63 00 64  00 65 00 0F 00 8E 66 00  .a.b.c.d.e...巉.
038D44F0  67 00 68 00 69 00 6A 00  6B 00 00 00 6C 00 6D 00  g.h.i.j.k...l.m.
038D4500  41 42 43 44 45 46 7E 31  44 4F 43 20 00 68 22 4C  ABCDEF~1DOC .h"L
038D4510  73 46 73 46 00 00 AD 88  29 46 54 D3 00 2C 00 00  sFsF..瑭)FT?,..
```

图 5.14 存储 abcdefghijklmnopqrstuvwxyz0123456789abcdefghijklmnopqrstuvwxyz01234567890.doc 文件的目录项

说明：

(1) 用户对文件名的命名规则属于【情况 3】，从文件名目录项的存储形式可知，在长文件名后生成一个短文件名，短文件名以 ASCII 码的形式存储，短文件名称为“ABCDEF～1.DOC”，该文件名项记录了文件的一些基本属性（如：文件创建日期、时间，文件最近修改的日期、时间，文件内容开始簇号，文件大小等），如图 5.14 中的阴影部分；短文件名在资源管理器中并不显示，所以用户不能在资源管理器中查看到短文件名。

文件开始簇号 = [0X15][0X14][0X1B][0X1A] = 0X0000D354(即 54100)

文件实际大小 = [0X1F][0X1E][0X1D][0X1C] = 0X00002C00(即 11264) 字节

(2) 该文件的长文件名以 Unicode 码的方式存储，以倒序的方式占用 6 个文件目录项，即 192 字节（注：每个文件目录项的长度为 32 字节）。

第 1 个文件目录项以 0X01 开头，存储的名称为 abcdefghijklm；

第 2 个文件目录项以 0X02 开头，存储的名称为 nopqrstuvwxyz；

第 3 个文件目录项以 0X03 开头，存储的名称为 0123456789abc；

第 4 个文件目录项以 0X04 开头，存储的名称为 defghijklmnop；

第 5 个文件目录项以 0X05 开头，存储的名称为 qrstuvwxyz012；

第 6 个文件目录项以 0X46 开头，是 0X40 和 0X06 进行“或运算”的结果，是最后一个文件名项，存储的名称为 34567890. doc，后面未使用的文件名部分填充 1 字节的“00”；

(3) 这 6 个长文件名属性标志均为 0X0F，校验值为 0X8E。

(4) 该文件的长文件名=第 1 个文件名项＋第 2 个文件名项＋……＋第 6 个文件名项，即长文件名为 abcdefghijklmnopqrstuvwxyz0123456789abcdefghijklmnopqrstuvwxyz01234567890. doc，也就是用户在资源管理器中查看到的文件名。

4. “.”目录项与“..”目录项

“.”目录项与“..”目录项是子目录中非常重要的两个目录项，在子目录中总是成对出现，分别位于每个子目录的第 1 个和第 2 个目录项。

“.”目录项的开始簇号就是该子目录在逻辑盘中的开始簇号；“..”目录项的开始簇号则是该子目录上一级目录（即父目录）的开始簇号；如果该目录项的开始簇号是 00，则说明该子目录的上一级目录为根目录。“.”目录项与“..”目录项在 5.3.8 节中还将以实例的形式进一步说明。

注：一般情况下，FAT32 文件系统根目录在数据区的开始簇是 2，但是由于在 FAT12/FAT16 文件系统中，默认为 0 号簇为根目录所在簇号，为了与 FAT12/FAT16 文件系统兼容，所以在 FAT32 文件系统中也就默认为 0 号簇就是根目录所在簇号，特别是在“..”表示上一级目录时，以 00 为根目录开始簇号，而不是以 2 作为根目录的开始簇号。

5.3.8　根目录、子目录与回收站

1. 根目录

用户使用 FAT32 文件系统对逻辑盘格式化后，根目录的开始簇号位于 FAT2 表之后，占一个簇的位置。当根目录下存储的文件（夹）数量不断增加，一个簇不够存放时，FAT32 将会

再申请一个簇，并以线性链表的形式将这两个簇连接起来；当两个簇仍然不够存放时，则再申请一个簇，并以线性链表的形式将这 3 个簇连接起来，以此类推。根目录的开始簇号可以从 FAT32_DBR 的 BPB 参数中获得；一般情况下，根目录的开始簇号为 2。如果 FAT 表第一个扇区偏移 0X08～0X0B 处(即 2 号簇项)存储的值是“FF FF FF 0F(存储形式)”，说明根目录只占用一个簇，即 2 号簇；否则根目录占用两个以上的簇号，从该值可以找到根目录的下一个簇号。

例 5.11 J 盘 FAT 表第一扇区前 80 字节如图 5.15 所示。

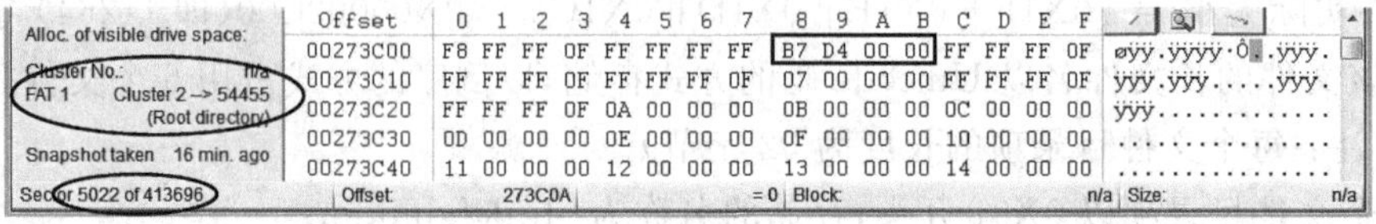

Alloc. of visible drive space:
Cluster No.: n/a
FAT 1 Cluster 2 --> 54455 (Root directory)
Snapshot taken 16 min. ago
Sector 5022 of 413696
Offset 0 1 2 3 4 5 6 7 8 9 A B C D E F
00273C00 F8 FF FF 0F FF FF FF FF B7 D4 00 00 FF FF FF 0F
00273C10 FF FF FF 0F FF FF FF 0F 07 00 00 00 FF FF FF 0F
00273C20 FF FF FF 0F 0A 00 00 00 0B 00 00 00 0C 00 00 00
00273C30 0D 00 00 00 0E 00 00 00 0F 00 00 00 10 00 00 00
00273C40 11 00 00 00 12 00 00 00 13 00 00 00 14 00 00 00
Offset: 273C0A = 0 Block: n/a Size: n/a

图 5.15 J 盘的 FAT 表第 1 个扇区的前 80 字节

由于根目录的开始簇号为 0X02，而 FAT 表的 1 号扇区偏移 0X08～0X0B（即 2 号簇项）存储的值为 0X0000D4B7，也就是说，J 盘根目录的下一个簇号是 0X0000D4B7(十进制值为 54455)，由式(5.16)可知：

54455 号簇项在 FAT 表的扇区号＝INT(簇号项 /128)＋1

＝INT(54455/128)＋1＝426

由式(5.17)可知：

54455 号簇项在 FAT 表中的扇区偏移

＝4×MOD(簇号项，128)＝4×MOD(54455，128)＋N－1＝{220，221，222，223}

54455 号簇项在 FAT 表的 426 号扇区偏移 220～223(即 0X0DC～0X0DF)处；从 J 盘 FAT32_DBR 可知，保留扇区数为 5022，每个 FAT 表占用扇区数为 1585。

54455 号簇项针对 FAT1 表在 J 盘的 5447 号扇区偏移 220～223(0X0DC～0X0DF)处，针对 FAT2 表在 J 盘的 7032 号扇区偏移 220～223(0X0DC～0X0DF)处。

将光标移动到 5447 号扇区(或 7032 号扇区)偏移 220～223(即 0X0DC～0X0DF)处；其内容如图 5.16 所示。从图 5.16 可知，J 盘 5447 号扇区偏移 220～223 处，其内容为 0X0FFFFFFF(存储形式为 FF FF FF 0F)，表示该链表已经结束。

Cluster No.: n/a
FAT 1 Cluster 54455: end (Root directory)
Snapshot taken 27 min. ago
Physical sector No.: 5575
Logical sector No.: 5447
Sector 5447 of 413696
Offset 0 1 2 3 4 5 6 7 8 9 A B C D E F
002A8EB0 AD D4 00 00 AE D4 00 00 AF D4 00 00 B0 D4 00 00
002A8EC0 B1 D4 00 00 B2 D4 00 00 B3 D4 00 00 B4 D4 00 00
002A8ED0 B5 D4 00 00 B6 D4 00 00 FF FF FF 0F FF FF FF 0F
002A8EE0 B9 D4 00 00 BA D4 00 00 BB D4 00 00 BC D4 00 00
002A8EF0 BD D4 00 00 BE D4 00 00 BF D4 00 00 C0 D4 00 00
Offset: 2A8EDC = 255 Block: n/a Size: n/a

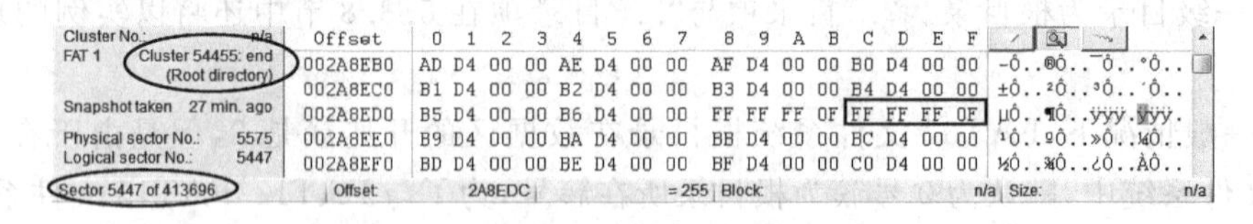

图 5.16 J 盘 5447 扇区偏移地址 220～223 处

所以，J 盘根目录共占用 2 个簇，即 2 号簇和 54455(即 0XD4B7)号簇，J 盘根目录的链表结构如图 5.17 所示。

02号簇项
D4B7号簇项
0X00000D4B7
0FFFFFFF

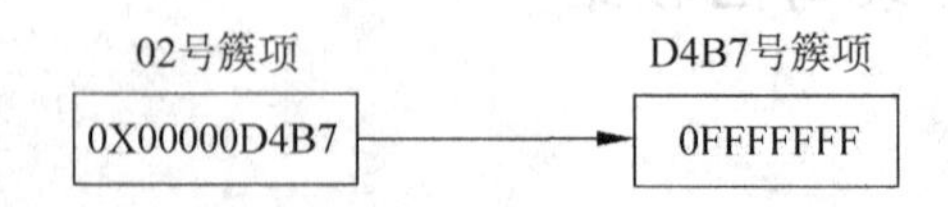

图 5.17 J 盘根目录的链表结构图(注：图中的数据均为十六进制)

例 5.12 使用资源管理器查看J盘根目录中所存储的文件和文件夹如图 5.18 所示，而使用 WinHex 软件查看J盘根目录的存储形式如图 5.19 和图 5.20 所示(注：J盘根目录存储在 2 号簇和 54455 号簇)。

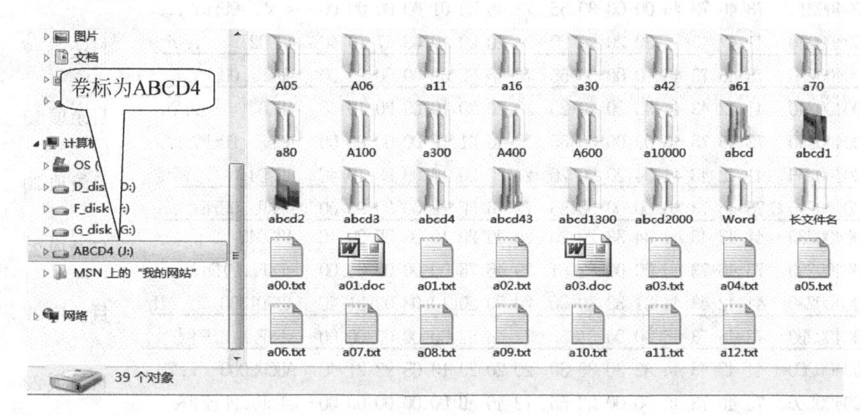

图 5.18 J盘根目录中所存储的文件和文件夹

Offset	0 1 2 3 4 5 6 7	8 9 A B C D E F		
00400000	41 42 43 44 34 20 20 20	20 20 20 08 00 00 00 00	ABCD4	目录项 1
00400010	00 00 00 00 00 00 07 4C	73 46 00 00 00 00 00 00	.......LsF....	
00400020	41 30 35 20 20 20 20 20	20 20 20 10 00 B7 17 4C	A05 ..?L	目录项 2
00400030	73 46 73 46 00 00 80 7D	72 46 03 00 00 00 00 00	sFsF..€}rF.....	
00400040	41 30 36 20 20 20 20 20	20 20 20 10 00 BA 17 4C	A06 ..?L	目录项 3
00400050	73 46 73 46 00 00 29 55	72 46 04 00 00 00 00 00	sFsF..)UrF......	
00400060	41 31 31 20 20 20 20 20	20 20 20 10 08 BB 17 4C	A11 ..?L	目录项 4
00400070	73 46 73 46 00 00 29 55	72 46 05 00 00 00 00 00	sFsF..)UrF......	
00400080	41 31 36 20 20 20 20 20	20 20 20 10 08 C1 17 4C	A16 ..?L	目录项 5
00400090	73 46 73 46 00 00 29 55	72 46 1E 00 00 00 00 00	sFsF..)UrF......	
004000A0	41 33 30 20 20 20 20 20	20 20 20 10 08 C2 17 4C	A30 ..?L	目录项 6
004000B0	73 46 73 46 00 00 29 55	72 46 20 00 00 00 00 00	sFsF..)UrF	
004000C0	41 34 32 20 20 20 20 20	20 20 20 10 08 C4 17 4C	A42 ..?L	目录项 7
004000D0	73 46 73 46 00 00 29 55	72 46 21 00 00 00 00 00	sFsF..)UrF!...	
004000E0	41 36 31 20 20 20 20 20	20 20 20 10 08 C7 17 4C	A61 ..?L	目录项 8
004000F0	73 46 73 46 00 00 29 55	72 46 23 00 00 00 00 00	sFsF..)UrF#.....	
00400100	41 37 30 20 20 20 20 20	20 20 20 10 08 04 18 4C	A70 L	目录项 9
00400110	73 46 73 46 00 00 29 55	72 46 25 00 00 00 00 00	sFsF..)UrF%.....	
00400120	41 38 30 20 20 20 20 20	20 20 20 10 08 09 18 4C	A80 L	目录项 10
00400130	73 46 73 46 00 00 2A 55	72 46 28 00 00 00 00 00	sFsF..*UrF(.....	
00400140	41 31 30 30 20 20 20 20	20 20 20 10 00 17 18 4C	A100 L	目录项 11
00400150	73 46 73 46 00 00 2A 55	72 46 2F 00 00 00 00 00	sFsF..*UrF/.....	
00400160	41 33 30 30 20 20 20 20	20 20 20 10 08 1E 18 4C	A300 L	目录项 12
00400170	73 46 73 46 00 00 2A 55	72 46 33 00 00 00 00 00	sFsF..*UrF3.....	
00400180	41 34 30 30 20 20 20 20	20 20 20 10 00 33 18 4C	A400 ..3.L	目录项 13
00400190	73 46 73 46 00 00 2A 55	72 46 3D 00 00 00 00 00	sFsF..*UrF=.....	
004001A0	41 36 30 30 20 20 20 20	20 20 20 10 00 4E 18 4C	A600 ..N.L	目录项 14
004001B0	73 46 73 46 00 00 2A 55	72 46 4A 00 00 00 00 00	sFsF..*UrFJ.....	
004001C0	41 31 30 30 30 30 20 20	20 20 20 10 08 7F 18 4C	A10000 L	目录项 15
004001D0	73 46 73 46 00 00 30 55	72 46 61 00 00 00 00 00	sFsF..0UrFa.....	

图 5.19 2号簇中文件和文件夹的存储形式

```
004001E0  41 42 43 44 20 20 20 20  20 20 20 10 08 9D 1D 4C  ABCD       ....L     目录项16
004001F0  73 46 73 46 00 00 30 55  72 46 9A 01 00 00 00 00  sFsF..0UrF?....
00400200  41 42 43 44 31 20 20 20  20 20 20 10 08 A1 1D 4C  ABCD1       ..?L     目录项17
00400210  73 46 73 46 00 00 30 55  72 46 B2 01 00 00 00 00  sFsF..0UrF?....
00400220  41 42 43 44 32 20 20 20  20 20 20 10 08 A7 1D 4C  ABCD2       ..?L     目录项18
00400230  73 46 73 46 00 00 30 55  72 46 F2 0D 00 00 00 00  sFsF..0UrF?....
00400240  41 42 43 44 33 20 20 20  20 20 20 10 08 B0 1D 4C  ABCD3       ..?L     目录项19
00400250  73 46 73 46 00 00 66 55  72 46 D1 1F 00 00 00 00  sFsF..fUrF?....
00400260  41 42 43 44 34 20 20 20  20 20 20 10 08 B8 1D 4C  ABCD4       ..?L     目录项20
00400270  73 46 73 46 00 00 30 55  72 46 FF 2E 00 00 00 00  sFsF..0UrF  ..
00400280  41 42 43 44 34 33 20 20  20 20 20 10 08 BF 20 4C  ABCD43      ..?L     目录项21
00400290  73 46 73 46 00 00 82 81  29 46 75 D0 00 00 00 00  sFsF..?)Fu?...
004002A0  41 42 43 44 31 33 30 30  20 20 20 10 08 09 21 4C  ABCD1300   ...!L     目录项22
004002B0  73 46 73 46 00 00 31 55  72 46 82 D0 00 00 00 00  sFsF..1UrF偄...
004002C0  41 42 43 44 32 30 30 30  20 20 20 10 08 92 21 4C  ABCD2000   ..?L      目录项23
004002D0  73 46 73 46 00 00 32 55  72 46 AB D0 00 00 00 00  sFsF..2UrF吓..
004002E0  41 57 00 6F 00 72 00 64  00 00 00 0F 00 15 FF FF  AW.o.r.d.....        目录项24
004002F0  FF FF FF FF FF FF FF FF  FF FF 00 00 FF FF FF FF   ..
00400300  57 4F 52 44 20 20 20 20  20 20 20 10 00 65 22 4C  WORD        ..e"L
00400310  73 46 77 46 00 00 32 55  72 46 EA D0 00 00 00 00  sFwF..2UrF昼...
00400320  41 7F 95 87 65 F6 4E 0D  54 00 00 0F 00 BA FF FF  A.晰e鲮.T....?       目录项25
00400330  FF FF FF FF FF FF FF FF  FF FF 00 00 FF FF FF FF   ..
00400340  B3 A4 CE C4 BC FE C3 FB  20 20 20 10 00 67 22 4C  长文件名    ..g"L
00400350  73 46 73 46 00 00 32 55  72 46 53 D3 00 00 00 00  sFsF..2UrFS?...
00400360  41 30 30 20 20 20 20 20  54 58 54 20 18 68 22 4C  A00      TXT .h"L    目录项26
00400370  73 46 73 46 00 00 F6 7C  72 46 80 D3 76 18 00 00  sFsF..鲑rF€鹬.
00400380  41 30 31 20 20 20 20 20  44 4F 43 20 18 69 22 4C  A1       DOC .i"L    目录项27
00400390  73 46 74 46 00 00 88 52  5E 43 87 D3 00 40 04 00  sFtF..压^C嚾@.
004003A0  41 30 31 20 20 20 20 20  54 58 54 20 18 69 22 4C  A01      TXT .i"L    目录项28
004003B0  73 46 73 46 00 00 52 50  99 43 97 D4 52 00 00 00  sFsF..RP機楨R.
004003C0  41 30 32 20 20 20 20 20  54 58 54 20 18 6A 22 4C  A02      TXT .j"L    目录项29
004003D0  73 46 73 46 00 00 2E 78  FA 3E 00 00 00 00 00 00  sFsF...x?.....
004003E0  41 30 33 20 20 20 20 20  44 4F 43 20 18 6A 22 4C  A03      DOC .j"L    目录项30
004003F0  73 46 77 46 00 00 0C 49  73 42 98 D4 00 7A 00 00  sFwF...IsB�District z..
```

图 5.19 （续）

从图 5.19 和图 5.20 可知，在 J 盘的根目录下共存储 42 个目录项，说明如下：

(1) 目录项 1 名称为 ABCD4，偏移地址 0X0B 的值为 0X08，即 J 盘的卷标为 ABCD4。

(2) 目录项 2 至目录项 23，每个目录项的长度均为 32 字节，目录项偏移 0X0B 的值均为 0X10，即这 22 个目录项均为子目录(即文件夹)。

(3) 目录项 24 和目录项 25，每个目录项的长度均为 64 字节；每个目录项由长文件夹名描述和短文件夹名描述两部分组成；长文件夹名项偏移 0X0B 处的值为 0X0F，而对应短文件夹名项偏移 0X0B 处的值为 0X10，这两个目录均为子目录(即文件夹)。

(4) 目录项 26 至目录项 40，每个目录项的长度均为 32 字节，目录项偏移地址 0X0B 的值均为 0X20，即这 15 个目录项均为存档文件；目录项偏移地址 0X0C 的值均为 0X18，即主文件名和扩展名在资源管理器中均以小写字母显示。

(5) 目录项 41，长度为 32 字节，名称为 $RECYCLEBIN，目录项偏移地址 0X0B 的值均

```
Offset     0  1  2  3  4  5  6  7   8  9  A  B  C  D  E  F
0392D400  41 30 33 20 20 20 20 20  54 58 54 20 18 6A 22 4C  A03     TXT .j"L   目录项31
0392D410  73 46 73 46 00 00 2E 78  FA 3E 00 00 00 00 00 00  sFsF...x?......
0392D420  41 30 34 20 20 20 20 20  54 58 54 20 18 6A 22 4C  A04     TXT .j"L   目录项32
0392D430  73 46 73 46 00 00 2E 78  FA 3E 00 00 00 00 00 00  sFsF...x?......
0392D440  41 30 35 20 20 20 20 20  54 58 54 20 18 6A 22 4C  A05     TXT .j"L   目录项33
0392D450  73 46 73 46 00 00 2E 78  FA 3E 00 00 00 00 00 00  sFsF...x?......
0392D460  41 30 36 20 20 20 20 20  54 58 54 20 18 6A 22 4C  A06     TXT .j"L   目录项34
0392D470  73 46 73 46 00 00 2E 78  FA 3E 00 00 00 00 00 00  sFsF...x?......
0392D480  41 30 37 20 20 20 20 20  54 58 54 20 18 6A 22 4C  A07     TXT .j"L   目录项35
0392D490  73 46 73 46 00 00 2E 78  FA 3E 00 00 00 00 00 00  sFsF...x?......
0392D4A0  41 30 38 20 20 20 20 20  54 58 54 20 18 6A 22 4C  A08     TXT .j"L   目录项36
0392D4B0  73 46 73 46 00 00 2E 78  FA 3E 00 00 00 00 00 00  sFsF...x?......
0392D4C0  41 30 39 20 20 20 20 20  54 58 54 20 18 6A 22 4C  A09     TXT .j"L   目录项37
0392D4D0  73 46 73 46 00 00 2E 78  FA 3E 00 00 00 00 00 00  sFsF...x?......
0392D4E0  41 31 30 20 20 20 20 20  54 58 54 20 18 6A 22 4C  A10     TXT .j"L   目录项38
0392D4F0  73 46 73 46 00 00 2E 78  FA 3E 00 00 00 00 00 00  sFsF...x?......
0392D500  41 31 31 20 20 20 20 20  54 58 54 20 18 6A 22 4C  A11     TXT .j"L   目录项39
0392D510  73 46 77 46 00 00 D3 5D  45 46 B8 D4 C8 2C 00 00  sFwF..覾EF冈?..
0392D520  41 31 32 20 20 20 20 20  54 58 54 20 18 6B 22 4C  A12     TXT .k"L   目录项40
0392D530  73 46 73 46 00 00 0C 5E  45 46 C4 D4 5B 18 00 00  sFsF...^EF脑[...
0392D540  24 52 45 43 59 43 4C 45  42 49 4E 16 00 78 42 4C  $RECYCLEBIN..xBL   目录项41
0392D550  73 46                    46 CB D4 00 00 00 00     sFsF..CLsF嗽....
0392D560  E5 36 33                 20 20 20 10 00 8B 2F 4F  ?638377_   ..?0   目录项42
0392D570  73 46 73                 73 46 CD D4 00 00 00 00  sFsF..00sF驮....
```

文件夹、系统、隐藏

删除标志

图 5.20　54455 号簇中文件和文件夹的存储形式(注：无用数据已删除)

为 0X16，即属性为文件夹、隐藏、系统，在资源管理器中用户不能查看到该文件夹。

(6) 目录项 42，长度为 32 字节，名称第 1 字节的 ASCII 码为"E5"，即表示该目录项已被删除，用户在资源管理器中不能查看到该文件夹。

(7) 用户在资源管理器中，只能看到 24 个文件夹、15 个文件和一个卷标。

(8) 根目录下存储的 42 个目录项说明见表 5.20 所列。

表 5.20　J 盘根目录存储文件名和文件夹名情况表

序号	存储名称	名称在 J 盘根目录中的显示方式	类型	属性值	名称显示方式代码	开始簇号	文件所占字节
1	ABCD4	ABCD4	卷标	0X08	0X00		
2	A05	A05	文件夹	0X10	0X00	3	
3	A06	A06	文件夹	0X10	0X00	4	
4	A11	a11	文件夹	0X10	0X08	5	
5	A16	a16	文件夹	0X10	0X08	30	
6	A30	a30	文件夹	0X10	0X08	32	
7	A42	a42	文件夹	0X10	0X08	33	
8	A61	a61	文件夹	0X10	0X08	35	
9	A70	a70	文件夹	0X10	0X08	37	
10	A80	a80	文件夹	0X10	0X08	40	
11	A100	A100	文件夹	0X10	0X00	47	
12	A300	a300	文件夹	0X10	0X08	51	
13	A400	A400	文件夹	0X10	0X00	61	

续表

序号	存储名称	名称在J盘根目录中的显示方式	类型	属性值	名称显示方式代码	开始簇号	文件所占字节
14	A600	A600	文件夹	0X10	0X00	74	
15	A10000	a10000	文件夹	0X10	0X08	97	
16	ABCD	abcd	文件夹	0X10	0X08	410	
17	ABCD1	abcd1	文件夹	0X10	0X08	434	
18	ABCD2	abcd2	文件夹	0X10	0X08	3570	
19	ABCD3	abcd3	文件夹	0X10	0X08	8145	
20	ABCD4	abcd4	文件夹	0X10	0X08	12031	
21	ABCD43	abcd43	文件夹	0X10	0X08	53365	
22	ABCD1300	abcd1300	文件夹	0X10	0X08	53378	
23	ABCD2000	abcd2000	文件夹	0X10	0X08	53419	
24	WORD	Word	文件夹	0X10	0X00	53482	
25	长文件名	长文件名	文件夹	0X10	0X00	54099	
26	A00 TXT	a00. txt	文件	0X20	0X18	54144	6262
27	A01 DOC	a01. doc	文件	0X20	0X18	54151	278528
28	A01 TXT	a01. txt	文件	0X20	0X18	54423	82
29	A02 TXT	a02. txt	文件	0X20	0X18		0
30	A03 DOC	a03. doc	文件	0X20	0X18	54424	31232
31	A03 TXT	a03. txt	文件	0X20	0X18		0
32	A04 TXT	a04. txt	文件	0X20	0X18		0
33	A05 TXT	a05. txt	文件	0X20	0X18		0
34	A06 TXT	a06. txt	文件	0X20	0X18		0
35	A07 TXT	a07. txt	文件	0X20	0X18		0
36	A08 TXT	a08. txt	文件	0X20	0X18		0
37	A09 TXT	a09. txt	文件	0X20	0X18		0
38	A10 TXT	a10. txt	文件	0X20	0X18		0
39	A11 TXT	a11. txt	文件	0X20	0X18	54456	11464
40	A12 TXT	a12. txt	文件	0X20	0X18	54468	6235
41	$ RECYCLEBIN	$ RECYCLEBIN	文件夹	0X16	0X00	54475	
42	? 638377_		文件夹	0X10	0X00	54477	

2. 子目录

在逻辑盘的根目录下常常需要创建一些子目录(文件夹)。当在根目录下创建一个子目录后,在根目录空白目录项处就创建了一个子目录项,该子目录项占0字节空间。每个子目录开始簇号前两个目录项的名称分别为“.”和“..”。

“.”目录项位于子目录开始簇号的第1个目录项位置,它的开始簇号也就是该子目录的开始簇号,其他的定义与短文件名定义相同;通过两个子目录的开始簇号和开始扇区号,可以计算逻辑盘每个簇的扇区数,计算公式如式(5.23):

每个簇的扇区数 =(第2个子目录开始扇区号 − 第1个子目录开始扇区号)÷
(第2个子目录开始簇号 − 第1个子目录开始簇号)
=(第1个子目录开始扇区号 − 根目录开始扇区号)÷
(第1个子目录开始簇号 − 根目录开始簇号) (5.23)

注:根目录开始簇号为2。

“..”目录项位于子目录开始簇号的第2个目录项位置,用于描述该子目录的父目录的相

关信息。它的开始簇号也就是该子目录的父目录开始簇号，其他的定义与短文件名定义相同。

在子目录中还可以再建立子目录，子目录通过各自的目录项、“.”和“..”目录项的开始簇号完成对目录树型结构的管理。

例 5.13 在J盘abcd文件夹下“.”与“..”目录项存储形式如图5.21所示。

```
Offset      0  1  2  3  4  5  6  7   8  9  A  B  C  D  E  F
00466000   2E 20 20 20 20 20 20 20  20 20 20 10 00 9D 1D 4C   .        ....L
00466010   73 46 73 46 00 00 20 4C  73 46 9A 01 00 00 00 00   sFsF..LsF?....
00466020   2E 2E 20 20 20 20 20 20  20 20 20 10 00 9D 1D 4C   ..       ....L
00466030   73 46 73 46 00 00 20 4C  73 46 00 00 00 00 00 00   sFsF..LsF.....
```

图5.21 J盘abcd文件夹存储的“.”与“..”目录项存储形式

说明：

(1) 从图5.21可知，两个目录项的属性代码均为0X10，即属性为文件夹。

(2) 第1个目录项的名称为“.”，对应的ASCII码为0X2E；该目录项的开始簇号为0X0000019A；即abcd文件夹在J盘的开始簇号为0X0000019A。

(3) 第2个目录项的名称为“..”，对应的ASCII码为0X2E、0X2E；该目录项的开始簇号为0X00000000，即abcd文件夹的上一级文件夹(即根目录)在J盘的开始簇号为0X00；也就是说abcd文件夹是J盘根目录下的一个文件夹。

注：J盘abcd文件夹目录项，请读者查看图5.19中的目录项16。

例 5.14 在J:\abcd\abcd1文件夹下所存储的“.”目录项与“..”目录项存储形式如图5.22所示。

```
Offset      0  1  2  3  4  5  6  7   8  9  A  B  C  D  E  F
00466400   2E 20 20 20 20 20 20 20  20 20 20 10 00 9E 1D 4C   .         ..?L
00466410   73 46 73 46 00 00 20 4C  73 46 9B 01 00 00 00 00   sFsF.. LsF?....
00466420   2E 2E 20 20 20 20 20 20  20 20 20 10 00 9E 1D 4C   ..        ..?L
00466430   73 46 73 46 00 00 20 4C  73 46 9A 01 00 00 00 00   sFsF.. LsF?....
```

图5.22 J:\abcd\abcd1文件夹存储的“.”与“..”目录项存储形式

说明：

(1) 从图5.22可知，两个目录项的属性代码均为0X10，即属性为文件夹。

(2) 第1个目录项的名称为“.”，对应的ASCII码为0X2E；目录项的开始簇号为0X0000019B，即J:\abcd\abcd1文件夹在J盘的开始簇号为0X0000019B。

(3) 第2个目录项的名称为“..”，对应的ASCII码为0X2E、0X2E；目录项的开始簇号为0X0000019A；即J:\abcd\abcd1文件夹的上一级文件夹(即J盘abcd文件夹)的开始簇号为0X0000019A；也就是说J:\abcd\abcd1文件夹是J:\abcd文件夹下的一个文件夹。

3. 回收站

不同的操作系统对回收站的管理不同，这里只介绍Windows XP和Windows 7；其他操作系统对回收站的管理，请读者查阅有关资料。

在Windows XP操作系统下，FAT32文件系统逻辑盘的回收站是一个特殊的子目录，它位于逻辑盘的根目录下，名称为Recycled，它的属性值是0X16，即子目录、系统、隐藏。在回收站中，除了有“.”和“..”目录项外，还有一个名为INFO2的文件，该文件属性值为0X22，即隐藏、归档；该文件记录了被删除文件的原始信息，即被删除的盘符、路径、长文件(夹)名。如果某目录下的文件被删除，也就是说将要删除的文件放入回收站后，系统将该目录下要删除文件目录第一个字符的ASCII码改为0XE5，并将该文件原来的盘符、路径、文件名以Unicode码的形式存储到INFO2文件中，并对该文件进行顺序编号；在回收站中创建一个文件，文件名的命名规则为"D"+逻辑盘符+顺序号，扩展名不变，被删除文件在FAT表中对应的链表仍然完好。其中：逻辑盘符为被删除文件所在盘符，顺序号为文件在INFO2文件中的顺序号。

Windows 7操作系统对回收站的管理与Windows XP不同；在Windows 7操作系统下，回收站也是一种特殊的子目录，位于逻辑盘的根目录下，名称为$RECYCLE.BIN，它的属性值也是0X16，即子目录、隐藏、系统。在回收站目录中，除了有"."和".."目录项，还有一个名为desktop.ini的文件，它的属性值是0X26，即归档、隐藏、系统。

如果用户将文件删除(即放入回收站)后，在$RECYCLE.BIN文件夹中会创建2个文件，两个文件名的命名规则分别为：一个以"$I+6个随机字符"为主文件名；而另一个则以"$R+6个随机字符"为主文件名，扩展名不变。两个文件的"6个随机字符"是一样的。"$I+6个随机字符"文件的内容存储着被删除文件的日期、时间、盘符、路径和文件名；而"$R+6个随机字符"则存储着被删除文件的内容。

5.3.9 删除文件对目录项、回收站等的影响

删除文件是一种常见的操作，删除文件一般有两种方式。

【方式一】 将文件直接删除，即文件不放入回收站；不同磁盘之间的剪切文件也属于这种方式。过程如下：

(1) 将要删除文件目录第一个字符的ASCII码改为0XE5，保留文件开始簇号的低16位、文件建立的日期、时间和文件的大小等信息，将文件开始簇号的高16位填充为0000。

(2) 将要删除的文件在FAT表所占据的文件分配链表填充为00000000，而文件的内容仍然保留。

注：由于文件开始簇号的高16位被填充为0000后，这也正是使用许多数据恢复软件无法恢复被删除文件的原因所在，对于这种情况建议读者使用DiskGenius软件来恢复被删除的文件。

【方式二】 将文件放入回收站，然后再将回收站清空；或者在回收站中选择文件再将其删除。由于不同的操作系统对回收站的管理不同，所以，这种方式在不同的操作系统下对回收站的影响也不尽相同。本节重点讨论Windows XP和Windows 7操作系统。

在Windows XP操作系统下，过程如下：

(1) 将要删除文件目录项第一个字符的ASCII码改为0XE5。

(2) 将要删除的文件放入回收站后，在回收站文件夹(即Recycled文件夹)中创建一个文件，文件名的命名规则为"D+盘符+顺序号+.扩展名"；而文件建立的日期、时间、开始簇号、文件大小等信息与被删除文件相同。

(3) 在INFO2文件中追加两条记录，一条记录是以ASCII码的形式存储被删除文件的逻辑盘符、路径、文件名；而另一条记录则是以Unicode码的形式存储被删除文件的逻辑盘符、路径、文件名、顺序号、文件删除日期、时间等信息。

(4) 如果将回收站清空，或者在回收站中选择文件再将其删除，则将回收站中以"D+盘符

＋顺序号＋.扩展名”为文件名第一个字符的ASCII码改为0XE5；被删除文件在FAT表中占据的文件分配链表填充为00000000，而文件内容仍然保留；将INFO2中的两条记录删除。

在Windows 7操作系统下，过程如下：

(1) 将要删除文件目录项的第一个字符的ASCII码改为0XE5。

(2) 将要删除的文件放入回收站后，在回收站文件夹中创建2个文件，这2个文件的命名规则是：一个以“$I＋6个随机字符”为文件名；另一个则以“$R＋6个随机字符”为文件名，扩展名不变。两个文件的“6个随机字符”是一样的。其中：“$I＋6个随机字符”文件大小为544字节，文件内容存储着被删除文件的日期、时间、盘符、路径和文件名；而“$R＋6个随机字符”文件的开始簇号、文件大小等信息与被删除文件相同。

(3) 如果将回收站清空，或者在回收站中选择文件再将其删除，则将回收站中的“$R＋6个随机字符.扩展名”和“$R＋6个随机字符.扩展名”文件的第一个字符的ASCII码改为0XE5；将这两个文件所占据的文件分配链表填充为00000000，而文件的内容仍然保存。

例5.15　在Windows 7操作系统下，假设回收站已空，将J盘根目录下的a03.doc文件放入回收站，并清空回收站(注：a03.doc文件内容在J盘上是连续存储的)。

1) 对被删除文件目录项的影响

(1) 将J盘根目录下的a03.doc文件放入回收站前

使用WinHex软件查看J盘根目录下的a03.doc文件的目录项如图5.23所示。从图5.23可知，a03.doc文件开始簇号＝0X0000D498(即54424)，实际大小为0X00007A00(即31232)字节，由于FAT32文件系统是以簇为单位对数据区进行管理，所以a03.doc文件内容实际占据了J盘的31744字节空间，即31个簇(注：J盘每个簇的扇区数＝2)。

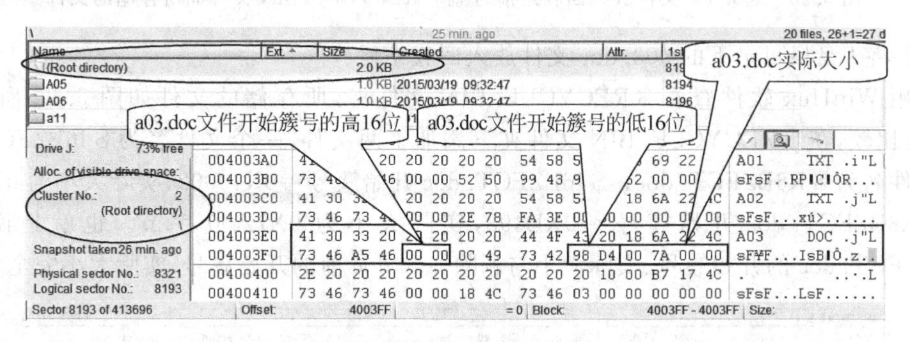

图5.23　将a03.doc文件放入回收站前，J盘根目录下a03.doc文件的目录项存储形式

(2) 将J盘根目录下的a03.doc文件放入回收站后

使用WinHex软件查看J盘根目录下a03.doc文件的目录项如图5.24所示；与图5.23比较，J盘根目录下a03.doc文件目录项第1个字符的ASCII码由0X41变为0XE5，而a03.doc目录项的其他内容没有发生变化。由于该文件目录项第1个字符的ASCII码已经被修改为0XE5，所以在资源管理器中查看J盘的根目录时将不显示该文件名。

(3) 将回收站清空后

J盘根目录下a03.doc文件的目录项与清空回收站前相同，未发生变化。

2) 对J盘$RECYCLE.BIN文件夹的影响

(1) 将J盘根目录下a03.doc文件放入回收站前

使用WinHex软件查看$RECYCLE.BIN文件夹，所存储的文件如图5.25所示。从

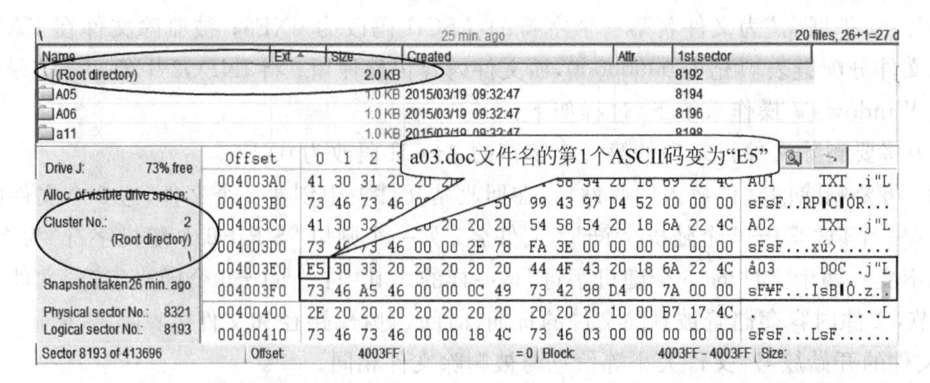

图 5.24 将 a03. doc 文件放入回收站后，J 盘根目录下 a03. doc 文件的目录项存储形式

图 5.25 可知，在 J 盘 $RECYCLE. BIN 文件夹中，除了“.”和“..”目录项外，还存储着 desktop. ini 文件。

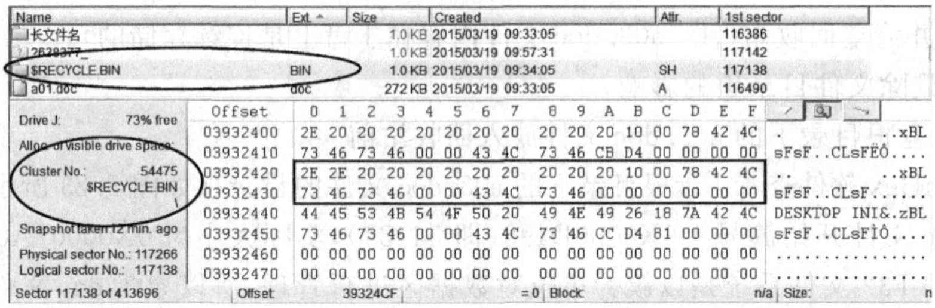

图 5.25 a03. doc 文件放入回收站前，J 盘 $RECYCLE. BIN 文件夹所存储的文件

(2) 将 J 盘根目录下的 a03. doc 文件放入回收站后

使用 WinHex 软件查看 $RECYCLE. BIN 文件夹，所存储的文件如图 5.26 所示。与图 5.25 比较，在 $RECYCLE. BIN 文件夹下添加了两文件，一个文件名为 $I6BZFCT. doc，另一文件名为 $R6BZFCT. doc；$I6BZFCT. doc 开始簇号＝0X10002，实际大小为 0X220 字节；$R6BZFCT. doc 开始簇号＝0XD498，实际大小为 0X7A00 字节。也就是说，文件 $R6BZFCT. doc 的开始簇号、实际大小与删除 a03. doc 前的开始簇号、实际大小完全相同。

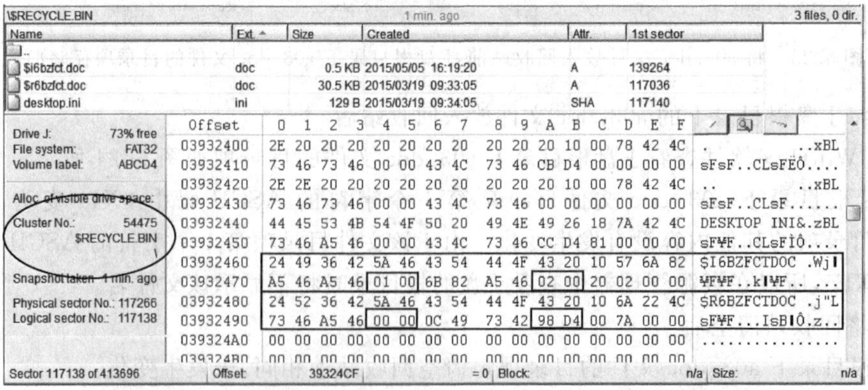

图 5.26 a03. doc 文件放入回收站后，J 盘 $RECYCLE. BIN 文件夹所存储的文件

使用 WinHex 软件打开 J 盘 $RECYCLE. BIN 文件夹下的 $I6BZFCT. doc 文件，其内容如图 5.27 所示。从图 5.27 可知，在 $I6BZFCT. doc 文件中存储着被删除文件大小，被删除

文件的日期和时间，被删除文件的盘符、路径和文件名的 Unicode 码等信息。

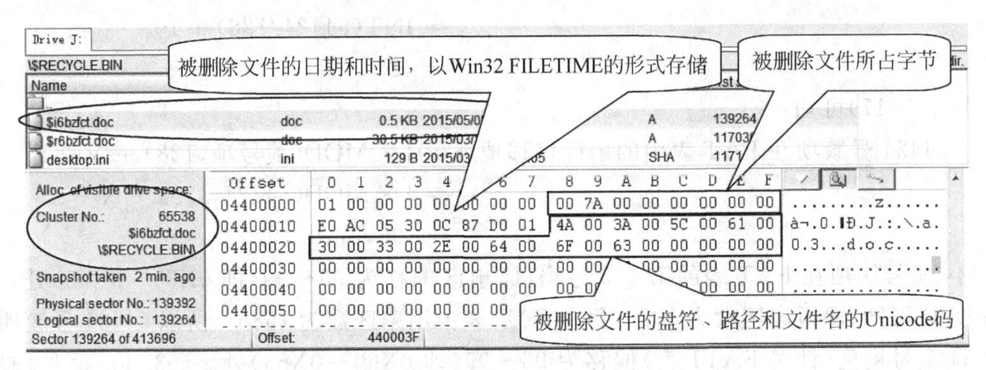

图 5.27　$ I6BZFCT. doc 文件的内容

在资源管理器中查看回收站文件夹，其内容如图 5.28 所示，从回收站中所看到的盘符、路径、文件名、删除日期和文件大小均是 $ I6BZFCT. doc 文件中所存储的内容。

图 5.28　在回收站文件夹中所查看到被删除的文件 a03. doc

(3) 将回收站清空后

J 盘 $ RECYCLE. BIN 文件夹所存储的文件如图 5.29 所示。从图 5.29 可知，J 盘 $ RECYCLE. BIN 文件夹中的 $ I6BZFCT. doc 文件名项和 $ R6BZFCT. doc 文件名项首字母的 ASCII 码已经变为 0XE5，表示这两个文件已从 J 盘 $ RECYCLE. BIN 中删除。

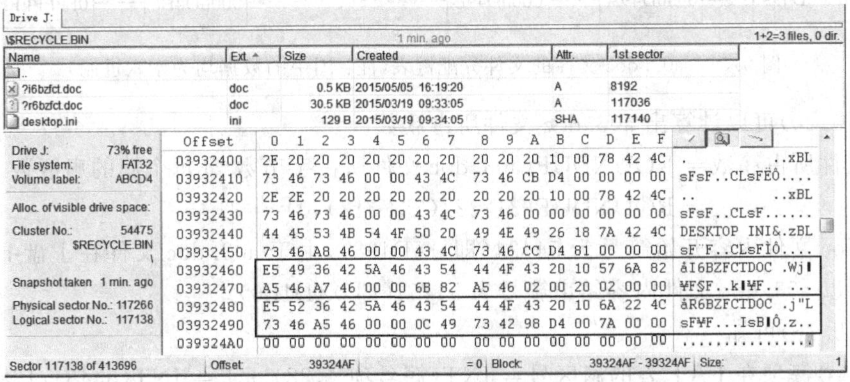

图 5.29　清空回收站后，J 盘 $ RECYCLE. BIN 文件夹中所存储的文件

3) 对 FAT1 表和 FAT2 表的影响

(1) 将 J 盘根目录下的 a03. doc 文件放入回收站前

通过 a03. doc 文件名目录项可知，a03. doc 文件内容的开始簇号为 54424，占 31232 字节空间。由式(5.16)可知：

54424 号簇项在 FAT 表的扇区号 $=$ INT(簇号项 /128) $+1$
$=$ INT(54424/128) $+1$
$=425$

由式(5.17)可知：

54424 号簇项在 FAT 表中的扇区偏移地址 $=4\times$ MOD(簇号项,128) $+N-1$
$=4\times$ MOD(54424,128) $+N-1$
$=\{96,97,98,99\}$

54424 号簇项在 FAT 表的第 425 号扇区，扇区偏移为 96～99(即 0X60～0X63)处；从 J 盘的 DBR 可知，保留扇区数为 5022，每个 FAT 表占用扇区数为 1585。所以 54424 号簇项在 J 盘的 5447 号扇区(针对 FAT1 表)偏移为 96～99(即 0X60～0X63)处。a03.doc 文件内容在 FAT1 表中的文件分配表存储形式如图 5.30 所示。从图 5.30 可知，a03.doc 文件在 J 盘中的存储是连续的。根据图 5.30 可以画出 a03.doc 文件的文件分配链表如图 5.31 所示。

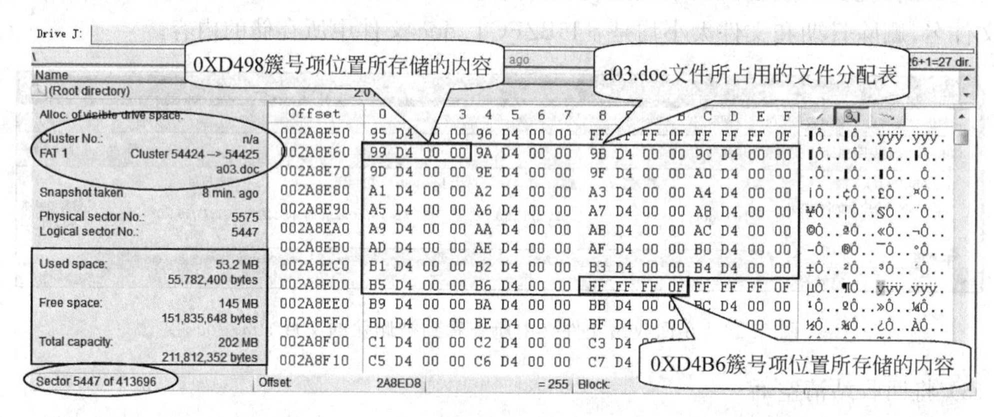

图 5.30 a03.doc 文件所占簇号项在 FAT2 表中文件分配表的存储形式

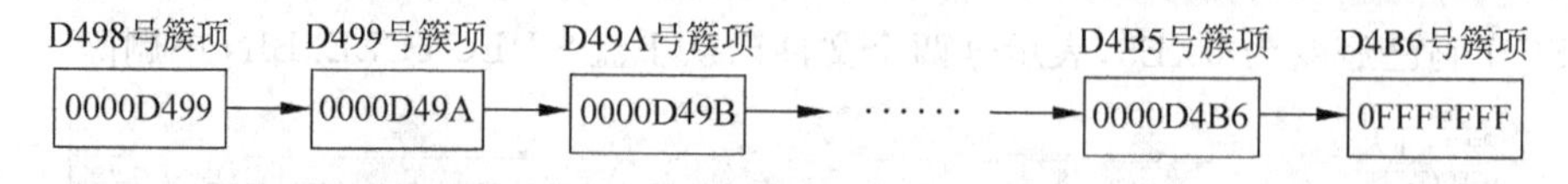

图 5.31 a03.doc 文件的文件分配链表(注：图中的数据均为十六进制)

由式(5.20)可以计算出 a03.doc 文件所占簇数。

a03.doc 文件所占簇数 $=$ ROUNDUP(a03.doc 文件所占字节数 /(每个簇的扇区数 $\times$ 512),0)
$=$ ROUNDUP(31232/(2×512),0) $=31$

a03.doc 文件内容开始簇号为 54424(即 0XD498)，由于 a03.doc 文件在 J 盘上的存储是连续的，所以 a03.doc 文件内容结束簇号为 54454(即 0XD4B6)。

由式(5.16)可知：

54454 号簇项在 FAT 表的扇区号 $=$ INT(簇号项 /128) $+1=$ INT(54454/128) $+1$
$=425$

由式(5.17)可知：

54454 号簇项在 FAT 表中的扇区偏移 $=4\times$ MOD(簇号项,128) $+N-1$
$=4\times$ MOD(54454,128) $+N-1$
$=\{216,217,218,219\}$

所以,a03.doc文件的分配链表在FAT表(即FAT1表和FAT2表)中的位置为425号扇区,开始簇号在FAT表中的扇区偏移为0X60～0X63(即98～99),而结束簇号在FAT表中的扇区偏移为0XD8～0XDB(即216～219)。

由于FAT1表在J盘的开始扇区号为5022,每个簇的扇区数为1585,FAT2表在J盘的开始扇区号为6607。

因此,a03.doc文件的分配链表在J盘的5447号扇区(针对FAT1表)和7032号扇区(针对FAT2表),a03.doc文件内容开始簇号的扇区偏移为0X60～0X63,而结束簇号的扇区偏移为0XD8～0XDB。

将光标移动到J盘7032号扇区,在左侧Cluster No.的下方显示"FAT2",在窗口左下角显示"Sector 7032 of 413696",如图5.32所示,对比图5.30和图5.32可知,这两个图所显示的内容完全一样。

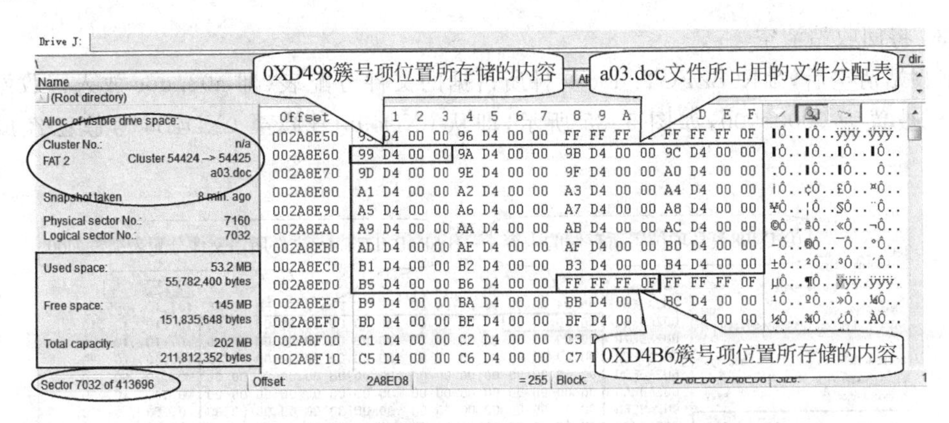

图5.32　a03.doc文件所占簇号项在FAT2表中的存储形式

经计算,65538号簇项在FAT表的位置为第512号扇区,即J盘的5534号扇区(针对FAT1表)和7119号扇区(针对FAT2表),扇区偏移为0X08～0X0B,所存储的内容为00000000,如图5.33所示。

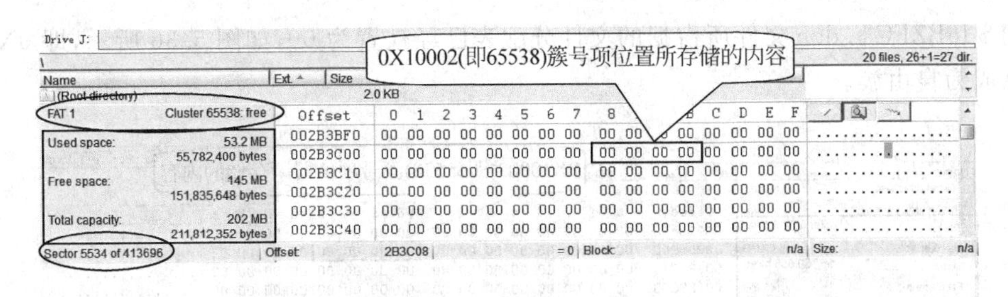

图5.33　a03.doc文件放入回收站前,65538号簇项在FAT1表中的位置

(2) 将J盘根目录下的a03.doc文件放入回收站后

将J盘根目录下的a03.doc文件放入回收站后,对a03.doc文件所占的文件分配链表没有影响。由于在回收站中新建立了两个文件,文件名分别为$I6BZFCT.doc和$R6 BZFCT.doc,文件$R6BZFCT.doc的开始簇号和实际大小也就是a03.doc的开始簇号和实际大小,所以新建立的$R6BZFCT.doc文件对FAT表没有影响。

而新建立的$I6BZFCT.doc文件开始簇号为65538,占544字节空间,FAT32文件系统将分配一个簇的空间给＄I6BZFCT.doc文件。65538号簇项在FAT表的位置为第512号扇区,即J盘的5534号扇区(针对FAT1表)和7119号扇区(针对FAT2表),扇区偏移为0X08～0X0B,所存储的内容为0X0FFFFFFF(存储形式为FF FF FF 0F),如图5.34所示。

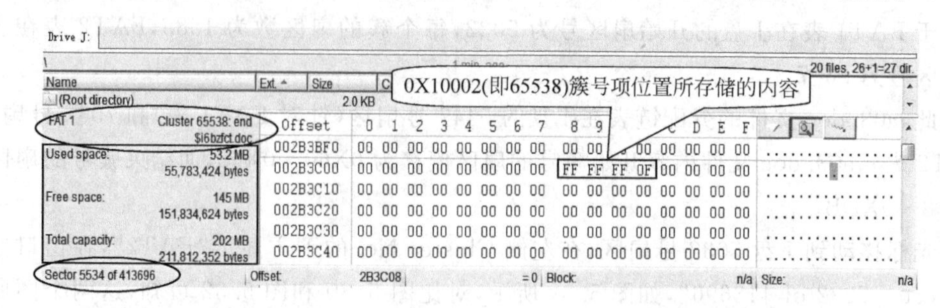

图5.34 a03.doc文件放入回收站后,J盘FAT1的65538号簇项所在位置内容

(3) 将回收站清空

回收站清空后,＄R6BZFCT.doc文件所占据的文件分配表(即a03.doc放入回收站前所占据)已被置为00000000,如图5.35所示,即从0XD498号簇至0XD4B6号簇已经成为自由簇。

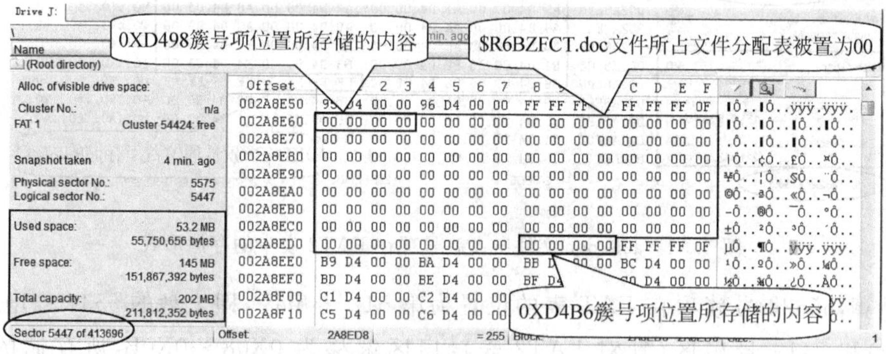

图5.35 清空回收站后,a03.doc所占簇号项已被置为00

而＄I6BZFCT.doc文件所占据的文件分配表已经被置为00,如图5.36所示,即0X10002号簇已成为自由簇。

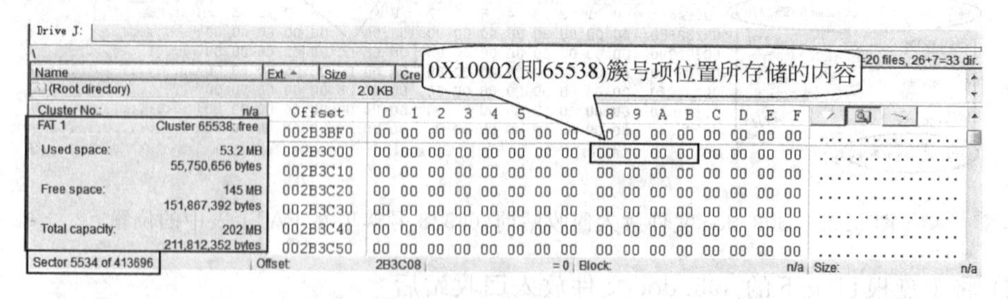

图5.36 清空回收站后,J盘FAT1表的65538号簇项内容为"00000000"

4) 对J盘已用磁盘空间和自由磁盘空间的影响

a03.doc文件放入回收站前、回收后与清空回收站J盘已使用空间情况见表5.21所列。

表 5.21　a03.doc 文件放入回收站前、放入回收站后与清空回收站 J 盘空间情况变化表

删除文件过程 / J 盘空间	a03.doc 放入回收站前	a03.doc 放入回收站后	清空回收站
J 盘已使用空间	55 782 400 字节	55 783 424 字节	55 750 656 字节
J 盘自由空间	151 835 648 字节	151 834 624 字节	151 867 392 字节

说明：

(1) 将 a03.doc 文件放入回收站前，从图 5.33 可知，J 盘已使用空间为 55 782 400 字节；而自由空间为 151 835 648 字节。

(2) 将 a03.doc 文件放入回收站后，从图 5.34 可知，J 盘已使用空间为 55 783 424 字节；而自由空间为 151 834 624 字节；由于在 J 盘回收中创建了两个文件，一个文件名为 $R6BZFCT.doc，另一个文件名为 $I6BZFCT.doc；$R6BZFCT.doc 文件的开始簇号也就是被删除文件 a03.doc 的开始簇号，文件大小也就是 a03.doc 文件的大小，此文件对 J 盘的空间没有影响。而创建的文件 $I6BZFCT.doc 大小为 544 字节，占一个簇的空间，所以 J 盘的已使用空间增加 1 个簇，自由空间减少 1 个簇即 1024 字节。

(3) 将回收站清空后，从图 5.35 可知，J 盘已使用空间为 55 750 656 字节；而自由空间为 151 867 392 字节；与 a03.doc 文件放入回收站前相比较，J 盘已使用空间减少了 31744 字节，自由空间增加了 31744 字节，即 a03.doc 文件所占用的空间已被释放。

注：删除文件夹对目录项、回收站等的影响与删除文件对目录项、回收站的影响基本相同。

思考题

（注：在本章思考题中，H 盘是指“ZY5.vhd 文件”通过计算机管理中的磁盘管理功能附加后所产生的虚拟硬盘）

5.1　FAT32 文件系统主要使用在哪几种外存储器中？FAT32 文件系统由哪几大部分组成？

5.2　FAT32 文件系统数据区的开始簇号是几号？根目录的开始簇号又是几号？

5.3　简述 FAT32 文件系统的总体布局。

5.4　简述 FAT16 与 FAT32 文件系统的相同点和不同点。

5.5　FAT32_DBR 由哪几部分组成？

5.6　存储在 FAT32 文件系统中的一个文件由哪几部分组成？请简述各部分之间的关系。

5.7　在 Windows 7 操作系统下，叙述删除存储在 FAT32 文件系统中的一个文件（即将要删除的文件放入回收站，并将回收站清空）的过程。

5.8　H 盘用 FAT32 文件系统格式化后，它的 FAT32_DBR 位于整个硬盘的 128 号扇区（即 H 盘的 0 号扇区），FAT32_DBR 前 112 字节如图 5.37 所示，请回答下列问题：

(1) 请将 H 盘 FAT32_DBR 中的 BPB 参数填入到表 5.22 中的下画线处。

(2) H 盘的 FAT1 表开始扇区号和结束扇区号分别是几号？对于整个硬盘扇区号分别是几号？FAT2 表呢？

```
Partitioning style: MBR                                              3 files, 1 partitions
Name        Ext.   Size    Created   Attr.   1st sector
Partition 1 FAT32  3.0 GB                    128

[D:\a23\...\abcd4_5.vh   Offset    0  1  2  3  4  5  6  7   8  9  A  B  C  D  E  F
                         00010000  EB 58 90 4D 53 44 4F 53  35 2E 30 00 02 08 2A 10  ëX.MSDOS5.0...*
Default Edit Mode        00010010  02 00 00 00 00 F8 00 00  3F 00 FF 00 80 00 00 00  .....ø..?.ÿ.I...
State:      original     00010020  00 E8 5F 00 EB 17 00 00  00 00 00 00 02 00 00 00  .è_.ë...........
Undo level:        0     00010030  01 00 06 00 00 00 00 00  00 00 00 00 00 00 00 00  ................
Undo reverses:   n/a     00010040  80 00 29 43 6F 60 98 4E  4F 20 4E 41 4D 45 20 20  I.)Co`INO NAME
                         00010050  20 20 46 41 54 33 32 20  20 20 33 C9 8E D1 BC F4    FAT32   3ÉIÑ¼
Total capacity: 3.0 GB   00010060  7B 8E C1 8E D9 BD 00 7C  88 4E 02 8A 56 40 B4 41  {IÁIÙ½.|IN.IV@
3.221.225.984 bytes
Sector 128 of 6291457    Offset: 1002F   = 0   Block: 1002F - 1002F   Size: 1
```

图 5.37 H 盘的 FAT32_DBR 前 112 字节

表 5.22 H 盘 FAT32_DBR 的 BPB 参数

字节偏移	字节数	值			含义
		十进制	十六进制	存储形式	
0X00	2	略	略	EB 58	跳转指令
0X02	1	略	略	90	空操作指令
0X03	8	略	略	4D 53 44 4F 53 35 2E 30	OEM(即厂商标志),长度为 8 个字符
0X0B	2	____	____	____	每个扇区的字节数
0X0D	1	____	____	____	每个簇的扇区数
0X0E	2	____	____	____	保留扇区数
0X10	1	____	____	____	FAT 表的个数,本字段的值一般为 2
0X11	2	00	00	00 00	对于 FAT32 分区,本字段必须设置为 00
0X13	2	00	00	00 00	对于 FAT32 分区,本字段必须设置为 00
0X15	1	略	略	略	0XF8 表示硬盘、U 盘、SD 卡等
0X16	2	00	00	00 00	对 FAT32 分区,本字段必须设置为 00
0X18	2	____	____	____	扇区数/每磁道
0X1A	2	____	____	____	磁头数
0X1C	4	____	____	____	隐藏扇区数
0X20	4	____	____	____	该分区总扇区数
0X24	4	____	____	____	每 FAT 表占扇区数
0X28	2	0	0	00 00	扩展标志
0X2A	2	0	0	00 00	文件系统版本
0X2C	4	0	2	02 00 00 00	根目录开始簇号,一般为 2
0X30	2	1	1	01 00	文件系统信息所在扇区号,一般为 1
0X32	2	6	6	06 00	DBR 备份所在扇区号,一般为 6
0X34	12	略	略	略	保留,供以后扩充使用的保留空间

(3) H 盘的总扇区数是多少？请计算 H 盘的总容量,H 盘的总容量等于用户通过查看 H 盘属性报告的容量吗？为什么？

(4) 用户通过 H 盘属性查看到 H 盘的容量为 3 209 691 136 字节(即 2.98GB)；请通过 H 盘的 FAT32_DBR 参数来验证该数据的正确性。

(5) H 盘的开始簇号为 2,即根目录的开始簇号,请计算 H 盘的结束簇号。

(6) H 盘的开始扇区号是 0,请计算 H 盘的结束扇区号。

(7) 计算 H 盘的结束簇号项分别在 FAT1 表和 FAT2 表中的位置(即在 H 盘的扇区号和扇区偏移,注：0 号扇区为 H 盘 FAT32_DBR 所在扇区号)。

(8) 根据 H 盘每个 FAT 表占用扇区数，计算该 FAT 表可以表示的最小磁盘空间和最大磁盘空间(单位：字节)。

(9) 按示例将表 5.23 中 H 盘的簇号转换成 H 盘对应的扇区号范围以及整个硬盘的扇区号范围，并将结果填入到表 5.23 对应单元格中。

表 5.23　H 盘簇号转换成对应的扇区号

H 盘簇号	3(示例)	10	500	5000	10892
对应 H 盘扇区号范围	16392～16399	～	～	～	～
对应整个硬盘扇区号范围	16520～16527	～	～	～	～

(10) 按示例将表 5.24 中 H 盘的扇区号转换成对应 H 盘的簇号，再将 H 盘的簇号转换为对应 H 盘的扇区号范围；并将结果填入到表 5.24 对应单元格中。

表 5.24　H 盘簇号转换成对应的扇区号

对应 H 盘簇号	2				
H 盘扇区号	16391(示例)	17676	494177	732071	970108
对应 H 盘扇区号范围	16384～16391	～	～	～	～

(11) H 盘对应的分区形式为 MBR，且分区表存储在整个硬盘 0 号扇区偏移 0X1BE～0X1CD 处，请写出 H 盘对应的 MBR 分区表(存储形式)。

(12) 将整个硬盘扇区号、H 盘扇区号与簇号的对应关系填入到表 5.25 下画线处。

表 5.25　整个硬盘扇区号、H 盘扇区号与簇号的对应关系表

<table>
<tr><th>扇区用途</th><th>整个硬盘
逻辑扇区号</th><th>H 盘的逻辑
扇区号</th><th>簇号</th><th>描　述</th><th>所占
扇区数</th><th>备注</th></tr>
<tr><td>相对扇区</td><td>0～127</td><td>不能通过逻辑盘
扇区进行存取</td><td rowspan="9">不能通
过簇的
方式进
行存取</td><td>分区表到 DBR 的
扇区数</td><td>128</td><td></td></tr>
<tr><td rowspan="6">保留扇区</td><td>128</td><td>0</td><td>FAT32_DBR</td><td>1</td><td rowspan="11">H 盘</td></tr>
<tr><td>129</td><td>1</td><td>FSINFO</td><td>1</td></tr>
<tr><td>130～133</td><td>2～5</td><td>未用</td><td>4</td></tr>
<tr><td>134</td><td>6</td><td>DBR 备份</td><td>1</td></tr>
<tr><td>135</td><td>7</td><td>FSINFO 备份</td><td>1</td></tr>
<tr><td>____～____</td><td>____～____</td><td>未用</td><td>____</td></tr>
<tr><td>FAT1 表占扇区</td><td>____～____</td><td>____～____</td><td>FAT1 表</td><td>____</td></tr>
<tr><td>FAT2 表占扇区</td><td>____～____</td><td>____～____</td><td>FAT2 表</td><td>____</td></tr>
<tr><td rowspan="3">数据区所占扇区</td><td>____～____</td><td>____～____</td><td>2</td><td>根目录开始簇号</td><td></td></tr>
<tr><td>____～____</td><td>____～____</td><td>3</td><td rowspan="2">根目录的下一个
簇、子目录和数据
存放位置</td><td>____</td></tr>
<tr><td>____
～
____</td><td>____
～
____</td><td>4
____
～
____</td><td>____
～
____</td></tr>
<tr><td>未分区的扇区</td><td>略</td><td></td><td></td><td></td><td>略</td><td></td></tr>
</table>

(13) 假设该逻辑盘没有分区表，即将整个硬盘 128 号扇区的 FAT32_DBR 存放在整个硬盘的 0 号扇区，需要修改整个硬盘 0 号扇区 FAT32_DBR 的哪几个参数？修改为何值？才能使得该 FAT32 文件系统能够正常工作。

5.9 H 盘的文件系统是 FAT32，FAT32_DBR 如题 5.8 所述，FAT1 表前 160 字节如图 5.38 所示，请回答下列问题。

```
Offset    0  1  2  3  4  5  6  7   8  9  A  B  C  D  E  F
00205400  F8 FF FF 0F FF FF FF FF  FF FF FF 0F FF FF FF 0F   ?...
00205410  FF FF FF 0F FF FF FF 0F  FF FF FF 0F FF FF FF 0F   ....
00205420  FF FF FF 0F 0D 00 00 00  FF FF FF 0F FF FF FF 0F   .......
00205430  FF FF FF 0F 0E 00 00 00  0F 00 00 00 10 00 00 00   ............
00205440  FF FF FF 0F 17 00 00 00  13 00 00 00 14 00 00 00   ............
00205450  15 00 00 00 16 00 00 00  FF FF FF 0F 18 00 00 00   ............
00205460  19 00 00 00 FF FF FF 0F  1B 00 00 00 1C 00 00 00   ............
00205470  1D 00 00 00 1E 00 00 00  FF FF FF 0F 20 00 00 00   ...........
00205480  21 00 00 00 FF FF FF 0F  FF FF FF 0F 24 00 00 00   !.....$...
00205490  25 00 00 00 26 00 00 00  FF FF FF 0F FF FF FF 0F   %...&.....
```

图 5.38 某 H 盘的 FAT1 表前 160 字节

(1) 在 FAT1 表前 160 字节中，共存储多少个文件(夹)的分配表？请分别写出占据 1 个簇、2 个簇、3 个簇、4 个簇和 5 个簇的文件(夹)数量(注：不包括根目录)。

(2) H 盘根目录占据了哪几个簇号？对应的扇区号分别是多少？

(3) A12 文件夹开始簇号为 0X09，从图 5.38 可知，A12 文件夹占据了哪几个簇号？对应的扇区号分别是多少？假设每个目录项占 32 字节，请问在 A12 文件夹中最多只能存放多少个文件目录项？也就是说，当 A12 文件夹中存储的目录项超过多少个时？A12 文件夹再申请添加一个簇(注：在 A12 文件夹中已有两个目录项，即"."和"..")。

(4) 某文件开始簇号为 0X01A，从图 5.38 可知，该文件在 H 盘上是否连续存储？为什么？该文件内容共占据了哪几个簇号？对应的扇区号分别是多少？请画出该文件所占簇号的链表图；请计算该文件内容实际大小的范围(即该文件内容的最小空间和最大空间)，当该文件内容小于最小空间时，H 盘为该文件减少一个簇，当该文件内容大于最大空间时，H 盘为该文件再申请添加一个簇。

5.10 H 盘的文件系统是 FAT32，FAT32_DBR 如题 5.9 所示，根目录原代码如图 5.39 所示，请回答下列问题：

```
Offset    0  1  2  3  4  5  6  7   8  9  A  B  C  D  E  F
00800000  D0 C2 BC D3 BE ED 20 20  20 20 20 08 00 00 00 00   新加卷    .....
00800010  00 00 00 00 00 00 42 4C  BC 46 00 00 00 00 00 00   ......BL 粄......
00800020  24 52 45 43 59 43 4C 45  42 49 4E 16 00 AB 48 4C   $RECYCLEBIN..獭L
00800030  BC 46 BC 46 00 00 49 4C  BC 46 03 00 00 00 00 00   粄粄..IL 粄.....
00800040  41 30 31 20 20 20 20 20  20 20 20 10 08 23 73 4C   A01        ..#sL
00800050  BC 46 BC 46 00 00 0E 59  5E 43 05 00 00 00 00 00   粄粄...Y^C......
00800060  41 30 32 20 20 20 20 20  20 20 20 10 00 29 73 4C   A02        ..)sL
00800070  BC 46 BC 46 00 00 32 59  5E 43 08 00 00 00 00 00   粄粄..2Y^C......
00800080  41 31 32 20 20 20 20 20  20 20 20 10 00 2C 73 4C   A12        ..,sL
00800090  BC 46 BC 46 00 00 4A 56  57 43 09 00 00 00 00 00   粄粄..JVWC......
008000A0  42 22 7D 15 5F EE 76 55  5F 29 00 0F 00 9E 00 00   B"}._頛U_)...?.
008000B0  FF FF FF FF FF FF FF FF  FF FF 00 00 FF FF FF FF   ..
008000C0  01 41 00 31 00 32 00 28  00 58 5B 0F 00 9E 3E 65   .A.1.2.(.X[..?e
008000D0  34 00 30 00 30 00 2A 4E  87 65 00 00 F6 4E 84 76   4.0.0.*N 嘥..鲵剈
008000E0  41 31 32 28 B4 E6 7E 31  20 20 20 10 00 64 73 4C   A12(存~1   ..dsL
008000F0  BC 46 BC 46 00 00 4A 56  57 43 11 00 00 00 00 00   粄粄..JVWC......
00800100  41 31 33 20 20 20 20 20  20 20 20 10 08 8E 73 4C   A13        ..巗L
00800110  BC 46 BC 46 00 00 4B 56  57 43 1F 00 00 00 00 00   粄粄..KVWC......
```

图 5.39 H 盘 2 号簇(即根目录)存储的内容

```
00800120  42 15 5F EE 76 55 5F 29  00 00 00 0F 00 9F FF FF  B._頽U_).....?
00800130  FF FF FF FF FF FF FF FF  FF FF 00 00 FF FF FF FF  ..
00800140  01 41 00 31 00 33 00 28  00 58 5B 0F 00 9F 3E 65  .A.1.3.(.X[..?e
00800150  31 00 30 00 30 00 2A 4E  87 65 00 00 F6 4E 22 7D  1.0.0.*N 嘪..鲛"}
00800160  41 31 33 28 B4 E6 7E 31  20 20 20 10 00 AA 73 4C  A13(存~1   ..猻L
00800170  BC 46 BC 46 00 00 4B 56  57 43 22 00 00 00 00 00  糉糉..KVWC".....
00800180  41 31 34 20 20 20 20 20  20 20 20 10 08 B2 73 4C  A14        ..睥L
00800190  BC 46 BC 46 00 00 4B 56  57 43 27 00 00 00 00 00  糉糉..KVWC'.....
008001A0  41 31 35 20 20 20 20 20  20 20 20 10 08 B8 73 4C  A15        ..竤L
008001B0  BC 46 BC 46 00 00 4B 56  57 43 28 00 00 00 00 00  糉糉..KVWC(.....
008001C0  41 31 36 20 20 20 20 20  20 20 20 10 08 BE 73 4C  A16        ..緎L
008001D0  BC 46 BC 46 00 00 4B 56  57 43 41 00 00 00 00 00  糉糉..KVWCA.....
008001E0  41 31 37 20 20 20 20 20  20 20 20 10 08 2A 74 4C  A17        ..*tL
008001F0  BC 46 BC 46 00 00 4B 56  57 43 46 00 00 00 00 00  糉糉..KVWCF.....
00800200  41 38 30 20 20 20 20 20  20 20 20 10 08 30 74 4C  A80        ..0tL
00800210  BC 46 BC 46 00 00 4B 56  57 43 47 00 00 00 00 00  糉糉..KVWCG.....
00800220  41 61 00 31 00 30 00 30  00 7F 95 0F 00 2A 87 65  Aa.1.0.0..?.*嘪
00800230  F6 4E 0D 54 00 00 FF FF  FF FF 00 00 FF FF FF FF  鲛.T....
00800240  41 31 30 30 B3 A4 7E 31  20 20 20 10 00 40 74 4C  A100长~1   ..@tL
00800250  BC 46 BC 46 00 00 4B 56  57 43 49 00 00 00 00 00  糉糉..KVWCI.....
00800260  42 22 7D 15 5F EE 76 55  5F 29 00 0F 00 BB 00 00  B"}._頽U_)...?.
00800270  FF FF FF FF FF FF FF FF  FF FF 00 00 FF FF FF FF  ..
00800280  01 41 00 36 00 30 00 30  00 28 00 0F 00 BB 58 5B  .A.6.0.0.(...鏴[
00800290  3E 65 36 00 30 00 30 00  2A 4E 00 00 87 65 F6 4E  >e6.0.0.*N..嘪鲛
008002A0  41 36 30 30 28 7E 31 20  20 20 20 10 00 45 74 4C  A600(~1    ..EtL
008002B0  BC 46 BC 46 00 00 4C 56  57 43 4A 00 00 00 00 00  糉糉..LVWCJ.....
008002C0  43 29 00 00 00 FF FF FF  FF FF FF 0F 00 B0 FF FF  C).....?
008002D0  FF FF FF FF FF FF FF FF  FF FF 00 00 FF FF FF FF  ..
008002E0  02 30 00 2A 4E 87 65 F6  4E 30 00 0F 00 B0 30 00  .0.*N 嘪鲛 0...?.
008002F0  30 00 30 00 7E 00 39 00  39 00 00 00 39 00 39 00  0.0.~.9.9...9.9.
00800300  01 61 00 31 00 30 00 30  00 30 00 0F 00 B0 30 00  .a.1.0.0.0...?.
00800310  28 00 58 5B 3E 65 31 00  30 00 00 00 30 00 30 00  (.X[>e1.0...0.0.
00800320  41 31 30 30 30 30 7E 31  20 20 20 10 00 76 74 4C  A10000~1   ..vtL
00800330  BC 46 BC 46 00 00 C5 4D  89 43 54 00 00 00 00 00  糉糉..艒塁T.....
00800340  41 41 20 20 20 20 20 20  20 20 20 11 08 31 7A 4C  AA         ..1zL
00800350  BC 46 BC 46 00 00 A4 72  67 43 A3 00 00 00 00 00  糉糉..姢gC?....
00800360  41 41 41 41 41 41 20 20  20 20 20 10 08 33 7A 4C  AAAAAA     ..3zL
00800370  BC 46 BC 46 00 00 D8 81  5C 43 A5 00 00 00 00 00  糉糉..?\C?....
00800380  41 61 00 62 00 63 00 64  00 28 00 0F 00 2D 31 00  Aa.b.c.d.(...-1.
00800390  30 00 30 00 30 00 2A 4E  87 65 00 00 F6 4E 29 00  0.0.0.*N 嘪..鲛).
008003A0  41 42 43 44 28 31 7E 31  20 20 20 10 00 36 7A 4C  ABCD(1~1   ..6zL
008003B0  BC 46 BC 46 00 00 52 56  57 43 A6 00 00 00 00 00  糉糉..RVWC?....
008003C0  41 61 00 62 00 63 00 64  00 28 00 0F 00 25 32 00  Aa.b.c.d.(...%2.
008003D0  30 00 30 00 30 00 2A 4E  87 65 00 00 F6 4E 29 00  0.0.0.*N 嘪..鲛).
008003E0  41 42 43 44 28 32 7E 31  20 20 20 10 00 A8 7A 4C  ABCD(2~1   ..▃L
008003F0  BC 46 BC 46 00 00 53 56  57 43 B1 00 00 00 00 00  糉糉..SVWC?....
00800400  42 30 00 28 00 31 00 33  00 30 00 0F 00 0A 30 00  B0.(.1.3.0....0.
00800410  2A 4E 87 65 F6 4E 29 00  00 00 00 00 FF FF FF FF  *N 嘪鲛).....
00800420  01 61 00 62 00 63 00 64  00 5F 00 0F 00 0A 61 00  .a.b.c.d._....a.
00800430  31 00 30 00 31 00 7E 00  61 00 00 00 35 00 30 00  1.0.1.~.a...5.0.
00800440  41 42 43 44 5F 41 7E 31  20 20 20 10 00 9D 7B 4C  ABCD_A~1   0..{L
00800450  BC 46 BC 46 00 00 07 53  5E 43 C1 00 00 00 00 00  糉糉...S^C?....
00800460  42 30 00 28 00 58 5B 3E  65 31 00 0F 00 AA 33 00  B0.(.X[>c1...?.
00800470  30 00 30 00 2A 4E 87 65  F6 4E 00 00 29 00 00 00  0.0.*N 嘪鲛..)...
00800480  01 61 00 62 00 63 00 64  00 5F 00 0F 00 AA 61 00  .a.b.c.d._...猘.
00800490  31 00 30 00 31 00 7E 00  61 00 00 00 35 00 30 00  1.0.1.~.a...5.0.
008004A0  41 42 43 44 5F 41 7E 32  20 20 20 10 00 56 7C 4C  ABCD_A~2   ..V|L
008004B0  BC 46 BC 46 00 00 55 56  57 43 E6 00 00 00 00 00  糉糉..UVWC?....
008004C0  42 39 00 28 00 31 00 32  00 30 00 0F 00 4B 30 00  B9.(.1.2.0...K0.
008004D0  66 00 69 00 6C 00 65 00  73 00 00 00 29 00 00 00  f.i.l.e.s...)...
```

图 5.39 （续）

```
008004E0  01 61 00 62 00 63 00 64  00 5F 00 0F 00 4B 61 00   .a.b.c.d._...Ka.
008004F0  31 00 30 00 31 00 7E 00  62 00 00 00 32 00 39 00   1.0.1.~.b...2.9.
00800500  41 42 43 44 5F 41 7E 33  20 20 20 10 00 03 7D 4C   ABCD_A~3    ...}L
00800510  BC 46 BC 46 00 00 56 56  57 43 F2 00 00 00 00 00   糉糉..VVWC?....
00800520  41 30 33 20 20 20 20 20  54 58 54 20 18 A3 BA 4C   A03      TXT .: L
00800530  BC 46 BC 46 00 00 03 81  B4 46 FC 00 D5 8B 42 07   糉糉....�May?諎B.
00800540  42 30 33 20 20 20 20 20  54 58 54 20 18 9C 1B 4D   B03      TXT .?M
00800550  BC 46 BC 46 00 00 03 81  B4 46 25 75 D5 8B 42 07   糉糉....�May%u諎B.
00800560  41 30 31 20 20 20 20 20  54 58 54 21 18 31 8A 4D   A01      TXT .1奄
00800570  BC 46 BC 46 00 00 03 81  B4 46 4E E9 D5 8B 42 07   糉糉....磼N檎婀.
00800580  41 30 32 20 20 20 20 20  54 58 54 20 18 60 BC 4D   A02      TXT .`觳
00800590  BC 46 BC 46 01 00 03 81  B4 46 77 5D D5 8B 42 07   糉糉....磼w]諎B.
008005A0  41 42 43 44 45 20 20 20  20 20 20 10 08 8B 54 4E   ABCDE       ..娖N
008005B0  BC 46 BC 46 01 00 01 4E  BC 46 A0 D1 00 00 00 00   糉糉...N糉惨....
008005C0  4B 55 4E 4D 49 4E 47 20  44 4F 43 20 18 A5 0D 4F   KUNMING DOC .?O
008005D0  BC 46 BC 46 01 00 01 60  63 44 B1 D1 00 80 00 00   糉糉...`cD毖.€..
008005E0  53 48 41 4E 47 48 41 49  44 4F 43 20 18 8D 0E 50   SHANGHAIDOC ...P
008005F0  BC 46 BC 46 0B 00 91 8D  72 44 02 00 00 6A 00 00   糉糉..?rD...j..
```

图 5.39 （续）

（1）在 H 盘的根目录下存储有一个卷标名，请写出 H 盘的卷标名。

（2）在根目录下存储有几个子目录（文件夹）？如果子目录是采用长文件夹名命名方式，请写出长文件夹名所对应的短文件名。其中：哪几个子目录的属性是只读？哪几个子目录的属性是系统和隐藏？

（3）在根目录下存储有几个文件？

（4）在根目录下存储的第 5 个目录项如图 5.40 所示，该目录项描述的是一个子目录（文件夹），请写出在资源管理器所查看到的子目录名。该子目录的开始簇号是多少？该子目录分配链表如图 5.38 所示，请画出该子目录的分配链表图。

```
00800080  41 31 32 20 20 20 20 20  20 20 20 10 00 2C 73 4C   A12         ..,sL
00800090  BC 46 BC 46 00 00 4A 56  57 43 09 00 00 00 00 00   糉糉..JVWC......
```

图 5.40 H 盘根目录存储的第 5 个目录项

（5）在根目录下存储的倒数第 2 个目录项如图 5.41 所示，该目录项描述的是一个文件，请写出用户在资源管理器中查看到的文件名。该文件内容的实际大小是多少字节？占 H 盘的空间是多少字节？该文件内容在 H 盘上是连续存储的，它的开始簇号和结束簇号分别是多少？计算该文件内容的开始簇号项和结束簇号项在 FAT1 表和 FAT2 表中的位置。请画出该文件的分配链表图。

```
008005C0  4B 55 4E 4D 49 4E 47 20  44 4F 43 20 18 A5 0D 4F   KUNMING DOC .?O
008005D0  BC 46 BC 46 01 00 01 60  63 44 B1 D1 00 80 00 00   糉糉...`cD毖.€..
```

图 5.41 H 盘根目录存储的倒数第 2 个目录项

（6）在根目录下存储的倒数第 5 个目录项如图 5.42 所示，该目录项描述的是一个文件，在资源管理器中查看该文件的属性如图 5.43 所示，请将该文件的大小、占用空间、创建日期和时间、修改日期和时间填入图 5.43 对应下画线处；该目录项偏移 0X0B 的值是多少？该值所描述的文件属性是什么？请将该属性值所描述的属性在图 5.43 对应的只读、隐藏或者存档方框中打上“√”。

```
00800560   41 30 31 20 20 20 20 20  54 58 54 21 18 31 8A 4D   A01     TXT .1奄
00800570   BC 46 BC 46 00 00 03 81  B4 46 4E E9 D5 8B 42 07   糉糉....磂N檎娴.
```

图 5.42　H盘根目录存储的倒数第5个目录项

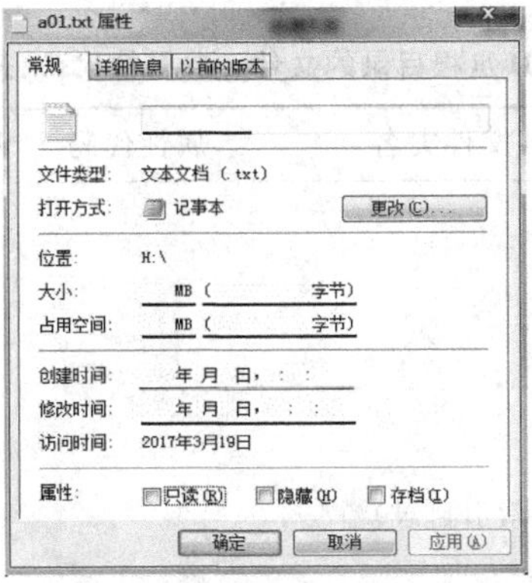

a01.txt 属性

常规　详细信息　以前的版本

文件类型：　文本文档（.txt）

打开方式：　记事本　更改(C)...

位置：　H:\

大小：　MB（　字节）

占用空间：　MB（　字节）

创建时间：　年　月　日，　:　:

修改时间：　年　月　日，　:　:

访问时间：　2017年3月19日

属性：　只读(R)　隐藏(H)　存档(I)

确定　取消　应用(A)

图 5.43　某文件的属性情况

5.11　在题5.10中，在DOS下查看到H盘的根目录如图5.44所示。请回答下列问题：

```
驱动器 H 中的卷是新加卷
卷的序列号是 9860-6F43 H:\ 的目录
2013/10/30  11:08    <DIR>    a01
2013/10/30  11:09    <DIR>    A02
2013/10/23  10:50    <DIR>    A12
2013/10/23  10:50    <DIR>    A12(存放 400 个文件索引目录)
2013/10/23  10:50    <DIR>    a13
2013/10/23  10:50    <DIR>    A13(存放 100 个文件索引目录)
2013/10/23  10:50    <DIR>    a14
2013/10/23  10:50    <DIR>    a15
2013/10/23  10:50    <DIR>    a16
2013/10/23  10:50    <DIR>    a17
2013/10/23  10:50    <DIR>    a80
2013/10/23  10:50    <DIR>    a100 长文件名
2013/10/23  10:50    <DIR>    A600(存放 600 个文件索引目录)
2013/12/09  09:46    <DIR>    a10000(存放 10000 个文件 0000～9999)
2013/11/07  14:21    <DIR>    aa
2013/10/28  16:14    <DIR>    aaaaaa
2013/10/23  10:50    <DIR>    abcd(1000 个文件)
2013/10/23  10:50    <DIR>    abcd(2000 个文件)
2013/10/30  10:24    <DIR>    abcd_a101～a500(1300 个文件)
2013/10/23  10:50    <DIR>    abcd_a101～a500(存放 1300 个文件)
2013/10/23  10:50    <DIR>    abcd_a101～b299(1200files)
2015/05/20  16:08  121,801,685 a03.txt
2015/05/20  16:08  121,801,685 b03.txt
2015/05/20  16:08  121,801,685 a01.txt
2015/05/20  16:08  121,801,685 a02.txt
2015/05/28  09:48    <DIR>      abcde
2014/03/03  12:00         32,768 kunming.doc
2014/03/18  17:44         27,136 shanghai.doc
                6 个文件    487,266,644 字节
               22 个目录  2,721,292,288 可用字节
```

图 5.44　DOS下查看H盘根目录

(1) 请结合图5.39将H盘根目录下存储的卷标、每个文件(夹)的属性代码填入到表5.26对应单元格中(注: 属性代码使用十六进制)。

(2) 假设H盘根目录下每个文件的内容均是连续存储的,请将每个文件的开始簇号、结束簇号和文件大小填入到表5.26中对应单元格中。

表5.26 H盘根目录的文件(夹)属性代码、开始簇号等

序号	卷标名、文件名或文件夹名	属性代码	开始簇号	结束簇号	大小(字节)
1	新加卷				
2	$RECYCLE.BIN				
3	a01				
4	A02				
5	A12				
6	A12(存放400个文件的索引目录)				
7	a13				
8	A13(存放100个文件索引目录)				
9	a14				
10	a15				
11	a16				
12	a17				
13	a80				
14	a100长文件名				
15	A600(存放600个文件索引目录)				
16	a10000(存放10000个文件0000～9999)				
17	aa				
18	aaaaaa				
19	abcd(1000个文件)				
20	abcd(2000个文件)				
21	abcd_a101～a500(1300个文件)				
22	abcd_a101～a500(存放1300个文件)				
23	abcd_a101～b299(1200files)				
24	a03.txt				
25	b03.txt				
26	a01.txt				
27	a02.txt				
28	abcde				
29	kunming.doc				
30	shanghai.doc				

(3) 将每个文件夹的开始簇号填入到表5.26对应单元格中。

(4) 将长文件夹名所对应的短文件夹名填入到表5.27对应单元格中。

表 5.27　H 盘根目录下长文件夹名所对应的短文件名

序　　号	长文件夹名	长文件夹名所对应的短文件夹名
1	A12(存放 400 个文件索引目录)	
2	A13(存放 100 个文件索引目录)	
3	a100 长文件名	
4	A600(存放 600 个文件索引目录)	
5	a10000(存放 10000 个文件 0000～9999)	
6	abcd(1000 个文件)	
7	abcd(2000 个文件)	
8	abcd_a101～a500(1300 个文件)	
9	abcd_a101～a500(存放 1300 个文件)	
10	abcd_a101～b299(1200files)	

5.12　在题 5.10 中,在 H 盘根目录下存储的最后一个目录项如图 5.45 所示,该目录项描述的是一个文件。

```
008005E0   53 48 41 4E 47 48 41 49  44 4F 43 20 18 8D 0E 50   SHANGHAIDOC ...P
008005F0   BC 46 BC 46 0B 00 91 8D  72 44 02 00 00 6A 00 00   糭糭..?rD...j..
```

图 5.45　H 盘根目录存储的最后一个目录项

请回答下列问题。

(1) 写出该目录项在资源管理器所查看到的文件名。并将该文件的基本信息填入表 5.28 中右侧对应单元格中(注：假设该文件内容在 H 盘上的存储是连续的)。

表 5.28　某文件的基本信息

在资源管理器中查看到的主文件名和扩展名	________. ______
文件属性代码	0X ____
文件名和扩展名大小写代码	0X ____
文件创建日期和时间	____年____月____日____:____:____
文件修改日期和时间	____年____月____日____:____:____
文件开始簇号和结束簇号	文件开始簇号：____文件结束簇号：____
文件实际大小	____MB(________字节)
文件所占磁盘空间	____MB(________字节)
文件开始簇号在 FAT1 表的扇区号及偏移地址	扇区号：____偏移地址：____～____
文件结束簇号在 FAT1 表的扇区号及偏移地址	扇区号：____偏移地址：____～____
文件开始簇号在 FAT2 表的扇区号及偏移地址	扇区号：____偏移地址：____～____
文件结束簇号在 FAT2 表的扇区号及偏移地址	扇区号：____偏移地址：____～____

(2) 画出该文件在 H 盘的存储结构图。

(3) 假设回收站已空,将该文件放入回收站后,该目录项、回收站文件夹、FAT1 表、FAT2 表、磁盘已使用空间和自由空间有何变化?(注：操作系统为 Windows 7)

(4) 将该文件从回收站中清空后,该目录项、回收站文件夹、FAT1 表、FAT2 表、磁盘已使用空间和自由空间又有何变化?(注：操作系统为 Windows 7)

5.13　某逻辑盘两个子目录开始扇区前64字节分别如图5.46和图5.47所示，请回答下列问题：

```
Drive H:            85% free   Offset     0  1  2  3  4  5  6  7   8  9  A  B  C  D  E  F
File system:           FAT32   00820000  2E 20 20 20 20 20 20 20  20 20 20 10 00 AA 73 4C   .          ..ªsL
Volume label:         新加卷   00820010  BC 46 BC 46 00 00 74 4C  BC 46 22 00 00 00 00 00   ¼F¼F..tL¼F".....
                               00820020  2E 2E 20 20 20 20 20 20  20 20 20 10 00 AA 73 4C   ..         ..ªsL
Default Edit Mode              00820030  BC 46 BC 46 00 00 74 4C  BC 46 00 00 00 00 00 00   ¼F¼F..tL¼F......
State:              original
Sector 16640 of 6285312        Offset:       82001F        = 0  Block:      82001F - 82001F  Size:
```

图5.46　第1个子目录前96字节

```
Drive H:            85% free   Offset     0  1  2  3  4  5  6  7   8  9  A  B  C  D  E  F
File system:           FAT32   1D99F000  2E 20 20 20 20 20 20 20  20 20 20 10 00 8D 54 4E   .          ...TN
Volume label:         新加卷   1D99F010  BC 46 BC 46 01 00 55 4E  BC 46 A1 D1 00 00 00 00   ¼F¼F..UN¼F¡Ñ....
                               1D99F020  2E 2E 20 20 20 20 20 20  20 20 20 10 00 8D 54 4E   ..         ...TN
Default Edit Mode              1D99F030  BC 46 BC 46 01 00 55 4E  BC 46 A0 D1 00 00 00 00   ¼F¼F..UN¼F Ñ....
State:              original
Sector 969976 of 6285312       Offset:       82001F        = 0  Block:      82001F - 82001F  Size:
```

图5.47　第2个子目录前96字节

（1）请分别将这两个子目录的开始簇号填入到表5.29对应单元格中。

（2）请分别将这两个子目录上一级目录的开始簇号填入到表5.29对应单元格中。

（3）通过这两个子目录的开始扇区号和开始簇号，请计算出该逻辑盘中每个簇的扇区数，通过这两个子目录上一级目录的开始簇号和每个簇的扇区数，计算出这两个子目录上一级目录的开始扇区号并将结果填入到表5.29对应单元格中。

表5.29　两个子目录及其上一目录（父目录）开始位置

开始位置 / 子目录	两个子目录开始位置		上一级目录（即父目录）开始位置	
	开始扇区号	开始簇号	开始扇区号	开始簇号
第1个	16640			
第2个	969976			

（4）这两个子目录的目录名是否存储在根目录下？为什么？

5.14　某U盘只有一个MBR分区，对应的文件系统是FAT32，FAT32_DBR前80字节如图5.48所示，请根据FAT32_DBR中的相应参数计算该FAT32每个簇的扇区数，并将该值填入到图5.48扇区偏移0X0D下画线处（注：素材文件名为zy5_14.vhd）。

```
Offset    0  1  2  3  4  5  6  7   8  9  A  B  C  D  E  F
00000000  EB 58 90 4D 53 44 4F 53  35 2E 30 00 02 __ 06 18   隭.MSDOS5.0.....
00000010  02 00 00 00 00 F8 00 00  3F 00 FF 00 00 00 00 00   .....?.?. .....
00000020  00 00 20 00 FD 03 00 00  00 00 00 00 02 00 00 00   .. .?.........
00000030  01 00 06 00 00 00 00 00  00 00 00 00 00 00 00 00   ................
00000040  80 00 29 77 A8 D8 3A 4E  4F 20 4E 41 4D 45 20 20   €.)w亐:NO NAME
```

图5.48　某FAT32_DBR前96字节

5.15　某U盘的文件系统为FAT32，FAT32_DBR前80字节如图5.49所示，请根据该FAT32_DBR中BPB相应参数，计算出该FAT32文件系统总扇区数的范围，即该U盘的最小总扇区数是多少？最大总扇区数是多少？并验证该U盘的总扇区数是否在该范围内。

5.16　设计一个实验，以FAT32_DBR中的BPB参数为依据，通过统计FAT表中已分配簇和未分配簇，计算FAT32文件系统中磁盘已用空间和自由空间。

5.17　根据你对FAT32文件系统的理解和认识，你认为计算FAT32文件系统中每个簇

```
Offset    0  1  2  3  4  5  6  7   8  9  A  B  C  D  E  F
00000000  EB 58 90 4D 53 44 4F 53  35 2E 30 00 02 04 3E 20   隭.MSDOS5.0...>
00000010  02 00 00 00 00 F8 00 00  3F 00 FF 00 00 00 00 00   .....?.?. .....
00000020  00 00 20 00 E1 0F 00 00  00 00 00 00 02 00 00 00   .. .?..........
00000030  01 00 06 00 00 00 00 00  00 00 00 00 00 00 00 00   ................
00000040  80 00 29 82 4A 0D 94 4E  4F 20 4E 41 4D 45 20 20   €.)亙.擭O NAME
```

图 5.49 某 FAT32_DBR 前 96 字节

的扇区数有哪几种方法?

5.18 某硬盘 0 号扇区偏移 0X01BE～0X01FD 处存储有 4 个 MBR 分区表,对应的文件系统均为 FAT32。由于用户操作不慎,将 4 个 MBR 分区删除。用户使用 WinHex 软件,通过 FAT32_DBR 特征值向下查找 FAT32_DBR,分别在 128 号、134 号、198784 号、198790 号、362624 号、362630 号、567424 号和 567430 号这 8 个扇区中查找到。请回答下列问题(注: 素材文件名为 zy5_18.vhd)。

(1) 你怎样判断这 8 个扇区中哪 4 个扇区存储的是 FAT32_DBR? 哪 4 个扇区存储的是 FAT32_DBR 备份?

(2) 请将这 4 个分区对应 FAT32_DBR 和 FAT32_DBR 备份所在扇区号填入到表 5.30 对应单元格中,并分别计算出前 3 个分区的结束扇区号以及对应逻辑盘的容量; 并将结果填入到表 5.30 对应单元格中(提示: 由于 4 个 MBR 分区表均存储整个硬盘 0 号扇区,4 个分区的划分是尾首相连的,即第 1 个分区结束扇区号的下 1 个扇区号为第 2 个分区的开始扇区号)。

表 5.30 某硬盘 FAT32_DBR 及 FAT32_DBR 备份所在扇区号

分区	FAT32_DBR 在整个硬盘扇区号	FAT32_DBR 备份 在整个硬盘扇区号	分区结束 扇区号	容量 (单位: MB)
第 1 个				
第 2 个				
第 3 个				
第 4 个				221

(3) 第 4 个分区的容量为 221MB,请计算出第 4 个分区的结束扇区号,并将结果填入到表 5.30 对应单元格中。

(4) 请根据 4 个 FAT32_DBR 所在扇区号,计算出 4 个分区表的相对扇区,并将结果填入到表 5.31 对应单元格中。

(5) 请根据 4 个 FAT32 文件系统开始扇区号和结束扇区号,计算出 4 个分区总扇区数,并将结果填入到表 5.31 对应单元格中。

表 5.31 某硬盘 0 号扇区 4 个分区表的相对扇区和总扇区数

分区表	分区标志	相对扇区						总扇区数					
		十进制	十六进制	存储形式				十进制	十六进制	存储形式			
第 1 个	0B												
第 2 个	0B												
第 3 个	0B												
第 4 个	0B												

(6) 请根据表 5.31 中的相对扇区和总扇区数的存储形式，写出存储在硬盘 0 号扇区偏移 0X01BE～0X01FD 处的 4 个分区表，并将结果填入到表 5.32 对应单元格中。

表 5.32　某硬盘 0 号扇区的 4 个分区表

分区表	扇 区 偏 移	存储在硬盘 0 号扇区的分区表(存储形式)															
第 1 个	0X01BE～0X01CD	80	01	01	00	0B	FE	FF	FF								
第 2 个	0X01CE～0X01DD	00	01	01	00	0B	FE	FF	FF								
第 3 个	0X01DE～0X01ED	00	01	01	00	0B	FE	FF	FF								
第 4 个	0X01EE～0X01FD	00	01	01	00	0B	FE	FF	FF								

(7) 最后将表 5.32 中的 4 个分区表填入到整个硬盘 0 号扇区偏移 0X01BE～0X01FD 处，然后存盘并退出 WinHex(实际操作题)。

5.19　某硬盘 0 号扇区的 4 个 MBR 分区表所对应的文件系统均为 FAT32，由于用户操作不慎将 4 个 MBR 分区表删除。并且在每个 FAT32 文件系统中，要么是 FAT32_DBR 被破坏、要么是 FAT32_DBR 备份被破坏。用户使用 WinHex 软件，通过 FAT32_DBR 的特征值向下查找 FAT32_DBR，分别在 134 号、204934 号、389248 号和 716934 号这 4 个扇区中查找到，从这 4 个扇区中获得的隐藏扇区数存储形式分别为“80 00 00 00”“80 20 03 00”“80 F0 05 00”和“80 F0 0A 00”。请回答下列问题(注：素材文件名为 zy5_19.vhd)。

(1) 你怎样判断这 4 个扇区中存储的是 FAT32_DBR 还是 FAT32_DBR 备份？

(2) 请通过这 4 个扇区中存储的 FAT32_DBR 或者 FAT32_DBR 备份计算出对应的 FAT32_DBR 备份或者 FAT32_DBR 所在扇区号，并将结果填入到表 5.33 对应单元格中，分别计算出前 3 个分区的结束扇区号以及前 3 个分区所对应逻辑盘的容量；并将结果填入到表 5.33 对应单元格中(提示：由于 4 个 MBR 分区表均存储整个硬盘 0 号扇区，4 个分区的划分是尾首相连的)。

(3) 第 4 个分区对应的容量为 98MB，请计算出第 4 个分区的结束扇区号，并将结果填入到表 5.33 对应单元格中。

表 5.33　某硬盘 FAT32_DBR 及 FAT32_DBR 备份所在扇区号

分　区	FAT32_DBR 在整个硬盘扇区号	FAT32_DBR 备份 在整个硬盘扇区号	结束扇区号	容量 (单位：MB)
第 1 个				
第 2 个				
第 3 个				
第 4 个				98

(4) 请根据 4 个 FAT32_DBR 所在扇区号，计算出 4 个分区表的相对扇区，并将结果填入到表 5.34 对应单元格中。

表 5.34　某硬盘 0 号扇区 4 个分区表中的相对扇区和总扇区数

分区表	分区标志	相 对 扇 区						总 扇 区 数					
		十进制	十六进制	存储形式				十进制	十六进制	存储形式			
第 1 个	0B												
第 2 个	0B												
第 3 个	0B												
第 4 个	0B												

(5) 请根据4个FAT32文件系统开始扇区号和结束扇区号，计算出4个分区总扇区数，并将结果填入到表5.34对应单元格中。

(6) 请根据表5.34中的相对扇区和总扇区数的存储形式，写出存储在硬盘0号扇区偏移0X01BE～0X01FD处的4个分区表，并将结果填入到表5.35对应单元格中。

表5.35 某硬盘0号扇区的4个分区表

分区表	扇区偏移	存储在硬盘0号扇区的分区表(存储形式)															
第1个	0X01BE～0X01CD	80	01	01	00	0B	FE	FF	FF								
第2个	0X01CE～0X01DD	00	01	01	00	0B	FE	FF	FF								
第3个	0X01DE～0X01ED	00	01	01	00	0B	FE	FF	FF								
第4个	0X01EE～0X01FD	00	01	01	00	0B	FE	FF	FF								

(7) 请将表5.35中的4个分区表填入到整个硬盘0号扇区偏移0X01BE～0X01FD处，然后存盘(实际操作题)。

(8) 如果用户查找到的是FAT32_DBR备份，请通过FAT32_DBR备份恢复对应的FAT32_DBR；如果用户查找到的是FAT32_DBR，请通过FAT32_DBR恢复对应的FAT32_DBR备份，然后存盘并退出WinHex(实际操作题)。

第6章

NTFS文件系统

6.1 NTFS文件系统概述

6.1.1 NTFS文件系统简介

NTFS (New Technology File System)文件系统随着 Windows NT 操作系统的诞生而产生，是特别为网络、磁盘配额、文件加密等安全特性而设计的磁盘格式，其结构比 FAT32 文件系统的结构要复杂得多。NTFS 文件系统的设计目的就是实现在大容量硬盘上快速、高效地管理文件；掉电或者其他原因导致 NTFS 文件系统结构遭受损坏后，能够根据 NTFS 的元文件和自身结构特点迅速地自我修复。

NTFS 文件系统的主要优点：安全性高、稳定性好、不易产生文件碎片、提供容错结构日志、实现对文件系统结构的自我修复等等。

到目前为止，微软公司发布了如下 8 个 NTFS 文件系统的正式版本：

(1) NTFS V1.0，1993 年 7 月随 Windows NT 3.1 一起发布。

(2) NTFS V1.1，1994 年秋季随 Windows NT 3.5 一起发布，注：NTFS V1.0 和 NTFS V1.1 与以后所有的版本都不兼容。

(3) NTFS V1.2(也称为 NTFS 4.0)，1995 年至 1996 年随 Windows NT 3.51 和 Windows NT 4.0 一起发布，支持压缩文件、命名流、基于 ACL(访问控制列表)的安全性等功能。

(4) NTFS V3.0(也称为 NTFS 5.0)，用于 Windows 2000，支持磁盘限额、加密、稀疏文件、重解析点，更新串行数(USN)日志、$Extend 文件夹以及其中的文件，并改进了安全描述符，以便于使用相同安全设置的多个文件共享一个安全描述符。

(5) 2001 年秋季，在 Windows XP 上发布了 NTFS V3.1(也称为 NTFS 5.1)。

(6) 2003 年春季，在 Windows Server 2003 上发布了 NTFS 5.2。

(7) 2005 年，在 Windows Vista 上发布了 NTFS 6.0。

(8) 2008 年初，在 Windows Server 2008、Windows Server 2008 R2 以及 Windows 7 上发布了 NTFS 6.1。

6.1.2　NTFS 总体布局

从整体结构上讲，NTFS 文件系统由元文件、用户文件以及数据等组成。NTFS 文件系统在创建时，会将一些重要的系统信息以文件的形式分散地存储在 NTFS 卷中，存储这些重要系统信息所对应的文件就是元文件，它是 NTFS 文件系统最重要的组成部分。

在 NTFS 元文件中，最重要的元文件就是 $MFT，它决定了 NTFS 文件系统中所有文件或者文件夹在 NTFS 卷上的位置。元文件 $MFT 是一个数据库，由许许多多记录组成，每条记录的大小一般是固定的，无论簇的大小是多少，均为 1024 字节(注：元文件 $MFT 中，每条记录的大小在 NTFS_DBR 中有描述)；元文件 $MFT 中的每条记录都有一个唯一的记录号，记录号从 0 开始顺序编号。其中：从 0 至 11 号的前 12 条记录是 NTFS 文件系统中最基本的，也是最重要的元文件记录；而 0 号记录称作基本文件记录，描述的内容就是元文件 $MFT 本身的基本情况。除根目录外，元文件的名称均以“$”符号开头。元文件是隐藏的系统文件，用户不能直接对元文件进行访问，在资源管理器中也不能查看到元文件。NTFS 文件系统的总体布局大致如图 6.1 所示。

$BOOT 元文件	其他文件 或者数据	某元 文件	其他文件 或者数据	某元 文件	其他文件 或者数据	…	某元 文件	其他文件 或者数据	剩余 扇区

图 6.1　NTFS 文件系统的总体布局

从图 6.1 可知，NTFS 的元文件分散地存储在 NTFS 卷中。整个 NTFS 卷是以簇为单位对磁盘空间进行管理。而在分区时，总扇区数不一定是簇的倍数。因此，有可能出现剩余扇区，剩余扇区一般是大于或等于 1 个扇区而小于 1 个簇(即最后不能够成一个簇的扇区)。在 NTFS 文件系统中，15 个重要的元文件说明见表 6.1 所列。

表 6.1　NTFS 文件系统中的元文件

记录号	元文件名	主要功能	记录号	元文件名	主要功能
0	$MFT	元文件 $MFT 本身	9	$Secure	安全文件
1	$MFTMirr	元文件 $MFT 前几条记录的备份	10	$UpCase	大写文件
2	$LogFile	日志文件	11	$Extend	扩展元数据目录
3	$Volume	卷文件	12～15	系统保留	系统保留
4	$AttrDef	属性定义列表	16～23	保留	保留
5	.	根目录	24	$Extend\$Quota	配额管理文件
6	$Bitmap	位图文件	25	$Extend\$ObjId	对象 ID 文件
7	$Boot	引导文件	26	$Extend\$Reparse	重新解析文件
8	$BadClus	坏簇文件	27 以后	…	用户文件和目录

存储在 NTFS 卷中的每一个文件或文件夹在元文件 $MFT 中都有一条对应的记录，有个别的文件或文件夹会有两条，甚至三条记录，其中第一条记录称作基本记录，但这种情况并不多见。

元文件 $MFT 中各记录作用说明如下：

0 号记录：描述的是元文件 $MFT 自身的基本情况，如：元文件 $MFT 的日期、时间、名称、开始簇号、所占簇数、大小、各记录的使用情况等；

1号记录：描述的是镜像文件(即元文件$MFTMirr)，该元文件为元文件$MFT前几条记录的备份，元文件$MFTMirr的记录数取决于每个簇的扇区数，详见表6.2所列。

表6.2 每个簇的扇区数与元文件$MFTMirr所占簇数和记录数关系表

扇区数/簇	$MFTMirr所占簇数	$MFTMirr记录数(记录号范围)	扇区数/簇	$MFTMirr所占簇数	$MFTMirr记录数(记录号范围)
1	8	4条(0～3号记录)	16	1	8条(0～7号记录)
2	4	4条(0～3号记录)	32	1	16条(0～15号记录)
4	2	4条(0～3号记录)	64	1	32条(0～31号记录)
8	1	4条(0～3号记录)	128	1	64条(0～63号记录)

2号记录：描述的是日志文件(即元文件$LogFile)，该元文件是NTFS为实现可恢复性和安全性而设计的。当系统运行时，NTFS就会在日志文件中记录所有影响NTFS卷结构的操作，如：创建文件、删除文件等。

3号记录：描述的是卷文件(即元文件$Volume)，该元文件包含了卷名、NTFS的版本和一个标明该磁盘是否损坏的标志位，这个标志位被NTFS系统用于决定是否需要调用Chkdsk命令来进行修复。

4号记录：描述的是属性定义表(即元文件$AttrDef)，其中：存放了卷所支持的所有文件属性，并指出它们是否可以被索引和恢复等。

5号记录：描述的是根目录(即元文件"．")；其中：保存了存放于该卷根目录下所有文件和目录的索引。在访问了一个文件后，NTFS就保留该文件的$MFT引用，第二次就能够直接对该文件进行访问。

6号记录：描述的是位图文件(即元文件$Bitmap)，NTFS卷的分配状态都存放在位图文件中，在位图文件中一位(Bit)代表NTFS卷中一个簇的状态，即标识该簇是空闲簇还是已被分配的簇。其中：如果该位的值为0表示该位所对应的簇为空闲簇，如果该位的值为1表示该位所对应的簇已被分配。

7号记录：描述的是引导文件(即元文件$Boot)，在该元文件中，存放着NTFS卷中的重要BPB参数和Windows操作系统的引导记录代码。该文件是用户在对NTFS卷进行格式化结束后创建的；该文件必须位于特定的磁盘位置才能够正确地引导Windows操作系统。

8号记录：描述的是坏簇文件(即元文件$BadClus)，该元文件记录了NTFS卷中所有已经损坏的簇号，防止NTFS文件系统对坏簇号进行分配。

9号记录：描述的是安全文件(即元文件$Secure)，该元文件存储着整个NTFS卷的安全描述符数据库。NTFS文件和目录都有各自的安全描述符，为了节省空间，NTFS将具有相同描述符的文件和目录存放在一个公共文件中。

10号记录：描述的是大写文件(即元文件$UpCase)，该元文件包含一个大/小写字符转换表。

11号记录：描述的是扩展元数据目录($Extended metadata directory)。

12号至23号记录：系统保留。

24号记录：描述的是配额管理文件($Extend\$Quota)。

25号记录：描述的是对象ID文件($Extend\$ObjId)。

26 号记录：描述的是重解析点文件（$Extend\$Reparse）。

27 号记录以后：描述的是用户文件和目录。

下面通过实例来说明 NTFS 文件系统元文件及总体布局。

例 6.1 使用 WinHex 查看 H 盘的元文件，H 盘中的元文件如图 6.2 所示，其总体布局见表 6.3 所列。注：在本章中，如果没有作特别说明，H 盘指的就是素材\第 6 章\abcd6.vhd 文件使用计算机管理中的磁盘管理功能附加后产生的虚拟盘。

Drive H:

10 min. ago　19 files, 25 dir.

Name	Ext.	Size	Created	Attr.	1st sector
$Volume		0 B	2015/03/19 09:28:11	SH	
$BadClus		0 B	2015/03/19 09:28:11	SH	
$BadClus:$Bad		0 B	2015/03/19 09:28:11	(ADS)	
$Secure		0 B	2015/03/19 09:28:11	SH	
$Boot		8.0 KB	2015/03/19 09:28:11	SH	0
$MFTMirr		4.0 KB	2015/03/19 09:28:11	SH	16
$UpCase		128 KB	2015/03/19 09:28:11	SH	24
$LogFile		3.0 MB	2015/03/19 09:28:11	SH	190488
$Secure:$SDS		257 KB	2015/03/19 09:28:11	(ADS)	196600
$AttrDef		2.5 KB	2015/03/19 09:28:11	SH	197120
$Secure:$SDH		4.0 KB	2015/03/19 09:28:11	(INDX)	199312
$Bitmap		9.3 KB	2015/03/19 09:28:11	SH	202712
$MFT:$Bitmap		4.0 KB	2015/03/19 09:28:11	(BTM)	202744
$MFT		15.3 MB	2015/03/19 09:28:11	SH	202752
Free space		205 MB			

图 6.2 使用 WinHex 查看 H 盘中的元文件

表 6.3 H 盘布局情况表

簇号范围	对应的逻辑扇区号范围	作　用	所占簇数
0～1	0～15	存放元文件 $Boot	2
2	16～23	存放元文件 $MFTMirr	1
3～34	24～279	存放元文件 $UpCase	32
35～43	280～351	存放用户文件或数据	9
44	352～359	存放元文件“.”	1
45～23 810	360～190 487	存放用户文件或数据	23 766
23 811～24 574	190 488～196 599	存放元文件 $LogFile	764
24 575～24 639	196 600～197 119	存放元文件 $Secure	65
24 640	197 120～197 127	存放元文件 $AttrDef	1
24 641～25 338	197 128～202 711	存放用户文件或数据	698
25 339～25 341	202 712～202 735	存放元文件 $Bitmap	3
25 342～25 343	202 736～202 751	存放 $MFT：$Bitmap	2
25 344～29 247	202 752～233 983	存放元文件 $MFT	3904
29 248～76 030	233 984～608 247	存放用户文件或数据	46 783
76 031	608 248～608 254	不足一个簇，被认为是坏簇	

说明：

（1）从表 6.3 中可知，元文件分散地存储在 H 盘中。

（2）由于元文件 $BadClus、$Secure、$Volume 的大小为 0 字节，它的内容就包含在元文件 $MFT 对应记录中。

（3）整个 H 盘共有 608 255 个扇区，扇区号范围为 0～608 254，扇区号转换为簇号后共有 76 032 个簇（簇号范围为 0～76 031），由于 76 031 号簇只有 7 个扇区，未能构成一个完整的簇（注：H 盘中一个完整的簇等于 8 个扇区）。所以，NTFS 将其标识为坏簇，也就是剩余扇区，因此 H 盘真正可以使用的簇数为 76 031 个（簇号范围为 0～76 030）。

6.1.3 NTFS引导扇区

NTFS引导扇区(简称NTFS_DBR)占一个扇区的位置,它是元文件$Boot的重要组成部分,其作用是完成对NTFS卷中BPB参数的定义,将操作系统调入到内存中;从NTFS卷对应的分区表,可以计算NTFS_DBR在整个物理盘中的扇区号,其结构见表6.4所列。

表6.4 NTFS_DBR的结构

字节偏移	字节数	含义
0X00	2	跳转指令
0X02	1	空操作指令
0X03	8	一般为NTFS,不足8字节补空格
0X0B	2	每个扇区的字节数,一般为512
0X0D	1	每个簇的扇区数,取值为1、2、4、8、16、32、64或128
0X0E	2	保留扇区数(NTFS不用,一般为00)
0X10	3	总为00
0X13	2	NTFS未使用,为00
0X15	1	介质描述
0X16	2	总为00
0X18	2	每个磁道的扇区数
0X1A	2	磁头数
0X1C	4	隐藏扇区数,即分区表至NTFS_DBR的扇区数,注:正确性不进行检验
0X20	4	NTFS未使用,一般为00
0X24	4	NTFS未使用,总为0X00800080,存储形式为80 00 80 00
0X28	8	总扇区数,比分区表中的总扇区数少1个扇区
0X30	8	元文件$MFT开始簇号
0X38	8	元文件$MFTMirr开始簇号
0X40	1	元文件$MFT每条记录大小描述,详见说明(1)
0X41	3	未用
0X44	1	每个索引节点大小描述,详见说明(2)
0X45	3	未用
0X48	8	卷的序列号
0X50	4	检验和,一般为00
0X54	426	引导记录
0X1FE	2	签名,一般为AA55,存储形式为55 AA

说明:

(1) 该值是一个带符号的整数,取值与每个簇的扇区数有关。

当每个簇的扇区数等于1或者等于2时,在NTFS_DBR扇区偏移0X40处用正整数来描述元文件$MFT每条记录的大小,单位:簇;

当每个簇的扇区数大于2(即取值为4、8、16、32、64或128)时,在NTFS_DBR扇区偏移0X40处用负整数来描述元文件$MFT每条记录的大小,即用0XF6来描述元文件$MFT每条记录的大小,单位:字节;计算元文件$MFT每条记录大小如式(6.1)。

$$元文件 \$MFT 每条记录大小 = 2^{(-1)\times该值} = 2^{(-1)\times(-10)} = 1024 字节 \tag{6.1}$$

(2) 该值是一个带符号的整数,取值与每个簇的扇区数有关。

当每个簇的扇区数小于或者等于 8(即取值为 1、2、4 或 8)时,在 NTFS_DBR 扇区偏移 0X44 处用正整数来描述每个索引节点(注:有些书籍称为索引缓冲区)的大小,单位:簇;

当每个簇的扇区数大于 8(即取值为 16、32、64 或 128)时,在 NTFS_DBR 扇区偏移 0X44 处用负整数来描述每个索引节点的大小,即用 0XF4 来描述每个索引节点大小,单位:字节;计算每个索引节点大小如式(6.2)。

$$每个索引节点大小 = 2^{(-1)\times该值} = 2^{(-1)\times(-12)} = 4096 字节 \tag{6.2}$$

注:在 NTFS 文件系统中,负整数用补码表示,即十六进制数 0XF6 等于十进制数 −10;十六进制数 0XF4 等于十进制数 −12。

在 NTFS 文件系统中,每个簇的扇区数与元文件 $MFT 每条记录大小和每个索引节点大小的对应关系,详见表 6.5 所列。从表 6.5 可知,不论每个簇的扇区数是多少,元文件 $MFT 每条记录的大小均为 1024 字节;每个索引节点的大小均为 4096 字节。

表 6.5　每个簇的扇区数与 $MFT 每条记录大小和每个索引节点大小关系对应表

扇区数/簇	$MFT 每条记录大小(单位:簇)	$MFT 每条记录大小描述	$MFT 每条记录大小描述在 NTFS_DBR 中存储形式	每个索引节点大小(单位:簇)	每个索引节点大小描述	每个索引节点大小描述在 NTFS_DBR 中存储形式
1	2	2 簇	02	8	8 簇	08
2	1	1 簇	01	4	4 簇	04
4	0.5	1024 字节	F6	2	2 簇	02
8	0.25	1024 字节	F6	1	1 簇	01
16	0.125	1024 字节	F6	0.5	4096 字节	F4
32	0.0625	1024 字节	F6	0.25	4096 字节	F4
64	0.031 25	1024 字节	F6	0.125	4096 字节	F4
128	0.015 625	1024 字节	F6	0.0625	4096 字节	F4

例 6.2　使用 WinHex 软件打开素材文件 abcd6.vhd,并将素材文件 abcd6.vhd 映像为磁盘。操作步骤:"专家→映像文件为磁盘(A)",将光标移动到 0 号扇区,分区表如图 6.3 所示。

也可以使用 WinHex 软件的模板管理器查看分区表,其操作步骤为:将光标移动到 0 号扇区后,"视图→模板管理器(M)",在弹出的窗口中选择"Master Boot Record"后单击"Apply!"按钮,查看到的分区表如图 6.4 所示。注:作者对图 6.4 中的分区表查看模板器进行了汉化。

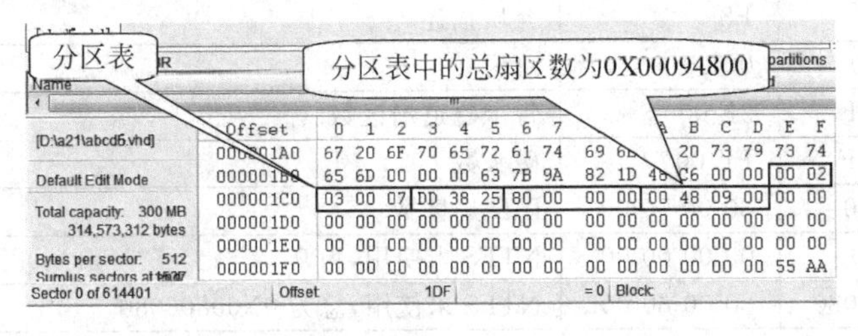

图 6.3　H 盘在硬盘 0 号扇区的分区表

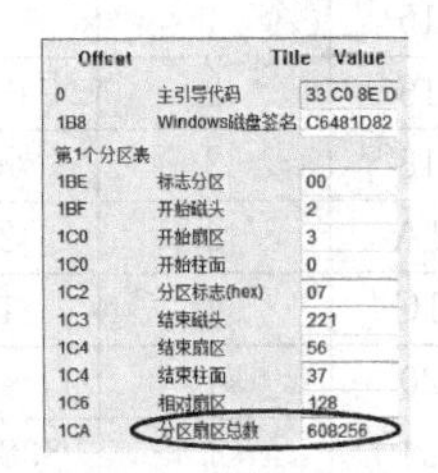

Offset	Title	Value
0	主引导代码	33 C0 8E D
1B8	Windows磁盘签名	C6481D82
第1个分区表		
1BE	标志分区	00
1BF	开始磁头	2
1C0	开始扇区	3
1C0	开始柱面	0
1C2	分区标志(hex)	07
1C3	结束磁头	221
1C4	结束扇区	56
1C4	结束柱面	37
1C6	相对扇区	128
1CA	分区扇区总数	608256

图 6.4　用模板查看分区表

说明：

从图 6.3 所看到的分区表为“00 02 03 00 07 DD 38 25 80 00 00 00 00 48 09 00”，即分区表的存储形式；而在图 6.4 中所看到的是分区表的具体含义。

从图 6.3 可知，H 盘分区总扇区数为 0X00094800(存储形式为 00 48 09 00)，即 608 256，也就是图 6.4 中所看到的分区总扇区数。

所以，H 盘总容量＝608256 扇区×512 字节/扇区＝311 427 072 字节。

例 6.3 使用计算机管理功能中的磁盘管理功能附加 abcd6.vhd 文件，形成的虚拟盘为 H 盘，使用 WinHex 打开 H 盘的 NTFS_DBR。

操作步骤：“工具(T)→打开磁盘(D)...”，在弹出的 Edit Disk 窗口中选择 H 盘，其 NTFS_DBR 如图 6.5 所示，对 H 盘 NTFS_DBR 的结构详细说明见表 6.6 所列。

```
Offset    0  1  2  3  4  5  6  7   8  9  A  B  C  D  E  F
00000000  EB 52 90 4E 54 46 53 20  20 20 20 00 02 08 00 00   .R.NTFS     .....
00000010  00 00 00 00 00 F8 00 00  3F 00 FF 00 80 00 00 00   ..
00000020  00 00 00 00 80 00 80 00  FF 47 09 00 00 00 00 00
00000030  00 63 00 00 00 00 00 00  02 00 00 00 00 00 00 00   ................
00000040  F6 00 00 00 01 00 00 00  AD B2 F6 B8 F9 F6 B8 7A   ...........X..X@
00000050  00 00 00 00 FA 33 C0 8E  D0 BC 00 7C FB B8 C0 07   .....3....|....
                 ...(注：省略部分为引导记录代码)
000001B0  6E 67 00 0D 0A 4E 54 4C-44 52 20 69 73 20 63 6F   ng...NTLDR is co
000001C0  6D 70 72 65 73 73 65 64-00 0D 0A 50 72 65 73 73   mpressed...Press
000001D0  20 43 74 72 6C 2B 41 6C-74 2B 44 65 6C 20 74 6F    Ctrl+Alt+Del to
000001E0  20 72 65 73 74 61 72 74-0D 0A 00 00 00 00 00 00    restart........
000001F0  00 00 00 00 00 00 00 00-83 A0 B3 C9 00 00 55 AA   ..............U.
```

NTFS_DBR中的总扇区数为608255

图 6.5 H 盘 NTFS_DBR

表 6.6 H 盘 NTFS_DBR 结构

字节偏移	字节数	值			含 义
		十进制	十六进制	存储形式	
0X00	2			EB 52	跳转指令
0X02	1			90	空操作指令
0X03	8			4E 54 46 53 20 20 20 20	NTFS
0X0B	2	512	200	00 02	每个扇区的字节数
0X0D	1	8	8	08	每个簇的扇区数
0X0E	2	0	0	00 00	保留扇区数(NTFS 不用，一般为 0)
0X10	3	0	0	00 00 00	总为 0
0X13	2	0	0	00 00	NTFS 未使用，为 0
0X15	1			F8	介质描述
0X16	2	0	0	00 00	总为 0
0X18	2	63	3F	3F 00	每个磁道扇区数
0X1A	2	255	FF	FF 00	磁头数
0X1C	4	128	80	80 00 00 00	隐藏扇区数
0X20	4	0	0	00 00 00 00	NTFS 未使用，为 0
0X24	4	8388736	800080	80 00 80 00	NTFS 未使用，总为 0X00800080

续表

字节偏移	字节数	值			含　义
		十进制	十六进制	存储形式	
0X28	8	608255	947FF	FF 47 09 00 00 00 00 00	总扇区数，对应分区总扇区数减 1
0X30	8	25344	6300	00 63 00 00 00 00 00 00	元文件 $ MFT 开始簇号
0X38	8	2	2	02 00 00 00 00 00 00 00	元文件 $ MFTMirr 开始簇号
0X40	1	−10	−A	F6	元文件 $ MFT 每条记录大小为 1024 字节
0X41	3	0	0	00 00 00	未用
0X44	1	1	1	01	每个索引节点大小为 1 个簇，即 8 个扇区
0X48	8			AD B2 F6 B8 F9 F6 B8 7A	卷的序列号
0X50	4	0	0	00 00 00 00	检验和
0X54	426			略	引导记录
0X1FE	2			55 AA	签名

使用 WinHex 的 Boot Sector for NTFS 模板查看 NTFS_DBR 如图 6.6 所示，从图 6.6 可知，H 盘的总扇区数为 608 255，比 H 盘对应分区表中总扇区数少 1 个扇区，减少的这个扇区被 NTFS_DBR 备份所占用。从资源管理器查看 H 盘属性，如图 6.7 所示，H 盘容量＝311 422 976 字节。

$$\begin{aligned}\text{H 盘的总扇区数} &= \text{H 盘容量} \div 512\ \text{字节/扇区} \\ &= 311\,422\,976\ \text{字节} \div 512\ \text{字节/扇区} \\ &= 608\,248\ \text{扇区}\end{aligned}$$

Offset	Title	Value
0	跳转指令	EB 52
2	空操作指令	90
3	文件系统ID	NTFS
B	每扇区字节数	512
D	每簇扇区数	8
E	保留扇区	0
10	总为0	00 00 00
13	未用	00 00
15	介质描述	F8
16	未用	00 00
18	每磁道扇区数	63
1A	磁头数	255
1C	隐藏扇区	128
20	未用	00 00 00 00
24	总是80 00 80 00	80 00 80 00
28	扇区总数	608255
30	$MFT起始簇号	25344
38	$MFTMirr起始簇号	2
40	文件记录大小描述(单位:字节)	1024
41	未用	0
44	索引缓冲大小描述(单位:簇)	1
45	未用	0
48	32位卷序列号(十六进制)	AD B2 F6 B8
48	32位卷序列号(十六进制),反序	B8F6B2AD
48	64位卷序列号(十六进制)	AD B2 F6 B8 F9 F6 B8 7A
50	校验和	0
1FE	签名(55 AA)	55 AA

模板制作:陈培德(云南大学)

图 6.6　用 WinHex 模板查看 H 盘的 DBR

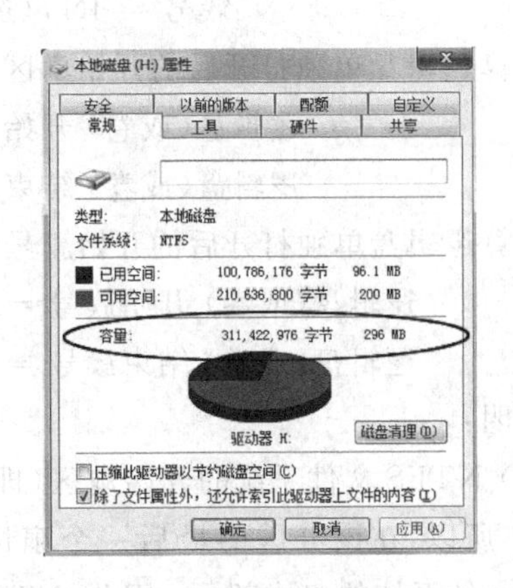

图 6.7　从资源管理器中看到的 H 盘属性

比使用 WinHex 的 Boot Sector for NTFS 模板查看到的总扇区数少 7 个扇区。这 7 个扇区不能构成 1 个完整的簇，也就是剩余扇区，这 7 个扇区是不能用来存储文件或数据的，因为 NTFS 是以簇为单位来管理磁盘空间。

从表 6.6 可知，在 H 盘中，1 个簇＝8 个扇区，所以，H 盘总簇数＝H 盘总扇区数÷8 扇区/簇＝608248 扇区÷8 扇区/簇＝76 031 个簇(簇号范围为 0～76 030)。因此，从分区表的结构来看，H 盘的总体布局大致如图 6.8 所示。

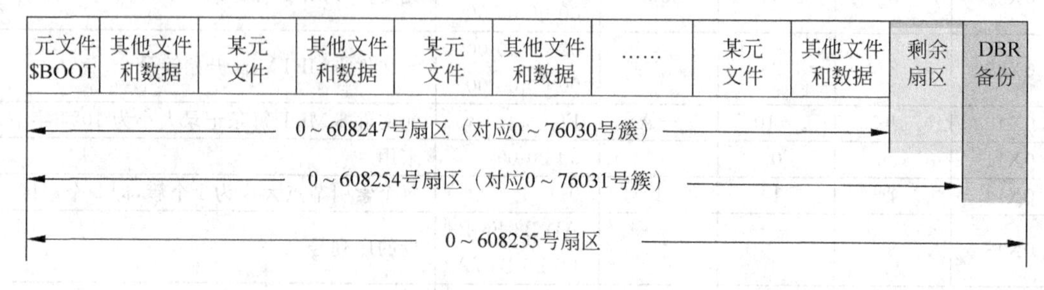

图 6.8　H 盘总体布局图

6.1.4　有关 NTFS 容量计算公式

使用 NTFS 文件系统对逻辑盘(或卷)进行格式化后，报告的总容量是指数据区所占扇区数的容量，而不是分区表中总扇区数乘以 512 字节的容量，也不是 NTFS_DBR 中总扇区数乘以 512 字节的容量。计算 NTFS 文件系统容量公式如式(6.3)～式(6.7)：

$$\text{逻辑盘(或卷)总扇区数} = \text{对应分区总扇区数} - 1 \tag{6.3}$$

$$\text{剩余扇区数} = \text{MOD(逻辑盘(或卷)总扇区数,扇区数/簇)} \tag{6.4}$$

$$\text{数据区所占扇区数} = \text{逻辑盘(或卷)总扇区数} - \text{剩余扇区数} \tag{6.5}$$

$$\text{逻辑盘总容量} = \text{逻辑盘(或卷)总扇区数} \times 512\ \text{字节} \tag{6.6}$$

$$\text{格式化后逻辑盘(或卷)容量} = \text{数据区所占扇区数} \times 512\ \text{字节} \tag{6.7}$$

簇号与逻辑扇区号相互转换公式如式(6.8)～式(6.9)：

$$\text{逻辑扇区号} = \text{簇号} \times \text{扇区数/簇} + N - 1 \tag{6.8}$$

$$\text{簇号} = \text{INT(逻辑扇区号} \div \text{扇区数/簇)} \tag{6.9}$$

计算逻辑盘单独打开后的开始扇区号和结束扇区号如式(6.10)～式(6.11)：

$$\text{逻辑盘(或卷)开始扇区号} = 0 \tag{6.10}$$

$$\text{逻辑盘(或卷)结束扇区号} = \text{数据区所占扇区数} - 1 \tag{6.11}$$

计算逻辑盘单独打开后的开始簇号和结束簇号如式(6.12)～式(6.13)：

$$\text{逻辑盘(或卷)开始簇号} = 0 \tag{6.12}$$

$$\text{逻辑盘(或卷)结束簇号} = \text{INT(数据区所占扇区数} \div \text{扇区数/簇)} \tag{6.13}$$

说明：

(1) NTFS 文件系统的开始扇区(即 0 号扇区)存放着 NTFS_DBR，由于 NTFS_DBR 比较重要，所以，在该分区的最后一个扇区存储着 NTFS_DBR 备份。NTFS_DBR 备份不是 NTFS 文件系统的组成部分；因此，NTFS_DBR 中所存储的总扇区数要比对应分区中存储的总扇区数少 1 个扇区，见式(6.3)。

(2) 式(6.4)中，函数 MOD 表示取余数；式(6.8)中，N 为小于或者等于扇区数/簇的正整数集合；式(6.9)和式(6.13)中，函数 INT 表示取整。

NTFS 文件系统对卷空间的管理是以簇为单位，当 NTFS 文件系统所占扇区数不能被"扇区数/簇"整除时，余数为剩余扇区，也就是说剩余扇区是大于或者等于 1 而小于每个簇的扇区数，位于 NTFS_DBR 备份之前。

例 6.4　在例 6.3 中，从图 6.6 所显示的 NTFS_DBR 可知，H 盘每个簇的扇区数为 8，总扇区数为 608 255，请回答下列问题：

(1) 计算 H 盘格式化后的容量。

(2) 写出 H 盘的扇区号范围、剩余扇区号和有效扇区号范围。

(3) 写出 H 盘的簇号范围、有效簇号范围、坏簇号以及坏簇号所包括的扇区号。

(4) 计算 20 号簇所对应的逻辑扇区号。

(5) 计算 3001 号扇区所对应的簇号。

解：

(1) 由式(6.4)、式(6.5)和式(6.7)可知：

剩余扇区数 = MOD(NTFS 文件系统总扇区数，扇区数 / 簇) = MOD(608 255，8) = 7

数据区所占扇区数 = NTFS 文件系统总扇区数 − 剩余扇区数 = 608 255 − 7 = 608 248

格式化后 H 盘容量 = 数据区所占扇区数 × 512 字节 / 扇区

= 608 248 扇区 × 512 字节 / 扇区 = 311 422 976 字节 ≈ 296MB

所以，H 盘格式化后的容量为 296MB，即资源管理器中所查看到的 H 盘容量。

(2) 从 H 盘 NTFS_DBR 字节偏移 0X28～0X2F 可知，H 盘总扇区数为 608 255(H 盘的扇区号范围为 0～608 254)；由于剩余扇区数为 7，而剩余扇区位于 H 盘的最后；所以，H 盘的剩余扇区范围为 608 248～608 254；而 H 盘有效扇区范围为 0～608 247。

(3) H 盘的簇号范围为 0～76 031；由于剩余扇区数为 7，剩余扇区位于 H 盘的最后，所以，有效簇号范围为 0～76 030；76 031 号簇为坏簇，该坏簇号包括的扇区号范围为 608 248～608 254，共计 7 个扇区。

(4) 由于扇区数/簇=8，所以，N={1,2,3,4,5,6,7,8}

当 N=1 时，由式(6.8)可知：

逻辑扇区号=簇号×扇区数/簇+N−1=20×8+1−1=160；

当 N=2 时，逻辑扇区号=161；

……

当 N=8 时，逻辑扇区号=167；

所以，20 号簇所对应的逻辑扇区号为 160～167，共计 8 个扇区。

(5) 由式(6.9)可知：

簇号=INT(逻辑扇区号÷扇区数/簇)=INT(3001÷8)=375

即 3001 号扇区所对应的簇号为 375；

同理，可以验证逻辑扇区号 3000、3002、3003、3004、3005、3006 和 3007 这 7 个扇区号所对应的簇号也是 375。

6.2 $MFT 记录结构

6.2.1 $MFT 概述

在 NTFS 文件系统中，最重要的元文件就是 $MFT，它是 NTFS 卷中所有文件和文件夹（目录）的集合。它记录着 NTFS 卷中所有文件和文件夹的基本情况，包括卷的信息、引导记录、元文件 $MFT 本身等的重要信息，以及文件名（或文件夹名）、文件安全属性、文件大小、数据运行列表等等。元文件 $MFT 由许多记录组成，每条记录的大小固定为 1024 字节（即 1KB），一般情况下，每个文件或文件夹在元文件 $MFT 中只占用一条记录。如果一条记录不足以描述一个文件或文件夹的基本信息，NTFS 文件系统会再为其分配一条记录，即该文件或者文件夹占用两条记录，NTFS 将使用树型结构对这两条记录进行管理；如果两条记录仍然不足以描述一个文件或文件夹基本信息，将会为其再分配一条记录，即该文件或者文件夹占用 3 条记录。同样，NTFS 也使用树型结构对这 3 条记录进行管理，一个文件或文件夹占用两条以上记录的情况并不多见。每条记录以“FILE”作为开始标记，一般以第 1 个“FF FF FF FF 00 00 00 00”或者“FF FF FF FF 82 79 47 11”（存储形式）为结束标志。注：记录结束位置可以通过记录开始位置和记录实际长度计算得到。由于在 NTFS 文件系统中所存储的文件（或文件夹）不同，所以，每个文件（或文件夹）记录所具有的属性也不尽相同，元文件 $MFT 的结构大致如图 6.9 所示（注：假设元文件 $MFT 的 0 号记录 B0H 属性值存放在元文件 $MFT 记录之前）。

$MFT:$Bitmap(注：在WinHex中,元文件$MFT的0号记录B0H属性值一般记作$MFT:$Bitmap)									
记录头	10H属性	30H属性	80H属性	B0H属性	记录结束标志	无用数据			0 号记录
记录头	10H属性	30H属性	80H属性	记录结束标志	无用数据				1 号记录
记录头	10H属性	30H属性	80H属性	记录结束标志	无用数据				2 号记录
记录头	10H属性	30H属性	50H属性	60H属性	70H属性	80H属性	记录结束标志	无用数据	3 号记录
……									……
记录头	10H属性	30H属性	……	记录结束标志	无用数据				n 号记录

图 6.9 元文件 $MFT 结构示意图

6.2.2 $MFT 记录分类

按元文件 $MFT 记录所描述的内容，可以将元文件 $MFT 的记录划分为文件记录、文件夹记录和卷标记录 3 种。文件记录所描述的内容是文件，文件夹记录所描述的内容是文件夹，而卷标记录描述的内容则是卷标。

按元文件 $MFT 中的记录是否起作用，可以将元文件 $MFT 的记录分为有效记录和无效记录两种；有效记录在元文件 $MFT 的 0 号记录 B0H 属性值中对应位的值为 1，而无效记录在元文件 $MFT 的 0 号记录 B0H 属性值中对应位的值为 0。无效记录一般又划分为未使用的记录、已删除的文件记录(即文件被删除后,该文件所对应元文件＄MFT中的记录)和已删除的文件夹记录(即文件夹被删除后,该文件夹所对应元文件＄MFT中的记录)。对于卷标记录而言,不论NTFS卷是否有卷标,卷标记录均为有效记录。元文件＄MFT的记录分类如图6.10所示;详细分类见表6.7所列。

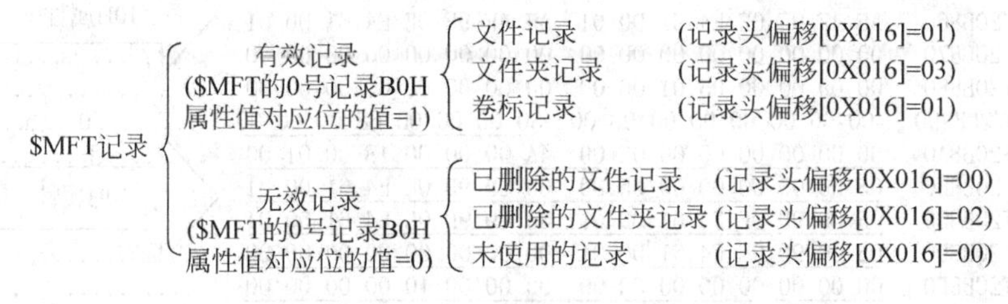

图6.10 元文件＄MFT记录分类的情况

表6.7 元文件＄MFT记录分类表

记录类型 / 记录描述	文件记录		文件夹记录		卷标记录
是否有效?	有效	无效	有效	无效	有效
＄MFT的0号记录B0H属性值对应位的值	1	0	1	0	1
该记录头偏移0X016处bit_1的值	0	0	1	1	0
该记录头偏移0X016处bit_0的值	1	0	1	0	1

注:本书中所提及的元文件＄MFT记录,如果没有作特别说明均是指有效记录。

6.2.3 ＄MFT记录结构

从图6.9可知,元文件＄MFT中的每条记录由记录头、若干个属性(即记录体)、记录结束标志和无用数据4部分组成。一般情况下,记录头的长度是固定的,而每个属性的长度往往是不固定的,属性的分配是以8字节为单位。

属性的划分方法为:从偏移地址0X38找到10H属性,每个属性偏移地址0X04～0X07处是该属性所占字节数,计算属性开始地址、结束地址和记录结束地址如式(6.14)～式(6.16):

$$\text{属性开始地址} = \text{上一个属性开始地址} + \text{上一个属性所占字节数} \quad (6.14)$$

$$\text{属性结束地址} = \text{属性开始地址} + \text{属性所占字节数} - 1 \quad (6.15)$$

$$\text{记录结束地址} = \text{记录开始地址} + \text{记录实际长度} - 1 \quad (6.16)$$

例6.5 H盘文件夹名为"长文件名",在元文件＄MFT的记录号为15406,其记录头与各属性的划分如图6.11所示。注:在WinHex下读取记录的操作方法为"位置→Go To FILE Record…"在弹出的窗口中输入记录号。

从图6.11可知,15406号记录由记录头、5个属性、记录结束标志以及无用数据4部分组成,各部分地址划分情况见表6.8所列。

说明:

(1) 从表6.8可知,每个属性开始位置偏移均为00或08;

(2) 该记录以"FF FF FF FF 82 79 4711"(存储形式)为结束标志;

(3) 记录结束标志以后的数据为无用数据。

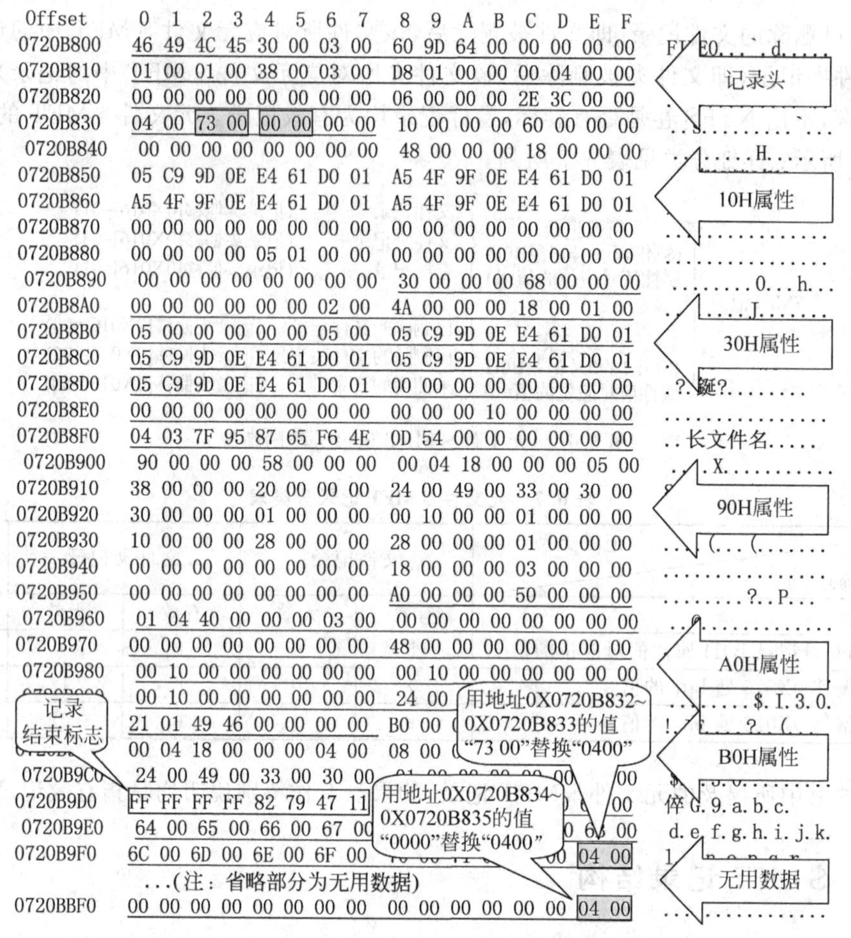

图 6.11　15406 号记录的基本结构

表 6.8　15406 号记录各部分划分情况表(注：表中数据为十六进制)

地　　址	作　　用	所占字节数	地　　址	作　　用	所占字节数
0720B800～B837	记录头	38	0720B958～B9A7	A0H 属性	50
0720B838～B897	10H 属性	60	0720B9A8～B9CF	B0H 属性	28
0720B898～B8FF	30H 属性	68	0720B9D0～B9D7	记录结束标志	8
0720B900～B957	90H 属性	58	0720B9D8～BBFF	无用数据	228

6.2.4　记录头结构

记录头以"FILE"开始，其长度一般是固定的，从偏移地址 0X00 开始到 0X37 结束，共计 56 字节(注：由于 NTFS 版本不同，记录头的大小也会有所不同，本章所研究的 NTFS 版本为 V3.1)。记录头结构见表 6.9 所列。

表 6.9　记录头结构

字节偏移	字节数	含　义
0X00	4	记录开始标志，一定是字符串"FILE"
0X04	2	更新序列号的偏移

续表

字节偏移	字节数	含 义
0X06	2	更新序列号的个数与更新数组之和,一般为3,即1个更新序列号,2个更新数组
0X08	8	日志文件序列号($Logfile Sequence Number)
0X10	2	记录被使用和删除的次数
0X12	2	硬连接数,即有多少个目录指向该文件(或目录)
0X14	2	第一个属性的偏移地址
0X16	2	标志,0000H表示文件被删除,0001H表示文件正在使用,0002H表示文件夹被删除,0003H表示文件夹正在使用,低字节说明见图6.12所示
0X18	4	记录实际长度,单位:字节,即从记录头至记录结束标志之间的长度
0X1C	4	记录分配长度,单位:字节,一般为1024字节
0X20	8	基本文件记录中的文件索引号
0X28	2	下一属性ID,当增加新的属性时,将该值分配给新属性,然后该值增加,如果$MFT记录重新使用,则将该值置为0
0X2A	2	边界
0X2C	4	记录号
0X30	2	更新序列号,该值与第1扇区和第2扇区最后两个字节的值相同。如果是文件,当对文件进行建立、编辑、删除等操作时,该值会自动加1。如果是目录,在目录内建立目录或文件时或对目录或文件进行删除操作时,该值也会自动加1
0X32	2	第1扇区的更新数组,用该值去更新第1个扇区的最后两个字节
0X34	2	第2扇区的更新数组,用该值去更新第2个扇区的最后两个字节
0X36	2	填充至8的倍数(无意义)

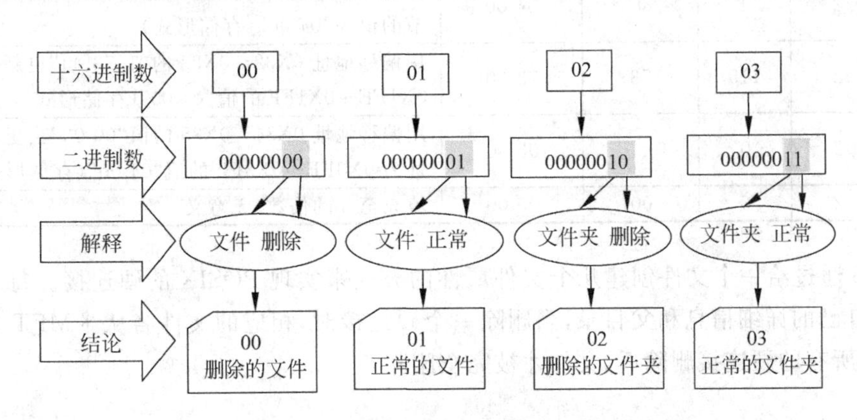

图6.12 记录头偏移0X16处的"标志字节"注解

例6.6 元文件$MFT的15406号记录头部分说明如图6.13所示,详细说明见表6.10所列。

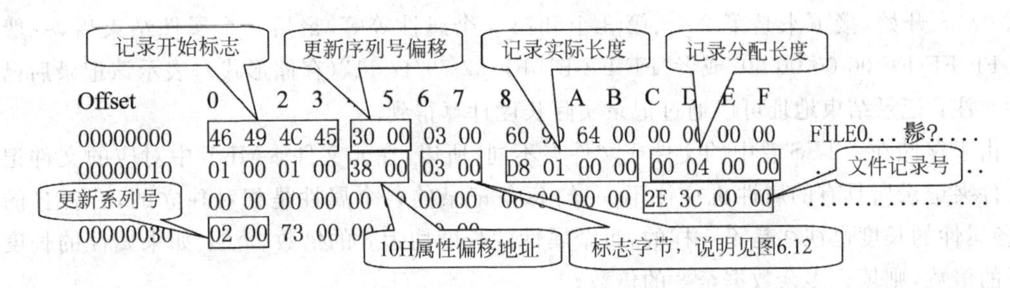

图6.13 15406号记录头部分说明

表 6.10　15406 号记录头说明

字节偏移	字节数	值			含　义
		十进制	十六进制	存储形式	
0X00	4			46 49 4C 45	记录开始标志，一定是字符串“FILE”
0X04	2	48	30	30 00	更新序列号的偏移地址为 0X0030
0X06	2	3	03	03 00	更新序列号的个数为 1，更新数组为 2，共计为 3
0X08	8	6593888	649D60	60 9D 64 00 00 00 00 00	日志文件序列号（$Logfile Sequence Number）为 0X649D60
0X10	2	1	1	01 00	该记录被使用或者删除的次数为 1 次
0X12	2	1	1	01 00	硬连接数为 1，即只有 1 个目录指向该记录
0X14	2	56	38	38 00	第一个属性偏移地址为 X038，即 10H 属性偏移地址
0X16	2	3	3	03 00	0X0003 表示文件夹正在使用，说明见图 6.12
0X18	4	472	1D8	D8 01	记录实际长度＝0X01D7－0X0000＋1＝0X01D8 字节
0X1C	4	1024	400	00 04	记录分配长度为 0X0400 字节
0X20	8	0	0	00 00 00 00 00 00 00 00	基本文件记录中的文件索引号为 0
0X28	2	6	06	06 00	下一个属性的 ID 号为 06
0X2A	2	0	0	00 00	边界
0X2C	4	15406	3C2E	2E 3C 00 00	记录号为 15406，即在元文件 $MFT 记录中的顺序号
0X30	2	4	4	04 00	更新序列号为 0X0004，即这两个扇区的最后两个字节的值为“04 00”（存储形式）
0X32	2	115	73	73 00	用偏移地址 0X32～0X33 的值“73 00”更新偏移地址 0X1FE～0X1FF 的值“04 00”（存储形式）
0X34	2	0		00 00	用偏移地址 0X34～0X35 的值“00 00”去更新偏移地址为 0X3FE～0X3FF 的值“04 00”（存储形式）
0X036	2	0	00	00 00	填充至 8 的倍数，无意义

NTFS 通过给一个文件创建几个文件属性的方式来实现 POSIX 的硬连接。每一个文件属性都有自己的详细信息和父目录，当删除一个硬连接时，相应的文件名从 $MFT 文件记录中删除，当所有的硬连接删除后，文件才被完全删除。

6.2.5　记录属性

每条记录的记录头之后一般是 10H 属性（即记录的第 1 个属性），10H 属性的偏移地址一般从 0X38 开始，接下来是第 2 个、第 3 个和第 4 个属性等等，最后一个属性结束后，一般是“FF FF FF FF 00 00 00 00”或者“FF FF FF FF 82 79 47 11”（存储形式），表示该记录后已无属性。注：记录结束地址可以通过记录实际长度计算得到。

由于存储在 NTFS 卷中的文件或文件夹不同，所以，在元文件 $MFT 中对应的文件记录或文件夹记录所具有的属性也往往不一样，每条记录的各个属性是相对独立的，有各自的类型，各属性的长度也往往是不一样的，每个属性的长度均为 8 的倍数。注：如果属性的长度不是 8 的倍数，则填充多余数据至 8 的倍数。

在元文件 $ AttrDef 中预定义了常用的属性，可以直接使用，标准信息的属性名用 10H 表示，属性列表中的属性名用 20H 表示，文件名的属性名用 30H 表示等，把属性专门存放在一个文件中，可以大大节省系统开销。表 6.11 给出了属性类型及其含义。

表 6.11　NTFS 的属性类型及其含义表

属性类型	属性类型名	属性含义及描述
10H	$ STANDARD_INFORMATION	标准信息：包括文件的一些基本信息，如：建立文件、修改、存取的日期时间等等，以及有多少个文件指向该记录
20H	$ ATTRIBUTE_LIST	属性列表：当一个文件需要多个文件记录时，用来描述文件的属性列表
30H	$ FILE_NAME	文件名：用 Unicode 字符表示文件名，当用户使用长文件名时，NTFS 会自动生成一个短文件名，此时该记录有两个 30H 属性，一个描述的是短文件名属性，而另一个描述的是长文件名属性
40H	$ OBJECT_ID	对象 ID：一个具有 64 字节的标识符，其中：低 16 字节对卷来说是唯一的(链接跟踪服务为外壳快捷方式，即 OLE 链接源文件赋予对象 ID；NTFS 提供的 API 是直接通过这些对象的 ID 而不是文件名来打开文件的)
50H	$ SECURITY_DESCRIPTOR	安全描述：这是为向后兼容而保留的。主要用于保护文件以防止没有授权的访问，但在 Windows 2000/XP 中已将安全描述存放在 $ Secure 元数据中，以便于共享(注：早期的 NTFS 将其与文件目录一起存放，不便于共享)
60H	$ VOLUME_NAME	该属性描述卷标识，仅存在于元文件 $ Volume 记录中
70H	$ VOLUME_INFORMATION	该属性描述卷的基本信息，仅存在于元文件 $ Volume 记录中
80H	$ DATA	该属性描述文件内容的基本情况，如：文件的大小、内容存储位置等
90H	$ INDEX_ROOT	文件夹 B—树根节点
A0H	$ INDEX_ALLOCATION	该属性描述文件夹的位置
B0H	$ BITMAP	元文件 $ MFT 记录使用情况位图或文件夹索引节点使用情况位图
C0H	$ REPARSE_POINT	重解析点
D0H	$ EA_INFORMATION	扩充属性信息
E0H	$ EA	扩充属性
F0H	$ PROPERTY_SET	早期的 NTFS V1.2 中才有
100H	$ LOGGED_UTILITY_STREAM	EFS 加密属性，该属性主要用于存储实现 EFS 加密的有关加密信息，如合法用户列表、解码密钥等

每个属性总是以十六进制数开头，占 4 字节。例如：10H 属性，以“10 00 00 00”(存储形式)开头，而 30H 属性则以“30 00 00 00”(存储形式)开头，接下来是该属性所占字节数。通过属性所占字节数，可以计算出下一个属性的开始位置。

6.2.6　记录属性分类

元文件 $ MFT 每条记录中的每个属性根据其是否有属性体可以分为两种情况。

一种情况是该属性只有属性头而无属性体，这种情况一般只存在于文本文件记录的80H属性中，且文本文件的内容为空；该属性的长度一般为24字节。

另外一种情况是该属性由两部分组成：即属性头＋属性体（即属性内容）。对于这种情况，根据该属性的属性体是否常驻于该记录中，可以将属性划分为常驻属性和非常驻属性两种。对于常驻属性而言，其属性体紧跟在属性头之后；而对于非常驻属性而言，属性体的位置由属性头中的数据运行列表来确定。根据该属性是否有属性名，可以将属性划分为有属性名属性和无属性名属性两种，对于有属性名的属性而言，其属性体存储的内容以属性名的方式排序存放；而对于无属性名的属性而言，属性体存储的内容没有排序存放。组合后可以将这种情况的属性划分为4种类型，即常驻无属性名、常驻有属性名、非常驻无属性名和非常驻有属性名。属性划分如图6.14所示，4种不同类型属性其属性头的定义是不相同的，下面针对这4种类型属性分别进行介绍。

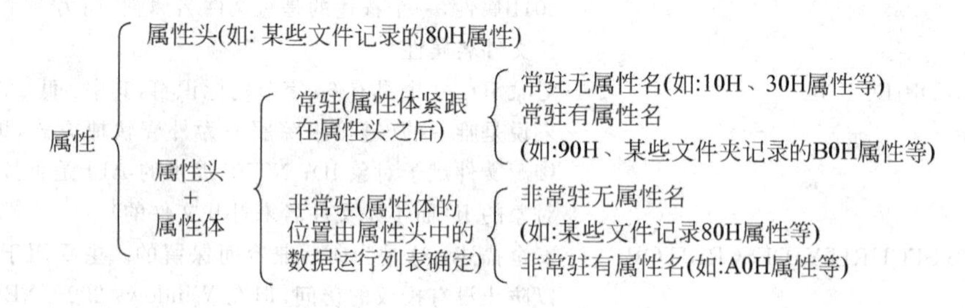

图 6.14 属性划分图

1. 常驻无属性名

常驻无属性名属性结构见表6.12所列。

表 6.12 常驻无属性名属性结构

字节偏移	字节数	含　义	备注
0X00	4	属性类型，如：10H、30H属性、某些文件记录的80H属性等	
0X04	4	包括属性头在内本属性长度（单位：字节），假设为M	
0X08	1	常驻与非常驻标志（00表示常驻、01表示非常驻），此处为00	
0X09	1	属性名长度（00表示没有属性名），此处为00，如果为其他值则无意义	
0X0A	2	属性名的开始偏移地址，此处为00；如果不是00，则无意义	
0X0C	2	压缩、加密、稀疏标志：0001H表示该属性是被压缩的；4000H表示该属性是被加密的；8000H表示该属性是稀疏的	属性头
0X0E	2	属性ID标识	
0X10	4	属性体的长度，假设为L（单位：字节）	
0X14	2	属性体的开始偏移地址	
0X16	1	索引标志	
0X17	1	无意义（不足8字节，填充为8字节）	
0X18	L	该属性体的内容	属性体

例6.7 元文件＄MFT中15406号记录的10H属性为常驻无属性名属性，详细说明如图6.15所示。注：在图6.15中无阴影部分为属性头，阴影部分为属性体。

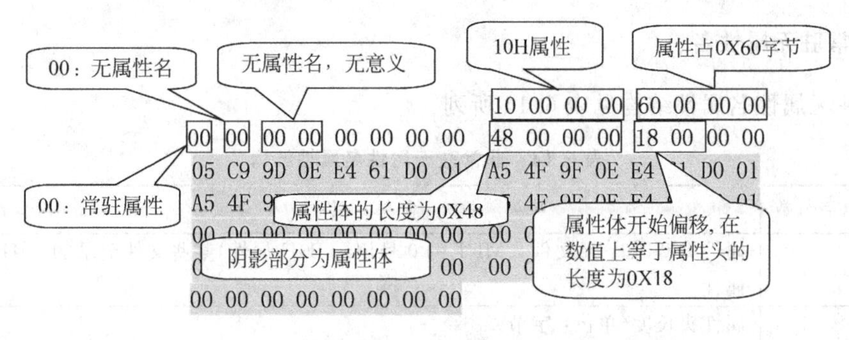

图 6.15 15406 号记录 10H 常驻无属性名属性标注

2. 常驻有属性名

常驻有属性名属性结构见表 6.13 所列。

表 6.13 常驻有属性名属性结构

字节偏移	字节数	含　义	备注
0X00	4	属性类型，如：某些文件夹记录的 90H、B0H 属性等	属性头
0X04	4	包括属性头在内本属性长度(单位：字节)	
0X08	1	常驻与非常驻标志(00 表示常驻，01 表示非常驻)，此处为 00	
0X09	1	属性名称的长度，假设为 N，N 为大于或等于 1 的正整数	
0X0A	2	属性名的开始偏移地址	
0X0C	2	压缩、加密、稀疏标志：0001H 表示该属性是被压缩的；4000H 表示该属性是被加密的；8000H 表示该属性是稀疏的	
0X0E	2	属性 ID 标识	
0X10	4	属性体的长度，假设为 L，L 为大于或等于 1 的正整数	
0X14	2	属性体的开始偏移地址	
0X16	1	索引标志	
0X17	1	无意义(不足 8 字节，填充为 8 字节)	
0X18	$2\times N$	属性名	
0X18＋2N	L	该属性体的内容	属性体

例 6.8 元文件 $MFT 中 15406 号记录的 B0H 属性为常驻有属性名，属性头详细说明如图 6.16 所示(注：在图 6.16 中无阴影部分为属性头，阴影部分为属性体)。

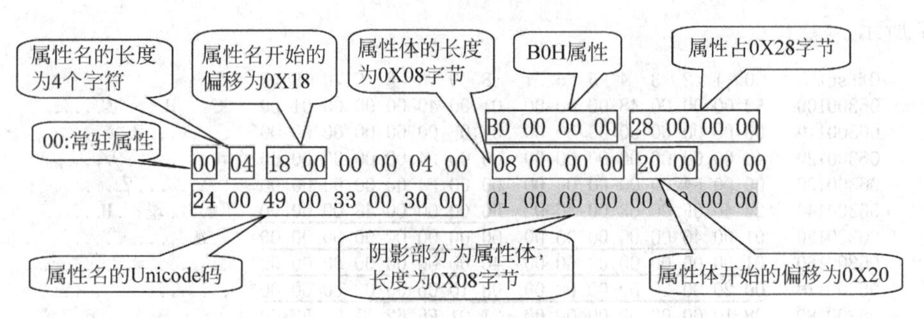

图 6.16 15406 号记录 B0H 常驻有属性名的属性标注

3. 非常驻无属性名

非常驻无属性名属性结构见表 6.14 所列。

表 6.14 非常驻无属性名属性结构

字节偏移	字节数	含　义	备注
0X00	4	属性类型,如: 元文件 $ MFT 的 0 号记录 B0H 属性,某些文件记录的 80H 属性	属性头
0X04	4	属性头长度(单位: 字节)	
0X08	1	常驻与非常驻标志(00 表示常驻,01 表示非常驻),此处为 01	
0X09	1	属性名长度(00 表示没有属性名),此处为 00	
0X0A	2	属性名的开始偏移地址,此处为 00。如果不是 00,则无意义	
0X0C	2	压缩、加密、稀疏标志: 0001H 表示该属性是被压缩的; 4000H 表示该属性是被加密的; 8000H 表示该属性是稀疏的	
0X0E	2	属性 ID 标识	
0X10	8	属性体开始 VCN,开始 VCN 为 0	
0X18	8	属性体结束 VCN,结束 VCN 为所占簇数之和减 1	
0X20	2	数据运行列表偏移地址	
0X22	2	压缩单位大小(2^x 簇),如果为 0000 表示未压缩	
0X24	4	无意义	
0X28	8	属性体分配大小,单位: 字节	
0X30	8	属性体实际大小,单位: 字节	
0X38	8	属性体初始化大小,单位: 字节	
0X40		数据运行列表	

说明:

NTFS 使用逻辑簇号(LCN)和虚拟簇号(VCN)来对文件或者文件夹的存储位置进行定位; LCN 是对整个 NTFS 卷中所有的簇,从 0 开始按顺序连续编号,结束 LCN 为整个 NTFS 卷所占总簇数减 1; VCN 是一个与非常驻属性相关联的概念。VCN 是对非常驻文件或文件夹的簇号从头到尾进行顺序编号,以便于系统引用文件中的数据。VCN 和 LCN 可以通过数据运行列表相互映射。从逻辑上看,一个文件或文件夹的 VCN 总是连续的; 但 LCN 则不一定连续。每个文件或文件夹开始 VCN 为 0,而结束 VCN 为文件或文件夹所占簇数之和减 1。

例 6.9 元文件 $ MFT 中 0 号记录的 80H 属性和 B0H 属性为非常驻无属性名属性,如图 6.17 所示。

```
Offset     0  1  2  3  4  5  6  7   8  9  A  B  C  D  E  F
06300100  80 00 00 00 48 00 00 00  01 00 40 00 00 00 01 00   €...H.....@.....
06300110  00 00 00 00 00 00 00 00  3F 0F 00 00 00 00 00 00   ........?.......
06300120  40 00 00 00 00 00 00 00  00 00 F4 00 00 00 00 00   @.........?.....
06300130  00 00 F4 00 00 00 00 00  00 00 F4 00 00 00 00 00   ..?.......?.....
06300140  22 40 0F 00 63 00 AC 92  B0 00 00 00 48 00 00 00   "@..c.瑠?..H...
06300150  01 00 40 00 00 00 05 00  00 00 00 00 00 00 00 00   ..@.............
06300160  01 00 00 00 00 00 00 00  40 00 00 00 00 00 00 00   ........@.......
06300170  00 20 00 00 00 00 00 00  08 10 00 00 00 00 00 00   . ..............
06300180  08 10 00 00 00 00 00 00  21 01 FF 62 11 01 FF 00   ........!. b.. .
```

图 6.17 0 号记录的 80H 和 B0H 属性

这里以 80H 属性为例，对非常驻无属性名的属性头详细说明如图 6.18 所示，而属性体的位置由数据运行列表(即“22 40 0F 00 63”)来确定。

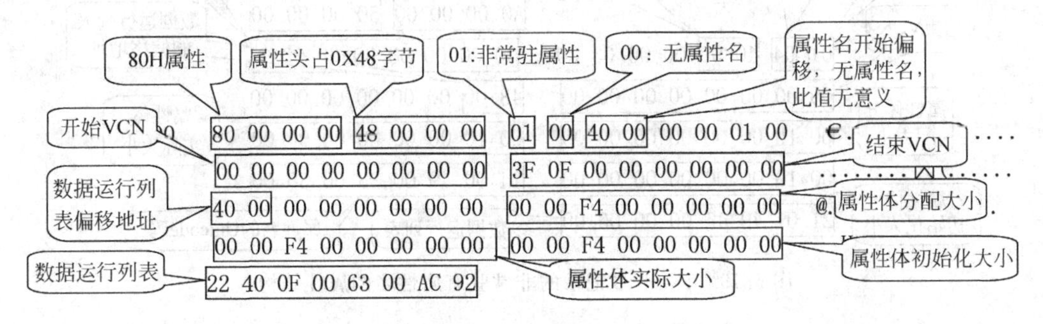

图 6.18 0 号记录 80H 属性头情况(非常驻无属性名)

4. 非常驻有属性名

非常驻有属性名属性结构见表 6.15 所列。

表 6.15 非常驻有属性名属性结构

字节偏移	字节数	含 义	备注
0X00	4	属性类型，如：A0H 属性	属性头
0X04	4	属性头长度(单位：字节)	
0X08	1	常驻与非常驻标志(00 表示常驻，01 表示非常驻)，此处为 01	
0X09	1	属性名长度，假设为 N，N 为大于或等于 1 的正整数	
0X0A	2	属性名的开始偏移地址	
0X0C	2	压缩、加密、稀疏标志：0001H 表示该属性是被压缩的；4000H 表示该属性是被加密的；8000H 表示该属性是稀疏的	
0X0E	2	属性 ID 标识	
0X10	8	属性体开始 VCN，开始 VCN 为 0	
0X18	8	属性体结束 VCN，结束 VCN 为所占簇数之和减 1	
0X20	2	运行列表偏移地址	
0X22	2	压缩单位大小(2^x 簇)，如果为 0000 表示未压缩	
0X24	4	无意义	
0X28	8	属性体分配大小，单位：字节	
0X30	8	属性体实际大小，单位：字节	
0X38	8	属性体初始化大小，单位：字节	
0X40	2×N	该属性的属性名	
0X40+2N		数据运行列表	

例 6.10 元文件＄MFT 中记录号为 15406 的 A0H 属性为非常驻有属性名属性，详细说明如图 6.19 所示。属性体的位置由数据运行列表(即“21 01 49 46”)来确定。

注：常驻文件属性从不被压缩(也没有压缩引擎号域)，因为它的流太小。

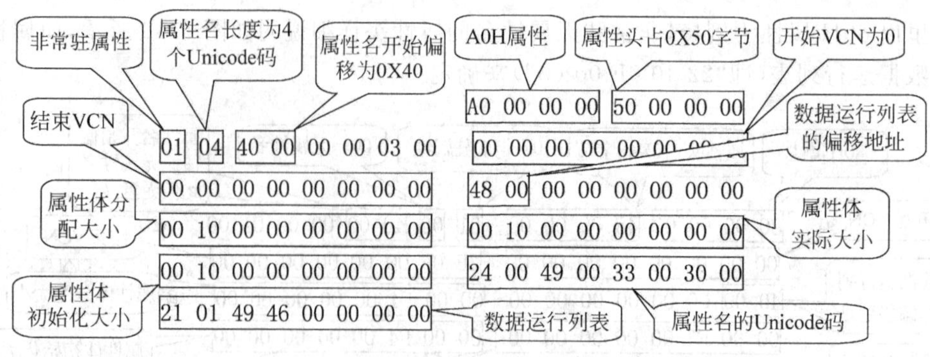

图 6.19　15406 号记录的非常驻有属性名的属性结构

6.3　文件和文件夹记录常用属性

在元文件＄MFT 的记录中，使用得比较多的属性主要有：10H 属性、30H 属性、80H 属性、90H 属性、A0H 属性和 B0H 属性。其中：文件记录使用较多的属性有 10H 属性、30H 属性和 80H 属性；小文件夹记录使用较多的属性有 10H 属性、30H 属性和 90H 属性，大文件夹使用较多的属性有 10H 属性、30H 属性、90H 属性、A0H 属性和 B0H 属性。而有些小文件夹记录使用的属性也可能有 10H 属性、30H 属性、90H 属性、A0H 属性和 B0H 属性，这类文件夹往往是由小文件夹变为大文件夹后，再变为小文件夹，即用户将文件夹中的文件删除后，文件夹中的剩余文件数量非常少，甚至是空文件夹而形成的小文件夹。

6.3.1　10H 属性

10H 属性的类型名为＄STANDARD_INFORMATION（标准信息），是所有文件或文件夹记录都具有的属性，它包含了文件或文件夹的一些基本信息，如：文件或文件夹建立的日期、时间，有多少个目录指向该文件或文件夹等等，它是一个常驻无属性名的属性。该属性位于记录头之后，偏移地址一般为 0X38～0X97，其属性头和属性体的长度均是固定的，属性头的长度为 24 字节，属性体的长度为 72 字节，10H 属性的结构见表 6.16 所列。

表 6.16　10H 属性（标准属性）结构

字节偏移	字节数	含　义	备注
0X00	4	10H 属性	10H 属性头
0X04	4	该属性长度，一般为 0X60	
0X08	1	是否为常驻标志，此处为 00 表示常驻	
0X09	1	属性名的名称长度，此处为 00 表示没有属性名	
0X0A	2	属性名的名称偏移，此值无意义	
0X0C	2	标志（压缩、加密、稀疏等）	
0X0E	2	属性 ID 标识	
0X10	4	属性体（即属性内容）的长度，一般为 0X48	
0X14	2	属性体开始偏移，一般为 0X18	
0X16	1	索引标志	
0X17	1	填充至 8 的倍数	

续表

字节偏移	字节数	含　义	备注
0X18	8	文件(或目录)建立的日期和时间	10H属性体
0X20	8	文件(或目录)修改的日期和时间	
0X28	8	记录修改的日期和时间	
0X30	8	文件(目录)访问的日期和时间	
0X38	4	传统文件属性,见表6.17所列	
0X3D	4	最大版本数,为0表示没有版本	
0X42	4	分类ID(一个双向的索引)	
0X46	4	所有者ID:表示文件的所有者,是访问文件配额$Quota中$SQ索引的关键字,如果是0,则表示没有设置配额	
0X48	4	安全ID:文件$Secure中$SII索引和$SDS数据流的关键字	
0X50	8	配额管理:配额占用情况,它是文件所有流所占用的总字节数,0表示未使用磁盘配额	
0X58	8	更新序列号(USN):文件最后的更新序列号,它是进行元数据文件$UsnJrnl直接的索引,如果是0,则表示没有USN日志	

传统文件属性含义见表6.17所列。

表6.17　传统文件属性含义

值		含义	值		含　义
十六进制	存储形式		十六进制	存储形式	
00000001	01 00 00 00	只读	00000200	00 02 00 00	稀疏文件
00000002	02 00 00 00	隐藏	00000400	00 04 00 00	重解析点
00000004	04 00 00 00	系统	00000800	00 08 00 00	压缩
00000020	20 00 00 00	存档	00001000	00 10 00 00	脱机
00000040	40 00 00 00	设备	00002000	00 20 00 00	未编入索引
00000080	80 00 00 00	常规	00004000	00 40 00 00	加密
00000100	00 01 00 00	临时			

注:日期和时间表示是从1601年1月1日开始,以100纳秒(注:1纳秒$=10^{-9}$秒)为间隔的值,即1601年1月1日0时0分1秒以10 000 000表示。

例6.11　15406号记录的10H属性如图6.20所示,其说明见表6.18所列。

```
Offset     0  1  2  3  4  5  6  7   8  9  A  B  C  D  E  F
0720B838                            10 00 00 00 60 00 00 00   ..?........`...
0720B840   00 00 00 00 00 00 00 00  48 00 00 00 18 00 00 00   ........H.......
0720B850   05 C9 9D 0E E4 61 D0 01  A5 4F 9F 0E E4 61 D0 01   .?.鋋?藼?鋋?
0720B860   A5 4F 9F 0E E4 61 D0 01  A5 4F 9F 0E E4 61 D0 01   藼?鋋?藼?鋋?
0720B870   00 00 00 00 00 00 00 00  00 00 00 00 00 00 00 00   ................
0720B880   00 00 00 00 05 01 00 00  00 00 00 00 00 00 00 00   ................
0720B890   00 00 00 00 00 00 00 00
```

图6.20　15406号记录10H属性

表 6.18 15406 号记录 10H 属性(标准属性)结构

字节偏移	字节数	值			含 义	备注
		十进制	十六进制	存储形式		
0X00	4	16	10	10 00 00 00	10H 属性	10H 属性头
0X04	4	96	60	60 00 00 00	属性长度为 0X60 字节,即从偏移地址 0X38 至 0X97	
0X08	1	0	0	00	10H 属性为常驻	
0X09	1	0	0	00	10H 属性名长度为 00,即没有属性名	
0X0A	2	0	0	00 00	属性名的名称偏移	
0X0C	2	0	0	00 00	表示不是压缩、加密或稀疏	
0X0E	2	0	0	00 00	属性 ID 标识	
0X10	4	72	48	48 00 00 00	属性内容(属性体)的长度为 72 字节	
0X14	2	24	18	18 00	属性内容(属性体)的偏移为 0X18	
0X16	1	0	0	00	索引标志	
0X17	1	0	0	00	填充	
0X18	8			05 C9 9D 0E E4 61 D0 01	文件夹建立的日期时间为 2015-03-19 01:28:51	10H 属性体
0X20	8			A5 4F 9F 0E E4 61 D0 01	文件夹修改的日期时间为 2015-03-19 01:28:51	
0X28	8			A5 4F 9F 0E E4 61 D0 01	记录改变的日期时间为 2015-03-19 01:28:51	
0X30	8			A5 4F 9F 0E E4 61 D0 01	文件夹最后存取的日期时间为 2015-03-19 01:28:51	
0X38	4	0	00	00 00 00 00	资源管理器中看到的属性,不是隐藏也不是只读	
0X3C	4	0	0	00 00 00 00	最大版本数,为 0 表示版本是没有的	
0X40	4	0	0	00 00 00 00	版本数,如果最大版本数为 0,则此处也为 0	
0X44	4	0	0	00 00 00 00	分类 ID(一个双向的索引)	
0X48	4	0	0	00 00 00 00	所有者 ID:表示文件的所有者,是访问文件配额 $Quota 中 $O 和 $Q 索引的关键字,如果是 0,则表示没有设置配额	
0X4C	4	261	105	05 01 00 00	安全 ID:文件 $Secure 中 $SII 索引和 $SDS 数据流的关键字	
0X50	8	0	0	00 00 00 00 00 00 00 00	配额管理:配额占用情况,它是文件所有流所占用的总字节数,为 0 表示未使用磁盘配额	
0X58	8	0	0	00 00 00 00 00 00 00 00	更新序列号(USN):文件最后的更新序列号,它是进行元数据文件 $UsnJrnl 直接的索引,如果是 0,则表示没有 USN 日志	

6.3.2 30H 属性

30H 属性(即文件名属性)属于常驻无属性名的属性,用于描述文件名,一般紧跟在 10H 属性之后,其大小从 68 字节到 578 字节不等。如果一个文件的主文件名长度超过 8 个字符或者扩展名长度超过 3 个字符时,在该记录中将会有两个 30H 属性,一个描述的是短文件名,而另一个描述的则是长文件名(注:该规则也适用于文件夹名)。

30H 属性由固定长度的属性头和可变长度的属性体两部分组成,30H 属性头的长度为 24

字节，而属性体的长度则与文件名的长度有关，30H 属性结构见表 6.19 所列。

表 6.19 30H 属性(文件名属性)结构

字节偏移	字节数	含 义	备注
0X00	4	30H 属性	30H属性头
0X04	4	属性长度	
0X08	1	是否为常驻标志(00 表示常驻，01 表示非常驻)，此处为 00	
0X09	1	属性名的名称长度，00 表示没有属性名，此处为 00	
0X0A	2	属性名的名称偏移	
0X0C	2	标志(压缩、加密、稀疏)：0001H 表示该属性是被压缩，4000H 表示该属性是被加密，8000H 表示该属性是稀疏	
0X0E	2	属性 ID 标识	
0X10	4	属性体(即属性内容)的长度	
0X14	2	属性体开始偏移	
0X16	1	索引标志	
0X17	1	填充	
0X18	8	父目录的文件参考号，即父目录的基本文件记录号，分为两部分，前 6 字节即 48 位为父目录的文件记录号，后 2 字节即 16 位为序列号，即父目录使用或删除的次数	30H属性体
0X20	8	文件(或目录)建立的日期和时间	
0X28	8	文件(或目录)修改的日期和时间	
0X30	8	记录修改的日期和时间	
0X38	8	文件(或目录)访问的日期和时间	
0X40	8	文件的分配大小(单位：字节)，注：该值不一定正确	
0X48	8	文件的实际大小(单位：字节)，注：该值不一定正确	
0X50	4	标志，如目录、压缩、隐藏等，见表 6.20 所列	
0X54	4	EAs(扩展属性)和 Reparse(重新解析)使用	
0X58	1	文件名的长度(即字符数)，假设为 L，L 为正整数	
0X59	1	文件名命名空间	
0X5A	$2L$	文件名的 Unicode 码	

文件是以簇为单位来分配空间的，实际的文件大小是指未命名的数据流大小。标志占用 4 字节，其含义见表 6.20 所列。

表 6.20 标志含义

值		含 义	值		含 义
十六进制	存储形式		十六进制	存储形式	
00000001	01 00 00 00	只读	00000400	00 04 00 00	重解析点
00000002	02 00 00 00	隐藏	00000800	00 08 00 00	压缩
00000004	04 00 00 00	系统	00001000	00 10 00 00	脱机
00000020	20 00 00 00	存档	00002000	00 20 00 00	未编入索引
00000040	40 00 00 00	设备	00004000	00 40 00 00	加密
00000080	80 00 00 00	常规	10000000	00 00 00 10	目录(从 $MFT 文件记录中复制相应的位)
00000100	00 01 00 00	临时	20000000	00 00 00 20	视图索引(从 $MFT 文件记录中复制相应的位)
00000200	00 02 00 00	稀疏文件			

命名空间是一个有关文件名可以使用的字符标志集。NTFS为了支持旧的程序，为每一个与DOS操作系统不兼容的文件名分配了一个短文件名，常见的文件名命名空间见表6.21所列。

表6.21 常见的命名空间表

标志	意 义	描 述
00	POSI	这是最大的文件名命名空间，大小写敏感，并允许使用除NULL(0)和左斜框(/)以外的所有Unicode字符作为文件名，文件名最大长度为255个字符
01	Win32	Win32是POSIX命名空间的一个子集，不区分大小写，可以使用除”*/:＜＞?|\外的所有Unicode字符作为文件名。另外文件名不能以句点和空格结束
02	DOS	DOS的命名规则是Win32命名空间的一个子集，其格式为：主文件名.[扩展名]，其中：主文件名为1～8个字符，扩展名为0～3个字符，主文件名和扩展名之间使用“.”分隔。所使用字符的ASCII码大于0X20，并且不能使用”*+,/:;.＜＝＞?\等字符。但在文件系统中只存储主文件名和扩展名，如果主文件名不足8个字符，扩展名不足3个字符时，不足部分填充空格
03	Win32&DOS	该命名空间要求文件名对Win32和DOS命名空间都有效，这样文件名就可以在文件记录中只保存一文件名

例6.12 15406号记录只有一个30H属性，如图6.21所示(注：图6.21中阴影部分为属性体)，说明见表6.22所列。

```
Offset    0  1  2  3  4  5  6  7   8  9  A  B  C  D  E  F
0720B898                           30 00 00 00 68 00 00 00        0...h...
0720B8A0  00 00 00 00 00 00 02 00  4A 00 00 00 18 00 01 00   ........J.......
0720B8B0  05 00 00 00 00 00 05 00  05 C9 9D 0E E4 61 D0 01   .........?.鍦?
0720B8C0  05 C9 9D 0E E4 61 D0 01  05 C9 9D 0E E4 61 D0 01   .?.鍦?.?.鍦?
0720B8D0  05 C9 9D 0E E4 61 D0 01  00 00 00 00 00 00 00 00   .?.鍦?........
0720B8E0  00 00 00 00 00 00 00 00  00 00 00 10 00 00 00 00   ................
0720B8F0  04 03 7F 95 87 65 F6 4E  0D 54 00 00 00 00 00 00   ..长文件名......
```

图6.21 15406号记录的30H属性

表6.22 15406号记录30H属性说明

字节偏移	字节数	值			含 义	备注
		十进制	十六进制	存储形式		
0X00	4	48	30	30 00 00 00	30H属性	30H属性头
0X04	4	104	68	68 00 00 00	属性长度为0X68字节	
0X08	1	0	0	00	30H属性为常驻	
0X09	1	0	0	00	无属性名	
0X0A	2	0	00	00	无属性名，所以属性名名称偏移为00	
0X0C	2	0	00	00	标志为00，没有压缩、加密、稀疏等	
0X0E	2	2	2	02 00	属性ID标识为2	
0X10	4	74	4A	4A 00 00 00	属性体长度为0X4A字节	
0X14	2	24	18	18 00	属性体开始偏移为0X018	
0X16	1	1	1	01	索引标志为1	
0X17	1	0	00	00	填充为00	

续表

字节偏移	字节数	值			含　义	备注
		十进制	十六进制	存储形式		
0X18	6	5	5	05 00 00 00 00 00	父目录的基本文件记录号为05,即根目录的记录号。该目录为根目录下的一个子目录	30H属性体
0X1E	2	5	5	05 00	序列号为05,即根目录使用或删除的次数为5次	
0X20	8			05 C9 9D 0E E4 61 D0 01	文件夹建立的日期和时间:2015-03-19 01:28:51	
0X28	8			05 C9 9D 0E E4 61 D0 01	文件夹修改的日期和时间:2015-03-19 01:28:51	
0X30	8			05 C9 9D 0E E4 61 D0 01	记录修改的日期和时间:2015-03-19 01:28:51	
0X38	8			05 C9 9D 0E E4 61 D0 01	文件夹访问的日期和时间:2015-03-19 01:28:51	
0X40	8	0	0	00 00 00 00 00 00 00 00	文件夹分配空间大小(单位:字节)	
0X48	8	0	0	00 00 00 00 00 00 00 00	文件夹实际大小(单位:字节)	
0X50	4		10000000	00 00 00 10	标志,如目录、压缩、隐藏等,此处为目录	
0X54	4	0	00	00 00 00 00	EAs(扩展属性)和Reparse(重新解析)使用	
0X58	1	4	4	04	目录名长度为4个Unicode字符	
0X59	1	3	3	03	文件名命名空间为3,即Win32&DOS命名规则	
0X5A	8				目录名为"长文件名"	
0X62	6			00 00 00 00 00 00	填充到8的倍数,无用数据	

6.3.3　80H属性

80H属性即＄DATA属性,主要用于文件记录。该属性比较复杂,可能会出现5种情况,即只有属性头而无属性体、常驻无属性名、非常驻无属性名、非常驻有属性名和常驻有属性名。

1. 只有属性头而无属性体

一般情况下,只有属性头而无属性体的80H属性,是针对文本文件的,且文本文件的内容为空,即文件的大小为0字节。

例6.13　H盘15424号记录,文件名为a01.txt(注:a01.txt文件存储在H盘的A06文件下),在资源管理器中查看a01.txt文件属性时,文件的大小为0字节。其80H属性如图6.22所示,由于结构简单不再作说明。

```
Offset      0  1  2  3  4  5  6  7   8  9  A  B  C  D  E  F
07210100   80 00 00 00 18 00 00 00  00 00 18 00 00 00 01 00
07210110   00 00 00 00 18 00 00 00  FF FF FF FF 82 79 47 01
```

记录结束标志

图6.22　只有属性头而无属性体的80H属性

2. 常驻无属性名

80H 常驻无属性名分为属性头和属性体(即文件内容)两部分。属性体的长度为 8 的倍数,当属性体结束时没有达到 8 的倍数时,多余的字节用 00 来填充。80H 常驻无属性名结构见表 6.23 所列。

表 6.23　80H 常驻无属性名结构

字节偏移	字节数	含　义	字节偏移	字节数	含　义
0X00	4	属性类型(80H)	0X0E	2	属性 ID 标识
0X04	4	属性长度(即属性头+属性体)	0X10	4	属性体长度(L)
0X08	1	是否为常驻标志,此处为 00,表示常驻	0X14	2	属性内容开始偏移
0X09	1	属性名的名称长度,00 表示没有属性名	0X16	1	索引标志
0X0A	2	属性名的名称偏移,此值无意义	0X17	1	填充
0X0C	2	标志(压缩、加密、稀疏等)	0X18	L	属性体(文件内容)

例 6.14　存储在 H 盘 A06 文件夹中的 a00.txt 文件,记录号为 15423,在资源管理器中查看 a00.txt 文件属性时,文件大小为 94 字节,占用空间为 4.00KB (4096 字节),如图 6.23 所示。使用记事本打开 a00.txt 文件后,文件内容如图 6.24 所示。15423 号记录的 80H 属性如图 6.25 所示,其说明见表 6.24 所列。

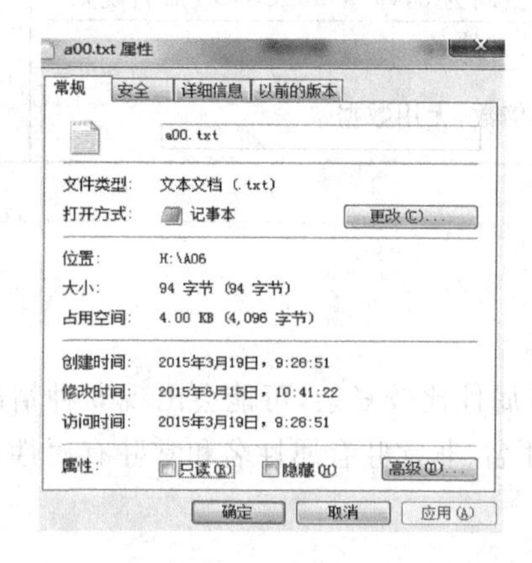

图 6.23　a00.txt 属性

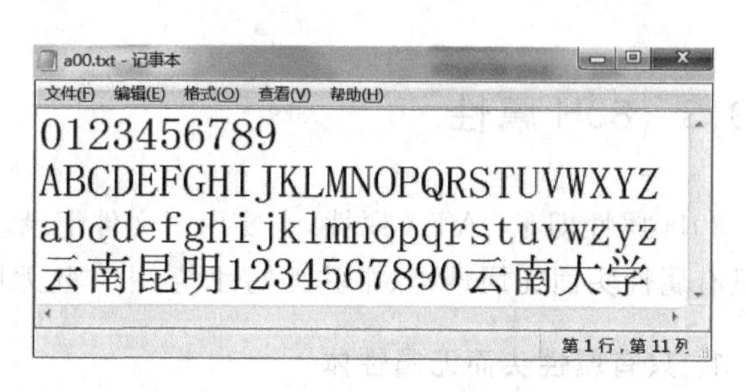

图 6.24　a00.txt 文件内容

```
Offset     0  1  2  3  4  5  6  7   8  9  A  B  C  D  E  F
0720FD20                            80 00 00 00 78 00 00 00          €...x...
0720FD30   00 00 18 00 00 00 05 00  5E 00 00 00 18 00 00 00  ........^.......
0720FD40   30 31 32 33 34 35 36 37  38 39 0D 0A 41 42 43 44  0123456789..ABCD
0720FD50   45 46 47 48 49 4A 4B 4C  4D 4E 4F 50 51 52 53 54  EFGHIJKLMNOPQRST
0720FD60   55 56 57 58                    63 64 65 66 67 68  UVWXYZ..abcdefgh
0720FD70   69 6A 6B 6C                                   7A  ijklmnopqrstuvwz
0720FD80   79 7A 0D 0A D4 C6 C4 CF  C0 A5 C3 F7 31 32 33 34  yz..云南昆明1234
0720FD90   35 36 37 38 39 30 D4 C6  C4 CF B4 F3 D1 A7 00 00  567890云南大学..
0720FDA0   FF FF FF FF 82 79 47 11  00 00 00 00 00 00 00 00  倅G........
```

用记事本打开a00.txt
后所看到的文件内容

图 6.25　15423 号记录的 80H 属性值

表 6.24 15423 号记录 80H 常驻属性结构

字节偏移	字节数	值			含义	备注
		十进制	十六进制	存储形式		
0X000	4	128	80	80 00 00 00	80H 属性	80H 属性头
0X004	4	120	78	78 00 00 00	属性长度为 0X78 字节，地址范围为 0X0720FD28～FD9F	
0X008	1	0	0	00	是否为常驻标志，此处为 00，表示常驻	
0X009	1	0	0	00	属性名称长度，00 表示没有属性名	
0X00A	2	24	18	18 00	无属性名，此值无意义	
0X00C	2	0	00	00 00	标志为 00	
0X00E	2	5	05	05 00	属性 ID 标识为 05	
0X010	4	94	5E	5E 00 00 00	属性体长度为 94 字节	
0X014	2	24	18	18 00	属性体开始偏移为 0X18，属性内容(即文件内容)开始地址为 0X0720FD28＋0X018＝0X0720FD40	
0X016	1	0	0	00	索引标志为 0	
0X017	1	0	0	00	无意义，填充到 8 字节	
0X018	94				文件内容：0123456789↵ABCDEFGHIJKLMNOPQRSTUVWXYZ↵abcdefghijklmnopqrstuvwzyz↵云南昆明 1234567890 云南大学	80H 属性体

说明：

(1) 地址 0X0720FD9E～FD9F 的内容为“00 00”，为多余字节，因为文件内容长度为 94 字节。

(2) 地址 0X0720FDA0～FDA7 的内容为“FF FF FF FF 82 79 47 11”(存储形式)，表示记录已经结束，以后的数据为无用数据。

(3) 从图 6.23 可知，a00.txt 文件大小为 94 字节，占用空间为 4.00KB (4096 字节)，但实际上 a00.txt 文件内容并未占用 H 盘的空间，因为该文件记录的 80H 属性是常驻属性，将该文件删除后，H 盘的已用空间和自由空间不会发生变化。

3. 非常驻无属性名

80H 非常驻属性结构比较复杂，常用数据流有 7 种情况，即未命名数据流、文件摘要信息、$ mountMgrDatabase、$ Bad、$ SDS、$ J、$ Max。除未命名数据流构成非常驻无属性名外，其他 6 种情况构成了有属性名的 80H 属性，即非常驻有属性名属性。80H 非常驻无属性名属性头结构见表 6.25 所列，而属性体的位置则由属性头中的数据运行列表确定。

在文件记录 80H 非常驻属性中，如果只有一个数据运行列表，说明该文件内容(即属性体)在 NTFS 卷上的存储是连续的，该 80H 非常驻属性数据运行列表可以表示为：

$$M1\,N1 \quad X1_1 \quad X1_2 \quad \cdots\cdots \quad X1_{N1} \quad Y1_1 \quad Y1_2 \quad \cdots\cdots \quad Y1_{M1} \quad 00 \quad Z1 \quad Z2 \quad \cdots\cdots$$

其中：M1N1 是一个字节，M1 是该字节的高 4 位(即 $bit_7 \sim bit_4$)，表示文件内容开始簇号占 M1 字节；而 N1 是该字节的低 4 位(即 $bit_3 \sim bit_0$)，表示文件内容簇数占 N1 字节；“00 Z1 Z2……”表示数据运行列表所占字节数不足 8 的倍数而填充的无用数据。注：在 NTFS 卷中数据的存储形式是采用小头位序。

表 6.25　80H 非常驻无属性名属性头结构

字节偏移	字节数	含　义	备注
0X00	4	80H 属性	80H 属性头
0X04	4	属性头长度(单位：字节)	
0X08	1	常驻与非常驻标志，此处为 01，表示非常驻	
0X09	1	文件名长度(00 表示没有属性名)，此处为 00，表示未命名，即无属性名	
0X0A	2	名称偏移值(没有属性名)，此处为 00	
0X0C	2	压缩、加密、稀疏标志：0001H 表示该属性是被压缩的；4000H 表示该属性是被加密的；8000H 表示该属性是稀疏的	
0X0E	2	属性 ID 标识	
0X010	8	开始 VCN，此处为 00	
0X018	8	结束 VCN，等于所占簇数之和减 1	
0X020	2	数据运行列表偏移地址	
0X022	2	压缩单位大小(2^x 簇，如果为 0 表示未压缩)	
0X024	4	填充	
0X028	8	系统分配给文件的空间大小(单位：字节)	
0X030	8	流的实际大小，即文件的实际大小(单位：字节)	
0X038	8	流已初始化大小，即文件压缩后的大小(单位：字节)	
0X040		数据运行列表	

文件内容开始簇号、所占簇数和结束簇号如式(6.17)～式(6.19)：

$$文件内容开始簇号 = Y1_{M1}\cdots\cdots Y1_2 Y1_1 \quad (注：该值是一个正整数或者零) \tag{6.17}$$

$$文件内容所占簇数 = X1_{N1}\cdots\cdots X1_2 X1_1 \quad (注：该值是一个正整数) \tag{6.18}$$

$$\begin{aligned}文件内容结束簇号 &= 文件内容开始簇号 + 文件内容所占簇数 - 1 \\ &= Y1_{M1}\cdots\cdots Y1_2 Y1_1 + X1_{N1}\cdots\cdots X1_2 X1_1 - 1\end{aligned} \tag{6.19}$$

例 6.15　存储在 H 盘 abcd1 文件夹中的 1.jpg 文件，文件记录号为 11891，80H 属性头如图 6.26 所示，说明见表 6.26 所列。

```
Offset      0  1  2  3  4  5  6  7   8  9  A  B  C  D  E  F
06E9CD00   80 00 00 00 48 00 00 00  01 00 00 00 00 00 01 00   €...H...........
06E9CD10   00 00 00 00 00 00 00 00  5B 00 00 00 00 00 00 00   ........[.......
06E9CD20   40 00 00 00 00 00 00 00  00 C0 05 00 00 00 00 00   @........?.....
06E9CD30   C4 B4 05 00 00 00 00 00  C4 B4 05 00 00 00 00 00   拇.....拇.....
06E9CD40   21 5C DB 10 00 00 00 00  FF FF FF FF 82 79 47 11   !\?....    倅G.
```

图 6.26　11891 号记录 80H 属性头

表 6.26　11891 号记录 80H 属性头说明

字节偏移	字节数	值			含　义
		十进制	十六进制	存储形式	
0X00	4	128	80	80 00 00 00	80H 属性
0X04	4	72	48	48 00 00 00	属性头长度为 0X48 字节
0X08	1	1	1	01	常驻与非常驻标志，此处为 01，表示非常驻
0X09	1	0	00	00	此处为 00，表示未命名
0X0A	2	0	00	00 00	名称偏移值(没有属性名)，此处为 00

续表

字节偏移	字节数	值			含 义
		十进制	十六进制	存储形式	
0X0C	2	0	0000	00 00	压缩、加密、稀疏标志：0001H 表示该属性是被压缩的；4000H 表示该属性是被加密的；8000H 表示该属性是稀疏的
0X0E	2	1	0001	01 00	属性 ID 标识
0X010	8	0	0	00 00 00 00 00 00 00 00	开始 VCN,此处为 00
0X018	8	91	5B	5B 00 00 00 00 00 00 00	结束 VCN,等于所占簇数之和减 1,即 0X5B
0X020	2	64	0040	40 00	数据运行列表偏移地址为 40H,即数据运行列表的开始地址为 06E9CD00+40=06E9CD40
0X022	2		0000	00 00	压缩单位大小(2^x 簇,如果为 0 表示未压缩)
0X024	4		00	00 00 00 00	填充
0X028	8	376832	5C000	00 C0 05 00 00 00 00 00	为流分配的单元大小,按分配簇的实际大小来计算。分配的磁盘空间大小为 0X05C000 字节
0X030	8	373956	5B4C4	C4 B4 05 00 00 00 00 00	实际的流大小,即文件内容的实际大小为 0X05B4C4 字节
0X038	8	373956	5B4C4	C4 B4 05 00 00 00 00 00	流已初始化大小为 0X05B4C4 字节
0X040	8			21 5C DB 10 00 00 00 00	数据运行列表

说明：

(1) 从表 6.26 可知,11891 号记录 80H 属性头只有一个数据运行列表,数据运行列表为"21 5C DB 10 00 00 00 00"；数值"21"表示 1.jpg 文件内容开始簇号占 2 字节,开始簇号的存储形式为"DB 10"；簇数占 1 字节,簇数的存储形式为"5C"；而"00 00 00 00"为无用数据。

(2) 由式(6.17)和式(6.18)可知：

1.jpg 文件内容开始簇号=0X10DB(即 4315)

1.jpg 文件内容所占簇数=0X5C (即 92)个簇

(3) 由式(6.19)可知：

1.jpg 文件内容结束簇号=开始簇号+所占簇数-1

=0X10DB+0X5C-1=0X1136(即 4406)

所以,1.jpg 文件内容占用簇号范围为 4315～4406(即 0X10DB～0X1136),共计 92 个簇,1.jpg 文件内容 LCN 与 VCN 的对应关系见表 6.27 所列。

表 6.27 1.jpg 文件的 LCN 与 VCN 对应关系

LCN/VCN \ 簇号		开始簇号	下一簇号	下一簇号	……	下一簇号	结束簇号
LCN	十六进制	10DB	10DC	10DD	……	1135	1136
	十进制	4315	4316	4317	……	4405	4406
VCN	十六进制	0	1	2	……	5A	5B
	十进制	0	1	2	……	90	91

注：每个文件内容的开始 VCN 均为 0。

在文件记录 80H 非常驻属性中，如果有两个以上的数据运行列表，说明该文件内容在 NTFS 卷上的存储是不连续的，那么该 80H 非常驻属性的数据运行列表可以表示为：

M1N1　$X1_1$ $X1_2$ … $X1_{N1}$　$Y1_1$ $Y1_2$ … $Y1_{M1}$　M2N2　$X2_1$ $X2_2$ … $X2_{N2}$　$Y2_1$ $Y2_2$ … $Y2_{M2}$

M3N3　$X3_1$ $X3_2$ … $X3_{N3}$　$Y3_1$ $Y3_2$ … $Y3_{M3}$　M4N4　$X4_1$ $X4_2$ … $X4_{N4}$　$Y4_1$ $Y4_2$ … $Y4_{M4}$

MPNP　XP_1 XP_2 … XP_{NP}　YP_1 YP_2 … YP_{MP}　00　Z1 Z2 …

对数据运行列表说明如下：

(1) 该文件内容被划分为 P(注：P 为大于或者等于 2 的正整数)段分散地存储在 NTFS 卷中。

(2) MiNi 是一个字节，Mi 是该字节的高 4 位(即 $bit_7 \sim bit_4$)，Ni 是该字节的低 4 位(即 $bit_3 \sim bit_0$)，其中：$i=1,2,3,\cdots,P$。

(3) M1 表示第 1 段文件内容开始簇号占 M1 字节。

(4) Mi 表示第 i 段文件内容的相对簇号占 Mi 字节，其中：$i=2,3,\cdots,P$。

(5) Ni 表示第 i 段文件内容的簇数占 Ni 字节，其中：$i=1,2,3,\cdots,P$。

(6) $Y1_{M1} \cdots Y1_2 Y1_1$ 是一个正整数或者 0，表示第 1 段文件内容开始簇号。

(7) $Yi_{Mi} \cdots Yi_2 Yi_1$ 是一个有符号的整数，即是一个正整数或者是一个负整数(注：负整数用补码表示)，表示第 i 段文件内容相对于第($i-1$)段的开始簇号，其中：$i=2,3,4,\cdots,P$。

(8) $Xi_{Ni} \cdots Xi_2 Xi_1$ 是一个正整数，表示第 i 段文件内容所占簇数，其中：$i=1,2,3,\cdots,P$。

(9) "00 Z1 Z2…"表示数据运行列表所占字节不足 8 的倍数，而填充的无用数据。

数据运行列表结构含义，见表 6.28 所列。

表 6.28　数据运行列表结构含义

段号	数据运行列表	各段开始簇号	各段所占簇数
1	M1N1　$X1_1$ $X1_2$ … $X1_{N1}$　$Y1_1$ $Y1_2$ … $Y1_{M1}$	$Y1_{M1}$ … $Y1_2$ $Y1_1$	$X1_{N1} \cdots X1_2 X1_1$
2	M2N2　$X2_1$ $X2_2$ … $X2_{N2}$　$Y2_1$ $Y2_2$ … $Y2_{M2}$	$Y1_{M1}$ … $Y1_2$ $Y1_1$ + $Y2_{M2}$ … $Y2_2$ $Y2_1$	$X2_{N2} \cdots X2_2 X2_1$
3	M3N3　$X3_1$ $X3_2$ … $X3_{N3}$　$Y3_1$ $Y3_2$ … $Y3_{M3}$	$Y1_{M1}$ … $Y1_2$ $Y1_1$ + $Y2_{M2}$ … $Y2_2$ $Y2_1$ + $Y3_{M3}$ … $Y3_2$ $Y3_1$	$X3_{N3} \cdots X3_2 X3_1$
…	…	…	…
P	MPNP　XP_1 XP_2 … XP_{NP}　YP_1 YP_2 … YP_{MP}	$Y1_{M1}$ … $Y1_2$ $Y1_1$ + $Y2_{M2}$ … $Y2_2$ $Y2_1$ + $Y3_{M3}$ … $Y3_2$ $Y3_1$ + … + YP_{MP} … YP_2 YP_1	$XP_{NP} \cdots XP_2 XP_1$

说明：作者使用 Excel 编写了针对 H 盘，通过数据运行列表计算文件内容各段所占簇数的算法，读者只需在单元格中输入数据运行列表，即可得到文件内容各段的开始簇号、结束簇号和所占簇数(注：H 盘为素材文件 abcd6.vhd 所附加的虚拟盘)。

例 6.16　存储在 H 盘 Word1 文件夹中的 a01.doc 文件，文件记录号为 15461，80H 属性头如图 6.27 所示(注：在图 6.27 中，画线部分为数据运行列表)。

从图 6.27 可知，15461 号记录 80H 属性头中的数据运行列表如下：

21 01 AB 46 11 01 5A 11 02 BB 11 03 EE 21 02 D5 00 00 73 D6 0F 45 EC 89

在 15461 号记录 80H 属性头中有 5 个数据运行列表，这 5 个数据运行列表见表 6.29 所列。

```
Offset    0  1  2  3  4  5  6  7   8  9  A  B  C  D  E  F
07219520                           80 00 00 00 58 00 00 00   €...X...
07219530  01 00 00 00 00 00 03 00  00 00 00 00 00 00 00 00   ................
07219540  08 00 00 00 00 00 00 00  40 00 00 00 00 00 00 00   ........@.......
07219550  00 90 00 00 00 00 00 00  00 8E 00 00 00 00 00 00   .........?.....
07219560  00 8E 00 00 00 00 00 00  21 01 AB 46 11 01 5A 11   .?.....!.歃..Z.
07219570  02 BB 11 03 EE 21 02 D5  00 00 73 D6 0F 45 EC 89   .?.?.?.s?E 鞠
07219580  FF FF FF FF 82 79 47 11  00 00 00 00 00 00 00 00   倅G........
```

图 6.27　15461 号记录的 80H 属性

表 6.29　15461 号记录 80H 属性头中的数据运行列表含义表

段号	数据运行列表	各段开始簇号		各段所占簇数	
		十六进制	十进制	十六进制	十进制
1	21 01 AB 46	46AB	18091	1	1
2	11 01 5A	46AB+5A=4705	18181	1	1
3	11 02 BB	46AB+5A−45=46C0	18112	2	2
4	11 03 EE	46AB+5A−45−12=46AE	18094	3	3
5	21 02 D5 00	46AB+5A−45−12+00D5=4783	18307	2	2

对表 6.29 各段数据运行列表说明如下：

(1) 第 1 个数据运行列表占 4 字节，即“21 01 AB 46”，数值“21”表示第 1 个数据运行列表开始簇号占 2 字节，簇数占 1 字节，第 1 个数据运行列表开始簇号为 0X46AB(即 18091)，占 0X01(即 1)个簇。

(2) 第 2 个数据运行列表占 3 字节，即“11 01 5A”，数值“11”表示第 2 个数据运行列表相对簇号占 1 字节，簇数占 1 字节，第 2 个数据运行列表的相对簇号为 0X5A(即 90)，占 0X01(即 1)个簇。

(3) 第 3 个数据运行列表占 3 字节，即“11 02 BB”，数值“11”表示第 3 个数据运行列表相对簇号占 1 字节，簇数占 1 字节，第 3 个数据运行列表的相对簇号为 0XBB(即−45H、−69)，占 0X02(即 2)个簇(注：0XBB 为一个负整数，负整数用补码表示)。

(4) 第 4 个数据运行列表占 3 字节，即“11 03 EE”，数值“11”表示第 4 个数据运行列表相对簇号占 1 字节，簇数占 1 字节，第 4 个数据运行列表的相对簇号为 0XEE(即−12H、−18)，占 0X03(即 3)个簇(注：0XEE 为一个负整数，负整数用补码表示)。

(5) 第 5 个数据运行列表占 4 字节，即“21 02 D5 00”，数值“21”表示第 5 个数据运行列表相对簇号占 2 字节，簇数占 1 字节，第 5 个数据运行列表的相对簇号为 0X00D5(即 213)，占 0X02(即 2)个簇。

(6) 数据“00 73 D6 0F 45 EC 89”为不足 8 的倍数，而填充的无用数据。

从数据运行列表可知，a01.doc 文件内容被划分为 5 段分散地存储在 H 盘中，占用簇号分别为 18091、18181、18112～18113、18094～18096 和 18307～18308，共计 9 个簇。

a01.doc 文件内容 LCN 与 VCN 对应关系见表 6.30 所列。

表 6.30 a01.doc 文件内容 LCN 与 VCN 对应关系表

LCN/VCN 簇号		开始簇号	下一簇号	下一簇号	下一簇号	下一簇号	下一簇号	下一簇号	下一簇号	结束簇号
LCN	十六进制	46AB	4705	46C0	46C1	46AE	46AF	46B0	4783	4784
	十进制	18091	18181	18112	18113	18094	18095	18096	18307	18308
VCN	十六进制	0	1	2	3	4	5	6	7	8
	十进制	0	1	2	3	4	5	6	7	8
段号		第 1 段	第 2 段	第 3 段		第 4 段			第 5 段	

对于非常驻属性而言，计算 NTFS 分配给文件空间如式(6.20)：

$$系统分配给文件的空间 = 文件所占簇数之和 \times 每个簇的扇区数 \times 512\ 字节 / 扇区 \tag{6.20}$$

例 6.17 在例 6.15 中，H 盘每个簇的扇区数为 8，系统分配给 1.jpg 文件的空间为 376 832 字节，在 80H 属性中的存储形式为“00 C0 05 00 00 00 00 00”，从数据运行列表可知，1.jpg 文件共占用了 92 个簇。

由式(6.20)可知：

$$376\ 832\ 字节 = 92\ 簇 \times 8\ 扇区 / 簇 \times 512\ 字节 / 扇区$$

作者通过实验发现：当一个文件记录的 80H 属性由常驻属性变为非常驻属性后，即使文件的大小只有一个字节，文件记录的 80H 属性仍然为非常驻属性。也就是说，当一个文件记录的 80H 属性由常驻属性变为非常驻属性后，就不再由非常驻属性变回到常驻属性；因此，小文件记录的 80H 属性也有可能是非常驻属性。

4. 非常驻有属性名

80H 属性的属性名主要有文件摘要信息、$mountMgrDatabase、$Bad、$SDS、$J、$Max 等。

1) 文件摘要信息

在 NTFS 卷中有些文件是有文件摘要的，这些摘要包括描述和来源两个部分，其中描述包括标题、主题、类型、关键字和备注等信息。而这些数据被储存在一组 4 条命名数据流中，它们分别是：

```
{4c8cc155 - 6c1e - 11d1 - 8e41 - 00c04fb9386d}
^EDocumentSummaryInformation
^ESebiesnrMkudrfcoIaamtykdDa
^ESummaryInformation
```

其中：数据流{4c8cc155-6c1e-11d1-8e41-00c04fb9386d}为空，数据流^EdocumentSummaryInformation 包含文件摘要的“类别”，数据流^EsebiesnrMkudrfcoIaamtykdDa 包含文件摘要的“来源”，数据流^EsummaryInformation 包含文件摘要的“标题”“主题”“作者”“关键字”“备注”和“修订版号码”。

2) $mountMgrDatabase

该数据流只存在有重解析点的卷上。

3) $Bad

坏簇数据流，该数据流只有在元文件 $BadClus 的 80H 属性中才有，它是一个记录卷中坏簇情况的数据流，如果在NTFS文件系统运行过程中发现新的坏簇，则将由该坏簇号记录到坏簇文件中，即元文件$BadClus中。

4）$SDS

安全描述流（$SDS），只有在元文件$Secure中才有，它包含了卷中所有安全描述列表。

5）$J、$Max

这两个数据流只有在元文件$Extend\$UsnJrnl中才有。

5. 常驻有属性名

在80H属性中，常驻有属性名的情况几乎不常见，这里不再介绍。

6.3.4　90H属性

90H属性即$INDEX_ROOT属性，在元文件$MFT的文件夹记录中才有该属性，它总是常驻有属性名的属性，属性头的长度为32字节，而属性体的长度则取决于90H属性所存储的内容；在90H属性中，常用到的索引项类型及名称见表6.31所列。

表6.31　常用索引项表

名　称	索引项类型	常用的地方	名　称	索引项类型	常用的地方
$I30	文件名	目录	$O	所有者ID	$Quota
$SDH	安全描述符	$Secure	$Q	配额	$Quota
$SII	安全ID	$Secure	$R	重解析点	$Reparse
$O	对象ID	$ObjId			

NTFS对索引目录的管理是采用B一树结构，该属性是NTFS实现对索引目录管理采用B一树结构的根节点。

作者经过大量的观察发现，文件夹记录可以分为以下6种情况：

第一种情况：在90H属性中，不存储任何文件名或索引节点号，即文件夹为空，90H属性是该记录的最后一个属性；文件夹记录的结构大致如图6.28所示。

文件夹记录头	10H属性	30H属性	90H属性	记录结束标志	无用数据

图6.28　文件夹记录的第一种情况结构图

例如：H盘中的A05文件夹，记录号为15414，由于结构简单，不再作分析。

第二种情况：文件夹中的所有文件（夹）名都存储在文件夹记录的90H属性中，90H属性是该记录的最后一个属性，文件夹记录结构大致如图6.29所示；这种情况是针对文件夹中存储的文件（夹）名数量比较少（注：所存储文件（夹）的数量与文件（夹）名的长度有关），90H属性中存储的文件（夹）名基本结构，如图6.30所示。在图6.30中，文件（夹）名1＜文件（夹）名2＜……＜文件（夹）名n，90H属性结束标志为“10 00 00 00 02 00 00 00”（存储形式）。

文件夹记录头	10H属性	30H属性	90H属性(见图6.30所示)	记录结束标志	无用数据

图6.29　文件夹记录的第二种情况结构图

90H标准属性头	索引根	索引头	文件(夹)名1	文件(夹)名2	…	文件(夹)名n	90H属性结束标志

图 6.30 所有文件(夹)名都存储在 90H 属性中的基本结构图

90H 属性中存储的文件名描述见表 6.32 所列。

表 6.32 90H 属性中存储文件名情况

字节偏移	字节数	含 义	备注	
0X000	4	90H 属性	90H 属性头	
0X004	4	属性长度(即属性头+属性体)		
0X008	1	总为 00		
0X009	1	属性名的名称长度		
0X00A	2	属性名的偏移		
0X00C	2	标志(压缩、加密、稀疏等)		
0X00E	2	属性 ID 标识		
0X010	4	属性体长度		
0X014	2	属性体开始偏移		
0X016	1	索引标志为 00		
0X017	1	无意义(填充到 8 字节的倍数)		
0X018	8	属性名为 $I30		
0X020	4	属性类型	索引根	90H 属性体
0X024	4	校对规则		
0X028	4	每个索引节点分配大小(单位：字节)		
0X02C	1	每个索引节点大小描述，当每个簇的扇区数≤8 时，该值为每个索引节点所占簇数；当每个簇的扇区数≥16 时，该值为每个索引节点所占扇区数，该值固定为 8，即每个索引节点为 8 个扇区		
0X02D	3	无意义(填充到 8 字节的倍数)		
0X030	4	第一个索引项的偏移	索引头	
0X034	4	索引项总的大小，单位：字节		
0X038	4	索引项的分配大小，单位：字节		
0X03C	1	标志：当该字节为 00 时，表示为小索引，即只有 1 个索引节点；当该字节为 01 时，表示为大索引，即有两个以上的索引节点		
0X03D	3	无意义(填充到 8 字节的倍数)		
0X040	8	该文件(夹)的 $MFT 参考号	索引项 1	
0X048	2	索引项的大小(相对索引项开始的偏移)		
0X04A	2	文件(夹)名属性体大小		
0X04C	2	索引标志：为 1 表示这个索引项包含子节点；为 2 表示这是最后一项		
0X04E	2	用 0 填充，无意义		
0X050	8	父目录的 $MFT 参考号		
0X058	8	文件(夹)创建时间		
0X060	8	文件(夹)最后修改时间		
0X068	8	文件(夹)记录最后修改时间		
0X070	8	文件(夹)最后访问时间		
0X078	8	文件(夹)分配大小(单位：字节)		

续表

字节偏移	字节数	含　　义	备注	
0X080	8	文件(夹)实际大小(单位：字节)		
0X088	8	文件(夹)标志	索引项1	90H属性体
0X090	1	文件(夹)名的长度,假设为 F		
0X091	1	文件(夹)名的命名空间		
0X092	2×F	文件(夹)名		
0X092+2×F	P	填充到能被 8 整除(无意义)		
……	……	……	索引项 2	
……	……	……	……	

说明：索引头后面存储着不同长度的索引项序列,由带有最后一个索引项标志的特殊索引项来结束,即第 1 个存储形式以“10 00 00 00 02 00 00 00”为结束标志。当一个目录中的文件或目录比较少时,即小目录,其索引根属性可以包括所有文件名和文件夹名的索引。

例 6.18　文件夹名为 abcd,记录号为 11866,在 abcd 文件夹中存储了 4 个文件夹,4 个文件夹名分别为 abcd1、abcd2、abcd3 和 abcd4,其 90H 属性如图 6.31 所示。

```
Offset      0  1  2  3  4  5  6  7   8  9  A  B  C  D  E  F
06E96900   90 00 00 00 D0 01 00 00  00 04 18 00 00 00 01 00   ....?.........
06E96910   B0 01 00 00 20 00 00 00  24 00 49 00 33 00 30 00   ?.. ...$.I.3.0.
06E96920   30 00 00 00 01 00 00 00  00 10 00 00 01 00 00 00   0..............
06E96930   10 00 00 00 A0 01 00 00  A0 01 00 00 00 00 00 00   ....?..?......
06E96940   5B 2E 00 00 00 00 01 00  60 00 4C 00 00 00 00 00   [.......`.L.....
06E96950   5A 2E 00 00 00 00 01 00  84 DD EA 0B E4 61 D0 01   Z.......勢?鉦?
06E96960   24 64 EC 0B E4 61 D0 01  24 64 EC 0B E4 61 D0 01   $d?鉦?$d?鉦?
06E96970   24 64 EC 0B E4 61 D0 01  00 00 00 00 00 00 00 00
06E96980   00 00 00 00 00 00 00 00  00 00 00 10 00 00 00 00
06E96990   05 03 61 00 62 00 63 00  64 00 31 00 00 00 00 00   ..a.b.c.d.1.....
06E969A0   63 2E 00 00 00 00 01 00  60 00 4C 00 00 00 00 00   c.......`.L.....
06E969B0   5A 2E 00 00 00 00 01 00  24 64 EC 0B E4 61 D0 01   Z.......$d?鉦?
06E969C0   C4 EA ED 0B E4 61 D0 01  C4 EA ED 0B E4 61 D0 01
06E969D0   C4 EA ED 0B E4 61 D0 01  00 00 00 00 00 00 00 00
06E969E0   00 00 00 00 00 00 00 00  00 00 00 10 00 00 00 00   ................
06E969F0   05 03 61 00 62 00 63 00  64 00 32 00 00 00 02 00   ..a.b.c.d.2.....
06E96A00   6A 2E 00 00 00 00 01 00  60 00 4C 00 00 00 00 00   j.......`.L.....
06E96A10   5A 2E 00 00 00 00 01 00  C4 EA ED 0B E4 61 D0 01   Z.......年?鉦?
06E96A20   C4 EA ED 0B E4 61 D0 01  C4 EA ED 0B E4 61 D0 01   年?鉦?年?鉦?
06E96A30   C4 EA ED 0B E4 61 D0 01  00 00 00 00 00 00 00 00
06E96A40   00 00 00 00 00 00 00 00  00 00 00 10 00 00 00 00
06E96A50   05 03 61 00 62 00 63 00  64 00 33 00 00 00 00 00   ..a.b.c.d.3.....
06E96A60   6E 2E 00 00 00 00 01 00  60 00 4C 00 00 00 00 00   n.......`.L.....
06E96A70   5A 2E 00 00 00 00 01 00  64 71 EF 0B E4 61 D0 01   Z.......dq?鉦?
06E96A80   64 71 EF 0B E4 61 D0 01  64 71 EF 0B E4 61 D0 01
06E96A90   64 71 EF 0B E4 61 D0 01  00 00 00 00 00 00 00 00
06E96AA0   00 00 00 00 00 00 00 00  00 00 00 10 00 00 00 00   ................
06E96AB0   05 03 61 00 62 00 63 00  64 00 34 00 00 00 00 00   ..a.b.c.d.4.....
06E96AC0   00 00 00 00 00 00 00 00  10 00 00 00 02 00 00 00   ................
06E96AD0   FF FF FF FF 82 79 47 11  00 00 00 00 00 00 00 00   倅G.........
```


图 6.31　11866 号记录的 90H 属性

11866 号记录 90H 属性结构说明见表 6.33 所列。从 90H 属性可知，索引项共有 4 个。在 90H 属性中存储了 abcd 文件夹中的 4 个文件夹名以及每个文件夹的基本信息，包括每个文件夹建立和修改的日期时间等等，11866 号记录结构如图 6.32 所示。

表 6.33 11866 号记录 90H 属性结构

字节偏移	字节数	值			含义	备注	
		十进制	十六进制	存储形式			
0X00	4	144	90	90 00 00 00	90H 属性	90H属性头	
0X04	4	464	1D0	D0 01 00 00	90H 属性长度为 0X01D0 字节		
0X08	1	0	0	00	00 表示常驻		
0X09	1	4	4	04	属性名长度为 4 个 Unicode 码		
0X0A	2	24	18	18 00	属性名偏移为 0X0018		
0X0C	2	0	0	00	标志(压缩、加密、稀疏等)		
0X0E	2	1	1	01 00	标识为 1		
0X10	4	432	1B0	B0 01 00 00	属性体长度为 0X01B0		
0X14	2	32	20	20 00	属性体开始偏移为 0X20		
0X16	1	0	0	00	索引标志为 0		
0X17	1	0	0	00	填充为 0		
0X18	8			24 00 49 00 33 00 30 00	属性名为 $ I30，即索引为文件名索引	索引根	90H属性体
0X20	4			30 00 00 00	属性类型为 0X30		
0X24	4			01 00 00 00	校对规则为 1		
0X28	4	4096	1000	00 10	每个索引节点分配大小为 0X1000 字节		
0X2C	1	1	1	01	每个索引节点为 1 个簇		
0X2D	3	0	0	00 00 00	无意义，填充为 0		
0X30	4	16	10	10 00 00 00	第一个索引项的偏移为 0X10	索引头	
0X34	4	416	1A0	A0 01 00 00	索引项总的大小为 0X01A0 字节		
0X38	4	416	1A0	A0 01 00 00	索引项的分配大小 0X01A0 字节		
0X3C	1	0	0	00	标志：当该字节为 00 时，表示其为小索引		
0X3D	3	0	0	00 00 00	无意义		
0X40	6	11867	2E5B	5B 2E 00 00 00 00	abcd1 文件夹的记录号为 0X2E5B	abcd1	
0X46	2	1	01	01 00	abcd1 文件夹更新的序号为 1		
0X48	2	96	60	60 00	abcd1 索引项的大小为 0X60 字节		
0X4A	2	76	4C	4C 00	abcd1 文件夹属性体大小为 0X4C 字节		
0X4C	2	0	0	00 00	索引标志：为 1 表示这个索引项包含子节点，为 2 表示这是最后一项；此处为 00		
0X4E	2	0	0	00 00	用 0 填充，无意义		
0X50	6	11866	2E5A	5A 2E 00 00 00 00	父目录（即 abcd 文件夹）的记录号为 0X2E5A		
0X56	2	1	01	01 00	即 abcd 文件夹更新序号为 01		
0X58	8			84 DD EA 0B E4 61 D0 01	abcd1 文件夹创建时间：2015-03-19 01:28:47		

续表

字节偏移	字节数	值			含义	备注	
		十进制	十六进制	存储形式			
0X60	8			24 64 EC 0B E4 61 D0 01	abcd1 文件夹最后修改时间：2015-03-19 01:28:47	abcd1	90H 属性体
0X68	8			24 64 EC 0B E4 61 D0 01	abcd1 文件夹记录最后修改时间：2015-03-19 01:28:47		
0X70	8			24 64 EC 0B E4 61 D0 01	abcd1 文件夹最后访问时间：2015-03-19 01:28:47		
0X78	8	0	0	00 00 00 00 00 00 00 00	abcd1 文件夹分配大小为 0 字节		
0X80	8	0	0	00 00 00 00 00 00 00 00	abcd1 文件夹实际大小为 0 字节		
0X88	8			00 00 00 10 00 00 00 00	abcd1 文件夹标志为 10000000，即目录		
0X90	1	5	5	05	abcd1 文件夹名长度为 5 个 Unicode 码，即 10 字节		
0X91	1	3	3	03	abcd1 文件夹名的命名空间为 3		
0X92	14				文件夹名为 abcd1		
0XA0					下一个索引项为 abcd2，其结构与 abcd1 结构相同	……	

11866号记录头	10H属性	30H属性	90H属性				记录结束标志	无用数据
			abcd1	abcd2	abcd3	abcd4		

图 6.32 11866 号记录结构图

第三种情况：文件夹中存储的文件(夹)名数量比较多，在 90H 属性中无法存储时，需要将文件夹中所存储的文件(夹)名移动到一个索引节点中，而在 90H 属性中只存储一个索引节点号，这个索引节点号为 0。这时候就需要用到 A0H 属性(即索引分配属性)和 B0H 属性(即位图属性)，索引节点号所在位置以数据运行列表的形式存储在 A0H 属性中，而 B0H 属性值则记录了该索引节点号的状态为有效，文件夹记录的第三种情况大致如图 6.33 所示。

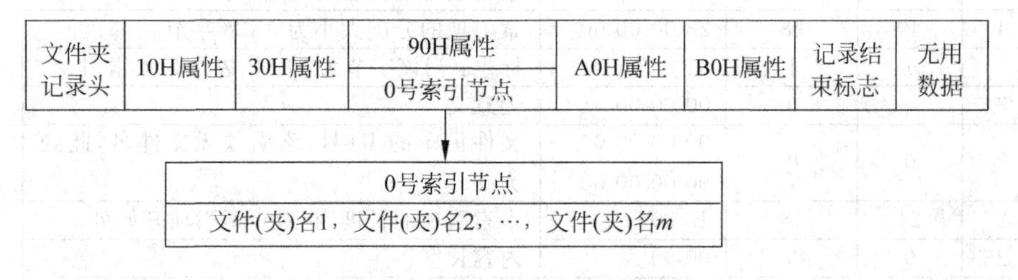

图 6.33 文件夹记录的第三种情况结构图

例 6.19 文件夹名为 a16，记录号为 35，在 a16 文件夹中存储了 16 个文件，文件名为 a000.txt～a015.txt，其 90H 属性、A0H 和 B0H 属性如图 6.34 所示，其说明见表 6.34 所列。

```
Offset    0  1  2  3  4  5  6  7   8  9  A  B  C  D  E  F
06308CF0                           90 00 00 00 58 00 00 00         ....X...
06308D00  00 04 18 00 00 00 05 00  38 00 00 00 20 00 00 00  ........8... ...
06308D10  24 00 49 00 33 00 30 00  30 00 00 00 01 00 00 00
06308D20  00 10 00 00 01 00 00 00  10 00 00 00 28 00 00 00
06308D30  28 00 00 00 01 00 00 00  00 00 00 00 00 00 00 00  ................
06308D40  18 00 00 00 03 00 00 00  00 00 00 00 00 00 00 00
06308D50  A0 00 00 00 50 00 00 00  01 04 40 00 00 00 03 00
06308D60  00 00 00 00 00 00 00 00  00 00 00 00 00 00 00 00
06308D70  48 00 00 00 00 00 00 00  00 10 00 00 00 00 00 00  H...............
06308D80  00 10 00 00 00 00 00 00  00 10 00 00 00 00 00 00  ................
06308D90  24 00 49 00 33 00 30 00  21 01 53 61 00 00 00 00  $.I.3.0.!.Sa....
06308DA0  B0 00 00 00 28 00 00 00  00 04 18 00 00 00 04 00  ?..(............
06308DB0  08 00 00 00 20 00 00 00  24 00 49 00 33 00 30 00  .... ...$.I.3.0.
06308DC0  01 00 00 00 00 00 00 00  FF FF FF FF 82 79 47 11  ........傢G.
```


图 6.34　35 号记录中的 90H 属性、A0H 属性和 B0H 属性

表 6.34　35 号记录 90H 属性结构

字节偏移	字节数	值			含　义	备注	
		十进制	十六进制	存储形式			
0X00	4	144	90	90 00 00 00	90H 属性	90H属性头	
0X04	4	88	58	58 00 00 00	属性长度为 0X58 字节		
0X08	1	0	0	00	00 表示常驻		
0X09	1	4	4	04	属性名长度为 4 个 Unicode 码		
0X0A	2	24	18	18 00	属性名偏移为 0X0018		
0X0C	2	0	0	00 00	标志(压缩、加密、稀疏等)		
0X0E	2	5	5	05 00	属性 ID 标识为 5		
0X010	4	56	38	38 00 00 00	属性体长度为 0X38		
0X014	2	32	20	20 00	属性体开始偏移为 0X20		
0X016	1	0	0	00 00	索引标志为 0		
0X017	1	0	0	00	填充为 0		
0X018	8			24 00 49 00 33 00 30 00	属性名为＄I30,即索引为文件名索引		
0X020	4		30	30 00 00 00	属性类型为 0X30	索引根	90H属性体
0X024	4	1	01	01 00 00 00	校对规则为 1		
0X028	4	4096	1000	00 10	每个索引节点的分配大小为 0X1000 字节		
0X02C	1	1	1	01	每个索引节点为 1 个簇		
0X02D	3	0	0	00 00 00	无意义,填充为 0		
0X030	4	16	10	10 00 00 00	第一个索引项的偏移为 0X10	索引头	
0X034	4	40	28	28 00 00 00	索引项总的大小为 0X28 字节		
0X038	4	40	28	28 00 00 00	索引项的分配大小为 0X28 字节		
0X03C	1	1	1	01	标志：当该字节为 01 时,表示为大索引		
0X03D	3	0	0	00 00 00	无意义		
0X040	8	0	0	00 00 00 00 00 00 00 00	文件记录的 ID 号,索引项无文件名,此处为 0	索引项	
0X48	2	24	18	18 00	本索引项的长度(相对于索引项开始处)		
0X5A	2	0	0	00 00	内容长度		
0X5C	2	3	03	03 00	标志,0X01 有子节点,0X02 为列表最后一项		
0X5E	2	0	0	00 00	未使用		
0X60	8	0	0	00 00 00 00 00 00 00 00	索引节点号为 0		

35号记录的90H属性结构如图6.35所示，从图6.35可知，在a16文件夹中的16个文件名并没有存储在35号记录的90H属性中，而是存储在0号索引节点中，0号索引节点的位置由35号记录的A0H属性中的数据运行列表来确定，90H属性中只存储了1个索引节点号，索引节点号为0；从A0H属性数据运行列表可知，0号索引节点位置为24915(即0X6153)号簇。

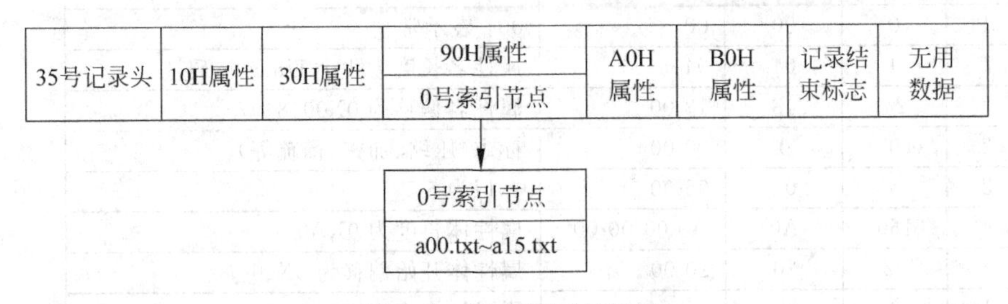

图6.35　35号记录结构图

第四种情况：在90H属性中既存储文件夹中的文件(夹)名，也存储索引节点号，且所存储的文件(夹)名数量等于存储的索引节点号的数量减1，而文件夹中的其余文件(夹)名则分别存储在各个索引节点中，90H属性后是A0H属性和B0H属性。

假设在某文件夹中存储了n个文件(夹)，文件(夹)名为文件1至文件n，文件夹记录的第4种情况结构图大致如图6.36所示；其中：u、v、r、s、i、j、k、m和n均为正整数，且$i<j<k<m<n$；u、v、r、s为索引节点号。

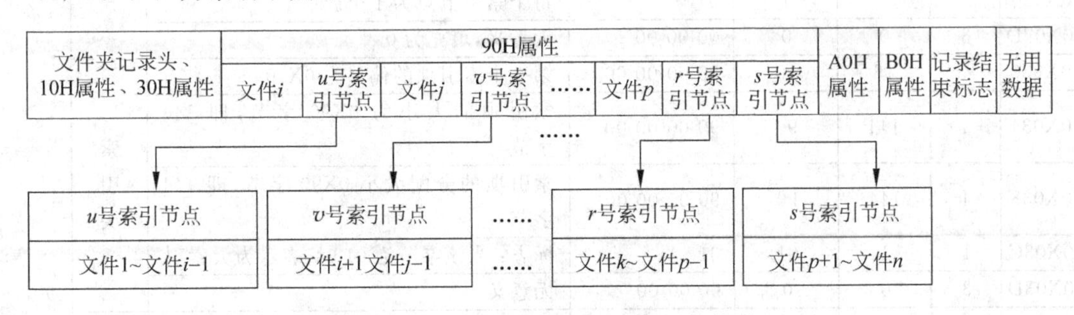

图6.36　文件夹记录的第四种情况结构图

例6.20　文件夹名为a61，记录号为127，在a61文件夹中存储了61个文件，文件名为a00.txt～a60.txt，127号记录的90H属性如图6.37所示，其说明见表6.35所列。

```
Offset     0  1  2  3  4  5  6  7   8  9  A  B  C  D  E  F
0631FCF0                            90 00 00 00 C0 00 00 00        ....?..
0631FD00   00 04 18 00 00 00 05 00  A0 00 00 00 20 00 00 00  ........?.....
0631FD10   24 00 49 00 33 00 30 00  30 00 00 00 01 00 00 00  $.I.3.0.0.......
0631FD20   00 10 00 00 01 00 00 00  10 00 00 00 90 00 00 00  ................
0631FD30   90 00 00 00 01 00 00 00  94 00 00 00 00 00 01 00  ........?......
0631FD40   68 00 50 00 01 00 00 00  7F 00 00 00 00 00 01 00  h.P.............
0631FD50   84 08 D7 04 E4 61 D0 01  00 D4 1F D7 61 4B CC 01  ??鋋?.?讙K?
0631FD60   84 08 D7 04 E4 61 D0 01  84 08 D7 04 E4 61 D0 01
06[illegible]    [illegible]    0 00 00 00  00 00 00 00 00 00 00 00
0631FD80   20 00 [illegible] 00 00 00 00 00  07 03 61 00 32 00 30 00  .........a.2.0.
0631FD90   2E 00 74 00 78 00 74 00  00 00 00 00 00 00 00 00  ..t.x.t.........
0631FDA0   00 00 00 00 00 00 00 00  18 00 00 00 03 00 00 00  ................
0631FDB0   01 00 00 00 00 00 00 00
```

a20.txt的Unicode码

a20.txt后的指针

指针

图6.37　127号记录的90H属性

表 6.35 127 号记录的 90H 属性结构

字节偏移	字节数	值			含 义	备注	
		十进制	十六进制	存储形式			
0X000	4	144	90	90 00 00 00	90H 属性	90H属性头	
0X004	4	192	C0	C0 00 00 00	90H 属性长度为 0XC0 字节		
0X008	1	0	00	00	00:表示常驻		
0X009	1	4	04	04	属性名长度为 4 个 Unicode 码		
0X00A	2	24	18	18 00	属性名偏移为 0X0018		
0X00C	2	0	0	00 00	标志(压缩、加密、稀疏等)		
0X00E	2	5	05	05 00	标识为 5		
0X010	4	160	A0	A0 00 00 00	属性体长度为 0XA0		
0X014	2	32	20	20 00	属性体开始偏移为 0X20		
0X016	1	0	0	00	索引标志为 0		
0X017	1	0	0	00	填充为 0		
0X018	8			24 00 49 00 33 00 30 00	属性名为 $ I30,即索引为文件名索引		
0X020	4	48	30	30 00 00 00	属性类型为 0X30	索引根	90H属性体
0X024	4	1	1	01 00 00 00	校对规则为 1		
0X028	4	4096	1000	00 10	每个索引节点的分配大小为 0X1000 字节		
0X02C	1	1	1	01	每个索引节点为 1 个簇		
0X02D	3	0	0	00 00 00	无意义,填充为 0		
0X030	4	16	10	10 00 00 00	第一个索引项的偏移为 0X10	索引头	
0X034	4	144	90	90 00 00 00	索引项的大小为 0X90 字节,即 144 字节		
0X038	4	144	90	90 00 00 00	索引项的分配大小 0X90 字节,即 144 字节		
0X03C	1	1	01	01	标志:当该字节为 01 时,表示为大索引		
0X03D	3	0	0	00 00 00	无意义		
0X040	6	148	94	94 00 00 00 00 00	a20. txt 文件的记录号为 0X94	索引项1	
0X046	2	1	1	01 00	a20. txt 文件更新的序号		
0X048	2	104	68	68 00	a20. txt 索引项的大小为 0X68 字节		
0X04A	2	80	50	50 00	a20. txt 文件名属性体大小为 0X50 字节		
0X04C	2	1	01	01 00	此处为 01 表示这个索引项包含子节点		
0X04E	2	0	00	00 00	用 0 填充,无意义		
0X050	6	127	7F	7F 00 00 00 00 00	父目录(即 a61 文件夹)的记录号为 0X7F		
0X056	2	1	01	01 00	父目录(即 a61 文件夹)更新序号为 01		
0X058	8			84 08 D7 04 E4 61 D0 01	a01. txt 创建时间:2015-03-19 01:28:35		
0X060	8			00 D4 1F D7 61 4B CC 01	a01. txt 最后修改时间:2011-07-26 07:01:28		

续表

字节偏移	字节数	值			含义	备注	
		十进制	十六进制	存储形式			
0X068	8			84 08 D7 04 E4 61 D0 01	记录最后修改时间：2015-03-19 01:28:35	索引项1	90H属性体
0X070	8			84 08 D7 04 E4 61 D0 01	a01.txt最后访问时间：2015-03-19 01:28:35		
0X078	8	0	0	00 00 00 00 0000 00 00	a20.txt文件分配大小为0字节		
0X080	8	0	0	00 00 00 00 00 00 00 00	a020.txt文件实际大小为0字节		
0X088	8	32	20	20 00 00 00 00 00 00 00	a020.txt文件标志为20，即存档文件		
0X090	1	7	7	07	文件名的长度为7个Unicode码		
0X091	1	3	3	03	文件名的命名空间为3		
0X092	14				文件名为a020.txt		
0X0A0	8		0	00 00 00 00 00 00 00 00	a20.txt后的索引节点号(即指针)为0		
0X0A8	8		0	00 00 00 00 00 00 00 00	文件记录的ID号，索引项无文件名，此处为0		
0X0B0	2	24	18	18 00	本索引项的长度(相对于索引项开始处)		
0X0B2	2	0	0	00 00	内容长度(索引中的索引文件名属性长度)		
0X0B4	2	3	03	03 00	标志，01有子节点，02为列表最后一项。组合后为既有子节点又是列表的最后一项		
0X0B6	2	0	0	00 00	未使用		
0X0C8	8	1	1	01 00 00 00 00 00 00 00	索引节点号(即针指)为1		

127号记录的90H属性结构，如图6.38所示，从图6.38可知，在90H属性中存储1个索引文件名和2个指针(即索引节点号)，索引文件名为a20.txt，指针号分别为0和1。而在0号索引节点中存储的文件名为a00.txt～a19.txt，共计20个；在1号索引节点中存储的文件名为a21.txt～a40.txt，共计40个。

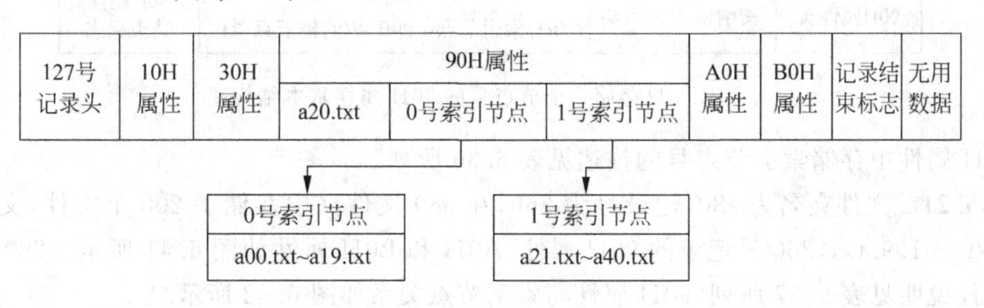

图6.38 127号记录结构图

0 号和 1 号索引节点的位置由 127 号记录的 A0H 属性中的数据运行列表(注：数据运行列表为“21 02 57 61”)来确定，从 A0H 属性的数据运行列表可知，0 号索引节点在 24919 号簇，而 1 号索引节点在 24920 号簇。

注：索引节点号与每个簇的扇区数有关。由于在 H 盘中每个簇的扇区数为 8，每个索引节点大小为 1 个簇，所以，索引节点号正好是 0 和 1。

第五种情况：文件夹中所存储的文件(夹)名数量比较多时，即当文件夹中的文件(夹)不断增加，90H 属性中无法存储索引文件(夹)名时，NTFS 会将这些索引文件(夹)名及指针移动到一个索引节点中，这个索引节点号往往不是 0，在 90H 属性中存储该索引节点号。这时候就需要用到 A0H 属性(即索引分配属性)和 B0H 属性(即位图属性)，各索引节点的位置以数据运行列表的形式存储在 A0H 属性中。

假设在某文件夹中存储有 n 个文件(夹)，文件(夹)名为文件 1 至文件 n，文件夹记录的第五种情况图如 6.39 所示。

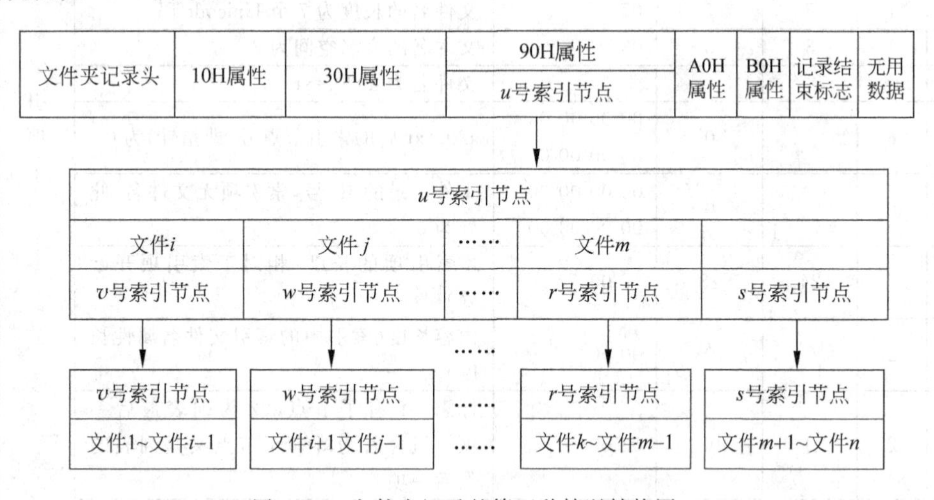

图 6.39　文件夹记录的第五种情况结构图

注：在图 6.39 中，u、v、w、r、s、i、j、k、m 和 n 均为正整数，且文件 i<文件 j<……<文件 k<文件 m<文件 n；u、v、w、r、s 为索引节点编号；在 u 号索引节点中，文件名与索引节点的存放顺序为：文件 $i+v$ 号索引节点号，文件 $j+w$ 号索引节点号，……，文件 $m+r$ 号索引节点号和 18 00 00 00 03 00 00 00+s 号索引节点号。

其 90H 属性基本结构如图 6.40 所示。

90H属性头	索引根	索引头	索引项 (u号索引节点，即B–树的根节点号)	90H属性 结束标志

图 6.40　只存储一个节点号的 90H 属性基本结构图

90H 属性中存储索引节点号的描述见表 6.36 所列。

例 6.21　文件夹名为 a80，记录号为 260，在 a80 文件夹中存储了 200 个文件，文件名为 a000.txt～a199.txt，260 号记录的 90H 属性、A0H 和 B0H 属性如图 6.41 所示。260 号记录 90H 属性说明见表 6.37 所列，90H 属性与索引节点关系如图 6.42 所示。

表 6.36 90H 属性中存储索引节点号的结构表

字节偏移	字节数	含义	备注	
0X000	4	90H 属性	90H属性头	
0X004	4	该属性长度		
0X008	1	总为 00		
0X009	1	属性名的长度(假设为 N)		
0X00A	2	属性名的名称偏移		
0X00C	2	标志(压缩、加密、稀疏等)		
0X00E	2	标识		
0X010	4	属性体长度		
0X014	2	属性体开始偏移		
0X016	1	索引标志		
0X017	1	无意义(填充到 8 字节的倍数)		
0X018	2×N	属性名		
0X018+2×N	4	索引的属性类型	索引根	90H属性体
0X01C+2×N	4	校对规则		
0X020+2×N	4	每个索引节点的分配大小(单元：字节)		
0X024+2×N	1	每个索引节点大小描述，当每个簇的扇区数≤8 时，该值为每个索引节点所占簇数；当每个簇的扇区数≥16 时，该值为每个索引节点所占扇区数，该值固定为 8，即每个索引节点为 8 个扇区		
0X025+2×N	3	无意义		
0X028+2×N	4	第一个索引项的偏移	索引头	
0X02C+2×N	4	索引项总的大小		
0X030+2×N	4	索引项的分配大小		
0X034+2×N	1	标志：当该字节为 00 时，表示其为小索引(适合于索引根)；当该字节为 01 时，表示其为大索引(适合于索引分配)		
0X035+2×N	3	无意义		
0X038+2×N	8	未定义(目录索引中用于记录文件的 $ MFT 文件参考号)	索引项	
0X03A+2×N	2	本索引项的长度		
0X03D+2×N	2	内容长度(目录索引中用于记录文件名属性长度)		
0X03E+2×N	2	标志，为 0003 表示有子节点且为最后列表一项，0002 为列表的最后一项		
0X040+2×N	2	未使用		
0X048+2×N	8	B一树索引节点号		

```
Offset      0  1  2  3  4  5  6  7   8  9  A  B  C  D  E  F
063410F0                             90 00 00 00 58 00 00 00   ..a.8.0.....X...
06341100    00 04 18 00 00 00 06 00  38 00 00 00 20 00 00 00
06341110    24 00 49 00 33 00 30 00  30 00 00 00 01 00 00 00
06341120    00 10 00 00 01 00 00 00  10 00 00 00 28 00 00 00
06341130    28 00 00 00 01 00 00 00  00 00 00 00 00 00 00 00   ................
06341140    18 00 00 00 03 00 00 00  07 00 00 00 00 00 00 00   ................
06341150    A0 00 00 00 50 00 00 00  01 04 40 00 00 00 03 00
06341160    00 00 00 00 00 00 00 00  0B 00 00 00 00 00 00 00
06341170    48 00 00 00 00 00 00 00  00 C0 00 00 00 00 00 00
06341180    00 C0 00 00 00 00 00 00  00 C0 00 00 00 00 00 00   ........?.....
06341190    24 00 49 00 33 00 30 00  21 0C 5C 61 00 11 48 C8   $.I.3.0.!.\a..H?
063411A0    B0 00 00 00 28 00 00 00  00 04 18 00 00 00 04 00   ?..(...........
063411B0    08 00 00 00 20 00 00 00  24 00 49 00 33 00 30 00   .... ...$.I.3.0.
063411C0    FF 07 00 00 00 00 00 00  FF FF FF FF 82 79 47 11   .......  倅G.
```

90H属性存储的索引节点号

A0H属性中的数据运行列表

图 6.41 260 号记录的 90H、A0H 和 B0H 属性

表 6.37　260 号记录的 90H 属性说明

字节偏移	字节数	值			含　义	备注	
		十进制	十六进制	存储形式			
0X000	4	144	90	90 00 00 00	90H 属性	90H属性头	
0X004	4	88	58	58 00 00 00	属性长度为 0X58 字节		
0X008	1	0	00	00	常驻		
0X009	1	4	04	04	属性名长度为 4 个 Unicode 码		
0X00A	2	24	18	18 00	属性名的开始偏移地址 0X18		
0X00C	2	0	00	00 00	没有被压缩、加密和稀疏		
0X00E	2	6	06	06 00	标识 ID 为 06		
0X010	4	56	38	38 00 00 00	属性体的长度为 0X38		
0X014	2	32	20	20 00	属性体的开始偏移地址为 0X20		
0X016	1	0	00	00	索引标志为 0		
0X017	1	0	00	00	无意义(不足 8 字节,填充为 8 字节)		
0X018	8			24 00 49 00 33 00 30 00	属性名为 $ I30		
0X020	4	48	30	30 00 00 00	属性类型为 0X30,即文件名索引	索引根	90H属性体
0X024	4	1	1	01 00 00 00	校对规则为 1		
0X028	4	4096	1000	00 10	每个索引节点分配的大小为 0X1000 字节		
0X02C	1	1	1	01	每个索引节点为 1 个簇		
0X02D	3	0	0	00 00 00	无意义,填充为 0		
0X030	4	16	10	10 00 00 00	第一个索引项的偏移为 0X10	索引头	
0X034	4	40	28	28 00 00 00	索引项的大小为 0X28 字节		
0X038	4	40	28	28 00 00 00	索引项的分配大小 0X28 字节		
0X03C	1	1	1	1	详见说明(1)		
0X03D	3	0	0	00 00 00	无意义		
0X040	8	0	0	00 00 00 00 00 00 00 00	未定义	索引项	90H属性体
0X048	2	24	18	18 00	本索引项的长度 0X18		
0X04A	2	0	00	00 00	内容长度		
0X04C	2	3	03	03 00	为 0003 表示有子节点		
0X04E	2	0	00	00 00	未使用		
0X050	8	7	07	07 00 00 00 00 00 00 00	索引节点号为 0X07		

说明：

(1) 偏移地址 0X03C 处：表示索引目录级别,当该字节的值为“00”时,表示为小索引,即该文件夹中的所有索引文件名均存放在 90 属性中,90H 属性是该文件夹记录的最后一个属性；为“01”时,表示为大索引,90H 属性后是 A0H 属性和 B0H 属性。

(2) 当文件夹中存放的文件(夹)名比较多时,NTFS 将采用 B－树的结构对索引目录进行管理,即 NTFS 将为索引目录分配 2 个以上的索引节点。除 90H 属性外,其他各索引节点的位置由存储在文件夹记录 A0H 属性中的数据运行列表来确定,各索引节点的状态由文件夹记录 B0H 属性值加以标识。有关 NTFS 对索引目录的管理在本章 6.7 节还将进一步介绍。

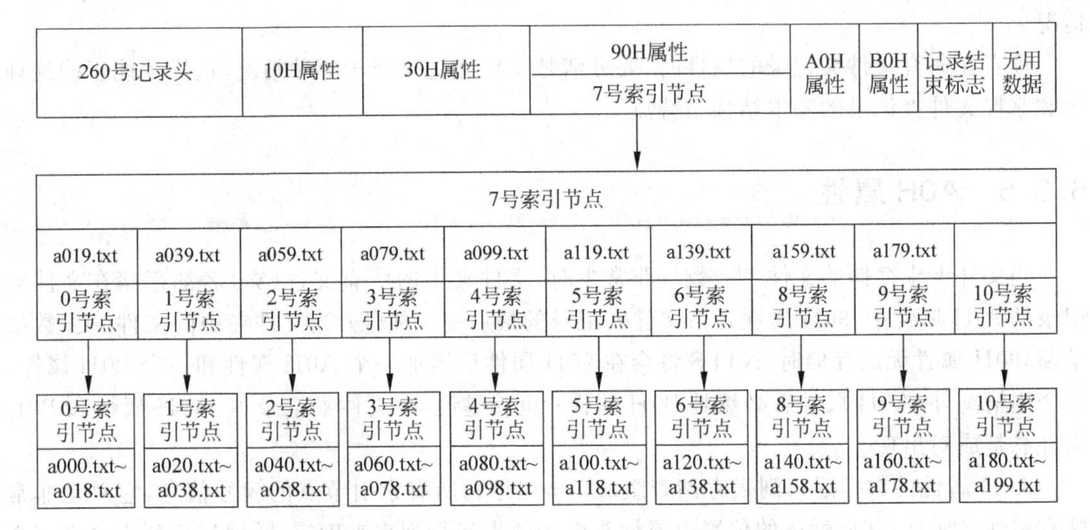

图 6.42　260 号记录的 90H 属性与索引节点关系图

第六种情况：在 90H 属性中不存储任何文件(夹)名或索引节点号，即文件夹为空，90H 属性后是 A0H 属性和 B0H 属性；文件夹记录结构大致如图 6.43 所示，这种情况的形成过程是文件夹中原来存储许多文件(夹)，后来这些文件(夹)被用户删除，文件夹为空所形成，由于结构简单，不再作分析。

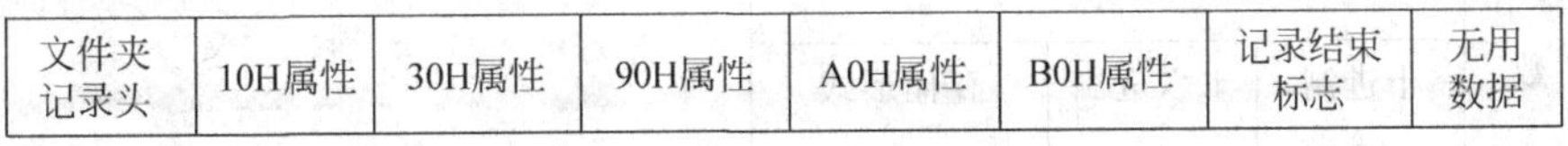

文件夹记录头	10H属性	30H属性	90H属性	A0H属性	B0H属性	记录结束标志	无用数据

图 6.43　文件夹记录的第六种情况结构图

作者通过大量的实验发现，文件夹记录变化情况如下：

(1) 当用户在 NTFS 卷上建立一个文件夹后，该文件夹记录属于第一种情况。

(2) 当用户在文件夹中存放几个文件(夹)后，文件(夹)数量一般少于 7 个；该文件夹记录属于第二种情况，即文件夹中的所有文件(夹)名都存储在文件夹记录的 90H 属性中。

(3) 当用户在文件夹中再存放一些文件(夹)，文件夹记录的 90H 属性中无法存储文件(夹)名时，NTFS 将 90H 属性中的所有文件(夹)名移动到一个索引节点中，索引节点所在簇号由 A0H 属性中的数据运行列表来确定，该索引节点的状态由 B0H 属性值加以标识。索引节点的编号为 0，在 90H 属性中存储索引节点编号 0，此时文件夹记录属于第三种情况。

(4) 当用户在文件夹中再存放一些文件(夹)，一个索引节点无法存储时，NTFS 再申请一个索引节点或者两个索引节点。将文件(夹)名存储在各索引节点中，各索引节点所在簇号由 A0H 属性中的数据运行列表来确定，各个索引节点的状态由 B0H 属性值加以标识。在 90H 属性存储一个索引文件(夹)名和两个索引节点号，或者存储两个索引文件(夹)名和 3 个索引节点号，或者存储 3 个索引文件(夹)名和 4 个索引节点号等等，即在 90H 属性中存储 B—树的根节点，此时文件夹记录属于第四种情况。

(5) 当用户在文件夹中再存放一些文件(夹)，在 90H 属性中无法存储索引文件名和索引节点号时，NTFS 会再申请一个索引节点，将 90H 属性中所存储的索引文件(夹)名和索引节点号移动到一个索引节点中，并将该索引节点号存放在 90H 属性中，此时文件夹记录属于第五种情况。

(6) 当用户将文件夹中的所有文件(夹)删除，并清空回收站后，文件夹记录属于第六种情况。

读者在研究文件夹记录的属性时，要分清楚文件夹记录属于哪种情况，这样才能正确地理解和掌握文件夹记录的基本结构与特点。

6.3.5 A0H 属性

当文件夹中存储的文件(夹)数量非常少时，文件夹中的所有文件(夹)名都存储在文件夹记录的 90H 属性中，90H 属性是该文件夹记录的最后一个属性；当文件夹中的文件(夹)数量不断，90H 属性无法存储时，NTFS 将会在 90H 属性后增加一个 A0H 属性和一个 B0H 属性，除个别情况外，A0H 属性后必然是 B0H 属性；也就是说，在文件夹记录中，A0H 属性和 B0H 属性总是成对出现。

A0H 属性的数据运行列表存储着组成 B一树结构所有索引节点的簇号信息，它总是非常驻有属性名属性，其属性体的位置由属性头中的数据运行列表来确定，数据运行列表含义与文件记录 80H 属性的数据运行列表的基本含义相同。

例 6.22 在例 6.21 中，260 号记录的 90H 属性、A0H 属性和 B0H 属性如图 6.41 所示，90H 属性说明见表 6.37 所列，而 A0H 属性说明见表 6.38 所列。

表 6.38 260 号记录的 A0H 属性

字节偏移	字节数	值			含　义
		十进制	十六进制	存储形式	
0X000	4	160	A0	A0 00 00 00	A0H 属性
0X004	4	80	50	50 00 00 00	A0H 属性头长度为 0X50 字节
0X008	1	1	1	01	此处为 01，即表示非常驻
0X009	1	4	4	04	属性名长度为 4 个 Unicode 码
0X00A	2	64	40	40 00	名称偏移地址为 0X40
0X00C	2	0	0	00 00	没有压缩、加密、稀疏
0X00E	2	1	1	01 00	标识 ID 为 03
0X010	8	0	0	00 00 00 00 00 00 00 00	开始 VCN 为 0X00
0X018	8	11	B	0B 00 00 00 00 00 00 00	结束 VCN 为 0X0B
0X020	2	72	48	48 00	数据运行列表偏移地址为 0X48
0X022	2	0	0	00 00	压缩引擎号为 0
0X024	4	0	0	00 00 00 00	填充 0
0X028	8	49152	C000	00 C0 00 00 00 00 00 00	为索引文件分配的大小为 0XC000 字节
0X030	8	49152	C000	00 C0 00 00 00 00 00 00	实际索引文件的大小为 0XC000 字节
0X038	8	49152	C000	00 C0 00 00 00 00 00 00	索引文件已初始化的大小为 0XC000 字节
0X040	8			24 00 49 00 33 00 30 00	属性名为 $I30，即索引为文件名索引
0X048					数据运行列表：21 0C 5C 61 00 11 48 C8

从 260 号记录可知，在 90H 属性中没有存储 a80 文件夹中的任何文件名，只存储了一个索引节点号 07，对 260 号记录的 A0H 属性分析见表 6.38 所列。

从图 6.41 可知，260 号记录 A0H 属性的数据运行列表为"21 0C 5C 61 00 11 48 C8"；其中："00 11 48 C8"为无用数据；260 号记录 A0H 属性数据运行列表说明见表 6.39 所列。

表 6.39　260 号记录 A0H 属性的数据运行列表结构含义表

序号	数据运行列表	开始簇号		结束簇号		所占簇数	
		十六进制	十进制	十六进制	十进制	十六进制	十进制
1	21　0C　5C 61	615C	24924	6167	24935	0C	12

从 H 盘 NTFS_DBR 可知，一个簇等于 8 个扇区，所以索引节点编号为 0、1、2、3、4、5 等。260 号记录 A0H 属性体的 LCN 和 VCN 对应关系见表 6.40 所列。

表 6.40　260 号记录 A0H 属性体的 LCN 与 VCN 对应关系表

LCN/VCN \ 簇号		开始簇号	下一簇号	下一簇号	……	下一簇号	下一簇号	下一簇号	结束簇号
LCN	十六进制	615C	615D	615E	……	6164	6165	6166	6167
	十进制	24924	24925	24926	……	24932	24933	24934	24935
VCN	十六进制	0	1	2	……	8	9	A	B
	十进制	0	1	2	……	8	9	10	11

在 a80 文件夹中存放的 200 个文件，分别存储在 24924 号簇(即 VCN 为 0)至 24934 号簇(即 VCN 为 10)中；而在 90H 属性中存储的索引节点号为 7，从 A0H 属性中通过数据运行列表可以计算出 LCN、VCN 和索引节点号的对应关系，见表 6.41 所列。

表 6.41　a80 文件夹各索引节点存储的文件名情况表

LCN	VCN	索引节点号	存储的文件名	节点类型	节点状态
24924	0	0	a000.txt～a018.txt	叶节点	已使用
24925	1	1	a020.txt～a038.txt	叶节点	已使用
24926	2	2	a040.txt～a058.txt	叶节点	已使用
24927	3	3	a060.txt～a078.txt	叶节点	已使用
24928	4	4	a080.txt～a098.txt	叶节点	已使用
24929	5	5	a100.txt～a118.txt	叶节点	已使用
24930	6	6	a120.txt～a138.txt	叶节点	已使用
24931	7	7	a019.txt,a039.txt,a059.txt, a079.txt,a099.txt,a119.txt, a139.txt,a159.txt,a179.txt	非叶节点	已使用
24932	8	8	a140.txt～a158.txt	叶节点	已使用
24933	9	9	a160.txt～a178.txt	叶节点	已使用
24934	10	10	a180.txt～a199.txt	叶节点	已使用
24935	11				未使用

6.3.6 B0H 属性

B0H 属性即位图属性，由属性头和属性体组成，属性体是由一系列二进制位所构成的分配单元使用情况位图表，每1位代表1个分配单元的状态。如果该位的值为0，表示所对应分配单元未使用(即未分配)；如果该位的值为1，表示所对应分配单元已使用(即已分配)。

该属性目前主要使用在两个地方，即元文件 $MFT 的0号记录和部分文件夹记录中。

元文件 $MFT 在 NTFS 卷的位置已经由0号记录 80H 属性的数据运行列表所确定，在位图文件 $Bitmap 中，元文件 $MFT 所占簇号对应的位图值为1。而元文件 $MFT 的0号记录 B0H 属性则是 NTFS 文件系统对元文件 $MFT 以记录为分配单元进行的再分配位图；在元文件 $MFT 的0号记录 B0H 属性体中，每1位代表元文件 $MFT 的1条记录的状态。如果该位的值为0，表示该位所对应的记录号未使用(即未分配)；如果该位的值为1，表示该位所对应的记录号已使用(即已分配)。由于元文件 $MFT 的记录数量比较多，所以，元文件 $MFT 的0号记录 B0H 属性总是非常驻属性，其属性体一般存放在元文件 $MFT 的0号记录之前，在 WinHex 中记为“$MFT：$Bitmap”。有关元文件 $MFT 的0号 B0H 属性在本章 6.5.1 节中还将进一步详细介绍。

在部分文件夹记录中，B0H 属性和 A0H 属性总是成对出现，B0H 属性一般位于 A0H 属性之后；文件夹占用 NTFS 卷的位置由文件夹记录 A0H 属性中的数据运行列表确定，在位图文件 $Bitmap 中，文件夹所占簇号位图的值为1。而文件夹记录 B0H 属性是 NTFS 对文件夹以索引节点为分配单元的再分配位图；在文件夹记录 B0H 属性体中，每1位代表1个索引节点的使用情况；如果该位的值为0，表示该位所对应的索引节点未使用(即未已分配)；如果该位的值为1，表示该位所对应的索引节点已使用(即已分配)。由于文件夹的索引节点一般比较少，一般情况下，文件夹记录的 B0H 属性总是常驻有属性名属性。

6.4 文件和文件夹记录不常用属性

在元文件 $MFT 的文件(夹)记录中，20H、40H、50H、60H、70H、C0H、D0H、E0H 和 100H 很少使用。

6.4.1 20H 属性

20H 属性($ATTRIBUTE_LIST)即列表属性。在元文件 $MFT 中一个文件或文件夹的记录大小为 1KB(即 1024 字节)；当一条记录不足以描述一个文件或文件夹的基本信息，需要两条以上的记录来描述时，则需要用 20H 属性来描述文件的属性列表。在文件或文件夹记录中 20H 属性很少见，但有如下4种情况使系统可能需要 20H 属性：

第一种情况：文件或文件夹有很多的硬连接(即有很多的文件名属性存在)；

第二种情况：文件有很多的碎片，以至于1条文件记录存储不下这么多的数据运行列表；

第三种情况：属性中有很复杂的安全描述；

第四种情况：属性中有很多的命名流，如：数据流。

如果某记录有 20H 属性，20H 属性位于 10H 属性之后，它包括不同长度的记录，用于描述该文件或文件夹其他属性的类型和位置,20H 属性可以是常驻的,也可以是非常驻的,没有最大最小尺寸限制,20H 属性类型在元文件 $AttrDef 中有描述。

6.4.2 40H 属性

40H 属性即 $OBJECT_ID 属性,也就是对象 ID,它是从 Windows 2000 开始引入的属性,每一条 $MFT 记录都被指定唯一的一个 GUID,记录还可能包含有一个所属卷 ID、原始对象 ID 或域 ID,这些都属于 GUID,在 NTFS 文件系统中包含有一个所提供的 API 就是通过这些 ID 对文件进行访问,记录属性最大不超过 256 字节。40H 属性体绝大多数只有 16 字节,也就是只有一个全局 ID(即对象 ID),如果原始卷 ID、原始对象 ID 和域 ID 没有被使用,它也有可能在属性中占用了空间,但是其值可能是 0。

6.4.3 50H 属性

50H 属性即 $SECURITY_DESCRIPTOR 属性,也就是安全描述属性;主要用于保护文件以防止没有授权的访问。它总是常驻无属性名属性,50H 属性结构,见表 6.42 所列。

表 6.42 50H 属性结构

结构			含义
常驻无属性名属性头			占 24 字节
50H 属性特有的属性头			可变结构的偏移
审核 ACL	ACE	SID	由一些包含审核信息的 ACE 构成
权限 ACL	ACE	SID	由授予的每个组或用户权限的 ACE 构成
	ACE	SID	
	ACE	SID	
	ACE	SID	
用户 SID			对象所有者
组 SID			对象所有者

说明:

(1) 在常驻无属性名属性头之后是一个 50H 属性特有的属性头,其后跟着一个或两个访问控制列表 ACL(Access Control List)和两个安全标识符 SID(Security Identifier)。

(2) ACL 即访问控制列表,它赋予或拒绝特定用户或组访问某个对象的权限,只有某个对象的所有者才可以更改 ACL 中赋予或拒绝的权限,这样此对象的所有者就可以自由访问该对象。

(3) SID 即安全标识符,它是用来识别用户、组和计算机账户的不同长度的数据结构。在第一次创建该账户时,将给网络上的每一个账户发布一个唯一的 SID。Windows 中的内部进程将引用账户的 SID 而不是账户的用户名或组名。

(4) 第一个 ACL 包括审核信息,即访问对象时要审核的组和用户账户,但也可能没有;第二个 ACL 包括权限,即授予的每个组或用户的权限、每个访问事件的成功或失败属性。

(5) ACE(Access Control Entry)即访问控制项,它是授予用户或组权限的 ACL 中的一个项目。ACE 也是对象的系统访问控制列表(SACL)中的项目,该列表指定用户或组要审核的安全事件,每一个 ACE 包括一个 SID。

(6) 每一个 ACL 可能包括一个或多个 ACE(Access Control Entry)。

(7) SACL 是表示部分对象的安全描述符的列表，该安全描述符指定了每个用户或组的哪个事件被审核。审核事件的例子是文件访问、登录尝试和系统关闭。

(8) 最后两个 SID 表示对象的所有者，即用户和组。

为防止对文件的未经授权的访问，安全描述必须存储文件所有者、文件所有者授予其他用户的访问许可、什么行为需要日志(审核)等信息。该属性没有最大最小长度的要求。见参考文献[2,303-304]。

6.4.4 60H 属性

60H 属性即 $VOLUME_NAME 属性，该属性仅存在于元文件 $MFT 的 3 号记录中。该属性描述卷名，它最小占 2 字节，最大占 256 字节，所以卷名最长为 127 个 Unicode 码，该属性的结构比较简单，除具有标准属性头外，再加上卷名，卷名以 Unicode 码存储，卷名长度存储在标准属性头中。卷的序列号存储在元文件 $Boot 中，60H 属性结构见表 6.43 所列。

表 6.43 60H 属性结构

字节偏移	字节数	含 义	字节偏移	字节数	含 义
0X00	4	属性类型(60H，对象 ID 属性)	0X0E	2	标识
0X04	4	该属性长度	0X010	4	属性体长度，除 2 为卷名的长度
0X08	1	是否为常驻标志，此处为 00，即常驻	0X014	2	属性内容开始偏移
0X09	1	属性名长度	0X016	1	索引标志
0X0A	2	属性名偏移	0X017	1	填充
0X0C	2	标志(压缩、加密、稀疏等)	0X018	L	卷名(Unicode 码)

例 6.23 元文件 $MFT 的 3 号记录，即 $Volume 卷记录的 60H 属性如图 6.44 所示，说明见表 6.44 所列。

```
Offset     0  1  2  3  4  5  6  7   8  9  A  B  C  D  E  F
0A5AB560                            60 00 00 00 28 00 00 00          `...(...
0A5AB570   00 00 18 00 00 00 04 00  0E 00 00 00 18 00 00 00   ................
0A5AB580   61 00 31 00 32 00 33 00  34 00 35 00 36 00 05 00   a.1.2.3.4.5.6...
```

图 6.44 元文件 $MFT 的 3 号记录 60H 属性

表 6.44 元文件 $MFT 的 3 号记录 60H 属性说明

字节偏移	字节数	值			含 义
		十进制	十六进制	存储形式	
0X000	4	96	60	60 00 00 00	属性类型(60H，对象 ID 属性)
0X004	4	40	28	28 00 00 00	记录长度为 0X28 字节
0X008	1	0	0	00	常驻
0X009	1	0	0	00	属性名长度为 0，没有属性名
0X00A	2	24	18	18 00	没有属性名，此值无意义
0X00C	2	0	0	00 00	没有压缩、加密、稀疏等
0X00E	2	4	4	04 00	标识

续表

字节偏移	字节数	值			含　义
		十进制	十六进制	存储形式	
0X010	4	14	0E	0E 00 00 00	属性体长度为 0X0E 字节
0X014	2	24	18	18 00	属性内容开始偏移 0X0018
0X016	1	0	0	00	索引标志为 0
0X017	1	0	0	0	填充为 0
0X018	14				卷名为 a123456

6.4.5　70H 属性

70H 属性即＄VOLUME_INFORMATION 卷信息属性，该属性仅存在于元文件＄MFT 的 3 号记录中，该属性描述卷的版本和状态。其属性长度为 12 字节（实际占了 16 字节，属性的长度为 8 的倍数）。70H 属性结构见表 6.45 所列。

表 6.45　70H 属性结构

字节偏移	字节数	含　义
0X000	4	属性类型（70H，对象 ID 属性）
0X004	4	该属性长度
0X008	1	是否为常驻标志，此处为 00，即常驻
0X009	1	属性名长度，00 表示没有属性名
0X00A	2	属性名偏移
0X00C	2	标志（压缩、加密、稀疏等）
0X00E	2	标识
0X010	4	属性体长度（L），除以 2 为卷名的长度
0X014	2	属性体开始偏移
0X016	1	索引标志
0X017	1	填充
0X018	8	总为 0
0X020	2	主版本号和次版本号。操作系统所使用的 NTFS 版本号为：Windows NT 使用 NTFS1.2；Windows 2000 使用 NTFS 3.0；Windows XP、Windows 2003、Windows Vista、Windows 7 使用 NTFS 3.0
0X022	2	标志。0X0001 为坏区标志，0X0002 为调整日志文件大小，0X0004 为更新装载，0X0008 为装载 NT4，0X0010 为删除进行中的 USN，0X0020 为修复对象 ID，0X8000 为用 CHKDSK 修正
0X024	4	总为 0

例 6.24　元文件＄MFT 的 3 号记录，即＄Volume 卷记录的 70H 属性如图 6.45 所示，说明见表 6.46 所列。

```
Offset     0  1  2  3  4  5  6  7   8  9  A  B  C  D  E  F
0A5AB590   70 00 00 00 28 00 00 00  00 00 18 00 00 00 05 00    p...(..........
0A5AB5A0   0C 00 00 00 18 00 00 00  00 00 00 00 00 00 00 00    ................
0A5AB5B0   03 01 00 00 00 00 00 00                             .....
```

图 6.45　元文件＄MFT 的 3 号记录 70H 属性

表 6.46 元文件 $ MFT 的 3 号记录 70H 属性说明

字节偏移	字节数	值			含　义
		十进制	十六进制	存储形式	
0X000	4	112	70	70 00 00 00	70H 属性
0X004	4	40	28	28 00 00 00	属性长度为 0X28 字节
0X008	1	0	0	00	常驻
0X009	1	0	0	00	00：没有属性名
0X00A	2	24	18	18 00	属性名的偏移，无属性名此值无意义
0X00C	2	0	0	00 00	没有压缩、加密、稀疏等
0X00E	2	5	5	05 00	标识为 5
0X010	4	12	0C	0C 00 00 00	属性体长度为 0X0C 字节
0X014	2	24	18	18 00	属性体开始偏移为 0X0018
0X016	1	0	0	00	索引标志为 0
0X017	1	0	0	0	填充为 0
0X018	8	0	0	00 00 00 00 00 00 00 00	总为 0
0X020	2			03 01	主版本号为 3，次版本号为 1，所以 NTFS 版本号为 3.1
0X022	2	0	0	00 00	标志为 0
0X024	4	0	0	00 00 00 00	总为 0，因为卷信息占 12 字节，而属性长度为 8 的倍数，所以多余的 4 字节填充 0

6.4.6 C0H 属性

C0H 属性即重解析点属性（$Reparse_Point），该属性没有最小字节的限制，但有最大字节数的限制，其最大字节数为 16 384 字节。文件或文件夹可以包含一个重解析点（用户定义数据的集合）。存储数据的程序和文件系统过滤器可以理解这种数据格式，所安装的这些程序和过滤器用于解释数据并处理文件。程序设置重解析点时，它会存储该数据和唯一标识所存储数据的重解析标记。当文件系统打开带有重解析的文件时，试图找到与重解析标记标识的数据格式相联系的文件系统过滤器。如果找到了这样的文件系统过滤器，过滤器将在重解析数据的指导下处理文件；否则打开文件的操作将会失败。

6.4.7 D0H 属性

D0H 属性即扩充属性信息属性（$Ea_Information），它是为了在 NTFS 下实现用于 HPFS 的 OS/2 子系统信息及 Windows NT 服务器的 OS/2 客户端应用而设置的扩展属性。由于其数据流可以增长，所以该文件属性可能为非常驻属性。

6.4.8 E0H 属性

E0H 属性即扩展属性（$Ea），它用于在 NTFS 下实现 HPFS。由于其数据流可以增长，所以该文件属性可能为非常驻属性。该属性没有最小字节数限制，但有最大字节数的限制，其最大字节数为 65 536 字节，扩展属性由“名称”和“值”成对组成。

6.4.9 100H 属性

100H 属性即 EFS 加密属性（$Logged_Utility_Stream），该属性主要用于存储实现 EFS 加密的有关加密信息。如：合法用户列表、解码密钥等。正如 $AttrDef 所定义，该属性没有最小字节数限制，但最大只能到 65 536 字节。

6.5 NTFS 文件系统的元文件

NTFS 文件系统由元文件、用户文件、文件夹以及数据组成。NTFS 系统中将一些重要的信息以文件的形式进行存储，存储这些重要信息所对应的文件就是元文件。在 NTFS 元文件中最重要的元文件就是 $MFT。文件最终通过元文件 $MFT 对应记录来确定其在 NFTS 卷上的位置。元文件 $MFT 是一个数据库，由许许多多记录组成。在 NTFS 文件系统卷中，每一个文件或者文件夹都有一个记录号，记录号从 0 开始；其中：0 号文件记录称作基本文件记录，也就是 $MFT 本身，在该文件中存储着其他元文件和扩展文件记录的信息。在元文件 $MFT 中，每条的记录大小是固定的，不论簇的大小是多少，均为 1KB（注：元文件 $MFT 中的每条记录大小在 NTFS_DBR 中有描述）。其中：前 12 条记录（记录号从 0 至 11）是 NTFS 文件系统中非常重要的元文件记录。除根目录（根目录的名称为“.”）外，其他元文件的名称均以“$”符号开头，元文件是隐藏的系统文件，用户不能直接对元文件进行访问。下面分别对 NTFS 文件系统的元文件进行介绍。

6.5.1 元文件 $MFT

$MFT 是 NTFS 文件系统最重要的元文件，它是所有元文件、用户文件和文件夹的集合。在 NTFS 的卷中，卷上的所有信息都是以文件的形式存储。在本章 6.1 节已经介绍过，在 NTFS 文件系统中，有 12 个非常重要的元文件。第 1 个元文件也就是 $MFT，它在元文件 $MFT 自身中对应的记录号为 0（即文件 ID 为 0）。一般情况下，元文件 $MFT 的 0 号记录（即描述的是元文件 $MFT 自身基本情况）由记录头、4 个属性、记录结束标志和无用数据组成。

例 6.25 H 盘的元文件 $MFT，在元文件 $MFT 自身中的记录号为 0，如图 6.46 所示。

从图 6.46 可知，元文件 $MFT 的 0 号记录由记录头、10H 属性、30H 属性、80H 属性、B0H 属性、记录结束标志和无用数据组成，元文件 $MFT 的 0 号记录说明如下。

```
Offset    0  1  2  3  4  5  6  7   8  9  A  B  C  D  E  F
06300000  46 49 4C 45 30 00 03 00  F4 54 64 00 00 00 00 00   FILE0...鼈d.....
06300010  01 00 01 00 38 00 01 00  98 01 00 00 00 04 00 00
06300020  00 00 00 00 00 00 00 00  06 00 00 00 00 00 00 00   ................
06300030  13 00 00 00 00 00 00 00  10 00 00 00 60 00 00 00   ................
06300040  00 00 18 00 00 00 00 0                             ........H.......
06300050  2E 29       E3 61 D0 01                            .)v鋼?.)v鋼?
06300060              61 D0 01     2E 29 A3 F6 E3 61 D0 01   .)v鋼?.)v鋼?
06300070  06 00 00 00 00 00 00 00  00 00 00 00 00 00 00 00
06300080  00 00 00 00 00 01 00 00  00 00 00 00 00 00 00 00   ................
06300090  00 00 00 00 00 00 00 00  30 00 00 00 68 00 00 00   ........0...h...
063000A0  00 00 18 00 00 00 03 00  4A 00 00 00 18 00 01 00   ........J.......
063000B0  05 00 00 00 00 00 05 00  2E 29 A3 F6 E3 61 D0 01   ........)v鋼?
063000C0  2E 29 A3 F6 E3 61 D0 01  2E 29 A3 F6 E3 61 D0 01
063000D0  2E 29 A3 F6 E3 61 D0 01  00 40 00 00 00 00 00 00   .)鋼?.@......
063000E0  00 40 00 00 00 00 00 00  06 00 00 00 00 00 00 00   .@..............
063000F0  04 03 24 00 4D 00 46 00  54 00 00 00 00 00 00 00   ..$.M.F.T.......
06300100  80 00 00 00 48 00 00 00  01 00 40 00 00 00 01 00   €...H.....@.....
06300110  00 00 00 00 00 00 00 00  3F 0F 00 00 00 00 00 00
06300120  40 00 00 00 00 00 00 00  00 00 F4 00 00 00 00 00   @.........?.....
06300130  00 00 F4 00 00 00 00 00  00 00 F4 00 00 00 00 00   ..?.......?.....
06300140  22 40 0F 00 63 00 AC 92  B0 00 00 00 48 00 00 00   "@..c.瑨?..H...
06300150  01 00 40 00 00 00 05 00  00 00 00 00 00 00 00 00
06300160  01 00 00 00 00 00 00 00  40 00 00 00 00 00 00 00
06300170  00 20 00 00 00 00 00 00  08 10 00 00 00 00 00 00   ................
06300180  08 10 00 00 00 00 00 00  21 01 FF 62 11 01 FF 00   ........!.b...
06300190  FF FF FF FF 00 00 00 00  00 00 04 00 00 00 00 00   ............
063001A0  00 00 4  00 00 00 00 00  21 40 00 63 00 01 68 BC   ........!@.c..h?
0630                  00 48 00 00 00  01 00 40 00 00 00 05 00
063001C0  00 00 00 00 00 00 00 00  01 00 00 00 00 00 00 00   ................
063001D0  40 00 00 00 00 00 00 00  00 20 00 00 00 00 00 00   @...............
063001E0  08 10 00 00 00 00 00 00  08 10 00 00 00 00 00 00   ................
063001F0  21 01 FF 62 11 01 FF 00  FF FF FF FF 00 00 13 00   !.b.......
          ...  (省略部分为全00)
063003F0  00 00 00 00 00 00 00 00  00 00 00 00 00 00 13 00   ................
```


图 6.46　元文件 $ MFT 的 0 号记录

(1) 元文件 $ MFT 的 0 号记录的记录头说明见表 6.47 所列。

表 6.47　元文件 $ MFT 的 0 号记录头说明

字节偏移	字节数	值			含　义
		十进制	十六进制	存储形式	
0X00	4			46 49 4C 45	记录开始标志，一定是字符串“FILE”
0X04	2	48	30	30 00	更新序列号的偏移地址为 0X0030
0X06	2	3	03	03 00	更新序列号的大小为 1，数组为 2

续表

字节偏移	字节数	值			含 义
		十进制	十六进制	存储形式	
0X08	8	6575348	6454F4	F4 54 64 00 00 00 00 00	日志文件序列号为0X6454F4
0X10	2	1	01	01 00	该项被使用和删除的次数为1次
0X12	2	1	1	01 00	硬连接数为1,即只有一个目录(即根目录)指向该文件
0X14	2	56	38	38 00	第一个属性偏移地址为0X038,即10H属性偏移地址
0X16	2	1	1	01 00	01表示文件正在使用,元文件$MFT正在使用
0X18	4	408	198	98 01 00 00	文件记录的实际长度=0X0197－0X00＋1=0X0198
0X1C	4	1024	400	00 04	文件记录的分配长度为1024字节
0X20	8	0	0	00 00 00 00 00 00 00 00	基本文件记录中的文件索引号为0
0X28	2	6	6	06 00	下一属性ID为6
0X2A	2	0	0	00 00	边界
0X2C	4	0	0	00 00 00 00	文件记录号(ID号)为0,即在元文件$MFT的顺序号
0X30	2	19	13	13 00	更新序列号为0X0013
0X32	2	0	0	00 00	第1扇区的更新数组
0X34	2	0	0	00 00	第2扇区的更新数组

(2) 元文件$MFT的0号记录10H属性(即标准属性)说明见表6.48所列。

表6.48 元文件$MFT的0号记录10H属性说明

字节偏移	字节数	值			含 义	备注
		十进制	十六进制	存储形式		
0X38	4	16	10	10 00 00 00	属性类型	10H属性头
0X3C	4	96	60	60 00 00 00	属性长度为0X60字节	
0X40	1	0	0	00	00:常驻属性	
0X41	1	0	0	00	00:无属性名	
0X42	2	24	18	18 00	属性名偏移为0X18,无属性名此值无意义	
0X44	2	0	0	00 00	表示不是压缩、加密或稀疏	
0X46	2	0	0	00 00	标识为0	
0X48	4	72	48	48 00 00 00	属性内容(属性体)的长度,即从偏移地址0X50至0X97	
0X4C	2	24	18	18 00	属性内容开始偏移,即从0X38为开始地址,属性内容(属性体)的偏移为0X18,所以10H属性的内容(属性体)的偏移地址为0X38＋0X18＝X50	
0X4E	1	0	0	00	索引标志,无索引	
0X4F	1	0	0	00	填充	

续表

字节偏移	字节数	值			含　义	备注
		十进制	十六进制	存储形式		
0X50	8			2E 29 A3 F6 E3 61 D0 01	元文件 $MFT 建立的日期时间为 2015-03-19 01:28:11	10H属性体
0X58	8			2E 29 A3 F6 E3 61 D0 01	元文件 $MFT 修改的日期时间为 2015-03-19 01:28:11	
0X60	8			2E 29 A3 F6 E3 61 D0 01	记录改变的日期时间为 2015-03-19 01:28:11	
0X68	8			2E 29 A3 F6 E3 61 D0 01	元文件 $MFT 最后存取的日期时间为 2015-03-19 01:28:11	
0X70	4	6	06	06 00 00 00	元文件 $MFT 的属性为隐藏(0X02)、系统(0X04),组合后的属性值为 X06	
0X74	4	0	0	00 00 00 00	最大版本数,为 0 表示版本是没有的	
0X78	4	0	0	00 00 00 00	分类 ID(一个双向的索引)	
0X80	4	0	0	00 00 00 00	所有者 ID:表示文件的所有者,是访问文件配额 $Quota 中 $SQ 索引的关键字,如果是 0,则表示没有设置配额	
0X84	4	256	100	00 01 00 00	安全 ID:是文件 $Secure 中 $SII 索引和 $SDS 数据流的关键字	
0X88	8	0	0	00 00 00 00 00 00 00 00	配额管理:配额占用情况,它是文件所有流所占用的总字节数,为 0 表示未使用磁盘配额	
0X90	8	0	0	00 00 00 00 00 00 00 00	更新序列号(USN):文件最后的更新序列号,它是进行元数据文件 $UsnJrnl 直接的索引,如果是 0,则表示没有 USN 日志	

(3) 元文件 $MFT 的 0 号记录 30H 属性(即文件名属性)说明见表 6.49 所列。

表 6.49　元文件 $MFT 的 0 号记录 30H 属性说明

字节偏移	字节数	值			含　义
		十进制	十六进制	存储形式	
0X098	4	48	30	30 00 00 00	属性类型
0X09C	4	104	68	68 00 00 00	属性长度为 0X68 字节
0X0A0	1	0	0	00	00:常驻属性
0X0A1	1	0	0	00	00:无属性名
0X0A2	2	24	18	18 00	属性名偏移为 0X18,无属性名,此值无意义
0X0A4	2	0	00	00	标志为 00,没有压缩、加密、稀疏等
0X0A6	2	3	3	03 00	标识为 3
0X0A8	4	74	4A	4A 00 00 00	属性体长度为 0X4A 字节
0X0AC	2	24	18	18 00	属性体开始偏移为 0X018,由于该 30H 属性开始偏移在记录中的偏移地址为 0X098,所以属性体在记录中的偏移地址为 0X098+0X018=0X0B0
0X0AE	1	1	1	01	索引标志为 1
0X0AF	1	0	00	00	填充为 00

续表

字节偏移	字节数	值			含义
		十进制	十六进制	存储形式	
0X0B0	6	5	5	05 00 00 00 00 00	父目录的基本文件记录号为05,即根目录的记录号。即该元文件$MFT为根目录下的一个文件
0X0B6	2	5	05	05 00	序列号为05,即根目录使用或删除的次数为5次
0X0B8	8			2E 29 A3 F6 E3 61 D0 01	元文件$MFT建立的日期时间为2015-03-19 01:28:11
0X0C0	8			2E 29 A3 F6 E3 61 D0 01	元文件$MFT修改的日期时间为2015-03-19 01:28:11
0X0C8	8			2E 29 A3 F6 E3 61 D0 01	记录改变的日期时间为2015-03-19 01:28:11
0X0D0	8			2E 29 A3 F6 E3 61 D0 01	元文件$MFT最后存取的日期时间为2015-03-19 01:28:11
0X0D8	8	16384	4000	00 40 00 00 00 00 00 00	文件的分配大小为0X4000字节
0X0E0	8	16384	4000	00 40 00 00 00 00 00 00	文件的实际大小为0X4000字节
0X0E8	4	6	6	06 00 00 00	元文件$MFT的属性为隐藏(0X02)、系统(0X04),组合后的属性值为X06,即隐藏+系统
0X0EC	4	00	00	00 00 00 00	EAs(扩展属性)和Reparse(重新解析)使用
0X0F0	1	4	4	04	元文件$MFT文件名长度为4个Unicode字符
0X0F1	1	3	3	03	文件名命名空间为3
0X0F2	8				文件名为$MFT,即从偏移地址0X0F2~0X0F9

(4) 元文件$MFT的0号记录80H属性说明见表6.50所列。

表6.50 元文件$MFT的0号记录80H非常驻属性说明

字节偏移	字节数	值			含义
		十进制	十六进制	存储形式	
0X100	4	128	80	80 00 00 00	属性类型
0X104	4	72	48	48 00 00 00	80H属性长度为0X48字节
0X108	1	1	1	01	01:非常驻属性
0X109	1	0	0	00	00:无属性名
0X10A	2	64	40	40 00	属性名偏移为0X40,无意义
0X10C	2	0	0	00 00	没有压缩、加密、稀疏
0X10E	2	1	1	01 00	标识ID为01
0X110	8	0	0	00 00 00 00 00 00 00 00	开始VCN为0
0X118	8	3903	3F0F	3F 0F 00 00 00 00 00 00	结束VCN为0X0F3F
0X120	2	64	40	40 00	数据运行列表偏移为0X40
0X122	2	0	0	00 00	压缩引擎号为0
0X124	4	0	0	00 00 00 00	填充0
0X128	8	15990784	F40000	00 00 F4 00 00 00 00 00	系统分配给元文件$MFT空间为0XF40000字节
0X130	8	15990784	F40000	00 00 F4 00 00 00 00 00	元文件$MFT实际占用空间为0XF40000字节

续表

字节偏移	字节数	值			含　义
		十进制	十六进制	存储形式	
0X138	8	15990784	F40000	00 00 F4 00 00 00 00 00	元文件＄MFT 初始化空间为 0XF40000 字节
0X140					数据运行列表：22 40 0F 00 63 00 AC 92

元文件＄MFT 的 0 号记录 80H 属性中数据运行列表为：22 40 0F 00 63 00 AC 92。其中：00 AC 92 为无用数据，其含义见表 6.51 所列。

表 6.51　元文件＄MFT 的 80H 属性数据运行列表结构含义表

序号	数据运行列表	开始簇号		结束簇号		所占簇数	
		十六进制	十进制	十六进制	十进制	十六进制	十进制
1	22 40 0F 00 63	6300	25344	723F	29247	0F40	3904

元文件＄MFT 的 LCN 与 VCN 对应关系见表 6.52 所列，从表 6.52 可知，元文件＄MFT 占用 H 盘的簇号(即 LCN)范围为 25344～29247，对应的 VCN 范围为 0～3903，共计 3904 个簇。

表 6.52　元文件＄MFT 的 LCN 与 VCN 对应关系

LCN 与 VCN ＼ 簇号		开始簇号	下一簇号	下一簇号	……	下一簇号	下一簇号	结束簇号
LCN	十六进制	6300	6301	6302	……	723D	723E	723F
	十进制	25344	25345	25346	……	29245	29246	29247
VCN	十六进制	0	1	2	……	0F3D	0F3E	0F3F
	十进制	0	1	2	……	3901	3902	3903

(5) 元文件＄MFT 的 0 号记录 B0H 属性说明见表 6.53 所列。

表 6.53　元文件＄MFT 的 0 号记录 B0H 属性说明

字节偏移	字节数	值			含　义
		十进制	十六进制	存储形式	
0X148	4	176	B0	B0 00 00 00	属性类型
0X14C	4	72	48	48 00 00 00	B0H 属性长度为 0X48 字节
0X150	1	1	1	01	01：非常驻属性
0X151	1	0	0	00	00：无属性名
0X152	2	64	40	40 00	名称偏移为 0X40，此值无意义
0X154	2	0	0	00 00	没有压缩、加密、稀疏
0X156	2	5	5	05 00	标识 ID 为 05
0X158	8	0	0	00 00 00 00 00 00 00 00	开始 VCN 为 0
0X160	8	1	1	01 00 00 00 00 00 00 00	结束 VCN 为 1
0X168	2	64	40	40 00	数据运行列表的字节偏移为 0X40
0X16A	2	0	0	00 00	压缩引擎号为 0
0X16C	4	0	0	00 00 00 00	填充 0
0X170	8	8192	2000	00 20 00 00 00 00 00 00	系统分配给位图大小为 0X2000 字节

续表

字节偏移	字节数	值			含义
		十进制	十六进制	存储形式	
0X178	8	4104	1008	08 10 00 00 00 00 00 00	位图实际大小为 0X1008 字节
0X180	8	4104	1008	08 10 00 00 00 00 00 00	位图初始化大小为 0X1008 字节
0X188	8				数据运行列表：21 01 FF 62 11 01 FF 00

对于文件记录而言，只有元文件＄MFT 的 0 号记录才有 B0H 属性，在元文件＄MFT 的 B0H 属性值中，使用 1 位来表示元文件＄MFT 的 1 条记录的状态。如果该位的值为"0"，表示对应元文件＄MFT 的记录未分配(即未使用)；如果该位的值为"1"，表示对应元文件＄MFT 的记录已分配(已使用)。

元文件＄MFT 的 0 号记录 B0H 属性数据运行列表为："21 01 FF 62 11 01 FF 00"，其含义见表 6.54 所列。从数据运行列表可知，元文件＄MFT 的 0 号记录 B0H 属性值(注：在 WinHex 中通常记作＄MFT：＄Bitmap)被划分为两段存储在 H 盘中，占用 2 个簇，即 25343 和 25342 号簇，对应的 VCN 为 0 和 1，在这两个簇中存储的数据见表 6.55 所列。

表 6.54 元文件＄MFT 的 B0H 属性数据运行列表结构含义表

序号	数据运行列表	开始簇号		所占簇数	
		十六进制	十进制	十六进制	十进制
1	21 01 FF 62	62FF	25343	1	1
2	11 01 FF	62FF＋FF＝62FF－01＝62FE	25342	1	1

表 6.55 元文件＄MFT 的 0 号记录 B0H 属性值(＄MFT：＄Bitmap)内容

LCN	VCN	逻辑扇区	地址	0 1 2 3 4 5 6 7 8 9 A B C D E F
25343	0	202744	062FF000	FF FF 00 FF FF FF FF FF FF FF FF FF FF FF FF FF
			……	……(注：省略部分全为 FF)
			062FF1F0	FF FF FF FF FF FF FF FF FF FF FF FF FF FF FF FF
		202745	062FF200	FF FF FF FF FF FF FF FF FF FF FF FF FF FF FF FF
			……	……(注：省略部分全为 FF)
		202746	062FF5F0	FF FF FF FF FF FF FF FF FF FF FF FF FF FF FF FF
		202747	062FF600	FF FF FF FF FF FF FF FF FF FF FF FF FF FF FF FF
			……	……(注：省略部分全为 FF)
			062FF780	FF FF FF FF DF FF F7 FF FF FF FF FF FF 00 00 00
			062FF790	00 00 00 00 00 00 00 00 00 00 00 00 00 00 00 00
			……	……(注：省略部分为全 00)
			062FF7F0	00 00 00 00 00 00 00 00 00 00 00 00 00 00 00 00
		202748～202751	062FF800	00 00 00 00 00 00 00 00 00 00 00 00 00 00 00 00
			……	……(注：省略部分为全 00)
			062FFFF0	00 00 00 00 00 00 00 00 00 00 00 00 00 00 00 00
25342	1	202736～202743	062FE000	00 00 00 00 00 00 00 00 00 00 00 00 00 00 00 00
			……	……(注：省略部分为全 00)
			062FEFF0	00 00 00 00 00 00 00 00 00 00 00 00 00 00 00 00

由于元文件＄MFT 对记录的分配是以 1KB 为单位，从＄MFT：＄Bitmap 内容可知：

① 0～15 号记录已使用，见表 6.56 和表 6.57 所列。

表 6.56　202744 号扇区偏移 0X00 的值及所代表的记录

地　址	0X062FF000（202744 号扇区偏移 0X00）							
十六进制值	FF							
二进制位	Bit$_7$	Bit$_6$	Bit$_5$	Bit$_4$	Bit$_3$	Bit$_2$	Bit$_1$	Bit$_0$
二进制值	1	1	1	1	1	1	1	1
对应记录号	7	6	5	4	3	2	1	0
对应文件(夹)	＄Boot	＄Bitmap	.	＄AttrDef	＄Volume	＄LogFile	＄MFTMirr	＄MFT
记录状态	已使用	已使用	已使用	已使用	已使用	已使用	已使用	已使用

表 6.57　202744 号扇区偏移 0X01 的值及所代表的记录

地　址	0X062FF001（202744 号扇区偏移 0X01）							
十六进制值	FF							
二进制位	Bit$_7$	Bit$_6$	Bit$_5$	Bit$_4$	Bit$_3$	Bit$_2$	Bit$_1$	Bit$_0$
二进制值	1	1	1	1	1	1	1	1
对应记录号	15	14	13	12	11	10	9	8
对应文件(夹)					＄Extend	＄UpCase	＄Secure	＄BadClus
记录状态	已使用	已使用	已使用	已使用	已使用	已使用	已使用	已使用

② 16～23 号记录未使用，见表 6.58 所列。

表 6.58　202744 号扇区偏移 0X02 的值及所代表的记录

地　址	0X062FF002（202744 号扇区偏移 0X02）							
十六进制值	00							
二进制位	Bit$_7$	Bit$_6$	Bit$_5$	Bit$_4$	Bit$_3$	Bit$_2$	Bit$_1$	Bit$_0$
二进制值	0	0	0	0	0	0	0	0
对应记录号	23	22	21	20	19	18	17	16
对应文件(夹)								
记录号状态	未使用	未使用	未使用	未使用	未使用	未使用	未使用	未使用

③ 24～31 号记录已使用，见表 6.59 所列。

表 6.59　202744 号扇区偏移 0X03 的值及所代表的记录

地　址	0X062FF003（202744 号扇区偏移 0X03）							
十六进制值	FF							
二进制位	Bit$_7$	Bit$_6$	Bit$_5$	Bit$_4$	Bit$_3$	Bit$_2$	Bit$_1$	Bit$_0$
二进制值	1	1	1	1	1	1	1	1
对应记录号	31	30	29	28	27	26	25	24
对应文件(夹)	＄Tops	＄Txf	＄TxfLog	＄Repair	＄RmMetadata	＄Reparse	＄ObjId	＄Quota
记录状态	已使用	已使用	已使用	已使用	已使用	已使用	已使用	已使用

记录号在＄MFT：＄Bitmap 中的位置由扇区号、扇区偏移和字节位 3 部分组成，其计算公式如式(6.21)～式(6.23)。

计算记录号在＄MFT：＄Bitmap 中的扇区号如式(6.21)：

扇区号 ＝记录号所在段的开始扇区号＋INT(记录号 /4096)－
INT(本段的开始记录号 /4096)　　(6.21)

计算记录号在＄MFT：＄Bitmap 中的扇区偏移如式(6.22)：

扇区偏移 ＝ INT((记录号－INT(记录号 /4096)×4096)/8)　　(6.22)

计算记录号在＄MFT：＄Bitmap 中字节位如式(6.23)：

字节位 ＝ MOD(记录号，8)　　(6.23)

说明：在式(6.21)～式(6.23)中，INT 表示取整，MOD 表示取余数。

如果元文件＄MFT 的 0 号记录 B0H 属性有多个数据运行列表，首先根据数据运行列表计算出各段的开始逻辑扇区号；其次要判断记录号在哪一段(注：每段的开始逻辑扇区号等于该段的开始簇号乘以每个簇的扇区数)。

假设元文件＄MFT 的 0 号记录 B0H 属性有 4 个数据运行列表，即＄MFT：＄Bitmap 被划分为 4 个段存储，计算这 4 个段的开始记录号和结束记录号如式(6.24)～式(6.31)：

第 1 段开始记录号 ＝0　　(6.24)

第 2 段开始记录号 ＝第 1 段所占簇数×每个簇的扇区数×4096　　(6.25)

第 3 段开始记录号 ＝(第 1 段所占簇数＋第 2 段所占簇数)×
每个簇的扇区数×4096　　(6.26)

第 4 段开始记录号 ＝(第 1 段所占簇数＋第 2 段所占簇数＋第 3 段所占簇数)×
每个簇的扇区数×4096　　(6.27)

第 1 段结束记录号 ＝第 1 段所占簇数×每个簇的扇区数×4096－1　　(6.28)

第 2 段结束记录号 ＝(第 1 段所占簇数＋第 2 段所占簇数)×
每个簇的扇区数×4096－1　　(6.29)

第 3 段结束记录号 ＝(第 1 段所占簇数＋第 2 段所占簇数＋第 3 段所占簇数)×
每个簇的扇区数×4096－1　　(6.30)

第 4 段结束记录号 ＝4 段所占簇数之和×每个簇的扇区数×4096－1　　(6.31)

＄MFT：＄Bitmap 中位图字节所表示记录号如式(6.32)：

＄MFT：＄Bitmap 位图字节表示的记录号 ＝＄MFT：＄Bitmap 所在段的开始记录号＋
(＄MFT：＄Bitmap 位图字节所在的扇区号－
＄MFT：＄Bitmap 所在段的开始扇区号)×
4096＋扇区偏移×8＋N　　(6.32)

其中：＄MFT：＄Bitmap 位图字节所在的扇区号≥＄MFT：＄Bitmap 所在段的开始扇区号，N＝{0,1,2,3,4,5,6,7}，即一个字节可以表示 8 个记录号。

通过＄MFT：＄Bitmap 中位图的位计算记录号如式(6.33)：

记录号 ＝记录号所在段的开始记录号＋
(＄MFT：＄Bitmap 记录号所在扇区号－＄MFT：＄Bitmap 所在段的开始扇区号)×
4096＋扇区偏移×8＋字节位　　(6.33)

其中：＄MFT：＄Bitmap 记录号所在扇区号≥＄MFT：＄Bitmap 所在段的开始逻辑扇区号；字节位的取值范围为 0～7。H 盘元文件＄MFT 的 0 号记录 B0H 属性值(＄MFT：＄Bitmap)

见表 6.55 所列。

例 6.26 计算 13396 号记录在＄MFT：＄Bitmap 中的位置（即扇区号、扇区偏移和位）。注：13396 号记录对应为 H 盘 abcd2000 文件夹中 a000.txt 文件记录。

解：

① 从元文件＄MFT 的 0 号记录 B0H 属性数据运行列表（注：数据运行列表为“21 01 FF 62 11 01 FF 00”）可知，B0H 属性值被分为两段存储在 H 盘中，第 1 段开始簇号为 25343，第 2 段开始簇号为 25342，各占 1 个簇；由于 H 盘每个簇等于 8 个扇区，第 1 段所占扇区号范围为 202744～202751，第 2 段所占扇区号范围为 202736～202743。

② 第 1 段存储的记录号范围为 0～32767；第 2 段存储的记录号范围为 32768～65535。

由于 13396<32767，所以，13396 号记录位于第 1 段。

由式(6.21)～式(6.23)可知：

13396 号记录在＄MFT：＄Bitmap 中的位置如下。

- 13396 号记录在＄MFT：＄Bitmap 的扇区号＝＄MFT：＄Bitmap 第 1 段开始扇区号＋INT(文件记录号/4096)－INT(本段的开始文件记录号/4096)＝202744＋INT(13396/4096)－INT(0/4096)＝202747
- 13396 号记录在＄MFT：＄Bitmap 扇区偏移＝INT((文件记录号－INT(文件记录号/4096)×4096)/8)＝INT((13396－INT(13396/4096)×4096)/8)＝138 （即 0X8A）
- 13396 号记录在＄MFT：＄Bitmap 字节位＝mod(13396,8)＝4

所以，13396 号记录在＄MFT：＄Bitmap 定位为 202747 号扇区偏移 0X8A 的 bit_4。

例 6.27 H 盘元文件＄MFT 的 0 号记录 B0H 属性值（＄MFT：＄Bitmap）见表 6.55 所列，计算 202747 号扇区偏移 0X018C（即 396）的 bit_5 所表示的记录号，如图 6.47 所示。

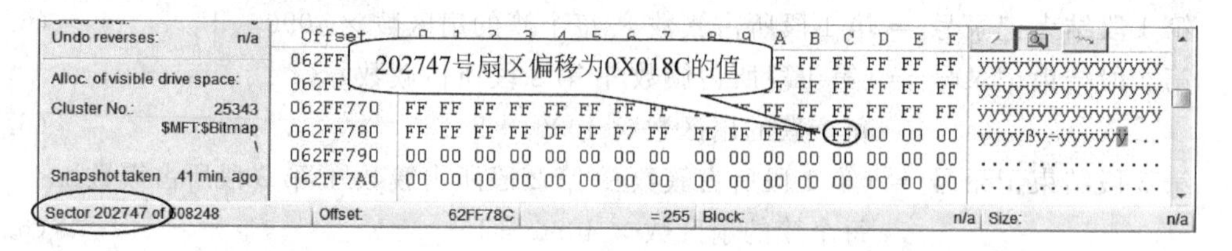

图 6.47 元文件＄MFT 的 B0H 属性第 1 段的部分值

解：

从元文件＄MFT 的 B0H 属性的数据运行列表（注：数据运行列表为“21 01 FF 62 11 01 FF 00”）可知，元文件＄MFT 的 B0H 属性值被分为两段，第 1 段的扇区号范围为 202744～202751。

由式(6.24)可知：第 1 段的开始记录号＝0

由式(6.28)可知：第 1 段的结束记录号＝第 1 段所占簇数×每个簇的扇区数×4096－1
＝1×8×4096－1＝32767

所以，第 1 段表示的记录号范围为 0～32767。

第 2 段的扇区号范围为 202736～202743；

由式(6.25)可知：第 2 段的开始记录号＝第 1 段所占簇数×每个簇的扇区数×4096
＝1×8×4096＝32768

第 2 段的结束记录号＝(第 1 段所占簇数＋第 2 段所占簇数)×每个簇的扇区数×4096－1
＝(1＋1)×4096－1＝65535

所以，第 2 段表示的记录号范围为 32768～65535。

由于 202747 号扇区位于第 1 段，由式(6.33)可知：

记录号＝记录号所在段的开始记录号＋($MFT:$Bitmap 记录号所在扇区号－$MFT:$Bitmap 所在段的开始扇区号)×4096＋扇区偏移×8＋字节位

＝0＋(202747－202744)×4096＋396×8＋5

＝15461

因此，202747 号扇区偏移 0X018C 的 bit_5 所表示的记录号为 15461。注：15461 号记录为 H 盘 Word1 文件夹中 a01. doc 文件的记录号。

注：作者使用 Excel 编写了针对 H 盘，元文件 $MFT 记录号在 $MFT:$Bitmap 位置定位和 $MFT:$Bitmap 中任意位所对应的记录号算法。读者只要输入元文件 $MFT 的记录号，就可以得到该记录号在 $MFT:$Bitmap 中的位置(即扇区号、扇区偏移和位)；或者输入 $MFT:$Bitmap 中扇区号、扇区偏移和位，也可以计算出所表示的记录号。

(6) 0 号记录结束标志为"FF FF FF FF 00 00 00 00(存储形式)"，位于第 1 个扇区偏移 0X0190～0X0197 处。

(7) 无用数据：0 号记录结束标志后至第 2 个扇区之间的数据为无用数据，但是第 1 个扇区和第 2 个扇区最后两个字节的值"13 00(存储形式)"，分别需要第 1 个扇区偏移 0X32～0X33 和 0X34～0X35 处的值来替换。

6.5.2 元文件 $MFTMirr

元文件 $MFTMirr 也是 NTFS 文件系统中非常重要的元文件，是 NTFS 文件系统以恢复为目的而创建的元文件，它是将元文件 $MFT 中的前几条记录做了备份。具体备份多少条记录取决于 NTFS 卷中每个簇的扇区数；但是，至少需要做 4 条记录的备份。每个簇的扇区数与元文件 $MFTMirr 中记录数的关系，见本章表 6.2 所列。

元文件 $MFTMirr 记录在元文件 $MFT 中的记录号为 1(即文件 ID 为 1)。一般情况下，元文件 $MFTMirr 记录(即 1 号记录)主要由记录头、10H 属性、30H 属性、80H 属性、记录结束标志和无用数据组成，从元文件 $MFT(或元文件 $MFTMirr)的 1 号记录 80H 属性数据运行列表可以获得元文件 $MFTMirr 的开始簇号。注：元文件 $MFTMirr 的开始簇号在 NTFS_DBR 中会有记载。

6.5.3 元文件 $LogFile

元文件 $LogFile 记录在元文件 $MFT 中的记录号为 2(即文件 ID 为 2)。一般情况下，该记录主要由记录头、10H 属性、30H 属性、80H 属性、记录结束标志和无用数据组成。

日志文件的结构比较复杂，但整体结构由两部分组成：第一部分重启动区域，其头部固定标志是字符"RSTR"，大小为 4KB；第二部分为日志记录部分，由一系列 4KB 大小的日志记录组成，每个日志记录的开始标志为字符"RCRD"，大小也是 4KB。

当文件被写到目标磁盘上时，系统要做两件事：一是写文件本身的数据；二是更新与文件系统有关的一些数据(如：文件创建的日期时间等)。如果此操作完成，则可以确认文件被写到目标磁盘的存储单元，并且文件系统处于正常状态。如果此操作未完成(如：电源故障、系统瘫痪等)，则 NTFS 文件系统处于非正常状态，NTFS 文件系统将其恢复到正常状态，其途径是在该特殊文件里记录日志，这个日志文件会记录某个操作是否成功；如果操作失败，要在系统故障后第一次进入目标磁盘单元时，系统读取日志文件并使其恢复到最后一次操作开始前的正常状态，当系统写日志文件时，操作必须是自动且即时的，在很短的时间内把卷恢复到正常状态，恢复时间与目标磁盘大小无关，只与失败任务的复杂程度有关。

6.5.4 元文件＄Volume

元文件＄Volume 记录在元文件＄MFT 中的记录号为 3(即文件 ID 为 3)。一般情况下，该记录主要由记录头、10H 属性、30H 属性、50H 属性、60H 属性、70H 属性、80H 属性、记录结束标志和无用数据组成。这是一个描述卷信息的元文件，它是唯一一个包含有卷名(60H 属性)和卷信息(70H 属性)这两个属性的元文件。

6.5.5 元文件＄AttrDef

元文件＄AttrDef 记录在元文件＄MFT 中的记录号为 4(即文件 ID 为 4)。该记录主要由记录头、10H 属性、30H 属性、50H 属性、80H 属性、记录结束标志和无用数据组成，元文件＄AttrDef 定义了卷中所有可用文件属性的信息。

6.5.6 元文件“.”

元文件“.”即根目录，在元文件＄MFT 中的记录号为 5，名称为“.”。该记录主要由记录头、10H 属性、30H 属性、40H 属性、50H 属性、90H 属性、A0H 属性、B0H 属性、记录结束标志和无用数据组成。元文件“.”是用来管理根目录的，NTFS 的根目录也是一个普通的目录，如果卷有一个重解析点，那么根目录就会有一个命名数据流，称作“＄MountMgrDatabase”；如果卷没有重解析点，则没有这个命名数据流。

例 6.28 H 盘的元文件“.”(即根目录)，在元文件＄MFT 中的记录号为 5，如图 6.48 所示(注：记录中无用数据已删除)。

```
Offset    0  1  2  3  4  5  6  7   8  9  A  B  C  D  E  F
06301400  46 49 4C 45 30 00 03 00  64 4D 68 00 00 00 00 00   FILE0...dMh.....
06301410  05 00 01 00 38 00 03 00  A8 03 00 00 00 04 00 00   记录头
06301420  00 00 00 00 00 00 00 00  0B 00 00 00 05 00 00 00   ................
06301430  0D 00 00 05 00 00 00 00  10 00 00 00 48 00 00 00   ............H...
06301440  00 00 18 00 00 00 00 00  30 00 00 00 18 00 00 00   ........0.......
06301450  2E 29 A3 F6 E3 61 D0 01  90 48 60 8A 0F 65 D0 01   .)v鎶?.H`?e?
06301460  90 48 60 8A 0F 65 D0 01  90 48 60 8A 0F 65 D0 01   10H属性
06301470  06 00 00 00 00 00 00 00  00 00 00 00 00 00 00 00   ................
06301480  30 00 00 00 60 00 00 00  00 00 18 00 00 00 01 00   0...`...........
06301490  44 00 00 00 18 00 01 00  05 00 00 00 00 00 05 00   D...............
063014A0  2E 29 A3 F6 E3 61 D0 01  2E 29 A3 F6 E3 61 D0 01   30H属性
063014B0  2E 29 A3 F6 E3 61 D0 01  2E 29 A3 F6 E3 61 D0 01   .)鎶?.)v鎶?
```

图 6.48 元文件＄MFT 的 5 号记录

```
063014C0  00 00 00 00 00 00 00 00  00 00 00 00 00 00 00 00  ................
063014D0  06 00 00 10 00 00 00 00  01 03 2E 00 00 00 00 00  ................
063014E0  40 00 00 00 28 00 00 00  00 00 00 00 00 00 0A 00  @...(...........
063014F0  10 00 00 00 18 00 00 00  EA 9C 31 C4 F5 D0 E4 11  ................
06301500  93 D8 D4 BE D9 E3 58 EA  50 00 00 00 00 01 00 00  撖趺巽X闢........
06301510  00 00 18 00 00 00 02 00  E4 00 00 00 18 00 00 00  ........?.......
06301520  01 00 04 80 CC 00 00 00  D8 00 00 00 00 00 00 00  ...€?..?........
06301530  14 00 00 00 02 00 B8 00  08 00 00 00 00 00 18 00  ......?.........
06301540  FF 01 1F 00 01 02 00 00  00 00 00 05 20 00 00 00  ................
06301550  20 02 00 00 00 0B 18 00  00 00 00 10 01 02 00 00  ................
06301560  00 00 00 05 20 00 00 00  20 02 00 00 00 00 14 00  ................
06301570  FF 01 1F 00 01 01 00 00  00 00 00 05 12 00 00 00  ................
06301580  00 0B 14 00 00 00 00 10  01 01 00 00 00 00 00 05  ................
06301590  12 00 00 00 00 00 14 00  BF 01 13 00 01 01 00 00  ........?.......
063015A0  00 00 00 05 0B 00 00 00  00 0B 14 00 00 00 01 E0  ...............?
063015B0  01 01 00 00 00 00 00 05  0B 00 00 00 00 00 18 00  ................
063015C0  A9 00 12 00 01 02 00 00  00 00 00 05 20 00 00 00  ?...............
063015D0  21 02 00 00 00 0B 18 00  00 00 00 A0 01 02 00 00  !...........?...
063015E0  00 00 00 05 20 00 00 00  21 02 00 00 01 01 00 00  ........!.......
063015F0  00 00 00 05 12 00 00 00  01 01 00 00 00 00 0D 00  ................
06301600  12 00 00 00 00 00 00 00  90 00 00 00 B8 00 00 00  ............?...
06301610  00 04 18 00 00 00 06 00  98 00 00 00 20 00 00 00  ........?.......
06301620  24 00 49 00 33 00 30 00  30 00 00 00 01 00 00 00  $.I.3.0.0.......
06301630  00 10 00 00 01 00 00 00  10 00 00 00 88 00 00 00  ................
06301640  88 00 00 00 01 00 00 00  45 3C 00 00 00 00 01 00  ?.......E<......
06301650  60 00 48 00 01 00 00 00  05 00 00 00 00 00 05 00  `.H.............
06301660  86 E3 A3 0E E4 61 D0 01  66 77 A8 0E E4 61 D0 01  哮?緪?fw?緪?
063[illegible]  [illegible] 77 A8 0E E4 [illegible]  66 77 A8 0E E4 61 D0 01
06301680  [illegible] 00 00 00 00 [illegible]  00 00 00 00 00 00 00 00  ................
06301690  00 [illegible] 00 10 00 00 00 [illegible]  03 03 61 00 31 00 31 00  ..........a.1.1.
063016A0  00 00 00 00 00 00 00 00  00 00 00 00 00 00 00 00  ................
063016B0  18 00 00 00 03 00 00 00  01 00 00 00 00 00 00 00  ................
063016C0  A0 00 00 00 50 00 00 00  01 04 40 00 00 00 08 00  ?...P.....@.....
063016D0  00 00 00 00 00 00 00 00  01 00 00 00 00 00 00 00  ................
063016E0  48 00 00 00 00 00 00 00  00 20 00 00 00 00 00 00  H...............
063016F0  00 20 00 00 00 00 00 00  00 20 00 00 00 00 00 00  ................
06301700  24 00 49 00 33 00 30 00  11 01 2C 21 01 85 46 00  $.I.3.0...,!.匜.
06301710  B0 00 00 [illegible]  00 04 18 00 00 00 07 00  ................
06301720  08 00 00 [illegible] 00  24 00 49 00 33 00 30 00  ........$.I.3.0.
06301730  03 00 00 00 00 00 00 00  00 01 00 00 68 00 00 00  ............h...
06301740  00 09 18 00 00 00 09 00  38 00 00 00 30 00 00 00  ........8...0...
06301750  24 00 54 00 58 00 46 00  5F 00 44 00 41 00 54 00  $.T.X.F._.D.A.T.
06301760  41 00 00 00 00 00 00 00  05 00 00 00 00 00 05 00  A...............
06301770  01 00 00 00 01 00 00 00  00 00 [illegible] 00  ................
06301780  00 00 00 00 00 00 00 00  00 00 [illegible] 00  ................
06301790  00 00 00 00 00 00 00 00  02 [illegible] 00 00 00 00 00  ................
063017A0  FF FF FF FF 00 00 00 00  00 00 00 00 00 00 00 00  ............
```


图 6.48 （续）

(1) 10H 属性

10H 属性定义了元文件"."创建的日期时间、最后修改的日期时间、记录修改的日期时间、文件最后访问的日期时间和文件标志(此处是 06H,表示其为隐藏、系统属性)等信息。

(2) 30H 属性

30H 属性定义了元文件"."的父目录文件参考号为根目录本身、根目录的一些时间属性、系统分配给根目录的大小为 0X0000 字节、实际使用的大小为 0X0000 字节、文件标志、文件名的长度、文件名命名空间以及文件名。

文件标志说明：偏移地址 0XD0～0XD3 处的值为 10000006H(存储形式为 06 00 00 10),其中：10000000H 表示目录,00000002H 表示隐含,00000004H 表示系统,所以根目录的属性为目录、隐含和系统。

文件名说明：在偏移地址 0XD8～0XDB 处的值为"01 03 2E 00"(存储形式),说明目录名的长度为 1 个字符、目录名命名空间为 3(即 Win32&DOS)和目录名为".",即根目录的名称为"."(注："."的 Unicode 码为"002E")。

(3) 40H 属性

40H 属性定义了元文件"."的对象 ID。

(4) 50H 属性

50H 属性定义了元文件"."的安全属性。

(5) 90H 属性

90H 属性定义了根目录的索引为文件名索引,其说明见表 6.60 所列。

表 6.60 根目录的 90H 属性结构

字节偏移	字节数	值			含 义	备注
		十进制	十六进制	存储形式		
0X208	4	144	90	90 00 00 00	属性类型	90H 属性头
0X20C	4	184	B8	B8 00 00 00	90H 属性长度为 0XB8 字节	
0X210	1	0	0	00	00：常驻属性	
0X211	1	4	4	04	属性名长度为 4 个 Unicode 码	
0X212	2	24	18	18 00	属性名偏移为 0X0018	
0X214	2	0	0	00	标志(压缩、加密、稀疏等)	
0X216	2	6	6	06 00	标识为 06	
0X218	4	152	98	98 00 00 00	属性体长度为 0X98	
0X21C	2	32	20	20 00	属性体开始偏移为 0X20	
0X21E	1	0	0	00 00	索引标志为 0	
0X21F	1	0	0	00	填充为 0	
0X220	8			24 00 49 00 33 00 30 00	属性名为"$I30"	

续表

字节偏移	字节数	值			含　义	备注	
		十进制	十六进制	存储形式			
0X228	4	48	30	30 00 00 00	属性类型为0X30	索引根	90H属性体
0X22C	4	1	1	01 00 00 00	校对规则为1		
0X230	4	4096	1000	00 10 00 00	每个索引节点的分配大小为0X1000字节		
0X234	1	1	1	01	每个索引节点的簇数为1		
0X235	3	0	0	00 00 00	无意义,填充为0		
0X238	4	16	10	10 00 00 00	第一个索引项的偏移为0X10	索引头	
0X23C	4	136	88	88 00 00 00	索引项总的大小为0X88字节		
0X240	4	136	88	88 00 00 00	索引项的分配大小0X88字节		
0X244	1	1	1	01	标志：为1时,表示其为大索引		
0X245	3	0	0	00 00 00	无意义		
0X248	6	15429	3C45	45 3C 00 00 00 00	a11文件夹在元文件$MFT中的记录号为0X3C45	a11文件夹索引项	
0X24E	2	1	1	01 00	0X3C45号记录更新的次数为1次		
0X250	2	96	60	60 00	索引项的长度为X060		
0X252	2	72	48	48 00	文件夹名a11的偏移地址为0X048		
0X254	2	1	1	01 00	索引标志为01		
0X256	2	0	0	00 00	无意义		
0X258	6	5	5	05 00 00 00 00 00	a11父目录的记录号为05		
0X25E	2	5	5	05 00	父目录更新的次数为5次		
0X260	32		略	略	a11文件夹建立、修改,记录改变以及最后访问的日期时间		
0X280	8	0	0	00 00 00 00 00 00 00 00	a11文件夹的分配大小为0字节		
0X288	8	0	0	00 00 00 00 00 00 00 00	a11文件夹的实际大小为0字节		
0X290	8		10000000	00 00 00 10 00 00 00 00	a11为文件夹		
0X298	1	3	3	03	a11文件名的命名空间为03		
0X299	1	3	3	03	a11文件夹名的长度为3个Unicode码		
0X29A	6			61 00 31 00 31 00	a11文件夹名的Unicode码		
0X2A0	8	0	0	00 00 00 00 00 00 00 00	a11文件夹后的指针为0		
0X2A8	8	0	0	00 00 00 00 00 00 00 00		索引项	
0X2B0	4	24	18	18 00 00 00	索引项的长度为0X18		
0X2B4	4	3	3	03 00 00 00	最后一项(即02)且有子节点(01),组合后为03		
0X2B8	8	1	1	01 00 00 00 00 00 00 00	指针为01		

(6) A0H 属性

在例 6.28 中，记录号为 5(即根目录)的 A0H 属性为非常驻有属性名属性，属性名为 $I30，开始 VCN 为 0，结束 VCN 为 1，共占 2 个簇。分配大小为 8192 字节，实际占用了 8192 字节，初始化大小为 8192 字节。其数据运行列表为"11 01 2C 21 01 85 46"，其含义见表 6.61 所列，从数据运行列表可知，根目录下的索引节点被划分为两段存储在 H 盘中。即根目录下的文件名分别存储在 5 号记录的 90H 属性、44 号簇(即 0 号索引节点)和 18097 号簇(即 1 号索引节点)中。

表 6.61　根目录数据运行列表结构含义

序　　号	数据运行列表	开始簇号		所占簇数	
		十六进制	十进制	十六进制	十进制
1	11 01 2C	2C	44	1	1
2	21 01 85 46	2C+4685=46B1	18097	1	1

(7) B0H 属性

5 号记录的 B0H 属性定义了索引节点的使用情况。在例 6.28 中 B0H 属性为常驻属性有属性名，其值为 0X03，所对应的二进制数为"0000 0011"。由于目录的分配是以索引节点为单位，从例 6.28 中的数据运行列表可知，索引目录共占用了 2 个簇，由于每个索引节点等于 1 簇，因此共有 2 个索引节点，使用 2 位二进制便可以表示 2 个索引节点的状态。LCN、VCN 与根目录索引节点对应情况见表 6.62 所列。

表 6.62　LCN、VCN 与根目录索引节点使用情况表

十六进制值	03							
二进制位	Bit_7	Bit_6	Bit_5	Bit_4	Bit_3	Bit_2	Bit_1	Bit_0
二进制值	0	0	0	0	0	0	1	1
LCN							18097	44
VCN							1	0
索引节点号							1	0
节点状态	未使用	未使用	未使用	未使用	未使用	未使用	已使用	已使用

从表 6.62 可知，这 2 个索引节点已被使用。有关根目录索引的情况，在本章 6.8 节中将会进一步介绍。

6.5.7　元文件 $Bitmap

元文件 $Bitmap 记录在元文件 $MFT 中的记录号为 6(即文件 ID 为 6)。该记录主要由记录头、10H 属性、30H 属性、80H 属性、记录结束标志和无用数据组成，元文件 $Bitmap 用来管理 NTFS 卷中所有簇的使用情况，它的数据由一系列的二进制位构成，每一位代表一个 LCN 的使用情况；在一个字节中，低位代表小簇号，而高位则代表大簇号。如果该位的值为 1，则表示所对应的 LCN 已使用(即已分配)或者已坏；如果该位的值为 0，则表示所对应的 LCN 未使用(即未分配)。

例 6.29　H 盘的元文件"$Bitmap"(即位图文件),在元文件$MFT 中的记录号为 6,如图 6.49 所示(注:记录中无用数据已删除)。

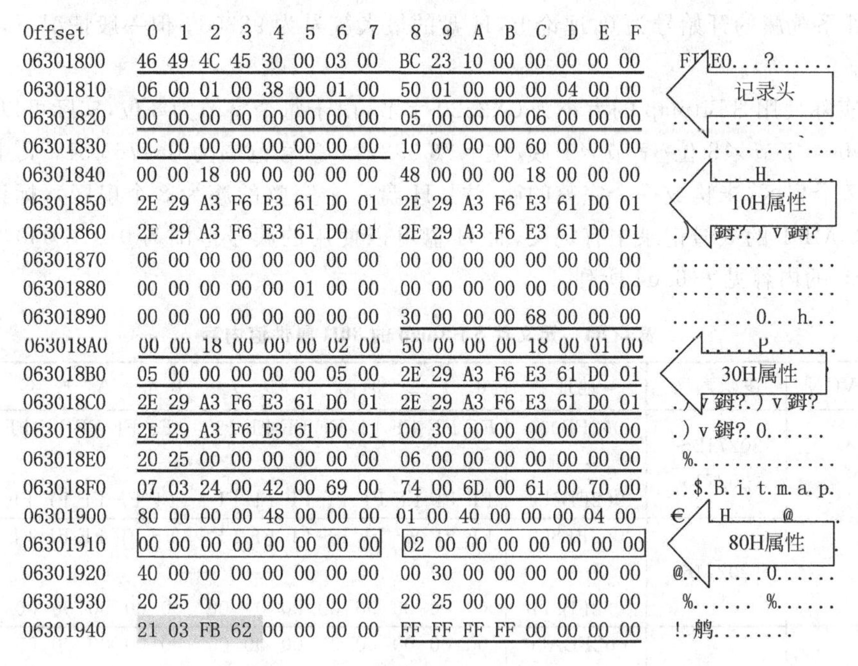

图 6.49　元文件$MFT 的 6 号记录

(1) 10H 属性

10H 属性定义了元文件$Bitmap 创建的日期时间、最后修改的日期时间、该记录修改的日期时间、文件最后访问的日期时间和文件标志(此处是 06H,表示其为隐藏、系统属性)等信息。

(2) 30H 属性

30H 属性定义了元文件$Bitmap 的父目录文件参考号为根目录,$Bitmap 创建的日期时间属性,系统分配给$Bitmap 的大小为 0X3000 字节,实际使用的大小为 0X2520 字节,文件标志为 0X06(表示其为隐藏、系统属性),文件名的长度为 7,文件名命名空间为 3 及文件名为$Bitmap。

(3) 80H 属性

H 盘元文件$MFT 的 6 号记录 80H 属性为非常驻无属性名属性,数据流的开始 VCN 为 0X00,而结束 VCN 为 0X02,共占 0X03 个簇。系统分配给$Bitmap 的大小为 0X3000 字节,实际占用了 0X2520 字节。数据运行列表为21　03　FB　62,从数据运行列表可知,该位图文件的簇号范围为 25339～25341,元文件$Bitmap 的 LCN 与 VCN 对应关系见表 6.63 所列。

表 6.63　元文件$Bitmap 的 LCN 与 VCN 对应关系

簇号 LCN 与 VCN	十六进制			十进制		
	开始簇号	下一簇号	结束簇号	开始簇号	下一簇号	结束簇号
LCN	62FB	62FC	62FD	25339	25340	25341
VCN	0	1	2	0	1	2

由于 H 盘每个簇等于 8 个扇区,每 1 位表示 1 个簇的状态,因此,该位图文件可以表示的最多簇数=3 簇×8 扇区/簇×512 字节/扇区×8 位/字节×1 簇/位=98 304 个。

这与系统分配给元文件＄Bitmap的大小为0X3000字节(每个字节为8位,可以表示的最多簇数=12288字节×8位/字节×1簇/位=98 304个)计算出来的结果完全吻合。由于NTFS文件系统簇的开始号为0,理论上,H盘的最大簇号为98303；但一般情况下,不会用到最大簇号。

H盘实际使用＄Bitmap的大小为0X2520字节,由于每个字节为8位,实际可以表示的最多簇数=9504字节×8位/字节×1簇/位=76 032个,簇号范围为0～76 031；其中：76 031号簇只有7个扇区,未构成一个完整的簇(注：H盘一个完整的簇为8个扇区),标识为坏簇,在元文件＄MFT的8号记录中有定义,而H盘可以使用的簇号范围为0～76 030,H盘元文件＄Bitmap的内容见表6.64所列。

表6.64　元文件＄Bitmap的80H属性值内容

LCN	VCN	逻辑扇区	地址	0	1	2	3	4	5	6	7	8	9	A	B	C	D	E	F
25339	0	202712～202715	062FB000	*FF*	*FF*	FF	FF	FF	FF	FF	FF	FF	FF	FF	FF	FF	FF	FF	FF
			……	……								……							
			062FB7F0	FF	FF	FF	FF	FF	FF	FF	FF	FF	FF	FF	FF	FF	FF	FF	FF
		202716	062FB800	FF	FF	FF	FF	FF	FF	FF	FF	FF	FF	FF	FF	FF	FF	FF	FF
			……	……								……							
			062FB9F0	00	00	00	00	00	00	00	00	00	00	00	00	00	00	00	00
		202717	062FBA00	00	00	00	00	00	00	00	00	00	00	00	00	00	00	00	00
			……	……								……							
			062FBBF0	FF	FF	FF	FF	FF	FF	FF	FF	FF	FF	FF	FF	FF	FF	FF	FF
		202718	062FBC00	FF	FF	FF	FF	FF	FF	FF	FF	FF	FF	FF	FF	FF	FF	FF	FF
			……	……								……							
			062FBDF0	FF	FF	FF	FF	FF	FF	FF	FF	FF	FF	FF	FF	FF	FF	FF	FF
		202719	062FBE00	FF	FF	FF	FF	FF	FF	FF	FF	FF	FF	FF	FF	FF	FF	FF	FF
			……	……								……							
			062FBFF0	00	00	00	00	00	00	00	00	00	00	00	00	00	00	00	00
25340	1	202720～202727	062FC000	00	00	00	00	00	00	00	00	00	00	00	00	00	00	00	00
			……	……								……							
			062FCFF0	00	00	00	00	00	00	00	00	00	00	00	00	00	00	00	00
25341	2	202728～202735	062FD000	00	00	00	00	00	00	00	00	00	00	00	00	00	00	00	00
			……	……								……							
			062FEFF0	00	00	00	00	00	00	00	00	00	00	00	00	00	00	00	00

从表6.64可知,202712号扇区偏移0X00(即地址0X062FB000)和0X001(即地址0X062FB001)值均为0XFF,所表示的簇号见表6.65和表6.66所列。

表6.65　202712号扇区偏移0X00的值及所代表的簇号情况

地　址	0X062FB000(25339号簇,202712号扇区偏移0X00)							
十六进制值	FF							
二进制位	Bit_7	Bit_6	Bit_5	Bit_4	Bit_3	Bit_2	Bit_1	Bit_0
二进制值	1	1	1	1	1	1	1	1
表示簇号	7	6	5	4	3	2	1	0
簇号状态	已使用	已使用	已使用	已使用	已使用	已使用	已使用	已使用

表 6.66 202712 号扇区偏移 0X01 的值及所代表的簇号情况

地 址	0X0620FB001(25339 号簇,202712 号扇区偏移 0X01)							
十六进制值	FF							
二进制位	Bit_7	Bit_6	Bit_5	Bit_4	Bit_3	Bit_2	Bit_1	Bit_0
二进制值	1	1	1	1	1	1	1	1
表示的簇号	15	14	13	12	11	10	9	8
簇号状态	已使用	已使用	已使用	已使用	已使用	已使用	已使用	已使用

簇号在元文件＄Bitmap 中的定位由扇区号、扇区偏移和位 3 部分组成。从 H 盘元文件＄MFT 的 6 号记录 80H 属性数据运行列表可知,元文件＄Bitmap 内容只是一个段存储在 H 盘中。因此,计算簇号在元文件＄Bitmap 中的定位如式(6.34)～式(6.36)。

计算簇号在元文件＄Bitmap 扇区号定位如式(6.34):

$$扇区号 = \$Bitmap\ 的开始扇区号 + INT(簇号/4096) \tag{6.34}$$

计算簇号在元文件＄Bitmap 扇区偏移定位如式(6.35):

$$扇区偏移 = INT((簇号 - INT(簇号/4096) \times 4096)/8) \tag{6.35}$$

计算簇号在元文件＄Bitmap 字节位定位如式(6.36):

$$字节位 = MOD(簇号,8) \tag{6.36}$$

说明:在式(6.34)～式(6.36)中,INT 表示取整,MOD 表示取余数。

例 6.30 存储在 H 盘 abcd1 文件夹中的 1.JPG 文件,文件记录号为 11891,其记录部分值如图 6.50 所示,计算 1.JPG 文件内容的开始簇号和结束簇号在位图文件＄Bitmap 中的位置。

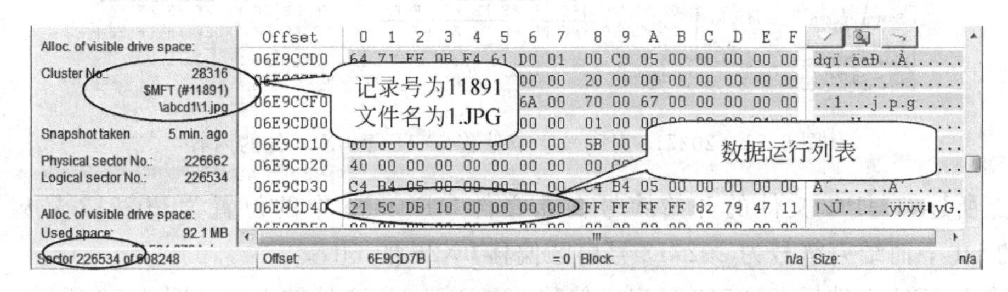

图 6.50 11891 号记录的部分值

解:

(1) 元文件＄MFT 中的 6 号记录(即元文件＄Bitmap 记录)80H 属性数据运行列表为"21 03 FB 63",所以元文件＄Bitmap 开始簇号为 25339,开始扇区号为 202712。

(2) 从 11891 号记录的 80H 属性可知,数据运行列表为"21 5C DB 10"。

(3) 从 11891 号记录数据运行列表可知,文件 1.JPG 的开始簇号为 0X10DB(即 4315),而结束簇号为 0X1136(即 4406),共占 0X5C(即 92)个簇。

(4) 由式(6.34)～式(6.36)可以计算出 1.JPG 文件开始簇号在元文件＄Bitmap 中的位置。

1.JPG 文件的开始簇号在 ＄Bitmap 的扇区号

= ＄Bitmap 的开始扇区号 + INT(簇号/4096)

= 202712 + INT(4315/4096) = 202713

1.JPG 文件的开始簇号在 $Bitmap 位置的扇区偏移

=INT((簇号 - INT(簇号/4096) × 4096)/8)

=INT((4315 - INT(4315/4096) × 4096)/8) = 27 (即 0X1B)

1.JPG 文件的开始簇号在 $Bitmap 文件字节位

=mod(簇号,8) = mod(4315,8) = 3

所以,1.JPG 文件的开始簇号在 202713 号扇区偏移 0X1B 的 bit_3。

(5) 由式(6.34)~式(6.36)可以计算出 1.JPG 文件结束簇号在元文件 $Bitmap 中的位置。

1.JPG 文件的结束簇号在 $Bitmap 位置的扇区号

= $Bitmap 的开始扇区号 + INT(簇号/4096)

=202712 + INT(4406/4096) = 202713

1.JPG 文件的结束簇号在 $Bitmap 位置的扇区偏移

=INT((簇号 - INT(簇号/4096) × 4096)/8)

=INT((4406 - INT(4406/4096) × 4096)/8)

=38(即 0X26)

1.JPG 文件的结束簇号在 $Bitmap 文件字节位 = mod(簇号,8)

=mod(4406,8) = 6

所以,1.JPG 文件结束簇号在 202713 号扇区偏移 0X26 的 bit_6,如图 6.51 所示。

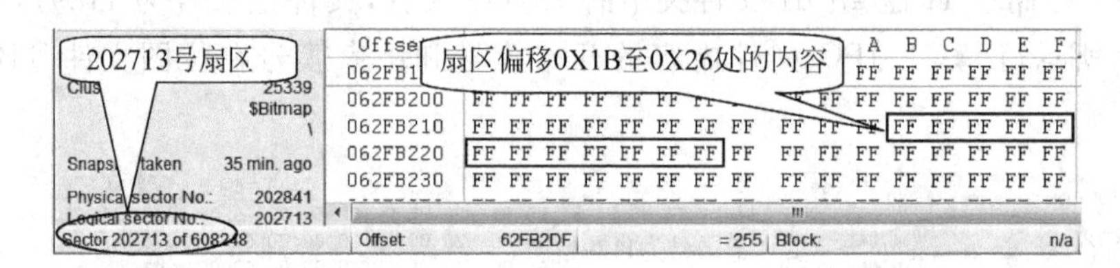

图 6.51 202713 扇区号字节偏移 0X1B 至 0X26 处的内容

综上所述,1.JPG 文件的开始簇号在元文件 $Bitmap 中的位置为 202713 号扇区偏移 0X1B 的 bit_3;而结束簇号为 202713 号扇区偏移 0X26 的 bit_6。

删除 1.JPG 文件后,202713 号扇区偏移 0X1B 至 0X26 处的内容如图 6.52 所示。

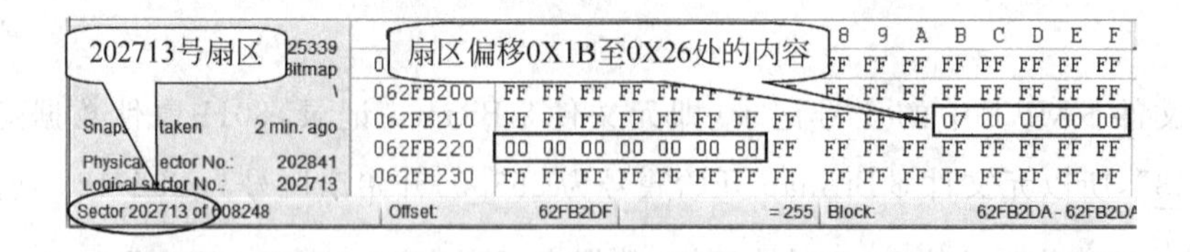

图 6.52 删除 1.JPG 后 202713 扇区偏移 0X1B 至 0X26 处的内容

从图 6.52 可知,202713 扇区偏移 0X1B 处的值由"FF"变为"07",扇区偏移 0X1C~0X25 处的值由"FF"变为"00",而扇区偏移 0X26 处的值由"FF"变为"80";即 1.JPG 文件所占据的簇号位图值由"1"变为"0";也就是说,将文件 1.JPG 删除后,由文件 1.JPG 内容所占据的簇号从 4315 至 4406 所对应的位图已由删除 1.JPG 文件前的"1"变为"0",说明被 1.JPG 文件内容所占据的 4315~4406 号簇已被释放,即变为自由簇号。

通过位图文件 $Bitmap 中的字节位计算所代表的簇号公式如式(6.37):

$$
\begin{aligned}
&\$\text{Bitmap 中字节位所代表的簇号}\\
&=(\text{字节位所在的扇区号}-\$\text{Bitmap 开始扇区号})\times 4096+\\
&\quad\text{字节偏移}\times 8+\text{字节位} \qquad (6.37)
\end{aligned}
$$

其中：字节位所在的扇区号≥＄Bitmap 开始扇区号。

例 6.31　在 H 盘中，每个簇的扇区数为 8，元文件＄Bitmap 的数据运行列表为“21 03 FB 62”，请分别计算出 202713 号扇区偏移 0X1B 的 bit_3 和 202713 号扇区偏移 0X26 的 bit_6 所表示的簇号。

解：

从元文件＄Bitmap 的数据运行列表可知，元文件＄Bitmap 的开始簇号为 0X62FB(即 25339)，由于 H 盘每个簇的扇区数为 8，所以，元文件＄Bitmap 的开始扇区号为 202712。

(1) 计算 202713 号扇区偏移 0X1B 的 bit_3 所代表的簇号，由式(6.37)可知：

$$
\begin{aligned}
\$\text{Bitmap 中的位所代表的簇号} &=(\text{位所在的扇区号}-\$\text{Bitmap 开始扇区号})\times\\
&\quad 4096+\text{字节偏移}\times 8+\text{位}\\
&=(202713-202712)\times 4096+27\times 8+3=4315
\end{aligned}
$$

(2) 计算 202713 号扇区偏移 0X26 的 bit_6 所表示的簇号，由式(6.37)可知：

$$
\begin{aligned}
\$\text{Bitmap 中的位所代表的簇号} &=(\text{位所在的扇区号}-\$\text{Bitmap 开始扇区号})\times\\
&\quad 4096+\text{字节偏移}\times 8+\text{位}\\
&=(202713-207212)\times 4096+38\times 8+6=4406
\end{aligned}
$$

所以，202713 号扇区偏移 0X1B 的 bit_3 所表示的簇号为 4315，而 202713 号扇区偏移 0X26 的 bit_6 所表示的簇号为 4406。

注：在“第 6 章\Excel 文件”文件夹中，有一个名为“NTFS 数据运行列表定位算法.xls”的文件，在该文件中有 3 张工作表，名称分别为“从数据运行列表计算各段开始簇号和结束簇号”“位图文件中位所代表的簇号”和“簇号在元文件＄Bitmap 中的位置。”

6.5.8　元文件＄Boot

元文件＄Boot 在元文件＄MFT 中为第 8 个元文件，记录号为 7(即文件 ID 为 7)。该记录主要由记录头、10H 属性、30H 属性、50H 属性、80H 属性、记录结束标志和无用数据组成。元文件＄Boot 主要用于系统启动和对整卷的 BPB 参数定义。它是卷中唯一位置固定的元文件，其位置固定在卷中的 0 号簇。

元文件＄Boot 内容主要由 NTFS_DBR 和系统引导记录组成。NTFS_DBR 具体说明在本章第 1 节中已经有详细介绍，这里不再重述。

6.5.9　元文件＄BadClus

元文件＄BadClus 在元文件＄MFT 中为第 9 个元文件，记录号为 8(即文件 ID 为 8)。该记录主要由记录头、10H 属性、30H 属性、80H 属性、记录结束标志和无用数据组成。元文件＄BadClus 主要用于记录卷中的所有坏簇，它是一个稀疏文件，只要有指向坏簇的数据流，应用程序便不可访问该数据流。

例 6.32 H 盘的元文件“$BadClus”(即坏簇文件),在元文件$MFT 中的记录号为 8,如图 6.53 所示(注:记录中无用数据已被删除)。

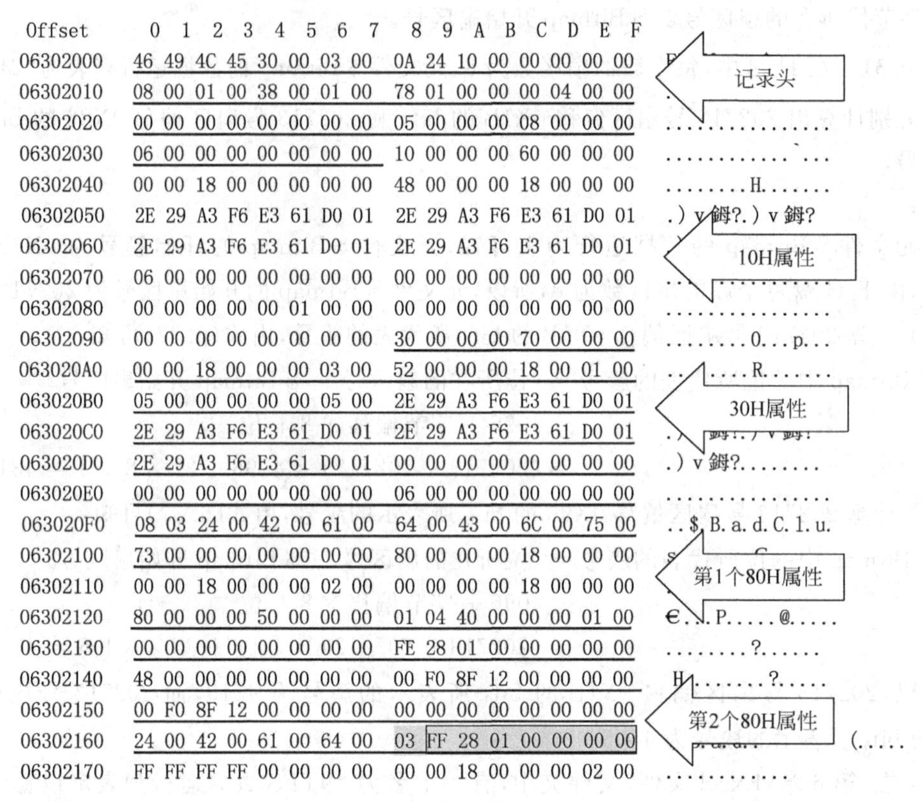

图 6.53 元文件$MFT 的 8 号记录

(1) 10H 属性

10H 属性定义了元文件$BadClus 创建的日期时间、最后修改的日期时间、记录修改的日期时间、文件最后访问的日期时间、文件标志(此处是 0X06,表示其为隐藏、系统属性)等信息。

(2) 30H 属性

30H 属性定义了元文件$BadClus 的父目录文件参考号为根目录,$BadClus 的一些时间属性,系统分配给$BadClus 的大小为 0X00 字节,实际使用的大小为 0X00 字节,文件标志为 0X06(表示其为隐藏、系统属性),文件名的长度为 8,文件名命名空间为 3 及文件名为$BadClus。

(3) 80H 属性

在元文件$BadClus 记录中,有 2 个 80H 属性,第 1 个 80H 属性为常驻无属性名的 80H 属性,偏移地址从 0X108 至 0X11F,它只有一个 80H 属性头,没有属性体。

第 2 个 80H 属性为非常驻有属性名,属性名为$Bad,其数据流是与卷大小相对的文件。如果所对应的簇中只要有 1 个扇区坏,那么在该簇所对应的$Bitmap 文件的位图表中所对应的二进制位将填充为 1,表示该簇为坏簇。这样就保证坏簇不会被文件所使用。整个卷的开始 VCN 为 0,而结束 VCN 为 0X0128FE(即 76030),共计 0X0128FF(76031)个簇;数据运行列表为“03 FF 28 01”;从数据运行列表可知,0X0128FF(即 76031)号簇为坏簇。

6.6 索引节点结构

6.6.1 索引节点介绍

NTFS 文件系统中的一项新功能是建立在一种叫作“综合索引”的基本功能上。综合索引中包含了具有某一特征的多个分类项，并使用一种高效的存储机制以便于快速查找。在 NTFS 3.0 以前的版本中仅支持 $I30（即文件名索引）的综合索引，索引中仅存储目录项，索引过程将目录项按名称分类并将这些名称（即文件名或文件夹名）按照 B－树的结构保存。一个标准索引节点（注：有些书籍称为索引缓冲区）的大小为 4096 字节，主要由索引节点头和索引节点体两部分组成，索引节点头的结构见表 6.67 所列；索引节点体由若干个目录项组成。

表 6.67 索引节点头结构

字节偏移	字节数	含 义	字节偏移	字节数	含 义
0X00	4	INDX：索引节点头标志	0X25	3	用 00 填充
0X04	2	更新序列号的偏移	0X28	2	被更新序列号，即这 8 个扇区最后两个字节数据
0X06	2	被更新序列号数量与更新数组之和，被更新序列号数量为 1，更新序列数组为 8	0X2A	2	用该值去更新第 1 个扇区最后两个字节的值
			0X2C	2	用该值去更新第 2 个扇区最后两个字节的值
			0X2E	2	用该值去更新第 3 个扇区最后两个字节的值
0X08	8	日志文件序列号	0X30	2	用该值去更新第 4 个扇区最后两个字节的值
0X10	8	索引节点编号，见说明	0X32	2	用该值去更新第 5 个扇区最后两个字节的值
0X18	4	索引入口的偏移	0X34	2	用该值去更新第 6 个扇区最后两个字节的值
0X1C	4	索引入口的大小	0X36	2	用该值去更新第 7 个扇区最后两个字节的值
0X20	4	索引入口的分配大小	0X38	2	用该值去更新第 8 个扇区最后两个字节的值
0X24	1	1：非叶节点，0：叶节点	0X3A	6	用 00 填充

说明：在表 6.67 中，“索引节点字节偏移 0X10～0X17 处的值”在有关 NTFS 文件系统的一些书籍中普遍认为是 VCN，即虚拟簇号。为此作者做了大量的实验，每个簇的扇区数、索引节点大小、每个索引节点包括的簇数和索引节点编号对应关系见表 6.68 所列。因此，作者认为该值为索引节点编号更为准确。

表 6.68　每个簇的扇区数、索引节点大小描述和索引节点编号关系对应表

扇区数/簇	索引节点大小描述	索引节点大小描述在 NTFS_DBR 中存储形式	每个索引节点包括的簇数	索引节点编号
1	8 簇	08	8	0、8、16、24、32、40……
2	4 簇	04	4	0、4、8、12、16、20……
4	2 簇	02	2	0、2、4、6、8、10……
8	1 簇	01	1	0、1、2、3、4、5……
16	4096 字节	F4	0.5	0、8、16、24、32、40……
32	4096 字节	F4	0.25	0、8、16、24、32、40……
64	4096 字节	F4	0.125	0、8、16、24、32、40……
128	4096 字节	F4	0.0625	0、8、16、24、32、40……

6.6.2　索引节点分类

根据索引节点是否有效，可以将索引节点分为有效索引节点和无效索引节点两种。对于有效索引节点而言，文件夹记录 B0H 属性值对应二进制位的值为 1；对于无效索引节点而言，文件夹记录 B0H 属性值对应二进制位的值为 0。根据索引节点存储索引项作用的不同，可以将索引节点分为叶节点和非叶节点两种。组合后，索引节点可以分为 4 种类型，即有效叶节点、有效非叶节点、无效叶节点和无效非叶节点，索引节点分类见表 6.69 所列。

表 6.69　索引节点分类表

索引节点类型	字节偏移 0X24 的值	文件夹记录 B0H 属性值对应二进制位的值	索引节点结束标志（存储形式）
有效叶节点	00	1	10 00 00 00 02 00 00 00
有效非叶节点	01	1	18 00 00 00 03 00 00 00＋指针
无效叶节点	00	0	
无效非叶节点	01	0	

无效索引节点主要是用户将该节点中所存储的文件全部删除后而形成的。无效叶节点索引入口的大小为 0X38 字节(注：存储形式为 38 00 00 00)，无效叶节点均为空节点，即该叶节点中存储的文件名均为无效文件名。无效非叶节点的索引入口大小为 0X40 字节(注：存储形式为 40 00 00 00)；但是有的非叶节点索引入口大小也为 0X40 字节，该节点文件夹记录的 B0H 属性值所对应二进制位的值为 1，因此，这类非叶节点为有效非叶节点，在该非叶节点中只存储一个有效节点号，其余文件名项和节点号均无效。

在本节中，无效叶节点和无效非叶节点不再作分析；如果没有作特别说明，本书中所提到的节点均是指有效节点。在分析索引节点时，要分清楚该节点是叶节点还是非叶节点。

6.6.3　叶节点

叶节点主要由叶节点头、有效索引项、叶节点结束标志和无用数据 4 部分组成。叶节点头的大小一般为 64 字节，有效索引项的数量一般在 1 至 45 个之间，叶节点的结束标志为“10 00 00 00 02 00 00 00”(存储形式)，无用数据区域也可能存储一些索引项，但是由于存储在结束标

志之后，所以，在无用数据区域存储的索引项无效。

叶节点的结构大致如图 6.54 所示，在图 6.54 中，叶节点存储的索引项总数为 $i+j$ 个，以第 1 个“10 00 00 00 02 00 00 00”(存储形式)为结束标志，即在叶节点中，从索引节点头至第 1 个结束标志之间存储的索引项为有效索引项，而在第 1 个结束标志之后存储的索引项(注：如果存在索引项)无效。所以，叶节点存储的有效索引项数量为 i 个，而无效索引项数量为 j 个。叶节点索引项结构见表 6.70 所列。

以“INDX”开头的前 64 字节(注：字节偏移 0X24 的值为 00)	叶节点头
有效索引项 1	有效索引项
有效索引项 2	
……	
有效索引项 i	
第 1 个“10 00 00 00 02 00 00 00”(存储形式)	叶节点结束标志
无效索引项 1	无效索引项 (注：在有的叶节点中， 不一定存在无效索引项)
……	
无效索引项 j	
“10 00 00 00 02 00 00 00”(存储形式)	
无用数据	

图 6.54　叶节点结构图

表 6.70　叶节点有效索引项结构

字节偏移	字节数	含　义	备注
0X40	8	文件记录号和序列号	第1个索引项
0X48	2	索引项大小(单位：字节)	
0X4A	2	文件名属性体大小(单位：字节)	
0X4C	2	索引标志，此处为 0X0000	
0X4E	2	填充到 8 字节(无意义)	
0X50	8	父目录记录号和序列号	
0X58	8	文件建立的日期时间	
0X60	8	文件修改的日期时间	
0X68	8	文件记录改变的日期时间	
0X70	8	文件最后访问的日期时间	
0X78	8	文件分配大小(单位：字节)	
0X80	8	文件实际大小(单位：字节)	
0X88	8	文件标志，即只读、隐藏等	
0X90	1	文件名长度(假设文件名的长度为变量 F)	
0X91	1	文件命名空间	
0X92	$2\times F$	文件名	
$0X92+2\times F$	P	填充到 8 字节(无意义)	
……	……	第 2 至 m 个索引项，结构与第 1 个索引项相同	
	8	未定义	
	2	本索引项的长度，一般为 0X0010，存储形式为 10 00	
	2	内容长度	
	2	标志，为 0002 表示列表的最后一项，即以后的文件名无效	
	2	未使用	

例 6.33 260 号记录(对应的文件夹名为 a80)的 A0H 属性是一个非常驻有属性名的属性,数据运行列表为"21 0C 5C 61",从数据运行列表可知,a80 文件夹占用簇号范围为 24924～24935,共计 12 个簇。由于 H 盘每个簇的扇区数为 8,而每个索引节点正好为 8 个扇区。所以共有 12 个索引节点,而 260 号记录的 B0H 属性值为"FF 07"(存储形式),因此,只有 11 个索引节点为有效节点。0 号索引节点的内容如图 6.55 所示(注:由于篇幅限制,第 3～18 个索引项、第 20～37 索引项省略)。

```
Offset      0  1  2  3  4  5  6  7   8  9  A  B  C  D  E  F
0615C000   49 4E 44 58 28 00 09 00  6C 40 11 00 00 00 00 00   INDX(...l@......
0615C010   00 00 00 00 00 00 00 00  28 00 00 00 F0 07 00 00
0615C020   E8 0F 00 00 00 00 00 00  02 00 D0 01 01 00 00 00
0615C030   00 00 00 00 78 00 33 00  00 00 00 00 00 00 00 00   ....x.3.........
0615C040   05 01 00 00 00 00 01 00  68 00 52 00 00 00 00 00   ........h.R.....
0615C050   04 01 00 00 00 00 01 00  05 58 E9 04 E4 61 D0 01   .........X?鍉?
0615C060   00 D4 1F D7 61 4B CC 01  05 58 E9 04 E4 61 D0 01   .?譨K?.X?鍉?
0615C070   05 58 E9 04 E4 61 D0 01  00 00 00 00 00 00 00 00
0615C080   00 00 00 00 00 00 00 00  20 00 00 00 00 00 00 00
0615C090   08 03 61 00 30 00 30 00  30 00 2E 00 74 00 78 00   ..a.0.0.0...t.x.
0615C0A0   74 00 00 00 00 00 00 00  06 01 00 00 00 00 01 00   t...............
0615C0B0   68 00 52 00 00 00 00 00  04 01 00 00 00 00 01 00
0615C0C0   05 58 E9 04 E4 61 D0 01  00 D4 1F D7 61 4B CC 01
0615C0D0   05 58 E9 04 E4 61 D0 01  05 58 E9 04 E4 61 D0 01   .X?鍉?.X?鍉?
0615C0E0   00 00 00 00 00 00 00 00  00 00 00 00 00 00 00 00   ................
0615C0F0   20 00 00 00 00 00 00 00  08 03 61 00 30 00 30 00   .........a.0.0.
0615C100   31 00 2E 00 74 00 78 00  74 00 00 00 00 00 00 00   1...t.x.t.......
                 ...(注:省略了a002.txt至a017.txt索引项)
0615C790   17 01 00 00 00 00 01 00  68 00 52 00 00 00 00 00   ........h.R.....
0615C7A0   04 01 00 00 00 00 01 00  46 65 EC 04 E4 61 D0 01
0615C7B0   00 D4 1F D7 61 4B CC 01  46 65 EC 04 E4 61 D0 01
0615C7C0   46 6                        00 00 00 00 00 00   Fe
0615C7D0   00 00                    20 00 00 00 00 00 00 00   ........ ........
0615C7E0   08 03 61 0        00 31 00  38 00 2E 00 74 00 78 00   ..a.0.1.8...t.x.
0615C7F0   74 00 00 00  0 00 00 00  00 00 00 00 00 00 02 00   t...............
0615C800   10 00 00 00 02 00 00 00                             .........
```

索引头

第1个索引项

第2个索引项

第19个索引项

结束标志(第1个标志)

图 6.55　24924 号簇(即 0 号索引节点)的内容

从图 6.55 可知,由于字节偏移 0X24 的值为 00,所以该节点是一个叶节点,其索引节点头说明见表 6.71 所列,索引项结构说明见表 6.72 所列。

表 6.71　0 号索引节点头结构说明

字节偏移	字节数	值			含　义
		十进制	十六进制	存储形式	
0X00	4			49 4E 44 58	索引节点头标志,总是"INDX"
0X04	2	40	28	28 00	更新序列号的偏移为 0X28
0X06	2	9	9	09 00	更新序列号数量为 1,更新数组有 8 个
0X08	8	1130604	11406C	6C 40 11 00 00 00 00 00	日志文件序列号为 0X11406C
0X10	8	0	0	00 00 00 00 00 00 00 00	本索引节点编号为 0
0X18	4	40	28	28 00 00 00	索引入口的偏移(相对于 0X18)

续表

字节偏移	字节数	值			含义
		十进制	十六进制	存储形式	
0X1C	4	2032	7F0	F0 07 00 00	索引入口的大小为 0X07F0 字节
0X20	4	4072	0FE8	E8 0F 00 00	索引入口的分配大小为 0X0FE8 字节
0X24	1	0	0	0	是叶节点置为 0
0X25	3	0	0	00 00 00	用 00 填充
0X28	2	2	2	02 00	更新序列号
0X2A	2	464	1D0	D0 01	用该值去更新第 1 个扇区最后两个字节的值
0X2C	2	1	0001	01 00	用该值去更新第 2 个扇区最后两个字节的值
0X2E	2	0	0000	00 00	用该值去更新第 3 个扇区最后两个字节的值
0X30	2	0	0000	00 00	用该值去更新第 4 个扇区最后两个字节的值
0X32	2	0	0000	00 00	用该值去更新第 5 个扇区最后两个字节的值
0X34	2	120	0078	78 00	用该值去更新第 6 个扇区最后两个字节的值
0X36	2	51	0033	33 00	用该值去更新第 7 个扇区最后两个字节的值
0X38	2	0	0000	00 00	用该值去更新第 8 个扇区最后两个字节的值

表 6.72 24924 号簇(即 0 号索引节点)叶节点第 1 个索引项结构说明

字节偏移	字节数	值			含义
		十进制	十六进制	存储形式	
0X40	6	261	105	05 01 00 00 00 00	a00.txt 文件的 ID 号为 0X105
0X46	2	1	01	01 00	文件序列号,即文件被使用或删除的次数为 1 次
0X48	2	104	0068	68 00	索引项的大小为 0X68 字节,字节偏移 0X40 至 0XA8
0X4A	2	82	0052	52 00	文件名属性体大小为 0X52 字节
0X4C	2	0	00	00 00	索引标志为 0
0X4E	2	0	00	00 00	填充到 8 字节(无意义)
0X50	6	260	104	04 01 00 00 00 00	父目录的 ID 号为 0X104
0X56	2	1	01	01 00	父目录被使用或删除的次数为 1 次
0X58	8			05 58 E9 04 E4 61 D0 01	文件建立的日期时间为 2015-03-19 11:28:35
0X60	8			00 D4 1F D7 61 4B CC 01	文件修改的日期时间为 2011-07-26 07:01:28
0X68	8			05 58 E9 04 E4 61 D0 01	文件记录改变的日期时间为 2015-03-19 11:28:35
0X70	8			05 58 E9 04 E4 61 D0 01	文件最后访问的日期时间为 2015-03-19 11:28:35
0X78	8	0		00 00 00 00 00 00 00 00	文件分配大小为 0 字节
0X80	8	0		00 00 00 00 00 00 00 00	文件实际大小为 0 字节
0X88	8			20 00 00 00 00 00 00 00	文件标志为 0X20,即归档文件

续表

字节偏移	字节数	值			含　义
		十进制	十六进制	存储形式	
0X90	1	8	8	08	文件名长度为 8 个 Unicode 码
0X91	1	3	3	03	文件命名空间为 03
0X92	10				文件名为 a000. txt
0XA2	6		0	0	不足 8 的倍数填充 00 至 8 的倍数
……	……		……	……	第 2～19 个索引项,结构与第 1 个索引项相同
0X7F8	8		00	00 00 00 00 00 00 00 00	未定义
0X800	2	16	10	10 00	本索引项的长度为 16 字节
0X802	2	0	0	00 00	内容长度
0X804	2	2	2	02 00	标志,为 0002 表示列表的最后一项
0X806	2	0	0	00 00	未使用

通过对 0 号索引节点的分析可知,在该节点中存储的文件名范围为 a000. txt～a037. txt,共计 38 个。其中：有效文件名范围为 a000. txt～a018. txt,共计 19 个；而无效文件名范围为 a019. txt～a037. txt,共计 19 个；1～6 号、8～10 号索引节点存储的文件名请读者自行分析。

6.6.4 非叶节点

非叶节点主要由非叶节点头、有效索引项＋有效指针、非叶节点结束标志和无用数据 4 部分组成。非叶节点头的大小一般为 64 字节,有效索引项＋有效指针的数量一般在 0 至 42 个之间,非叶节点结束标志为“18 00 00 00 03 00 00 00＋有效指针”,无用数据区域也可能存储一些索引项＋指针,但由于存储在结束标志之后,所以,在无用数据区域存储的“索引项＋指针”无效。

非叶节点结构大致如图 6.56 所示,在图 6.56 中,非叶节点所存储的索引项总数为 $m+n$ 个,存储的指针总数为 $m+n+2$ 个。其中：从非叶节点头至第 1 个“18 00 00 00 03 00 00 00＋有效指针 $m+1$”(存储形式)之间存储的“索引项＋指针”有效。所以,在非叶节点中,存储的有效索引项数量为 m 个,而存储的有效指针数量为 $m+1$ 个。当非叶节点中存储的索引项数量为 0,而该文件夹记录 B0H 属性值记录该节点二进制位的值为 1 时,该非叶节点只存储 1 个指针。非叶节点索引项结构见表 6.73 所列。

以“INDX”开头的前 64 字节(注：字节偏移 0X24 的值为 01)	非叶节点头
有效索引项 1＋有效指针 1	有效索引项与有效指针
有效索引项 2＋有效指针 2	
……	
有效索引项 m＋有效指针 m	
第 1 个“18 00 00 00 03 00 00 00 有效指针 $m+1$”(存储形式)	非叶节点结束标志
无效索引项 1＋无效指针 1	注：在有的非叶节点中,不一定存在无效索引项和无效指针
……	
无效索引项 n＋无效指针 n	
18 00 00 00 03 00 00 00(存储形式)　无效指针 $n+1$	
无用数据	

图 6.56　非叶节点结构图

表 6.73 非叶节点索引项结构

字节偏移	字节数	含义	备注
0X40	8	文件记录号和序列号	第1个索引项
0X48	2	索引项大小(单位：字节)	
0X4A	2	文件名属性体大小(单位：字节)	
0X4C	2	索引标志，此处为 0X0001	
0X4E	2	填充到 8 字节(无意义)	
0X50	8	父目录记录号和序列号	
0X58	8	文件建立的日期时间	
0X60	8	文件修改的日期时间	
0X68	8	文件记录改变的日期时间	
0X70	8	文件最后访问的日期时间	
0X78	8	文件分配大小(单位：字节)	
0X80	8	文件实际大小(单位：字节)	
0X88	8	文件标志，即只读、隐藏等	
0X90	1	文件名长度(假设文件名的长度为变量 F)	
0X91	1	文件命名空间	
0X92	$2\times F$	文件名	
$0X92+2\times F$	P	填充到 8 字节(无意义)	
$0X92+2\times F+P$	8	索引文件名后的指针，即子节点索引节点编号	
……	……	第 2 个至第 m 个索引项，结构与第 1 个索引项相同	
	8	总是为 00	最后索引项
	2	本索引项的长度，一般为 0X0018，存储形式为 18 00	
	2	内容长度，一般为 0	
	2	标志，为 0003 表示有子节点编号	
	2	未使用	
	8	指针，即子节点索引节点编号，此子节点索引编号以后的文件名无效	

例 6.34 在例 6.33 中，从 H 盘 260 号记录的 90H 属性可知，7 号索引节点(即 24931 号簇)为非叶节点，7 号索引节点内容如图 6.57 所示；7 号索引节点头结构说明见表 6.74 所列，而第 1 个索引项结构说明见表 6.75 所列，7 号索引节点存储的文件名项及指针见表 7.76 所列，而 a80 文件夹中各索引节点存储的文件名见表 6.77 所列。

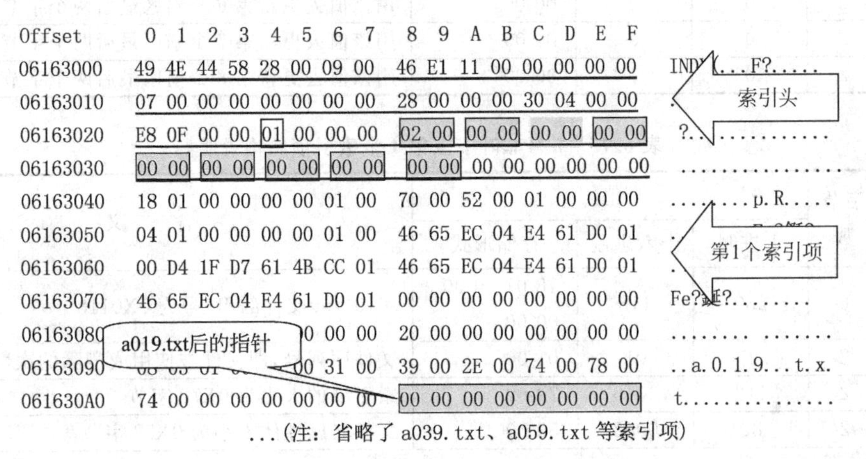

图 6.57 24931 号簇(即 7 号索引节点)存储的内容

```
061633C0  B8 01 00 00 00 00 01 00  70 00 52 00 01 00 00 00   ?......p.R.....
061633D0  04 01 00 00 00 00 01 00  07 C2 01 05 E4 61 D0 01   .........?.鍐?
061633E0  00 D4 1F D7 61 4B CC 01  07 C2 01 05 E4 61 D0 01   .?譹K?.?.鍐?
061633F0  07 C2 01 05 E4 61 D0 01  00 00 00 00 00 00 02 00
06163400  00 00 00 00 00 00 00 00  20 00 00 00 00 00 00 00   ........ .......
06163410  ...            00 37 00  39 00 2E 00 74 00 78 00   ..a.1.7.9...t.x.
06163420  74 00 00 00 00 00 00 00  09 00 00 00 00 00 00 00   t...............
06163430  00 00 00 00 00 00 00 00  18 00 00 00 03 00 00 00
06163440  0A 00 00 00 00 00 00 00  00 00 00 00 00 00 00 00   ................
```


图 6.57 （续）

表 6.74　7 号非叶节点头结构说明

字节偏移	字节数	值			含　义
		十进制	十六进制	存储形式	
0X00	4			49 4E 44 58	索引节点头标志，总是“INDX”
0X04	2	40	28	28 00	更新序列号的偏移为 0X28
0X06	2	9	9	09 00	更新序列号数量为 1，更新数组有 8 个
0X08	8	1171782	11E146	46 E1 11 00 00 00 00 00	日志文件序列号为 0X11E146
0X10	8	7	07	07 00 00 00 00 00 00 00	本索引节点编号为 07
0X18	4	40	28	28 00 00 00	索引入口偏移(相对于 0X18)
0X1C	4	1072	430	30 04 00 00	索引入口大小为 0X0430 字节
0X20	4	4072	0FE8	E8 0F 00 00	索引入口分配大小为 0X0FE8 字节
0X24	1	1	01	01	01：非叶节点
0X25	3	0	0	00 00 00	用 00 填充
0X28	2	2	2	02 00	更新序列号为 02
0X2A	2	0	0	00 00	用该值去更新第 1 个扇区最后两个字节的值
0X2C	2	0	0	00 00	用该值去更新第 2 个扇区最后两个字节的值
0X2E	2	0	0	00 00	用该值去更新第 3 个扇区最后两个字节的值
0X30	2	0	0	00 00	用该值去更新第 4 个扇区最后两个字节的值
0X32	2	0	0	00 00	用该值去更新第 5 个扇区最后两个字节的值
0X34	2	0	0	00 00	用该值去更新第 6 个扇区最后两个字节的值
0X36	2	0	0	00 00	用该值去更新第 7 个扇区最后两个字节的值
0X38	2	0	0	00 00	用该值去更新第 8 个扇区最后两个字节的值

表 6.75　7 号非叶节点第 1 个索引项结构说明

字节偏移	字节数	值			含　义
		十进制	十六进制	存储形式	
0X40	6	280	118	18 01 00 00 00 00	a019.txt 文件的 ID 号为 0X0118
0X46	2	1	01	01 00	文件序列号，即文件被使用或删除的次数为 1 次
0X48	2	112	0070	70 00	索引项的大小为 0X70 字节
0X4A	2	82	0052	52 00	文件名属性体大小为 0X52 字节

续表

字节偏移	字节数	值			含义
		十进制	十六进制	存储形式	
0X4C	2	1	01	01 00	索引标志为01
0X4E	2	0	00	00 00	填充到8字节(无意义)
0X50	6	260	104	04 01 00 00 00 00	父目录的ID号为0X104
0X56	2	1	01	01 00	父目录被使用或删除的次数为1次
0X58	8			46 65 EC 04 E4 61 D0 01	文件建立的日期时间为2015-03-19 01:28:35
0X60	8			00 D4 1F D7 61 4B CC 01	文件修改的日期时间为2011-07-26 07:01:28
0X68	8			46 65 EC 04 E4 61 D0 01	文件记录改变的日期时间为2015-03-19 01:28:35
0X70	8			46 65 EC 04 E4 61 D0 01	文件最后访问的日期时间为2015-03-19 01:28:35
0X78	8	0	0	00 00 00 00 00 00 00 00	文件分配大小为0字节
0X80	8	0	0	00 00 00 00 00 00 00 00	文件实际大小为0字节
0X88	8		32	20 00 00 00 00 00 00 00	文件标志为0X20,即归档文件
0X90	1	8	8	08	文件名长度为8个Unicode码
0X91	1	3	3	03	文件命名空间为03
0X92	10				文件名为a019.txt
0XA2	6	0	0	0	不足8的倍数填充00至8的倍数
0XA8	8	0	0	00 00 00 00 00 00 00 00	a019.txt文件名后的指针号为00
……	……	……	……	……	第2~9个索引项,结构与第1个索引项相同
0X430	8	0	00	00 00 00 00 00 00 00 00	未定义
0X438	2	24	18	18 00	本索引项的长度为24字节
0X43A	2	0	0	00 00	内容长度
0X43C	2	3	3	03 00	标志,为0003表示列表的最后一项
0X43E	2	0	0	00 00	未使用
0X440	8	10	0A	0A 00 00 00 00 00 00 00	指针号为0X0A

表6.76 24931号簇(即7号非叶节点)存储的文件名及指针

文件名	文件名后的指针	文件名	文件名后的指针	文件名	文件名后的指针
a019.txt	0	a099.txt	4	a179.txt	9
a039.txt	1	a119.txt	5		10
a059.txt	2	a139.txt	6		
a079.txt	3	a159.txt	8		

表 6.77　a80 文件夹各索引节点存储的文件名情况表

LCN	VCN	索引节点号	存储的有效文件名范围	存储的无效文件名范围	节点类型	节点状态
24924	0	0	a000.txt～a018.txt	a019.txt～a037.txt	叶节点	已使用
24925	1	1	a020.txt～a038.txt	a039.txt～a057.txt	叶节点	已使用
24926	2	2	a040.txt～a058.txt	a059.txt～a077.txt	叶节点	已使用
24927	3	3	a060.txt～a078.txt	a079.txt～a097.txt	叶节点	已使用
24928	4	4	a080.txt～a098.txt	a099.txt～a117.txt	叶节点	已使用
24929	5	5	a100.txt～a118.txt	a119.txt～a137.txt	叶节点	已使用
24930	6	6	a120.txt～a138.txt	a139.txt～a157.txt	叶节点	已使用
24931	7	7	见表 6.76 所列		非叶节点	已使用
24932	8	8	a140.txt～a158.txt	a159.txt～a177.txt	叶节点	已使用
24933	9	9	a160.txt～a178.txt	a179.txt～a197.txt	叶节点	已使用
24934	10	10	a180.txt～a199.txt		叶节点	已使用
24935	11					未使用

6.7 NTFS 对索引目录的管理方式

为了更好地让读者掌握 NTFS 是采用 B－树结构对索引目录进行管理，下面先对 B－树的定义及特征进行介绍。

6.7.1 B－树的定义及特征

B－树是一种平衡的多叉树，一棵 m 阶的 B－树满足下列条件：

(1) 每个节点至多有 m 个孩子。

(2) 除根节点和叶节点外，其他每个节点至少有 $\lceil m/2 \rceil$ 个孩子。

(3) 根节点至少有两个孩子(唯一例外的是只包含一个根节点的 B－树)。

(4) 所有的叶节点在同一层，叶节点不包含任何关键字信息。

(5) 有 K 个孩子的非叶节点恰好包含 $K-1$ 个关键字。

在 B－树中每个节点的关键字从小到大排列。因为叶节点不包含关键字，所以，叶节点实际上是树中并不存在的外部节点，且指向这些外部节点的指针为空，叶节点的总数正好等于树中所包含的关键字总个数加 1。见参考文献[13,207-208]。

6.7.2 B－树在 NTFS 索引目录管理中的应用

NTFS 文件系统采用 B－树结构对文件夹中的文件进行管理，文件夹中的文件(夹)名分别存储在文件夹记录 90H 属性和各个索引节点中。下面分别以实例的形式介绍 NTFS 对索引目录的管理。

例 6.35　H 盘 A05 文件夹记录号为 15414，文件夹内容为空，B－树结构如图 6.58 所示。这是一棵空的 B－树结构。

例 6.36　H 盘 abcd 文件夹记录号为 11866，在该文件夹中存储了 4 个文件夹，文件夹名分别为 abcd1、abcd2、abcd3 和 abcd4，这 4 个文件夹名均存储在 11866 号记录的 90H 属性中，B－树结构如图 6.59 所示，这是一棵只有一个节点的 B－树结构。

图 6.58　A05 文件夹的 B－树结构图

90H属性

abcd1、abcd2、abcd3、abcd4

图 6.59　abcd 文件夹的 B－树结构图

例 6.37　H 盘 a16 文件夹记录号为 35，在该文件夹中存储了 16 个文件，文件名为 a00.txt～a15.txt，这 16 个文件名存储在 0 号索引节点中，0 号索引节点的位置由 35 号记录 A0H 属性的数据运行列表确定（注：数据运行列表为"21 01 53　61"），即 0 号索引节点的位置在 24915（0X6153）号簇。而 35 号记录 B0H 属性值为"01"，即 0 号索引节点为有效节点，B－树结构如图 6.60 所示。

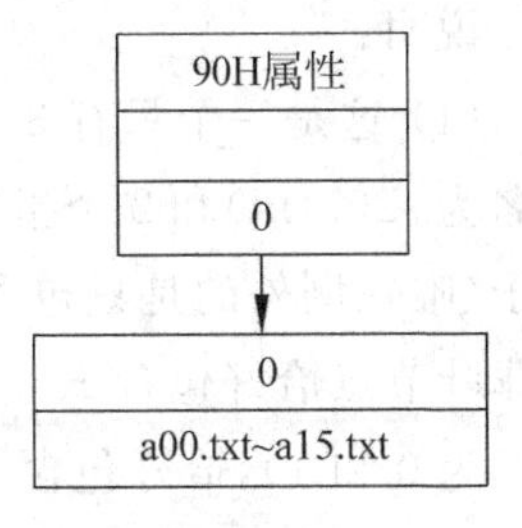

图 6.60　a16 文件夹的 B－树结构图

这是一个只有 2 个节点的 B－树结构。90H 属性为根节点，在 90H 属性中存储一个指针（注：指针号为 0），0 个索引文件名；这与 B－树的定义"(3)根节点至少有两个孩子（唯一例外的是只包含一个根节点的 B－树）"不相符，但可以用 B－树的定义"(5)有 *K* 个孩子的非叶节点恰好包含 *K* －1 个关键字"来解释。此时，*K*＝1，即 90H 属性为非叶节点，有 1 个孩子（即 1 个指针，指针号为 0），包含 0 个关键字（即 0 个索引文件名）。

例 6.38　H 盘 a42 文件夹记录号为 84，在该文件夹中存储 42 个文件，文件名为 a00.txt～a41.txt，这 42 个文件名分别存储在 84 号记录 90H 属性、0 号索引节点和 1 号索引节点中。

84 号记录 A0H 属性的数据运行列表为"21 02 55 61"，0 号索引节点和 1 号索引节点所在位置见表 6.78 所列。

表 6.78　a42 文件夹的 0 号和 1 号索引节点所存储的文件名

地　址	0X06315228（202921 号扇区偏移地址为 0X28）							
十六进制值	03							
B0H 属性二进制位	Bit_7	Bit_6	Bit_5	Bit_4	Bit_3	Bit_2	Bit_1	Bit_0
B0H 属性二进制值	0	0	0	0	0	0	1	1
LCN							24 918	24 917
VCN							1	0
索引节点号							1	0
索引节点状态	未用	未用	未用	未用	未用	未用	有效	有效
存储文件名							a21.txt～a41.txt	a00.txt～a19.txt

84 号记录 90H 属性存储的文件名为 a20.txt,指针号为 0 和 1,如图 6.61 所示。

而 B0H 属性值为"03",即 0 号索引节点和 1 号索引节点为有效叶节点。B一树结构如图 6.62 所示。

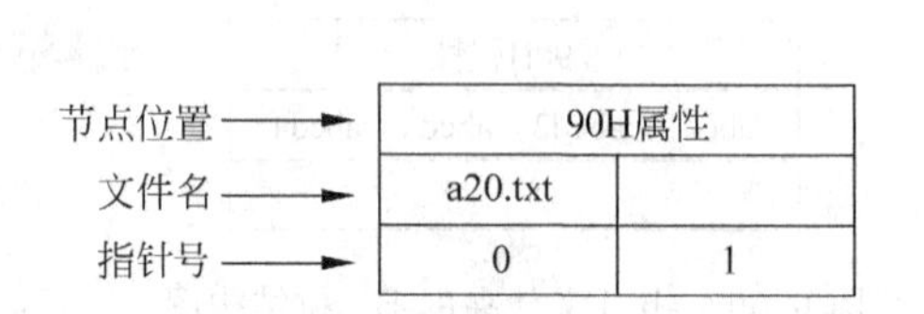

图 6.61　84 号记录 90H 属性存储的文件名及指针

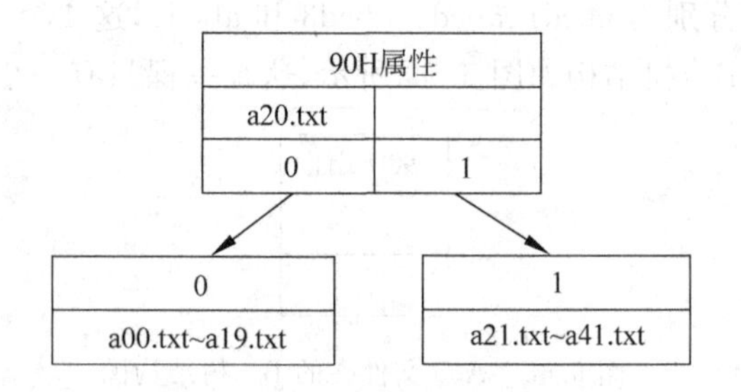

图 6.62　a42 文件夹的 B一树结构图

说明:

(1) 这是一个只有 3 个节点的 B一树结构。90H 属性为根节点,存储 1 个文件名(注:文件名为 a20.txt)和 2 个指针(注:指针号为 0 和 1);这与 B一树的定义"(3)根节点至少有两个孩子(唯一例外的是只包含一个根节点的 B一树)"相符,也符合 B一树的定义"(5)有 K 个孩子的非叶节点恰好包含 $K-1$ 个关键字",此时 $K=2$,即 90H 属性为非叶节点,有两个孩子(注:孩子为 0 和 1),恰好包含 1 个关键字(注:关键字为 a20.txt)。

(2) 在 0 号索引节点和 1 号索引节点中,均未发现 90H 属性中的索引文件名 a20.txt,这与 B一树的定义"(4)所有的叶节点在同一层,叶节点不包含任何关键字信息"相符。

例 6.39　在例 6.33 中对 H 盘的 a80 文件夹(注:a80 文件夹记录号为 260)中的 0 号索引节点和 7 号索引节点进行了分析,但对 B一树结构未进行分析。在该文件夹中,存储 200 个文件(注:文件名为 a000.txt～a199.txt)。在 260 号记录 90H 属性中只存储一个索引节点号(注:索引节点号为 7)。在 7 号非叶节点中存储了 9 个索引文件名和 10 个指针,见表 6.79 所列;0～6、8～10 号叶节点存储的文件名,见表 6.80 所列。

表 6.79　7 号非叶节点存储的文件名及指针

文件名	文件名后指针	文件名	文件名后指针	文件名	文件名后指针
a019.txt	0	a099.txt	4	a179.txt	9
a039.txt	1	a119.txt	5	a.200.txt	10
a059.txt	2	a139.txt	6		
a079.txt	3	a159.txt	8		

表 6.80　0～6、8～10 号叶节点存储的文件名

节点号	存储的文件名	节点号	存储的文件名	节点号	存储的文件名
0	a000.txt～a018.txt	4	a080.txt～a098.txt	9	a160.txt～a178.txt
1	a020.txt～a038.txt	5	a100.txt～a118.txt	10	a180.txt～a199.txt
2	a040.txt～a058.txt	6	a120.txt～a138.txt		
3	a060.txt～a078.txt	8	a140.txt～a158.txt		

而 260 号记录 B0H 属性的值为“FF 07”，所表示的节点状态见表 6.81 所列。

表 6.81　a80 文件夹索引节点状态表

地　址	0X063411C0(203272 号扇区偏移地址为 0X01C0)							
十六进制值	FF							
B0H 属性二进制位	Bit$_7$	Bit$_6$	Bit$_5$	Bit$_4$	Bit$_3$	Bit$_2$	Bit$_1$	Bit$_0$
B0H 属性二进制值	1	1	1	1	1	1	1	1
LCN	24 931	24 930	24 929	24 928	24 927	24 926	24 925	24 924
VCN	7	6	5	4	3	2	1	0
索引节点号	7	6	5	4	3	2	1	0
索引节点状态	有效	有效	有效	有效	有效	有效	有效	有效
地　址	0X063411C1(203272 号扇区偏移地址为 0X01C1)							
十六进制值	07							
B0H 属性二进制位	Bit$_7$	Bit$_6$	Bit$_5$	Bit$_4$	Bit$_3$	Bit$_2$	Bit$_1$	Bit$_0$
B0H 属性二进制值	0	0	0	0	0	1	1	1
LCN					24 935	24 934	24 933	24 932
VCN					11	10	9	8
索引节点号						10	9	8
索引节点状态	未用	未用	未用	未用	未用	有效	有效	有效

根据 260 号记录 90H 属性中存储的索引节点号和各索引节点中存储的文件名，可以画出 a80 文件夹的 B—树结构，如图 6.63 所示。

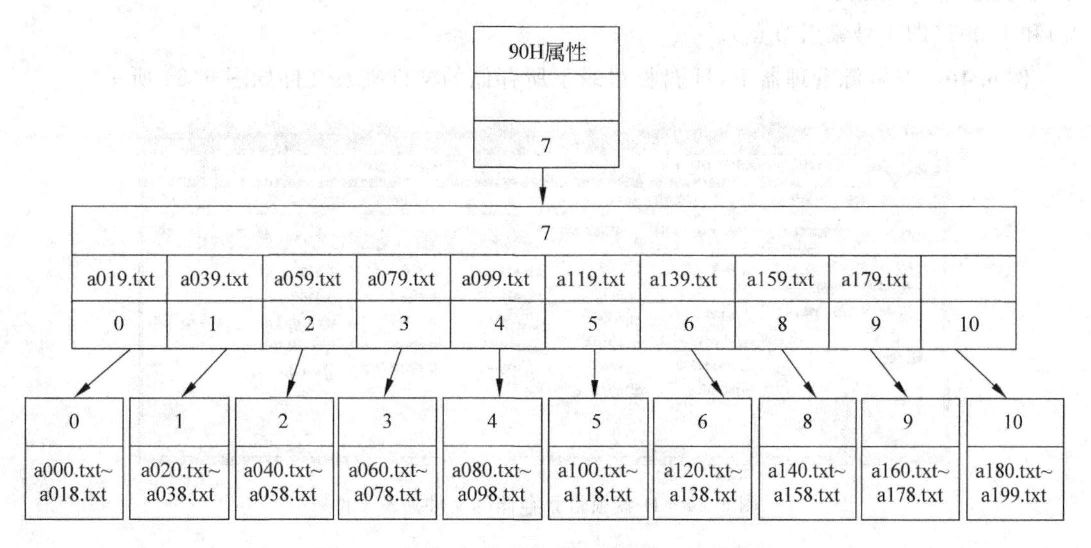

图 6.63　a80 文件夹索引目录的 B—树结构图

对图 6.63 说明如下：

(1) 在 a80 文件夹中存储 200 个文件，文件名为 a000.txt～a199.txt；这 200 个文件名分别存储在 0～10 号节点中。

(2) 在 260 号记录(即 a80 文件夹的记录)90H 属性中存储 0 个索引文件名和 1 个索引节

点号(索引节点号为7),该节点为非叶节点;该节点只有1个孩子。这与B—树中"(5)有K个孩子的非叶节点恰好包含$K-1$个关键字"相吻合,此时K等于1;这与B—树的定义"(3)根节点至少有两个孩子"不相符。

(3) 在7号非叶节点中存储了9个索引文件名(即9个关键字)和10个指针(即10个孩子),所存储的索引文件名及指针见表6.79所列,该节点为非叶节点。这与B—树中"(5)有K个孩子的非叶节点恰好包含$K-1$个关键字"相吻合,此时K等于10。

(4) 0～6号、8～10号索引节点为叶节点,在这10个叶节点中均未发现非叶节点(即7号节点)所存储的索引文件名,这与B—树中"(4)所有的叶节点在同一层,叶节点不包含任何关键字信息"相吻合。

(5) 在每个节点中,索引文件名均是按从小到大的顺序排列。

(6) 叶节点的总数为10,而树中所包含的关键字总数为9,这与"叶节点的总数正好等于树中所包含的关键字总个数加1"相吻合。

通过对例6.35～例6.39的实例分析,可以初步得出这样一个结论:NTFS对索引目录的管理是采用B—树结构,但并不是一个标准的B—树结构。

6.8 根目录的结构

在6.5.6节中对元文件$MFT的5号记录(即根目录记录)进行了介绍,但对根目录的索引结构未作分析,从元文件$MFT的5号记录A0H属性数据运行列表(数据运行列表为"11 01 2C 21 01 85 46")可知,根目录共有2个索引节点,占用簇号分别为44(即0号索引节点)和18097(即1号索引节点)。

例6.40 在资源管理器下,H盘根目录下所存储的文件夹及文件如图6.64所示。

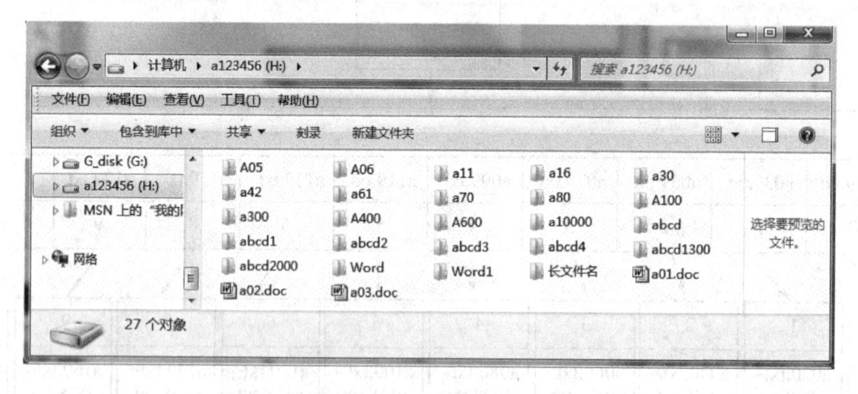

图6.64 H盘根目录存储的文件夹及文件

从资源管理器可知,H盘根目录存储27个文件(夹)。而在根目录下还有13个元文件(属性为系统、隐藏),所以在根目录下存储的文件(夹)共有40个,这40个文件(夹)名分别存储在5号记录的90H属性、0号索引节点和1号索引节点中。

0号索引节点存储的文件(夹)名具体情况如图6.65所示(注:无用数据已被删除),从图6.65可知,在0号索引节点中存储了20个文件(夹)名,详见表6.82所列。

```
Offset     0  1  2  3  4  5  6  7   8  9  A  B  C  D  E  F
0002C000   49 4E 44 58 28 00 09 00  40 44 68 00 00 00 00 00   INDX(...@Dh.....
0002C010   00 00 00 00 00 00 00 00  40 00 00 00 E8 07 00 00   ........@...?..
0002C020   E8 0F 00 00 00 00 00 00  39 00 05 00 05 00 00 00   ?......9.......
0002C030   00 00 00 00 D0 01 D0 01  00 00 00 00 00 00 00 00   ....??........
0002C040   00 00 00 00 00 00 00 00  00 00 00 00 00 00 00 00   ................
0002C050   00 00 00 00 00 00 00 00  04 00 00 00 00 00 04 00   ................
0002C060   68 00 52 00 00 00 00 00  05 00 00 00 00 00 05 00   h.R.............
0002C070   00 00 00 00 00 00 00 00  00 00 00 00 00 00 00 00   ................
0002C080   00 00 00 00 00 00 00 00  00 00 00 00 00 00 00 00   ................
0002C090   00 00 00 00 00 00 00 00  00 00 00 00 00 00 00 00   ................
0002C0A0   00 00 00 00 00 00 00 00  08 03 24 00 41 00 74 00   .........$.A.t.
0002C0B0   74 00 72 00 44 00 65 00  66 00 00 00 00 00 00 00   t.r.D.e.f.......
0002C0C0   08 00 00 00 00 00 08 00  68 00 52 00 00 00 00 00   ........h.R.....
0002C0D0   05 00 00 00 00 00 05 00  00 00 00 00 00 00 00 00   ................
0002C0E0   00 00 00 00 00 00 00 00  00 00 00 00 00 00 00 00   ................
0002C0F0   00 00 00 00 00 00 00 00  00 00 00 00 00 00 00 00   ................
0002C100   00 00 00 00 00 00 00 00  00 00 00 00 00 00 00 00   ................
0002C110   08 03 24 00 42 00 61 00  64 00 43 00 6C 00 75 00   ..$.B.a.d.C.l.u.
0002C120   73 00 00 00 00 00 00 00  06 00 00 00 00 00 06 00   s...............
0002C130   60 00 50 00 00 00 00 00  05 00 00 00 00 00 05 00   `.P.............
0002C140   00 00 00 00 00 00 00 00  00 00 00 00 00 00 00 00   ................
0002C150   00 00 00 00 00 00 00 00  00 00 00 00 00 00 00 00   ................
0002C160   00 00 00 00 00 00 00 00  00 00 00 00 00 00 00 00   ................
0002C170   00 00 00 00 00 00 00 00  07 03 24 00 42 00 69 00   .........$.B.i.
0002C180   74 00 6D 00 61 00 70 00  07 00 00 00 00 00 07 00   t.m.a.p.........
0002C190   60 00 4C 00 00 00 00 00  05 00 00 00 00 00 05 00   `.L.............
0002C1A0   00 00 00 00 00 00 00 00  00 00 00 00 00 00 00 00   ................
0002C1B0   00 00 00 00 00 00 00 00  00 00 00 00 00 00 00 00   ................
0002C1C0   00 00 00 00 00 00 00 00  00 00 00 00 00 00 00 00   ................
0002C1D0   00 00 00 00 00 00 00 00  05 03 24 00 42 00 6F 00   .........$.B.o.
0002C1E0   6F 00 74 00 00 00 00 00  0B 00 00 00 00 00 0B 00   o.t.............
0002C1F0   60 00 50 00 00 00 00 00  05 00 00 00 00 00 39 00   `.P.........9.
0002C200   2E 29 A3 F6 E3 61 D0 01  2E 29 A3 F6 E3 61 D0 01   .)v鍀?.)v鍀?
0002C210   2E 29 A3 F6 E3 61 D0 01  2E 29 A3 F6 E3 61 D0 01   .)v鍀?.)v鍀?
0002C220   00 00 00 00 00 00 00 00  00 00 00 00 00 00 00 00   ................
0002C230   06 00 00 10 00 00 00 00  07 03 24 00 45 00 78 00   .........$.E.x.
0002C240   74 00 65 00 6E 00 64 00  02 00 00 00 00 00 02 00   t.e.n.d.........
0002C250   68 00 52 00 00 00 00 00  05 00 00 00 00 00 05 00   h.R.............
0002C260   00 00 00 00 00 00 00 00  00 00 00 00 00 00 00 00   ................
0002C270   00 00 00 00 00 00 00 00  00 00 00 00 00 00 00 00   ................
0002C280   00 00 00 00 00 00 00 00  00 00 00 00 00 00 00 00   ................
0002C290   00 00 00 00 00 00 00 00  08 03 24 00 4C 00 6F 00   .........$.L.o.
0002C2A0   67 00 46 00 69 00 6C 00  65 00 00 00 00 00 00 00   g.F.i.l.e.......
0002C2B0   00 00 00 00 00 00 01 00  60 00 4A 00 00 00 00 00   ........`.J.....
0002C2C0   05 00 00 00 00 00 05 00  2E 29 A3 F6 E3 61 D0 01   .........)v鍀?
0002C2D0   2E 29 A3 F6 E3 61 D0 01  2E 29 A3 F6 E3 61 D0 01   .)v鍀?.)v鍀?
0002C2E0   2E 29 A3 F6 E3 61 D0 01  00 40 00 00 00 00 00 00   .)v鍀?.@......
0002C2F0   00 40 00 00 00 00 00 00  06 00 00 00 00 00 00 00   .@..............
0002C300   04 03 24 00 4D 00 46 00  54 00 00 00 00 00 00 00   ..$.M.F.T.......
0002C310   01 00 00 00 00 00 01 00  68 00 52 00 00 00 00 00   ........h.R.....
0002C320   05 00 00 00 00 00 05 00  00 00 00 00 00 00 00 00   ................
0002C330   00 00 00 00 00 00 00 00  00 00 00 00 00 00 00 00   ................
0002C340   00 00 00 00 00 00 00 00  00 00 00 00 00 00 00 00   ................
0002C350   00 00 00 00 00 00 00 00  00 00 00 00 00 00 00 00   ................
```

图 6.65　根目录 0 号索引节点

```
0002C360  08 03 24 00 4D 00 46 00  54 00 4D 00 69 00 72 00  ..$.M.F.T.M.i.r.
0002C370  72 00 00 00 00 00 00 00  5A 3C 00 00 00 00 09 00  r.......Z<......
0002C380  70 00 5A 00 00 00 00 00  05 00 00 00 00 00 05 00  p.Z.............
0002C390  14 82 4F 09 0E 65 D0 01  14 82 4F 09 0E 65 D0 01  .偊..e?.偊..e?
0002C3A0  14 82 4F 09 0E 65 D0 01  14 82 4F 09 0E 65 D0 01  .偊..e?.偊..e?
0002C3B0  00 00 00 00 00 00 00 00  00 00 00 00 00 00 00 00  ................
0002C3C0  06 00 00 10 00 00 00 00  0C 03 24 00 52 00 45 00  ..........$.R.E.
0002C3D0  43 00 59 00 43 00 4C 00  45 00 2E 00 42 00 49 00  C.Y.C.L.E...B.I.
0002C3E0  4E 00 50 00 00 00 00 00  09 00 00 00 00 00 09 00  N.P.............
0002C3F0  60 00 50 00 00 00 00 00  05 00 00 00 00 00 39 00  `.P...........9.
0002C400  2E 29 A3 F6 E3 61 D0 01  2E 29 A3 F6 E3 61 D0 01  .)v鋂?.)v鋂?
0002C410  2E 29 A3 F6 E3 61 D0 01  2E 29 A3 F6 E3 61 D0 01  .)v鋂?.)v鋂?
0002C420  00 00 00 00 00 00 00 00  00 00 00 00 00 00 00 00  ................
0002C430  06 00 00 20 00 00 00 00  07 03 24 00 53 00 65 00  ... ......$.S.e.
0002C440  63 00 75 00 72 00 65 00  0A 00 00 00 00 00 0A 00  c.u.r.e.........
0002C450  60 00 50 00 00 00 00 00  05 00 00 00 00 00 05 00  `.P.............
0002C460  00 00 00 00 00 00 00 00  00 00 00 00 00 00 00 00  ................
0002C470  00 00 00 00 00 00 00 00  00 00 00 00 00 00 00 00  ................
0002C480  00 00 00 00 00 00 00 00  00 00 00 00 00 00 00 00  ................
0002C490  00 00 00 00 00 00 00 00  07 03 24 00 55 00 70 00  ..........$.U.p.
0002C4A0  43 00 61 00 73 00 65 00  03 00 00 00 00 00 03 00  C.a.s.e.........
0002C4B0  60 00 50 00 00 00 00 00  05 00 00 00 00 00 05 00  `.P.............
0002C4C0  00 00 00 00 00 00 00 00  00 00 00 00 00 00 00 00  ................
0002C4D0  00 00 00 00 00 00 00 00  00 00 00 00 00 00 00 00  ................
0002C4E0  00 00 00 00 00 00 00 00  00 00 00 00 00 00 00 00  ................
0002C4F0  00 00 00 00 00 00 00 00  07 03 24 00 56 00 6F 00  ..........$.V.o.
0002C500  6C 00 75 00 6D 00 65 00  05 00 00 00 00 00 05 00  l.u.m.e.........
0002C510  58 00 44 00 00 00 00 00  05 00 00 00 00 00 05 00  X.D.............
0002C520  2E 29 A3 F6 E3 61 D0 01  84 4F 77 ED 67 C3 D0 01  .)v鋂?凮w韌眯.
0002C530  84 4F 77 ED 67 C3 D0 01  84 4F 77 ED 67 C3 D0 01  凮w韌眯.凮w韌眯.
0002C540  00 00 00 00 00 00 00 00  00 00 00 00 00 00 00 00  ................
0002C550  06 00 00 10 00 00 00 00  01 03 2E 00 00 00 00 00  ................
0002C560  64 3C 00 00 00 00 02 00  60 00 50 00 00 00 00 00  d<......`.P.....
0002C570  05 00 00 00 00 00 05 00  A5 4F 9F 0E E4 61 D0 01  ........慜?鋋?
0002C580  E0 64 11 81 0F 65 D0 01  62 5B 49 82 0F 65 D0 01  郿...e?b[I?e?
0002C590  7C DD 00 81 0F 65 D0 01  00 E0 02 00 00 00 00 00  |?..e?.?.....
0002C5A0  00 DC 02 00 00 00 00 00  20 00 00 00 00 00 00 00  .?..... .......
0002C5B0  07 03 61 00 30 00 31 00  2E 00 64 00 6F 00 63 00  ..a.0.1...d.o.c.
0002C5C0  34 3C 00 00 00 00 01 00  60 00 50 00 00 00 00 00  4<......`.P.....
0002C5D0  05 00 00 00 00 00 05 00  A5 4F 9F 0E E4 61 D0 01  ........慜?鋋?
0002C5E0  00 B2 DF 25 33 13 CE 01  EE 19 DF 84 0F 65 D0 01  .策%3.??邉.e?
0002C5F0  A5 4F 9F 0E E4 61 D0 01  00 60 00 00 00 00 39 00  慜?鋋?.`....9.
0002C600  00 5E 00 00 00 00 00 00  20 00 00 00 00 00 00 00  .^...... .......
0002C610  07 03 61 00 30 00 32 00  2E 00 64 00 6F 00 63 00  ..a.0.2...d.o.c.
0002C620  35 3C 00 00 00 00 01 00  60 00 50 00 00 00 00 00  5<......`.P.....
0002C630  05 00 00 00 00 00 05 00  45 D6 A0 0E E4 61 D0 01  ........E謂.鋋?
0002C640  00 74 27 41 3E 24 CE 01  A2 1D B5 87 0F 65 D0 01  .t'A>$??祰.e?
0002C650  45 D6 A0 0E E4 61 D0 01  00 80 00 00 00 00 00 00  E謂.鋋?.€......
0002C660  00 7A 00 00 00 00 00 00  20 00 00 00 00 00 00 00  .z...... .......
0002C670  07 03 61 00 30 00 33 00  2E 00 64 00 6F 00 63 00  ..a.0.3...d.o.c.
0002C680  36 3C 00 00 00 00 01 00  58 00 48 00 00 00 00 00  6<......X.H.....
0002C690  05 00 00 00 00 00 05 00  45 D6 A0 0E E4 61 D0 01  ........E謂.鋋?
0002C6A0  C9 67 31 4B 4F 61 D0 01  45 D6 A0 0E E4 61 D0 01  蒰1KOa?E謂.鋋?
0002C6B0  45 D6 A0 0E E4 61 D0 01  00 00 00 00 00 00 00 00  E謂.鋋?........
0002C6C0  00 00 00 00 00 00 00 00  00 00 00 10 00 00 00 00  ................
0002C6D0  03 03 41 00 30 00 35 00  37 3C 00 00 00 00 01 00  ..A.0.5.7<......
0002C6E0  58 00 48 00 00 00 00 00  05 00 00 00 00 00 05 00  X.H.............
```

图 6.65 （续）

```
0002C6F0  45 D6 A0 0E E4 61 D0 01  86 E3 A3 0E E4 61 D0 01   E謳.鋋?啨?鋋?
0002C700  81 57 23 43 14 A7 D0 01  86 E3 A3 0E E4 61 D0 01   .W#C.幀.啨?鋋?
0002C710  00 00 00 00 00 00 00 00  00 00 00 00 00 00 00 00   ................
0002C720  00 00 00 10 00 00 00 00  03 03 41 00 30 00 36 00   ..........A.0.6.
0002C730  CD 01 00 00 00 00 01 00  60 00 4A 00 00 00 00 00   ?......`.J.....
0002C740  05 00 00 00 00 00 05 00  48 CF 04 05 E4 61 D0 01   ........H?.鋋?
0002C750  E9 8A 12 05 E4 61 D0 01  E9 8A 12 05 E4 61 D0 01   閵..鋋?閵..鋋?
0002C760  E9 8A 12 05 E4 61 D0 01  00 00 00 00 00 00 00 00   閵..鋋?........
0002C770  00 00 00 00 00 00 00 00  00 00 00 10 00 00 00 00   ................
0002C780  04 03 41 00 31 00 30 00  30 00 00 00 00 00 01 00   ..A.1.0.0.......
0002C790  49 07 00 00 00 00 01 00  60 00 4E 00 00 00 00 00   I.......`.N.....
0002C7A0  05 00 00 00 00 00 05 00  1C 7C DD 05 E4 61 D0 01   .........|?鋋?
0002C7B0  84 DD EA 0B E4 61 D0 01  84 DD EA 0B E4 61 D0 01
0002C7C0  84 DD EA 0B E4 61 D0 01  00 00 00 00 00 00 00 00
0002C7D0  00 00 00 00 00 00 00 00  00 00 00 10 00 00 00 00   ................
0002C7E0  06 03 61 00 31 00 30 00  30 00 30 00 30 00 01 00   ..a.1.0.0.0.0...
0002C7F0  00 00 00 00 00 00 00 00  10 00 00 00 02 00 39 00   ..............9.
```


图 6.65 (续)

表 6.82 0 号索引节点存储的记录号及文件(夹)名情况表

记录号	文件(夹)名	记录号	文件(夹)名	记录号	文件(夹)名	记录号	文件(夹)名
4	$ AttrDef	0	$ MFT	5	.	461	A100
8	$ BadClus	1	$ MFTMirr	15460	a01. doc	1865	a10000
6	$ Bitmap	15450	$ RECYCLE. BIN	15412	a02. doc		
7	$ Boot	9	$ Secure	15413	a03. doc		
11	$ Extend	10	$ UpCase	15414	A57		
2	$ LogFile	3	$ Volume	15415	A06		

1 号索引节点所存储的文件(夹)名具体情况请读者自己分析,存储的文件(夹)名见表 6.83 所列。

表 6.83 1 号索引节点存储的记录号及文件(夹)名情况表

记录号	文件(夹)名	记录号	文件(夹)名	记录号	文件(夹)名	记录号	文件(夹)名
35	a16	127	a61	11907	abcd2	15406	长文件名
53	a30	189	a70	13395	abcd2000		
562	a300	260	a80	11942	abcd3		
863	A400	11866	abcd	11978	abcd4		
84	a42	11890	abcd1	15396	Word		
1264	A600	12094	abcd1300	15449	Word1		

5 号记录 90H 属性存储的文件夹名及指针,如图 6.66 所示。

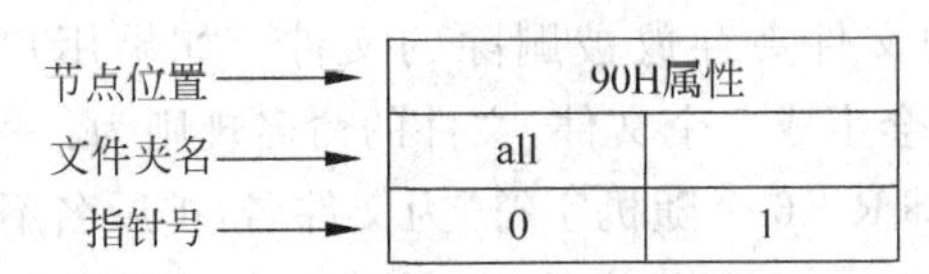

图 6.66 5 号记录 90H 属性存储的文件夹名及指针

根据 5 号记录 90H 属性、0 号索引节点和 1 号索引节点存储的文件(夹)名,可以画出根目录的 B－树结构,如图 6.67 所示。

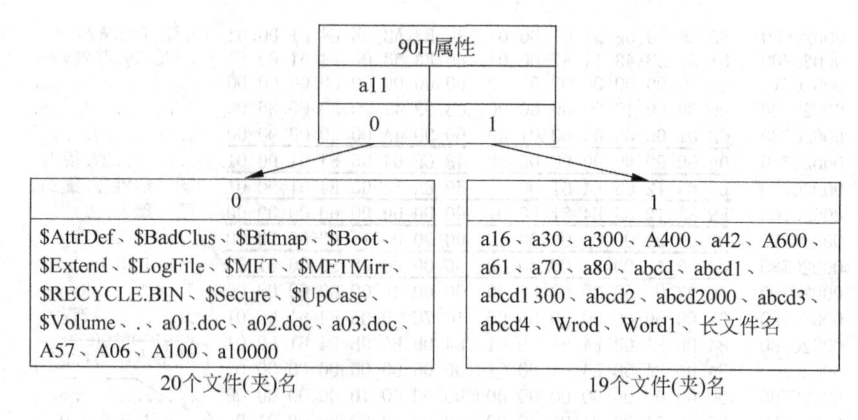

图 6.67 H 盘根目录的 B—树结构图

6.9 回收站的结构

不同操作系统下，NTFS 文件系统对回收站管理方式不同，这里只介绍 Windows XP 和 Windows 7 操作系统的回收站结构。其他操作系统对回收站的管理，请读者自行参阅有关资料。

6.9.1 Windows XP 回收站结构

在 Windows XP 操作系统下，回收站是一种特殊的子目录(文件夹)，它位于逻辑盘的根目录下，名称为 RECYCLER，属性为系统、隐藏。当用户第一次将文件放入回收站后，在 RECYCLER 子目录中会生成一个以“S-1-5-21”开头的子目录(文件夹)，在以“S-1-5-21”开头的子目录下会自动建立一个名为 INFO2 的文件，该文件属性为隐藏，该文件分别用 ASCII 码和 Unicode 码记录了被删除文件的原始信息(即被删除文件的盘符、路径、长文件名、短文件名、文件编号、文件删除日期时间等)。同时在以“S-1-5-21”开头的子目录中还会生成一个以“D+盘符+序号.扩展名”命名的文件。

6.9.2 Windows 7 回收站结构

在 Windows 7 操作系统下，回收站的管理与 Windows XP 基本相同。在 Windows 7 下回收站的名称为 $RECYCLE.BIN，属性也是系统、隐藏，在该文件夹下有以“S-1-5-21”开头的文件夹。“S-1-5-21”开头的文件夹存放被删除的文件。如果用户将文件放入回收站后，在“S-1-5-21”开头的文件夹中会生成 2 个文件，文件的命名规则为：一个以“$I+6 个随机字符”为文件名；而另一个则以“$R+6 个随机字符”为文件名，扩展名不变。两个文件的“6 个随机字符”是一样的。其中：“$I+6 个随机字符”文件的内容存储着被删除文件的盘符、路径和文件名；而“$R+6 个随机字符”文件则存储着被删除文件的内容，即“$R+6 个随机字符”与被删除文件的记录号为同一个。

6.10　删除文件对元文件＄MFT和索引目录等的影响

对于NTFS文件系统而言，删除文件将对元文件＄MFT对应记录、元文件＄MFT的B0H属性值、回收站、索引目录、位图文件和磁盘空间等产生影响。

用户删除文件一般有两种方式：一种方式是将被删除的文件放入回收站，然后再将回收站清空，或到回收站中再将文件删除；另一种方式是将文件直接删除（即被删除的文件不经过回收站，或者将文件直接剪切，再到目标目录中进行粘贴）。

本节主要讨论第一种方式对NTFS的元文件＄MFT、索引目录和位图文件等的影响；第二种方式对NTFS的元文件＄MFT、索引目录和位图文件等的影响，请读者自行分析。

例6.41　在Windows 7操作系统下，删除H盘abcd3文件夹中的13.jpg文件。注：在本例中提及的13.jpg文件均是指H盘abcd3文件夹下的13.jpg文件，13.jpg文件的记录号为11947，11947号记录80H属性如图6.68所示。

```
Offset     0  1  2  3  4  5  6  7   8  9  A  B  C  D  E  F
06EAAD00  80 00 00 00 48 00 00 00  01 00 00 00 00 00 01 00   €...H..........
06EAAD10  00 00 00 00 00 00 00 00  42 00 00 00 00 00 00 00   ........B.......
06EAAD20  40 00 00 00 00 00 00 00  00 30 04 00 00 00 00 00   @........0......
06EAAD30  2D 28 04 00 00 00 00 00  2D 28 04 00 00 00 00 00   -(......-(......
06EAAD40  21 43 0A 19 00 00 00 00  FF FF FF FF 82 79 47 11   !C......倅G.
```

图6.68　11947号记录的80H属性

从11947号记录80H属性可知，13.jpg文件的大小为266KB(272 429字节)，占268KB(274 432字节)；从80H属性中的数据运行列表(注：数据运行列表为21 43 0A 19)可知，13.jpg文件内容占据簇号范围为6410～6476，共计67个簇。

1. 对11947号记录的影响

(1) 将13.jpg文件放入回收站前，11947号记录情况如图6.69所示。

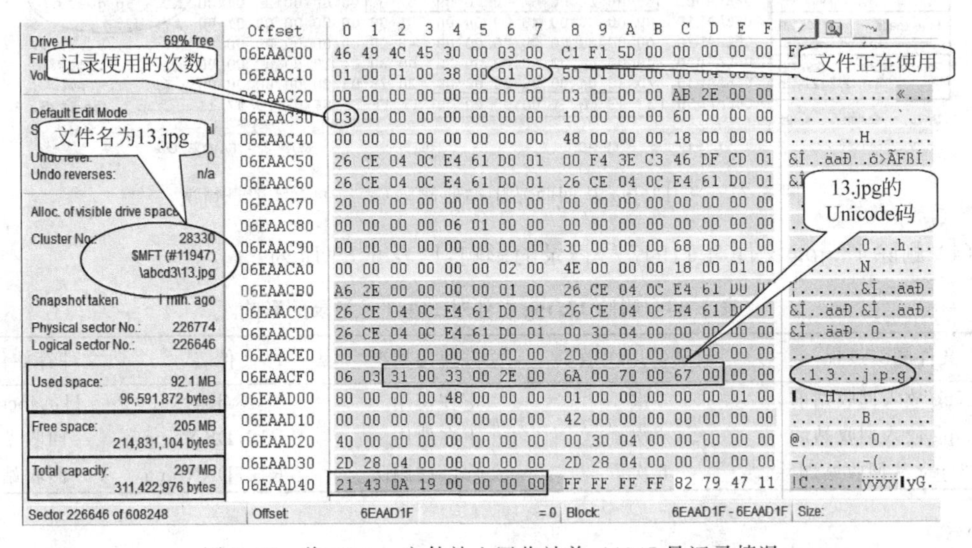

图6.69　将13.jpg文件放入回收站前，11947号记录情况

(2) 将 13.jpg 放入回收站后,11947 号记录情况如图 6.70 所示。

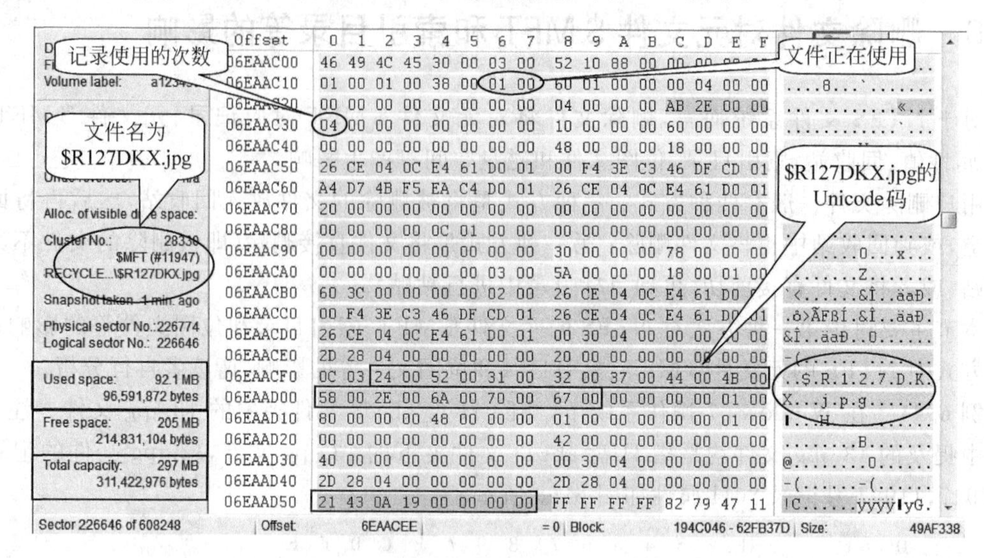

图 6.70 将 13.jpg 文件放入回收站后,11947 号记录情况

(3) 将 13.jpg 从回收站中彻底删除后,元文件 $MFT 的 11947 号记录情况如图 6.71 所示。

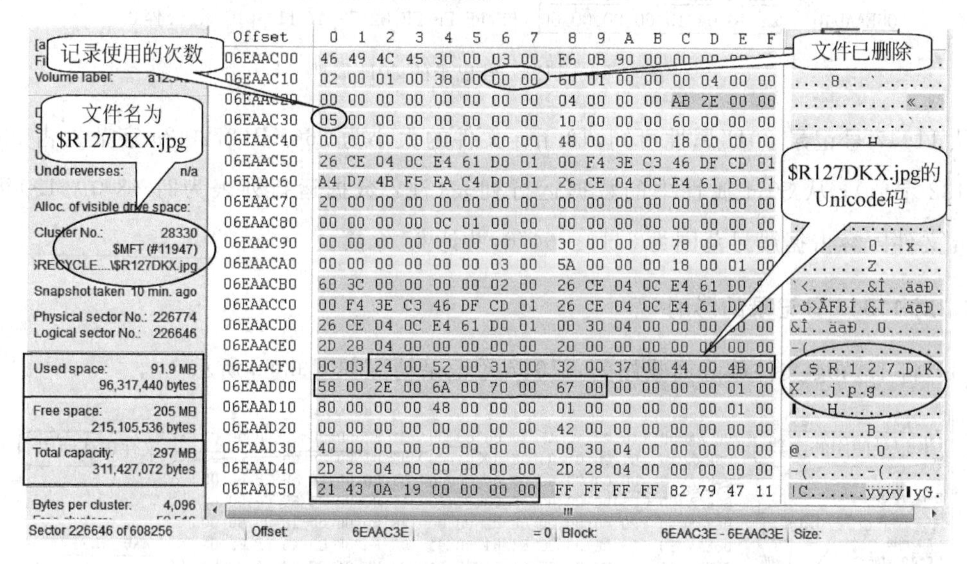

图 6.71 将 13.jpg 从回收站中彻底删除后,11947 号记录情况

(4) 删除 13.jpg 文件对 11947 号记录的影响,见表 6.84 所列。

表 6.84 删除 13.jpg 文件对 11947 号记录的影响

文件删除过程	记录使用次数	文件使用情况	文件名	文件存储位置
13.jpg 放入回收站前	3 次	正在使用	13.jpg	H:\abcd3
13.jpg 放入回收站后	4 次	正在使用	$R127DKX.jpg	回收站
将 13.jpg 从回收站删除	5 次	文件已被删除	$R127DKX.jpg	回收站

2. 对 15397 号记录的影响

由于篇幅限制，对 15397 号记录的影响，请读者自行分析，这里作如下简单说明。

(1) 将 13.jpg 文件放入回收站前，15397 号记录为未使用记录。

(2) 将 13.jpg 文件放入回收站后，15397 号记录已被＄I127DKX.jpg 文件记录所占用，即在回收站文件夹中建立了一个名为＄I127DKX.jpg 的文件（注：“127DKX”为随机字符）；15397 号记录 80H 属性的内容为 H:\abcd3\13.jpg，即在资源管理器中查看回收站时，被删除文件 13.jpg 的所在位置。

(3) 将回收站清空后，15397 号记录为未使用记录。

3. 对元文件＄MFT 记录 B0H 属性值的影响

由于 13.jpg 文件的记录号为 11947，11947 号记录在元文件＄MFT 的 B0H 属性值中的位图为 202746 号扇区偏移 0X01D5 的 bit_3。

(1) 将 13.jpg 文件放入回收站前，202746 号扇区偏移 0X01D5 的值为“FF”，如图 6.72 所示，表示 11947 号记录状态为已使用。

(2) 将 13.jpg 文件放入回收站后，202746 号扇区偏移 0X01D5 的值仍然为“FF”，如图 6.72 所示，即 11947 号记录状态仍然为已使用。

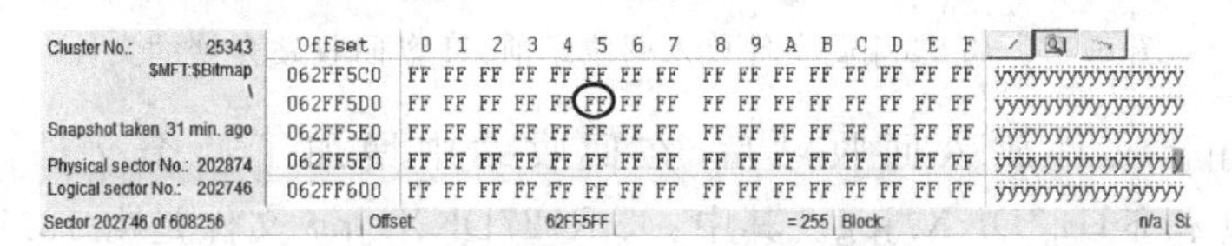

图 6.72 将 13.jpg 文件放入回收站前、后，202746 号扇区部分值

(3) 将回收站清空后，202746 号扇区偏移 0X01D5 的值由“FF”变为“F7”，如图 6.73 所示，表示 11947 号记录状态为未使用。

图 6.73 将回收站清空后，202746 号扇区部分值

(4) 将 13.jpg 文件放入回收站前，202747 号扇区偏移 0X0184 的值为“DF”，即 15397 号记录状态为未使用，如图 6.74 所示。

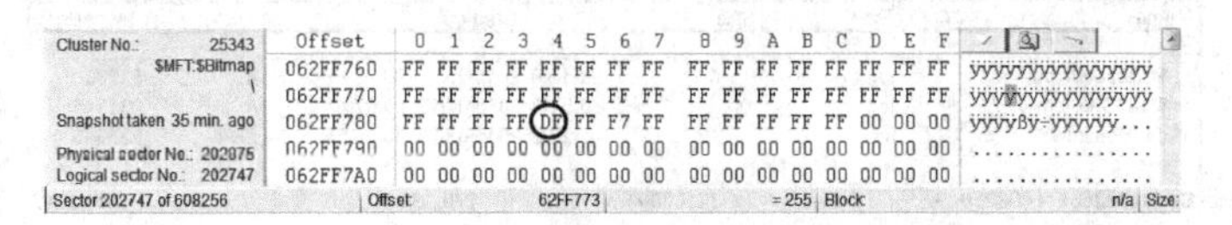

图 6.74 将 13.jpg 文件放入回收站前，202747 号扇区部分值

(5) 将 13.jpg 文件放入回收站后，202747 号扇区偏移 0X0184 的值由“DF”变为“FF”，如图 6.75 所示，说明该字节 bit_5 的值为 1，即 15397 号记录状态为已使用。

(6) 将回收站清空后，202747 号扇区偏移 0X0184 的值由为“FF”变“DF”，如图 6.76 所示，说明该字节 bit_5 的值为 0，即 15397 号记录状态为未使用。

Cluster No.: 25343
$MFT:$Bitmap
Snapshot taken 35 min. ago
Physical sector No.: 202875
Logical sector No.: 202747
Offset 0 1 2 3 4 5 6 7 8 9 A B C D E F
062FF760 FF FF FF FF FF FF FF FF FF FF FF FF FF FF FF FF
062FF770 FF FF FF FF FF FF FF FF FF FF FF FF FF FF FF FF
062FF780 FF FF FF FF FF FF F7 FF FF FF FF FF FF 00 00 00
062FF790 00 00 00 00 00 00 00 00 00 00 00 00 00 00 00 00
062FF7A0 00 00 00 00 00 00 00 00 00 00 00 00 00 00 00 00
Sector 202747 of 608256 Offset: 62FF773 = 255 Block: n/a Size:

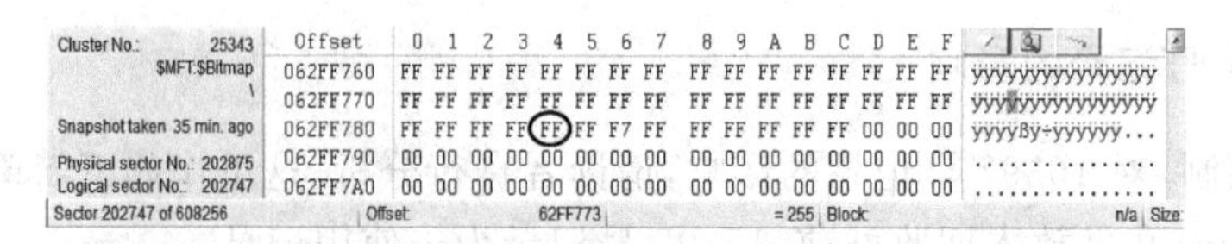

图 6.75　将 13.jpg 文件放入回收站后，202747 号扇区部分值

Cluster No.: 25343
$MFT:$Bitmap
Snapshot taken 35 min. ago
Physical sector No.: 202875
Logical sector No.: 202747
Offset 0 1 2 3 4 5 6 7 8 9 A B C D E F
062FF760 FF FF FF FF FF FF FF FF FF FF FF FF FF FF FF FF
062FF770 FF FF FF FF FF FF FF FF FF FF FF FF FF FF FF FF
062FF780 FF FF FF FF DF FF F7 FF FF FF FF FF FF 00 00 00
062FF790 00 00 00 00 00 00 00 00 00 00 00 00 00 00 00 00
062FF7A0 00 00 00 00 00 00 00 00 00 00 00 00 00 00 00 00
Sector 202747 of 608256 Offset: 62FF773 = 255 Block: n/a Size:

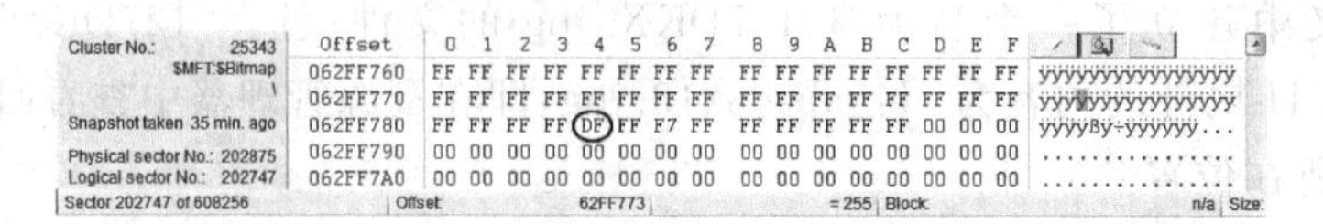

图 6.76　将 13.jpg 文件放入回收站后，202747 扇区部分值

4. 对回收站的影响

(1) 将 13.jpg 文件放入回收站前，回收站中只存储一个文件，文件名为 desktop.ini，如图 6.77 所示。

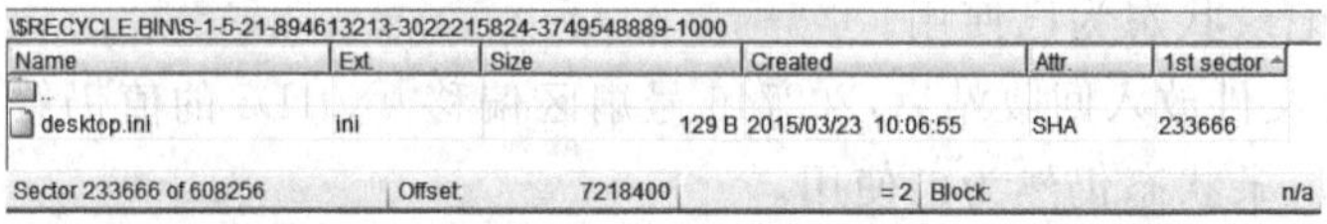

\$RECYCLE.BIN\S-1-5-21-894613213-3022215824-3749548889-1000
Name Ext. Size Created Attr. 1st sector
desktop.ini ini 129 B 2015/03/23 10:06:55 SHA 233666
Sector 233666 of 608256 Offset: 7218400 = 2 Block: n/a

图 6.77　将 13.jpg 文件放入回收站前，H 盘回收站存储的文件

(2) 将 13.jpg 文件放入回收站后，在回收站中增加了两个文件，文件名分别为 $R127DKX.jpg 和 $I127DKX.jpg。其中：$R127DKX.jpg 文件是由 13.jpg 文件从 H 盘 abcd3 文件夹中移动而来，并将文件名重命名为 $R127DKX.jpg；而 $I127DKX.jpg 则是新建立的文件，文件记录号为 15397，如图 6.78 所示。

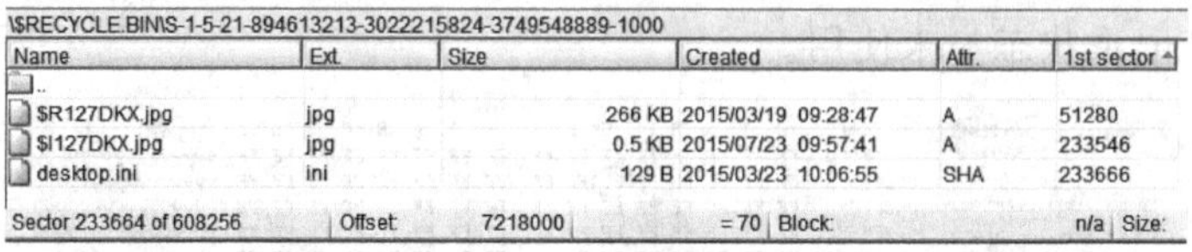

\$RECYCLE.BIN\S-1-5-21-894613213-3022215824-3749548889-1000
Name Ext. Size Created Attr. 1st sector
$R127DKX.jpg jpg 266 KB 2015/03/19 09:28:47 A 51280
$I127DKX.jpg jpg 0.5 KB 2015/07/23 09:57:41 A 233546
desktop.ini ini 129 B 2015/03/23 10:06:55 SHA 233666
Sector 233664 of 608256 Offset: 7218000 = 70 Block: n/a Size:

图 6.78　将 13.jpg 文件放入回收站后，H 盘回收站存储的文件

(3) 将回收站清空后，文件 $R127DKX.jpg 和 $I127DKX.jpg 已从回收站中删除，如图 6.79 所示。

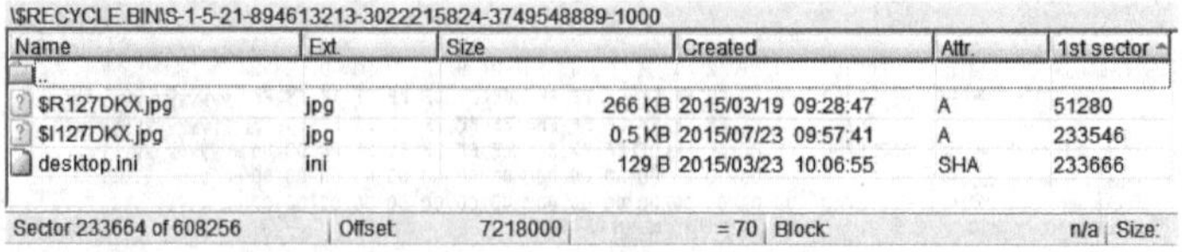

\$RECYCLE.BIN\S-1-5-21-894613213-3022215824-3749548889-1000
Name Ext. Size Created Attr. 1st sector
$R127DKX.jpg jpg 266 KB 2015/03/19 09:28:47 A 51280
$I127DKX.jpg jpg 0.5 KB 2015/07/23 09:57:41 A 233546
desktop.ini ini 129 B 2015/03/23 10:06:55 SHA 233666
Sector 233664 of 608256 Offset: 7218000 = 70 Block: n/a Size:

图 6.79　回收站清空后，H 盘回收站所存储的文件

5. 对 abcd3 文件夹索引目录的影响

(1) 将 13.jpg 文件放入回收站前，13.jpg 文件存放在 12.jpg 和 14.jpg 之间，如图 6.80 所示。

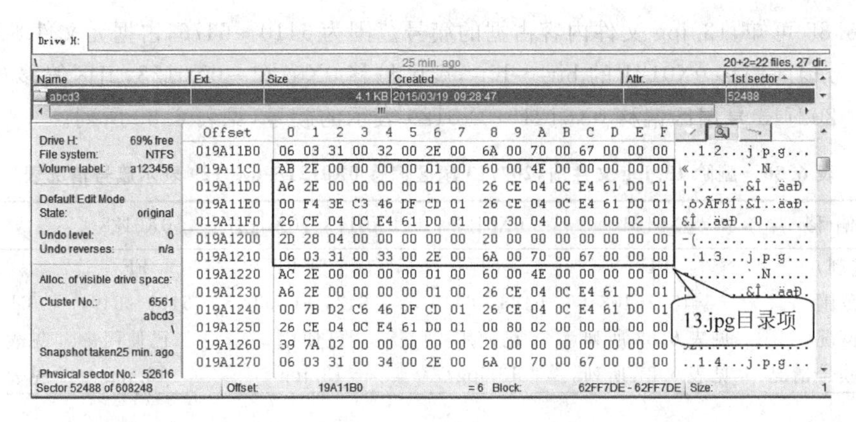

图 6.80 将 13.jpg 文件放入回收站前，13.jpg 存放在 12.jpg 和 14.jpg 之间

（2）将 13.jpg 文件放入回收站后，13.jpg 已从索引节点中移出，如图 6.81 所示。

```
Offset    0  1  2  3  4  5  6  7   8  9  A  B  C  D  E  F
019A1180  00 38 B6 1E 99 E4 CD 01  26 CE 04 0C E4 61 D0 01
019A1190  26 CE 04 0C E4 61 D0 01  00 60 01 00 00 00 00 00
019A11A0  24 5C 01 00 00 00 00 00  20 00 00 00 00 00 00 00
019A11B0  06 03 31 00 32 00 2E 00  6A 00 70 00 67 00 00 00
019A11C0  AC 2E 00 00 00 00 01 00  60 00 4E 00 00 00 00 00
019A11D0  A6 2E 00 00 00 00 01 00  26 CE 04 0C E4 61 D0 01
019A11E0  00 7B D2 C6 46 DF CD 01  26 CE 04 0C E4 61 D0 01
019A11F0  26 CE 04 0C E4 61 D0 01  00 80 02 00 00 00 03 00
019A1200  39 7A 02 00 00 00 00 00  20 00 00 00 00 00 00 00
019A1210  06 03 31 00 34 00 2E 00  6A 00 70 00 67 00 00 00
```

图 6.81 将 13.jpg 文件放入回收站后，13.jpg 已从索引节点中移出

6. 删除 13.jpg 对元文件 $Bitmap 的影响

由于元文件 $Bitmap 开始扇区号为 202712。由式(6.34)～式(6.36)可以计算 13.jpg 文件内容开始簇号 6410 在元文件 $Bitmap 中的位图位置为 202713 号扇区偏移 0X0121 的 bit_2；而结束簇号 6476 在元文件 $Bitmap 中的位图位置为 202713 号扇区偏移 0X0129 的 bit_4；见表 6.85 所列。

表 6.85 13.jpg 文件内容开始簇号和结束簇号在元文件 $Bitmap 中的位置

开始簇号	开始簇号在 $Bitmap 中的位置			结束簇号	结束簇号在 $Bitmap 中的位置		
	扇区号	扇区偏移	字节位		扇区号	扇区偏移	字节位
6410	202713	0X0121	Bit_2	6476	202713	0X0129	Bit_4

（1）删除 13.jpg 文件前，13.jpg 文件在元文件 $Bitmap 中所占位图位置，如图 6.82 所示。

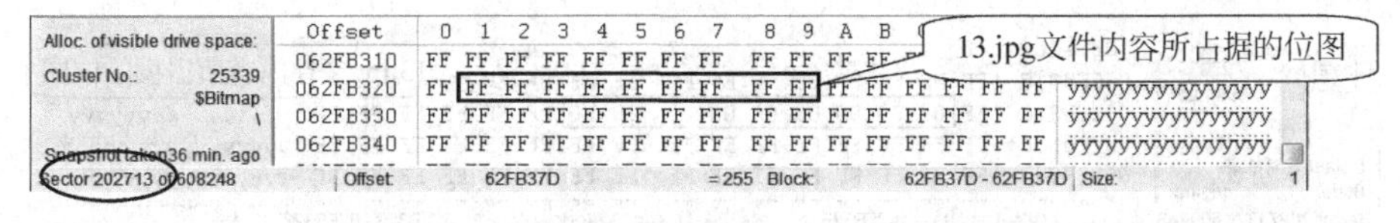

图 6.82 13.jpg 文件簇号在元文件 $Bitmap 中位图位置

从表 6.85 可知，13.jpg 文件内容占据的簇号范围为 6410～6476，占据元文件 $Bitmap 中的 202713 号扇区偏移 0X0121 的 bit_7～bit_2，扇区偏移 0X0122～0X0128，扇区偏移 0X0129 的 bit_4～bit_0；202713 号扇区偏移 0X0121～0X0129 表示的簇号，见表 6.86 所列。

表 6.86　删除 13.jpg 文件前，202713 扇区偏移 0X0121～0X0129 表示簇号情况表

扇区偏移	0X0121	0X0122	0X0123～0X0127	0X0128	0X0129
值(十六进制)	FF	FF	全为 FF	FF	FF
对应簇号范围	6415～6408	6423～6416	6424～6463	6471～6464	6479～6472
簇号使用情况	见表 6.87 所列	已使用	已使用	已使用	见表 6.88 所列
文件占用簇号情况	见表 6.87 所列	13.jpg	13.jpg	13.jpg	见表 6.88 所列

其中：202713 号扇区偏移 0X0121 表示的簇号，见表 6.87 所列；而 202713 号扇区偏移地址 0X0129 所表示的簇号，见表 6.88 所列。

表 6.87　删除文件 13.jpg 前，202713 号扇区偏移 0X0121 的值及所表示的簇号

地　　址	202713 号扇区偏移 0X0121							
十六进制值	FF							
二进制位	Bit_7	Bit_6	Bit_5	Bit_4	Bit_3	Bit_2	Bit_1	Bit_0
二进制值	1	1	1	1	1	1	1	1
对应的簇号	6415	6414	6413	6412	6411	6410	6409	6408
簇号使用情况	已使用	已使用	已使用	已使用	已使用	已使用	已使用	已使用
文件占用簇号情况	13.jpg	13.jpg	13.jpg	13.jpg	13.jpg	13.jpg	12.jpg	12.jpg

表 6.88　删除文件 13.jpg 前，202713 号扇区偏移 0X0129 的值及所表示的簇号

地　　址	202713 号扇区偏移 0X0129							
十六进制值	FF							
二进制位	Bit_7	Bit_6	Bit_5	Bit_4	Bit_3	Bit_2	Bit_1	Bit_0
二进制值	1	1	1	1	1	1	1	1
对应的簇号	6479	6478	6477	6476	6475	6474	6473	6472
簇号使用情况	已使用	已使用	已使用	已使用	已使用	已使用	已使用	已使用
文件占用簇号情况	14.jpg	14.jpg	14.jpg	13.jpg	13.jpg	13.jpg	13.jpg	13.jpg

将 13.jpg 文件删除并清空回收站，202713 号扇区偏移 0X0121 的 bit_7～bit_2 的值由 1 将变为 0，而 bit_1～bit_0 的值保持不变；202713 号扇区偏移 0X0122～0X0128 字节的值由“FF”变为“00”，而 202713 号扇区偏移 0X0129 的 bit_4～bit_0 的值由 1 将变为 0，而 bit_7～bit_5 的值保持不变。

(2) 删除 13.jpg 文件并清空回收站后，13.jpg 文件内容占用簇号在元文件 $Bitmap 中的位图位置，如图 6.83 所示。

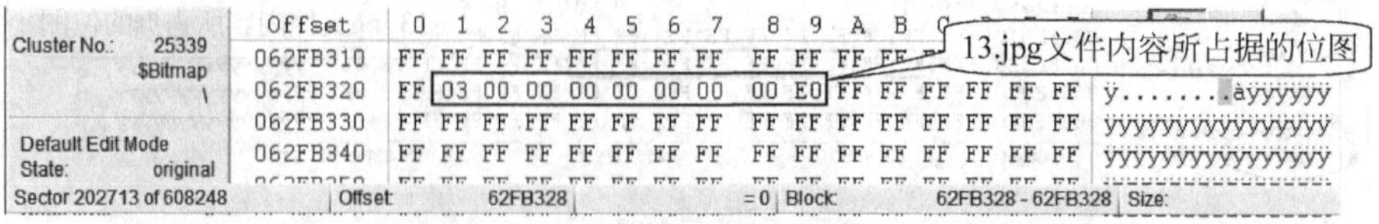

图 6.83　删除 13.jpg 文件并清空回收站后，13.jpg 文件簇号所占位图

202713号扇区偏移0X0121～0X0129表示的簇号，见表6.89所列；其中：202713号扇区偏移0X0121所表示的簇号，见表6.90所列；202713号扇区偏移0X0129所表示的簇号见表6.91所列。

表6.89　删除13.jpg文件后，202713扇区偏移0X0121～0X0129所表示的簇号情况表

扇区偏移	0X0121	0X0122	0X0123～0X0127	0X0128	0X0129
值(十六进制)	03	00	全为00	00	E0
对应簇号范围	6415～6408	6423～6416	6424～6463	6471～6464	6479～6472
簇号使用情况	见表6.90所列	未使用	未使用	未使用	见表6.91
文件占用簇号情况	见表6.90所列				见表6.91

表6.90　删除文件13.jpg后，202713号扇区偏移0X0121的值及所表示的簇号

地　址	202713号扇区偏移0X0121							
十六进制值	03							
二进制位	Bit_7	Bit_6	Bit_5	Bit_4	Bit_3	Bit_2	Bit_1	Bit_0
二进制值	0	0	0	0	0	0	1	1
对应簇号	6415	6414	6413	6412	6411	6410	6409	6408
簇号使用情况	未使用	未使用	未使用	未使用	未使用	未使用	已使用	已使用
文件占用簇号情况							12.jpg	12.jpg

表6.91　删除文件13.jpg后，202713号扇区偏移0X0129的值及所表示的簇号

地　址	202713号扇区偏移0X0129							
十六进制值	E0							
二进制位	Bit_7	Bit_6	Bit_5	Bit_4	Bit_3	Bit_2	Bit_1	Bit_0
二进制值	1	1	1	0	0	0	0	0
对应簇号	6479	6478	6477	6476	6475	6474	6473	6472
簇号使用情况	已使用	已使用	已使用	未使用	未使用	未使用	未使用	未使用
文件占用簇号情况	14.jpg	14.jpg	14.jpg					

7. 删除13.jpg对磁盘空间的影响

删除13.jpg文件对磁盘空间的影响见表6.92所列(注：表6.92中的磁盘空间是使用WinHex软件所查看到的，在Windows 7下由于计算方法不同，与WinHex软件所查看到的磁盘空间不同)。

表6.92　删除13.jpg文件前、后磁盘空间变化情况表

磁盘空间	13.jpg放入回收站前	清空回收站后	磁盘空间变化情况
已用磁盘空间	96 591 872字节	96 317 440字节	减少了274 432字节(即67个簇)
自由磁盘空间	214 831 104字节	215 105 536字节	增加了274 432字节(即67个簇)
总磁盘空间	311 422 976字节	311 422 976字节	未发生变化

8. 删除13.jpg对索引目录的影响

abcd3文件夹的记录号为11942，11942号记录80H属性数据运行列表为“21 01 A1 19”。在abcd3文件夹中，存放了35个文件名，这35个文件名均存储在1个索引节点中，索引节点编号为 0，从 11942 号记录 80H 属性数据运行列表可知，索引节点所对应的 LCN 为 6561。

（1）将 13.jpg 放入回收站前，abcd3 文件夹的 B一树结构，如图 6.84 所示。

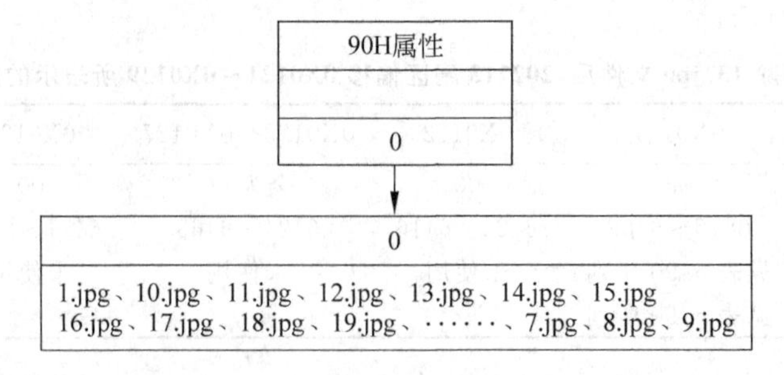

图 6.84　13.jpg 放入回收站前，abcd3 文件夹 B一树结构图

（2）将 13.jpg 放入回收站以及清空回收后，abcd3 文件夹的 B一树结构，如图 6.85 所示。

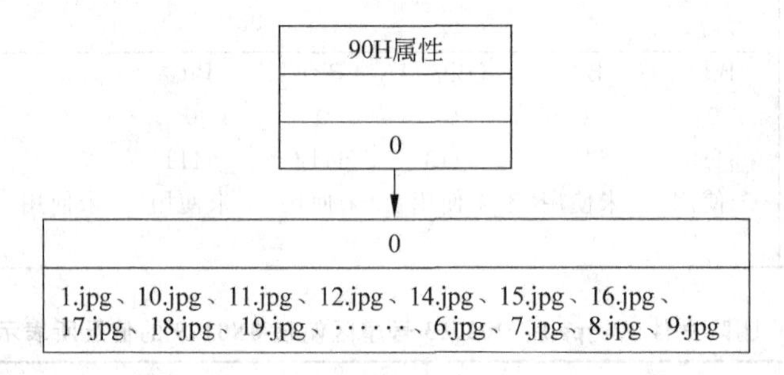

图 6.85　13.jpg 放入回收站以及清空回收站后，abcd3 文件夹 B一树结构图

注：由于篇幅限制，如果读者想进一步研究 NTFS 文件系统，请参照作者的另一本专著《NTFS 文件系统实例详解》。

思考题

注：在本章思考题中，H 盘是指素材文件夹中 abcd6.vhd 文件使用计算机管理中的磁盘管理功能附加后产生的虚拟盘。

6.1　从整体上讲，NTFS 文件系统由哪几部分组成？什么是元文件？

6.2　将 NTFS 文件系统中元文件的主要功能填入到表 6.93 对应单元格中。

表 6.93　NTFS 文件系统中的元文件

记录号	元文件名	主要功能	记录号	元文件名	主要功能
0	$ MFT		9	$ Secure	
1	$ MFTMirr		10	$ UpCase	
2	$ LogFile		11	$ Extend	
3	$ Volume		12～15	系统保留	系统保留
4	$ AttrDef		16～23	保留	保留
5	.		24	$ Extend\ $ Quota	
6	$ Bitmap		25	$ Extend\ $ ObjId	
7	$ Boot		26	$ Extend\ $ Reparse	
8	$ BadClus		27 以后		用户文件和目录

6.3 设计一个实验，验证NTFS文件系统中，每个簇的扇区数与元文件$MFTMirr所占簇数和记录数之间的关系，并将实验结果填入到表6.94对应单元格中。

表6.94 每个簇的扇区数与元文件$MFTMirr所占簇数和记录数关系表

扇区数/簇	$MFTMirr 所占簇数	$MFTMirr记录数 （记录号范围）	扇区数/簇	$MFTMirr 所占簇数	$MFTMirr记录数 （记录号范围）
1	____个簇	____条（0～____号记录）	16	____个簇	____条（0～____号记录）
2	____个簇	____条（0～____号记录）	32	____个簇	____条（0～____号记录）
4	____个簇	____条（0～____号记录）	64	____个簇	____条（0～____号记录）
8	____个簇	____条（0～____号记录）	128	____个簇	____条（0～____号记录）

6.4 在NTFS元文件中，最重要的元文件是________，它在元文件$MFT中的记录号是________，元文件$MFT由许许多多条记录组成，每条记录的大小固定是________字节。

6.5 在元文件$MFT中，6号记录描述的是位图文件（即$Bitmap），NTFS卷的分配状态以簇为分配单元存放在该位图文件中；在位图文件中，每一位（Bit）代表NTFS卷中一个簇的________，即标识该簇是空闲簇还是已被分配簇。其中：如果该位的值为________表示该簇为空闲簇；如果该位的值为________表示该簇已被分配或者是坏簇。

6.6 设计一个实验，验证NTFS文件系统中，每个簇的扇区数与元文件$MFT每条记录大小描述和每个索引节点大小描述之间的关系，并将实验结果填入到表6.95对应单元格中。

表6.95 每个簇的扇区数与$MFT每条记录大小和每个索引节点大小描述关系表

扇区数 /簇	$MFT每条记录 大小描述	$MFT每条记录大小描述 在NTFS_DBR中的存储形式	每个索引节点 大小描述	索引节点大小描述 在NTFS_DBR中的存储形式
1	簇		簇	
2	簇		簇	
4	字节		簇	
8	字节		簇	
16	字节		字节	
32	字节		字节	
64	字节		字节	
128	字节		字节	

6.7 NTFS的引导扇区（即________）占一个扇区的位置，它是元文件________的重要组成部分，从NTFS文件系统对应的分区表可以计算出它在整个物理盘中的扇区号，而它在NTFS卷中的扇区号是________。

6.8 某硬盘的总扇区数为1 024 001（扇区编号为0～1024000），0号扇区有一个MBR分区表，分区表的存储形式为“00 02 03 00 07 FE 3F 3E 80 00 00 00 00 88 0F 00”；该硬盘通过计算机管理中的磁盘管理功能附加后为磁盘1，该分区表所产生的盘符为J盘（注：素材文件名为zy6_8.vhd）。请回答下列问题：

（1）根据该硬盘0号扇区的分区表，请判断J盘的文件系统是NTFS还是FAT32？

(2) 计算J盘在整个硬盘中的位置,即J盘在整个硬盘中的开始扇区号和结束扇区号。

(3) 计算J盘的DBR和DBR备份分别位于整个硬盘的几号扇区?

(4) 分区表中的总扇区数是多少? 而J盘DBR中存储的总扇区数又是多少? 请写出J盘的总扇区数在DBR扇区偏移0X028~0X02F中的存储形式。

(5) 请画出J盘在整个磁盘1中的布局图,并标识出J盘扇区号范围对应磁盘1扇区号范围。

(6) 如果J盘的DBR被破坏,而DBR备份完好无损,在资源管理器中能否查看到J盘的盘符? 如果能查看到J盘的盘符,单击J盘盘符时会出现什么提示? 在保证J盘数据完成好无损的情况下,你如何来排除此类故障?

6.9 在6.8题,J盘的DBR如图6.86所示。请回答下列问题。

```
Offset     0  1  2  3  4  5  6  7   8  9  A  B  C  D  E  F
00010000   EB 52 90 4E 54 46 53 20  20 20 20 00 02 04 00 00   闢.NTFS     .....
00010010   00 00 00 00 00 F8 00 00  3F 00 FF 00 80 00 00 00   .....?.?.  .€...
00010020   00 00 00 00 80 00 80 00  FF 87 0F 00 00 00 00 00   ....€.€.  ?.....
00010030   55 4B 01 00 00 00 00 00  04 00 00 00 00 00 00 00   UK..............
00010040   F6 00 00 00 02 00 00 00  01 B7 92 66 C6 92 66 86   ?.......窝f袜f?
00010050   00 00 00 00 FA 33 C0 8E  D0 BC 00 7C FB 68 C0 07   ....?欽屑.|�председатель?
                  … (注:省略部分为引导记录代码)
000101E0   72 6C 2B 41 6C 74 2B 44  65 6C 20 74 6F 20 72 65   rl+Alt+Del to re
000101F0   73 74 61 72 74 0D 0A 00  8C A9 BE D6 00 00 55 AA   start...佘局..U?
```

图6.86 J盘的NTFS_DBR

(1) 将J盘每个簇的扇区数、总扇区数、元文件$MFT开始簇号等值填入到表6.96相应单元格的下画线处。

(2) 请计算J盘的总容量以及格式化后的总容量。

(3) J盘总簇数是多少? 写出J盘的簇号范围以及有效簇号范围,几号簇是坏簇? 该坏簇号包含J盘的几个扇区? 分别是哪几个扇区号?

(4) 画出J盘在整个磁盘1中的布局图,并在图中标注出J盘扇区号范围、簇号范围、坏簇号。

表6.96 J盘NTFS_DBR的结构

字节偏移	字节数	值			含义
		十进制	十六进制	存储形式	
0X00	2	略	略	EB 52	跳转指令
0X02	1	略	略	90	空操作指令
0X03	8	略	略	4E 54 46 53 20 20 20 20	厂商标志,长度为8个字符
0X0B	2	512	0200	00 02	每个扇区的字节数
0X0D	1	____	____	____	每个簇的扇区数
0X0E	2	0	0	00 00	保留扇区数(NTFS不用,一般为0)
0X10	3	0	0	00 00 00	总为0
0X13	2	0	0	00 00	NTFS未使用,为0
0X15	1	略	略	F8	介质描述

续表

字节偏移	字节数	值			含　　义
		十进制	十六进制	存储形式	
0X16	2	0	0	00 00	总为 0
0X18	2	63	003F	3F 00	每个磁道扇区数
0X1A	2	255	00FF	FF 00	磁头数
0X1C	4	________	________	________	隐藏扇区数
0X20	4	0	0	00 00 00 00	NTFS 未使用，为 0
0X24	4	8388736	00800080	80 00 80 00	NTFS 未使用，总为 0X00800080
0X28	8	________	________	________	总扇区数，所对应的分区表总扇区数减 1
0X30	8	________	________	________	元文件 $ MFT 开始簇号
0X38	8	________	________	________	元文件 $ MFTMirr 开始簇号
0X40	1	________	________	________	元文件 $ MFT 每条记录为 1024 字节
0X41	3	0	0	00 00 00	未用
0X44	1	________	________	________	每个索引节点所占簇数
0X48	8	略	略	AD B2 F6 B8 F9 F6 B8 7A	卷的序列号
0X50	4	0	0	00 00 00 00	检验和
0X54	426	略	略	略	引导记录
0X1FE	2	略	略	55 AA	签名

(5) 按示例将表 6.97 中 J 盘的簇号转换成 J 盘对应的扇区号范围以及整个硬盘的扇区号范围，并将结果填入到表 6.97 对应单元格中。

表 6.97　J 盘簇号转换成对应的扇区号

J 盘簇号	3(示例)	10	500	5000	10892
对应 J 盘扇区号范围	12～15	～	～	～	～
对应整个硬盘扇区号范围	140～143	～	～	～	～

(6) 按示例将表 6.98 中 J 盘的扇区号转换成对应 J 盘的簇号，再将 J 盘的簇号转换为对应 J 盘的扇区号范围以及对应整个硬盘扇区号范围；并将结果填入到表 6.98 对应单元格中。

表 6.98　J 盘簇号转换成对应的扇区号

对应 J 盘簇号	5				
J 盘扇区号	22(示例)	17676	494177	732071	970108
对应 J 盘扇区号范围	20～23	～	～	～	～
对应整个硬盘扇区号范围	148～151	～	～	～	～

6.10　按元文件 $ MFT 记录所描述的内容，可以将元文件 $ MFT 的记录分为________记录、________记录和________记录 3 种。

6.11　按元文件 $ MFT 中记录中是否在起作用，可以将元文件 $ MFT 中的记录分为________记录和________记录，________记录在元文件 $ MFT 的 0 号记录 B0H 属性值中对应位的值为 1；而________记录在元文件 $ MFT 的 0 号记录 B0H 属性值中对应位的值为 0。

6.12　将元文件 $ MFT 记录分类值填入表 6.99 相应位置。

表 6.99 元文件 $ MFT 记录分类表

记录描述 \ 记录类型	文件记录		文件夹记录		卷标记录
是否有效?	有效	无效	有效	无效	有效
元文件 $ MFT 的 B0H 属性值所对应位的值	________	________	________	________	________
该记录头偏移 0X016 处 bit_0 的值	________	________	________	________	________
该记录头偏移 0X016 处 bit_1 的值	________	________	________	________	________

6.13 元文件 $ MFT 中的每条记录均由________、________、________和________4 部分组成。一般情况下，记录头的长度是固定的，而属性的长度往往是不固定的，属性的分配是以________个字节为单位。

6.14 在 NTFS 文件系统中，元文件 $ MFT 的 0 号记录由记录头、________属性、________属性、________属性、________属性、记录结束标志和无用数据组成。

6.15 在 NTFS 文件系统中，元文件 $ MFT 的 1 号记录由记录头、________属性、________属性、________属性、记录结束标志和无用数据组成。

6.16 一个属性根据其是否有属性体可以分为两种情况：一种情况是该属性只有________而无________，这种情况一般只存在于文本文件记录的________属性中，且文本文件的内容为________，该属性的长度一般为________个字节。另外一种情况是该属性________，该属性由两部分组成：即________和________（即属性内容）；对于这种情况，根据其属性体是否常驻和该属性是否有属性名，可以分为 4 种不同的类型，即________、________、________和________。

6.17 H 盘元文件 $ MFT 的某记录如图 6.87 所示。请回答下列问题：

(1) 该记录由记录头和哪几个属性组成？请将记录头和各属性地址范围划分情况填入到表 6.100 对应下画线处。

(2) 该记录分配长度是 1024 字节，而实际长度为多少字节？

(3) 地址 0X06308DFE～0X06308DFF 和地址 0X06308FFE～0X06308FFF 的均值为“17 00”（存储形式），而这两处地址真正的值分别是多少（存储形式）？

(4) 该记录描述的是文件记录还是文件夹记录？为什么？

(5) 写出在资源管理器中查看到的文件名或者是文件夹名。

(6) 该记录的记录号是多少？

(7) 写出该记录 A0H 属性中的数据运行列表。

(8) 请将该记录中的 5 个属性是否常驻代码（即属性字节偏移 0X08 处的值）和是否有属性名代码（即属性字节偏移 0X09 处的值）填入到表 6.100 中相应单元格中。

(9) 将这 5 个属性的属性类型分别填入到表 6.100 对应单元格中。

```
Offset      0  1  2  3  4  5  6  7   8  9  A  B  C  D  E  F
06308C00   46 49 4C 45 30 00 03 00  DD 3D 10 00 00 00 00 00   FILE0...?......
06308C10   01 00 01 00 38 00 03 00  D0 01 00 00 00 04 00 00   ....8...?......
06308C20   00 00 00 00 00 00 00 00  06 00 00 00 23 00 00 00   ............#...
06308C30   17 00 01 00 00 00 00 00  10 00 00 00 60 00 00 00   ............ ...
06308C40   00 00 00 00 00 00 00 00  48 00 00 00 18 00 00 00   ........H.......
06308C50   02 B9 C4 04 E4 61 D0 01  E2 4C C9 04 E4 61 D0 01   .鼓.鏇?鉅?鏇?
06308C60   E2 4C C9 04 E4 61 D0 01  E2 4C C9 04 E4 61 D0 01   鉅?鏇?鉅?鏇?
```

图 6.87 H 盘元文件 $ MFT 的某记录

```
06308C70  01 00 00 00 00 00 00 00  00 00 00 00 00 00 00 00  ................
06308C80  00 00 00 00 05 01 00 00  00 00 00 00 00 00 00 00  ................
06308C90  00 00 00 00 00 00 00 00  30 00 00 00 60 00 00 00  ........0...`...
06308CA0  00 00 00 00 00 00 02 00  48 00 00 00 18 00 01 00  ........H.......
06308CB0  05 00 00 00 00 00 05 00  02 B9 C4 04 E4 61 D0 01  .........鼓.鋋?
06308CC0  02 B9 C4 04 E4 61 D0 01  02 B9 C4 04 E4 61 D0 01  .鼓.鋋?.鼓.鋋?
06308CD0  02 B9 C4 04 E4 61 D0 01  00 00 00 00 00 00 00 00  .鼓.鋋?........
06308CE0  00 00 00 00 00 00 00 00  00 00 00 10 00 00 00 00  ................
06308CF0  03 03 61 00 31 00 36 00  90 00 00 00 58 00 00 00  ..a.1.6.....X...
06308D00  00 04 18 00 00 00 05 00  38 00 00 00 20 00 00 00  ........8... ...
06308D10  24 00 49 00 33 00 30 00  30 00 00 00 01 00 00 00  $.I.3.0.0.......
06308D20  00 10 00 00 01 00 00 00  10 00 00 00 28 00 00 00  ............(...
06308D30  28 00 00 00 01 00 00 00  00 00 00 00 00 00 00 00  (...............
06308D40  18 00 00 00 03 00 00 00  00 00 00 00 00 00 00 00  ................
06308D50  A0 00 00 00 50 00 00 00  01 04 40 00 00 00 03 00  ?..P.....@.....
06308D60  00 00 00 00 00 00 00 00  00 00 00 00 00 00 00 00  ................
06308D70  48 00 00 00 00 00 00 00  00 10 00 00 00 00 00 00  H...............
06308D80  00 10 00 00 00 00 00 00  00 10 00 00 00 00 00 00  ................
06308D90  24 00 49 00 33 00 30 00  21 01 53 61 00 00 00 00  $.I.3.0.!.Sa....
06308DA0  B0 00 00 00 28 00 00 00  00 04 18 00 00 00 04 00  ?..(...........
06308DB0  08 00 00 00 20 00 00 00  24 00 49 00 33 00 30 00  .... ...$.I.3.0.
06308DC0  01 00 00 00 00 00 00 00  FF FF FF FF 82 79 47 11  ........ 倅G.
06308DD0  00 00 00 00 00 00 00 00  00 00 00 00 00 00 00 00  ................
06308DE0  20 00 00 00 00 00 00 00  07 03 61 00 30 00 31 00   .........a.0.1.
06308DF0  2E 00 74 00 78 00 74 00  26 00 00 00 00 00 17 00  ..t.x.t.&.......
06308E00  60 00 50 00 00 00 00 00  23 00 00 00 00 00 01 00  `.P.....#.......
06308E10  42 C6 C7 04 E4 61 D0 01  00 D4 1F D7 61 4B CC 01  B魄.鋋?.?讀K?
06308E20  42 C6 C7 04 E4 61 D0 01  42 C6 C7 04 E4 61 D0 01  B魄.鋋?B魄.鋋?
06308E30  00 00 00 00 00 00 00 00  00 00 00 00 00 00 00 00  ................
06308E40  20 00 00 00 00 00 00 00  07 03 61 00 30 00 32 00   .........a.0.2.
06308E50  2E 00 74 00 78 00 74 00  27 00 00 00 00 00 01 00  ..t.x.t.'.......
06308E60  60 00 50 00 00 00 00 00  23 00 00 00 00 00 01 00  `.P.....#.......
06308E70  42 C6 C7 04 E4 61 D0 01  00 D4 1F D7 61 4B CC 01  B魄.鋋?.?讀K?
06308E80  42 C6 C7 04 E4 61 D0 01  42 C6 C7 04 E4 61 D0 01  B魄.鋋?B魄.鋋?
06308E90  00 00 00 00 00 00 00 00  00 00 00 00 00 00 00 00  ................
06308EA0  20 00 00 00 00 00 00 00  07 03 61 00 30 00 33 00   .........a.0.3.
06308EB0  2E 00 74 00 78 00 74 00  28 00 00 00 00 00 01 00  ..t.x.t.(.......
06308EC0  60 00 50 00 00 00 00 00  23 00 00 00 00 00 01 00  `.P.....#.......
06308ED0  42 C6 C7 04 E4 61 D0 01  00 D4 1F D7 61 4B CC 01  B魄.鋋?.?讀K?
06308EE0  42 C6 C7 04 E4 61 D0 01  42 C6 C7 04 E4 61 D0 01  B魄.鋋?B魄.鋋?
06308EF0  00 00 00 00 00 00 00 00  00 00 00 00 00 00 00 00  ................
06308F00  20 00 00 00 00 00 00 00  07 03 61 00 30 00 34 00   .........a.0.4.
06308F10  2E 00 74 00 78 00 74 00  29 00 00 00 00 00 01 00  ..t.x.t.).......
06308F20  60 00 50 00 00 00 00 00  23 00 00 00 00 00 01 00  `.P.....#.......
06308F30  42 C6 C7 04 E4 61 D0 01  00 D4 1F D7 61 4B CC 01  B魄.鋋?.?讀K?
06308F40  42 C6 C7 04 E4 61 D0 01  42 C6 C7 04 E4 61 D0 01  B魄.鋋?B魄.鋋?
06308F50  00 00 00 00 00 00 00 00  00 00 00 00 00 00 00 00  ................
06308F60  20 00 00 00 00 00 00 00  07 03 61 00 30 00 35 00   .........a.0.5.
06308F70  2E 00 74 00 78 00 74 00  2A 00 00 00 00 00 01 00  ..t.x.t.*.......
06308F80  60 00 50 00 00 00 00 00  23 00 00 00 00 00 01 00  `.P.....#.......
06308F90  42 C6 C7 04 E4 61 D0 01  00 D4 1F D7 61 4B CC 01  B魄.鋋?.?讀K?
06308FA0  42 C6 C7 04 E4 61 D0 01  42 C6 C7 04 E4 61 D0 01  B魄.鋋?B魄.鋋?
06308FB0  00 00 00 00 00 00 00 00  00 00 00 00 00 00 00 00  ................
06308FC0  20 00 00 00 00 00 00 00  07 03 61 00 30 00 36 00   .........a.0.6.
06308FD0  2E 00 74 00 78 00 74 00  00 00 00 00 00 00 00 00  ..t.x.t.........
06308FE0  10 00 00 00 02 00 00 00  FF FF FF FF 82 79 47 11  ........倅G.
06308FF0  00 00 00 00 00 00 00 00  00 00 00 00 00 00 17 00  ................
```

图 6.87 （续）

表 6.100 H 盘元文件 $MFT 某记录头与属性划分情况表(十六进制数)

地址范围	作用	占字节数	属性字节偏移 0X08 处的值	属性字节偏移 0X09 处的值	属性类型
______~______	记录头	38			
______~______	______属性	______	______	______	______
______~______	______属性	______	______	______	______
______~______	______属性	______	______	______	______
______~______	______属性	______	______	______	______
______~______	______属性	______	______	______	______
______~______	记录结束标志	8			
______~______	无用数据	______			

6.18 在元文件 $MFT 的记录中,经常使用的属性有 10H 属性、30H 属性、80H 属性、90H 属性、A0H 属性和 B0H 属性。其中:文件记录经常使用的属性有______属性、______属性和______属性;小文件夹记录经常使用的属性有______属性、______属性和______属性,大文件夹记录经常使用的属性有______属性、______属性、______属性、______属性和______属性。而有些小文件夹记录使用的属性也可能有 10H 属性、30H 属性、90H 属性、______属性和______属性,这类文件夹往往是由小文件夹变为大文件夹后再变为______文件夹而形成。

6.19 在元文件 $MFT 的记录中,经常使用的属性有 10H 属性、30H 属性、80H 属性、90H 属性、A0H 属性和 B0H 属性。其中:在文件(夹)记录中,______属性和______属性是常驻无属性名属性;在文件记录中,______属性比较复杂,可能会出现 5 种情况,即只有属性头而无属性体、常驻无属性名、非常驻无属性名、非常驻有属性名和常驻有属性名;在文件夹记录中,______属性是常驻有属性名属性,______属性是非常驻有属性名属性;______属性一般只出现在元文件 $MFT 的 0 号记录和某些文件夹记录中,出现在元文件 $MFT 的 0 号记录中,它是非常驻无属性名属性;而出现在某些文件夹记录中,总是与______属性成对出现,一般情况下,它是常驻有属性名属性。

6.20 30H 属性(即文件名属性)属于常驻无属性名的属性,用于描述文件名,一般紧跟在 10H 属性(标准属性)之后,如果一个文件或文件夹的名字长度超过______个字符时,在记录中将会有两个______属性,一个描述的是______文件(夹)名,而另一个描述的是______文件(夹)名。

6.21 某逻辑盘的文件系统为 NTFS,元文件 $MFT 某记录如图 6.88 所示。请回答下列问题(注:素材文件为 zy6_21.vhd,11985 号记录)。

(1) 该记录由记录头和哪几个属性组成?请将各属性的划分情况填入到表 6.101 对应单元格下画线处。

(2) 该记录描述的是一个文件,它有两个 30H 属性,请写出这两个 30H 属性所描述的文件名,用户在资源管理器中看到的文件名是哪一个?

(3) 该记录的记录号是多少?

(4) 写出该记录 80H 属性中的数据运行列表;提示:由于数据运行列表位于第 1 扇区结束和第 2 个扇区开始位置,请注意第 1 个扇区的最后两个字节的值“*02 00*”。

(5) 该文件内容被划分为几段存储?请写出各段 LCN 的范围。

(6) 该文件内容共占多少个簇?开始 VCN 和结束 VCN 分别是多少?请分别写出该文

```
Offset     0  1  2  3  4  5  6  7   8  9  A  B  C  D  E  F
06EB4400  46 49 4C 45 30 00 03 00  29 5B A0 00 00 00 00 00   FILE0...)[?....
06EB4410  04 00 02 00 38 00 01 00  10 02 00 00 00 04 00 00   ....8...........
06EB4420  00 00 00 00 00 00 00 00  07 00 00 00 D1 2E 00 00   ............?..
06EB4430  02 00 87 01 00 00 00 00  10 00 00 00 60 00 00 00   ..?........`...
06EB4440  00 00 00 00 00 00 00 00  48 00 00 00 18 00 00 00   ........H.......
06EB4450  A5 4F 9F 0E E4 61 D0 01  40 DF D2 B7 EE 5B D2 01   慧?鋋?@咭奉[?
06EB4460  1D 89 DC B7 EE 5B D2 01  F9 59 C2 B7 EE 5B D2 01   .鉅奉[?鷄路粨?
06EB4470  20 00 00 00 00 00 00 00  00 00 00 00 00 00 00 00    ...............
06EB4480  00 00 00 00 07 01 00 00  00 00 00 00 00 00 00 00   ................
06EB4490  00 00 00 00 00 00 00 00  30 00 00 00 78 00 00 00   ........0...x...
06EB44A0  00 00 00 00 00 00 05 00  5A 00 00 00 18 00 01 00   ........Z.......
06EB44B0  2E 3C 00 00 00 00 01 00  A5 4F 9F 0E E4 61 D0 01   .<......慧?鋋?
06EB44C0  40 DF D2 B7 EE 5B D2 01  FC 64 D5 B7 EE 5B D2 01   @咭奉[?黡辗粨?
06EB44D0  F9 59 C2 B7 EE 5B D2 01  00 90 00 00 00 00 00 00   鷄路粨?........
06EB44E0  00 86 00 00 00 00 00 00  20 00 00 00 00 00 00 00   .?..... .......
06EB44F0  0C 02 41 00 42 00 43 00  44 00 45 00 46 00 7E 00   ..A.B.C.D.E.F.~.
06EB4500  31 00 2E 00 44 00 4F 00  43 00 6D 00 6E 00 6F 00   1...D.O.C.m.n.o.
06EB4510  30 00 00 00 80 00 00 00  00 00 00 00 00 00 04 00   0...€...........
06EB4520  68 00 00 00 18 00 01 00  2E 3C 00 00 00 00 01 00   h.......<......
06EB4530  A5 4F 9F 0E E4 61 D0 01  40 DF D2 B7 EE 5B D2 01   慧?鋋?@咭奉[?
06EB4540  FC 64 D5 B7 EE 5B D2 01  F9 59 C2 B7 EE 5B D2 01   黡辗粨?鷄路粨?
06EB4550  00 90 00 00 00 00 00 00  00 86 00 00 00 00 00 00   .........?.....
06EB4560  20 00 00 00 00 00 00 00  13 01 61 00 62 00 63 00    .........a.b.c.
06EB4570  64 00 65 00 66 00 67 00  68 00 69 00 6A 00 6B 00   d.e.f.g.h.i.j.k.
06EB4580  6C 00 6D 00 6E 00 6F 00  2E 00 64 00 6F 00 63 00   l.m.n.o...d.o.c.
06EB4590  40 00 00 00 28 00 00 00  00 00 00 00 00 00 06 00   @...(...........
06EB45A0  10 00 00 00 18 00 00 00  34 98 CA B9 DE C7 E6 11   ........4鴌罐擎.
06EB45B0  9F AC AD 6A 90 A4 20 92  80 00 00 00 50 00 00 00   煬璲.?拃...P...
06EB45C0  01 00 00 00 00 00 03 00  00 00 00 00 00 00 00 00   ................
06EB45D0  08 00 00 00 00 00 00 00  40 00 00 00 00 00 00 00   ........@.......
06EB45E0  00 90 00 00 00 00 00 00  00 86 00 00 00 00 00 00   .........?.....
06EB45F0  00 86 00 00 00 00 00 00  21 01 D9 45 21 03 02 00   .?.....!.貮!...
06EB4600  11 02 B3 21 03 CA FE 00  FF FF FF FF 82 79 47 11   ..?.湫.倅G.
```

图 6.88　某逻辑盘元文件＄MFT 的某记录

件内容开始 VCN 和结束 VCN 在文件记录 80H 属性中的存储形式。

(7) 该文件内容分配空间、初始化空间和实际空间分别是多少字节?

(8) 根据该文件内容分配空间和所占簇数,计算该逻辑盘每个簇的扇区数。

表 6.101　某记录头与属性划分情况表(十六进制数)

地址范围	作　用	所占字节数	地址范围	作　用	所占字节数
______～____	记录头	38	______～____	______属性	______
______～____	______属性	______	______～____	______属性	______
______～____	______属性	______	______～____	记录结束标志	8
______～____	______属性	______	______～____	无用数据	______

6.22　H 盘每个簇的扇区数为 8,在 H 盘 Word 文件夹中有一个名为 a08.txt 的文件,使用记事本打开该文件后,文件内容如图 6.89 所示。该文件在元文件＄MFT 中的记录如图 6.90 所示。请回答下列问题。

(1) 地址 0X0720B5FE～0X0720B5FF 和地址 0X0720B7FE～0720B7FF 的均值为"04 00"(存储形式),请写出这两处地址真正的值(存储形式)。

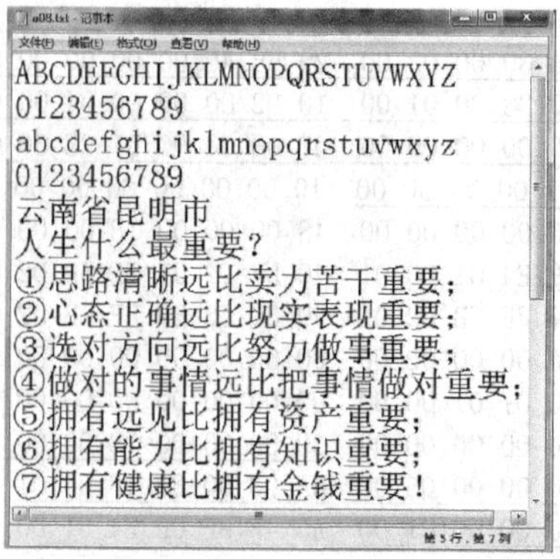

ABCDEFGHIJKLMNOPQRSTUVWXYZ
0123456789
abcdefghijklmnopqrstuvwxyz
0123456789
云南省昆明市
人生什么最重要？
①思路清晰远比卖力苦干重要；
②心态正确远比现实表现重要；
③选对方向远比努力做事重要；
④做对的事情远比把事情做对重要；
⑤拥有远见比拥有资产重要；
⑥拥有能力比拥有知识重要；
⑦拥有健康比拥有金钱重要！

图 6.89　使用记事本打开 a08.txt 文件后

Offset	0	1	2	3	4	5	6	7	8	9	A	B	C	D	E	F	
0720B400	46	49	4C	45	30	00	03	00	39	0E	E8	00	00	00	00	00	FILE0...9.?.....
0720B410	01	00	01	00	38	00	01	00	70	03	00	00	00	04	00	00	....8...p.......
0720B420	00	00	00	00	00	00	00	00	04	00	00	00	2D	3C	00	00	............-<..
0720B430	04	00	D7	F6	00	00	00	00	10	00	00	00	60	00	00	00	..做.........`...
0720B440	00	00	00	00	00	00	00	00	48	00	00	00	18	00	00	00	........H.......
0720B450	05	C9	9D	0E	E4	61	D0	01	00	85	E1	D0	21	61	D0	01	.?.鋋?.呩?a?
0720B460	A5	71	45	B4	4B	BA	D1	01	05	C9	9D	0E	E4	61	D0	01	圚E碖貉..?.鋋?
0720B470	20	00	00	00	00	00	00	00	00	00	00	00	00	00	00	00	....
0720B480	00	00	00	00	06	01	00	00	00	00	00	00	00	00	00	00	....
0720B490	00	00	00	00	00	00	00	00	30	00	00	00	68	00	00	00	........0...h...
0720B4A0	00	00	00	00	00	00	02	00	50	00	00	00	18	00	01	00	........P.......
0720B4B0	24	3C	00	00	00	00	01	00	05	C9	9D	0E	E4	61	D0	01	$<.......?.鋋?
0720B4C0	05	C9	9D	0E	E4	61	D0	01	05	C9	9D	0E	E4	61	D0	01	.?.鋋?.?.鋋?
0720B4D0	05	C9	9D	0E	E4	61	D0	01	00	00	00	00	00	00	00	00	.?.鋋?........
0720B4E0	00	00	00	00	00	00	00	00	20	00	00	00	00	00	00	00	....
0720B4F0	07	03	61	00	30	00	38	00	2E	00	74	00	78	00	74	00	..a.0.8...t.x.t.
0720B500	40	00	00	00	28	00	00	00	00	00	00	00	00	00	03	00	@...(..........
0720B510	10	00	00	00	18	00	00	00	61	D5	F7	90	C5	5E	E6	11	........a征.臹?
0720B520	BF	7A	D4	BE	D9	E3	58	EA	80	00	00	00	40	02	00	00	縵跃巽X陘...@...
0720B530	00	00	18	00	00	00	01	00	26	02	00	00	18	00	00	00	........&.......
0720B540	41	42	43	44	45	46	47	48	49	4A	4B	4C	4D	4E	4F	50	ABCDEFGHIJKLMNOP
0720B550	51	52	53	54	55	56	57	58	59	5A	0D	0A	30	31	32	33	QRSTUVWXYZ..0123
0720B560	34	35	36	37	38	39	0D	0A	61	62	63	64	65	66	67	68	456789..abcdefgh
0720B570	69	6A	6B	6C	6D	6E	6F	70	71	72	73	74	75	76	77	78	ijklmnopqrstuvwx
0720B580	79	7A	0D	0A	30	31	32	33	34	35	36	37	38	39	0D	0A	yz..0123456789..
0720B590	D4	C6	C4	CF	CA	A1	C0	A5	C3	F7	CA	D0	0D	0A	C8	CB	云南省昆明市..人
0720B5A0	C9	FA	CA	B2	C3	B4	D7	EE	D6	D8	D2	AA	A3	BF	0D	0A	生什么最重要？..
0720B5B0	A2	D9	CB	BC	C2	B7	C7	E5	CE	FA	D4	B6	B1	C8	C2	F4	①思路清晰远比卖
0720B5C0	C1	A6	BF	E0	B8	C9	D6	D8	D2	AA	A3	BB	0D	0A	A2	DA	力苦干重要；..②
0720B5D0	D0	C4	CC	AC	D5	FD	C8	B7	D4	B6	B1	C8	CF	D6	CA	B5	心态正确远比现实
0720B5E0	B1	ED	CF	D6	D6	D8	D2	AA	A3	BB	0D	0A	A2	DB	D1	A1	表现重要；..③选
0720B5F0	B6	D4	B7	BD	CF	F2	D4	B6	B1	C8	C5	AC	C1	A6	04	00	对方向远比努力..
0720B600	CA	C2	D6	D8	D2	AA	A3	BB	0D	0A	A2	DC	D7	F6	B6	D4	事重要；..④做对
0720B610	B5	C4	CA	C2	C7	E9	D4	B6	B1	C8	B0	D1	CA	C2	C7	E9	的事情远比把事情
0720B620	D7	F6	B6	D4	D6	D8	D2	AA	A3	BB	0D	0A	A2	DD	D3	B5	做对重要；..⑤拥
0720B630	D3	D0	D4	B6	BC	FB	B1	C8	D3	B5	D3	D0	D7	CA	B2	FA	有远见比拥有资产

图 6.90　a08.txt 文件的记录

```
0720B640  D6 D8 D2 AA A3 BB 0D 0A  A2 DE D3 B5 D3 D0 C4 DC   重要；..⑥拥有能
0720B650  C1 A6 B1 C8 D3 B5 D3 D0  D6 AA CA B6 D6 D8 D2 AA   力比拥有知识重要；
0720B660  A3 BB 0D 0A A2 DF D3 B5  D3 D0 BD A1 BF B5 B1 C8   ..⑦拥有健康比
0720B670  D3 B5 D3 D0 BD F0 C7 AE  D6 D8 D2 AA A3 A1 0D 0A   拥有金钱重要！..
0720B680  0D 0A 0D 0A C8 CB C9 FA  CA B2 C3 B4 D7 EE D6 D8   ....人生什么最重
0720B690  D2 AA A3 BF 0D 0A A2 D9  CB BC C2 B7 C7 E5 CE FA   要？..①思路清晰
0720B6A0  D4 B6 B1 C8 C2 F4 C1 A6  BF E0 B8 C9 D6 D8 D2 AA   远比卖力苦干重要；
0720B6B0  A3 BB 0D 0A A2 DA D0 C4  CC AC D5 FD C8 B7 D4 B6   ..②心态正确远
0720B6C0  B1 C8 CF D6 CA B5 B1 ED  CF D6 D6 D8 D2 AA A3 BB   比现实表现重要；
0720B6D0  0D 0A A2 DB D1 A1 B6 D4  B7 BD CF F2 D4 B6 B1 C8   ..③选对方向远比
0720B6E0  C5 AC C1 A6 D7 F6 CA C2  D6 D8 D2 AA A3 BB 0D 0A   努力做事重要；..
0720B6F0  A2 DC D7 F6 B6 D4 B5 C4  CA C2 C7 E9 D4 B6 B1 C8   ④做对的事情远比
0720B700  B0 D1 CA C2 C7 E9 D7 F6  B6 D4 D6 D8 D2 AA A3 BB   把事情做对重要；
0720B710  0D 0A A2 DD D3 B5 D3 D0  D4 B6 BC FB B1 C8 D3 B5   ..⑤拥有远见比拥
0720B720  D3 D0 D7 CA B2 FA D6 D8  D2 AA A3 BB 0D 0A A2 DE   有资产重要；..⑥
0720B730  D3 B5 D3 D0 C4 DC C1 A6  B1 C8 D3 B5 D3 D0 D6 AA   拥有能力比拥有知
0720B740  CA B6 D6 D8 D2 AA A3 BB  0D 0A A2 DF D3 B5 D3 D0   识重要；..⑦拥有
0720B750  BD A1 BF B5 B1 C8 D3 B5  D3 D0 BD F0 C7 AE D6 D8   健康比拥有金钱重
0720B760  D2 AA A3 A1 0D 0A 00 00  FF FF FF FF 82 79 47 11   要！....倅G.
                              ......  (注：省略部分为全 00)
0720B7F0  00 00 00 00 00 00 00 00  00 00 00 00 00 00 04 00   ................
```

图 6.90 （续）

(2) 根据 a08.txt 文件内容，写出表 6.102 中英文字母、数字、汉字和控制符对应的 ASCII 码（存储形式），并将结果填入到表 6.102 对应单元格中。

表 6.102　a08.txt 文件内容对应字符、汉字和控制符的 ASCII 码（十六进制）

字符	Z	Y	X	W	V	U	T	S	R	Q	P	O	N	M	L	K
ASCII 码																
字符	z	y	x	w	v	u	t	s	r	q	p	o	n	m	l	k
ASCII 码																
字符	0	1	2	3	4	5	6	7	8	9	a	b	c	d	e	f
ASCII 码																
汉字	人		生		什		么		最		重		要		？	
ASCII 码																
控制符	回车符								换行符							
ASCII 码																

(3) 根据 a08.txt 文件内容，写出表 6.103 中 ASCII 码（存储形式）对应的英文字母、数字、汉字和控制符，并将结果填入到表 6.103 对应单元格中。

表 6.103　a08.txt 文件内容对应字符、汉字和控制符的 ASCII 码（十六进制）

ASCII 码	41	42	43	44	45	46	47	48	49	4A	4B	4C	4D	4E	4F	50
字符																
ASCII 码	61	62	63	64	65	66	67	68	69	6A	6B	6C	6D	6E	6F	70
字符																
ASCII 码	30	31	32	33	34	35	36	37	38	39	61	62	63	64	65	66
字符																

续表

ASCII 码	D4 C6	C4 CF	CA A1	C0 A5	C3 F7	CA D0	C8 CB	C9 FA
汉字								
ASCII 码	0D				0A			
控制符								

(4) 该记录的 80H 属性共占多少字节？

(5) 在资源管理器中使用文件属性查看 a08.txt 文件大小是多少字节？

(6) 如果使用记事本打开该文件，在该文件的最后再添加多少个汉字，该记录的 80H 属性将由常驻属性变为非常驻属性？

(7) a08.txt 文件在元文件 $MFT 中的记录号是多少？

(8) 元文件 $MFT 的 0 号记录 B0H 属性的数据运行列表为“21 01 FF 62 11 01 FF”，根据 0 号记录 B0H 属性的数据运行列表，计算元文件 $MFT 的记录号共占用了 H 盘的哪几个扇区？以及每个扇区号所表示记录号的范围。

(9) 计算 a08.txt 的记录号在元文件 $MFT 的 B0H 属性值中的位置(即扇区号、扇区偏移和字节位)。

(10) 假设删除 a08.txt 文件前，a08.txt 的记录号在元文件 $MFT 的 0 号记录 B0H 属性值中位置字节的值是“FF”(十六进制)，将 a08.txt 文件删除并清空回收站后，a08.txt 的记录号在元文件 $MFT 的 0 号记录 B0H 属性值中位置字节的值是多少(十六进制)？

(11) 如果回收站已空，删除 a08.txt 文件，并将回收站清空，H 盘的已使用空间和自由空间会有变化吗？为什么？

6.23　H 盘每个簇的扇区数为 8，在 H 盘 Word 文件夹中有一个名为 a01.doc 的文件，该文件在元文件 $MFT 中的记录如图 6.91 所示(注：无用数据已被删除)。请回答以下问题：

```
Offset     0  1  2  3  4  5  6  7   8  9  A  B  C  D  E  F
07219C00  46 49 4C 45 30 00 03 00  FB 50 68 00 00 00 00 00   FILE0...鵬h.....
07219C10  01 00 01 00 38 00 01 00  80 01 00 00 00 04 00 00   ....8...€.......
07219C20  00 00 00 00 00 00 00 00  06 00 00 00 67 3C 00 00   ............g<..
07219C30  07 00 00 00 00 00 00 00  10 00 00 00 60 00 00 00   ............`...
07219C40  00 00 00 00 00 00 00 00  48 00 00 00 18 00 00 00   ........H.......
07219C50  C5 BB 9A 0E E4 61 D0 01  80 E3 7D A6 0E 65 D0 01   呕?鍵?€鉌?e?
07219C60  C0 DA C8 A7 0E 65 D0 01  77 F0 6A A6 0E 65 D0 01   磊顴.e?w餵?e?
07219C70  20 00 00 00 00 00 00 00  00 00 00 00 00 00 00 00    ...............
07219C80  00 00 00 00 07 01 00 00  00 00 00 00 00 00 00 00   ................
07219C90  00 00 00 00 00 00 00 00  30 00 00 00 68 00 00 00   ........0...h...
07219CA0  00 00 00 00 00 00 04 00  50 00 00 00 18 00 01 00   ........P.......
07219CB0  24 3C 00 00 00 00 01 00  C5 BB 9A 0E E4 61 D0 01   $<......呕?鍵?
07219CC0  80 E3 7D A6 0E 65 D0 01  DA 5C 80 A6 0E 65 D0 01   €鉌?e?赻€?e?
07219CD0  77 F0 6A A6 0E 65 D0 01  00 20 01 00 00 00 00 00   w餵?e?. ......
07219CE0  00 12 01 00 00 00 00 00  20 00 00 00 00 00 00 00   ........ .......
07219CF0  07 03 61 00 30 00 31 00  2E 00 64 00 6F 00 63 00   ..a.0.1...d.o.c.
07219D00  40 00 00 00 28 00 00 00  00 00 00 00 00 00 05 00   @...(...........
07219D10  10 00 00 00 18 00 00 00  DF 9C 31 C4 F5 D0 E4 11   ........邷1孽袖.
07219D20  93 D8 D4 BE D9 E3 58 EA  80 00 00 00 50 00 00 00   撽跃巽X陘...P...
07219D30  01 00 00 00 00 00 03 00  __ __ __ __ __ __ __ __   ................
07219D40  __ __ __ __ __ __ __ __  40 00 00 00 00 00 00 00   ........@.......
07219D50  __ __ __ __ __ __ __ __  00 12 01 00 00 00 00 00   . ..............
07219D60  00 12 01 00 00 00 00 00  21 08 3F 47 11 07 BC 11   ........!.?G..?
07219D70  03 1C 00 00 00 50 33 8D  FF FF FF FF 82 79 47 11   .....P3.倅G.
```

图 6.91　a01.doc 文件的记录

(1) a01.doc 文件在元文件 $MFT 中的记录号是多少？

(2) 计算 a01.doc 文件记录号在元文件 $MFT 的 B0H 属性值中的位置(即扇区号、扇区偏移和字节位)。

(3) a01.doc 文件记录的 80H 属性共有 3 个数据运行列表；将这 3 个数据运行列表填入到表 6.104 对应单元格中，计算各段的开始簇号、结束簇号和所占簇数，并将结果填入到表 6.104 对应单元格中。

表 6.104　a01.doc 文件记录的 80H 属性数据运行列表结构含义表

段号	数据运行列表	各段开始簇号		各段结束簇号		各段所占簇数	
		十六进制	十进制	十六进制	十进制	十六进制	十进制
1							
2							
3							

(4) 将 a01.doc 文件内容 LCN 与 VCN 对应关系填入到表 6.105 对应单元格中。

表 6.105　a01.doc 文件的 LCN 与 VCN 的对应关系

LCN/VCN 簇号		开始簇号	下一簇号	……	下一簇号	下一簇号	下一簇号	……	下一簇号	下一簇号	下一簇号	结束簇号
LCN	十六进制			……				……				
	十进制			……				……				
VCN	十六进制			……				……				
	十进制			……				……				
段号		第 1 段				第 2 段			第 3 段			

(5) 使用 a01.doc 文件记录 80H 属性中的数据运行列表，计算 a01.doc 文件内容结束 VCN，将开始 VCN 和结束 VCN 的存储形式分别填入到图 6.91 地址 07219D38～9D3F 和地址 07219D40～9D47 处。

(6) 计算系统分配给 a01.doc 文件内容的空间(单位：字节)；将系统分配给 a01.doc 文件内容的空间在 80H 属性中的存储形式填入到图 6.91 地址 07219D50～9D57 处。

(7) 计算 a01.doc 文件内容这 3 个段的开始簇号和结束簇号分别在元文件 $Bitmap 中的扇区号、扇区偏移和字节位，并将结果填入到表 6.106 对应单元格中。

表 6.106　a01.doc 文件记录 80H 属性数据运行列表结构含义表

段号	开始簇号	开始簇号在元文件 $Bitmap 中位置			结束簇号	结束簇号在元文件 $Bitmap 中位置		
		扇区号	扇区偏移	字节位		扇区号	扇区偏移	字节位
1								
2								
3								

(8) a01.doc 文件内容这 3 个段的簇号位图均在元文件 $Bitmap 同一个扇区，图 6.92 为 a01.doc 文件内容这 3 个段的簇号位图在元文件 $Bitmap 的前 256 字节，请根据图 6.91 所存储的值，写出 a01.doc 文件内容这 3 段开始簇号和结束簇号所在扇区偏移地址的值；如果将

a01. doc 文件删除，并清空回收站，这 3 段所占簇号位图的值将会变为何值？请将变化后的值写在对应字节的正下方。

```
Offset     0  1  2  3  4  5  6  7   8  9  A  B  C  D  E  F
062FB800   FF FF FF FF FF FF FF FF  FF FF FF FF FF FF FF FF
062FB810   FF FF FF FF FF FF FF FF  FF FF FF FF FF FF FF FF
062FB820   FF FF FF FF FF FF FF FF  FF FF FF FF FF FF FF FF
062FB830   FF FF FF FF FF FF FF FF  FF FF FF FF FF FF FF FF
062FB840   FF FF FF FF FF FF FF FF  FF FF FF FF FF FF FF FF
062FB850   FF FF FF FF FF FF FF FF  FF FF FF FF FF FF FF FF
062FB860   FF FF FF FF FF FF FF FF  FF FF FF FF FF FF FF FF
062FB870   FF FF FF FF FF FF FF FF  FF FF FF FF FF FF FF FF
062FB880   FF FF FF FF FF FF FF FF  FF FF FF FF FF FF FF FF
062FB890   FF FF FF FF FF FF FF FF  FF FF FF FF FF FF FF FF
062FB8A0   FF FF FF FF FF FF FF FF  FF FF FF FF FF FF FF FF
062FB8B0   FF FF FF FF FF FF FF FF  FF C7 00 00 E0 F8 FF FF
062FB8C0   FF FF FF FF FF FF FF FF  FF FF 00 00 00 00 00 00
062FB8D0   00 00 F0 FF FF FF FF FF  FF FF FF FF FF FF FF FF
062FB8E0   FF FF 80 03 00 00 00 FC  7F 00 00 00 F0 FF FF FF
062FB8F0   1B 00 00 00 00 00 00 00  00 00 00 00 00 00 00 00
```

图 6.92　a01. doc 文件内容所占位图扇区的前 256 字节

(9) H 盘回收站已空，如果将 a01. doc 文件删除，并清空回收站，H 盘的自由空间和已使用空间有何变化？

6.24　设计一个实验，验证小文件（即文件的内容非常少，甚至只有 1 字节）记录的 80H 属性也有可能是非常驻属性。

6.25　设计一个实验，通过 NTFS 文件系统的元文件 $Bitmap、每个簇的扇区数以及元文件 $BadClus，计算 NTFS 文件系统的已使用空间。

提示：

(1) 通过元文件 $MFT 的 8 号记录即元文件 $BadClus 记录 80H 属性获得坏簇号，也就是 NTFS 文件系统的最后一个簇号。

(2) 通过元文件 $MFT 的 6 号记录获得元文件 $Bitmap 内容的开始 LCN 和结束 LCN。

(3) 确定 NTFS 文件系统的最后一个簇号在元文件 $Bitmap 内容中的位置。

(4) 将光标移动到元文件 $Bitmap 内容开始扇区号的开始位置，右击，从弹出的快捷菜单中选择定义“块首”，将光标移动到 NTFS 文件系统最后一个簇号在元文件 $Bitmap 中的位置，右击，从弹出的快捷菜单中选择定义“块尾”。

(5) 选择 WinHex 菜单栏上的“编辑”→“Copy Block”→ “Hex 数值”。

(6) 建立并打开一个 Word 文档，选择 Word 菜单栏上的“编辑”→“粘贴”。

(7) 选择 Word 菜单栏上的“编辑”→“查找”，在出现“查找和替换”窗口中，选择“替换”选项卡。

(8) 在“查找内容”文本框中输入“F”，单击“全部替换”按钮，替换结束后，在弹出的窗口中显示“F”的个数，将“F”的个数填入到表 6.107 对应单元格中。

(9) 重复第 8 步 14 次，分别在“查找内容”文本框中输入“E”～“1”，并将“E”～“1”的个数填入到表 6.107 对应单元格中。

(10) 十六进制数中“F”至“1”包含二进制位 1 的个数，见表 6.108 所列。

表 6.107 位图文件 $ Bitmap 中"F"~"1"的数量

位图值	数量	位图值	数量	位图值	数量	位图值	数量	位图值	数量
F		C		9		6		3	
E		B		8		5		2	
D		A		7		4		1	

表 6.108 十六进制数"F"~"0"包含二进制数中"1"的个数

十六进制	对应二进制中"1"的个数	十六进制	对应二进制中"1"的个数	十六进制	对应二进制中"1"的个数	十六进制	对应二进制中"1"的个数
F	4	B	3	7	3	3	2
E	3	A	2	6	2	2	1
D	3	9	2	5	2	1	1
C	2	8	1	4	1	0	0

(11) 统计元文件 $ Bitmap 中 1 的个数;将统计结果减去 NTFS 文件系统最后一个簇号(即坏簇号)所占位图值,得到 NTFS 文件系统已分配簇数之和。

注:NTFS 文件系统已使用空间=已分配簇数之和×每个簇的扇区数×512 字节/扇区

6.26 设计一个实验,通过 NTFS 文件系统的元文件 $ Bitmap、每个簇的扇区数以及元文件 $ BadClus 来计算 NTFS 文件系统的自由空间。

提示:

(1)~(8)与 6.25 题(1)~(8)相同。

(9) 将元文件 $ Bitmap 中"E"~"0"的个数填入到表 6.109 对应单元格中。

表 6.109 位图文件 $ Bitmap 中"E"~"0"的数量

位图值	数量	位图值	数量	位图值	数量	位图值	数量	位图值	数量
E		B		8		5		2	
D		A		7		4		1	
C		9		6		3		0	

(10) 十六进制数中"F"~"0"包含二进制位 0 的个数,见表 6.110 所列。

表 6.110 十六进制"F"~"0"包含二进制数中"0"的个数

十六进制	对应二进制中"0"的个数	十六进制	对应二进制中"0"的个数	十六进制	对应二进制中"0"的个数	十六进制	对应二进制中"0"的个数
F	0	B	1	7	1	3	2
E	1	A	2	6	2	2	3
D	1	9	2	5	2	1	3
C	2	8	3	4	3	0	4

(11) 统计元文件 $ Bitmap 中 0 的个数;得到 NTFS 文件系统自由簇数之和。

注:NTFS 文件系统自由空间=自由簇数之和×每个簇的扇区数×512 字节/扇区

注意:*最后一个簇号(即坏簇号)所占字节空间*

6.27 某逻辑盘的文件系统为 NTFS,将光标移动到 0 号扇区,通过元文件 $ MFT 或 $ MFTMirr 的特征值向下查找元文件 $ MFT 或 $ MFTMirr,在连续 4 个扇区中找到元文件

$ MFT 或 $ MFTMirr 的 0 号记录和 1 号记录，你怎样来判断这 2 条记录是属于元文件 $ MFT 还是属于元文件 $ MFTMirr?

6.28 简述文件夹记录的 6 种情况。

6.29 某逻辑盘的文件系统为 NTFS，元文件 $ MFT 或者 $ MFTMirr 的 0 号记录如图 6.93 所示，而 1 号记录如图 6.94 所示（注：素材文件名为 zy6_29.vhd，本记录中无用数据已被删除）。请回答下列问题：

```
Offset     0  1  2  3  4  5  6  7   8  9  A  B  C  D  E  F
0A5AA800  46 49 4C 45 30 00 03 00  29 9F C3 00 00 00 00 00   FILE0...)燢.....
0A5AA810  01 00 01 00 38 00 01 00  A0 01 00 00 00 04 00 00   ....8...?.......
0A5AA820  00 00 00 00 00 00 00 00  06 00 00 00 00 00 00 00   ................
0A5AA830  0D 00 75 90 00 00 00 00  10 00 00 00 60 00 00 00   ..u.........`...
0A5AA840  00 00 18 00 00 00 00 00  48 00 00 00 18 00 00 00   ........H.......
0A5AA850  05 A1 60 3C E3 55 D2 01  05 A1 60 3C E3 55 D2 01   . 凥<鉛?. 凥<鉛?
0A5AA860  05 A1 60 3C E3 55 D2 01  05 A1 60 3C E3 55 D2 01   .凥<鉛?.凥<鉛?
0A5AA870  06 00 00 00 00 00 00 00  00 00 00 00 00 00 00 00   ................
0A5AA880  00 00 00 00 00 01 00 00  00 00 00 00 00 00 00 00   ................
0A5AA890  00 00 00 00 00 00 00 00  30 00 00 00 68 00 00 00   ........0...h...
0A5AA8A0  00 00 18 00 00 00 03 00  4A 00 00 00 18 00 01 00   ........J.......
0A5AA8B0  05 00 00 00 00 00 05 00  05 A1 60 3C E3 55 D2 01   ........凥<鉛?
0A5AA8C0  05 A1 60 3C E3 55 D2 01  05 A1 60 3C E3 55 D2 01   .凥<鉛?.凥<鉛?
0A5AA8D0  05 A1 60 3C E3 55 D2 01  00 40 00 00 00 00 00 00   .凥<鉛?.@......
0A5AA8E0  00 40 00 00 00 00 00 00  06 00 00 00 00 00 00 00   .@..............
0A5AA8F0  04 03 24 00 4D 00 46 00  54 00 00 00 00 00 00 00   ..$.M.F.T.......
0A5AA900  80 00 00 00 48 00 00 00  01 00 40 00 00 00 01 00   €...H.....@.....
0A5AA910  00 00 00 00 00 00 00 00  FF 27 00 00 00 00 00 00   ........'......
0A5AA920  40 00 00 00 00 00 00 00  00 00 40 01 00 00 00 00   @.........@.....
0A5AA930  00 00 40 01 00 00 00 00  00 00 40 01 00 00 00 00   ..@.......@.....
0A5AA940  32 00 28 55 4B 01 00 E4  B0 00 00 00 50 00 00 00   2.(UK..浒...P...
0A5AA950  01 00 40 00 00 00 05 00  00 00 00 00 00 00 00 00   ..@.............
0A5AA960  03 00 00 00 00 00 00 00  40 00 00 00 00 00 00 00   ........@.......
0A5AA970  00 20 00 00 00 00 00 00  08 10 00 00 00 00 00 00   . ..............
0A5AA980  08 10 00 00 00 00 00 00  31 01 54 4B 01 21 03 ED   ........1.TK.!.?
0A5AA990  F6 00 01 00 00 50 75 90  FF FF FF FF 00 00 00 00   ?...Pu.....
```

图 6.93 元文件 $ MFT 或者 $ MFTMirr 的 0 号记录

```
Offset     0  1  2  3  4  5  6  7   8  9  A  B  C  D  E  F
0A5AAC00  46 49 4C 45 30 00 03 00  3A 23 20 00 00 00 00 00   FILE0...:# .....
0A5AAC10  01 00 01 00 38 00 01 00  58 01 00 00 00 04 00 00   ....8...X.......
0A5AAC20  00 00 00 00 00 00 00 00  04 00 00 00 01 00 00 00   ................
0A5AAC30  0D 00 00 00 00 00 00 00  10 00 00 00 60 00 00 00   ............`...
0A5AAC40  00 00 18 00 00 00 00 00  48 00 00 00 18 00 00 00   ........H.......
0A5AAC50  05 A1 60 3C E3 55 D2 01  05 A1 60 3C E3 55 D2 01   .凥<鉛?.凥<鉛?
0A5AAC60  05 A1 60 3C E3 55 D2 01  05 A1 60 3C E3 55 D2 01   .凥<鉛?.凥<鉛?
0A5AAC70  06 00 00 00 00 00 00 00  00 00 00 00 00 00 00 00   ................
0A5AAC80  00 00 00 00 00 01 00 00  00 00 00 00 00 00 00 00   ................
0A5AAC90  00 00 00 00 00 00 00 00  30 00 00 00 70 00 00 00   ........0...p...
0A5AACA0  00 00 18 00 00 00 02 00  52 00 00 00 18 00 01 00   ........R.......
0A5AACB0  05 00 00 00 00 00 05 00  05 A1 60 3C E3 55 D2 01   ........凥<鉛?
0A5AACC0  05 A1 60 3C E3 55 D2 01  05 A1 60 3C E3 55 D2 01   .凥<鉛?.凥<鉛?
0A5AACD0  05 A1 60 3C E3 55 D2 01  00 10 00 00 00 00 00 00   .凥<鉛?........
0A5AACE0  00 10 00 00 00 00 00 00  06 00 00 00 00 00 00 00   ................
0A5AACF0  08 03 24 00 4D 00 46 00  54 00 4D 00 69 00 72 00   ..$.M.F.T.M.i.r.
0A5AAD00  72 00 00 00 00 00 00 00  80 00 00 00 48 00 00 00   r.......€...H...
0A5AAD10  01 00 40 00 00 00 01 00  00 00 00 00 00 00 00 00   ..@.............
0A5AAD20  01 00 00 00 00 00 00 00  40 00 00 00 00 00 00 00   ........@.......
0A5AAD30  00 10 00 00 00 00 00 00  00 10 00 00 00 00 00 00   ................
0A5AAD40  00 10 00 00 00 00 00 00  11 02 04 00 00 00 00 00   ................
0A5AAD50  FF FF FF FF 00 00 00 00                            .....
```

图 6.94 元文件 $ MFT 或者 $ MFTMirr 的 1 号记录

(1) 如果这两条记录在16～19号扇区查找到,请问这两条记录是属于元文件$MFT还是属于元文件$MFTMirr? 为什么?

(2) 如果这两条记录在339284～339287号扇区查找到,请问这两条记录是属于元文件$MFT还是属于元文件$MFTMirr? 为什么?

(3) 通过元文件$MFT或$MFTMirr的0号记录80H属性,计算每个簇的扇区数。

(4) 通过元文件$MFT或$MFTMirr的1号记录80H属性,计算每个簇的扇区数。

(5) 通过元文件$MFT或$MFTMirr的0号记录B0H属性,计算每个簇的扇区数。

(6) 请根据每个簇的扇区数推算出元文件$MFTMirr的记录数。

(7) 通过元文件$MFT或$MFTMirr的0号记录80H属性,请将元文件$MFT的LCN范围(对应VCN范围)、所占簇数、结束记录号以及开始LCN在NTFS_DBR中的存储形式填入到表6.111对应单元格中。

表6.111　元文件$MFT和$MFTMirr簇号范围等值表

元文件	LCN范围(VCN范围)	所占簇数	记录号范围	开始LCN在NTFS_DBR中的存储形式
$MFT	____～____(0～____)	________	0～____号	________ ________ ________ ________
$MFTMirr	____～____(0～____)	________	0～____号	________ ________ ________ ________

(8) 通过元文件$MFT或$MFTMirr的1号记录80H属性,请将元文件$MFTMirr的LCN范围(对应VCN范围)、所占簇数、结束记录号以及开始LCN在NTFS_DBR中的存储形式填入到表6.111对应单元格中。

(9) 根据每个簇的扇区数,分别写出元文件$MFT每条记录大小描述和每个索引节点大小描述在NTFS_DBR中的存储形式。

(10) 通过每个簇的扇区数和元文件$MFT或$MFTMirr的1号记录80H属性数据运行列表,计算NTFS文件系统分配给元文件$MFTMirr的空间(单位:字节)。

(11) 计算NTFS文件系统分配给元文件$MFT的空间,元文件$MFT实际占用的空间(单位:字节)(注:NTFS文件系统分配给元文件$MFT的空间和元文件$MFT实际占用的空间为元文件$MFT所有记录所占空间和描述记录属性所占空间,即0号记录80H属性和B0H属性所描述空间之和)。

(12) 0号记录B0H属性值前192字节的值如图6.95所示,扇区偏移0X04、0X51、0X81和0XA9的值分别为"8F""FB""BF"和"F7";请分别将扇区偏移0X04、0X51、0X81和0XA9这4字节bit_7～bit_0二进制位的值、所表示的记录号以及记录使用情况填入到表6.112～表6.115对应单元格中。

表6.112　扇区偏移0X04的值、所表示的记录号及记录使用情况

地址	0X0A5AA004 (扇区偏移0X04)							
十六进制值	8F							
二进制位	Bit_7	Bit_6	Bit_5	Bit_4	Bit_3	Bit_2	Bit_1	Bit_0
二进制值	________	________	________	________	________	________	________	________
文件记录号	________	________	________	________	________	________	________	________
记录使用情况	________	________	________	________	________	________	________	________

表 6.113 扇区偏移 0X51 的值、所表示的记录号及记录使用情况

地　址	0X0A5AA051（扇区偏移 0X51）							
十六进制值	FB							
二进制位	Bit_7	Bit_6	Bit_5	Bit_4	Bit_3	Bit_2	Bit_1	Bit_0
二进制值	________	________	________	________	________	________	________	________
文件记录号	________	________	________	________	________	________	________	________
记录使用情况	________	________	________	________	________	________	________	________

表 6.114 扇区偏移 0X81 的值、所表示的记录号及记录使用情况

地　址	0X0A5AA081（扇区偏移 0X81）							
十六进制值	BF							
二进制位	Bit_7	Bit_6	Bit_5	Bit_4	Bit_3	Bit_2	Bit_1	Bit_0
二进制值	________	________	________	________	________	________	________	________
文件记录号	________	________	________	________	________	________	________	________
记录使用情况	________	________	________	________	________	________	________	________

表 6.115 扇区偏移 0XA9 的值、所表示的记录号及记录使用情况

地　址	0X0A5AA0A9（扇区偏移 0XA9）							
十六进制值	F7							
二进制位	Bit_7	Bit_6	Bit_5	Bit_4	Bit_3	Bit_2	Bit_1	Bit_0
二进制值	________	________	________	________	________	________	________	________
文件记录号	________	________	________	________	________	________	________	________
记录使用情况	________	________	________	________	________	________	________	________

```
Offset     0  1  2  3  4  5  6  7   8  9  A  B  C  D  E  F
0A5AA000   FF FF 00 FF 8F FF FF FF  FF FF FF FF FF FF FF FF
0A5AA010   FF FF FF FF FF FF FF FF  FF FF FF FF FF FF FF FF
0A5AA020   FF FF FF FF FF FF FF FF  FF FF FF FF FF FF FF FF
0A5AA030   FF FF FF FF FF FF FF FF  FF FF FF FF FF FF FF FF
0A5AA040   FF FF FF FF FF FF FF FF  FF FF FF FF FF FF FF FF
0A5AA050   FF FB FF FF FF FF FF FF  FF FF FF FF FF FF FF FF
0A5AA060   FF FF FF FF FF FF FF FF  FF FF FF FF FF FF FF FF
0A5AA070   FF FF FF FF FF FF FF FF  FF FF FF FF FF FF FF FF
0A5AA080   FF BF FF FF FF FF FF FF  FF FF FF FF FF FF FF FF
0A5AA090   FF FF FF FF FF FF FF FF  FF FF FF FF FF FF FF FF
0A5AA0A0   FF FF FF FF FF FF FF FF  FF F7 FF FF FF FF FF FF
0A5AA0B0   FF FF FF FF FF FF FF FF  FF FF FF FF FF FF FF FF
```

图 6.95 元文件 $ MFT 的 B0H 属性前 192 字节值

6.30 在索引节点中，根据索引节点是否有效，可以将索引节点分为________节点和________节点；对于________节点，文件夹记录的 B0H 属性值所对应的二进制位的值为 1；而对于________节点，文件夹记录的 B0H 属性值所对应的二进制位的值为 0。

6.31 在索引节点中，根据索引节点下是否还有节点，可以将索引节点分为________节点和________节点。

6.32 索引节点可以分为 4 种类型，即________节点、________节点、________节点和________节点。根据各节点字节偏移和文件夹记录 B0H 属性值所对应的二进制位，将索引节点类型填入表 6.116 对应的单元格中。

表 6.116　索引节点分类表

索引节点类型	字节偏移 0X24 的值	文件夹记录 B0H 属性值所对应二进制位的值	索引节点结束标志(存储形式)
______	00	1	10 00 00 00 02 00 00 00
______	01	1	18 00 00 00 03 00 00 00+8 字节的指针
______	00	0	
______	01	0	

6.33　设计一个实验,通过实验来验证在叶节点中,以第 1 个"10 00 00 00 02 00 00 00"(存储形式)为叶节点的结束标志,即在叶节点中,该标志以后存储的文件名为无效文件名。

6.34　在使用 NTFS 文件系统的过程中,用户普遍认为 NTFS 对索引目录的管理是采用 B+树结构,而只有少数用户认为 NTFS 对索引目录的管理是采用 B－树结构,你对此有何看法?

6.35　设计一个实验,通过实验来验证每个簇的扇区数与索引节点大小描述和索引节点编号关系,并将实验结果填入到表 6.117 对应单元格中。

表 6.117　每个簇的扇区数、索引节点大小描述和索引节点编号关系对应表

扇区数/簇	索引节点大小描述	索引节点大小描述在 NTFS_DBR 中的存储形式	索引节点编号
1	______簇	______	____、____、____、____、____、____、……
2	______簇	______	____、____、____、____、____、____、……
4	______簇	______	____、____、____、____、____、____、……
8	______簇	______	____、____、____、____、____、____、……
16	______字节	______	____、____、____、____、____、____、……
32	______字节	______	____、____、____、____、____、____、……
64	______字节	______	____、____、____、____、____、____、……
128	______字节	______	____、____、____、____、____、____、……

6.36　在一些有关 NTFS 文件系统的书籍中,将索引节点偏移 0X10～0X17 处的值标识为 VCN,而本书中将其标识为索引节点编号,你对此有何看法?

6.37　在 H 盘 A100 文件夹中,存储了 100 个文件,文件名为 a00.txt～a99.txt。A100 文件夹记录号为 461,461 号记录内容如图 6.96 所示(注:本记录中无用数据已被删除)。请回答下列问题:

```
Offset     0  1  2  3  4  5  6  7   8  9  A  B  C  D  E  F
06373400  46 49 4C 45 30 00 03 00  75 4D 12 00 00 00 00 00   FILE0...uM.....
06373410  01 00 01 00 38 00 03 00  10 03 00 00 00 04 00 00   ....8...........
06373420  00 00 00 00 00 00 00 00  06 00 00 00 CD 01 00 00   ............?..
06373430  02 00 31 00 00 00 00 00  10 00 00 00 60 00 00 00   ..1.........`...
06373440  00 00 00 00 00 00 00 00  48 00 00 00 18 00 00 00   ........H.......
06373450  48 CF 04 05 E4 61 D0 01  E9 8A 12 05 E4 61 D0 01   H?.鍵?閫..鍵?
06373460  E9 8A 12 05 E4 61 D0 01  E9 8A 12 05 E4 61 D0 01   閫..鍵?閫..鍵?
06373470  00 00 00 00 00 00 00 00  00 00 00 00 00 00 00 00   ................
06373480  00 00 00 00 05 01 00 00  00 00 00 00 00 00 00 00   ................
06373490  00 00 00 00 00 00 00 00  30 00 00 00 68 00 00 00   ........0...h...
```

图 6.96　H 盘 461 号记录内容

```
063734A0  00 00 00 00 00 00 02 00  4A 00 00 00 18 00 01 00  ........J.......
063734B0  05 00 00 00 00 00 05 00  48 CF 04 05 E4 61 D0 01  ........H?.鏇?
063734C0  48 CF 04 05 E4 61 D0 01  48 CF 04 05 E4 61 D0 01  H?.鏇?H?.鏇?
063734D0  48 CF 04 05 E4 61 D0 01  00 00 00 00 00 00 00 00  H?.鏇?........
063734E0  00 00 00 00 00 00 00 00  00 00 00 10 00 00 00 00  ................
063734F0  04 03 41 00 31 00 30 00  30 00 00 00 00 00 00 00  ..A.1.0.0.......
06373500  90 00 00 00 90 01 00 00  00 04 18 00 00 00 05 00  ................
06373510  70 01 00 00 20 00 00 00  24 00 49 00 33 00 30 00  p... ...$.I.3.0.
06373520  30 00 00 00 01 00 00 00  00 10 00 00 01 00 00 00  0...............
06373530  10 00 00 00 60 01 00 00  60 01 00 00 01 00 00 00  ....`...`.......
06373540  E2 01 00 00 00 00 01 00  68 00 50 00 01 00 00 00  ?......h.P.....
06373550  CD 01 00 00 00 00 01 00  88 DC 07 05 E4 61 D0 01  ?......堀..鏇?
06373560  00 D4 1F D7 61 4B CC 01  88 DC 07 05 E4 61 D0 01  .?讀K?堀..鏇?
06373570  88 DC 07 05 E4 61 D0 01  00 00 00 00 00 00 00 00  堀..鏇?........
06373580  00 00 00 00 00 00 00 00  20 00 00 00 00 00 00 00  ........ .......
06373590  07 03 61 00 32 00 30 00  2E 00 74 00 78 00 74 00  ..a.2.0...t.x.t.
063735A0  00 00 00 00 00 00 00 00  F7 01 00 00 00 00 01 00  ........?......
063735B0  68 00 50 00 01 00 00 00  CD 01 00 00 00 00 01 00  h.P.....?......
063735C0  C8 E9 0A 05 E4 61 D0 01  00 D4 1F D7 61 4B CC 01  乳..鏇?.?讀K?
063735D0  C8 E9 0A 05 E4 61 D0 01  C8 E9 0A 05 E4 61 D0 01  乳..鏇?乳..鏇?
063735E0  00 00 00 00 00 00 00 00  00 00 00 00 00 00 00 00  ................
063735F0  20 00 00 00 00 00 00 00  07 03 61 00 34 00 02 00   .........a.4...
06373600  2E 00 74 00 78 00 74 00  01 00 00 00 00 00 00 00  ..t.x.t.........
06373610  0C 02 00 00 00 00 01 00  68 00 50 00 01 00 00 00  ........h.P.....
06373620  CD 01 00 00 00 00 01 00  09 F7 0D 05 E4 61 D0 01  ?.......?.鏇?
06373630  00 D4 1F D7 61 4B CC 01  09 F7 0D 05 E4 61 D0 01  .?讀K?.?.鏇?
06373640  09 F7 0D 05 E4 61 D0 01  00 00 00 00 00 00 00 00  .?.鏇?........
06373650  00 00 00 00 00 00 00 00  20 00 00 00 00 00 00 00  ........ .......
06373660  07 03 61 00 36 00 32 00  2E 00 74 00 78 00 74 00  ..a.6.2...t.x.t.
06373670  02 00 00 00 00 00 00 00  00 00 00 00 00 00 00 00  ................
06373680  18 00 00 00 03 00 00 00  03 00 00 00 00 00 00 00  ................
06373690  A0 00 00 00 50 00 00 00  01 04 40 00 00 00 03 00  ?..P.....@.....
063736A0  00 00 00 00 00 00 00 00  03 00 00 00 00 00 00 00  ................
063736B0  48 00 00 00 00 00 00 00  00 40 00 00 00 00 00 00  H........@......
063736C0  00 40 00 00 00 00 00 00  00 40 00 00 00 00 00 00  .@.......@......
063736D0  24 00 49 00 33 00 30 00  21 04 68 61 00 36 4B C8  $.I.3.0.!.ha.6K?
063736E0  B0 00 00 00 28 00 00 00  00 04 18 00 00 00 04 00  ?..(...........
063736F0  08 00 00 00 20 00 00 00  24 00 49 00 33 00 30 00  .... ...$.I.3.0.
06373700  0F 00 00 00 00 00 00 00  FF FF FF FF 82 79 47 11  ........倅G.
```

图 6.96 （续）

（1）请将 461 号记录 90H 属性中存储的 3 个文件的文件记录号、A100 文件夹记录号、3 个文件名以及文件名后面的 4 个指针填入到表 6.118 对应单元格中。

表 6.118　461 号记录 90H 属性存储的文件名及文件名后的指针（十六进制）

文件记录号	a100 文件夹记录号	文件名	文件名后的指针

（2）写出 461 号记录 A0H 属性中的数据运行列表，根据 A0H 属性的数据运行列表，将 LCN 和索引节点编号填入到表 6.119 对应单元格中。

（3）根据 461 号记录 90H 属性中存储的文件名，推算出 4 个叶节点中存储的有效文件名

范围,并将有效文件名范围填入到表 6.119 对应单元格中。

表 6.119　A100 文件夹各叶节点存储的文件名

LCN	______	______	______	______
VCN	3	2	1	0
节点编号	______	______	______	______
4 个叶节点存储的有效文件名范围	～	～	～	～
B0H 属性值低 4 位	Bit_3	Bit_2	Bit_1	Bit_0
B0H 属性值低 4 位二进制值	1	1	1	1
各节点状态	□有效 □无效	□有效 □无效	□有效 □无效	□有效 □无效

(4) 461 号记录 B0H 属性值为“0F”,请在该值的低 4 位所表示的节点状态对应单元格“有效”或者“无效”前的“□”中打“√”。

(5) 请根据 461 号记录 90H 属性存储的文件名和 4 个叶节点存储的有效文件名范围,画出 A100 文件夹的 B－树结构图;并对该 B－树结构图作一些说明。

6.38　在题 6.37 中,假设 NTFS 文件系统对索引目录的管理是采用 B＋树结构,根据你对 B＋树结构的理解和认识。请回答下列问题:

(1) 假设 NTFS 文件系统中将 B＋树的指针放在非叶节点中的每个文件名之后,请将 461 号记录 90H 属性中可能存储的文件记录号、A100 文件夹记录号、文件名及文件名之后的指针填入到表 6.120 对应单元格中。

表 6.120　90H 属性可能存储的文件名及文件名后的指针(十六进制)

文件记录号	a100 文件夹记录号	文件名	文件名后的指针
______	______	______	______
______	______	______	______
______	______	______	______
______	______	______	______

(2) 根据 461 号记录 90H 属性中存储的文件名推算出 4 个叶节点中可能存储的有效文件名范围,并将可能存储的有效文件名范围填入到表 6.121 对应单元格中。

(3) 假设 461 号记录 B0H 属性值为“0F”,请将该值低 4 位所表示的 4 个叶节点状态填入到表 6.121 对应单元格中。

表 6.121　A100 文件夹各叶节点可能存储的有效文件名

LCN	0X616B	0X616A	0X6169	0X6168
VCN	3	2	1	0
叶节点编号	3	2	1	0
各叶节点可能存储的有效文件名范围	____～____	____～____	____～____	____～____
B0H 属性值低 4 位	Bit_3	Bit_2	Bit_1	Bit_0
B0H 属性值低 4 位二进制值	1	1	1	1
各叶节点状态	______	______	______	______

(4) 画出 A100 文件夹可能的 B＋树结构图,并对 A100 文件夹的 B＋树结构作一些简要

说明。

6.39 在 H 盘的 a300 文件夹中，存储了 300 个文件，文件名分别为 a00.txt～a99.txt、b00.txt～b99.txt、c00.txt～c99.txt。a300 文件夹记录号为 562，562 号记录内容如图 6.97 所示，7 号和 10 号索引节点所存储的内容分别如图 6.98 和图 6.99 所示（注：在图 6.97～图 6.99 中，无用数据已被删除）。请回答下列问题：

```
Offset      0  1  2  3  4  5  6  7   8  9  A  B  C  D  E  F
0638C800   46 49 4C 45 30 00 03 00  2F 8D 13 00 00 00 00 00   FILE0.../.......
0638C810   01 00 01 00 38 00 03 00  D8 01 00 00 00 04 00 00   ....8...?.......
0638C820   00 00 00 00 00 00 00 00  07 00 00 00 32 02 00 00   ............2...
0638C830   02 00 31 00 00 00 00 00  10 00 00 00 60 00 00 00   ..1.........`...
0638C840   00 00 00 00 00 00 00 00  48 00 00 00 18 00 00 00   ........H.......
0638C850   E9 8A 12 05 E4 61 D0 01  CD BD 3B 05 E4 61 D0 01   闀..鋋?徒;.鋋?
0638C860   CD BD 3B 05 E4 61 D0 01  CD BD 3B 05 E4 61 D0 01   徒;.鋋?徒;.鋋?
0638C870   00 00 00 00 00 00 00 00  00 00 00 00 00 00 00 00   ................
0638C880   00 00 00 00 05 01 00 00  00 00 00 00 00 00 00 00   ................
0638C890   00 00 00 00 00 00 00 00  30 00 00 00 68 00 00 00   ........0...h...
0638C8A0   00 00 00 00 00 00 02 00  4A 00 00 00 18 00 01 00   ........J.......
0638C8B0   05 00 00 00 00 00 05 00  E9 8A 12 05 E4 61 D0 01   ........闀..鋋?
0638C8C0   E9 8A 12 05 E4 61 D0 01  E9 8A 12 05 E4 61 D0 01   闀..鋋?闀..鋋?
0638C8D0   E9 8A 12 05 E4 61 D0 01  00 00 00 00 00 00 00 00   闀..鋋?........
0638C8E0   00 00 00 00 00 00 00 00  00 00 00 10 00 00 00 00   ................
0638C8F0   04 03 61 00 33 00 30 00  30 00 00 00 00 00 00 00   ..a.3.0.0.......
0638C900   90 00 00 00 58 00 00 00  00 04 18 00 00 00 06 00   ....X...........
0638C910   38 00 00 00 20 00 00 00  24 00 49 00 33 00 30 00   8... ...$.I.3.0.
0638C920   30 00 00 00 01 00 00 00  00 10 00 00 01 00 00 00   0...............
0638C930   10 00 00 00 28 00 00 00  28 00 00 00 01 00 00 00   ....(...(.......
0638C940   00 00 00 00 00 00 00 00  18 00 00 00 03 00 00 00   ................
0638C950   07 00 00 00 00 00 00 00  A0 00 00 00 50 00 00 00   ........?..P...
0638C960   01 04 40 00 00 00 03 00  00 00 00 00 00 00 00 00   ..@.............
0638C970   0F 00 00 00 00 00 00 00  48 00 00 00 00 00 00 00   ........H.......
0638C980   00 00 01 00 00 00 00 00  00 00 01 00 00 00 00 00   ................
0638C990   00 00 01 00 00 00 00 00  24 00 49 00 33 00 30 00   ........$.I.3.0.
0638C9A0   21 10 6C 61 00 C9 24 C1  B0 00 00 00 28 00 00 00   !.la.?涟...(...
0638C9B0   00 04 18 00 00 00 04 00  08 00 00 00 20 00 00 00   ........... ...
0638C9C0   24 00 49 00 33 00 30 00  FF 7F 00 00 00 00 00 00   $.I.3.0.  .......
0638C9D0   FF FF FF FF 82 79 47 11  6A A5 18 05 E4 61 D0 01   倅G.j?.鋋?
```

图 6.97 H 盘 562 号记录

```
Offset      0  1  2  3  4  5  6  7   8  9  A  B  C  D  E  F
06173000   49 4E 44 58 28 00 09 00  72 89 13 00 00 00 00 00   INDX(...r?.....
06173010   07 00 00 00 00 00 00 00  28 00 00 00 88 05 00 00   ........(...?..
06173020   E8 0F 00 00 01 00 00 00  02 00 D0 01 01 00 00 00   ?........?.....
06173030   00 00 00 00 00 00 00 00  00 00 00 00 00 00 00 00   ................
06173040   47 02 00 00 00 00 01 00  68 00 50 00 01 00 00 00   G.......h.P.....
06173050   32 02 00 00 00 00 01 00  29 98 15 05 E4 61 D0 01   2.......)?.鋋?
06173060   00 D4 1F D7 61 4B CC 01  29 98 15 05 E4 61 D0 01   .?譹K?)?.鋋?
06173070   29 98 15 05 E4 61 D0 01  00 00 00 00 00 00 00 00   )?.鋋?........
06173080   00 00 00 00 00 00 00 00  20 00 00 00 00 00 00 00   ........ .......
06173090   07 03 61 00 32 00 30 00  2E 00 74 00 78 00 74 00   ..a.2.0...t.x.t.
061730A0   00 00 00 00 00 00 00 00  5C 02 00 00 00 00 01 00   ........\.......
061730B0   68 00 50 00 01 00 00 00  32 02 00 00 00 00 01 00   h.P.....2.......
061730C0   6A A5 18 05 E4 61 D0 01  00 D4 1F D7 61 4B CC 01   j?.鋋?.?譹K?
061730D0   6A A5 18 05 E4 61 D0 01  6A A5 18 05 E4 61 D0 01   j?.鋋?j?.鋋?
061730E0   00 00 00 00 00 00 00 00  00 00 00 00 00 00 00 00   ................
061730F0   20 00 00 00 00 00 00 00  07 03 61 00 34 00 31 00    .........a.4.1.
```

图 6.98 7 号索引节点存储的文件名及指针

```
06173100  2E 00 74 00 78 00 74 00  01 00 00 00 00 00 00 00  ..t.x.t.........
06173110  71 02 00 00 00 00 01 00  68 00 50 00 01 00 00 00  q.......h.P.....
06173120  32 02 00 00 00 00 01 00  AA B2 1B 05 E4 61 D0 01  2.......拟..鋋?
06173130  00 D4 1F D7 61 4B CC 01  AA B2 1B 05 E4 61 D0 01  .?譨K?拟..鋋?
06173140  AA B2 1B 05 E4 61 D0 01  00 00 00 00 00 00 00 00  拟..鋋?........
06173150  00 00 00 00 00 00 00 00  20 00 00 00 00 00 00 00  ........ .......
06173160  07 03 61 00 36 00 32 00  2E 00 74 00 78 00 74 00  ..a.6.2...t.x.t.
06173170  02 00 00 00 00 00 00 00  86 02 00 00 00 00 01 00  ........?.......
06173180  68 00 50 00 01 00 00 00  32 02 00 00 00 00 01 00  h.P.....2.......
06173190  EA BF 1E 05 E4 61 D0 01  00 D4 1F D7 61 4B CC 01  昕..鋋?.?譨K?
061731A0  EA BF 1E 05 E4 61 D0 01  EA BF 1E 05 E4 61 D0 01  昕..鋋?昕..鋋?
061731B0  00 00 00 00 00 00 00 00  00 00 00 00 00 00 00 00  ................
061731C0  20 00 00 00 00 00 00 00  07 03 61 00 38 00 33 00   .........a.8.3.
061731D0  2E 00 74 00 78 00 74 00  03 00 00 00 00 00 00 00  ..t.x.t.........
061731E0  9B 02 00 00 00 00 01 00  68 00 50 00 01 00 00 00  ?......h.P.....
061731F0  32 02 00 00 00 00 01 00  2A CD 21 05 E4 61 02 00  2.......*?.鋋..
06173200  00 D4 1F D7 61 4B CC 01  2A CD 21 05 E4 61 D0 01  .?譨K?*?.鋋?
06173210  2A CD 21 05 E4 61 D0 01  00 00 00 00 00 00 00 00  *?.鋋?........
06173220  00 00 00 00 00 00 00 00  20 00 00 00 00 00 00 00  ........ .......
06173230  07 03 62 00 30 00 34 00  2E 00 74 00 78 00 74 00  ..b.0.4...t.x.t.
06173240  04 00 00 00 00 00 00 00  B0 02 00 00 00 00 01 00  ........?......
06173250  68 00 50 00 01 00 00 00  32 02 00 00 00 00 01 00  h.P.....2.......
06173260  6B DA 24 05 E4 61 D0 01  00 D4 1F D7 61 4B CC 01  k?.鋋?.?譨K?
06173270  6B DA 24 05 E4 61 D0 01  6B DA 24 05 E4 61 D0 01  k?.鋋?k?.鋋?
06173280  00 00 00 00 00 00 00 00  00 00 00 00 00 00 00 00  ................
06173290  20 00 00 00 00 00 00 00  07 03 62 00 32 00 35 00   .........b.2.5.
061732A0  2E 00 74 00 78 00 74 00  05 00 00 00 00 00 00 00  ..t.x.t.........
061732B0  C5 02 00 00 00 00 01 00  68 00 50 00 01 00 00 00  ?......h.P.....
061732C0  32 02 00 00 00 00 01 00  0B 61 26 05 E4 61 D0 01  2........a&.鋋?
061732D0  00 83 FC 1C EE 63 CE 01  AB E7 27 05 E4 61 D0 01  .凕.頙?喩'.鋋?
061732E0  0B 61 26 05 E4 61 D0 01  00 00 00 00 00 00 00 00  .a&.鋋?........
061732F0  00 00 00 00 00 00 00 00  20 00 00 00 00 00 00 00  ........ .......
06173300  07 03 62 00 34 00 36 00  2E 00 74 00 78 00 74 00  ..b.4.6...t.x.t.
06173310  06 00 00 00 00 00 00 00  DA 02 00 00 00 00 01 00  ........?......
06173320  68 00 50 00 01 00 00 00  32 02 00 00 00 00 01 00  h.P.....2.......
06173330  4B 6E 29 05 E4 61 D0 01  00 D4 1F D7 61 4B CC 01  Kn).鋋?.?譨K?
06173340  4B 6E 29 05 E4 61 D0 01  4B 6E 29 05 E4 61 D0 01  Kn).鋋?Kn).鋋?
06173350  00 00 00 00 00 00 00 00  00 00 00 00 00 00 00 00  ................
06173360  20 00 00 00 00 00 00 00  07 03 62 00 36 00 37 00   .........b.6.7.
06173370  2E 00 74 00 78 00 74 00  08 00 00 00 00 00 00 00  ..t.x.t.........
06173380  EF 02 00 00 00 00 01 00  68 00 50 00 01 00 00 00  ?......h.P.....
06173390  32 02 00 00 00 00 01 00  8B 7B 2C 05 E4 61 D0 01  2.......媨,.鋋?
061733A0  00 D4 1F D7 61 4B CC 01  8B 7B 2C 05 E4 61 D0 01  .?譨K?媨,.鋋?
061733B0  8B 7B 2C 05 E4 61 D0 01  00 00 00 00 00 00 00 00  媨,.鋋?........
061733C0  00 00 00 00 00 00 00 00  20 00 00 00 00 00 00 00  ........ .......
061733D0  07 03 62 00 38 00 38 00  2E 00 74 00 78 00 74 00  ..b.8.8...t.x.t.
061733E0  09 00 00 00 00 00 00 00  04 03 00 00 00 00 01 00  ................
061733F0  68 00 50 00 01 00 00 00  32 02 00 00 00 00 02 00  h.P.....2.......
06173400  CC 88 2F 05 E4 61 D0 01  00 D4 1F D7 61 4B CC 01  虉/.鋋?.?譨K?
06173410  CC 88 2F 05 E4 61 D0 01  CC 88 2F 05 E4 61 D0 01  虉/.鋋?虉/.鋋?
06173420  00 00 00 00 00 00 00 00  00 00 00 00 00 00 00 00  ................
06173430  20 00 00 00 00 00 00 00  07 03 63 00 30 00 39 00   .........c.0.9.
```

图 6.98 （续）

```
06173440  2E 00 74 00 78 00 74 00  0A 00 00 00 00 00 00 00  ..t.x.t.........
06173450  19 03 00 00 00 00 01 00  68 00 50 00 01 00 00 00  ........h.P.....
06173460  32 02 00 00 00 00 01 00  0C 96 32 05 E4 61 D0 01  2.......?.鋌?
06173470  00 D4 1F D7 61 4B CC 01  0C 96 32 05 E4 61 D0 01  .?讀K?.?.鋌?
06173480  0C 96 32 05 E4 61 D0 01  00 00 00 00 00 00 00 00  .?.鋌?........
06173490  00 00 00 00 00 00 00 00  20 00 00 00 00 00 00 00  ........ .......
061734A0  07 03 63 00 33 00 30 00  2E 00 74 00 78 00 74 00  ..c.3.0...t.x.t.
061734B0  0B 00 00 00 00 00 00 00  2E 03 00 00 00 00 01 00  ................
061734C0  68 00 50 00 01 00 00 00  32 02 00 00 00 00 01 00  h.P.....2.......
061734D0  4C A3 35 05 E4 61 D0 01  00 D4 1F D7 61 4B CC 01  L?.鋌?.?讀K?
061734E0  4C A3 35 05 E4 61 D0 01  4C A3 35 05 E4 61 D0 01  L?.鋌?L?.鋌?
061734F0  00 00 00 00 00 00 00 00  00 00 00 00 00 00 00 00  ................
06173500  20 00 00 00 00 00 00 00  07 03 63 00 35 00 31 00   .........c.5.1.
06173510  2E 00 74 00 78 00 74 00  0C 00 00 00 00 00 00 00  ..t.x.t.........
06173520  43 03 00 00 00 00 01 00  68 00 50 00 01 00 00 00  C.......h.P.....
06173530  32 02 00 00 00 00 01 00  EC 29 37 05 E4 61 D0 01  2.......?7.鋌?
06173540  00 D4 1F D7 61 4B CC 01  EC 29 37 05 E4 61 D0 01  .?讀K??7.鋌?
06173550  EC 29 37 05 E4 61 D0 01  00 00 00 00 00 00 00 00  ?7.鋌?........
06173560  00 00 00 00 00 00 00 00  20 00 00 00 00 00 00 00  ........ .......
06173570  07 03 63 00 37 00 32 00  2E 00 74 00 78 00 74 00  ..c.7.2...t.x.t.
06173580  0D 00 00 00 00 00 00 00  00 00 00 00 00 00 00 00  ................
06173590  18 00 00 00 03 00 00 00  0E 00 00 00 00 00 00 00  ................
```

图 6.98 （续）

```
Offset     0  1  2  3  4  5  6  7   8  9  A  B  C  D  E  F
06176000  49 4E 44 58 28 00 09 00  02 4B 13 00 00 00 00 00  INDX(....K......
06176010  0A 00 00 00 00 00 00 00  28 00 00 00 B8 07 00 00  ........(...?..
06176020  E8 0F 00 00 00 00 00 00  02 00 00 00 74 00 D0 01  ?..........t.?
06176030  00 00 74 00 D0 01 00 00  00 00 00 00 00 00 00 00  ..t.?..........
06176040  F0 02 00 00 00 00 01 00  60 00 50 00 00 00 00 00  ?......`.P.....
06176050  32 02 00 00 00 00 01 00  8B 7B 2C 05 E4 61 D0 01  2.......嫱,.鋌?
06176060  00 D4 1F D7 61 4B CC 01  8B 7B 2C 05 E4 61 D0 01  .?讀K?嫱,.鋌?
06176070  8B 7B 2C 05 E4 61 D0 01  00 00 00 00 00 00 00 00  嫱,.鋌?........
06176080  00 00 00 00 00 00 00 00  20 00 00 00 00 00 00 00  ........ .......
06176090  07 03 62 00 38 00 39 00  2E 00 74 00 78 00 74 00  ..b.8.9...t.x.t.
061760A0  F1 02 00 00 00 00 01 00  60 00 50 00 00 00 00 00  ?......`.P.....
061760B0  32 02 00 00 00 00 01 00  8B 7B 2C 05 E4 61 D0 01  2.......嫱,.鋌?
061760C0  00 D4 1F D7 61 4B CC 01  8B 7B 2C 05 E4 61 D0 01  .?讀K?嫱,.鋌?
061760D0  8B 7B 2C 05 E4 61 D0 01  00 00 00 00 00 00 00 00  嫱,.鋌?........
061760E0  00 00 00 00 00 00 00 00  20 00 00 00 00 00 00 00  ........ .......
061760F0  07 03 62 00 39 00 30 00  2E 00 74 00 78 00 74 00  ..b.9.0...t.x.t.
06176100  F2 02 00 00 00 00 01 00  60 00 50 00 00 00 00 00  ?......`.P.....
06176110  32 02 00 00 00 00 01 00  8B 7B 2C 05 E4 61 D0 01  2.......嫱,.鋌?
06176120  00 D4 1F D7 61 4B CC 01  8B 7B 2C 05 E4 61 D0 01  .?讀K?嫱,.鋌?
06176130  8B 7B 2C 05 E4 61 D0 01  00 00 00 00 00 00 00 00  嫱,.鋌?........
06176140  00 00 00 00 00 00 00 00  20 00 00 00 00 00 00 00  ........ .......
06176150  07 03 62 00 39 00 31 00  2E 00 74 00 78 00 74 00  ..b.9.1...t.x.t.
06176160  F3 02 00 00 00 00 01 00  60 00 50 00 00 00 00 00  ?......`.P.....
06176170  32 02 00 00 00 00 01 00  2C 02 2E 05 E4 61 D0 01  2.......,...鋌?
06176180  00 D4 1F D7 61 4B CC 01  2C 02 2E 05 E4 61 D0 01  .?讀K?,...鋌?
06176190  2C 02 2E 05 E4 61 D0 01  00 00 00 00 00 00 00 00  ,...鋌?........
061761A0  00 00 00 00 00 00 00 00  20 00 00 00 00 00 00 00  ........ .......
061761B0  07 03 62 00 39 00 32 00  2E 00 74 00 78 00 74 00  ..b.9.2...t.x.t.
061761C0  F4 02 00 00 00 00 01 00  60 00 50 00 00 00 00 00  ?......`.P.....
061761D0  32 02 00 00 00 00 01 00  2C 02 2E 05 E4 61 D0 01  2.......,...鋌?
061761E0  00 D4 1F D7 61 4B CC 01  2C 02 2E 05 E4 61 D0 01  .?讀K?,...鋌?
061761F0  2C 02 2E 05 E4 61 D0 01  00 00 00 00 00 00 02 00  ,...鋌?........
```

图 6.99　10 号索引节点存储的文件名

```
06176200  00 00 00 00 00 00 00 00  20 00 00 00 00 00 00 00  ........ .......
06176210  07 03 62 00 39 00 33 00  2E 00 74 00 78 00 74 00  ..b.9.3...t.x.t.
06176220  F5 02 00 00 00 00 01 00  60 00 50 00 00 00 00 00  ?.......`.P.....
06176230  32 02 00 00 00 00 01 00  2C 02 2E 05 E4 61 D0 01  2.......,...鋋?
06176240  00 D4 1F D7 61 4B CC 01  2C 02 2E 05 E4 61 D0 01  .?譨K?,...鋋?
06176250  2C 02 2E 05 E4 61 D0 01  00 00 00 00 00 00 00 00  ,...鋋?........
06176260  00 00 00 00 00 00 00 00  20 00 00 00 00 00 00 00  ........ .......
06176270  07 03 62 00 39 00 34 00  2E 00 74 00 78 00 74 00  ..b.9.4...t.x.t.
06176280  F6 02 00 00 00 00 01 00  60 00 50 00 00 00 00 00  ?.......`.P.....
06176290  32 02 00 00 00 00 01 00  2C 02 2E 05 E4 61 D0 01  2.......,...鋋?
061762A0  00 D4 1F D7 61 4B CC 01  2C 02 2E 05 E4 61 D0 01  .?譨K?,...鋋?
061762B0  2C 02 2E 05 E4 61 D0 01  00 00 00 00 00 00 00 00  ,...鋋?........
061762C0  00 00 00 00 00 00 00 00  20 00 00 00 00 00 00 00  ........ .......
061762D0  07 03 62 00 39 00 35 00  2E 00 74 00 78 00 74 00  ..b.9.5...t.x.t.
061762E0  F7 02 00 00 00 00 01 00  60 00 50 00 00 00 00 00  ?.......`.P.....
061762F0  32 02 00 00 00 00 01 00  2C 02 2E 05 E4 61 D0 01  2.......,...鋋?
06176300  00 D4 1F D7 61 4B CC 01  2C 02 2E 05 E4 61 D0 01  .?譨K?,...鋋?
06176310  2C 02 2E 05 E4 61 D0 01  00 00 00 00 00 00 00 00  ,...鋋?........
06176320  00 00 00 00 00 00 00 00  20 00 00 00 00 00 00 00  ........ .......
06176330  07 03 62 00 39 00 36 00  2E 00 74 00 78 00 74 00  ..b.9.6...t.x.t.
06176340  F8 02 00 00 00 00 01 00  60 00 50 00 00 00 00 00  ?.......`.P.....
06176350  32 02 00 00 00 00 01 00  2C 02 2E 05 E4 61 D0 01  2.......,...鋋?
06176360  00 D4 1F D7 61 4B CC 01  2C 02 2E 05 E4 61 D0 01  .?譨K?,...鋋?
06176370  2C 02 2E 05 E4 61 D0 01  00 00 00 00 00 00 00 00  ,...鋋?........
06176380  00 00 00 00 00 00 00 00  20 00 00 00 00 00 00 00  ........ .......
06176390  07 03 62 00 39 00 37 00  2E 00 74 00 78 00 74 00  ..b.9.7...t.x.t.
061763A0  F9 02 00 00 00 00 01 00  60 00 50 00 00 00 00 00  ?.......`.P.....
061763B0  32 02 00 00 00 00 01 00  2C 02 2E 05 E4 61 D0 01  2.......,...鋋?
061763C0  00 D4 1F D7 61 4B CC 01  2C 02 2E 05 E4 61 D0 01  .?譨K?,...鋋?
061763D0  2C 02 2E 05 E4 61 D0 01  00 00 00 00 00 00 00 00  ,...鋋?........
061763E0  00 00 00 00 00 00 00 00  20 00 00 00 00 00 00 00  ........ .......
061763F0  07 03 62 00 39 00 38 00  2E 00 74 00 78 00 02 00  ..b.9.8...t.x...
06176400  FA 02 00 00 00 00 01 00  60 00 50 00 00 00 00 00  ?.......`.P.....
06176410  32 02 00 00 00 00 01 00  2C 02 2E 05 E4 61 D0 01  2.......,...鋋?
06176420  00 D4 1F D7 61 4B CC 01  2C 02 2E 05 E4 61 D0 01  .?譨K?,...鋋?
06176430  2C 02 2E 05 E4 61 D0 01  00 00 00 00 00 00 00 00  ,...鋋?........
06176440  00 00 00 00 00 00 00 00  20 00 00 00 00 00 00 00  ........ .......
06176450  07 03 62 00 39 00 39 00  2E 00 74 00 78 00 74 00  ..b.9.9...t.x.t.
06176460  FB 02 00 00 00 00 01 00  60 00 50 00 00 00 00 00  ?.......`.P.....
06176470  32 02 00 00 00 00 01 00  2C 02 2E 05 E4 61 D0 01  2.......,...鋋?
06176480  00 D4 1F D7 61 4B CC 01  2C 02 2E 05 E4 61 D0 01  .?譨K?,...鋋?
06176490  2C 02 2E 05 E4 61 D0 01  00 00 00 00 00 00 00 00  ,...鋋?........
061764A0  00 00 00 00 00 00 00 00  20 00 00 00 00 00 00 00  ........ .......
061764B0  07 03 63 00 30 00 30 00  2E 00 74 00 78 00 74 00  ..c.0.0...t.x.t.
061764C0  FC 02 00 00 00 00 01 00  60 00 50 00 00 00 00 00  ?.......`.P.....
061764D0  32 02 00 00 00 00 01 00  2C 02 2E 05 E4 61 D0 01  2.......,...鋋?
061764E0  00 B3 E9 09 EE 63 CE 01  2C 02 2E 05 E4 61 D0 01  .抽.颋?,...鋋?
061764F0  2C 02 2E 05 E4 61 D0 01  00 00 00 00 00 00 00 00  ,...鋋?........
06176500  00 00 00 00 00 00 00 00  20 00 00 00 00 00 00 00  ........ .......
06176510  07 03 63 00 30 00 31 00  2E 00 74 00 78 00 74 00  ..c.0.1...t.x.t.
06176520  FD 02 00 00 00 00 01 00  60 00 50 00 00 00 00 00  ?.......`.P.....
06176530  32 02 00 00 00 00 01 00  2C 02 2E 05 E4 61 D0 01  2.......,...鋋?
06176540  00 D4 1F D7 61 4B CC 01  2C 02 2E 05 E4 61 D0 01  .?譨K?,...鋋?
06176550  2C 02 2E 05 E4 61 D0 01  00 00 00 00 00 00 00 00  ,...鋋?........
06176560  00 00 00 00 00 00 00 00  20 00 00 00 00 00 00 00  ........ .......
06176570  07 03 63 00 30 00 32 00  2E 00 74 00 78 00 74 00  ..c.0.2...t.x.t.
06176580  FE 02 00 00 00 00 01 00  60 00 50 00 00 00 00 00  ?.......`.P.....
06176590  32 02 00 00 00 00 01 00  2C 02 2E 05 E4 61 D0 01  2.......,...鋋?
061765A0  00 D4 1F D7 61 4B CC 01  CC 88 2F 05 E4 61 D0 01  .?譨K?虉/.鋋?
061765B0  2C 02 2E 05 E4 61 D0 01  00 00 00 00 00 00 00 00  ,...鋋?........
061765C0  00 00 00 00 00 00 00 00  20 00 00 00 00 00 00 00  ........ .......
061765D0  07 03 63 00 30 00 33 00  2E 00 74 00 78 00 74 00  ..c.0.3...t.x.t.
```

图 6.99 (续)

```
061765E0  FF 02 00 00 00 00 01 00  60 00 50 00 00 00 00 00  ........`.P.....
061765F0  32 02 00 00 00 00 01 00  CC 88 2F 05 E4 61 02 00  2.......藹/.鋋..
06176600  00 D4 1F D7 61 4B CC 01  CC 88 2F 05 E4 61 D0 01  .?讀K?藹/.鋋?
06176610  CC 88 2F 05 E4 61 D0 01  00 00 00 00 00 00 00 00  藹/.鋋?........
06176620  00 00 00 00 00 00 00 00  20 00 00 00 00 00 00 00  ........ .......
06176630  07 03 63 00 30 00 34 00  2E 00 74 00 78 00 74 00  ..c.0.4...t.x.t.
06176640  00 03 00 00 00 00 01 00  60 00 50 00 00 00 00 00  ........`.P.....
06176650  32 02 00 00 00 00 01 00  CC 88 2F 05 E4 61 D0 01  2.......藹/.鋋?
06176660  00 D4 1F D7 61 4B CC 01  CC 88 2F 05 E4 61 D0 01  .?讀K?藹/.鋋?
06176670  CC 88 2F 05 E4 61 D0 01  00 00 00 00 00 00 00 00  藹/.鋋?........
06176680  00 00 00 00 00 00 00 00  20 00 00 00 00 00 00 00  ........ .......
06176690  07 03 63 00 30 00 35 00  2E 00 74 00 78 00 74 00  ..c.0.5...t.x.t.
061766A0  01 03 00 00 00 00 01 00  60 00 50 00 00 00 00 00  ........`.P.....
061766B0  32 02 00 00 00 00 01 00  CC 88 2F 05 E4 61 D0 01  2.......藹/.鋋?
061766C0  00 D4 1F D7 61 4B CC 01  CC 88 2F 05 E4 61 D0 01  .?讀K?藹/.鋋?
061766D0  CC 88 2F 05 E4 61 D0 01  00 00 00 00 00 00 00 00  藹/.鋋?........
061766E0  00 00 00 00 00 00 00 00  20 00 00 00 00 00 00 00  ........ .......
061766F0  07 03 63 00 30 00 36 00  2E 00 74 00 78 00 74 00  ..c.0.6...t.x.t.
06176700  02 03 00 00 00 00 01 00  60 00 50 00 00 00 00 00  ........`.P.....
06176710  32 02 00 00 00 00 01 00  CC 88 2F 05 E4 61 D0 01  2.......藹/.鋋?
06176720  00 D4 1F D7 61 4B CC 01  CC 88 2F 05 E4 61 D0 01  .?讀K?藹/.鋋?
06176730  CC 88 2F 05 E4 61 D0 01  00 00 00 00 00 00 00 00  藹/.鋋?........
06176740  00 00 00 00 00 00 00 00  20 00 00 00 00 00 00 00  ........ .......
06176750  07 03 63 00 30 00 37 00  2E 00 74 00 78 00 74 00  ..c.0.7...t.x.t.
06176760  03 03 00 00 00 00 01 00  60 00 50 00 00 00 00 00  ........`.P.....
06176770  32 02 00 00 00 00 01 00  CC 88 2F 05 E4 61 D0 01  2.......藹/.鋋?
06176780  00 D4 1F D7 61 4B CC 01  CC 88 2F 05 E4 61 D0 01  .?讀K?藹/.鋋?
06176790  CC 88 2F 05 E4 61 D0 01  00 00 00 00 00 00 00 00  藹/.鋋?........
061767A0  00 00 00 00 00 00 00 00  20 00 00 00 00 00 00 00  ........ .......
061767B0  07 03 63 00 30 00 38 00  2E 00 74 00 78 00 74 00  ..c.0.8...t.x.t.
061767C0  00 00 00 00 00 00 00 00  10 00 00 00 02 00 00 00  ................
061767D0  32 02 00 00 00 00 01 00  CC 88 2F 05 E4 61 D0 01  2.......藹/.鋋?
061767E0  00 D4 1F D7 61 4B CC 01  CC 88 2F 05 E4 61 D0 01  .?讀K?藹/.鋋?
061767F0  CC 88 2F 05 E4 61 D0 01  00 00 00 00 00 00 02 00  藹/.鋋?........
06176800  00 00 00 00 00 00 00 00  20 00 00 00 00 00 00 00  ........ .......
06176810  07 03 63 00 30 00 39 00  2E 00 74 00 78 00 74 00  ..c.0.9...t.x.t.
06176820  05 03 00 00 00 00 01 00  60 00 50 00 00 00 00 00  ........`.P.....
06176830  32 02 00 00 00 00 01 00  CC 88 2F 05 E4 61 D0 01  2.......藹/.鋋?
06176840  00 D4 1F D7 61 4B CC 01  CC 88 2F 05 E4 61 D0 01  .?讀K?藹/.鋋?
06176850  CC 88 2F 05 E4 61 D0 01  00 00 00 00 00 00 00 00  藹/.鋋?........
06176860  00 00 00 00 00 00 00 00  20 00 00 00 00 00 00 00  ........ .......
06176870  07 03 63 00 31 00 30 00  2E 00 74 00 78 00 74 00  ..c.1.0...t.x.t.
06176880  06 03 00 00 00 00 01 00  60 00 50 00 00 00 00 00  ........`.P.....
06176890  32 02 00 00 00 00 01 00  CC 88 2F 05 E4 61 D0 01  2.......藹/.鋋?
061768A0  00 D4 1F D7 61 4B CC 01  CC 88 2F 05 E4 61 D0 01  .?讀K?藹/.鋋?
061768B0  CC 88 2F 05 E4 61 D0 01  00 00 00 00 00 00 00 00  藹/.鋋?........
061768C0  00 00 00 00 00 00 00 00  20 00 00 00 00 00 00 00  ........ .......
061768D0  07 03 63 00 31 00 31 00  2E 00 74 00 78 00 74 00  ..c.1.1...t.x.t.
061768E0  07 03 00 00 00 00 01 00  60 00 50 00 00 00 00 00  ........`.P.....
061768F0  32 02 00 00 00 00 01 00  CC 88 2F 05 E4 61 D0 01  2.......藹/.鋋?
06176900  00 D4 1F D7 61 4B CC 01  CC 88 2F 05 E4 61 D0 01  .?讀K?藹/.鋋?
06176910  CC 88 2F 05 E4 61 D0 01  00 00 00 00 00 00 00 00  藹/.鋋?........
06176920  00 00 00 00 00 00 00 00  20 00 00 00 00 00 00 00  ........ .......
06176930  07 03 63 00 31 00 32 00  2E 00 74 00 78 00 74 00  ..c.1.2...t.x.t.
06176940  08 03 00 00 00 00 01 00  60 00 50 00 00 00 00 00  ........`.P.....
06176950  32 02 00 00 00 00 01 00  CC 88 2F 05 E4 61 D0 01  2.......藹/.鋋?
06176960  00 D4 1F D7 61 4B CC 01  CC 88 2F 05 E4 61 D0 01  .?讀K?藹/.鋋?
06176970  CC 88 2F 05 E4 61 D0 01  00 00 00 00 00 00 00 00  藹/.鋋?........
06176980  00 00 00 00 00 00 00 00  20 00 00 00 00 00 00 00  ........ .......
06176990  07 03 63 00 31 00 33 00  2E 00 74 00 78 00 74 00  ..c.1.3...t.x.t.
061769A0  09 03 00 00 00 00 01 00  60 00 50 00 00 00 00 00  ........`.P.....
061769B0  32 02 00 00 00 00 01 00  6C 0F 31 05 E4 61 D0 01  2.......l.1.鋋?
```

图 6.99 （续）

```
061769C0   00 D4 1F D7 61 4B CC 01  6C 0F 31 05 E4 61 D0 01   .?讉K?1.1.鋋?
061769D0   6C 0F 31 05 E4 61 D0 01  00 00 00 00 00 00 00 00   1.1.鋋?........
061769E0   00 00 00 00 00 00 00 00  20 00 00 00 00 00 00 00   ........ .......
061769F0   07 03 63 00 31 00 34 00  2E 00 74 00 78 00 02 00   ..c.1.4...t.x...
06176A00   0A 03 00 00 00 00 01 00  60 00 50 00 00 00 00 00   ........`.P.....
06176A10   32 02 00 00 00 00 01 00  6C 0F 31 05 E4 61 D0 01   2.......1.1.鋋?
06176A20   00 D4 1F D7 61 4B CC 01  6C 0F 31 05 E4 61 D0 01   .?讉K?1.1.鋋?
06176A30   6C 0F 31 05 E4 61 D0 01  00 00 00 00 00 00 00 00   1.1.鋋?........
06176A40   00 00 00 00 00 00 00 00  20 00 00 00 00 00 00 00   ........ .......
06176A50   07 03 63 00 31 00 35 00  2E 00 74 00 78 00 74 00   ..c.1.5...t.x.t.
06176A60   0B 03 00 00 00 00 01 00  60 00 50 00 00 00 00 00   ........`.P.....
06176A70   32 02 00 00 00 00 01 00  6C 0F 31 05 E4 61 D0 01   2.......1.1.鋋?
06176A80   00 D4 1F D7 61 4B CC 01  6C 0F 31 05 E4 61 D0 01   .?讉K?1.1.鋋?
06176A90   6C 0F 31 05 E4 61 D0 01  00 00 00 00 00 00 00 00   1.1.鋋?........
06176AA0   00 00 00 00 00 00 00 00  20 00 00 00 00 00 00 00   ........ .......
06176AB0   07 03 63 00 31 00 36 00  2E 00 74 00 78 00 74 00   ..c.1.6...t.x.t.
06176AC0   0C 03 00 00 00 00 01 00  60 00 50 00 00 00 00 00   ........`.P.....
06176AD0   32 02 00 00 00 00 01 00  6C 0F 31 05 E4 61 D0 01   2.......1.1.鋋?
06176AE0   00 D4 1F D7 61 4B CC 01  6C 0F 31 05 E4 61 D0 01   .?讉K?1.1.鋋?
06176AF0   6C 0F 31 05 E4 61 D0 01  00 00 00 00 00 00 00 00   1.1.鋋?........
06176B00   00 00 00 00 00 00 00 00  20 00 00 00 00 00 00 00   ........ .......
06176B10   07 03 63 00 31 00 37 00  2E 00 74 00 78 00 74 00   ..c.1.7...t.x.t.
06176B20   0D 03 00 00 00 00 01 00  60 00 50 00 00 00 00 00   ........`.P.....
06176B30   32 02 00 00 00 00 01 00  6C 0F 31 05 E4 61 D0 01   2.......1.1.鋋?
06176B40   00 D4 1F D7 61 4B CC 01  6C 0F 31 05 E4 61 D0 01   .?讉K?1.1.鋋?
06176B50   6C 0F 31 05 E4 61 D0 01  00 00 00 00 00 00 00 00   1.1.鋋?........
06176B60   00 00 00 00 00 00 00 00  20 00 00 00 00 00 00 00   ........ .......
06176B70   07 03 63 00 31 00 38 00  2E 00 74 00 78 00 74 00   ..c.1.8...t.x.t.
06176B80   0E 03 00 00 00 00 01 00  60 00 50 00 00 00 00 00   ........`.P.....
06176B90   32 02 00 00 00 00 01 00  6C 0F 31 05 E4 61 D0 01   2.......1.1.鋋?
06176BA0   00 D4 1F D7 61 4B CC 01  6C 0F 31 05 E4 61 D0 01   .?讉K?1.1.鋋?
06176BB0   6C 0F 31 05 E4 61 D0 01  00 00 00 00 00 00 00 00   1.1.鋋?........
06176BC0   00 00 00 00 00 00 00 00  20 00 00 00 00 00 00 00   ........ .......
06176BD0   07 03 63 00 31 00 39 00  2E 00 74 00 78 00 74 00   ..c.1.9...t.x.t.
06176BE0   0F 03 00 00 00 00 01 00  60 00 50 00 00 00 00 00   ........`.P.....
06176BF0   32 02 00 00 00 00 01 00  6C 0F 31 05 E4 61 02 00   2.......1.1.鋋..
06176C00   00 D4 1F D7 61 4B CC 01  6C 0F 31 05 E4 61 D0 01   .?讉K?1.1.鋋?
06176C10   6C 0F 31 05 E4 61 D0 01  00 00 00 00 00 00 00 00   1.1.鋋?........
06176C20   00 00 00 00 00 00 00 00  20 00 00 00 00 00 00 00   ........ .......
06176C30   07 03 63 00 32 00 30 00  2E 00 74 00 78 00 74 00   ..c.2.0...t.x.t.
06176C40   10 03 00 00 00 00 01 00  60 00 50 00 00 00 00 00   ........`.P.....
06176C50   32 02 00 00 00 00 01 00  6C 0F 31 05 E4 61 D0 01   2.......1.1.鋋?
06176C60   00 D4 1F D7 61 4B CC 01  6C 0F 31 05 E4 61 D0 01   .?讉K?1.1.鋋?
06176C70   6C 0F 31 05 E4 61 D0 01  00 00 00 00 00 00 00 00   1.1.鋋?........
06176C80   00 00 00 00 00 00 00 00  20 00 00 00 00 00 00 00   ........ .......
06176C90   07 03 63 00 32 00 31 00  2E 00 74 00 78 00 74 00   ..c.2.1...t.x.t.
06176CA0   11 03 00 00 00 00 01 00  60 00 50 00 00 00 00 00   ........`.P.....
06176CB0   32 02 00 00 00 00 01 00  6C 0F 31 05 E4 61 D0 01   2.......1.1.鋋?
06176CC0   00 D4 1F D7 61 4B CC 01  6C 0F 31 05 E4 61 D0 01   .?讉K?1.1.鋋?
06176CD0   6C 0F 31 05 E4 61 D0 01  00 00 00 00 00 00 00 00   1.1.鋋?........
06176CE0   00 00 00 00 00 00 00 00  20 00 00 00 00 00 00 00   ........ .......
06176CF0   07 03 63 00 32 00 32 00  2E 00 74 00 78 00 74 00   ..c.2.2...t.x.t.
06176D00   12 03 00 00 00 00 01 00  60 00 50 00 00 00 00 00   ........`.P.....
06176D10   32 02 00 00 00 00 01 00  6C 0F 31 05 E4 61 D0 01   2.......1.1.鋋?
06176D20   00 D4 1F D7 61 4B CC 01  6C 0F 31 05 E4 61 D0 01   .?讉K?1.1.鋋?
06176D30   6C 0F 31 05 E4 61 D0 01  00 00 00 00 00 00 00 00   1.1.鋋?........
06176D40   00 00 00 00 00 00 00 00  20 00 00 00 00 00 00 00   ........ .......
06176D50   07 03 63 00 32 00 33 00  2E 00 74 00 78 00 74 00   ..c.2.3...t.x.t.
06176D60   13 03 00 00 00 00 01 00  60 00 50 00 00 00 00 00   ........`.P.....
```

图 6.99 （续）

```
06176D70  32 02 00 00 00 00 01 00  6C 0F 31 05 E4 61 D0 01   2.......l.1.鋋?
06176D80  00 D4 1F D7 61 4B CC 01  6C 0F 31 05 E4 61 D0 01   .?讀K?l.1.鋋?
06176D90  6C 0F 31 05 E4 61 D0 01  00 00 00 00 00 00 00 00   l.1.鋋?........
06176DA0  00 00 00 00 00 00 00 00  20 00 00 00 00 00 00 00   ........ .......
06176DB0  07 03 63 00 32 00 34 00  2E 00 74 00 78 00 74 00   ..c.2.4...t.x.t.
06176DC0  14 03 00 00 00 00 01 00  60 00 50 00 00 00 00 00   ........`.P.....
06176DD0  32 02 00 00 00 00 01 00  6C 0F 31 05 E4 61 D0 01   2.......l.1.鋋?
06176DE0  00 D4 1F D7 61 4B CC 01  6C 0F 31 05 E4 61 D0 01   .?讀K?l.1.鋋?
06176DF0  6C 0F 31 05 E4 61 D0 01  00 00 00 00 00 00 02 00   l.1.鋋?........
06176E00  00 00 00 00 00 00 00 00  20 00 00 00 00 00 00 00   ........ .......
06176E10  07 03 63 00 32 00 35 00  2E 00 74 00 78 00 74 00   ..c.2.5...t.x.t.
06176E20  15 03 00 00 00 00 01 00  60 00 50 00 00 00 00 00   ........`.P.....
06176E30  32 02 00 00 00 00 01 00  0C 96 32 05 E4 61 D0 01   2........?.鋋?
06176E40  00 D4 1F D7 61 4B CC 01  0C 96 32 05 E4 61 D0 01   .?讀K?.?.鋋?
06176E50  0C 96 32 05 E4 61 D0 01  00 00 00 00 00 00 00 00   .?.鋋?........
06176E60  00 00 00 00 00 00 00 00  20 00 00 00 00 00 00 00   ........ .......
06176E70  07 03 63 00 32 00 36 00  2E 00 74 00 78 00 74 00   ..c.2.6...t.x.t.
06176E80  16 03 00 00 00 00 01 00  60 00 50 00 00 00 00 00   ........`.P.....
06176E90  32 02 00 00 00 00 01 00  0C 96 32 05 E4 61 D0 01   2........?.鋋?
06176EA0  00 D4 1F D7 61 4B CC 01  0C 96 32 05 E4 61 D0 01   .?讀K?.?.鋋?
06176EB0  0C 96 32 05 E4 61 D0 01  00 00 00 00 00 00 00 00   .?.鋋?........
06176EC0  00 00 00 00 00 00 00 00  20 00 00 00 00 00 00 00   ........ .......
06176ED0  07 03 63 00 32 00 37 00  2E 00 74 00 78 00 74 00   ..c.2.7...t.x.t.
06176EE0  17 03 00 00 00 00 01 00  60 00 50 00 00 00 00 00   ........`.P.....
06176EF0  32 02 00 00 00 00 01 00  0C 96 32 05 E4 61 D0 01   2........?.鋋?
06176F00  00 D4 1F D7 61 4B CC 01  0C 96 32 05 E4 61 D0 01   .?讀K?.?.鋋?
06176F10  0C 96 32 05 E4 61 D0 01  00 00 00 00 00 00 00 00   .?.鋋?........
06176F20  00 00 00 00 00 00 00 00  20 00 00 00 00 00 00 00   ........ .......
06176F30  07 03 63 00 32 00 38 00  2E 00 74 00 78 00 74 00   ..c.2.8...t.x.t.
06176F40  18 03 00 00 00 00 01 00  60 00 50 00 00 00 00 00   ........`.P.....
06176F50  32 02 00 00 00 00 01 00  0C 96 32 05 E4 61 D0 01   2........?.鋋?
06176F60  00 D4 1F D7 61 4B CC 01  0C 96 32 05 E4 61 D0 01   .?讀K?.?.鋋?
06176F70  0C 96 32 05 E4 61 D0 01  00 00 00 00 00 00 00 00   .?.鋋?........
06176F80  00 00 00 00 00 00 00 00  20 00 00 00 00 00 00 00   ........ .......
06176F90  07 03 63 00 32 00 39 00  2E 00 74 00 78 00 74 00   ..c.2.9...t.x.t.
06176FA0  00 00 00 00 00 00 00 00  10 00 00 00 02 00 00 00   ................
```

图 6.99 （续）

（1）在 562 号记录 90H 属性中存储了一个索引节点号，该索引节点号是多少？

（2）写出 562 号记录 A0H 属性中的数据运行列表，请根据 A0H 属性的数据运行列表将 LCN、VCN 以及索引节点编号填入到表 6.122 对应单元格中。

（3）将 7 号索引节点存储的文件记录号、a300 文件夹记录号、文件名以及文件名后面的指针填入到表 6.123 对应单元格中。

（4）根据 7 号索引节点存储的文件名，推算出其他叶节点存储的有效文件名范围，并将有效文件名范围填入到表 6.122 对应单元格中。

表 6.122　各索引节点存储的文件名（十六进制）

LCN	VCN	索引节点编号	各叶节点存储的有效文件名范围
______	______	______	______～______
______	______	______	______～______
______	______	______	______～______
______	______	______	______～______
______	______	______	______～______
______	______	______	______～______

续表

LCN	VCN	索引节点编号	各叶节点存储的有效文件名范围
______	______	______	______～______
______	______	7	见表 6.123 所示
______	______	______	______～______
______	______	______	______～______
______	______	______	______～______
______	______	______	______～______
______	______	______	______～______
______	______	______	______～______
______	______	______	______～______
______	______	______	______～______

表 6.123　7 号索引节点存储的有效文件名以及文件名后的指针(十六进制)

文件记录号	a300 文件夹记录号	文件名	文件名后的指针	文件记录号	a300 文件夹记录号	文件名	文件名后的指针
______	______	______	______	______	______	______	______
______	______	______	______	______	______	______	______
______	______	______	______	______	______	______	______
______	______	______	______	______	______	______	______
______	______	______	______	______	______	______	______
______	______	______	______	______	______	______	______
______	______	______	______	______	______	______	______
______	______	______	______	______	______	______	______

(5) 在 10 号索引节点中,分配空间是多少字节?实际占用空间是多少字节?根据实际占用空间计算出该节点的结束地址。

(6) 在 10 号索引节点总共存储了多少个文件名?其中:有效文件名有多少个?无效文件名有多少个?请分别写出存储在 10 号索引节点中的有效文件名和无效文件名。

(7) 请根据 562 号记录 90H 属性存储的索引节点号和各索引节点存储的文件名,画出 a300 文件夹的 B－树结构图;并对该 B－树结构图作一些说明。

6.40　简述 Windows XP 和 Windows 7 平台下,NTFS 文件系统回收站结构。

6.41　在 Windows XP 平台下,将文件放入回收站后,回收站文件夹有何变化?将文件从回收站中彻底删除呢?

6.42　在 Windows 7 平台下,将文件放入回收站后,回收站文件夹有何变化?将文件从回收站中彻底删除呢?

6.43　某用户的移动硬盘只有一个 MBR 分区,存储在整个移动硬盘 0 号扇区偏移 0X01BE～0X01CD 处的分区表为"00 02 03 00 07 B4 70 04　80 00 00 00　00 E8 3F 00",该分区表对应的文件系统为 NTFS,而 NTFS_DBR 和 NTFS_DBR 备份均被破坏。用户做了如下操作(注:素材文件为 zy6_43.vhd)。

(1) 启动 Windows XP 操作系统,将该移动硬盘通过连接线插入到计算机的 USB 接口作为辅盘,即磁盘 1。

(2) 启动 WinHex,使用 WinHex 菜单栏上的"工具"→"打开磁盘",在"Edit Disk 窗口"中,选择"Physical Media"下的 HD1,即移动硬盘附加后的磁盘 1。

(3) 通过元文件 $MFT 或 $MFTMirr 记录的特征值，向下查找元文件 $MFT 或 $MFTMirr 的 0 号记录，在整个移动硬盘 256～257 号扇区找到，如图 6.100 所示；将光标移动至 258～259 号扇区，即元文件 $MFT 或 $MFTMirr 的 1 号记录，如图 6.101 所示（注：在图 6.100 和图 6.101 中，无用数据已被删除）。

```
Offset    0  1  2  3  4  5  6  7   8  9  A  B  C  D  E  F
00020000  46 49 4C 45 30 00 03 00  02 17 8E 00 00 00 00 00  FILE0.....?....
00020010  01 00 01 00 38 00 01 00  98 01 00 00 00 04 00 00  ....8...?......
00020020  00 00 00 00 00 00 00 00  05 00 00 00 00 00 00 00  ................
00020030  09 00 00 00 00 00 00 00  10 00 00 00 60 00 00 00  ............`...
00020040  00 00 18 00 00 00 00 00  48 00 00 00 18 00 00 00  ........H.......
00020050  DE FF 0F E6 E1 F1 D1 01  DE FF 0F E6 E1 F1 D1 01  ?.驷裱.?.驷裱.
00020060  DE FF 0F E6 E1 F1 D1 01  DE FF 0F E6 E1 F1 D1 01  ?.驷裱.?.驷裱.
00020070  06 00 00 00 00 00 00 00  00 00 00 00 00 00 00 00  ................
00020080  00 00 00 00 01 00 00 00  00 00 00 00 00 00 00 00  ................
00020090  00 00 00 00 00 00 00 00  30 00 00 00 68 00 00 00  ........0...h...
000200A0  00 00 18 00 00 00 03 00  4A 00 00 00 18 00 01 00  ........J.......
000200B0  05 00 00 00 00 00 05 00  DE FF 0F E6 E1 F1 D1 01  ........?.驷裱.
000200C0  DE FF 0F E6 E1 F1 D1 01  DE FF 0F E6 E1 F1 D1 01  ?.驷裱.?.驷裱.
000200D0  DE FF 0F E6 E1 F1 D1 01  00 00 01 00 00 00 00 00  ?.驷裱.........
000200E0  00 00 01 00 00 00 00 00  06 00 00 00 00 00 00 00  ................
000200F0  04 03 24 00 4D 00 46 00  54 00 00 00 00 00 00 00  ..$.M.F.T.......
00020100  80 00 00 00 48 00 00 00  01 00 40 00 00 00 01 00  €...H.....@.....
00020110  00 00 00 00 00 00 00 00  EF 00 00 00 00 00 00 00  ........?.......
00020120  40 00 00 00 00 00 00 00  00 00 F0 00 00 00 00 00  @.........?.....
00020130  00 00 F0 00 00 00 00 00  00 00 F0 00 00 00 00 00  ..?.......?.....
00020140  22 F0 00 9A 2A 00 BC E3  B0 00 00 00 48 00 00 00  "??.笺?..H...
00020150  01 00 40 00 00 00 02 00  00 00 00 00 00 00 00 00  ..@.............
00020160  00 00 00 00 00 00 00 00  40 00 00 00 00 00 00 00  ........@.......
00020170  00 00 01 00 00 00 00 00  08 10 00 00 00 00 00 00  ................
00020180  08 10 00 00 00 00 00 00  21 01 99 2A 00 00 00 00  ........!.?....
00020190  FF FF FF FF 00 00 00 00                          ........
```

图 6.100　存储在 256～257 号扇区的元文件 $MFT 或元文件 $MFTMirr 的 0 号记录

```
00020400  46 49 4C 45 30 00 03 00  92 10 40 00 00 00 00 00  FILE0...?@.....
00020410  01 00 01 00 38 00 01 00  58 01 00 00 00 04 00 00  ....8...X.......
00020420  00 00 00 00 00 00 00 00  04 00 00 00 01 00 00 00  ................
00020430  09 00 00 00 00 00 00 00  10 00 00 00 60 00 00 00  ............`...
00020440  00 00 18 00 00 00 00 00  48 00 00 00 18 00 00 00  ........H.......
00020450  DE FF 0F E6 E1 F1 D1 01  DE FF 0F E6 E1 F1 D1 01  ?.驷裱.?.驷裱.
00020460  DE FF 0F E6 E1 F1 D1 01  DE FF 0F E6 E1 F1 D1 01  ?.驷裱.?.驷裱.
00020470  06 00 00 00 00 00 00 00  00 00 00 00 00 00 00 00  ................
00020480  00 00 00 00 01 00 00 00  00 00 00 00 00 00 00 00  ................
00020490  00 00 00 00 00 00 00 00  30 00 00 00 70 00 00 00  ........0...p...
000204A0  00 00 18 00 00 00 02 00  52 00 00 00 18 00 01 00  ........R.......
000204B0  05 00 00 00 00 00 05 00  DE FF 0F E6 E1 F1 D1 01  ........?.驷裱.
000204C0  DE FF 0F E6 E1 F1 D1 01  DE FF 0F E6 E1 F1 D1 01  ?.驷裱.?.驷裱.
000204D0  DE FF 0F E6 E1 F1 D1 01  00 00 01 00 00 00 00 00  ?.驷裱.........
000204E0  00 00 01 00 00 00 00 00  06 00 00 00 00 00 00 00  ................
000204F0  08 03 24 00 4D 00 46 00  54 00 4D 00 69 00 72 00  ..$.M.F.T.M.i.r.
00020500  72 00 00 00 00 00 00 00  80 00 00 00 48 00 00 00  r.......€...H...
00020510  01 00 40 00 00 00 01 00  00 00 00 00 00 00 00 00  ..@.............
00020520  00 00 00 00 00 00 00 00  40 00 00 00 00 00 00 00  ........@.......
00020530  00 00 01 00 00 00 00 00  00 00 01 00 00 00 00 00  ................
00020540  00 00 01 00 00 00 00 00  11 01 01 00 00 00 00 00  ................
00020550  FF FF FF FF 00 00 00 00                          ......
```

图 6.101　存储在 258～259 号扇区的元文件 $MFT 或元文件 $MFTMirr 的 1 号记录

请回答下列问题：

(1) 存储在256～259号扇区的这两条记录是属于元文件$MFT还是属于元文件$MFTMirr？为什么？

(2) 将元文件$MFT和$MFTMirr的开始簇号、结束簇号、所占簇数、结束记录号以及开始簇号在NTFS_DBR中的存储形式分别填入到表6.124对应单元格中。

表6.124　元文件$MFT和$MFTMirr开始簇号、结束簇号等值表

元文件	开始簇号	结束簇号	所占簇数	记录号范围	开始簇号在NTFS_DBR中的存储形式
$MFT	______	______	______	0～____号	__ __ __ __ __ __ __ __
$MFTMirr	______	______	______	0～____号	__ __ __ __ __ __ __ __

(3) 通过0号记录80H属性中的相关值计算每个簇的扇区数。

(4) 通过0号记录B0H属性中的相关值计算每个簇的扇区数。

(5) 通过1号记录80H属性中的相关值计算每个簇的扇区数。

(6) 通过存储在整个移动硬盘0号扇区的MBR分区表，计算存储在NTFS_DBR中的总扇区数。

(7) 通过存储在整个移动硬盘0号扇区的MBR分区表，计算存储在NTFS_DBR中的隐藏扇区数。

(8) 根据该NTFS文件系统每个簇的扇区数，写出元文件$MFT每条记录大小描述和每个索引节点大小描述。

(9) 综合(2)～(8)，将每个簇的扇区数、隐藏扇区数、总扇区数等值的十进制和十六进制以及在NTFS_DBR中的存储形式填入到表6.125对应单元格中。

表6.125　移动硬盘NTFS_DBR的部分BPB参数

字节偏移	字节数	含　义	值		
			十进制	十六进制	在NTFS_DBR中的存储形式
0X0D	1	每个簇的扇区数			
0X1C	4	隐藏扇区数			
0X28	8	总扇区数			
0X30	8	元文件$MFT开始簇号			
0X38	8	元文件$MFTMirr开始簇号			
0X40	1	元文件$MFT每条记录大小描述			
0X44	1	每个索引节点大小描述			

(10) 通过存储在整个移动硬盘0号扇区的MBR分区表，计算该移动硬盘的NTFS_DBR和NTFS_DBR备份在整个移动硬盘中的扇区号。

(11) 将移动硬盘NTFS_DBR所在扇区号以文件的形式存储，文件名和存储位置自定，将同一版的NTFS_DBR复制到该移动硬盘NTFS_DBR所在扇区号，将NTFS_DBR在整个移动硬盘中的扇区号填入到图6.102左下角"Sector ________ of 4194305"下画线处，将每个簇的扇区数、隐藏扇区数、总扇区数等值填入到图6.102对应下画线处，然后存盘(实际操作题)。

(12) 将移动硬盘NTFS_DBR备份所在扇区号以文件的形式存储，文件名和存储位置自定，将修改好的NTFS_DBR复制到该移动硬盘NTFS_DBR备份所在扇区号，将NTFS_DBR备份在整个移动硬盘中的扇区号填入到图6.103左下角"Sector ________ of 4194305"下画线处，将每个簇的扇区数、隐藏扇区数、总扇区数等值填入到图 6.103 对应下画线处；然后存盘并退出 WinHex。

```
Offset    0  1  2  3  4  5  6  7   8  9  A  B  C  D  E  F
00010000 EB 52 90 4E 54 46 53 20  20 20 20 00 02 __ 00 00  ëR.NTFS     .....
00010010 00 00 00 00 00 F8 00 00  3F 00 FF 00 __ __ __ __  .....ø..?.ÿ.▌...
00010020 00 00 00 00 80 00 80 00  __ __ __ __ __ __ __ __  ....▌.▌.ÿ▌......
00010030 __ __ __ __ __ __ __ __  __ __ __ __ __ __ __ __  UK..............
00010040 __ 00 00 00 __ 00 00 00  01 B7 92 66 C6 92 66 86  ö........·'fÆ'f▌
00010050 00 00 00 00 FA 33 C0 8E  D0 BC 00 7C FB 68 C0 07  ....ú3À▌Ð¼.|ûhÀ.
Sector ___ of 4194305 | Offset: 10000 | = 235 | Block:
```

图 6.102　NTFS_DBR 中的相关参数

```
Offset    0  1  2  3  4  5  6  7   8  9  A  B  C  D  E  F
7FD0FE00 EB 52 90 4E 54 46 53 20  20 20 20 00 02 __ 00 00  ëR.NTFS     .....
7FD0FE10 00 00 00 00 00 F8 00 00  3F 00 FF 00 __ __ __ __  .....ø..?.ÿ.▌...
7FD0FE20 00 00 00 00 80 00 80 00  __ __ __ __ __ __ __ __  ....▌.▌.ÿ▌......
7FD0FE30 __ __ __ __ __ __ __ __  __ __ __ __ __ __ __ __  UK..............
7FD0FE40 __ 00 00 00 __ 00 00 00  01 B7 92 66 C6 92 66 86  ö........·'fÆ'f▌
7FD0FE50 00 00 00 00 FA 33 C0 8E  D0 BC 00 7C FB 68 C0 07  ....ú3À▌Ð¼.|ûhÀ.
Sector ___ of 4194305 | Offset: 10000 | = 235 | Block:
```

图 6.103　NTFS_DBR 备份中的相关参数

6.44　根据你对 NTFS 文件系统的理解和认识，你认为计算 NTFS 文件系统中每个簇的扇区数有哪几种方法？

6.45　简述 FAT32 文件系统和 NTFS 文件系统对文件和子目录（即文件夹）在管理方式上的相同点与不同点。

6.46　某硬盘 0 号扇区偏移 0X01BE～0X01FD 处存储有 4 个 MBR 分区表，对应的文件系统均为 NTFS，由于用户操作不当，将 4 个 MBR 分区表删除。用户使用 WinHex 软件通过菜单栏上的“工具→打开磁盘”；在“Edit Disk”窗口中，在“Physical Media”下选择该硬盘的方式打开该硬盘，并将光标移动到硬盘的最后一个扇区，通过 NTFS_DBR 的特征值向上查找 NTFS_DBR，分别在 1225215 号、922112 号、922111 号、512512 号、512511 号、246272 号、246271 号和 512 号这 8 个扇区中查找到。请回答下列问题（注：素材文件为 zy6_46.vhd）。

（1）你怎样来判断这 8 个扇区中哪 4 个扇区存储的是 NTFS_DBR，哪 4 个扇区存储的是 NTFS_DBR 备份？

（2）请将这 4 个分区所对应 NTFS_DBR 和 NTFS_DBR 备份所在扇区号填入到表 6.126 对应单元格中，并计算出 4 个逻辑盘的容量（即用户在建立 4 个逻辑盘时，输入的容量），将计算结果填入到表 6.126 对应单元格中。

表 6.126　某硬盘 NTFS_DBR 及 NTFS_DBR 备份所在扇区号

分　区	NTFS_DBR 在整个硬盘扇区号	NTFS_DBR 备份在整个硬盘扇区号（即该分区结束扇区号）	容量（单位：MB）
第 1 个	______	______	______
第 2 个	______	______	______
第 3 个	______	______	______
第 4 个	______	______	______

（3）请根据 4 个 NTFS_DBR 所在扇区号，计算出 4 个分区表在硬盘 0 号扇区的相对扇区，并将结果填入到表 6.127 对应单元格中。

(4) 请根据4个NTFS文件系统开始扇区号和结束扇区号,计算出4个分区总扇区数,并将结果填入到表6.127对应单元格中。

表6.127　某硬盘0号扇区4个分区表的相对扇区和总扇区数

分区表	分区标志	相对扇区						总扇区数					
		十进制	十六进制	存储形式				十进制	十六进制	存储形式			
第1个	07												
第2个	07												
第3个	07												
第4个	07												

(5) 请根据表6.127中的相对扇区和总扇区数的存储形式,写出存储在整个硬盘0号扇区偏移0X01BE～0X01FD处的4个分区表,并将结果填入到表6.128对应单元格中。

(6) 将硬盘0号扇区以文件的形式保存,文件名和存储位置自定;请将表6.128中计算出的4个MBR分区表填入到整个硬盘0号扇区偏移0X01BE～0X01FD处,然后存盘并退出WinHex(实际操作题)。

表6.128　某硬盘0号扇区的4个分区表

分区表	扇区偏移	存储在硬盘0号扇区的4个分区表(存储形式)															
第1个	0X01BE～0X01CD					07											
第2个	0X01CE～0X01DD					07											
第3个	0X01DE～0X01ED					07											
第4个	0X01EE～0X01FD					07											

6.47　某硬盘0号扇区原来存储着4个MBR分区表,4个MBR分区对应的文件系统均为NTFS,由于其他原因导致整个硬盘0号扇区和每个NTFS文件系统的NTFS_DBR被破坏。用户使用WinHex软件通过菜单栏上的"工具→打开磁盘",在出现的"Edit Disk"窗口中,在"Physical Media"下选择该硬盘,打开该硬盘;通过NTFS_DBR备份的特征值向下查找NTFS_DBR备份,分别在266495号、676095号、717511号和1122559号这4个扇区中查找到,从这4个扇区中获得的总扇区数存储形式分别为"FF 0F 04 00 00 00 00 00""FF 3F 06 00 00 00 00 00""FF AF 03 00 00 00 00 00"和"FF 27 03 00 00 00 00 00"。请回答下列问题(注:素材文件为zy6_47.vhd)。

(1) 请将这4个NTFS文件系统的NTFS_DBR备份在整个硬盘中的扇区号填入到表6.129对应单元格中。

表6.129　某硬盘NTFS_DBR及NTFS_DBR备份所在扇区号

分区	NTFS_DBR 在整个硬盘中的扇区号	NTFS_DBR备份在整个硬盘中的扇区号 (即该分区结束扇区号)	容量(单位:MB)
第1个	________	________	________
第2个	________	________	________
第3个	________	________	________
第4个	________	________	________

(2) 分别通过 4 个 NTFS_DBR 备份存储的总扇区数计算出用户在建立对应逻辑盘时输入的容量值(单位：MB)，并分别将结果填入到表 6.129 对应单元格中。

(3) 分别通过 4 个 NTFS_DBR 备份所在扇区号和总扇区数，计算 4 个 NTFS_DBR 在整个硬盘中的扇区号，分别将结果填入到表 6.129 对应单元格中。

(4) 根据 4 个 NTFS 文件系统 NTFS_DBR 备份中存储的总扇区数，计算出对应分区表中的总扇区数，并分别将结果填入到表 6.130 对应单元格中。

(5) 根据 4 个 NTFS_DBR 在整个硬盘的扇区号，计算每个分区表在整个硬盘 0 号扇区的相对扇区，并将结果填入到表 6.130 对应单元格中。

表 6.130　某硬盘 0 号扇区 4 个分区表中的相对扇区和总扇区数

分区表	分区标志	相对扇区						总扇区数					
		十进制	十六进制	存储形式				十进制	十六进制	存储形式			
第 1 个	07												
第 2 个	07												
第 3 个	07												
第 4 个	07												

(6) 根据表 6.130 中的相对扇区和总扇区数的存储形式，写出存储在整个硬盘 0 号扇区偏移 0X01BE～0X01FD 处的 4 个分区表，并分别将结果填入到表 6.131 对应单元格中。

表 6.131　某硬盘 0 号扇区的 4 个分区表

分区表	扇区偏移	存储在硬盘 0 号扇区的分区表(存储形式)															
第 1 个	0X01BE～0X01CD					07											
第 2 个	0X01CE～0X01DD					07											
第 3 个	0X01DE～0X01ED					07											
第 4 个	0X01EE～0X01FD					07											

(7) 将硬盘 0 号扇区以文件的形式保存，文件名和存储位置自定；请恢复存储在 0 号扇区偏移 0X01BE～0X01FD 处的 4 个 MBR 分区表以及结束标志(即该扇区的最后两个字节)，然后存盘(实际操作题)。

(8) 请将 4 个 NTFS_DBR 所在扇区以文件的形式存储，文件名和存储位置自定；通过 4 个 NTFS_DBR 备份恢复各自对应的 4 个 NTFS_DBR，然后存盘并退出 WinHex(实际操作题)。

6.48　在 H 盘的 abcd1300 文件夹下存储了 1300 个文件，使用了 68 个索引节点，索引节点编号范围为 0～67，abcd1300 文件夹记录号为 12094，请回答下列问题：

(1) 你怎样来判断哪些节点是叶节点？哪些节点是非叶节点？

(2) 通过实际操作写出 12094 号记录 90H 属性存储的有效文件名及指针。

(3) 通过实际操作写出各叶节点号存储的有效文件名。

(4) 通过实际操作写出各非叶节点存储的有效文件名及指针。

(5) 画出 abcd1300 文件夹的 B－树结构图，并对 B－树结构图作一些简单说明。

第7章 数据恢复

7.1 恢复分区

7.1.1 硬盘主引导扇区被破坏后的现象

硬盘的主引导扇区在整个硬盘中占有极其重要的地位,一旦硬盘的主引导扇区被破坏,计算机将无法从硬盘启动;用光盘或者U盘启动后,在资源管理器中无法查看到该硬盘分区所产生的逻辑盘。因此,掌握恢复硬盘主引导扇区的基本方法是十分必要的,如果计算机在启动时出现如下现象之一,初步判断可能是硬盘主引导扇区遭到破坏。

(1) 开机后,在屏幕左上角显示下列信息之一:

① Invalid partition table;

② Error loading operating system;

③ Missing operating system。

(2) 开机后死机,在屏幕上没有任何提示。

硬盘主引导扇区被破坏的原因有:计算机病毒的攻击、用户操作不当、突然掉电等各种因素。

在4.1.6节已经介绍过,硬盘的主引导扇区由主引导记录、磁盘签名、分区表和有效标志4个部分组成。有效标志位于0号扇区的最后两个字节,固定值为“55 AA”(存储形式),如果不是“55 AA”,直接将这两个字节的值改为“55　AA”;磁盘签名如果被破坏,系统则会自动生成。下面分别介绍恢复硬盘的主引导记录和分区表的基本方法。

7.1.2 恢复硬盘主引导记录

一旦确定硬盘主引导扇区中主引导记录被破坏后,首先要询问用户,并确认以下3种情况:

情况一:硬盘是否安装过一键还原软件?

情况二:硬盘是否进行过加密?

情况三：计算机主机内是否安装过还原卡？

如果不是以上 3 种情况，可以按下列步骤来恢复硬盘的主引导记录：

步骤 1 在 Windows XP 操作系统下，将硬盘作为辅盘，用 WinHex.exe 软件或 DskProbe.exe 软件读取辅盘的主引导扇区。

步骤 2 根据硬盘主引导扇区的结构，进一步确认是否是主引导记录被破坏；如果只是主引导记录被破坏，分区表、磁盘签名和有效标志完好，则只要将其他硬盘正常的主引导记录复制到该硬盘的主引导记录处即可。

7.1.3 恢复硬盘分区表

硬盘分区表被破坏后，可以使用数据恢复软件，如：DiskGenus、EasyRecovery 或者 WinHex 扫描丢失分区功能来恢复；也可以通过手工方式来重建硬盘 MBR 分区表。下面以实例的形式介绍手工恢复硬盘 MBR 分区表的基本思路、方法与操作步骤。

例 7.1 某用户的计算机只有一个硬盘，该硬盘被划分为 4 个 MBR 分区，分区结构如图 7.1 所示；由于用户操作不慎，在使用计算机管理时，将所有 MBR 分区表全部删除后，发现 4 个逻辑盘中的数据没有备份，要求恢复 4 个逻辑盘中的全部数据（注：素材文件名为 abcd71.vhd；C 盘和 D 盘的文件系统是 FAT32，E 盘和 F 盘的文件系统是 NTFS）。

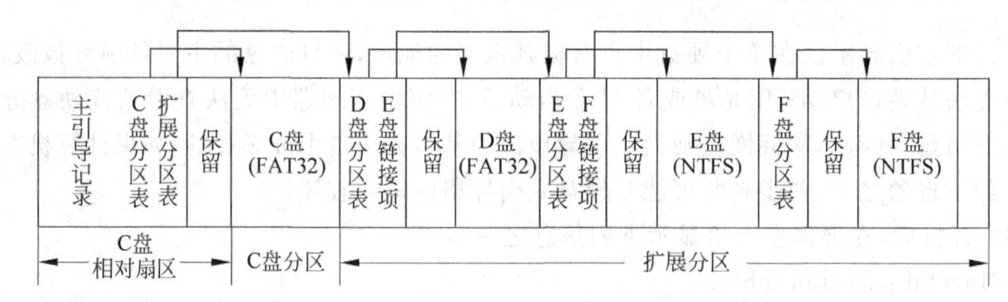

图 7.1 删除分区表前硬盘结构图

【分析】 当硬盘分区表被删除后，存储在各逻辑盘中的数据仍然保存完好，如果用户再用计算机管理或其他分区软件进行重新分区，将会给数据恢复带来一定的困难；因此，如果只是 MBR 分区表被删除，最好通过手工方式来重建 MBR 分区表。

分区表被删除前各分区结构如图 7.1 所示；分区表被删除后各分区结构如图 7.2 所示。从图 7.1 到图 7.2 变化可知，由于各分区表和链接项被删除，在资源管理器中无法查看到 4 个逻辑盘符，但存储在 4 个逻辑盘中的数据仍然完好无损。

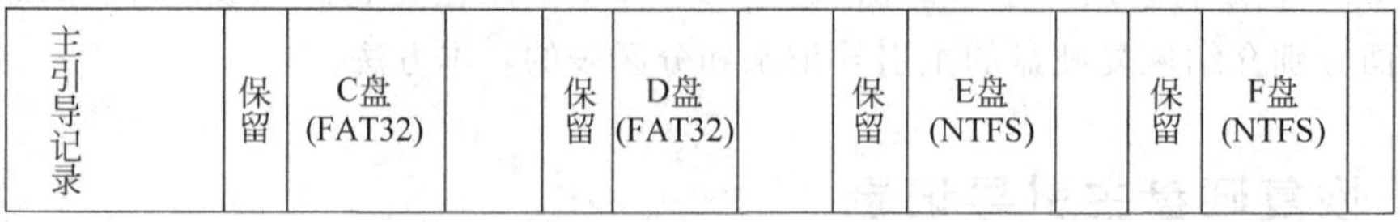

主引导记录	保留	C盘(FAT32)		保留	D盘(FAT32)		保留	E盘(NTFS)		保留	F盘(NTFS)	

图 7.2 删除分区表后硬盘结构图

【操作步骤】

步骤 1 将光标移动到桌面上的计算机图标前，右击，从弹出的快捷菜单中选择“管理(G)”，弹出“计算机管理”窗口。

步骤 2 在“计算机管理”窗口中选择“磁盘管理”，单击菜单栏上的“操作(A)→附加 VHD”，在弹出的“附加虚拟硬盘”窗口中选择虚拟硬盘文件 abcd71. vhd 后，可以看到“磁盘 1 基本 399MB 联机”，但未分配，如图 7.3 所示；到资源管理器中无法查看到该虚拟硬盘所产生的 4 个逻辑盘符。

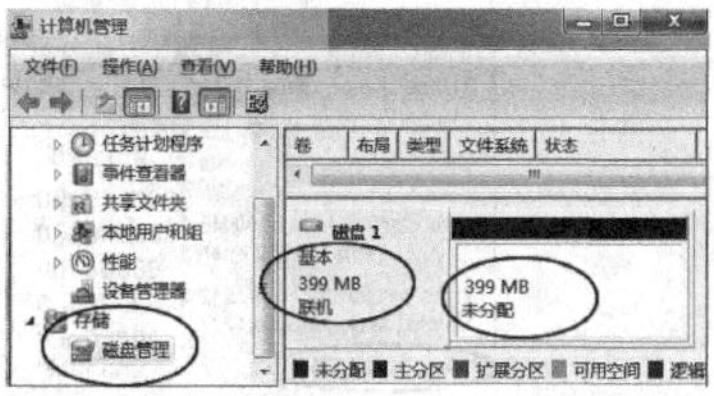

图 7.3 在计算机管理中附加 abcd71. vhd 后

步骤 3 将光标移动到“磁盘 1”处，右击，从弹出的快捷菜单中选择“分离 VHD”，单击“确定”按钮。

下面分别介绍 3 种数据恢复的基本思路、方法和步骤。

【数据恢复基本思路(一)】

恢复 4 个逻辑盘在整个硬盘 0 号扇区偏移 0X01BE～0X01FD 处对应的 4 个 MBR 分区表，恢复后的硬盘结构如图 7.4 所示。

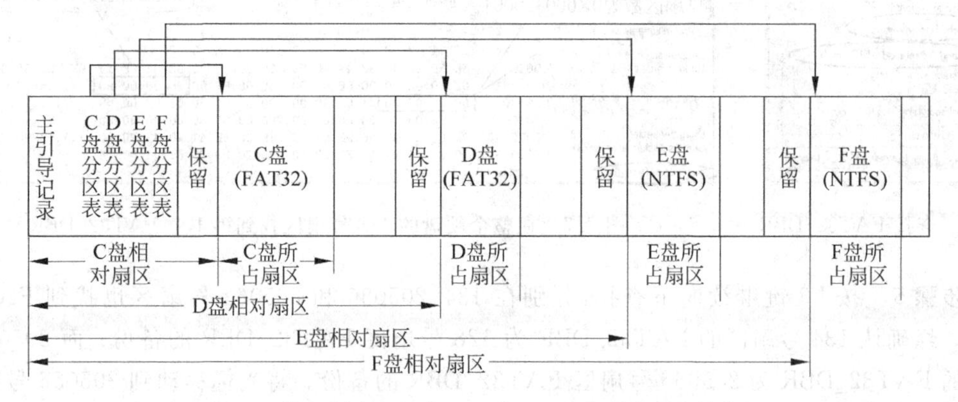

图 7.4 恢复硬盘 0 号扇区 4 个 MBR 分区表后的结构图

【数据恢复方法(一)】

(1) 将要恢复数据的硬盘作为辅盘接到另一台计算机上，即磁盘 1(注：在真实环境下，计算机的操作系统为 Windows XP)。

(2) 查找磁盘 0 时 C 盘、D 盘、E 盘和 F 盘的 DBR 所在扇区号(即开始扇区号)。

(3) 从 C 盘、D 盘、E 盘和 F 盘的 DBR 分别获得 C 盘、D 盘、E 盘和 F 盘的总扇区数。

(4) 根据 C 盘、D 盘、E 盘、F 盘的开始扇区号和总扇区数，分别计算出 C 盘、D 盘、E 盘和 F 盘在主引导扇区(即整个硬盘 0 号扇区)的 4 个 MBR 分区表。

(5) 将这 4 个 MBR 分区表填入到整个硬盘 0 号扇区偏移 0X01BE～0X01FD 处。

【操作步骤(一)】

步骤 1 启动 WinHex 软件，选择菜单栏上的“文件→打开”；在弹出的“打开文件窗口”中选择 abcd71. vhd 文件后，单击“打开(O)”按钮。

步骤 2 选择菜单栏上的“专家→映像文件为磁盘(A)”；将光标移动到整个硬盘 0 号扇区存放 4 个 MBR 分区表的位置处，可以看到其值为“00”，如图 7.5 所示。

步骤 3 查找 FAT32_DBR 在整个硬盘中的位置。

选择菜单栏上的“搜索→查找 Hex 数值(H)...”，出现“Find Hex Values”窗口，在“The following hex values will be searched:”列表框中输入“EB5890”(注：FAT32_DBR 的开始代码为“EB5890”)；在“Search：”下拉框中选择“Down”；选择“Cond.：”前的复选框；在“offset

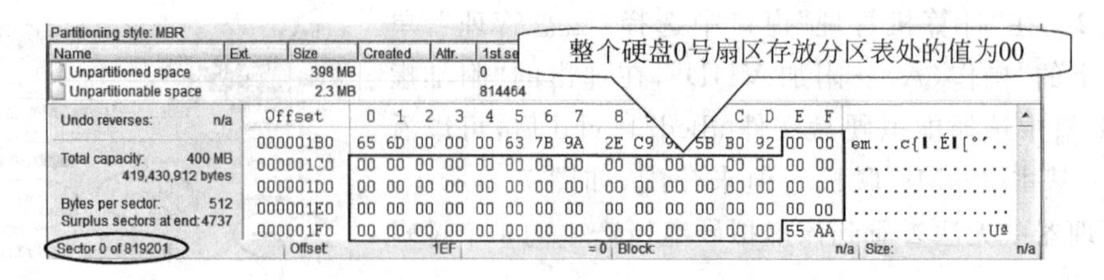

图 7.5 使用 WinHex 打开 abcd71.vhd 并映像为磁盘后的 0 号扇区

mod”右侧的两个文本框中分别输入“512”和“0”；如图 7.6 所示；单击 OK 按钮。

步骤 4 在整个硬盘的 128 号扇区找到第 1 个 FAT32_DBR，如图 7.7 所示。

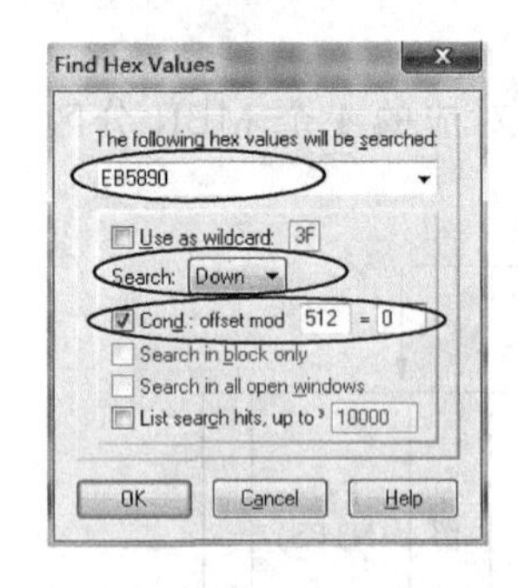

图 7.6 查找 FAT32_DBR

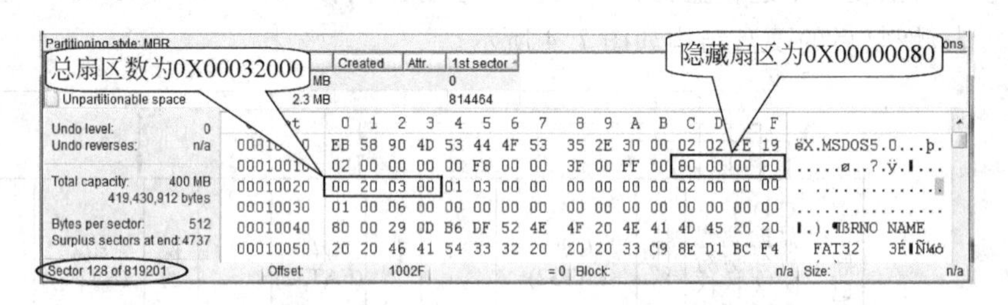

图 7.7 在整个硬盘的 128 号扇区找到第 1 个 FAT32_DBR

步骤 5 按 F3 键继续向下查找，分别在 134、205056 和 205062 号扇区也找到 FAT32_DBR。经确认 134 号扇区的 FAT32_DBR 为 128 号扇区 FAT32_DBR 的备份；而 205062 号扇区的 FAT32_DBR 为 205056 号扇区 FAT32_DBR 的备份。将光标移动到 205056 号扇区，如图 7.8 所示。

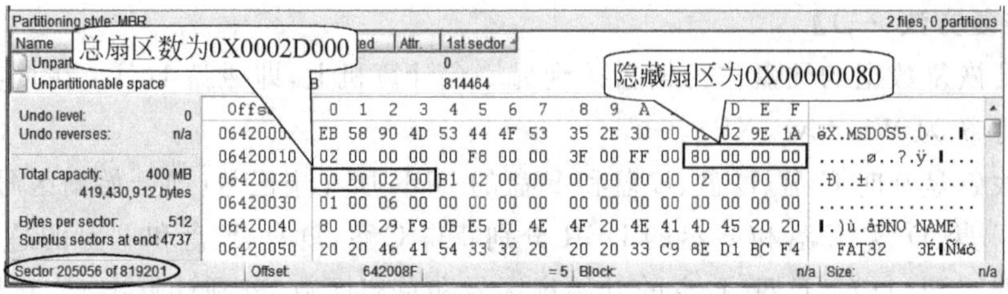

图 7.8 在整个硬盘 205056 号扇区找到第 2 个 FAT32_DBR

步骤 6 查找 NTFS_DBR 在整个硬盘中的位置。

选择菜单栏上的“搜索→查找 Hex 数值(H)...”，出现“Find Hex Values”窗口，在“The following hex values will be searched：”列表框中输入“EB5290”(注：NTFS_DBR 的开始代码为“EB5290”)；在“Search：”下拉框中选择“Down”；选择“Cond.：”前的复选框；在“offset mod”右侧的两个文本框中分别输入“512”和“0”；单击 OK 按钮。在整个硬盘 389504 号扇区找到第 1 个 NTFS_DBR，如图 7.9 所示。

步骤 7 按 F3 键继续向下查找，分别在 598399、598528 和 809471 号扇区也找到 NTFS_DBR。经确认 598399 号扇区的 NTFS_DBR 为 389504 号扇区 NTFS_DBR 的备份；而 809471 号扇区的 NTFS_DBR 为 598528 号扇区 NTFS_DBR 的备份；将光标移动到 598528 号扇区，如图 7.10 所示。

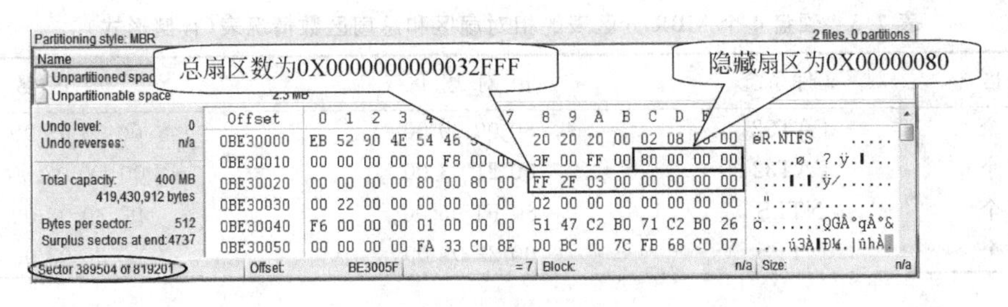

图 7.9 在整个硬盘 389504 号扇区找到第 1 个 NTFS_DBR

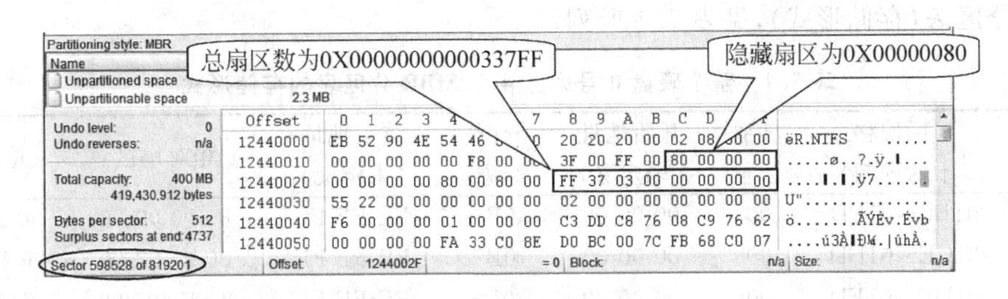

图 7.10 在整个硬盘 598528 号扇区找到第 2 个 NTFS_DBR

步骤 8 根据图 7.7～图 7.10,可以得到 4 个文件系统在整个硬盘中的基本情况,见表 7.1 所列。

表 7.1 4 个文件系统的 DBR 及 DBR 备份在整个硬盘中的扇区号

分区	文件系统	DBR 所在扇区号	DBR 备份所在扇区号	DBR 中存储的总扇区数	
				十进制	十六进制
第 1 个	FAT32	128	134	204800	32000
第 2 个	FAT32	205056	205062	184320	2D000
第 3 个	NTFS	389504	598399	208895	32FFF
第 4 个	NTFS	598528	809471	210943	337FF

步骤 9 根据表 7.1,可以得到 4 个文件系统对应 4 个 MBR 分区表主要参数基本情况,见表 7.2 所列。

表 7.2 4 个 MBR 分区表主要参数

分区	文件系统	相对扇区(即 DBR 所在扇区号)		总 扇 区 数	
		十进制	十六进制	十进制	十六进制
第 1 个	FAT32	128	80	204800	32000
第 2 个	FAT32	205056	32100	184320	2D000
第 3 个	NTFS	389504	5F180	208896	33000
第 4 个	NTFS	598528	92200	210944	33800

步骤 10 根据表 7.2,可以计算出 4 个分区中相对扇区和总扇区数在分区表中的存储形式,见表 7.3 所列(注:DBR 所在扇区号也就是硬盘 0 号扇区分区表中的相对扇区)。

表 7.3 硬盘 4 个 MBR 分区表的相对扇区和总扇区数情况表(存储形式)

分 区	文件系统	相 对 扇 区	总 扇 区 数
第 1 个	FAT32	80 00 00 00	00 20 03 00
第 2 个	FAT32	00 21 03 00	00 D0 02 00
第 3 个	NTFS	80 F1 05 00	00 30 03 00
第 4 个	NTFS	00 22 09 00	00 38 03 00

步骤 11 根据表 7.3,可以计算出存储在整个硬盘 0 号扇区偏移 0X01BE～0X01FD 处 4 个 MBR 分区表(存储形式),见表 7.4 所列。

表 7.4 整个硬盘 0 号扇区 4 个 MBR 分区表的存储形式

分区表	扇区偏移(十六进制)	自举标志	开始地址(未定义)	分区标志	结束地址(未定义)	相对扇区	总扇区数
第 1 个	01BE～01CD	00	00 00 00	0B	FE FF FF	80 00 00 00	00 20 03 00
第 2 个	01CE～01DD	00	00 00 00	0B	FE FF FF	00 21 03 00	00 D0 02 00
第 3 个	01DE～01ED	00	00 00 00	07	FE FF FF	80 F1 05 00	00 30 03 00
第 4 个	01EE～01FD	00	00 00 00	07	FE FF FF	00 22 09 00	00 38 03 00

对表 7.4 作如下说明:

(1) 由于这 4 分区表都不引导操作系统,自举标志均填为“00”。

(2) 第 1、2 个分区的文件系统为 FAT32,从表 4.1 可知,分区标志为“0B”或者“0C”;而第 3、4 个分区的文件系统为 NTFS,从表 4.1 可知,分区标志为“07”。

(3) 由于存储方式为 LBA,开始地址和结束地址均未定义,这里 4 个分区的开始地址填充为“00 00 00”,而结束地址则填充为“FE FF FF”(注:这 6 字节也可以填充其他任意值)。

步骤 12 将这 4 个分区表填入到整个硬盘 0 号扇区偏移 0X01BE～0X01FD 处,如图 7.11 所示,存盘并退出 WinHex。

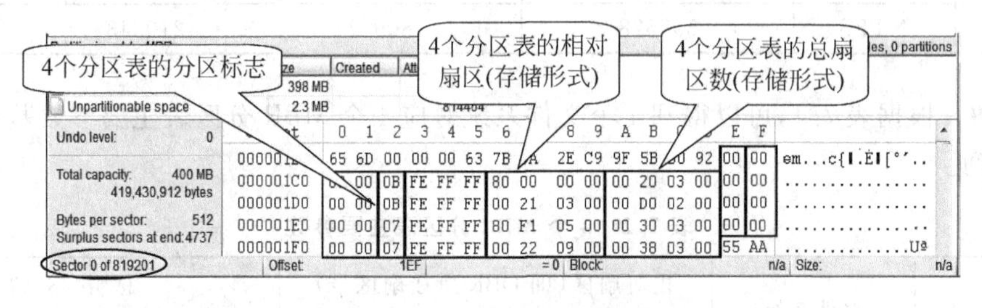

图 7.11 将 4 个分区表填入硬盘 0 号扇区偏移 0X01BE～0X01FD 处

步骤 13 在计算机管理中附加 abcd71.vhd 后,可以看到磁盘 1 中 H 盘、I 盘、J 盘和 K 盘,如图 7.12 所示,也就是磁盘 0 时的 C 盘、D 盘、E 盘和 F 盘。

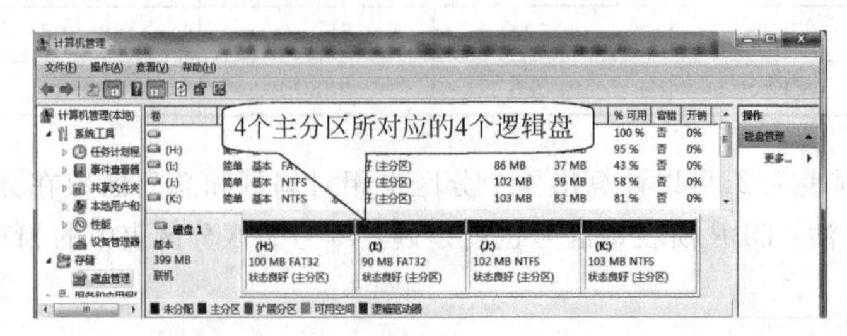

图 7.12 附加 abcd71.vhd 后在计算机管理中查看到的 4 个逻辑盘

到资源管理器中可以看到这 4 个逻辑中存储的文件和文件夹。注：由于 DBR 中隐藏扇区数的正确性系统不作校验；所以，I 盘、J 盘和 K 盘 DBR 中的隐藏扇区数未做修改。

【数据恢复基本思路(二)】

恢复 MBR 分区表被删除前的结构，如图 7.1 所示。

【数据恢复方法(二)】

(1) 计算 C 盘、D 盘、E 盘、F 盘分区表和扩展分区表。

(2) 计算 E 盘链接项和 F 盘链接项的分区表。

(3) 计算 D 盘分区表和 E 盘链接项所在扇区号，计算 E 盘分区表和 F 盘链接项所在扇区号，计算 F 盘分区表所在扇区号。

(4) 将计算好的 C 盘分区表与扩展分区表填入到整个硬盘 0 号扇区偏移 0X01BE～0X01DD 处。

(5) 将 D 盘分区表和 E 盘链接项填入到 D 盘分区表和 E 盘链接项所在扇区偏移 0X01BE～0X01DD 处。

(6) 将 E 盘分区表和 F 盘链接项填入到 E 盘分区表和 F 盘链接项所在扇区偏移 0X01BE～0X01DD 处。

(7) 将 F 盘分区表填入到 F 盘分区表所在扇区偏移 0X01BE～0X01CD 处。

【操作步骤(二)】

步骤 1～步骤 8 与【操作步骤(一)】中的步骤 1～步骤 8 相同；

步骤 9　根据图 7.7～图 7.10，可以得到 4 个 MBR 分区基本情况，见表 7.5 所列。

表 7.5　4 个逻辑盘基本情况表

分　区	文件系统	DBR 所在扇区号	DBR 备份所在扇区号	总扇区数	容量(单位：MB)
第 1 个(C 盘)	FAT32	128	134	204800	100
第 2 个(D 盘)	FAT32	205056	205062	184320	90
第 3 个(E 盘)	NTFS	389504	598399	208896	102
第 4 个(F 盘)	NTFS	598528	809471	210944	103

注：NTFS_DBR 中存储的总扇区数比对应 MBR 分区表中总扇区数少 1 个扇区

步骤 10　由于硬盘分区采用的是 C 盘分区与扩展分区形式，而 4 个 DBR 中隐藏扇区数均为 128(注：在 DBR 中的存储形式为"80 00 00 00")；所以，4 个逻辑盘对应分区表的相对扇区均为 128。

由于 C 盘的相对扇区为 128，总扇区数为 204800，由式(4.10)可知：

扩展分区相对扇区＝C 盘相对扇区＋C 盘总扇区数＝128＋204800
＝204928 (即 0X032080)

D 盘分区表和 E 盘链接项所在扇区号也就是扩展分区表开始扇区号，而 F 盘 NTFS_DBR 备份所在扇区号，也就是第 4 个分区结束扇区号，所以

扩展分区总扇区数＝第 4 个分区结束扇区号－扩展分区相对扇区＋1
＝809471－204928＋1＝604544

注：在 Windows 7 下，扩展分区所占扇区数一般要比实际空间多 2MB，即 4096 个扇区；也就是说，在 Windows 7 下，扩展分区总扇区数为 608640(即 0X094980，在分区表中存储形式为 80 49 09 00)，4 个逻辑盘的分区表和扩展分区表见表 7.6 所列。

表 7.6　4 个逻辑盘和扩展分区 MBR 分区表(存储形式)

分区表	扇区偏移(十六进制)	自举标志	开始地址(未定义)	分区标志	结束地址(未定义)	相对扇区	总扇区数
第 1 个(C 盘)	01BE～01CD	00	00 00 00	0B	FE FF FF	80 00 00 00	00 20 03 00
扩展分区表	01CE～01DD	00	00 00 00	0F	FE FF FF	80 20 03 00	80 49 09 00
第 2 个(D 盘)	01BE～01CD	00	00 00 00	0B	FE FF FF	80 00 00 00	00 D0 02 00
第 3 个(E 盘)	01BE～01CD	00	00 00 00	07	FE FF FF	80 00 00 00	00 30 03 00
第 4 个(F 盘)	01BE～01CD	00	00 00 00	07	FE FF FF	80 00 00 00	00 38 03 00

步骤 11　C 盘分区表和扩展分区存储在整个硬盘 0 号扇区，由式(4.18)～式(4.20)可以计算出 D 盘分区表和 E 盘链接项、E 盘分区表和 F 盘链接项、F 盘分区表所在扇区号。

D 盘分区表和 E 盘链接项所在扇区号 ＝ C 盘相对扇区 ＋ C 盘总扇区数
＝ 128 ＋ 204800 ＝ 204928

E 盘分区表和 F 盘链接项所在扇区号 ＝ D 盘分区表和 E 盘链接项所在扇区号 ＋
D 盘相对扇区 ＋ D 盘总扇区数
＝ 204928 ＋ 128 ＋ 184320 ＝ 389376

F 盘分区表所在扇区号 ＝ E 盘分区表和 F 盘链接项所在扇区号 ＋
E 盘相对扇区 ＋ E 盘总扇区数
＝ 389376 ＋ 128 ＋ 208896 ＝ 598400

步骤 12　计算 E 盘链接项分区表和 F 盘链接项分区表。

由式(4.11)可知：

E 盘链接项相对扇区 ＝ D 盘相对扇区 ＋ D 盘总扇区数 ＝ 128 ＋ 184320 ＝ 184448

由式(4.12)可知：

F 盘链接项相对扇区＝ E 盘相对扇区 ＋ E 盘总扇区数 ＋ E 盘链接项相对扇区
＝ 128 ＋ 208896 ＋ 184448 ＝ 393472

由式(4.14)可知：

E 盘链接项总扇区数 ＝ E 盘相对扇区 ＋ E 盘总扇区数 ＝ 128 ＋ 208896 ＝ 209024

由式(4.15)可知：

F 盘链接项总扇区数 ＝ F 盘相对扇区 ＋ F 盘总扇区数 ＝ 128 ＋ 210944 ＝ 211072

所以，E 盘链接项、F 盘链接项相对扇区和总扇区数见表 7.7 所列。

表 7.7　E 盘链接项、F 盘链接项相对扇区和总扇区数情况表

分　区	相对扇区			总扇区数		
	十进制	十六进制	存储形式	十进制	十六进制	存储形式
E 盘链接项	184448	2D080	80 D0 02 00	209024	33080	80 30 03 00
F 盘链接项	393472	60100	00 01 06 00	211072	33880	80 38 03 00

因此，E 盘链接项的分区表为“00 00 00 00 0F *FE FF FF* 80 D0 02 00 *80 30 03 00*”，存储在 204928 号扇区偏移 0X01CE～0X01DD 处；而 F 盘链接项的分区表为“00 00 00 00 0F *FE FF FF* 00 01 06 00 *80 38 03 00*”，存储在 389376 号扇区偏移 0X01CE～0X01DD 处。

步骤 13　综合步骤 10～步骤 12，各分区表及存放位置见表 7.8 所列。

步骤 14　启动 WinHex，选择菜单栏上的“文件→打开”，在弹出的“打开文件窗口中”选择

“abcd71. vhd”文件；选择菜单栏上的“专家→映像文件为磁盘”；选择菜单栏上的“位置→Go To Sector”，在弹出的“Go To Sector”窗口中选择“Logical”，将光标移动到整个硬盘 0 号扇区；将表 7.8 中 C 盘分区表和扩展分区表填入到整个硬盘 0 号扇区偏移 0X01BE～0X01DD 处，然后存盘，如图 7.13 所示。

表 7.8　4 个逻辑盘、扩展分区和 2 个链接项的 MBR 分区表

分区表	存储扇区号	扇区偏移（十六进制）	各分区表存储形式
C 盘分区表	0	01BE～01CD	00 00 00 00 0B FE FF FF *80 00 00 00* 00 20 03 00
扩展分区表	0	01CE～01DD	00 00 00 00 0F FE FF FF *80 20 03 00* 80 49 09 00
D 盘分区表	204928	01BE～01CD	00 00 00 00 0B FE FF FF *80 00 00 00* 00 D0 02 00
E 盘链接项	204928	01CE～01DD	00 00 00 00 0F FE FF FF *80 D0 02 00* 80 30 03 00
E 盘分区表	389376	01BE～01CD	00 00 00 00 07 FE FF FF *80 00 00 00* 00 30 03 00
F 盘链接项	389376	01CE～01DD	00 00 00 00 0F FE FF FF *00 01 06 00* 80 38 03 00
F 盘分区表	598400	01BE～01CD	00 00 00 00 07 FE FF FF *80 00 00 00* 00 38 03 00

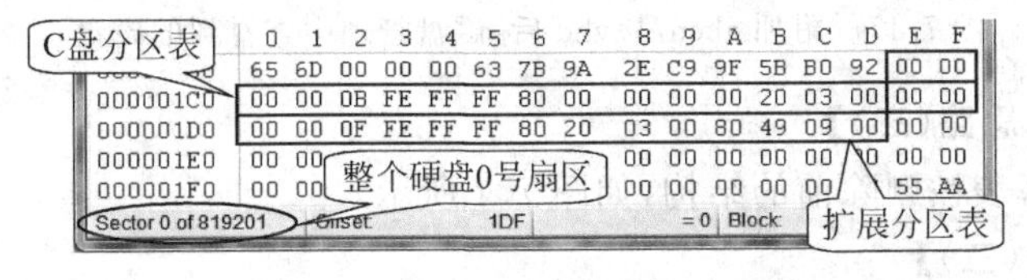

图 7.13　将 C 盘分区表和扩展分区表填入到硬盘 0 号扇区偏移 0X01BE～0X01DD 处

步骤 15　将光标移动到整个硬盘 204928 号扇区，将表 7.8 中的 D 盘分区表和 E 盘链接项填入到 204928 号扇区偏移 0X01BE～0X01DD 处，然后存盘，如图 7.14 所示。

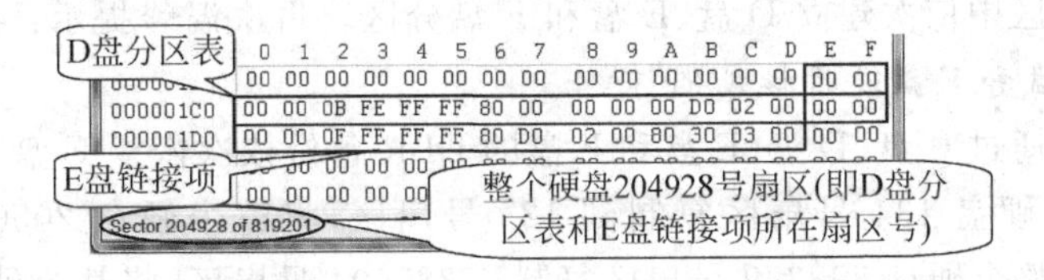

图 7.14　将 D 盘分区表和 E 盘链接项填入到硬盘 204928 号扇区偏移 0X01BE～0X01DD 处

将光标移动到整个硬盘 389376 号扇区，将表 7.8 中的 E 盘分区表和 F 盘链接项填入到 389376 号扇区偏移 0X01BE～0X01DD 处，然后存盘，如图 7.15 所示。

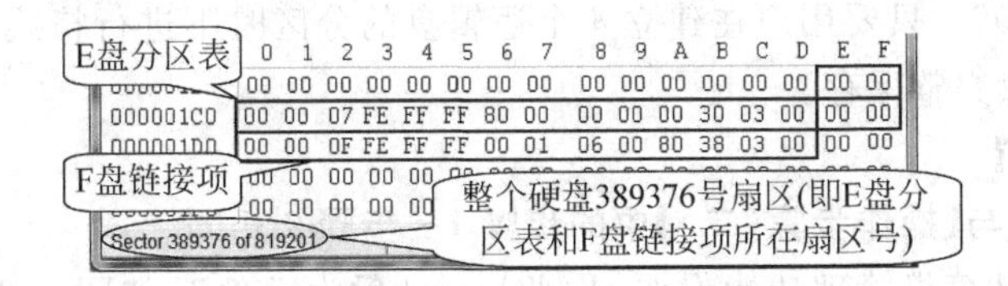

图 7.15　将 E 盘分区表和 F 盘链接项填入到硬盘 389376 号扇区偏移 0X01BE～0X01DD 处

将光标移动到整个硬盘 598400 号扇区，将表 7.8 中的 F 盘分区表填入到 598400 号扇区偏移 0X01BE～0X01CD 处，如图 7.16 所示，然后存盘并退出 WinHex。

步骤 16　通过计算机管理中的磁盘管理功能附加 abcd71. vhd 后，在计算机管理中的磁盘管理中可以看到 4 个逻辑盘盘符，如图 7.17 所示。到资源管理器中可以看到 H 盘、I 盘、J 盘和 K 盘（即磁盘 0 时 C 盘、D 盘、E 盘和 F 盘）中存储的文件夹和文件。

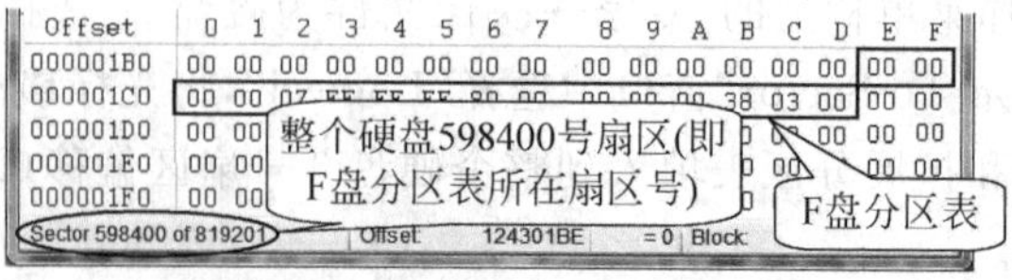

图 7.16　将 F 盘分区表填入到硬盘的 598400 号扇区偏移 0X01BE～0X01CD 处

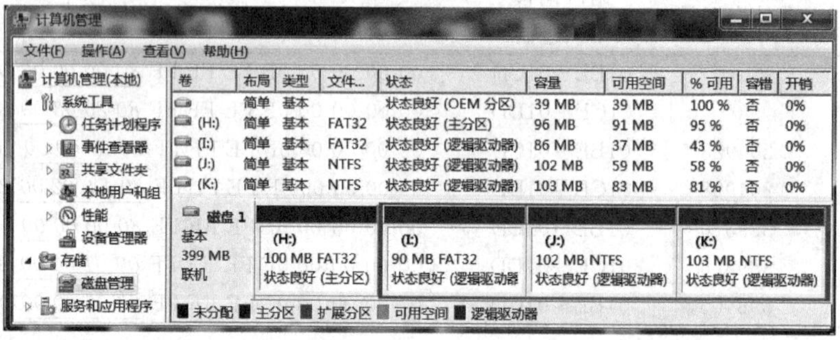

图 7.17　附加 abcd71.vhd 后，磁盘管理中查看到的磁盘 1

【数据恢复基本思路(三)】

恢复 MBR 分区表被删除前的结构，如图 7.1 所示。

【数据恢复方法(三)】

(1) 计算 C 盘、D 盘、E 盘、F 盘和扩展分区总容量。

(2) 通过计算机管理功能建立 C 盘分区和扩展分区。

温馨提示：在建立分区时，“千万不要对 C 盘进行格式化”操作。

(3) 在扩展分区中依次建立 D 盘、E 盘和 F 盘分区。再次温馨提示：在建立分区时，“千万不要对 D 盘、E 盘和 F 盘进行格式化”操作。

(4) 最后分别通过 C 盘、D 盘、E 盘和 F 盘的 DBR 备份依次恢复 C 盘、D 盘、E 盘和 F 盘的 DBR；即将整个硬盘 134 号扇区复制到 128 号扇区，将整个硬盘 205062 号扇区复制到 205056 号扇区，将整个硬盘 598399 号扇区复制到 389504 号扇区，将整个硬盘 809471 号扇区复制到 598528 号扇区。

(5) 修改 C 盘、D 盘、E 盘和 F 盘对应分区表的分区标志。

注：在建立 C 盘、D 盘、E 盘和 F 盘分区时系统会将 4 个逻辑盘的开始扇区，即 4 个逻辑盘的 DBR 填充为“00”。只要用户在建立 4 个逻辑盘的分区时不进行格式化操作，4 个逻辑盘其他扇区的数据仍然完整保存。

【操作步骤(三)】

步骤 1～步骤 9 与【操作步骤(二)】中的步骤 1～步骤 9 相同。

步骤 10　使用计算机管理功能附加 abcd71.vhd 后为磁盘 1，如图 7.3 所示。

步骤 11　将光标移动到磁盘 1 处，即“399MB 未分配”处，右击，从弹出的快捷菜单中选择“新建简单卷(I)...”，出现“新建简单卷向导”第 1 个窗口，单击“下一步(N)>”按钮。

步骤 12　出现“新建简单卷向导”第 2 个窗口，即“指定卷大小”，在“简单卷大小(MB)(S)：”右侧的列表框中输入 C 盘容量，即“100”，如图 7.18 所示；单击“下一步(N)>”按钮。

步骤 13　出现“新建简单卷向导”第 3 个窗口，即“分配驱动器号和路径”，单击“下一步(N)>”按钮；出现“新建简单卷向导”第 4 个窗口，即“格式化分区”，此时选择“不要格式化这个卷(D)”选项,如图 7.19 所示,然后单击“下一步(N)>”按钮。

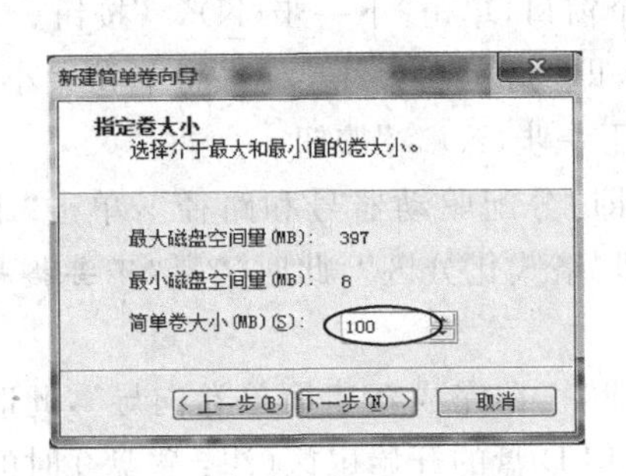

图 7.18 输入 C 盘分区大小

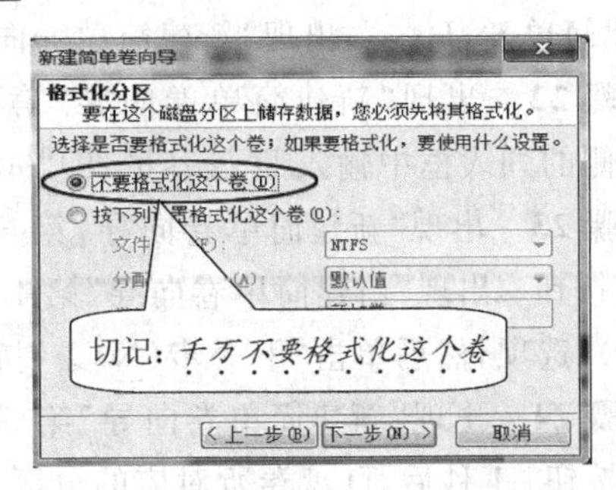

图 7.19 千万不要格式化 C 盘

步骤 14 出现“新建简单卷向导”第 5 个窗口,即“正在完成新建简单卷向导”,此时单击“完成”按钮;1 秒钟后,C 盘所对应的 MBR 分区表已建立,但 C 盘的开始扇区(即 C 盘的 DBR)已被“00”填充。

步骤 15 将光标移动到磁盘 1 处,即“299MB 未分配”处,右击,从弹出的快捷菜单中选择“新建简单卷(I)...”,出现“新建简单卷向导”第 1 个窗口,单击“下一步(N)>”按钮。

步骤 16 建立扩展分区;重复步骤 12～步骤 13,注:在出现“新建简单卷向导”第 2 个窗口,即“指定卷大小”,在“简单卷大小(MB)(S):”右侧的列表框中输入扩展分区容量,即“297”;再次温馨提示:“千万不要对扩展分区进行格式化”操作。

说明:在 Windows 7 下,只有将整个硬盘 0 号扇区前 3 个 MBR 分区建立完成后,才能建立扩展分区,即第 4 个分区为扩展分区,而这里只建立了 2 个分区,所以第 2 个分区不是扩展分区;需要将整个硬盘 0 号扇区第 2 个分区标志修改为扩展分区标志,即将分区标志由“06”修改为“0F”或“05”。

步骤 17 将光标移动到“磁盘 1(基本 399MB)联机”处,右击,从弹出的快捷菜单中选择“分离.VHD”选项,在弹出的“分离虚拟硬盘”窗口中,单击“确定”按钮。

步骤 18 启动 WinHex 软件,打开 abcd71.vhd 文件并映像为磁盘。

步骤 19 将光标移动到整个硬盘 0 号扇区,将扇区偏移 0X01C2 处分区标志由“06”修改为“0B”,即第 1 个分区文件系统为 FAT32;将扇区偏移 0X01D2 处分区标志由“06”修改为“0F”,即第 2 个分区为扩展分区,如图 7.20 所示,然后存盘退出 WinHex。

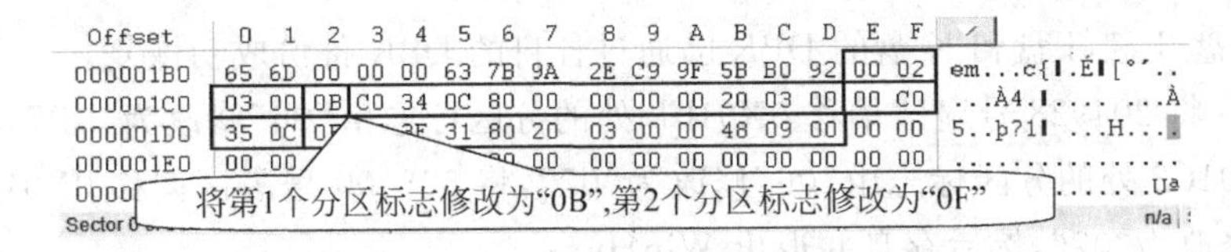

图 7.20 将修改 C 盘分区表和扩展分区表标志

步骤 20 使用计算机管理功能附加 abcd71.vhd 后为磁盘 1;如图 7.21 所示,从图 7.21 可知,在磁盘 1 中有两分区即 H 盘分区(注:磁盘 0 时 C 盘分区)和扩展分区。

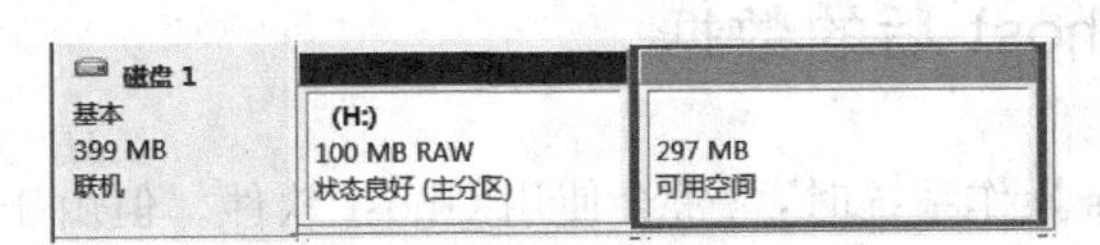

图 7.21 附加 abcd71.vhd 后的磁盘

步骤 21 将光标移动到磁盘 1 处的“297MB 可用空间”处，右击，从弹出的快捷菜单中选择“新建简单卷(I)...”，出现“新建简单卷向导”第 1 个窗口，单击“下一步(N)＞”按钮。

步骤 22 出现“新建简单卷向导”第 2 个窗口，即“指定卷大小”，在“简单卷大小(MB)(S)”右侧的列表框中输入 D 盘容量，即“90”；单击“下一步(N)＞”按钮。

步骤 23 出现“新建简单卷向导”第 3 个窗口，即“分配驱动器号和路径”，单击“下一步(N)＞”按钮；出现“新建简单卷向导”第 4 个窗口，即“格式化分区”，此时选择“**不要格式化这个卷(D)**”选项，然后单击“下一步(N)＞”按钮。

步骤 24 出现“新建简单卷向导”第 5 个窗口，即“正在完成新建简单卷向导”，此时单击“完成”按钮；1 秒后，D 盘卷所对应的分区表已建立，但 D 盘的开始扇区(注：磁盘 0 时的 D 盘 DBR)已被“00”填充。

步骤 25 重复步骤 21～步骤 24 共计两次，在“新建简单卷向导”第 2 个窗口的“简单卷大小(MB)(S)”右侧的列表框中分别输入 E 盘和 F 盘容量，即“102”和“103”。

至此，H 盘、I 盘、J 盘和 K 盘(注：对应磁盘 0 时 C 盘、D 盘、E 盘和 F 盘)所对应的分区表已建立，但这 4 个逻辑盘的文件系统均为 RAW，如图 7.22 所示；也就是说，这 4 个逻辑盘的开始扇区(即 DBR)已被“00”填充；需要通过各自的 DBR 备份来恢复。

磁盘 1
基本
399 MB
联机
(H:) 100 MB RAW 状态良好 (主分区)
(I:) 90 MB RAW 状态良好 (逻辑驱动
(J:) 102 MB RAW 状态良好 (逻辑驱动
(K:) 103 MB RAW 状态良好 (逻辑驱动

图 7.22 建立 4 个分区后的磁盘 1

步骤 26 将光标移动到“磁盘 1(基本 399MB)联机”处，右击，从弹出的快捷菜单中选择“分离 VHD”选项，在弹出的“分离虚拟硬盘”窗口中，单击“确定”按钮。

步骤 27 使用 WinHex 软件打开 abcd71. vhd 文件并映像为磁盘。

步骤 28 将光标移动到整个硬盘 134 号扇区，并选中该扇区，单击“复制”按钮。

步骤 29 将光标移动到整个硬盘 128 号扇区开始位置，单击“粘贴”按钮；然后存盘；至此，C 盘 DBR 已成功恢复。

步骤 30 重复步骤 28～步骤 29 共计 3 次，即将整个硬盘 205062 号扇区复制到 205056 号扇区；将整个硬盘 598399 号扇区复制到 389504 号扇区；将整个硬盘 809471 号扇区复制到 598528 号扇区；然后存盘。

至此，H 盘、I 盘、J 盘和 K 盘的 DBR 已通过各自的 DBR 备份成功恢复。

步骤 31 将 204928 号扇区偏移 0X01C2 处的分区标志由“06”修改为“0B”，将 389376 号扇区偏移 0X01C2 处的分区标志由“06”修改为“07”，将 598400 号扇区偏移 0X01C2 处的分区标志由“06”修改为“07”，然后存盘并退出 WinHex。

通过计算机管理中的磁盘管理功能附加 abcd71. vhd 后，在计算机管理中的磁盘管理中可以看到 4 个逻辑盘盘符，如图 7.17 所示。

7.1.4 恢复误 Ghost 后的数据

用户安装 Windows 操作系统时，常常会使用 Ghost 软件。但由于用户操作不慎，在选择目标逻辑盘时，有时会误操作为“选择整个磁盘”；从而导致 Windows 操作系统安装完成后，

整个目标硬盘只有一个分区，即C盘分区，C盘分区的容量是整个硬盘的容量。下面以实例的形式介绍误Ghost后的数据恢复。

例7.2 某用户在使用Ghost软件安装操作系统前，原来整个硬盘划分为C盘分区(FAT32)和扩展分区。在扩展分区中建立了3个逻辑盘，即D盘(NTFS)、E盘(NTFS)和F盘(NTFS)。用户在使用Ghost软件安装操作系统后，整个硬盘只有一个分区，对应的盘符为C:，C盘的总容量是整个硬盘的容量，文件系统为FAT32，即系统安装完成后，整个硬盘成为一个大C盘。客户要求恢复Ghost前，D盘、E盘和F盘中的数据。注：客户使用的Ghost版本号为8.0，素材文件名为abcd72.vhd。

【分析】 一般情况下，出现这种情况主要是因为用户在使用Ghost时，目标盘应该选择C盘，而用户却选择了整个硬盘，从而导致Ghost后整个硬盘被划分为一个分区(即C盘分区)，即Ghost前存储在硬盘0号扇区的C盘分区表已被新的C盘分区表所取代，而扩展分区表已被删除。操作系统安装完成后，存储在原来C盘中的部分或者全部数据已被覆盖，而原来D盘分区表和E盘链接项、E盘分区表和F盘链接项、F盘分区表一般不会被覆盖。因此，只要恢复Ghost前硬盘0号扇区的C盘分区表和扩展分区表，或者恢复D盘、E盘和F盘在整个硬盘0号扇区的分区表，就可以恢复D盘、E盘和F盘中存储的全部数据。

Ghost前，各逻辑盘在整个硬盘中分布情况如图7.23所示；使用Ghost安装操作系统后，各逻辑盘在整个硬盘中分布情况如图7.24所示。从Ghost前、后整个硬盘变化情况可知，整个硬盘0号扇区的扩展分区表已被填充为00，即扩展分区表已被删除，C盘分区表已被新的C盘分区表所取代；而Ghost前，D盘分区表和E盘链接项、E盘分区表和F盘链接项、F盘分区表仍然完好保存。但是由于扩展分区表已经不存在，Ghost前D盘分区表和E盘链接项、E盘分区表和F盘链接项、F盘分区表已经不再起作用，如图7.24中的虚线。

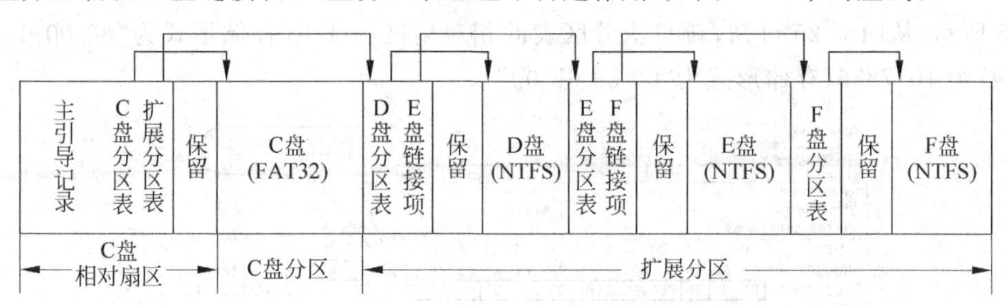

图7.23 Ghost前硬盘布局图

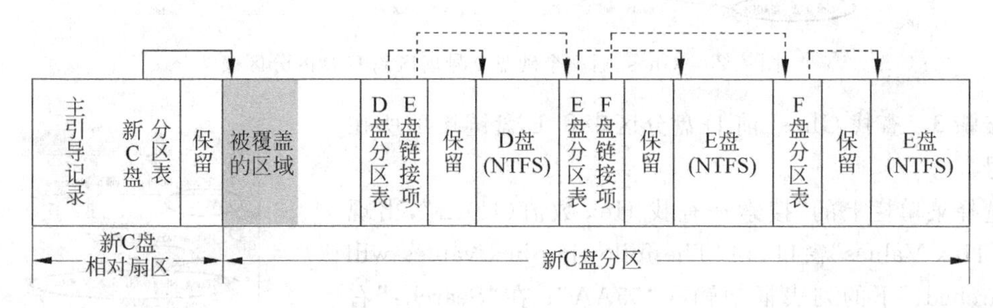

图7.24 Ghost后硬盘布局图

下面分别介绍两种数据恢复的基本思路、方法和步骤。

【数据恢复基本思路(一)】

(1) 恢复Ghost前，整个硬盘0号扇区的C盘分区表与扩展分区表，如图7.23所示。

(2) 修改 Ghost 后 C 盘 DBR 中的总扇区数。

【数据恢复基本方法(一)】

(1) 将要恢复数据的硬盘作为辅盘连接到另一台计算机上,即磁盘 1。

(2) 查找原来 D 盘分区表和 E 盘分区链接项所在扇区号,该扇区号为扩展分区开始扇区,也就是扩展分区的相对扇区。

(3) 由于 Ghost 前,D 盘、E 盘和 F 盘的文件系统均为 NTFS,查找 F 盘 NTFS_DBR 备份所在扇区号;F 盘 NTFS_DBR 备份所在扇区号减去原来 D 盘分区表和 E 盘链接项所在扇区号,再加 1,再加 4096,可以得到扩展分区的总扇区数(注:在 Windows XP 系统下可以不加 4096)。

(4) 根据扩展分区相对扇区和扩展分区总扇区数可以计算出扩展分区表。

(5) 原来 D 盘分区表和 E 盘链接项所在扇区号减去 C 盘的相对扇区可以得到 Ghost 前的 C 盘总扇区数。

(6) 从 Ghost 前 C 盘相对扇区和总扇区数可以计算出 Ghost 前 C 盘的分区表。

(7) 将硬盘 0 号扇区 C 盘分区表修改为 Ghost 前 C 盘分区表,将扩展分区表填入到硬盘 0 号扇区偏移 0X01CE~0X01DD 处。

(8) 将 Ghost 后 C 盘 DBR 中的总扇区数修改为 Ghost 前 C 盘 DBR 中的总扇区数。

【操作步骤(一)】

步骤 1 启动 WinHex 软件。

步骤 2 打开磁盘 1,并映像为磁盘(注:由于这里使用的是虚拟磁盘,使用菜单栏上的文件打开功能打开素材文件夹中的 abcd72.vhd 文件;实际工作中,在 Windows XP 平台下,使用菜单栏上的工具打开磁盘功能,在"Edit Disk"窗口中的 Physical Media 中选择磁盘 1);如图 7.25 所示,从图 7.25 可知,新 C 盘分区表的相对扇区为 128(存储形式为"80 00 00 00");总扇区数为 1017856(存储形式为"00 88 0F 00")。

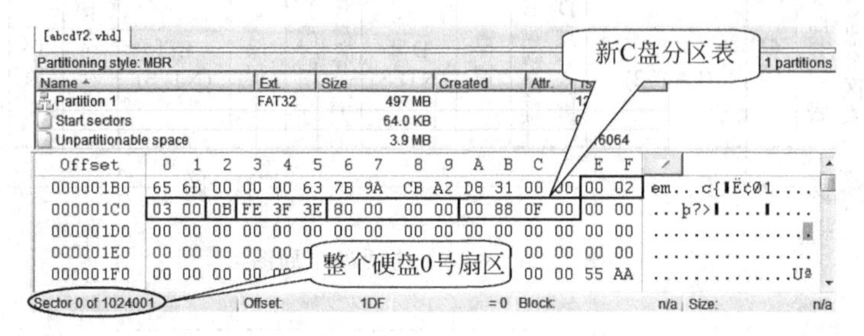

图 7.25 Ghost 后整个硬盘 0 号扇区新 C 盘的分区表

步骤 3 查找 Ghost 前 D 盘分区表和 E 盘链接项所在扇区号。

选择菜单栏上的"搜索→查找 Hex 数值(H)...",出现"Find Hex Values"窗口,在"The following hex values will be searched:"下的列表框中输入"55AA";在"Search:"右侧的下拉式列表框中选择"Down";选择"Cond:"左侧的复选框,在 offset mod 右侧的两个文本框中分别输入 512 和 510(注:因为 55AA 位于扇区的最后两个字节),如图 7.26 所示,单击 OK 按钮,在整个硬盘的 0 号扇区找到。

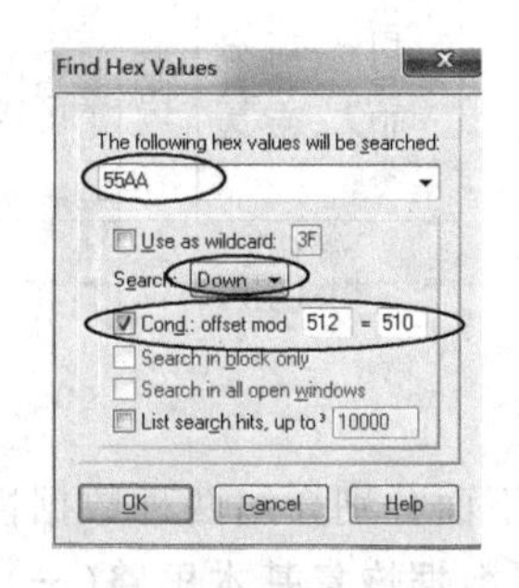

图 7.26 查找分区表所在扇区号

步骤4 按F3键继续向下查找，分别在整个硬盘的128、129、130、134、135、136、140、198784、198912、403711、403712、403840、711039、711040、711168和1014271号扇区找到，经确认，只有0、198784、403712和711040号扇区存储有分区表，而0号扇区存储的是Ghost后C盘的分区表。

将光标移动到198784号扇区，如图7.27所示，从图7.27可知，198784号扇区存储的两个分区表分别是Ghost前D盘分区表和E盘链接项；由此可以推断，扩展分区的开始扇区号为198784；所以，Ghost前扩展分区的相对扇区为198784。

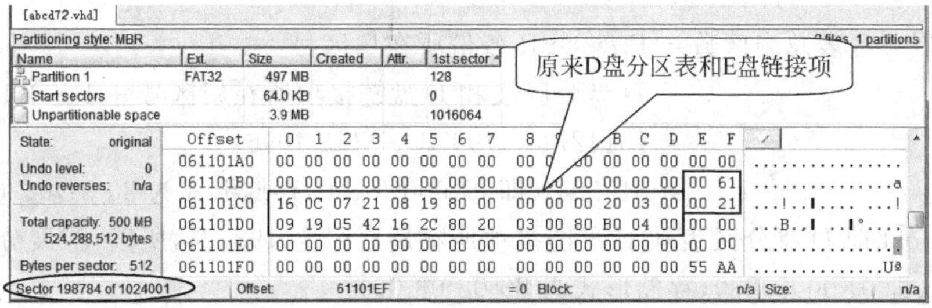

图7.27 198784号扇区存储的分区表

将光标移动到403712号扇区，如图7.28所示，从图7.28可知，403712号扇区存储的两个分区表分别是Ghost前E盘分区表和F盘链接项。

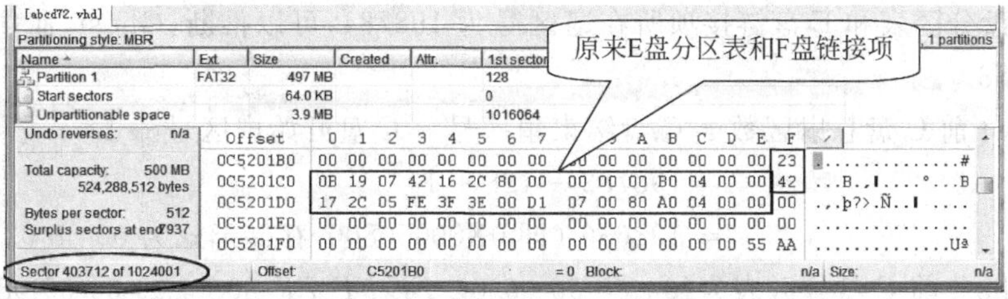

图7.28 403712号扇区存储的分区表

将光标移动到711040号扇区，如图7.29所示，从图7.29可知，711040号扇区存储的分区表是Ghost前F盘分区表。

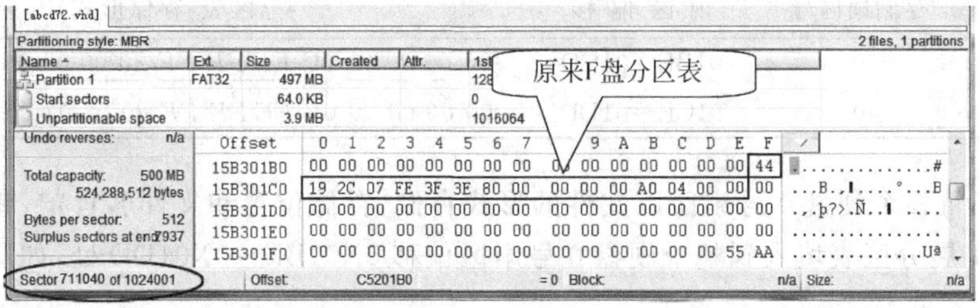

图7.29 711040号扇区存储的分区表

将光标移动到1014271号扇区，如图7.30所示。经分析，1014271号扇区为Ghost前F盘DBR备份所在扇区号(注：Ghost前F盘的文件系统为NTFS)。

步骤5 由于Ghost前D盘分区表和E盘链接项所在扇区号为198784，而F盘DBR备份所在扇区号为1014271。

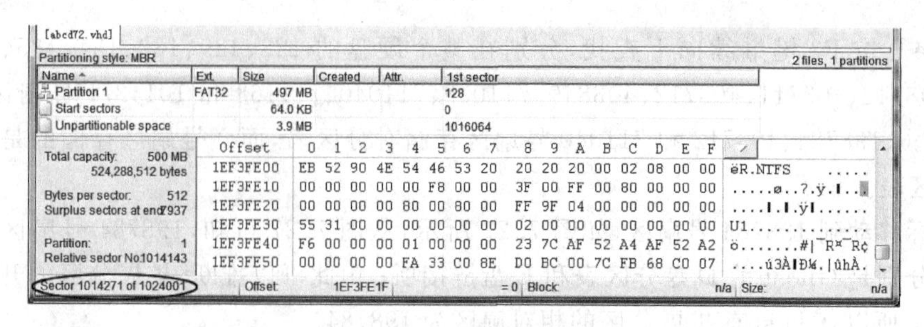

图 7.30 1014271 号扇区存储原来 F 盘 DBR 的备份

扩展分区表总扇区数＝F 盘 DBR 备份所在扇区号－D 盘分区表和 E 盘链接项所在扇区号＋1＋4096
＝1014271－198784＋1＋4096
＝819584（即 0X000C8180，存储形式为 80 81 0C 00）

由于 Ghost 前 D 盘分区表和 E 盘链接项所在扇区号为 198784，所以，扩展分区的相对扇区为 198784(即 0X00030880，存储形式为 80 08 03 00)。

因此，扩展分区表为“00 00 00 00 0F FE FF FF 80 08 03 00 80 81 0C 00”。

注：00 00 00 和 FE FF FF 也可以为任意数据，“0F”为分区标志，即扩展分区。

步骤 6 从 198784 号扇区 D 盘分区表可知，D 盘的相对扇区为 128(即 0X80，存储形式为 80 00 00 00)；由此可以推断，Ghost 前 C 盘的相扇区也为 128，即 Ghost 前 C 盘的开始扇区号；

由于 D 盘分区表和 E 盘链接项所在扇区号为 198784，可以推断，Ghost 前 C 盘的结束扇区号为 198783。

Ghost 前 C 盘总扇区数＝C 盘结束扇区号－C 盘开始扇区号＋1
＝198783－128＋1
＝198656（即 0X00030800，存储形式为 00 08 03 00）

因此，Ghost 前 C 盘分区表为“00 00 00 00 0C FE FF FF 80 00 00 00 00 08 03 00”

步骤 7 综合步骤 5 和步骤 6，Ghost 前，存储在整个硬盘 0 号扇区偏移 0X01BE～0X01DD 处的 C 盘分区表和扩展分区表，见表 7.9 所列。

表 7.9 Ghost 前，C 盘分区表和扩展分区表

分区表	存储扇区号	扇区偏移	分区表(存储形式)
C 盘分区	0	01BE～01CD	00 00 00 00 0C FE FF FF 80 00 00 00 00 08 03 00
扩展分区	0	01CE～01DD	00 00 00 00 0F FE FF FF 80 08 03 00 80 81 0C 00

步骤 8 将整个硬盘 0 号扇区以文件的形式存储，存储位置和文件名自定，将表 7.9 中 C 盘分区表和扩展分区表填入到整个硬盘 0 号扇区偏移 0X01BE～0X01DD 处，如图 7.31 所示，然后存盘。

步骤 9 将光标移动到整个硬盘 128 号扇区，将 128 号扇区以文件的形式存储，存储位置和文件名自定。将 C 盘总扇区数由“00 88 0F 00”修改为“00 08 03 00”，如图 7.32 所示，然后存盘并退出 WinHex。

步骤 10 使用计算机管理功能中的磁盘管理，附加 abcd72.vhd 后形成磁盘 1，如图 7.33 所示；在资源管理器中可以看到 J 盘、K 盘、I 盘(即磁盘 0 时的 D 盘、E 盘和 F 盘)和 H 盘(即 Ghost 后的 C 盘)中的全部文件和文件夹。

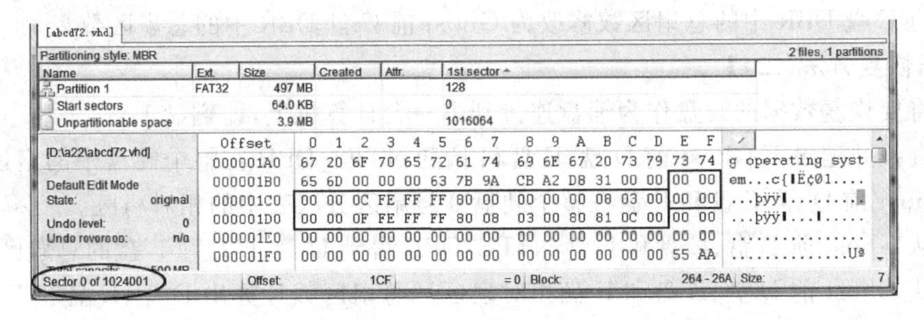

图 7.31　填写 Ghost 前 C 盘分区表和扩展分区表

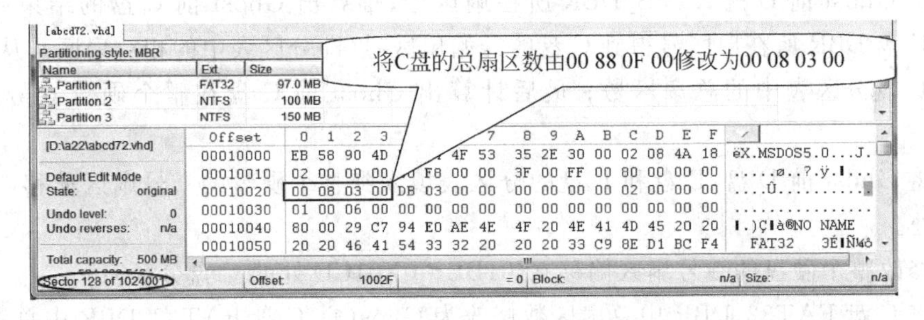

图 7.32　将修改 C 盘 FAT32_DBR 中的总扇区数

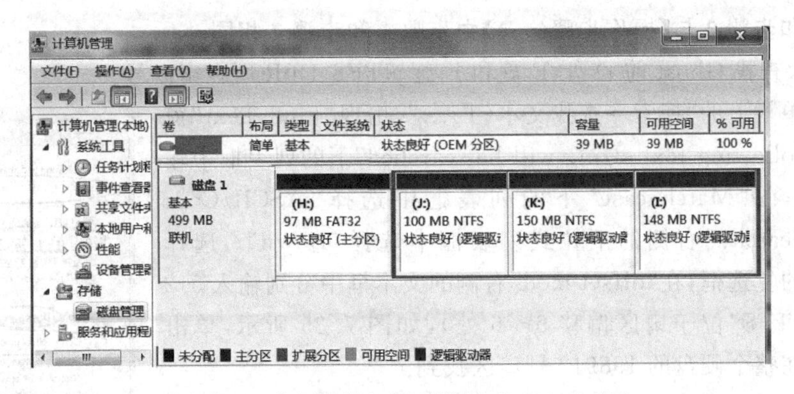

图 7.33　使用计算机管理附加 abcd72. vhd 后

【数据恢复基本思路(二)】

(1) 由于 Ghost 前整个硬盘被划分为 4 个逻辑盘,可以只恢复 4 个逻辑盘在整个硬盘 0 号扇区所对应的 4 个分区表,如图 7.34 中实线箭头;而虚线箭头为 Ghost 后原来分区表结构,由于扩展分区表已不存在,所以,这 3 个分区表和 2 个链接项已不再起作用。

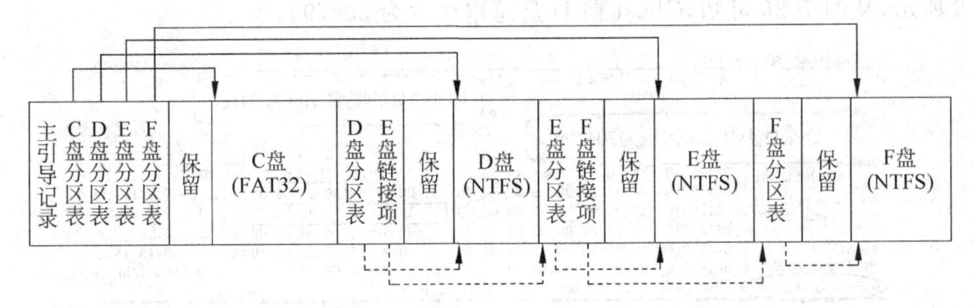

图 7.34　恢复 4 个逻辑盘在整个硬盘 0 号扇区的分区表

(2) 将C盘DBR中的总扇区数修改为Ghost前C盘DBR中的总扇区数。

【数据恢复方法(二)】

(1) 将要恢复数据的硬盘作为辅盘连接到另一台计算机上,即磁盘1。

(2) 查找并记录下Ghost前D盘、E盘和F盘NTFS_DBR在整个硬盘中的扇区号,该扇区号为Ghost前D盘、E盘和F盘在整个硬盘0号扇区分区表中的相对扇区。

(3) 从Ghost前D盘、E盘和F盘NTFS_DBR得到D盘、E盘和F盘的总扇区数。

(4) 从Ghost前D盘、E盘和F盘相对扇区和总扇区数计算出D盘、E盘和F盘在整个硬盘0号扇区的分区表。

(5) 从Ghost前D盘NTFS_DBR所在扇区号,推算出Ghost前C盘的结束扇区号,从Ghost后C盘DBR所在扇区号得到C盘的开始扇区号(即分区表中的相对扇区),从而计算出Ghost前C盘分区表中的总扇区数;最后计算出Ghost前C盘在整个硬盘0号扇区的分区表。

(6) 将Ghost前D盘、E盘和F盘的分区表填入到整个硬盘的0号扇区偏移0X01CE~0X01FD处。

(7) 修改整个硬盘的0号扇区偏移0X01BE~0X01CD处的C盘分区表。

(8) 将C盘FAT32_DBR中总扇区数修改为Ghost前C盘FAT32_DBR中总扇区数。

【操作步骤(二)】

步骤1和步骤2与【操作步骤(一)】中步骤1和步骤2相同。

步骤3 查找Ghost前D盘、E盘和F盘NTFS_DBR所在扇区号。

选择菜单栏上的"搜索→查找文本(T)...",出现"Find Text"窗口,在"The following text string will be searched"下的列表框中输入"NTFS";在"Match case"下的列表框中选择"ASCII/Code page";在"Search:"右侧的下拉式列表框中选择"Down";选择Cond:左侧的复选框,在"offset mod"右侧的文本框中分别输入512和3(注:"NTFS"位于扇区偏移3~6处),如图7.35所示,单击"OK"按钮,在整个硬盘的198912号扇区找到。

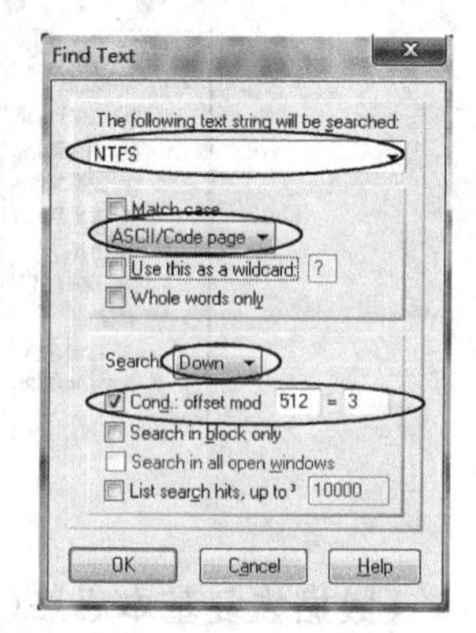

图7.35 查找NTFS_DBR

步骤4 按F3键继续向下查找,分别在整个硬盘的403711、403840、711039、711168和1014271号扇区找到。经确认,403711号扇区为198912号扇区的备份,711039号扇区为403840号扇区的备份,1014271号扇区为711168号扇区的备份。

步骤5 将光标移动到198912号扇区,即Ghost前D盘NTFS_DBR所在扇区号;如图7.36所示,从图7.36可知,Ghost前D盘总扇区数为204799。

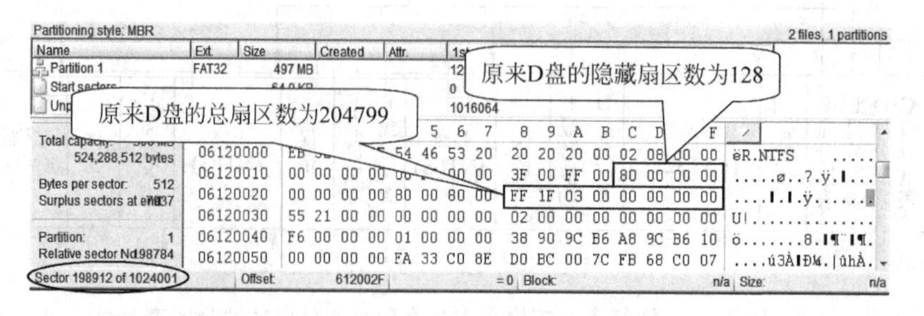

图7.36 原来D盘NTFS_DBR

同样的操作，将光标移动到403840号扇区，即Ghost前E盘NTFS_DBR所在扇区号；从Ghost前E盘NTFS_DBR可知，Ghost前E盘总扇区数为307199。

将光标移动到711168号扇区，即Ghost前F盘NTFS_DBR所在扇区号；从Ghost前F盘NTFS_DBR可知，Ghost前F盘总扇区数为303103。

步骤6 由于Ghost前D盘NTFS_DBR所在扇区号为198912，从D盘的DBR可知，D盘的隐藏扇区数为128，由此可以推断D盘分区表和E盘链接项所在扇区为198784。所以，Ghost前C盘结束扇区号为198783。将光标移动到0号扇区，从0号扇区的分区表可知，Ghost前C盘分区表的相对扇区为128(即Ghost前C盘的开始扇区号)。所以

Ghost前C盘的总扇区数＝Ghost前C盘的结束扇区号－Ghost前C盘的开始扇区号＋1
＝198783－128＋1
＝198656

步骤7 综合步骤5和步骤6，Ghost前，各逻辑盘的基本情况见表7.10所列。

表7.10 Ghost前，各逻辑盘的基本情况表

分 区	文件系统	DBR所在扇区号	DBR备份所在扇区号	总扇区数
第1个(C盘)	FAT32	128	134	198656
第2个(D盘)	NTFS	198912	403711	204799
第3个(E盘)	NTFS	403840	711039	307199
第4个(F盘)	NTFS	711168	1014271	303103

步骤8 Ghost前，4个逻辑盘分区表在硬盘0号扇区的基本情况见表7.11所列；注：NTFS文件系统中，分区表中存储的总扇区数要比DBR中存储的总扇区数多1个扇区。

表7.11 Ghost前，各逻辑盘分区的基本情况表

分区	文件系统	相对扇区			总扇区数		
		十进制	十六进制	存储形式	十进制	十六进制	存储形式
第1个	FAT32	128	80	80 00 00 00	198656	30800	00 08 03 00
第2个	NTFS	198912	30900	00 09 03 00	204800	32000	00 20 03 00
第3个	NTFS	403840	62980	80 29 06 00	307200	4B000	00 B0 04 00
第4个	NTFS	711168	ADA00	00 DA 0A 00	303104	4A000	00 A0 04 00

步骤9 根据表7.11，可以计算出4个分区表在整个硬盘0号扇区0X01BE～0X01FD的存储形式，见表7.12所列。

表7.12 Ghost前，整个硬盘0号扇区偏移0X01BE～0X01FD处4个分区表的存储形式

分区表	扇区偏移	自举标志	开始地址(未定义)	分区标志	结束地址(未定义)	相对扇区	总扇区数
第1个	01BE～01CD	00	00 00 00	0B	FE FF FF	80 00 00 00	00 08 03 00
第2个	01CE～01DD	00	00 00 00	07	FE FF FF	00 09 03 00	00 20 03 00
第3个	01DE～01ED	00	00 00 00	07	FE FF FF	80 29 06 00	00 B0 04 00
第4个	01EE～01FD	00	00 00 00	07	FE FF FF	00 DA 0A 00	00 A0 04 00

对表7.12作如下说明：

(1) 由于这4分区表都不引导操作系统，自举标志均为“00”。

(2) 第1个分区的文件系统为FAT32,从表4.1可知,分区标志为“0B”;而后3个分区的文件系统为NTFS,从表4.1可知,分区标志为“07”。

(3) 由于存储方式为LBA,开始地址和结束地址均未定义,这4个分区的开始地址填充为“00 00 00”,而结束地址则填充为“FE FF FF”,当然也可以填充其他值。

步骤10 将整个硬盘0号扇区以文件的形式保存,存储位置和文件名自定,将这4个分区表填入到整个硬盘0号扇区偏移0X01BE～0X01FD处,如图7.37所示,然后存盘。

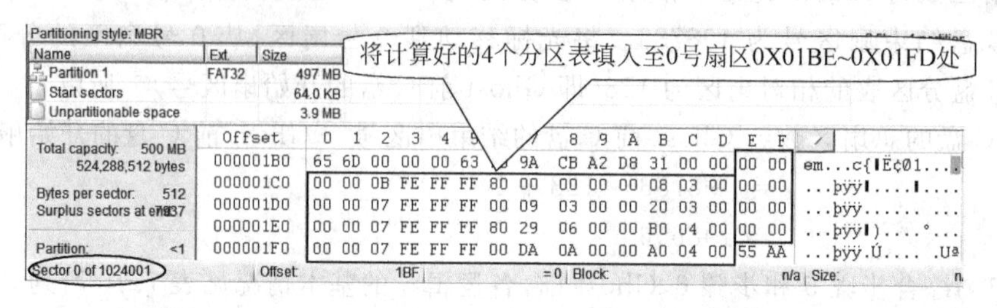

图7.37 将计算好的4个分区表填入到硬盘0号扇区偏移0X01BE～0X01FD处

步骤11 将光标移动到整个硬盘128号扇区处,将该扇区以文件的形式存储,存储位置和文件名自定。将128号扇区中总扇区数修改为198656。如图7.38所示,然后存盘退出WinHex。

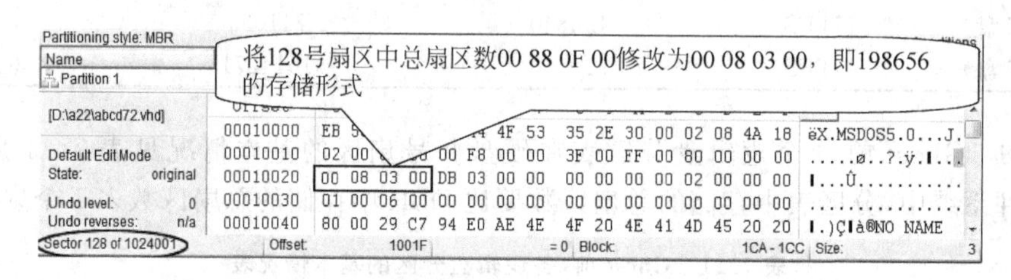

图7.38 将128号扇区DBR中的总扇区数修改为198656

步骤12 使用计算机管理功能中的磁盘管理,附加abcd72.vhd后形成磁盘1,如图7.39所示。在资源管理器中可以看到J盘、K盘、I盘(即磁盘0时的D盘、E盘和F盘)和H盘(即Ghost后的C盘)中的全部文件和文件夹。注:由于DBR中隐藏扇区数的正确性系统不作校验;所以,I盘、J盘和K盘DBR中的隐藏扇区数未作修改。

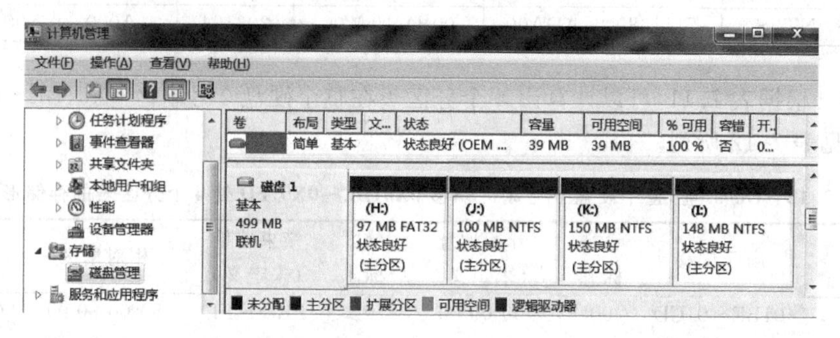

图7.39 附加abcd72.vhd后,在磁盘管理中看到磁盘1中的盘符

【经验总结】

作者做了大量的实验,发现在使用Ghost8.0以后的版本安装操作系统时,如果目标盘选择了整个硬盘,安装操作系统后,存储在硬盘0号扇区的分区表已经被破坏,即将Ghost前的C盘重新分区,分区大小为整个硬盘,将扩展分区表填充为00;Ghost前C盘所在区域的部分

或者全部数据已被覆盖,而原来D盘、E盘和F盘的数据仍然保留,但是D盘链接项、E盘链接项、F盘链接项已被填充为“00”。因此,如果要恢复的分区数量小于3个,建议使用第二种恢复思路、方法和步骤。

如果要恢复的分区大于4个,也可以使用第一种恢复思路、方法和步骤,但该方法除要恢复硬盘0号扇区Ghost前C盘分区表和扩展分区表,还要恢复D盘链接项、E盘链接项、F盘链接项等。

读者也可以参照7.1.3节【数据恢复基本思路、方法和操作步骤(三)】的方式进行恢复。由于篇幅限制,该方法请读者自行实践。

7.1.5 恢复硬盘GPT分区

4.3节中对GPT分区进行了介绍,本节以实例的形式介绍恢复GPT分区表的基本思路、方法与步骤。

例7.3 某用户将硬盘转换成GPT磁盘,并建立了4个分区,4个分区文件系统均为NTFS,由于用户操作不慎,将4个分区删除,要求恢复4个分区中的全部数据(注:素材文件名为abcd73.vhd)。

【恢复GPT分区基本思路】

(1) GPT分区被删除后,可以采用重新建立GPT分区的方式来恢复,但是需要知道GPT分区对应逻辑盘的容量。

(2) 重建GPT分区后,系统会将GPT分区的开始扇区(即对应逻辑盘的DBR)用“00”填充,可以通过DBR备份来恢复。

【恢复GPT分区基本方法】

(1) 通过NTFS_DBR的特征值找到NTFS_DBR和NTFS_DBR备份所在扇区号。

(2) 通过每个NTFS_DBR所在扇区号和NTFS_DBR备份所在扇区号,分别计算4个逻辑盘的容量。

(3) 重建GPT分区时,分别输入4个逻辑盘的容量;温馨提示:“千万不要对逻辑盘进行格式化”操作。

(4) 通过4个逻辑盘的NTFS_DBR备份依次恢复4个逻辑盘的NTFS_DBR。

【恢复GPT分区操作步骤】

步骤1 启动WinHex软件。

步骤2 打开abcd73.vhd。

操作方式:“文件→打开”→“选择abcd73.vhd文件”,“专家→映像文件为磁盘”→“选择整个硬盘的0号扇区”,0号扇区最后80字节和1号扇区前64字节的值如图7.40所示。

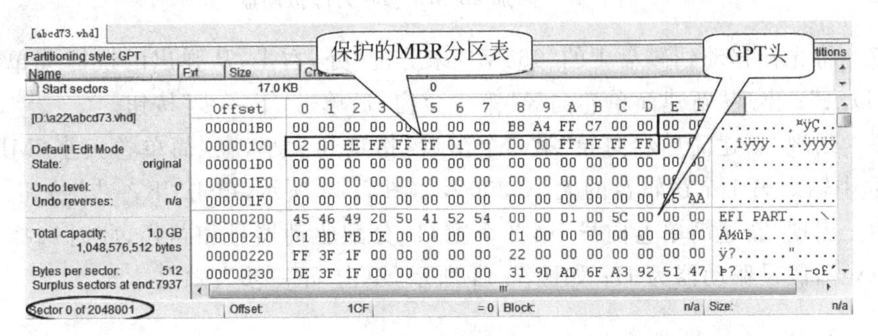

图7.40 GPT磁盘的0号扇区和1号扇区部分值

步骤3 查找4个NTFS_DBR及其NTFS_DBR备份在整个硬盘中的扇区号。

选择菜单栏上的"搜索"→"查找Hex数值(H)..."，出现"Find Hex Values"窗口，在"The following hex values will be searched:"列表框中输入"EB5290"；在"Search："下拉框中选择"Down"；选择"Cond："左侧的复选框；在"offset mod"右侧的两个文本框中分别输入"512"和"0"；如图7.41所示；单击"OK"按钮。

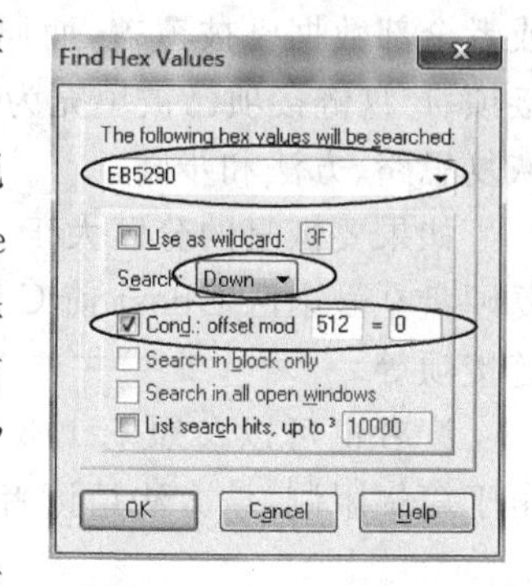

图7.41 查找NTFS_DBR

步骤4 在65664号扇区找到第1个NTFS_DBR，按"F3"键继续向下查找，分别在680063、680064、987263、987264、1396863、1396864和2044031号扇区找到。

步骤5 经确认，4个NTFS_DBR和NTFS_DBR备份所在扇区号见表7.13所列，退出WinHex。

表7.13 4个NTFS_DBR及NTFS_DBR备份所在扇区号

逻辑盘	NTFS_DBR所在扇区号	NTFS_DBR备份所在扇区号	各逻辑盘所占扇区数	各逻辑盘容量(单位：MB)
第1个	65664	680063	614400	300
第2个	680064	987263	307200	150
第3个	987264	1396863	409600	200
第4个	1396864	2044031	647168	316

步骤6 启动计算机管理，选择"磁盘管理"→"操作(A)"→"附加VHD"→出现"附加虚拟硬盘"窗口，单击"浏览(B)..."按钮，选择"abcd73.vhd"文件，单击"确定"按钮。将abcd73.vhd文件附加成虚拟硬盘1，如图7.42所示。

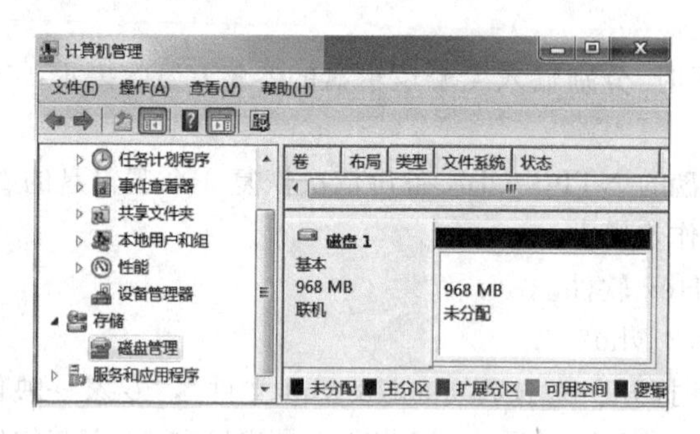

图7.42 附加abcd73.vhd为虚拟硬盘

步骤7 将光标移动到磁盘1的"968MB未分配"处，右击，从弹出的快捷菜单中选择"新建简单卷(I)..."；出现"新建简单卷向导"第1个窗口，单击"下一步"按钮。

步骤8 出现"新建简单卷向导"第2个窗口_指定卷大小，在"简单卷大小(MB)(S)："右侧的列表框中输入第1个逻辑盘的大小"300"，如图7.43所示，单击"下一步"按钮。

步骤9 出现"新建简单卷向导"第3个窗口_分配驱动器号和路径，此时选择"分配以下驱动器号(A)"，假设驱动器为H；如图7.44所示，单击"下一步"按钮。

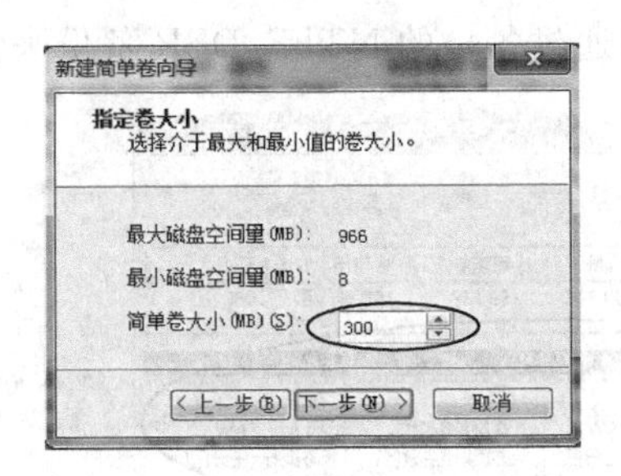

图 7.43　输入第 1 个 NTFS 大小 300MB

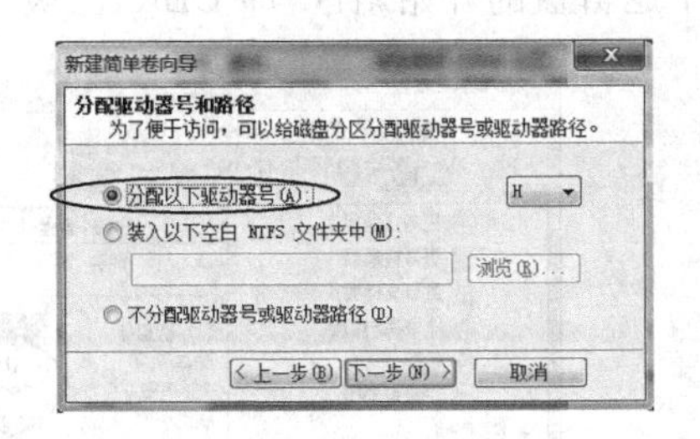

图 7.44　分配驱动器号和路径

步骤 10　出现“新建简单卷向导”第 4 个窗口_格式化分区，此时选择“不要格式化这个卷(D)”选项；如图 7.45 所示，温馨提示：“*千万不要格式化这个卷*”，单击“下一步”按钮。

步骤 11　出现“新建简单卷向导”第 5 个窗口_正在完成新建简单卷向导。如图 7.46 所示，单击“完成”按钮。

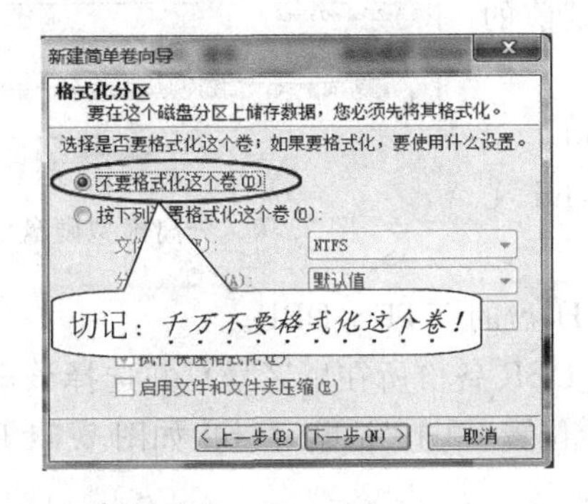

图 7.45　不要格式化这个卷

图 7.46　完成新建简单卷

步骤 12　此时出现驱动器 H 未格式化提示，如图 7.47 所示；再次温馨提示：“***千万不要格式化 H 盘***”，此时单击“取消”按钮；出现“无法访问 H:\”提示，如图 7.48 所示，单击“确定”按钮。

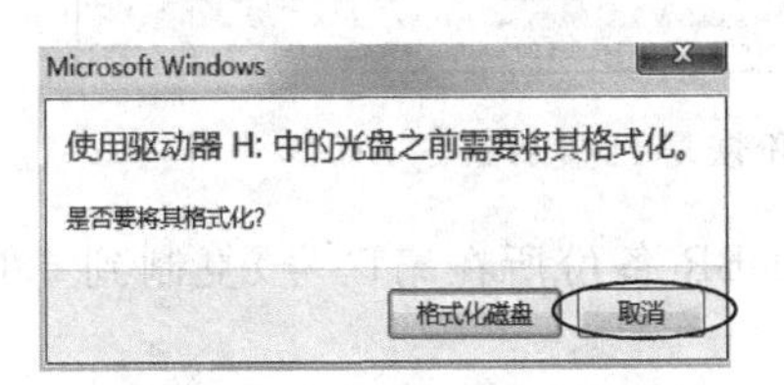

图 7.47　驱动器 H:未格式化

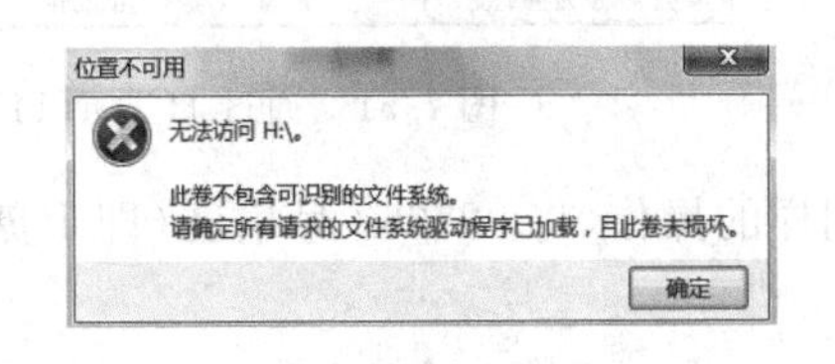

图 7.48　无法访问 H:\

步骤 13　重复步骤 7～步骤 12 共计 3 次，在出现“新建简单卷向导”第 2 个窗口_指定卷大小，在“简单卷大小(MB)(S)：”右侧的列表框中依次分别输入第 2、3、4 个逻辑盘的大小：即“150”“200”和“316”。

在出现“新建简单卷向导”第 3 个窗口_分配驱动器号和路径，此时选择“分配以下驱动器号(A)”，假设驱动器号分别选择 I、J 和 K。

最后一次温馨提示：“***千万不要格式化 I 盘、J 盘和 K 盘***”。

步骤 14　通过计算机管理的磁盘管理功能查看磁盘 1，可以看到 H 盘、I 盘、J 盘和 K 盘的文件系统均为 RAW，如图 7.49 所示；至此，4 个逻辑盘对应的 4 个 GPT 分区已经建立，但是 4 个逻辑盘的开始扇区(即 DBR)已被“00”填充,需要通过各自的 NTFS_DBR 备份来恢复。

计算机管理
文件(F) 操作(A) 查看(V) 帮助(H)
任务计划程序
事件查看器
共享文件夹
本地用户和组
性能
设备管理器
存储
磁盘管理
服务和应用程序
卷 布局 类型 文... 状态 容量 可用空间 % 可用 容错 开销
简单 基本 状态良好 (OEM 分... 39 MB 39 MB 100 % 否 0%
磁盘 1
基本
968 MB
联机
(H:)
300 MB RAW
状态良好 (主分区)
(I:)
150 MB RAW
状态良好 (主分区)
(J:)
200 MB RAW
状态良好 (主分区)
(K:)
316 MB RAW
状态良好 (主分区)
未分配 主分区 扩展分区 可用空间 逻辑驱动器

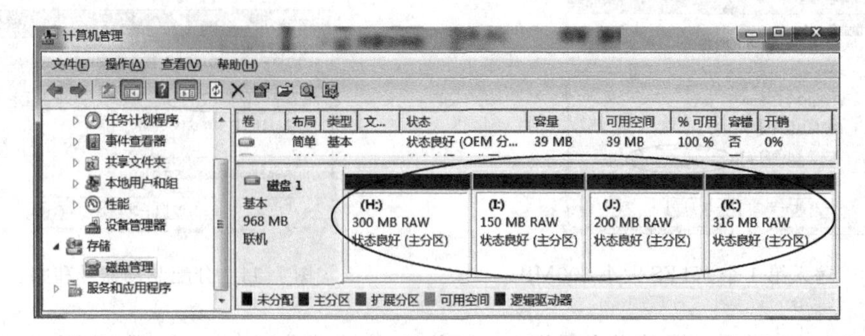

图 7.49 磁盘 1 中 4 个逻辑盘文件系统均为 RAW

步骤 15 将光标移动到磁盘 1 处,右击,从弹出的快捷菜单中选择“分离 VHD”后,出现“分离虚拟硬盘”窗口,不要选择“删除磁盘后删除虚拟硬盘文件(D)。”前的复选择框,如图 7.50 所示,单击“确定”按钮。

分离虚拟硬盘
分离虚拟硬盘将使其不可用,直到它再次附加为止。
虚拟硬盘文件位置:
D:\a22\abcd73.vhd
删除磁盘后删除虚拟硬盘文件(D)。
删除虚拟硬盘文件将导致永久丢失磁盘上存储的所有数据。
确定
取消

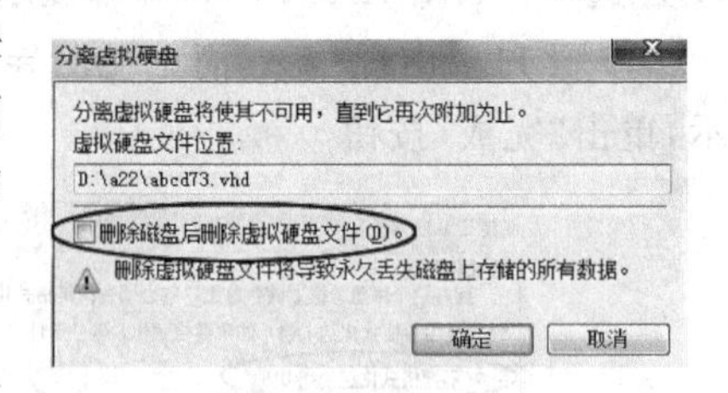

图 7.50 分离虚拟硬盘 1

步骤 16 启动 WinHex 软件,打开 abcd73.vhd。

操作方式:“文件→打开”→“选择 abcd73.vhd 文件”,“专家→映像文件为磁盘”。

步骤 17 通过 H 盘的 NTFS_DBR 备份恢复 H 盘的 NTFS_DBR。

将光标移动到 680063 号扇区(即 H 盘 NTFS_DBR 备份所在扇区号),并选择该扇区;单击“复制”按钮;将光标移动到 65664 号扇区的开始位置,单击“粘贴”按钮,如图 7.51 所示。

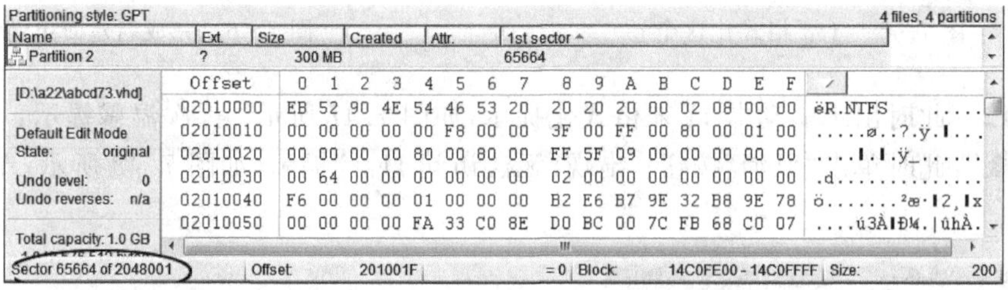

Partitioning style: GPT
4 files, 4 partitions
Name Ext. Size Created Attr. 1st sector
Partition 2 ? 300 MB 65664
[D:\a22\abcd73.vhd]
Default Edit Mode
State: original
Undo level: 0
Undo reverses: n/a
Total capacity: 1.0 GB
Offset 0 1 2 3 4 5 6 7 8 9 A B C D E F
02010000 EB 52 90 4E 54 46 53 20 20 20 20 00 02 08 00 00
02010010 00 00 00 00 00 F8 00 00 3F 00 FF 00 80 00 01 00
02010020 00 00 00 00 80 00 80 00 FF 5F 09 00 00 00 00 00
02010030 00 64 00 00 00 00 00 00 02 00 00 00 00 00 00 00
02010040 F6 00 00 00 01 00 00 00 B2 E6 B7 9E 32 B8 9E 78
02010050 00 00 00 00 FA 33 C0 8E D0 BC 00 7C FB 68 C0 07
Sector 65664 of 2048001
Offset: 201001F
= 0 Block: 14C0FE00 - 14C0FFFF Size: 200

图 7.51 通过 H 盘 NTFS_DBR 备份恢复 H 盘 NTFS_DBR

同样的操作,将 987263 号扇区(即 I 盘 NTFS_DBR 备份所在扇区号)复制到 680064 号扇区。

将 1396863 号扇区(即 J 盘 NTFS_DBR 备份所在扇区号)复制到 987264 号扇区。

将 2044031 号扇区(即 K 盘 NTFS_DBR 备份所在扇区号)复制到 1396864 号扇区。

最后,单击“保存”按钮,并退出 WinHex。

步骤 18 启动计算机管理,选择“磁盘管理”→“操作”→“附加 VHD”→出现“附加虚拟硬盘窗口”,单击“浏览”按钮,选择“abcd73.vhd”文件,单击“确定”按钮;将 abcd73.vhd 文件附加成虚拟硬盘 1。在资源管理器中可以查看到 H 盘、I 盘、J 盘和 K 盘中的所有文件和文件夹。

当 GPT 分区被删除后,如果整个硬盘的总容量小于 2TB,并且分区总数小于 4 个时,也可以通过重建 MBR 分区表的形式来恢复。

例 7.4 在例 7.3 中,由于整个硬盘总容量小于 2TB,通过重建 4 个 MBR 分区表的形式来恢复 4 个逻辑盘中的全部数据(注:素材文件名为 abcd73.vhd)。

【恢复 MBR 分区表基本思路】

恢复 4 个逻辑盘在硬盘 0 号扇区偏移 0X01BE～0X01FD 处对应的 4 个 MBR 分区表。

【恢复 MBR 分区表基本方法】

(1) 通过 NTFS_DBR 的特征值找到 NTFS_DBR 和 NTFS_DBR 备份所在扇区号。

(2) 通过 NTFS_DBR 所在扇区号和 NTFS_DBR 备份所在扇区号，分别计算 4 个逻辑盘所占扇区数。

(3) 通过 4 个逻辑盘 NTFS_DBR 所在扇区号和所占扇区数，计算 4 个逻辑盘在硬盘 0 号扇区的 MBR 分区表。

(4) 将 4 个 MBR 分区表填入到硬盘 0 号扇区偏移 0X01BE～0X01FD 处。

【恢复 MBR 分区表操作步骤】

步骤 1～步骤 5 与【恢复 GPT 分区操作步骤】步骤 1～步骤 5 相同。

步骤 6 通过 4 个 NTFS_DBR 所在扇区号和 4 个逻辑盘所占总扇区数，可以得到 4 个逻辑盘在整个硬盘 0 号扇区对应分区表中的相对扇区和总扇区数，见表 7.14 所列。

表 7.14 4 个分区表在整个硬盘 0 号扇区分区表中的相对扇区和总扇区数

分区	文件系统	相对扇区			总扇区数		
		十进制	十六进制	存储形式	十进制	十六进制	存储形式
第 1 个	NTFS	65664	10080	80 00 01 00	614400	96000	00 60 09 00
第 2 个	NTFS	680064	A6080	80 60 0A 00	307200	4B000	00 B0 04 00
第 3 个	NTFS	987264	F1080	80 10 0F 00	409600	64000	00 40 06 00
第 4 个	NTFS	1396864	155080	80 50 15 00	647168	9E000	00 E0 09 00

步骤 7 通过 4 个分区表中的相对扇区和总扇区数，计算 4 个逻辑盘在硬盘 0 号扇区 4 个分区表，见表 7.15 所列。

表 7.15 整个硬盘 0 号扇区偏移 0X01BE～0X01FD 处 4 个分区表的存储形式

分区	扇区偏移	自举标志	开始地址(未定义)	分区标志	开始地址(未定义)	相对扇区	总扇区数
第 1 个	01BE～01CD	00	00 00 00	07	FE FF FF	80 00 01 00	00 60 09 00
第 2 个	01CE～01DD	00	00 00 00	07	FE FF FF	80 60 0A 00	00 B0 04 00
第 3 个	01DE～01ED	00	00 00 00	07	FE FF FF	80 10 0F 00	00 40 06 00
第 4 个	01EE～01FD	00	00 00 00	07	FE FF FF	80 50 15 00	00 E0 09 00

步骤 8 将硬盘 0 号扇区以文件的形式存储，文件名和存储位置自定，将 4 个分区表填入到硬盘 0 号扇区偏移 0X01BE～0X01FD 处，如图 7.52 所示，存盘并退出 WinHex。

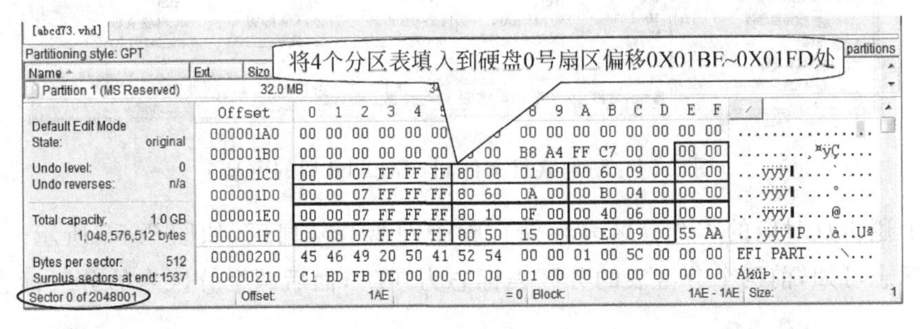

图 7.52 将 4 个分区表填入到硬盘 0 号扇区偏移 0X01BE～0X01FD 处

步骤 9 使用计算机管理中的磁盘管理功能附加 abcd73. vhd 文件后,可以看到磁盘 1 中的 H 盘、I 盘、J 盘和 K 盘的文件系统均为 NTFS,如图 7.53 所示,在资源管理器中可以查看到 H 盘、I 盘、J 盘和 K 盘中的所有文件和文件夹。

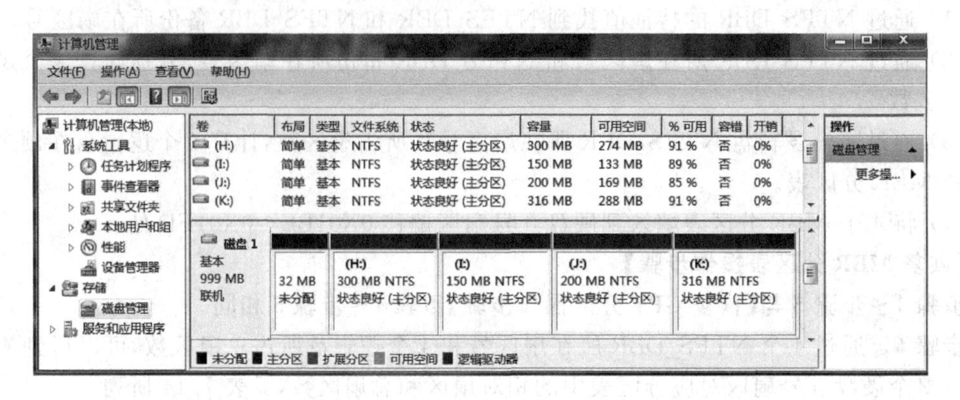

图 7.53 附加 abcd73. vhd 后所看到的 4 个逻辑盘

7.2 恢复 DBR

7.2.1 DBR 被破坏后的现象

如果逻辑盘的 FAT32_DBR 或者 NTFS_DBR 被破坏,而该文件系统对应的分区表完好,在资源管理器中可以查看到该分区表产生的盘符。但单击该盘符时,会出现"磁盘未格式化"提示。切记!此时"**千万不要对逻辑盘进行格式化**"操作。只要恢复 FAT32_DBR 或者 NTFS_DBR 中的 BPB 参数即可恢复逻辑盘中的所有文件和文件夹。

例 7.5 通过计算机管理功能中的磁盘管理功能附加素材文件 abcd74. vhd 成一个物理盘后(即磁盘 1),在资源管理器中可以看到添加了 4 个逻辑盘,4 个逻辑盘的文件系统均为 RAW,如图 7.54 所示。

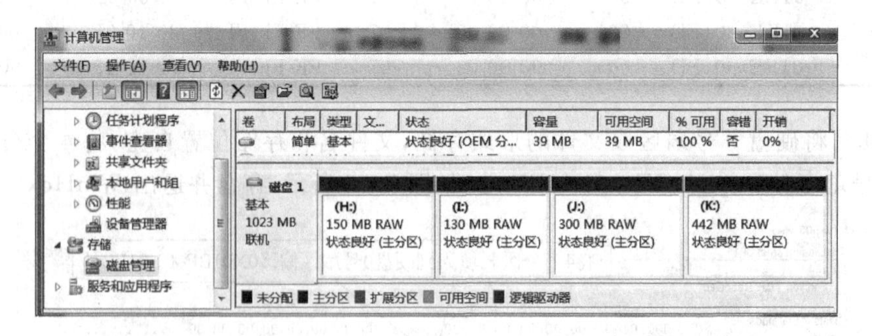

图 7.54 附加素材文件 abcd74. vhd 后的磁盘 1

这 4 个逻辑盘对应的 4 个分区表存储在整个硬盘 0 号扇区,如图 7.55 所示。从图 7.55 中的分区标志可知,前两个分区表的分区表标志为"0B",而后两个分区表的分区标志为"07"。

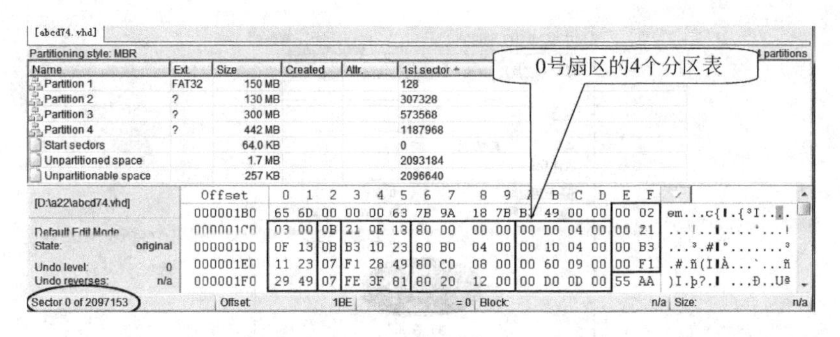

图 7.55 硬盘 0 号扇区所存储的 4 个分区表

说明：

(1) 第 1 个分区表对应文件系统为 FAT32，FAT32_DBR 被破坏而 FAT32_DBR 备份完好。

(2) 第 2 个分区表对应文件系统为 FAT32，FAT32_DBR 和 FAT32_DBR 备份均被破坏。

(3) 第 3 个分区表对应文件系统为 NTFS，NTFS_DBR 被破坏而 NTFS_DBR 备份完好。

(4) 第 4 个分区表对应文件系统为 NTFS，NTFS_DBR 和 NTFS_DBR 备份均被破坏。

在资源管理器中，查看 4 个分区表产生的 4 个逻辑盘分别为 H 盘、I 盘、J 盘和 K 盘，如图 7.56 所示。

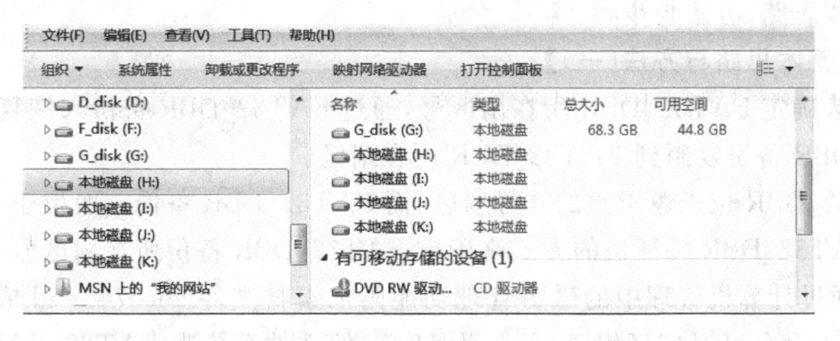

图 7.56 在资源管理器中所查看到的 4 个逻辑盘

如果单击 H 盘，则会出现“是否要将其格式化?”提示，如图 7.57 所示。再次温馨提示：“千万不要格式化该磁盘”，此时单击“取消”按钮，则出现“无法访问 H:\。”提示，如图 7.58 所示，单击“确定”按钮。

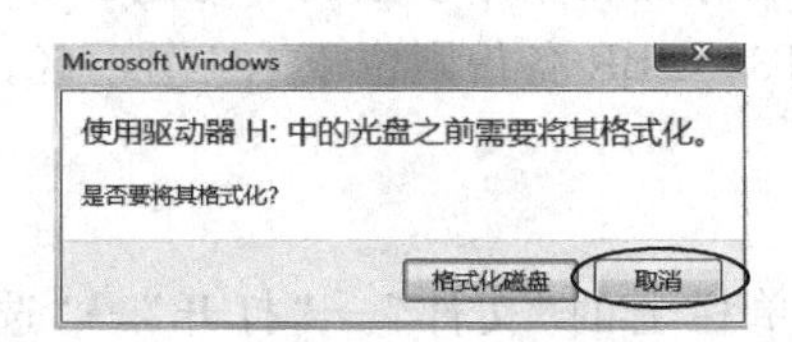

图 7.57 出现“磁盘未格式化”提示

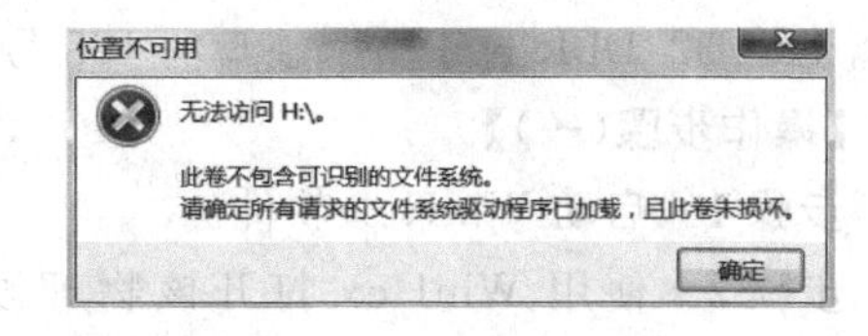

图 7.58 出现“无法访问 H 盘”提示

将光标移动到 H 盘，右击，从弹出的快捷菜单中选择“属性”，查看 H 盘的属性时，H 盘的已用空间和可用空间均为 0 字节，如图 7.59 所示。

出现以上现象往往是因为 FAT32_DBR 或者 NTFS_DBR 被破坏，需要恢复 FAT32_DBR 或 NTFS_DBR 中的相应 BPB 参数。

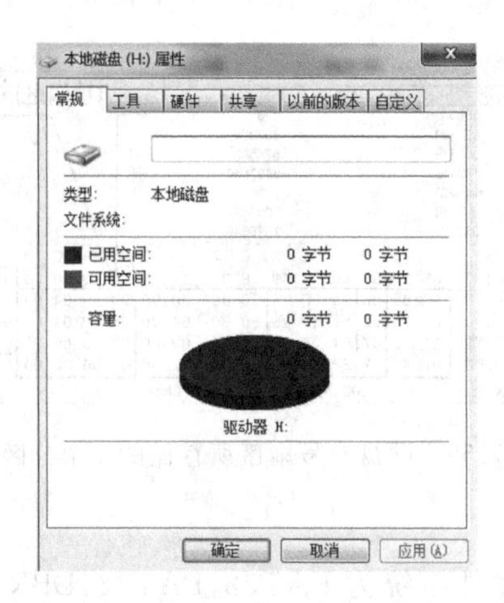

图 7.59　查看 H 盘的属性

7.2.2　恢复 FAT32_DBR

FAT32_DBR 被破坏，分两种情况来分析。

【情况一】 FAT32_DBR 被破坏而 FAT32_DBR 备份完好；针对【情况一】下面介绍两种数据恢复的基本思路、方法与步骤。

【数据恢复基本思路与方法(一)】

通过分区表确定 FAT32_DBR 所在扇区号，通过 FAT32_DBR 备份来恢复 FAT32_DBR，即将 FAT32_DBR 备份复制到 FAT32_DBR 所在扇区。

注： FAT32_DBR 位于逻辑盘的 0 号扇区，而 FAT32_DBR 备份一般位于 6 号扇区；也可以通过查找 FAT32_DBR 特征值的方式来确定 FAT32_DBR 备份所在扇区号。

例 7.6　通过计算机管理中的磁盘管理功能附加素材文件 abcd74. vhd 成一个物理盘后(即磁盘 1)，第 1 个分区对应逻辑盘(假设为 H 盘)的文件系统为 FAT32，FAT32_DBR 被破坏，而 FAT32_DBR 备份完好，需要恢复 H 盘中的全部数据。

【分析】

从图 7.55 可知，第 1 个分区表的相对扇区为 128，总扇区数为 307200；在分区表中的存储形式分别为"80 00 00 00"和"00 B0 04 00"；由于分区表存储在整个硬盘的 0 号扇区，所以 H 盘 FAT32_DBR 位于整个硬盘的 128 号扇区；而 FAT32_DBR 备份则位于 134 号扇区。

【操作步骤(一)】

步骤 1　启动 WinHex 软件。

步骤 2　使用 WinHex 打开该物理硬盘。选择菜单栏上的"文件"→"打开"→"选择 abcd74. vhd 文件"；"专家"→"映像文件为磁盘"→"选择整个硬盘 0 号扇区"，如图 7.55 所示。

步骤 3　由于第 1 个分区对应的 DBR 位于整个硬盘的 128 号扇区，将光标移动到 128 号扇区，128 号扇区前 80 字节内容如图 7.60 所示，从图 7.60 可知，128 号扇区已不再是 FAT32_DBR，将该扇区以文件的形式保存，文件名和存储位置自定。

步骤 4　将光标移动到 134 号扇区(即 FAT32_DBR 备份所在扇区号)，如图 7.61 所示；从图 7.61 可知，总扇区数为 307200，在 FAT32_DBR 备份中的存储形式为"00 B0 04 00"，与第 1 个分区表中总扇区数相等，可以判断，该扇区为 FAT32_DBR 备份。

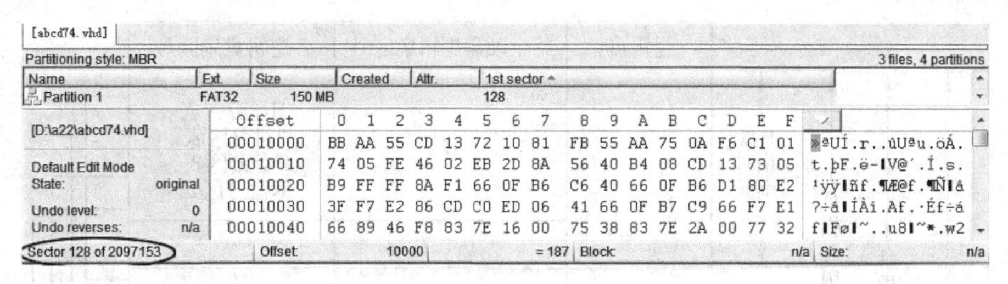

图 7.60 被破坏的 FAT32_DBR

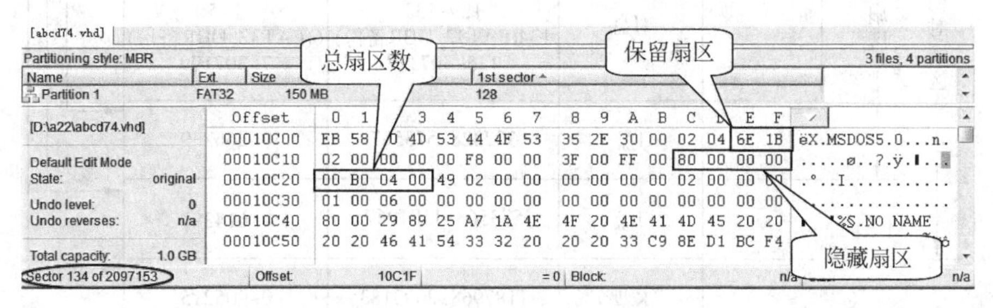

图 7.61 FAT32_DBR 备份所在扇区

步骤 5 将光标移动到 134 号扇区开始位置，右击，从弹出的快捷菜单中选择“Beginning of block”，定义块首；将光标移动到该扇区的结束位置，右击，从弹出的快捷菜单中选择“End of block”，定义块尾，单击工具栏上的“复制”按钮。

步骤 6 将光标移动到 128 号扇区开始位置，单击工具栏上的“粘贴”（即 Write Clipboard）按钮，如图 7.62 所示，然后存盘并退出 WinHex。

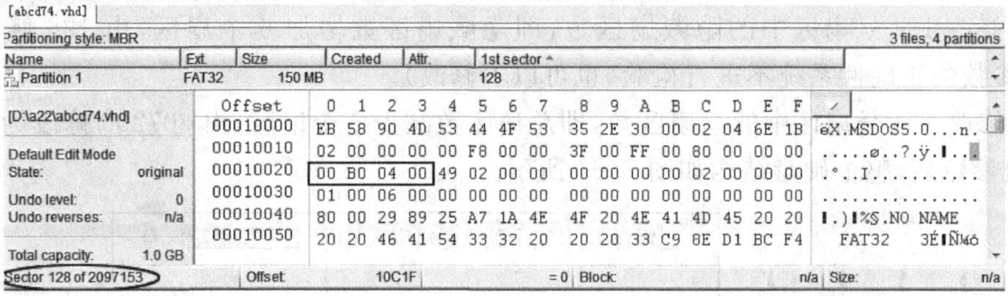

```
Offset     0  1  2  3  4  5  6  7   8  9  A  B  C  D  E  F
00010000  EB 58 90 4D 53 44 4F 53  35 2E 30 00 02 04 6E 1B
00010010  02 00 00 00 00 F8 00 00  3F 00 FF 00 80 00 00 00
00010020  00 B0 04 00 49 02 00 00  00 00 00 00 02 00 00 00
00010030  01 00 06 00 00 00 00 00  00 00 00 00 00 00 00 00
00010040  80 00 29 89 25 A7 1A 4E  4F 20 4E 41 4D 45 20 20
00010050  20 20 46 41 54 33 32 20  20 20 33 C9 8E D1 BC F4
```

图 7.62 将 134 号扇区复制到 128 号扇区

步骤 7 通过计算机管理功能附加 abcd74.vhd 文件后，到资源管理器中可以查看到 H 盘中的文件和文件夹。

【数据恢复基本思路与方法(二)】

找到 FAT32_DBR 备份所在扇区号，将 FAT32_DBR 备份作为 FAT32_DBR 来处理。

从图 7.55 可知，第 1 个分区表为“00 02 03 00 0B 21 0E 13 80 00 00 00 00 B0 04 00”，所以相对扇区为 128(存储形式为“80 00 00 00”)；总扇区数为 307200(存储形式为“00 B0 04 00”)。

从图 7.61 可知，保留扇区数为 7022(存储形式为“6E 1B”)；隐藏扇区数为 128(存储形式为“80 00 00 00”)；总扇区数为 307200(存储形式为“00 B0 04 00”)。

由于 H 盘 FAT32_DBR 备份在整个硬盘的 134 号扇区，修改参数前，整个硬盘结构如图 7.63 所示。

需要修改的参数如下：

(1) 修改第 1 个分区表中的相对扇区，使得相对扇区指向 FAT32_DBR 备份，即相对扇区增加 6 个扇区，由 128 修改为 134；FAT32_DBR 备份就变成 FAT32_DBR。

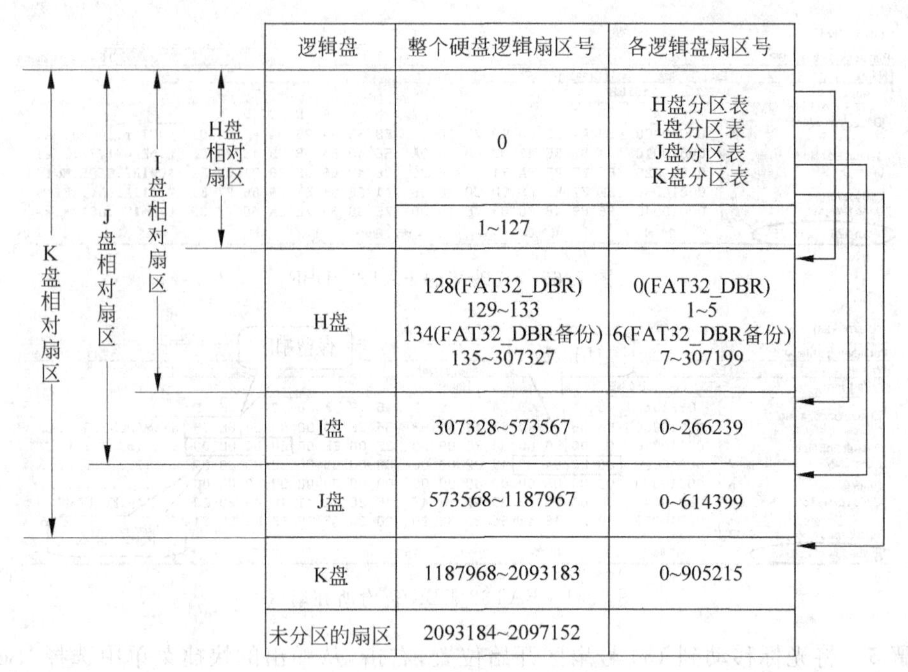

图 7.63　修改参数前整个硬盘结构图

(2) 修改第 1 个分区表中的总扇区数，即分区表中总扇区数减少 6 个扇区，由 307200 修改为 307194。

(3) 修改 134 号扇区中的保留扇区数，即保留扇区数减少 6 个扇区，由 7022 修改为 7016。

(4) 修改 134 号扇区中的隐藏扇区数，即隐藏扇区数增加 6 个扇区，由 128 修改为 134（注：该参数的正确性系统不进行检验，也可以不修改）。

(5) 修改 134 号扇区中的总扇区数，即总扇区数减少 6 个扇区，由 307200 修改为 307194。

修改参数后，整个硬盘结构如图 7.64 所示。

图 7.64　修改参数后整个硬盘结构图

综合 1～5,需要修改的参数见表 7.16 所列。

表 7.16　需要修改的参数内容

参数存储位置	扇区偏移（十六进制）	修改内容	修改前的值					修改后的值				
			十进制	存储形式				十进制	存储形式			
硬盘 0 号扇区第 1 个分区表	01C6～01C9	相对扇区	128	80	00	00	00	134	86	00	00	00
	01CA～01CD	总扇区数	307200	00	B0	04	00	307194	FA	AF	04	00
硬盘 134 号扇区	000E～000F	保留扇区	7022	6E		1B		7016	68		1B	
	001C～001F	隐藏扇区数	128	80	00	00	00	134	86	00	00	00
	0020～0023	总扇区数	307200	00	B0	04	00	307194	FA	AF	04	00

修改参数前,H 盘与整个硬盘的对应关系见表 7.17 所列；修改参数后,整个硬盘结构见表 7.18 所列。

表 7.17　修改参数前,H 盘扇区号与整个硬盘扇区号对应关系表

扇区用途	整个硬盘逻辑扇区号	H 盘的逻辑扇区号	描　述	簇号	所占扇区数	备注
相对扇区	0～127		分区表到 FAT32_DBR 的扇区数		128	隐藏扇区
保留扇区	128	0	FAT32_DBR		1	H盘占用扇区
	129	1	FSINFO		1	
	130～133	2～5	未用		4	
	134	6	FAT32_DBR 备份		1	
	135	7	FSINFO 备份		1	
	136～7149	8～7021	未用		7014	
FAT1 表	7150～7734	7022～7606	FAT1 表占用扇区		585	
FAT2 表	7735～8319	7607～8191	FAT2 表占用扇区		585	
数据区	8320～307327	8192～307199	数据区占用扇区	2～74753	299008	

表 7.18　修改参数后,H 盘扇区号与整个硬盘扇区号对应关系表

扇区用途	整个硬盘逻辑扇区号	H 盘的逻辑扇区号	描　述	簇号	所占扇区数	备注
相对扇区	0～133		分区表到 FAT32_DBR 的扇区数		134	隐藏扇区
保留扇区	134	0	FAT32_DBR		1	H盘占用扇区
	135	1	FSINFO		1	
	136～139	2～5	未用		4	
	140	6	未用		1	
	141	7	未用		1	
	142～7149	8～7015	未用		7008	
FAT1 表	7150～7734	7016～7600	FAT1 表占用扇区		585	
FAT2 表	7735～8319	7601～8185	FAT2 表占用扇区		585	
数据区	8320～307327	8186～307193	数据区占用扇区	2～74753	299008	

【操作步骤(二)】

步骤 1 和步骤 2 与【操作步骤(一)】中步骤 1 和步骤 2 相同。

步骤 3 查找FAT32_DBR备份所在扇区号，在134号扇区找到，如图7.61所示。由于FAT32_DBR中总扇区数等于整个硬盘0号扇区第1分区表中的总扇区数，可以初步判断该扇区为FAT32_DBR备份；从FAT32_DBR备份和第1个分区表可知，整个硬盘扇区号、H盘扇区号与簇的对应关系，见表7.17所示。

步骤 4 将光标移动到整个硬盘0号扇区，将整个硬盘0号扇区第1个分区表中的相对扇区由128修改为134，总扇区数由307200修改为307194，然后存盘，如图7.65所示。

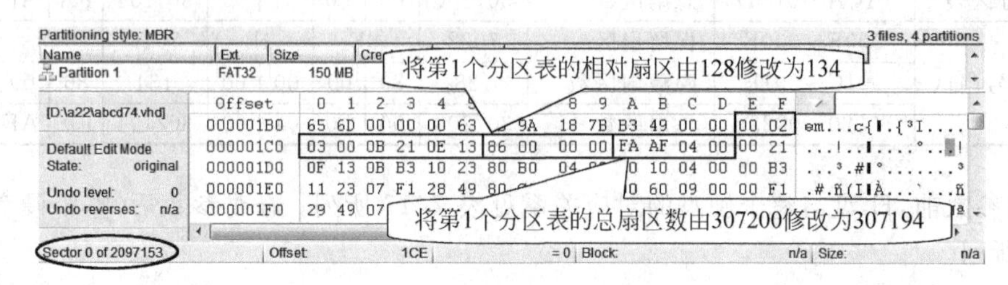

图7.65 修改0号扇区的第1个分区表的相对扇区和总扇区数

步骤 5 由于分区表的相对扇区增加了6个扇区，FAT32_DBR备份也就变为FAT32_DBR(注：所在扇区号为134)；所以134号扇区中的保留扇区将减少6个扇区，即由原来的7022(注：存储形式为"6E 1B")修改为7016(注：存储形式为"68 1B")；隐藏扇区数也要增加6个扇区。

步骤 6 将光标移动到134号扇区，修改FAT32_DBR中的保留扇区、隐藏扇区数和总扇区数，如图7.66所示，存盘并退出WinHex。参数修改完成后，134号扇区由FAT32_DBR备份改变为FAT32_DBR。

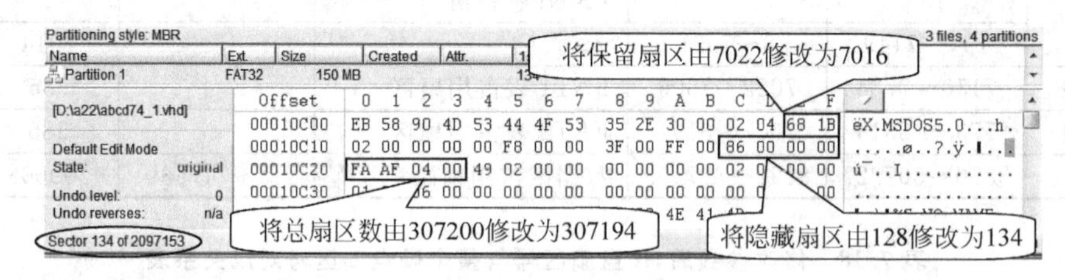

图7.66 修改134号扇区的保留扇区数、隐藏扇区数和总扇区数

步骤 7 通过计算机管理功能附加abcd74.vhd文件后；到资源管理器中可以查看到H盘中的文件和文件夹。

【情况二】 FAT32_DBR和FAT32_DBR备份同时被破坏；针对【情况二】下面介绍3种数据恢复的基本思路与方法。

【数据恢复基本思路与方法(一)】如下：

(1) 计算FAT32_DBR中每个簇的扇区数、保留扇区数、隐藏扇区数、总扇区数和每个FAT表占用扇区数这5个参数。

(2) 通过对应分区表确定FAT32_DBR所在扇区号。

(3) 将同一版本FAT32_DBR复制到FAT32_DBR所在扇区号，并更改FAT32_DBR中的每个簇的扇区数、保留扇区数、隐藏扇区数、总扇区数和每个FAT表占用扇区数这5个参数。

【数据恢复基本思路与方法(二)】如下：

(1) 从硬盘0号扇区第2个分区表可以得到该分区总扇区数为266240(即130MB)；通过计算，第2个分区FAT32文件系统中每个簇的扇区数为2(即1024字节)。

(2) 建一个名为 abcd.vhd 的虚拟磁盘文件,文件大小为 150MB,并附加成一个虚拟硬盘,建立一个分区,分区大小为 130MB;对该分区进行快速格式操作,文件系统选择"FAT32","分配单元大小(A):"选择"1024",假设所产生的盘符为 G:。

(3) 通过 G 盘的 FAT32_DBR 恢复第 2 个分区表的 FAT32_DBR。

【数据恢复基本思路与方法(三)】如下:

(1) 找到第 2 分区的 FAT1 表,找到后以文件的形式存储 FAT1 表,假设文件名为 FAT,将 2 号簇(即根目录的开始簇号)以文件的形式存储,假设文件名为 ROOT。

(2) 将第 2 个分区进行快速格式化操作,文件系统选择"FAT32";"分配单元大小(A):"选择"1024"。

(3) 快速格式化完成后,通过 ROOT 文件恢复快速格式前的根目录开始簇号内容;通过 FAT 文件恢复快速格式化前的 FAT1 表和 FAT2 表。

由于篇幅限制,本节以实例的方式介绍第一种数据恢复的基本思路、方法与步骤,后两种恢复数据的步骤,请读者自己实践,若需要帮助,请通过 QQ 直接与作者联系。

例 7.7 通过计算机管理中的磁盘管理功能附加素材文件 abcd74.vhd 成一个物理盘,即磁盘 1;第 2 个分区表对应逻辑盘(假设为 I 盘)的文件系统为 FAT32,FAT32_DBR 和 FAT32_DBR 备份均被破坏,要恢复 I 盘中的所有数据。

【分析】 从图 7.55 可知,第 2 个分区表的相对扇区为 307328,总扇区数为 266240,在分区表中的存储形式分别为"80 B0 04 00"和"00 10 04 00";由于分区表存储在整个硬盘的 0 号扇区,所以 I 盘 FAT32_DBR 位于整个硬盘的 307328 号扇区。

【恢复数据基本思路与方法】

(1) 由于 FAT32_DBR 和 FAT32_DBR 备份均被破坏,需要恢复 FAT32_DBR 相关 BPB 参数,见表 7.19 所列。

表 7.19 需要计算 FAT32_DBR 中的 BPB 参数

字节位移	字节数	含 义
0X0D	1	扇区数/簇
0X0E	2	保留扇区数
0X1C	4	隐藏扇区数
0X20	4	总扇区数
0X24	4	每个 FAT 表所占扇区数

(2) 每个簇的扇区数。

方法是:通过查找子目录(即文件夹)的开始特征值(特征值的十六进制代码为"2E202020")得到子目录的开始簇号和开始扇区号;每个簇的扇区数等于两个子目录开始扇区号之差除以两个子目录开始簇号之差。

(3) 保留扇区数。

方法是:从分区表获得 FAT32_DBR 所在扇区号,通过 FAT1 表的开始特征值(特征值的十六进制代码为"F8FFFF0F")查找得到 FAT1 表的开始扇区号。

$$\text{保留扇区数} = \text{FAT1 表的开始扇区号} - \text{FAT32\_DBR 所在扇区号}$$

(4) 隐藏扇区数。

方法是:从对应 MBR 分区表中的相对扇区获得(注:由于系统对该值的正确性不进行校

验，也可以不计算该值）。

(5) 总扇区数。

方法是：从对应 MBR 分区表中的总扇区数获得。

(6) 每个 FAT 表占用扇区数。

方法是：通过查找 FAT 的开始特征值，得到 FAT1 表和 FAT2 表的开始扇区号。

每个 FAT 表占用扇区数 = FAT2 表开始扇区号 − FAT1 表开始扇区号

(7) 将同一版本 FAT32_DBR 复制 FAT32_DBR 所在扇区号并修改表 7.19 中的 BPB 参数。

【操作步骤】

步骤 1 和步骤 2 与例 7.6【操作步骤(一)】中步骤 1 和步骤 2 相同。

步骤 3 从图 7.55 可知，第 2 个分区 FAT32_DBR 位于整个硬盘的 307328 号扇区，将光标移动到 307328 号扇区，307328 号已不再是 FAT32_DBR。

步骤 4 查找子目录的开始扇区号。

选择菜单栏上的"搜索"→"查找 Hex 数值(H)..."，出现"Find Hex Values"窗口，在"The following hex values will be searched:"列表框中输入"2E202020"；在"Search:"下拉框中选择"Down"；选择"Cond:"左侧的复选框；在"offset mod"右侧的两个文本框中分别输入"512"和"0"；如图 7.67 所示；单击 OK 按钮。

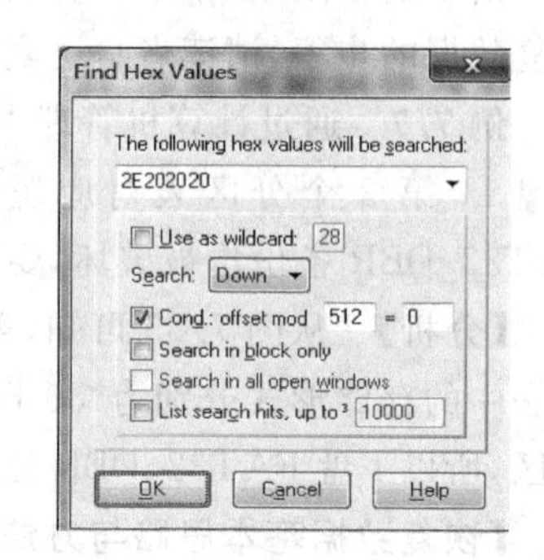

图 7.67 查找子目录的开始扇区

步骤 5 在 315522 号扇区找到第 1 个子目录的开始扇区号，如图 7.68 所示。从图 7.68 可知，该子目录开始簇号的高 16 位为 0000(存储形式为"00 00")，而低 16 位为 0003(存储形式为"03 00")，所以该子目录的开始簇号为 3。

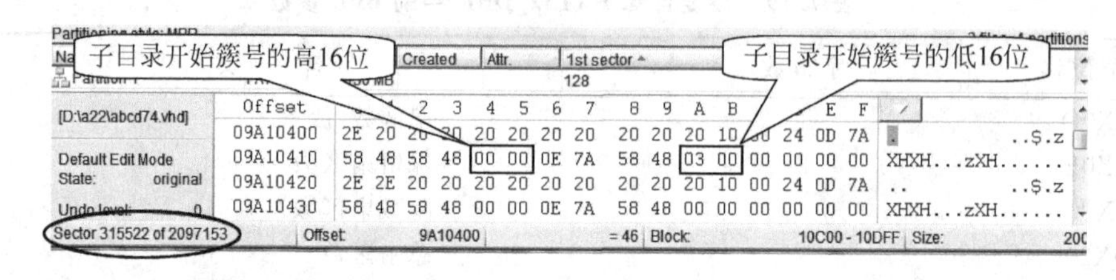

图 7.68 在 315522 号扇区找到第 1 个子目录的开始扇区

按 F3 键，继续向下查找，在 315604 号扇区找到第 2 个子目录的开始扇区号，如图 7.69 所示。从图 7.69 可知，该子目录的开始簇号高 16 位为 0000(存储形式为"00 00")，而低 16 位为 002C(存储形式为"2C 00")，所以该子目录的开始簇号 44。

每个簇的扇区数 =(第 2 个子目录的开始扇区号 − 第 1 个子目录的开始扇区号) ÷ (第 2 个子目录的开始簇号 − 第 1 个子目录的开始簇号)

=(315604 − 315522) ÷ (44 − 3)

=2

步骤 6 查找 FAT1 表和 FAT2 表开始扇区号。

将光标移动到 307328 号扇区(即第 2 个分区开始扇区号)。选择菜单栏上的"搜索"→"查找 Hex 数值(H)..."，出现"Find Hex Values"窗口，在"The following hex values will be

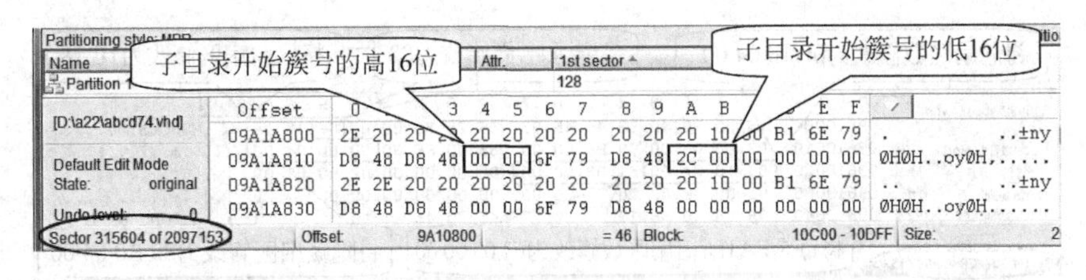

图 7.69　在 315604 号扇区找到第 2 个子目录的开始扇区

searched:"列表框中输入"F8FFFF0F"；在"Search:"下拉框中选择"Down"；选择"Cond:"左侧的复选框；在"offset mod"右侧的两个文本框中分别输入"512"和"0"；单击 OK 按钮。在 313502 号扇区找到，即 FAT1 表开始扇区号为 313502。按 F3 键继续向下查找，在 314511 号扇区找到，即 FAT2 表开始扇区号为 314511。

步骤 7　计算保留扇区数。

从整个硬盘 0 号扇区第 2 个分区表可知，FAT32_DBR 所在扇区号为 307328，而 FAT1 表开始扇区号为 313502。

从式(5.10)可知：

保留扇区数 = FAT1 表开始扇区号 − FAT32_DBR 所在扇区号 = 313502 − 307328 = 6174

步骤 8　从整个硬盘 0 号扇区第 2 个分区表可知，相对扇区为 307328，即 FAT32_DBR 中隐藏扇区数为 307328。

步骤 9　从整个硬盘 0 号扇区第 2 个分区表可知，总扇区数为 266240，即 FAT32_DBR 中总扇区数为 266240。

步骤 10　计算每个 FAT 表占用扇区数，从式(5.14)可知：

每个 FAT 表占用扇区数 = FAT2 表开始扇区号 − FAT1 表开始扇区号
= 314511 − 313502 = 1009

步骤 11　综合步骤 5～步骤 10，需要修改 FAT32_DBR 中的 BPB 参数，见表 7.20 所列。

表 7.20　需要修改 FAT32_DBR 中 BPB 参数

字节位移	字节数	含　义	值					
			十进制	十六进制	存储形式			
0X0D	1	扇区数/簇	2	02	02			
0X0E	2	保留扇区数	6174	181E	1E		18	
0X1C	4	隐藏扇区数	307328	4B080	80	B0	04	00
0X20	4	总扇区数	266240	41000	00	10	04	00
0X24	4	每个 FAT 所占扇区数	1009	3F1	F1	03	00	00

步骤 12　将 307328 号扇区以文件的形式保存，文件名和存储位置自定。将同一版本 FAT32_DBR 复制到 307328 号扇区，并按表 7.20 中 FAT32_DBR 中的 BPB 参数修改 FAT32_DBR 中扇区数/簇、保留扇区数、隐藏扇区数、总扇区数和每个 FAT 表占用扇区数，如图 7.70 所示，存盘并退出 WinHex。

步骤 13　通过计算机管理中的磁盘管理功能附加 abcd74.vhd 文件后，到资源管理器中可以查看到 I 盘中的文件和文件夹。

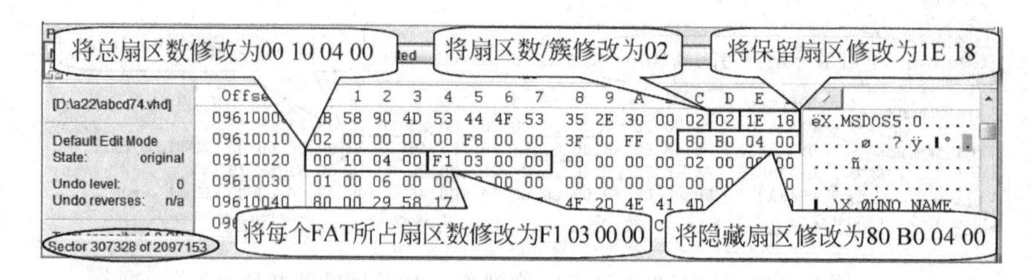

图 7.70　修改 FAT32_DBR 中的 BPB 参数

7.2.3　恢复 NTFS_DBR

NTFS_DBR 被破坏分两种情况来分析。

【情况一】 NTFS_DBR 被破坏，而 NTFS_DBR 备份完好；针对【情况一】数据恢复的基本思路与方法如下：

由于 NTFS_DBR 备份位于 NTFS 分区的最后一个扇区，可以通过分区表计算 NTFS_DBR 备份所在扇区号；也可以通过查找 NTFS_DBR 特征值的方式确定 NTFS_DBR 备份所在扇区号。通过分区表计算 NTFS_DBR 所扇区号，将 NTFS_DBR 备份复制到 NTFS_DBR 所在扇区号即可。

例 7.8 通过计算机管理中的磁盘管理功能附加素材文件 abcd74. vhd 成一个物理盘（即磁盘 1），第 3 个分区对应逻辑盘（假设为 J 盘）文件系统为 NTFS，NTFS_DBR 被破坏，而 NTFS_DBR 备份完好，恢复 J 盘中的所有数据。

【分析】

从图 7.55 可知，第 3 个分区表的相对扇区为 573568，总扇区数为 614400；在分区表中的存储形式分别为“80 C0 08 00”和“00 60 09 00”，由于分区表存储在整个硬盘的 0 号扇区，所以 J 盘 NTFS_DBR 位于整个硬盘 573568 号扇区。

【操作步骤】

步骤 1 启动 WinHex 软件。

步骤 2 使用 WinHex 打开该物理硬盘。选择菜单栏上的“文件”→“打开”→“选择 abcd74. vhd 文件”；“专家”→“映像文件为磁盘”→“选择整个硬盘 0 号扇区”。如图 7.55 所示，从图 7.55 可知，第 3 个分区的 DBR 位于整个硬盘 573568 号扇区，将光标移动到 573568 号扇区，如图 7.71 所示，从图 7.71 可知，573568 号已不再是 NTFS_DBR，将该扇区以文件的形式保存，文件名和存储位置自定。

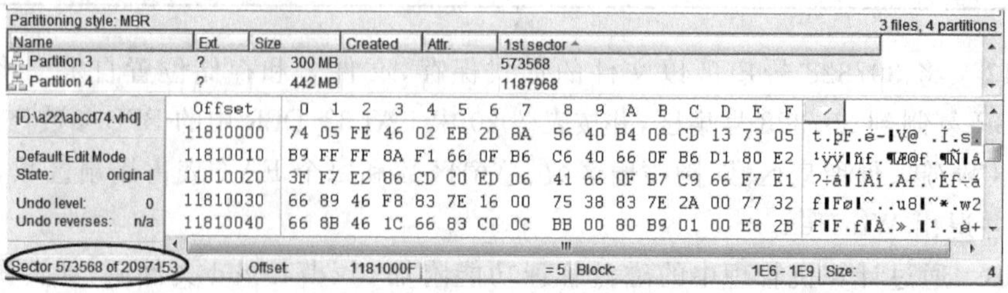

```
Partitioning style: MBR                                   3 files, 4 partitions
Name          Ext.  Size     Created  Attr.  1st sector
Partition 3   ?     300 MB                   573568
Partition 4   ?     442 MB                   1187968

[D:\a22\abcd74.vhd]      Offset    0  1  2  3  4  5  6  7   8  9  A  B  C  D  E  F
Default Edit Mode        11810000  74 05 FE 46 02 EB 2D 8A  56 40 B4 08 CD 13 73 05
State:      original     11810010  B9 FF FF 8A F1 66 0F B6  C6 40 66 0F B6 D1 80 E2
                         11810020  3F F7 E2 86 CD C0 ED 06  41 66 0F B7 C9 66 F7 E1
Undo level:        0     11810030  66 89 46 F8 83 7E 16 00  75 38 83 7E 2A 00 77 32
Undo reverses:   n/a     11810040  66 8B 46 1C 66 83 C0 0C  BB 00 80 B9 01 00 E8 2B

Sector 573568 of 2097153   Offset   1181000F   = 5 Block   1E6 - 1E9   Size:   4
```

图 7.71　被破坏的 NTFS_DBR

步骤3 由于第3个分区表存储在整个硬盘0号扇区，相对扇区为573568，总扇区数为614400，而NTFS_DBR备份则位于NTFS分区的最后一个扇区。

第3个分区表NTFS_DBR备份所在扇区号＝相对扇区＋总扇区数－1

＝573568＋614400－1＝1187967

步骤4 将光标移动到1187967号扇区，即NTFS_DBR备份所在扇区号，如图7.72所示（注：也可以通过查找NTFS_DBR的特征值来找到NTFS_DBR备份所在扇区号），从图7.72可知，总扇区数为614399，在NTFS_DBR备份中的存储形式为“FF 5F 09 00 00 00 00 00”，比第3个分区表中总扇区数少1个扇区，可以判断该扇区为NTFS_DBR备份。

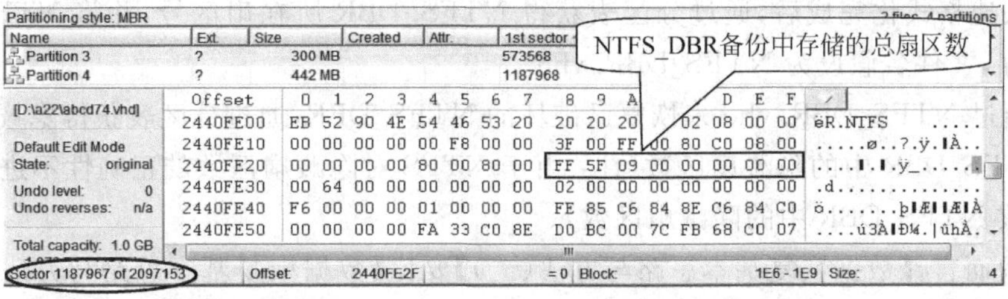

图7.72 NTFS_DBR备份所在扇区号

步骤5 将光标移动到1187967号扇区的开始位置，右击，从弹出的快捷菜单中选择“Beginning of block”，定义块首；将光标移动该扇区的结束位置，右击，从弹出的快捷菜单中选择“End of block”，定义块尾，单击工具栏上的“复制”（即Copy block）按钮。

步骤6 将光标移动到573568号扇区的开始位置，单击工具栏上的“粘贴”（即Write Clipboard）按钮。如图7.73所示，存盘并退出WinHex。

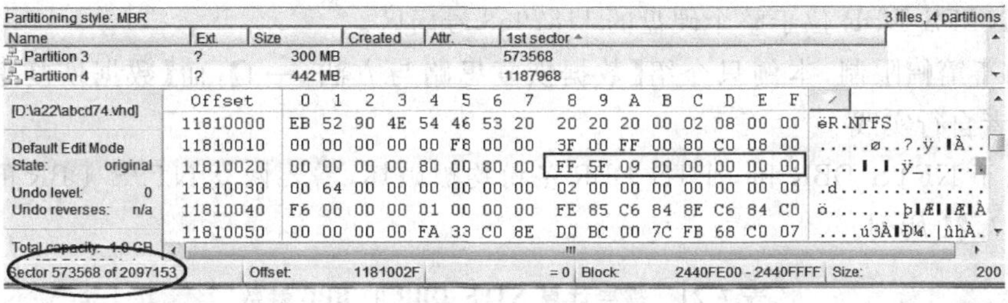

图7.73 将1187967号扇区复制到573568号扇区

步骤7 通过计算机管理中的磁盘管理功能附加abcd74.vhd。到资源管理器中可以查看到J盘中的文件和文件夹。

【情况二】 NTFS_DBR和NTFS_DBR备份均被破坏；针对【情况二】下面介绍两种恢复NTFS_DBR的思路与方法。

【数据恢复基本思路与方法（一）】

（1）通过分区表确定NTFS_DBR所在扇区号。

（2）计算NTFS_DBR中每个簇的扇区数、隐藏扇区数、总扇区数、元文件＄MFT开始簇号、元文件＄MFTMirr开始簇号、元文件＄MFT每条记录大小描述和每个索引节点大小描述这7个参数。

（3）将同一版本的NTFS_DBR复制到NTFS_DBR所在扇区号，并修改NTFS_DBR中每个簇的扇区数、隐藏扇区数和总扇区数等参数。

【数据恢复基本思路与方法(二)】

(1) 通过分区表获得 NTFS 总扇区数、NTFS_DBR 中的隐藏扇区数和 NTFS_DBR 所在扇区号。

(2) 通过 NTFS 总扇区数计算 NTFS 总容量，假设 NTFS 总容量为 S；通过元文件 $MFT 或 $MFTMirr 的 0 号记录计算每个簇的扇区数，假设每个簇的扇区数为 X。

(3) 通过计算机管理中的磁盘管理功能建立一个虚拟硬盘文件，文件大小略大于 S。

(4) 将该虚拟硬盘文件附加成虚拟硬盘(假设为磁盘 1)，在磁盘 1 中建立一个分区，分区大小为 S；文件系统选择 NTFS，每个簇的扇区数选择 X，对该分区进行快速格式化操作。

(5) 快速格式化完成后，通过分区表获得 NTFS_DBR 所在扇区号，并将 NTFS_DBR 作为文件保存，文件名假设为 NTFS_DBR. vhd。

(6) 通过 NTFS_DBR. vhd 来恢复已破坏的 NTFS_DBR，通过分区表获得隐藏扇区数，最后修改 NTFS_DBR 中的隐藏扇区数(注：由于 NTFS 对隐藏扇区数的正确性不进行校验，也可以不修改 NTFS_DBR 中的隐藏扇区数)。

相比较而言，【数据恢复基本思路与方法(二)】要比【数据恢复基本思路与方法(一)】更为方便快捷。

例 7.9 通过计算机管理中的磁盘管理功能附加素材文件 abcd74. vhd 成一个物理盘(即磁盘 1)后，第 4 个分区所对应逻辑盘(假设为 K 盘)的文件系统为 NTFS，NTFS_DBR 和 NTFS_DBR 备份均被破坏，要求恢复 K 盘中的所有数据。

【分析】

从图 7.55 可知，第 4 个分区表的相对扇区为 1187968，总扇区数为 905216；在分区表中的存储形式分别为“80 20 12 00”和“00 D0 0D 00”；由于分区表存储在整个硬盘的 0 号扇区，所以 K 盘 NTFS_DBR 位于整个硬盘的 1187968 号扇区。

注：由于篇幅限制，本例只介绍【数据恢复思路与方法(一)】，而【数据恢复思路与方法(二)】请读者自行实践。

(1) 由于 NFTS_DBR 和 NFTS_DBR 备份均被破坏，需要恢复 NTFS_DBR 的相关 BPB 参数，见表 7.21 所列。

表 7.21 需要计算 NTFS_DBR 的 BPB 参数

字节偏移	字节数	含义
0X0D	1	扇区数/簇
0X1C	4	隐藏扇区数，即分区表至 NTFS_DBR 扇区数
0X28	8	总扇区数，比分区表中的总扇区数少 1 个扇区
0X30	8	元文件 $MFT 开始簇号
0X38	8	元文件 $MFTMirr 开始簇号
0X40	1	元文件 $MFT 每条记录大小描述
0X44	1	每个索引节点大小描述

(2) 计算每个簇的扇区数。

方法是：通过查找元文件 $MFT 或者元文件 $MFTMirr 开始特征值(特征值的十六进制代码为“46494C45”)，得到元文件 $MFT 或者 $MFTMirr 的 0 号记录，从元文件 $MFT 或者 $MFTMirr 的 0 号记录 80H 属性获得元文件 $MFT 的分配空间(单位：字节)和所占簇数，从而计算出每个簇的扇区数(注：计算每个簇的扇区数还有其他几种方法，请读者自行研究)。

(3) 计算隐藏扇区数。

由于K盘对应的分区表存储在硬盘0号扇区，从K盘对应MBR分区表中的相对扇区可以获得该值(注：由于该值的正确性系统不进行校验，所以，该值也可以不计算)。

(4) 计算总扇区数。

方法是：从对应MBR分区表中获得总扇区数，分区表中总扇区数减1即得到该值。

(5) 元文件＄MFT开始簇号。

方法是：从元文件＄MFT或者元文件＄MFTMirr的0号记录80H属性数据运行列表获得。

(6) 元文件＄MFTMirr开始簇号。

方法是：从元文件＄MFT或者元文件＄MFTMirr的1号记录80H属性数据运行列表获得。

(7) 元文件＄MFT每条记录大小描述。

方法是：通过“每个簇的扇区数”根据表6.5获得。

(8) 每个索引节点大小描述。

方法是：通过“每个簇的扇区数”根据表6.5获得。

(9) 将同一版本NTFS_DBR复制到NTFS_DBR所在扇区号，并按表7.21修改NTFS_DBR中的BPB参数。

【操作步骤】

步骤1和步骤2与例7.6【操作步骤(一)】中步骤1和步骤2相同。

步骤3 从图7.55可知，第4个分区的DBR位于整个硬盘的1187968号扇区，将光标移动到1187968号扇区，1187968号已不再是NTFS_DBR。

步骤4 查找元文件＄MFT或者元文件＄MFTMirr的0号记录。

将光标移动到1187968号扇区，选择菜单栏上的“搜索”→“查找Hex数值(H)...”，出现“Find Hex Values”窗口，在“The following hex values will be searched:”列表框中输入“46494C45”；在“Search:”下拉框中选择“Down”；选择“Cond:”左侧的复选框；在“offset mod”右侧的两个文本框中分别输入“512”和“0”；单击“OK”按钮；在1187984号扇区找到，如图7.74所示，从元文件＄MFT或＄MFTMirr的0号记录80H属性可知，系统分配给元文件＄MFT的空间为4456448字节，而数据运行列表为“32 80 08 AA 26 01 00 B3”，即元文件＄MFT所占簇数为2176，开始簇号为75434；一般情况下，每个扇区等于512字节。

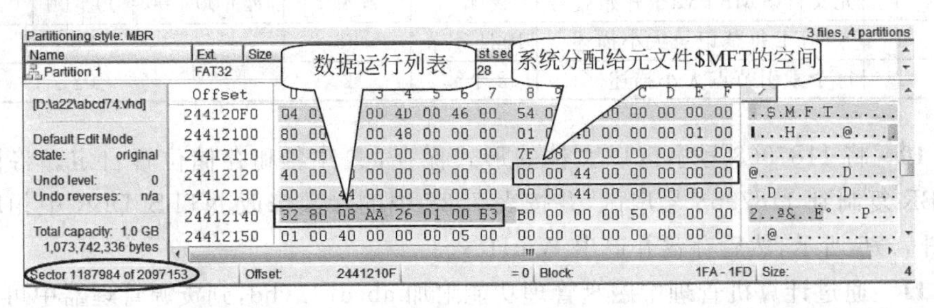

图7.74 元文件＄MFT(或者元文件＄MFTMirr)的0号记录80H属性

由式(6.20)可知：

系统分配给文件的空间 = 文件所占簇数之和×每个簇的扇区数×512 字节/扇区

4456448 字节 = 2176 簇×每个簇的扇区数×512 字节/扇区

所以，每个簇的扇区数=4

步骤 5 从图 7.55 可知，第 4 个分区表的相对扇区为 1187968，即隐藏扇区数为 1187968；第 4 个分区表中的总扇区数为 905216，所以，NTFS_DBR 中总扇区数为 905215。

步骤 6 从元文件 $ MFT 或者元文件 $ MFTMirr 的 0 号记录 80H 属性数据运行列表(数据运行列表为"32 80 08 AA 26 01")可知，元文件 $ MFT 的开始簇号为 75434。

步骤 7 将光标移动到 1187986 号扇区，即元文件 $ MFT 或 $ MFTMirr 的 1 号记录，如图 7.75 所示，从元文件 $ MFT 或者元文件 $ MFTMirr 的 1 号记录 80H 属性数据运行列表(11 02 04)可知，元文件 $ MFTMirr 的开始簇号为 4。

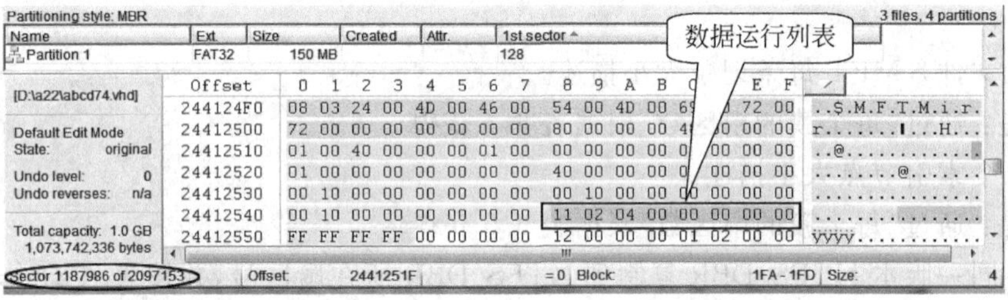

图 7.75 元文件 $ MFT(或者元文件 $ MFTMirr)的 1 号记录 80H 属性

步骤 8 由于每个簇的扇区数为 4，由表 6.5 可知，元文件 $ MFT 每条记录大小的描述为 1024 字节，在 NTFS_DBR 中的存储形式为"F6"；而每个索引节点大小的描述为 2 个簇，在 NTFS_DBR 中的存储形式为"02"。

步骤 9 综合步骤 3～步骤 8，需要计算 NTFS_DBR 的 BPB 参数见表 7.22 所列。

表 7.22 需要计算 NTFS_DBR 的 BPB 参数

字节位移	字节数	含义	值									
			十进制	十六进制	存储形式							
0X0D	1	每个簇的扇区数	4	4	04							
0X1C	4	隐藏扇区数	1187968	122080	80		20		12		00	
0X28	8	总扇区数	905215	DCFFF	FF	CF	0D	00	00	00	00	00
0X30	8	元文件 $ MFT 开始簇号	75434	126AA	AA	26	01	00	00	00	00	00
0X38	8	元文件 $ MFTMirr 开始簇号	4	4	04	00	00	00	00	00	00	00
0X40	1	$ MFT 每条记录大小描述	1024 字节	F6	F6							
0X44	1	每个索引节点大小描述	2 个簇	2	02							

步骤 10 将 1187968 号扇区以文件的形式保存，文件名和存储位置自定。将同一版本 NTFS_DBR 复制到 1187968 号扇区，并按表 7.22 中的参数修改 NTFS_DBR 中相应的 BPB 参数，如图 7.76 所示，然后存盘并退出 WinHex。

步骤 11 通过计算机管理中磁盘管理功能附加 abcd74.vhd，到资源管理器中可以查看到 K 盘中的文件和文件夹。

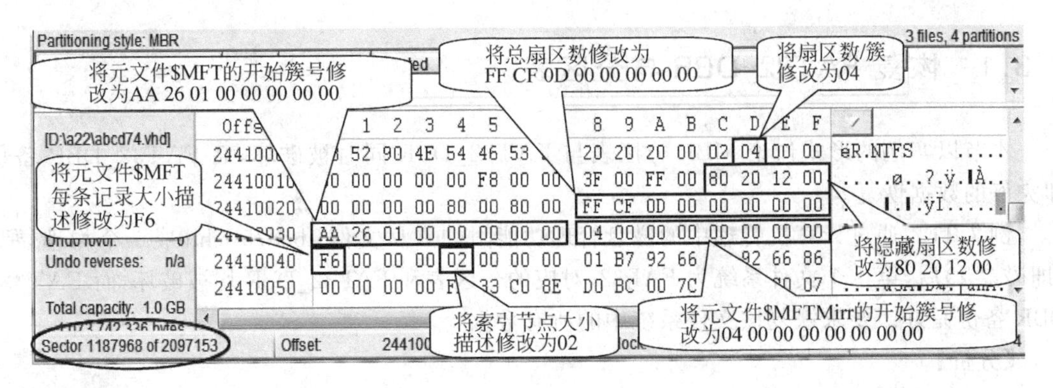

图 7.76　修改 NTFS_DBR 中相应的 BPB 参数

7.3　恢复 DBR 与分区表

在 7.1 节中，以 DBR 中的相关参数为依据，介绍了恢复分区表的基本思路、方法与步骤；而在 7.2 节中，则以分区表中的相关参数为依据，介绍了恢复 DBR 的基本思路、方法与步骤。

在本节中，分别以 4 个实例的形式介绍同时恢复 FAT32_DBR 和分区表，FAT32_DBR、FAT32_DBR 备份和分区表，NTFS_DBR 和分区表，NTFS_DBR、NTFS_DBR 备份和分区表的基本思路、方法与步骤。

例 7.10　通过计算机管理中的磁盘管理功能附加素材文件 abcd75.vhd 成一个物理盘（即磁盘 1）后，如图 7.77，从图 7.77 可知，磁盘 1 大小为 1.2GB，已联机，但未分配。

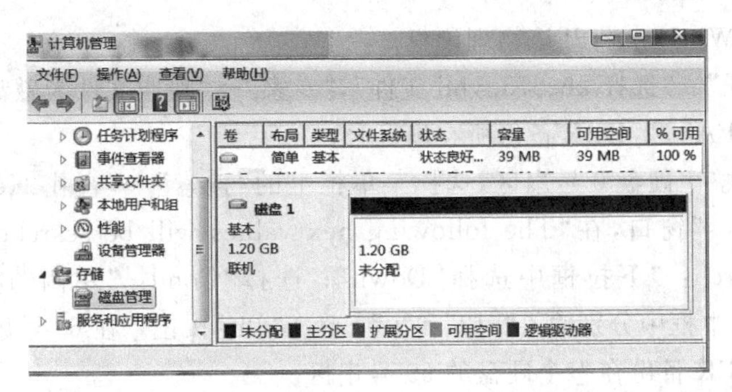

图 7.77　附加素材文件 abcd75.vhd 后的磁盘 1

素材文件 abcd75.vhd 附加成磁盘 1 后，说明如下：

(1) 在磁盘 1 中有 4 个文件系统，这 4 个文件系统对应的 MBR 分区表已被破坏。

(2) 第 1 个文件系统为 FAT32，FAT32_DBR 被破坏，而 FAT32_DBR 备份完好。

(3) 第 2 个文件系统为 FAT32，FAT32_DBR 和 FAT32_DBR 备份均被破坏。

(4) 第 3 个文件系统为 NTFS，NTFS_DBR 被破坏，而 NTFS_DBR 备份完好。

(5) 第 4 个文件系统为 NTFS，NTFS_DBR 和 NTFS_DBR 备份均被破坏。

(6) 假设 4 个文件系统对应的分区表已恢复，所形成的逻辑盘符依次分别为 H 盘、I 盘、J 盘和 K 盘。

7.3.1 恢复 FAT32_DBR 与分区表

本节以实例的形式讨论 MBR 分区表与 FAT32_DBR 同时被破坏，而 FAT32_DBR 备份即完好的数据恢复。

例 7.11 通过计算机管理中的磁盘管理功能附加素材文件 abcd75. vhd 成一个物理硬盘(即磁盘 1)后，第 1 个文件系统为 FAT32，对应的分区表和 FAT32_DBR 均被破坏，而 FAT32_DBR 备份完好。要求恢复该文件系统中的所有数据。

【分析】

对于 FAT32 文件系统而言，如果 FAT32_DBR 被破坏，而 FAT32_DBR 备份完好，可以通过 FAT32_DBR 备份来恢复 FAT32_DBR；最后恢复 FAT32 文件系统所对应的分区表。

【恢复数据基本思路与方法】

(1) 查找并记录下 FAT32_DBR 备份所在扇区号。

(2) 查找并记录下 FAT1 表和 FAT2 表开始扇区号。

(3) 从 FAT32_DBR 备份获得保留扇区数，由 FAT1 表开始扇区号和保留扇区数计算出 FAT32_DBR 所在扇区号。

(4) 通过 FAT32_DBR 备份来恢复 FAT32_DBR。

(5) 由 FAT32_DBR 所在扇区号和总扇区数，计算出该 FAT32 文件系统在整个硬盘 0 号扇区的 MBR 分区表，并将分区表填入到整个硬盘 0 号扇区偏移 0X01BE～0X01CD 处。

【操作步骤】

步骤 1 启动 WinHex 软件。

步骤 2 使用 WinHex 打开该物理硬盘。

“文件”→“打开”→“选择 abcd75. vhd 文件”，“专家”→“映像文件为磁盘”。

步骤 3 查找 FAT32_DBR 备份所在扇区号。

将光标移动到整个硬盘 0 号扇区，选择菜单栏上的“搜索”→“查找 Hex 数值(H)...”，出现“Find Hex Values”窗口，在“The following hex values will be searched:”列表框中输入“EB5890”；在“Search:”下拉框中选择“Down”；选择“Cond:”左侧的复选框；在“offset mod”右侧的两个文本框中分别输入“512”和“0”；单击“OK”按钮。在 69 号扇区找到，如图 7.78 所示，即 FAT32_DBR 备份在整个硬盘的 69 号扇区。

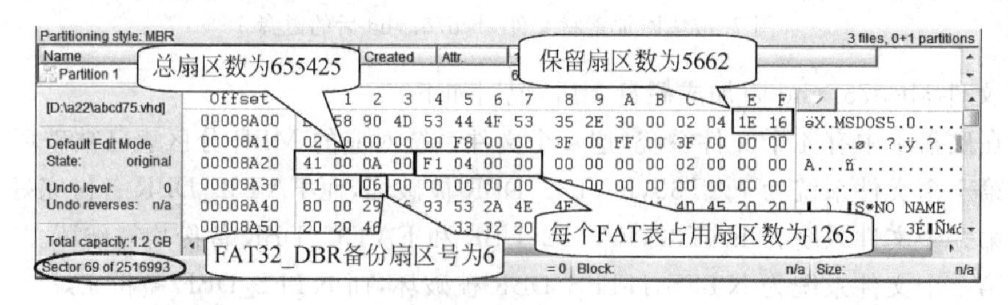

图 7.78 在整个硬盘的 69 号扇区找到 FAT32_DBR 备份

步骤 4 查找 FAT1 表和 FAT2 表开始扇区号。

选择菜单栏上的“搜索”→“查找 Hex 数值(H)...”，出现“Find Hex Values”窗口，在“The following hex values will be searched:”列表框中输入“F8FFFF”；在“Search:”下拉框中选择

“Down”；选择“Cond：”左侧的复选框；在“offset mod”右侧的两个文本框中分别输入“512”和“0”；单击“OK”按钮。在5725号扇区找到，按“F3”键继续向下查找，分别在6990、662622和663151号扇区找到。经确认，第1个文件系统FAT1表开始扇区号为5725，FAT2表开始扇区号为6990。

注：662622号和663151号扇区分别为第2个FAT32文件系统FAT1表和FAT2表的开始扇区号。由式(5.10)可知：

FAT32文件系统的保留扇区数 = FAT1表开始扇区号 − FAT32_DBR所在扇区号

第1个FAT32_DBR所在扇区号 = FAT1表开始扇区号 − FAT32文件系统保留扇区数

= 5725 − 5662 = 63

步骤5　将光标移动到整个硬盘63号扇区，将该扇区以文件形式保存，文件名和存储位置自定，将69号扇区复制到63号扇区；如图7.79所示，然后存盘。

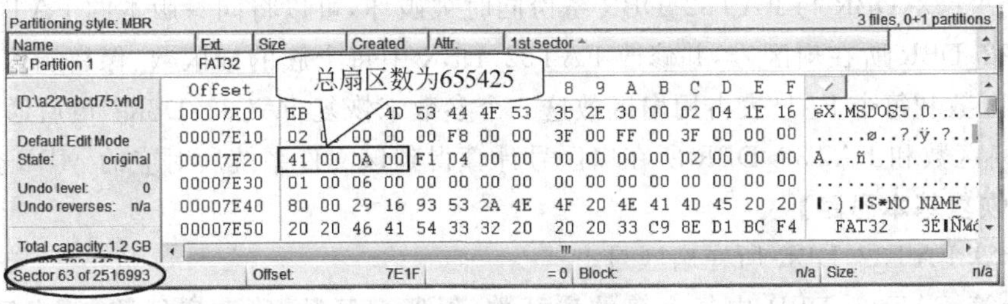

图7.79　通过FAT32_DBR备份来恢复FAT32_DBR

步骤6　由于第1个FAT32_DBR在硬盘的63号扇区，而总扇区数为655425，文件系统为FAT32，对应分区表中的相对扇区和总扇区数分别为“3F 00 00 00”和“41 00 0A 00”(存储形式)；所以，第1个FAT32文件系统在整个硬盘0号扇区的MBR分区表为“00 01 01 00 0C FE FF FF 3F 00 00 00 41 00 0A 00”。

步骤7　光标移动到整个硬盘的0号扇区，将分区表填入到硬盘的0号扇区偏移0X01BE～0X01CD处。如图7.80所示，存盘并退出WinHex。

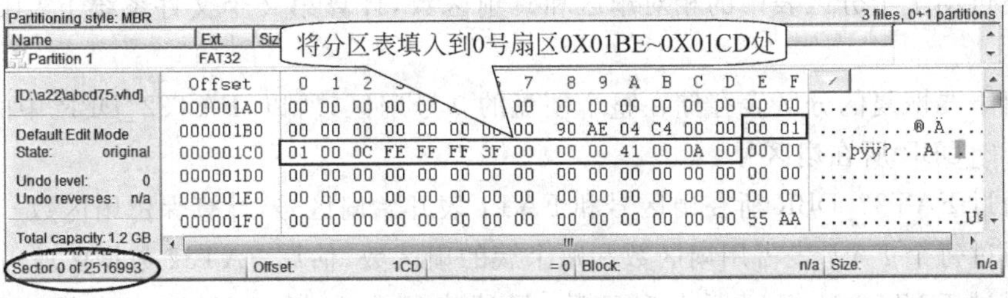

图7.80　恢复硬盘0号扇区的第1个分区表

步骤8　通过计算机管理中的磁盘管理功能附加abcd75.vhd后，到资源管理器中可以查看到H盘中的文件和文件夹。

也可以将FAT32_DBR备份作为FAT32_DBR来处理，计算并修改FAT32_DBR备份中的保留扇区数、隐藏扇区数和总扇区数；最后根据FAT32_DBR备份所在扇区号和总扇区数得到存储在硬盘0号扇区的分区表，并将分区表填入到硬盘0号扇区0X01BE～0X01CD处即可。注：经计算，FAT32_DBR备份中的保留扇区数、隐藏扇区数和总扇区数这3个参数的存储形式分别为“18　16”“45　00 00 00”和“3B 00 0A 00”，而硬盘0号分区表为“00 01 01 00 0C

FE FF FF 45 00 00 00 3B 00 0A 00"；这种方法请读者自己实践。

7.3.2 恢复 FAT32_DBR、FAT32_DBR 备份与分区表

在 7.3.1 节中讨论了分区表与 FAT32_DBR 被破坏，而 FAT32_DBR 备份完好的数据恢复方法。本节以实例的形式讨论 FAT32_DBR、FAT32_DBR 备份和分区表同时被破坏后的数据恢复。

例 7.12 通过计算机管理中的磁盘管理功能附加素材文件 abcd75.vhd 成一个物理盘(即磁盘 1)后，第 2 个文件系统为 FAT32，FAT32_DBR 与 FAT32_DBR 备份均已被破坏，要求恢复该文件系统中的所有数据。

【分析】

如果 FAT32_DBR 与 FAT32_DBR 备份同时被破坏，可以将同一版本的 FAT32_DBR 复制到 FAT32_DBR 所在扇区号，并修改 FAT32_DBR 中每个簇的扇区数、保留扇区数、隐藏扇区数、总扇区数和每个 FAT 表占用扇区数这 5 个参数来恢复 FAT32_DBR；最后通过 FAT32_DBR 中总扇区数和 FAT32_DBR 所在扇区号计算得到该文件系统所对应的 MBR 分区表。

【数据恢复基本思路】

(1) 计算 FAT32_DBR 所在扇区号。

(2) 计算 FAT32_DBR 中每个簇的扇区数、保留扇区数、隐藏扇区数、总扇区数和每个 FAT 表占用扇区数这 5 个参数。

(3) 通过 FAT32_DBR 所在扇区号和总扇区数，计算出硬盘 0 号扇区对应的 MBR 分区表。

【数据恢复基本方法】

(1) 通过子目录的特征值查找并获得子目录开始扇区号和开始簇号，通过两个子目录开始扇区号和开始簇号，计算 FAT32_DBR 中每个簇的扇区数。

(2) 通过 FAT 表开始扇区的特征值，查找 FAT1 表和 FAT2 表开始扇区号，计算每个 FAT 表占用扇区数。

(3) 通过第 1 个分区表中的相对扇区和总扇区数，计算第 2 个文件系统 FAT32_DBR 所在扇区号。

(4) 由于要恢复的分区表存储在整个硬盘的 0 号扇区，所以，FAT32_DBR 中的隐藏扇区数为 FAT32_DBR 所在扇区号。

(5) 通过 FAT32_DBR 所在扇区号和 FAT1 表开始扇区号，计算保留扇区数。

(6) 通过每个 FAT 表占用扇区数和每个簇的扇区数，估算 FAT32 数据区所占扇区数。

(7) 通过 FAT32 数据区所占扇区数、保留扇区数和每个 FAT 表占用扇区数，计算 FAT32 总扇区数。

(8) 将 FAT32_DBR 模板复制到 FAT32_DBR 所在扇区，并修改 FAT32_DBR 中的每个簇的扇区数、保留扇区数、隐藏扇区数、总扇区数和每个 FAT 表占用扇区数这 5 个参数。

(9) 通过 FAT32_DBR 所在扇区号和总扇区数，计算整个硬盘 0 号扇区的 MBR 分区表，并将分区表填入到整个硬盘 0 号扇区偏移 0X01CE～0X01DD 处。

【操作步骤】

步骤 1 启动 WinHex 软件。

步骤 2 使用 WinHex 打开该物理硬盘。

选择“文件”→“打开”→“选择 abcd75.vhd 文件”,“专家”→“映像文件为磁盘”。

步骤 3　计算每个簇的扇区数。

由于第 1 个分区表中的相对扇区数为 63,而总扇区数为 655425;而 4 个分区表均存储在整个硬盘的 0 号扇区;第 1 个分区结束后的下一个扇区为第 2 分区的开始扇区;所以,第 2 个文件系统 FAT32_DBR 所在扇区号为 655488。

将光标移动到 655488 号扇区,选择菜单栏上的“搜索”→“查找 Hex 数值(H)...”,出现“Find Hex Values”窗口,在“The following hex values will be searched:”列表框中输入“2E2020”;在“Search:”下拉框中选择“Down”;选择“Cond:”左侧的复选框;在“offset mod”右侧的两个文本框中分别输入“512”和“0”;单击 OK 按钮。在 663688 号扇区找到第 1 个子目录的开始扇区号,如图 7.81 所示。

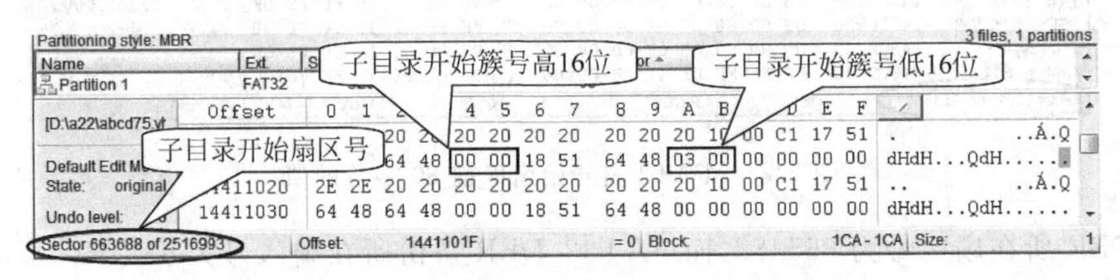

图 7.81　第 2 个文件系统第 1 个子目录开始扇区

从图 7.81 可知,第 1 个子目录开始扇区号为 663688,开始簇号为 3。按 F3 键继续向下查找,在 663728 号扇区找到第 2 个子目录的开始扇区号,如图 7.82 所示。

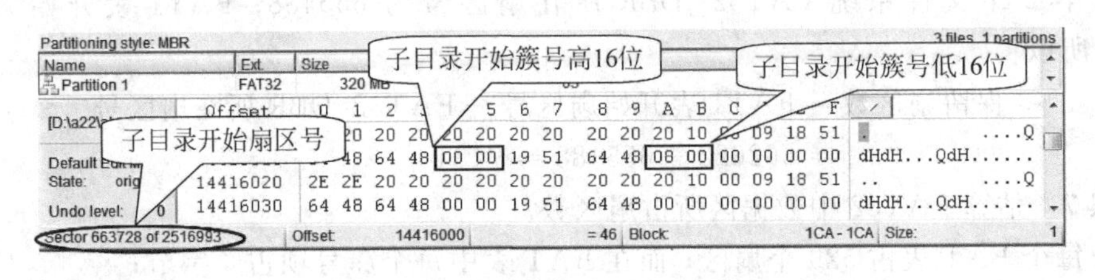

图 7.82　第 2 个文件系统第 2 个子目录开始扇区

从图 7.82 可知,第 2 个子目录开始扇区号为 663728,开始簇号为 8;所以

每个簇的扇区数 =(第 2 个子目录的开始扇区号 − 第 1 个子目录的开始扇区号)÷(第 2 个子目录的开始簇号 − 第 1 个子目录的开始簇号)

$= (663728 - 663688) \div (8 - 3) = 8$

步骤 4　计算每个 FAT 表占用扇区数。

将光标移动到 655488 号扇区,选择菜单栏上的“搜索”→“查找 Hex 数值(H)...”,出现“Find Hex Values”窗口,在“The following hex values will be searched:”列表框中输入“F8FFFF”;在“Search:”下拉框中选择“Down”;选择“Cond:”左侧的复选框;在“offset mod”右侧的两个文本框中分别输入“512”和“0”;单击 OK 按钮。在 662622 号扇区找到 FAT1 表开始扇区号,如图 7.83 所示;按 F3 键继续向下查找,在 663151 号扇区找到 FAT2 表开始扇区号,如图 7.84 所示。

每个 FAT 表占用扇区数 = FAT2 表开始扇区号 − FAT1 表开始扇区号

$= 663151 - 662622 = 529$

步骤 5　计算第 2 个文件系统 FAT32_DBR 所在扇区号和隐藏扇区数。

由于第 1 个分区表中的相对扇区为 63,而总扇区数为 655425;所以,第 2 个文件系统

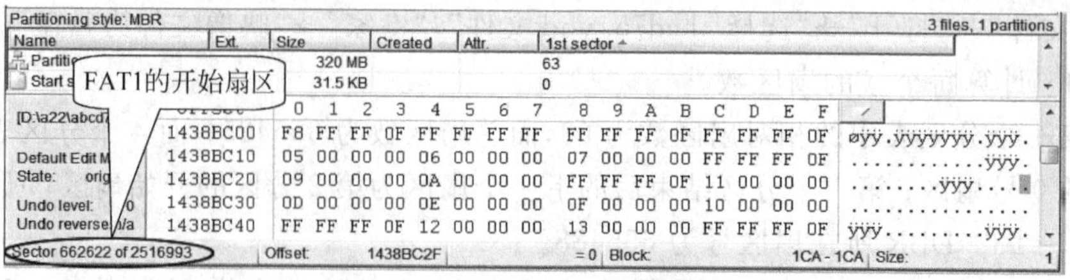

FAT1的开始扇区

```
Offset     0  1  2  3  4  5  6  7   8  9  A  B  C  D  E  F
1438BC00  F8 FF FF 0F FF FF FF FF  FF FF FF 0F FF FF FF 0F
1438BC10  05 00 00 00 06 00 00 00  07 00 00 00 FF FF FF 0F
1438BC20  09 00 00 00 0A 00 00 00  FF FF FF 0F 11 00 00 00
1438BC30  0D 00 00 00 0E 00 00 00  0F 00 00 00 10 00 00 00
1438BC40  FF FF FF 0F 12 00 00 00  13 00 00 00 FF FF FF 0F
Sector 662622 of 2516993
```

图 7.83 FAT1 表开始扇区前 80 字节的值

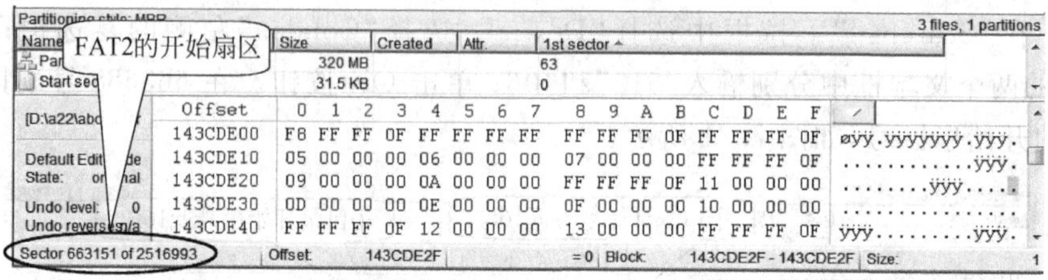

FAT2的开始扇区

```
Offset     0  1  2  3  4  5  6  7   8  9  A  B  C  D  E  F
143CDE00  F8 FF FF 0F FF FF FF FF  FF FF FF 0F FF FF FF 0F
143CDE10  05 00 00 00 06 00 00 00  07 00 00 00 FF FF FF 0F
143CDE20  09 00 00 00 0A 00 00 00  FF FF FF 0F 11 00 00 00
143CDE30  0D 00 00 00 0E 00 00 00  0F 00 00 00 10 00 00 00
143CDE40  FF FF FF 0F 12 00 00 00  13 00 00 00 FF FF FF 0F
Sector 663151 of 2516993
```

图 7.84 FAT2 表开始扇区前 80 字节的值

FAT32_DBR 所在扇区号为 655488，而 FAT32_DBR 备份所在扇区号为 655494。

由于第 2 个文件系统的分区表也存储在整个硬盘的 0 号扇区，而 FAT32_DBR 所在扇区号为 655488，所以隐藏扇区数为 655488。

步骤 6 计算保留扇区数。

由于第 2 个文件系统 FAT32_DBR 所在扇区号为 655488；FAT1 表开始扇区号为 662622；所以

$$保留扇区数 = FAT1表开始扇区号 - FAT32\_DBR所在扇区号 = 662622 - 655488 = 7134$$

步骤 7 估算 FAT32 中数据区所占扇区数。

由于每个 FAT 表占 529 个扇区；而在 FAT 表中每个簇号项占 4 字节；

FAT32 文件系统所描述的最大总簇数为整个 FAT 表的簇号均已使用，而在 FAT32 文件系统中 0 号簇项和 1 号簇项系统保留，未使用；

$$\begin{aligned}FAT32文件系统的最大总簇数 &= 每个FAT表占用扇区数 \times 512字节/扇区 \div 4 - 2\\ &= 529 \times 512 \div 4 - 2\\ &= 67710\end{aligned}$$

FAT32 文件系统所描述的最小总簇数为 FAT 表的最后一扇区只使用了一个簇号项，即

$$\begin{aligned}FAT32文件系统的最小总簇数 &= (每个FAT表占用扇区数 - 1) \times\\ &\quad 512字节/扇区 \div 4 + 1 - 2\\ &= (529 - 1) \times 512 \div 4 + 1 - 2\\ &= 67583\end{aligned}$$

因此，该 FAT32 文件系统总簇数在 67583 至 67710 之间，这里取最小值，假设 FAT32 文件系统使用的总簇数为 67583。

由于每个簇的扇区数为 8，可以估算出：

$$\begin{aligned}FAT32数据区所占扇区数 &= FAT32文件系统总簇数 \times 每个簇的扇区数\\ &= 67583 \times 8\\ &= 540664\end{aligned}$$

步骤 8 计算 FAT32 总扇区数。

FAT32 总扇区数＝FAT32 数据区所占扇区数＋每个 FAT 表占用扇区数×2＋保留扇区数

＝540664＋529×2＋7134

＝548856

注：计算第 2 个 FAT32 文件系统总扇区数的方法也可以采用第 3 个文件系统开始扇区号减去第 2 个文件系统开始扇区号得到，这种方法更为准确。

步骤 9 综合步骤 3～步骤 6 和步骤 8，计算出 FAT32_DBR 的参数见表 7.23 所列。

表 7.23 需要计算 FAT32_DBR 的 BPB 参数

字节位移	字节数	含　　义	值					
			十进制	十六进制	存储形式			
0X0D	1	扇区数/簇	8	08	08			
0X0E	2	保留扇区数	7134	1BDE	DE		1B	
0X1C	4	隐藏扇区数	655488	A0080	80	00	0A	00
0X20	4	总扇区数	548856	85FF8	F8	5F	08	00
0X24	4	每个 FAT 所占扇区数	529	211	11	02	00	00

步骤 10 恢复 FAT32_DBR。

将 655488 号扇区以文件的形式保存，文件名和存储位置自定；将同一版本 FAT32_DBR 复制到 655488 号扇区，并按表 7.23 中的参数修改 FAT32_DBR 中相应的 BPB 参数，如图 7.85 所示，然后存盘。

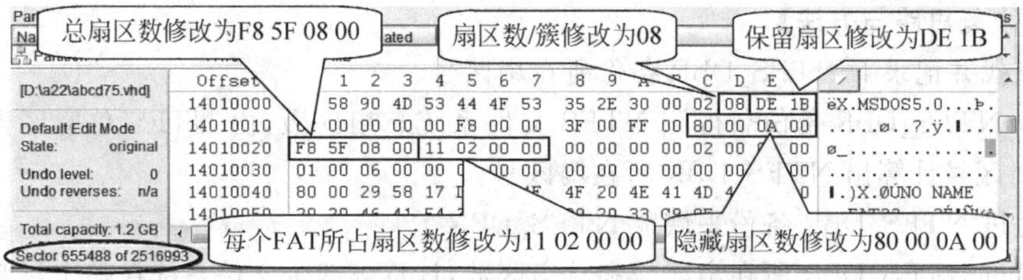

图 7.85 恢复 FAT32_DBR

步骤 11 恢复 FAT32_DBR 备份。

由于 FAT32_DBR 备份位于 FAT32_DBR 后面第 6 个扇区，即 FAT32_DBR 备份位于硬盘的 655494 号扇区，将该扇区以文件的形式保存，文件名和存储位置自定；将 655488 号扇区复制到 655494 号扇区，然后存盘，即恢复 FAT32_DBR 备份。

步骤 12 计算分区表，并恢复该逻辑盘所对应的分区表。

由于第 2 个 FAT32_DBR 在 655488 号扇区，总扇区数为 548856，文件系统为 FAT32；对应分区表中的相对扇区和总扇区数分别为“80 00 0A 00”和“F8 5F 08 00”（存储形式）；所以，在硬盘 0 号扇区的 MBR 分区表为“00 01 01 00 0C FE FF FF 80 00 0A 00 F8 5F 08 00”，将光标移动到整个硬盘 0 号扇区，将分区表填入到硬盘 0 号扇区偏移 0X01CE～0X01DD 处，如图 7.86 所示，存盘并退出 WinHex。

步骤 13 通过计算机管理中的磁盘管理功能附加 abcd75.vhd 文件后，到资源管理器中可以查看到 I 盘中的文件和文件夹。

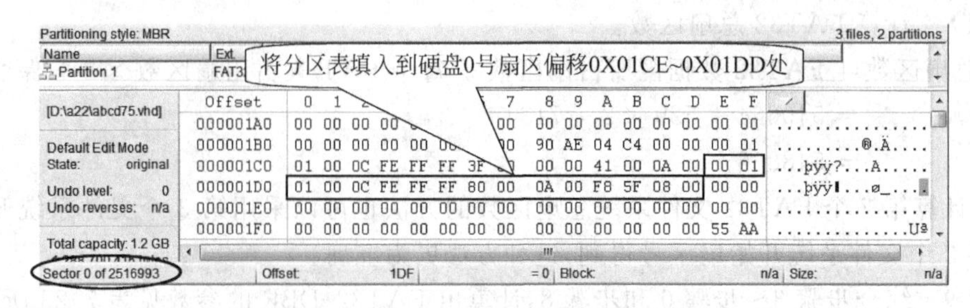

图 7.86　恢复硬盘 0 号扇区的第 2 个分区表

7.3.3　恢复 NTFS_DBR 与分区表

本节以实例的形式讨论 NTFS_DBR 与 MBR 分区表同时被破坏，而 NTFS_DBR 备份即完好的数据恢复。

例 7.13　通过计算机管理中的磁盘管理功能附加素材 abcd75.vhd 文件成一个物理盘(即磁盘 1)后，第 3 个文件系统为 NTFS，NTFS_DBR 被破坏而 NTFS_DBR 备份完好，要恢复第 3 个文件系统中的所有数据。

【分析】

对 NTFS 文件系统而言，如果 NTFS_DBR 被破坏，而 NTFS_DBR 备份完好，可以通过 NTFS_DBR 备份来恢复 NTFS_DBR；最后恢复 NTFS 文件系统所对应整个硬盘 0 号扇区的 MBR 分区表。

【数据恢复思路与方法】

(1) 查找并记录下 NTFS_DBR 备份所在扇区号。

(2) 从 NTFS_DBR 备份获得该 NTFS 文件系统总扇区数，由 NTFS 总扇区数和 NTFS 备份所在扇区号计算出 NTFS_DBR 所在扇区号。

(3) 通过 NTFS_DBR 备份来恢复 NTFS_DBR。

(4) 通过 NTFS_DBR 所在扇区号和总扇区数，计算第 3 个文件系统在整个硬盘 0 号扇区的 MBR 分区表，并将 MBR 分区表填入到整个硬盘 0 号扇区偏移 0X01DE～0X01ED 处。

【操作步骤】

步骤 1　启动 WinHex 软件。

步骤 2　使用 WinHex 打开该物理硬盘。

选择“文件”→“打开”→“选择 abcd75.vhd 文件”，“专家”→“映像文件为磁盘”。

步骤 3　查找 NTFS_DBR 备份所在扇区号。

将光标移动到 655488 号扇区，选择菜单栏上的“搜索”→“查找 Hex 数值(H)...”，出现“Find Hex Values”窗口，在“The following hex values will be searched:”列表框中输入“EB5290”；在“Search:”下拉框中选择“Down”；选择“Cond:”前左侧的复选框；在“offset mod”右侧的两文本框中分别输入“512”和“0”；单击“OK”按钮；在 1900671 号扇区找到，如图 7.87 所示。

从图 7.87 可知，NTFS_DBR 备份存储在整个硬盘 1900671 号扇区，而 NTFS 文件系统的总扇区数为 696319；由于 NTFS_DBR 备份位于 NTFS 逻辑盘的最后一个扇区，而 NTFS_DBR 位于逻辑盘的开始扇区，即逻辑盘的 0 号扇区，总扇区数为 696319；所以，NTFS_DBR 位于整个硬盘的 1204352 号扇区。

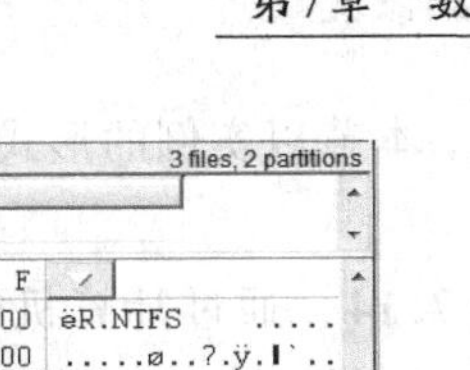


```
Partitioning style: MBR                                   3 files, 2 partitions
Name          Ext.   Size
Partition 1   FAT32  320

[D:\a22\abcd75.vhd]   Offset     0  1  2  3  4  5  6  7   8  9  A  B  C  D  E  F
                      3A00FE00  EB 52 90 4E 54 46 53      20 20 20 00 02 08 00 00  ëR.NTFS .....
Default Edit Mode     3A00FE10  00 00 00 00 00 F8 00 00   3F 00 FF 00 80 60 12 00  .....ø..?.ÿ.I`..
State: original       3A00FE20  00 00 00 00 80 00 80 00   FF 9F 0A 00 00 00 00 00  ....I.I.ÿI.....
Undo level: 0         3A00FE30  55 71 00 00 00 00 00 00   02 00 00 00 00 00 00 00  Uq..............
Undo reverses: n/a    3A00FE40  F6 00 00 00 01 00 00 00   A1 62 87 8C 95 87 8C A2  ö.......¡bIIIII¢
                      3A00FE50  00 00 00 00 FA 33 C0 8E   D0 BC 00 7C FB 68 C0 07  ....ú3ÀIÐ¼.|ûhÀ.
Total capacity: 1.2 GB
Sector 1900671 of 2516993   Offset: 3A00FE2F   = 0  Block:   n/a  Size:   n/a
```

图 7.87　NTFS_DBR 备份所在扇区

步骤 4　通过 NTFS_DBR 备份恢复 NTFS_DBR。

将光标移动到 1204352 号扇区，将该扇区以文件的形式存储，存储位置与文件名自定。将 1900671 号扇区复制到 1204352 号扇区，即通过 NTFS_DBR 备份恢复 NTFS_DBR，如图 7.88 所示，然后存盘。

```
Partitioning style: MBR                                   3 files, 2 partitions
Name          Ext.   Size     Created   Attr.   1st sector
Partition 1   FAT32  320 MB                     63

[D:\a22\abcd75.vhd]   Offset     0  1  2  3  4  5  6  7   8  9  A  B  C  D  E  F
                      24C10000  EB 52 90 4E 54 46 53 20   20 20 20 00 02 08 00 00  ëR.NTFS     .....
Default Edit Mode     24C10010  00 00 00 00 00 F8 00 00   3F 00 FF 00 80 60 12 00  .....ø..?.ÿ.I`..
State: original       24C10020  00 00 00 00 80 00 80 00   FF 9F 0A 00 00 00 00 00  ....I.I.ÿI.....
Undo level: 0         24C10030  55 71 00 00 00 00 00 00   02 00 00 00 00 00 00 00  Uq..............
Undo reverses: n/a    24C10040  F6 00 00 00 01 00 00 00   A1 62 87 8C 95 87 8C A2  ö.......¡bIIIII¢
                      24C10050  00 00 00 00 FA 33 C0 8E   D0 BC 00 7C FB 68 C0 07  ....ú3ÀIÐ¼.|ûhÀ.
Total capacity: 1.2 GB
Sector 1204352 of 2516993   Offset: 3A00FE2F   = 0  Block:   n/a  Size:   n/a
```

图 7.88　将 1900671 号扇区复制到 1204352 号扇区

步骤 5　由于第 1 个 NTFS_DBR 在 1204352 号扇区，总扇区数为 696319，文件系统为 NTFS；对应分区表中的相对扇区和总扇区数分别为"80 60 12 00"和"00 A0 0A 00"(存储形式)；所以，该 NTFS 文件系统在整个硬盘 0 号扇区的 MBR 分区表为"00 01 01 00 07 FE FF FF 80 60 12 00 00 A0 0A 00"。

将光标移动到整个硬盘 0 号扇区，将 MBR 分区表填入到 0 号扇区偏移 0X01DE～0X01ED 处；如图 7.89 所示，存盘并退出 WinHex。

```
Partitioning style: MBR                                   4 files, 3 partitions
Name          Ext.   Size     Created   Attr.   1st sector
Partition 1   FAT32  320 MB                     63

[D:\a22\abcd75.vhd]   Offset     0  1  2  3  4  5  6  7   8  9  A  B  C  D  E  F
                      000001A0  00 00 00 00 00 00 00 00   00 00 00 00 00 00 00 00  ................
Default Edit Mode     000001B0  00 00 00 00 00 00 00 00   90 AE 04 C4 00 00 00 01  .........®.Ä....
State: original       000001C0  01 00 0C FE FF FF 3F 00   00 00 41 00 0A 00 00 01  ...þÿÿ?...A.....
Undo level: 0         000001D0  01 00 0C FE FF FF 80 00   0A 00 F8 5F 08 00 00 01  ...þÿÿI...ø_....
Undo reverses: n/a    000001E0  01 00 07 FE FF FF 80 60   12 00 00 A0 0A 00 00 00  ...þÿÿ`... .....
                      000001F0  00 00 00 00 00 00 00 00   00 00 00 00 00 00 55 AA  ..............Uª
Total capacity: 1.2 GB
Sector 0 of 2516993   Offset: 1EF   = 0  Block:   n/a  Size:   n/a
```

图 7.89　恢复硬盘 0 号扇区的第 3 个分区表

步骤 6　通过计算机管理中的磁盘管理功能附加 abcd75.vhd 后，到资源管理器中可以查看到 J 盘中的文件和文件夹。

7.3.4　恢复 NTFS_DBR、NTFS_DBR 备份与分区表

在 7.3.3 节中，讨论了 NTFS_DBR 与 MBR 分区表被破坏，而 NTFS_DBR 备份完好的数

据恢复；本节以实例的形式讨论 NTFS_DBR、NTFS_DBR 备份和 MBR 分区表被破坏后的数据恢复。

例 7.14 通过计算机管理中的磁盘管理功能附加素材文件 abcd75.vhd 成一个物理盘（即磁盘 1）后，第 4 个文件系统为 NTFS，NTFS_DBR、NTFS_DBR 备份和 MBR 分区表均已被破坏，要求恢复该文件系统中的所有数据。

【分析】

由于 NTFS_DBR、NTFS_DBR 备份与 MBR 分区表均已被破坏，需要解决如下 4 个问题：

(1) 计算 NTFS_DBR 所在扇区号。

(2) 计算 NTFS_DBR 中每个簇的扇区数、隐藏扇区数、总扇区数、元文件 $MFT 开始簇号、元文件 $MFTMirr 开始簇号、元文件 $MFT 每条记录大小描述和索引节点大小描述这 7 个参数。

(3) 将同一版本的 NTFS_DBR 复制到 NTFS_DBR 所在扇区，并修改 NTFS_DBR 中每个簇的扇区数、隐藏扇区数、总扇区数等参数。

(4) 通过 NTFS_DBR 所在扇区号和总扇区数，计算该 NTFS 文件系统在整个硬盘 0 号扇区的 MBR 分区表。

【数据恢复基本思路与方法】

(1) 查找元文件 $MFT 或 $MFTMirr，通过元文件 $MFT 或 $MFTMirr 的 0 号记录 80H 属性数据运行列表，计算每个簇的扇区数、获得元文件 $MFT 的开始簇号；通过 1 号记录 80H 属性数据运行列表获得元文件 $MFTMirr 的开始簇号；判断查找到的这两条记录是属于元文件 $MFT 还是属于元文件 $MFTMirr。

(2) 以每个簇的扇区数为依据，通过表 6.5 获得元文件 $MFT 每条记录大小描述和每个索引节点大小描述。

(3) 以元文件 $MFT 或 $MFTMirr 的 0 号记录所在扇区号和每个簇的扇区数，计算 0 号簇在整个硬盘中的开始扇区号，即元文件 $Boot 在整个硬盘中的开始扇区号，也就是 NTFS_DBR 所在扇区号，从而得到隐藏扇区数。

(4) 通过元文件 $MFT 的 8 号（即描述元文件 $BadClus 的记录）80H 属性以及每个簇的扇区数，计算出 NTFS 文件系统总扇区数。

(5) 通过 NTFS_DBR 所在扇区号和总扇区数，计算该文件系统存储在整个硬盘 0 号扇区 MBR 分区表，并将 MBR 分区表填入到整个硬盘 0 号扇区偏移 0X01EE～0X01FD 处。

【操作步骤】

步骤 1 使用 WinHex 打开该物理硬盘；"文件"→"打开"→"选择 abcd75.vhd 文件"，"专家"→"映像文件为磁盘"。

步骤 2 查找元文件 $MFT 或 $MFTMirr 的 0 号记录开始扇区号。

将光标移动到 1900672 号扇区，选择菜单栏上的"搜索"→"查找 Hex 数值(H)..."，出现"Find Hex Values"窗口，在"The following hex values will be searched:"列表框中输入"24004D0046005400"，即 $MFT 的 Unicode 码；在"Search:"下拉框中选择"Down"；单击"OK"按钮。在 1900688 号扇区找到，如图 7.90 所示。

从元文件 $MFT 或 $MFTMirr 的 0 号记录 80H 属性数据运行列表可知，元文件 $MFT 开始簇号为 102058，所占簇数为 2560；系统分配给元文件 $MFT 的大小为 2621440 字节。

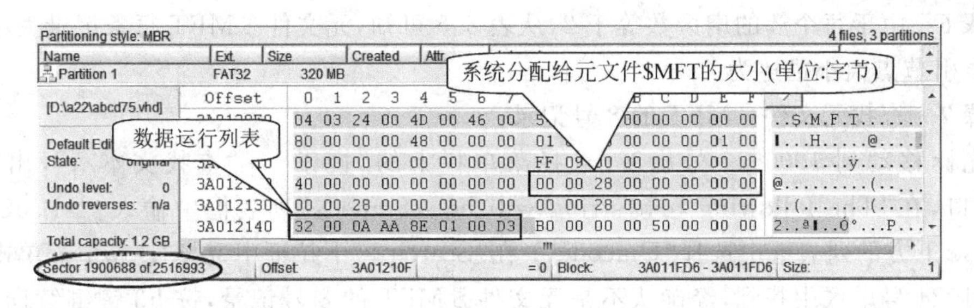

图 7.90 元文件＄MFT 或元文件＄MFTMirr 的 0 号记录

由式(6.20)可知：

系统分配给文件的空间 ＝ 文件所占簇数之和 × 每个簇的扇区数 × 512 字节 / 扇区

2621440 字节 ＝ 2560 簇 × 每个簇的扇区数 × 512 字节 / 扇区

所以，每个簇的扇区数＝2

步骤 3 将光标移动到元文件＄MFT 或＄MFTMirr 的 1 号记录开始扇区号，即 1900690 号扇区，元文件＄MFT 或＄MFTMirr 的 1 号记录 80H 属性如图 7.91 所示。

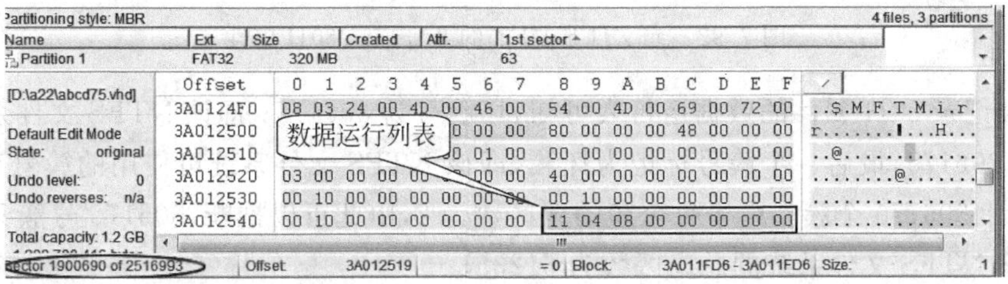

图 7.91 元文件＄MFT 或元文件＄MFTMirr 的 1 号记录

从元文件＄MFT 或＄MFTMirr 的 1 号记录 80H 属性数据运行列表可知，元文件＄MFTMirr 的开始簇号为 8，占 4 个簇。

步骤 4 判断所查找到的这两条记录是属于元文件＄MFT 还是元文件＄MFTMirr?

【方法一】

从 0 号记录 80H 属性数据运行列表可知，元文件＄MFT 开始簇号为 0X018EAA；从 1 号记录 80H 属性数据运行列表可知，元文件＄MFTMirr 开始簇号为 0X08；所以，元文件＄MFTMirr 存储在元文件＄MFT 之前；由此可以推断，这两条记录属于元文件＄MFTMirr 的 0 号和 1 号记录。

【方法二】

由于每个簇的扇区数等于 2，由表 6.2 可知，元文件＄MFTMirr 记录数共计 4 条。经确认，元文件＄MFTMirr 记录从 1900688 号扇区至 1900695 号扇区，共计 8 个扇区，即 4 条记录；由此可以推断，这 4 条记录属于元文件＄MFTMirr。

步骤 5 计算 NTFS_DBR 在整个硬盘中的扇区号。

由于元文件＄MFTMirr 开始簇号为 8，在整个硬盘的开始扇区号为 1900688(注：是元文件＄MFTMirr 的 0 号记录开始扇区号，而不是元文件＄MFTMirr 的 1 号记录开始扇区号)，每个簇的扇区数等于 2。

由此可以计算，0 号簇在整个硬盘的开始扇区号为 1900672，即 NTFS_DBR 在整个硬盘中的扇区号。由于 MBR 分区表存储整个硬盘的 0 号扇区，所以隐藏扇区数为 1900672。

步骤 6 由于每个簇的扇区数等于 2，从表 6.5 可知，元文件＄MFT 每条记录大小描述为 1，每个索引节点大小描述为 4。

步骤 7 查找元文件＄MFT 的 8 号记录。

将光标移动到 1900672 号扇区，选择菜单栏上的“搜索”→“查找文本...”，出现“Find Text”窗口，在“The following text string will be searched:”列表框中输入“＄BadClus”，在 Math case 下方的列表框中选择“Unicode”；在“Search:”下拉框中选择“Down”；单击 OK 按钮。1901024 号扇区中找到，经确认不是元文件＄MFT 的 8 号记录，按 F3 键继续向下查找，在 2104804 号扇区找到；经确认，是元文件＄MFT 的 8 号记录，如图 7.92 所示。

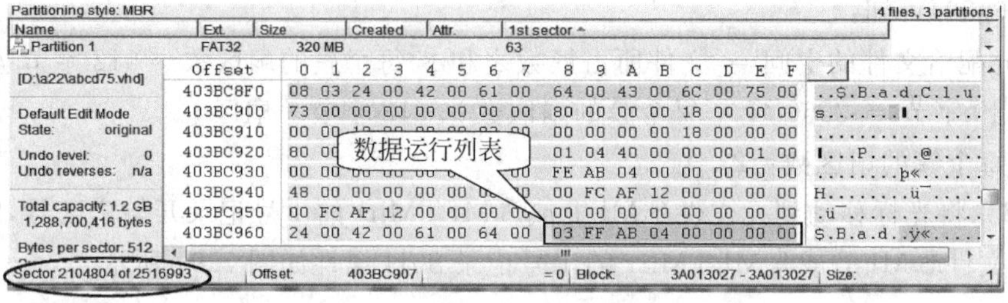

图 7.92 元文件＄MFT 的 8 号记录 80H 属性

从 8 号记录 80H 属性的数据运行表可知，坏簇号为 306175；即该 NTFS 文件系统的簇号范围为 0～306175，最后一个簇号标记为坏簇，即该 NTFS 文件系统可使用的簇号范围为 0～306174，共计 306175 个簇。由于每个簇的扇区数为 2，由此可以推断，306175 号簇只有一个扇区，因此，该 NTFS 文件系统的总扇区数为 612351。

步骤 8 综合步骤 2 至步骤 7，计算出的 NTFS_DBR 中 BPB 参数见表 7.24 所列。

表 7.24 已经计算的 NTFS_DBR 的 BPB 参数

<table>
<tr><th rowspan="2">字节偏移</th><th rowspan="2">字节数</th><th rowspan="2">含　义</th><th colspan="10">值</th></tr>
<tr><th>十进制</th><th>十六进制</th><th colspan="8">存储形式</th></tr>
<tr><td>0X0D</td><td>1</td><td>扇区数/簇</td><td>2</td><td>2</td><td colspan="8">02</td></tr>
<tr><td>0X1C</td><td>4</td><td>隐藏扇区数</td><td>1900672</td><td>1D0080</td><td colspan="2">80</td><td colspan="2">00</td><td colspan="2">1D</td><td colspan="2">00</td></tr>
<tr><td>0X28</td><td>8</td><td>总扇区数</td><td>612351</td><td>957FF</td><td>FF</td><td>57</td><td>09</td><td>00</td><td>00</td><td>00</td><td>00</td><td>00</td></tr>
<tr><td>0X30</td><td>8</td><td>元文件＄MFT 开始簇号</td><td>102058</td><td>18EAA</td><td>AA</td><td>8E</td><td>01</td><td>00</td><td>00</td><td>00</td><td>00</td><td>00</td></tr>
<tr><td>0X38</td><td>8</td><td>元文件＄MFTMirr 开始簇号</td><td>8</td><td>8</td><td>08</td><td>00</td><td>00</td><td>00</td><td>00</td><td>00</td><td>00</td><td>00</td></tr>
<tr><td>0X40</td><td>1</td><td>＄MFT 每条记录大小描述</td><td>1</td><td>1</td><td colspan="8">01</td></tr>
<tr><td>0X44</td><td>1</td><td>每个索引节点大小描述</td><td>4</td><td>4</td><td colspan="8">04</td></tr>
</table>

步骤 9 通过 NTFS_DBR 的模板恢复 NTFS_DBR。

将光标移动到 1900672 号扇区，将 1900672 号扇区以文件的形式保存，文件名和存储位置自定。将同一版本 NTFS_DBR 复制到 1900672 号扇区，并按表 7.24 中的 BPB 参数修改 NTFS_DBR 中相应的参数，如图 7.93 所示，然后存盘。

步骤 10 将 1900672 号扇区复制到 2513023 号扇区，即通过 NTFS_DBR 恢复 NTFS_DBR 备份(注：NTFS_DBR 备份是否存在并不影响 NTFS 的正常使用)。

步骤 11 由于第 2 个 NTFS_DBR 在 1900672 号扇区，总扇区数为 612351，文件系统为 NTFS；对应分区表中的相对扇区和总扇区数分别为“80 00 1D 00”和“00 58 09 00”（存储形

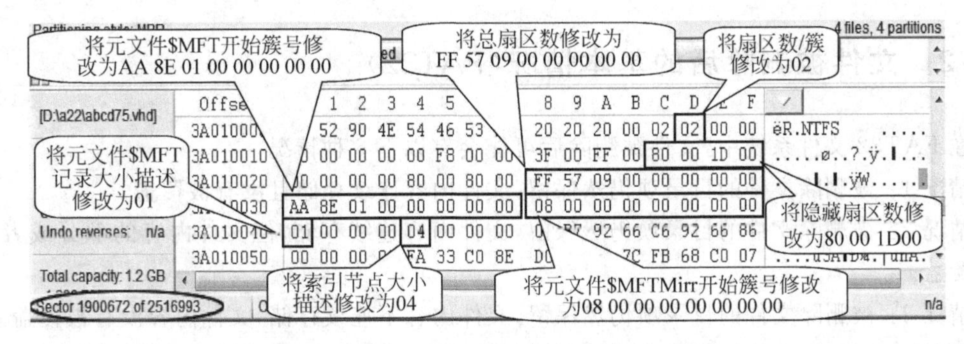

图 7.93　修改 NTFS_DBR 中相应的 BPB 参数

式)；所以，该 NTFS 文件系统在整个硬盘 0 号扇区的 MBR 分区表为“00 01 01 00 07 FE FF FF 80 00 1D 00 00 58 09 00”。

将光标移动到整个硬盘 0 号扇区，将计算好的 MBR 分区表填入到整个硬盘 0 号扇区偏移 0X01EE～0X01FD 处，如图 7.94 所示；然后存盘并退出 WinHex。

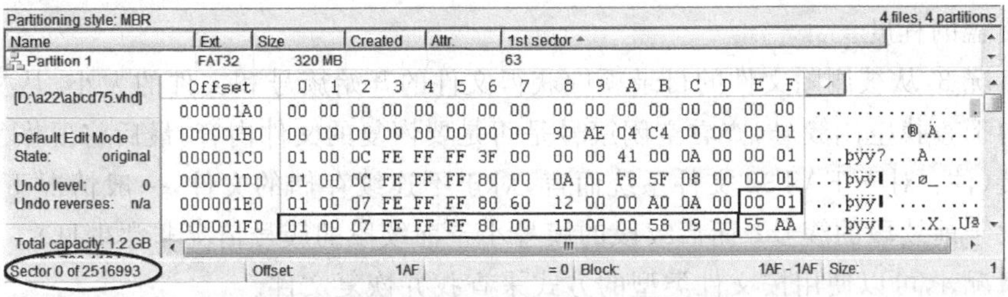

```
Offset     0  1  2  3  4  5  6  7   8  9  A  B  C  D  E  F
000001A0  00 00 00 00 00 00 00 00  00 00 00 00 00 00 00 00
000001B0  00 00 00 00 00 00 00 00  90 AE 04 C4 00 00 00 01
000001C0  01 00 0C FE FF FF 3F 00  00 00 41 00 0A 00 00 01
000001D0  01 00 0C FE FF FF 80 00  0A 00 F8 5F 08 00 00 01
000001E0  01 00 07 FE FF FF 80 60  12 00 00 A0 0A 00 00 01
000001F0  01 00 07 FE FF FF 80 00  1D 00 00 58 09 00 55 AA
```

图 7.94　恢复硬盘 0 号扇区的第 4 个分区表

步骤 12　通过计算机管理中的磁盘管理功能附加 abcd75.vhd 文件后，到资源管理器中可以查看到 K 盘中的文件和文件夹。

7.4　文件被删除后的恢复

7.4.1　删除文件的基本方法

删除文件是用户使用计算机时最为常见的一种操作；在 Windows 操作系统下，删除文件的基本方法主要有以下 4 种：

(1) 直接将文件删除，即被删除文件不经过回收站。

(2) 将文件放入回收站，再将回收站清空或者将要删除的文件从回收站中再次删除。

(3) 将文件进行剪切操作，到目标文件夹中进行粘贴操作。

(4) 使用同名文件将文件进行覆盖操作，即在目标文件夹中复制一个同名文件，并将其覆盖。

文件被删除后，能否被完整地恢复取决于已删除文件被破坏的程度。由于不同的文件系统对文件的管理方式不同，这里只讨论在 FAT32 和 NTFS 文件系统中，文件被删除后的恢复。

7.4.2 文件被删除后的基本情况(FAT32)

在FAT32文件系统中,文件被删除后可能会有以下6种情况。

情况1：被删除文件的目录项仍然保留,文件内容连续存储且没有被覆盖。

情况2：被删除文件的目录项仍然保留,文件内容连续存储,但文件内容的部分或者全部已被覆盖。

情况3：被删除文件的目录项仍然保留,文件内容不连续存储,文件内容没有被覆盖。

情况4：被删除文件的目录项已被覆盖,而文件内容连续存储且没有被覆盖。

情况5：被删除文件的目录项仍然保留,但目录项中开始簇号的高16位被置为0000,文件内容连续存储且没有被覆盖。

情况6：被删除文件的目录项、文件内容的部分或者全部已被覆盖。

对于情况1,文件恢复的成功率是100%,且恢复后的文件可以正常使用。

对于情况2,文件恢复的成功率也是100%,但恢复后的文件能否使用,则取决于被删除文件内容被覆盖的程度。

对于情况3,从被删除文件的目录项中获得文件的开始簇号和文件的大小,从文件的开始簇号开始向下查找空闲簇号,查看空闲簇号是否是要恢复的文件内容,最后将要恢复的文件内容进行连接(注：对于FAT32文件系统而言,对于不连续存储的文件,一般情况下,后续段的簇号总是大于前续段的簇号；而后续段的簇号小于前续段的簇号情况非常少见)。

对于情况4,可以使用按文件类型的方式来查找并恢复文件。

对于情况5,如果逻辑盘的容量比较小,可以使用尝试法来估计文件开始簇号的高16位值；也可以查看该目录项的相邻目录来估算该目录的高16位值。

对于情况6,如果文件的全部内容已被覆盖,将无法恢复；如果只是文件内容的部分被覆盖,并且被覆盖的部分文件内容不影响文件的正常使用,恢复文件的可能性是存在的。

7.4.3 恢复已删除的文件(FAT32)

本节只讨论在Windows平台下,使用WinHex软件恢复已删除文件(FAT32)的基本思路、方法与步骤；而使用其他数据恢复软件恢复已删除文件的基本思路、方法与步骤,请读者自行研究。下面以实例的形式介绍两种恢复已删除文件的基本思路、方法与步骤。

【基本思路(一)】 将已删除的文件复制到指定的目录中。

【方法(一)】 到已删除文件的目录所在文件夹中,找到已删除文件的目录项,选中已删除的文件目录项,并将该已删除的文件复制到指定的目录中。

【步骤(一)】

步骤1 将光标移动到已删除文件所在目录,然后在目录中找到已删除文件的目录项。

步骤2 将光标移动到已删除文件的目录项处,右击,从弹出的快捷菜单中选择“Recover/Copy...”,出现“Select Target Folder”窗口,在“Select Target Folder”窗口中,选择已删除文件存放的文件夹,然后单击OK按钮。

例7.15 在5.3.9节中,删除了J盘根目录下的a03.doc文件,要恢复J盘根目录下已删除的a03.doc文件(注：在资源管理器中无法查看到已删除后的文件名,文件名“?03.doc”是例 5.15 中删除 J 盘根目录下的 a03. doc 文件后遗留下的文件名；而 J 盘则是使用计算机管理中的磁盘管理功能附加 abcd5. vhd 形成的虚拟硬盘)。

【操作步骤(一)】

步骤 1 启动 WinHex,并打开 J 盘。

步骤 2 将光标移动到 J 盘的根目录下,找到已删除文件“a03. doc”的目录项,如图 7.95 所示(注：a03. doc 文件被删除后,在 WinHex 中显示的文件名为“? 03. doc”)。

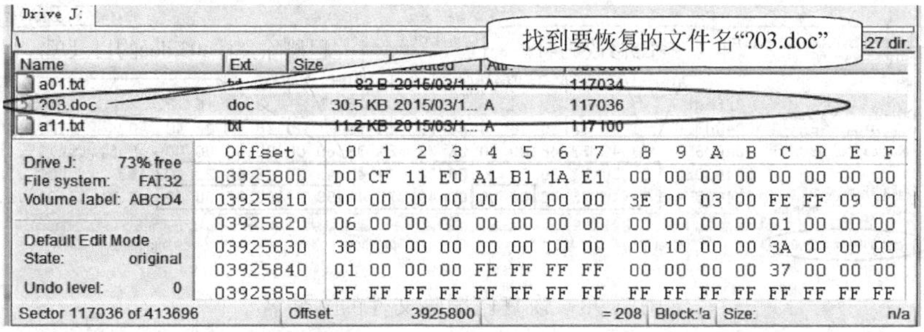

图 7.95 在 J 盘的根目录下找到已删除的文件 a03. doc

步骤 3 将光标移动到“? 03. doc”处,右击,从弹出的快捷菜单中选择“Recover/Copy...”；如图 7.96 所示。

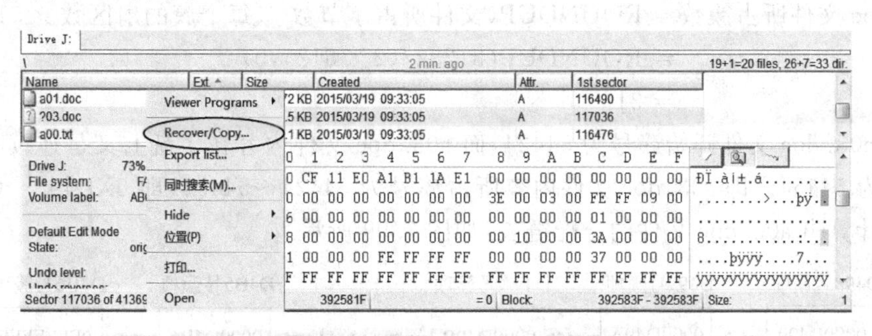

图 7.96 从快捷菜单中选择“Recover/Copy...”

步骤 4 出现“Select Target Folder”窗口,在“Select Target Folder”窗口中,选择存储文件的位置,本例中将要恢复的文件存储到 D 盘的根目录下；如图 7.97 所示,单击“OK”按钮。

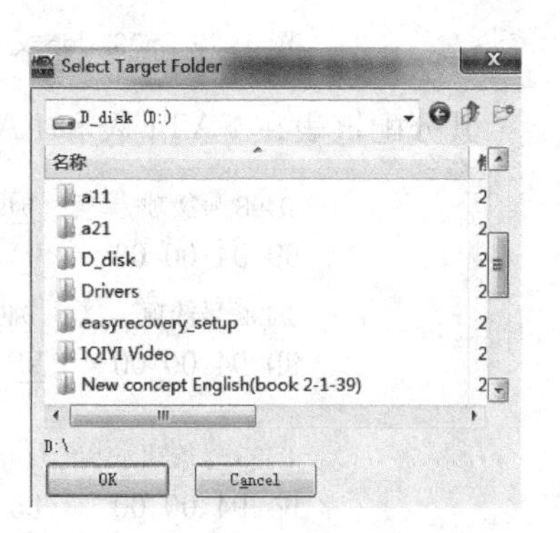

图 7.97 选择文件存储的位置

步骤 5 到 D 盘根目录下可以找到已恢复的文件,文件名为“_03. doc”。

【基本思路(二)】 将已删除的文件恢复到删除前的状态。

【方法(二)】 将已删除文件的目录项恢复到删除前的状态,将已删除文件内容的 FAT 链表恢复到删除前的状态。

【步骤(二)】

步骤 1 将光标移动到已删除文件所在目录中,在目录中找到已删除文件的目录项,将已删除文件目录项首字节的 ASCII 码“E5”修改为可显示字符的 ASCII 码,如“41”。

步骤 2 从已删除的文件目录项中获得已删除文件的开始簇号和所占字节数，并计算出该文件所占簇号，恢复该文件在FAT1表和FAT2表中的文件分配链表。

【操作步骤(二)】

步骤 1 启动WinHex；并打开J盘。

步骤 2 将光标移动到J盘的根目录下，找到已删除文件“a03.doc”的目录项；将文件目录项首字节的值由“E5”改为“41”，即“A”的ASCII码，如图7.98所示。

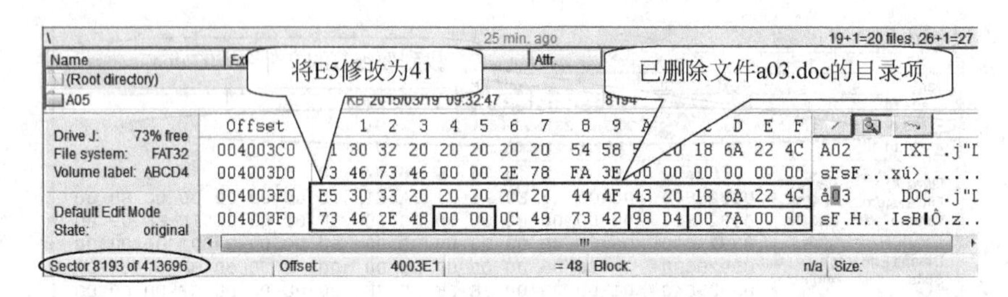

图7.98 恢复已删除文件的文件名

步骤 3 从图7.98可知，已删除文件a03.doc的开始簇号为54424(即0X0000D498)，占用空间为31232(即0X00007A00)字节。从J盘的DBR可知，每个簇的扇区数为2。由式(5.20)可知：

$$
\begin{aligned}
\text{a03.doc 文件所占簇数} &= \text{ROUNDUP(文件所占字节数 /(每个簇的扇区数} \times 512),0) \\
&= \text{ROUNDUP}(31232/(2 \times 512),0) \\
&= 31
\end{aligned}
$$

由于a03.doc文件开始簇号为54424，而a03.doc文件内容在J盘上又是连续存储，所以结束簇号为54454。即a03.doc文件内容所占簇号为54424～54454(即0XD498～0XD4B6)。由此可以计算出a03.doc文件的分配链表，如图7.99所示。

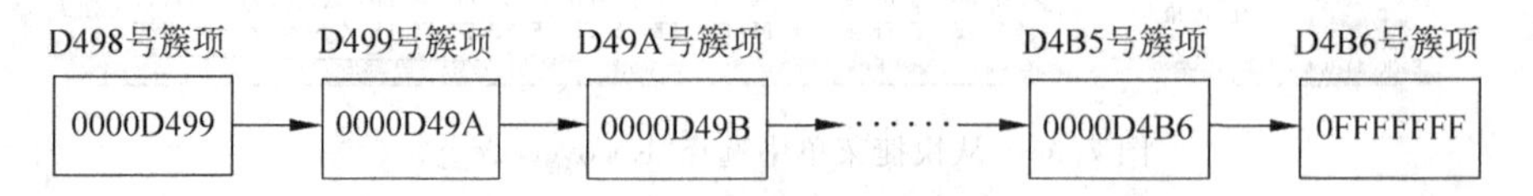

图7.99 a03.doc文件的文件分配链表(注：图中的数据均为十六进制)

其分配链表在FAT1表和FAT2表中的存储形式如图7.100所示。

D498 号簇项	D499 号簇项	D49A 号簇项	D49B 号簇项
99 D4 00 00	9A D4 00 00	9B D4 00 00	9C D4 00 00
D49C 号簇项	D49D 号簇项	D49E 号簇项	D49F 号簇项
9D D4 00 00	9E D4 00 00	9F D4 00 00	A0 D4 00 00
	……		
D4B3 号簇项	D4B4 号簇项	D4B5 号簇项	D4B6 号簇项
B4 D4 00 00	B5 D4 00 00	B6 D4 00 00	FF FF FF F0

图7.100 a03.doc文件链表在FAT中的存储形式(注：图中的数据均为十六进制)

步骤 4 恢复a03.doc文件在FAT1表中的链表。将光标移动到0XD498(即54424)号簇项位置。

操作步骤：“位置”→“Go to FAT Entry”；在弹出的“Go to FAT Entry”窗口中输入

54424。即将光标移动到 FAT1 表 54424 号簇项位置，在 54424 号簇项位置输入“99 D4 00 00”，在 54425 号簇项位置输入“9A D4 00 00”，在 54426 号簇项位置输入“9B D4 00 00”…，在 54453 号簇项位置输入“B6 D4 00 00”，在 54454 号簇项位置输入“FF FF FF 0F”，如图 7.101 所示，然后存盘；至此 a03.doc 文件在 FAT1 表中的链表已恢复。

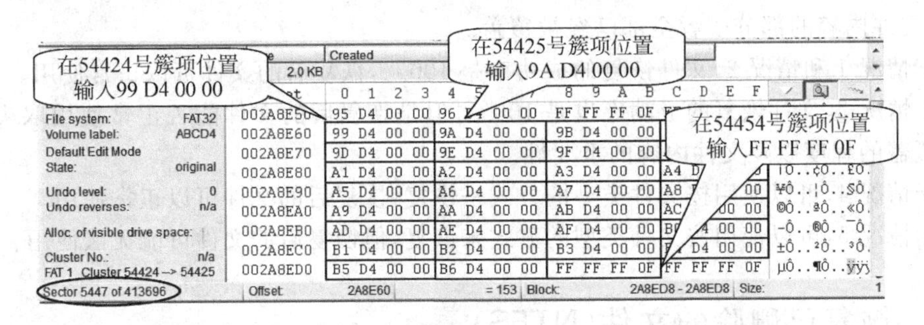

图 7.101 恢复 a03.doc 文件的链表在 FAT1 表中的存储形式

步骤 5 恢复 a03.doc 文件在 FAT2 表中的链表，从 J 盘的 DBR 可知，每个 FAT 表占 1585 个扇区。而 a03.doc 文件的链表位于 J 盘 FAT1 表中的扇区号为 5447。所以，a03.doc 文件的链表位于 J 盘 FAT2 表中的扇区号为 7032，将光标移动到 7032 号扇区。

操作步骤：“位置”→“Go to Sector”；在弹出的“Go to Sector”窗口选择“Logical”，在“Sector：”右侧的文件框中输入 7032，即将光标移动到 7032 号扇区。在 54424 号簇项位置输入“99 D4 00 00”，在 54425 号簇项位置输入“9A D4 00 00”，在 54426 号簇项位置输入“9B D4 00 00”…，在 54453 号簇项位置输入“B6 D4 00 00”，在 54454 号簇项位置输入“FF FF FF 0F”，如图 7.102 所示，然后存盘并退出 WinHex。至此 a03.doc 文件在 FAT2 表中的链表已恢复。

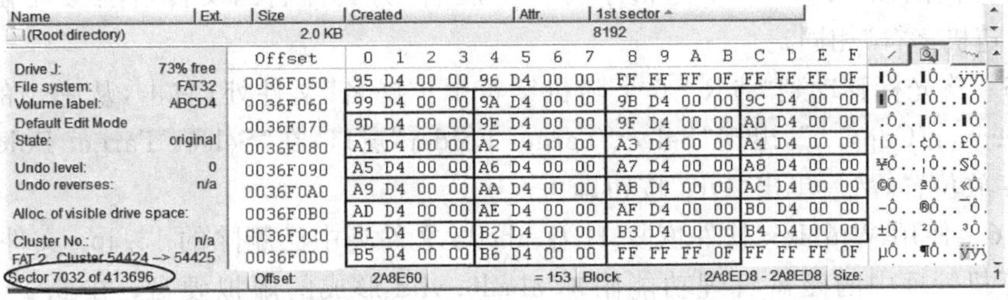

图 7.102 恢复 a03.doc 文件的链表在 FAT2 表中的存储形式

步骤 6 到 J 盘的根目录下可以看到已恢复的“a03.doc”文件。

7.4.4 文件被删除后的基本情况(NTFS)

对于 NTFS 文件系统，文件被删除后可能会有以下 5 种情况。

情况 1：被删除文件在元文件 $MFT 中的记录仍然保留，文件记录的 80H 属性为常驻属性。

情况 2：被删除文件在元文件 $MFT 中的记录仍然保留，文件记录的 80H 属性为非常驻属性，文件内容没有被覆盖。

情况 3：被删除文件在元文件 $MFT 中的记录仍然保留，文件记录的 80H 属性为非常驻属性,但文件内容部分或者全部已经被覆盖。

情况 4：被删除文件在元文件 $MFT 中的记录已经被覆盖,文件记录的 80H 属性为非常驻属性,但文件内容没有被覆盖。

情况 5：被删除文件在元文件 $MFT 中的记录已经被覆盖,文件记录的 80H 属性为非常驻属性,文件内容的部分或者全部已经被覆盖。

对于情况 1 和情况 2,文件恢复的成功率是 100%,恢复后的文件可以正常使用。

对于情况 3,文件恢复的成功率也是 100%,但是恢复后的文件能否正常使用取决于文件内容被覆盖的程度以及文件内容的重要性。

对于情况 4,可以使用按文件类型的方式来恢复,恢复后的文件可以正常使用。

对于情况 5,可以使用按文件类型的方式来恢复,但恢复后的文件可能无法使用。

7.4.5 恢复已删除的文件(NTFS)

对于 NTFS 文件系统,文件被删除后可以使用其他数据恢复软件来进行恢复,本节只讨论使用 WinHex 软件恢复被删除文件的基本步骤。

【数据恢复步骤】

步骤 1 将光标移动到回收站以“S-1-5-21”开头的文件夹下。

步骤 2 找到以“$I+6 个随机字符+扩展名”为文件名的文件(注：该文件的大小为 0.5KB)。

步骤 3 从该文件记录的 80H 属性中可以查看到被删除文件的盘符、路径和文件名,仔细确认该文件是否是要恢复的文件。如果“是”,转向步骤 4；如果“不是”,则转向步骤 2,继续查找下一个以“$I+6 个随机字符+扩展名”为文件名的文件。

步骤 4 找到以“$R+6 个随机字符+扩展名”为文件名的文件(注：6 个随机字符与“$I+6 个随机字符”相同)。

步骤 5 将光标移动到“$R+6 个随机字符+扩展名”文件处,右击,从弹出的快捷菜单中选择“Recover/Copy...”,出现“Select Target Folder”窗口,在“Select Target Folder”窗口中选择文件存放位置,然后单击“OK”按钮即可。

例 7.16 使用 WinHex 软件恢复 H 盘 abcd3 文件夹中已删除的 13.jpg 文件(注：H 盘为使用计算机管理中的磁盘管理功能附加 abcd6.vhd 形成的虚拟硬盘；在 6.10 节例 6.41 中,删除了 H 盘 abcd3 文件夹中的 13.jpg 文件)。

【操作步骤】

步骤 1 启动 WinHex,并打开 H 盘。

步骤 2 将光标移动到 H 盘 $RECYCLE.BIN\S-1-5-21-894613213-3022215824-3749548889-1000 文件夹中,找到“$IS30PKH.jpg”文件并将光标移动到该记录 80H 属性处,如图 7.103 所示；从该记录 80H 属性可知,被删除文件盘符、路径和文件名为“H:\abcd3\13.jpg”,正是要恢复的文件所在的盘符、路径和文件名。

步骤 3 从 $IS30PKH.jpg 文件的记录可知,被删除的文件在 H 盘 $RECYCLE.BIN\S-1-5-21-894613213-3022215824-3749548889-1000 文件夹中的文件名为 $RS30PKH.jpg,将光标移动到 $RS30PKH.jpg 处,右击,从弹出的快捷菜单中选择“Recover/Copy...”,出现“Select Target Folder”窗口,在“Select Target Folder”窗口中选择文件夹,这里选择“F 盘的 abc 文件夹”,然后单击 OK 按钮。

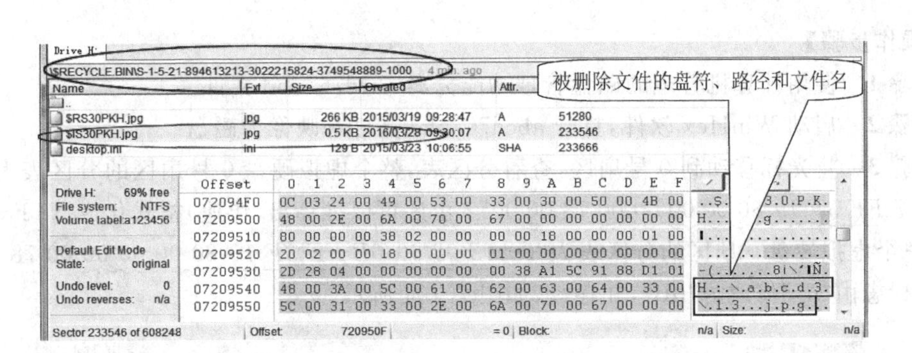

图 7.103　在 H 盘 $ RECYCLE. BIN\S-1-5-21-894613213-3022215824-3749548889-1000 文件夹下找到 $ IS30PKH. jpg 文件

步骤 4　到 F 盘的 abc 文件夹中可以查看到已恢复的“$ RS30PKH. jpg”，该文件的内容为已删除文件 13. jpg 的内容。

7.5　Windows XP 下(快速)格式化后的数据恢复

逻辑盘被格式化后，逻辑盘中数据恢复的成功率与操作系统的格式化操作有关。作者经过大量的实验发现：在 Windows XP 操作系统下，对逻辑盘进行格式化和快速格式化后，对原来文件系统的破坏基本相同，即系统会在逻辑盘的相应位置写入文件系统所需要的数据，而其他地方的数据则仍然保留，这给恢复数据带来了希望。

下面以实例的方式，介绍逻辑盘被(快速)格式化后的数据恢复。

7.5.1　FAT32 被(快速)格式化成 NTFS 的恢复

作者经过大量的实验发现：在 Windows XP 下，如果逻辑盘原来的文件系统是 FAT32，被(快速)格式化成为 NTFS，只要重建(快速)格式化前 FAT32_DBR，并将对应的分区标志由“07”修改为“0C”或“0B”，就可以恢复(快速)格式化前逻辑盘中的所有文件，但被 NTFS 文件系统元文件覆盖的文件内容将无法使用。

例 7.17　使用计算机管理中的磁盘管理功能附加素材中的 abcd76. vhd 文件，附加后为磁盘 1；盘符为 H:，在资源管理器中可以看到 H 盘上没有任何文件(注：H 盘原来的文件系统为 FAT32，在 Windows XP 下被(快速)格式化为 NTFS)。

【数据恢复基本思路与方法】

(1) 修改 MBR 分区表中的分区标志，将分区标志由“07”改为“0C”或“0B”。

(2) 恢复(快速)格式化前 FAT32_DBR。要恢复 FAT32_DBR，一般情况下，需要计算 FAT32_DBR 中每个簇的扇区数、保留扇区数、隐藏扇区数等参数，见表 7.25 所列。

表 7.25　FAT32_DBR 中的 BPB 部分参数

字节偏移	字节数	含　义	字节偏移	字节数	含　义
0X0D	1	扇区数/簇	0X20	4	总扇区数
0X0E	2	保留扇区数	0X24	4	每 FAT 所占扇区数
0X1C	4	隐藏扇区数			

【操作步骤】

步骤1 使用计算机管理的磁盘管理功能分离 abcd76.vhd 文件。

步骤2 启动 WinHex 软件，打开 abcd76.vhd 文件并映像为磁盘。

步骤3 将光标移动到0号扇区，查看分区表，整个虚拟硬盘0号扇区的分区表为“00 *02 03 00* 07 *FE 3F 19* 80 00 00 00 00 78 06 00”；由此可以推算出(快速)格式化成 NTFS 文件系统前，整个虚拟硬盘0扇区的分区表为“00 *02 03 00* 0B *FE 3F 19* 80 00 00 00 00 78 06 00”；将分区标志由“07”修改为“0B”，并存盘，如图7.104所示。

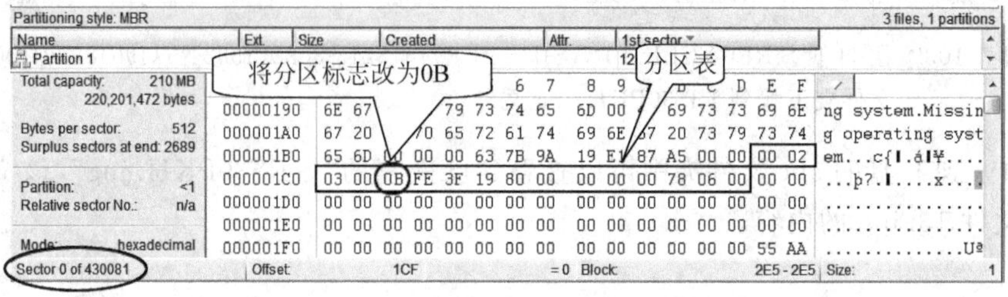

图7.104 硬盘0号扇区的分区表

步骤4 从分区表可知，FAT32 文件系统所占扇区数为 423936(即 0X00067800，在 FAT32_DBR 中的存储形式为 00 78 06 00)。

步骤5 从分区表可知，NTFS_DBR 在整个硬盘的128号扇区，将光标移动到整个硬盘的128号扇区，可以看到 NTFS_DBR。也就是说，原来的 FAT32_DBR 已经变成了 NTFS_DBR。FAT32_DBR 备份一般位于 FAT32_DBR 后面的6号扇区，即整个硬盘的134号扇区。将光标移动到134号扇区，可以看到也不再是 FAT32_DBR 备份，所以，(快速)格式化后 FAT32_DBR 和 FAT32_DBR 备份已经被覆盖。因此，隐藏扇区数为128(即 0X80，在 FAT32_DBR 中存储形式为 80 00 00 00)。

步骤6 查找 FAT1 表开始扇区，使用 WinHex 搜索功能中的“查找 Hex 数值(T)…”，在“Find Hex Values”窗口的“The following hex values will be searched:”文本框中输入“F8FFFF”(即 FAT1 表开始值)，在“Search:”列表框中选择“Down”，选择“Cond”左侧的复选框，在“offset mod”右侧的两个文本框中分别输入“512”和“0”，单击 OK 按钮。

步骤7 在整个硬盘的6694号扇区找到，即 FAT1 表开始扇区号，如图7.105所示。

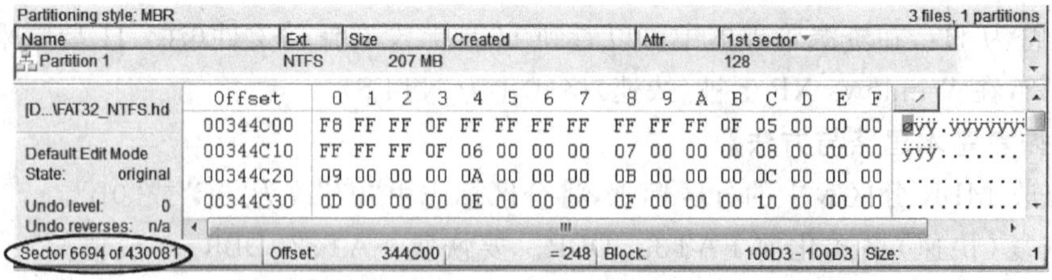

图7.105 在整个硬盘6694号扇区找到 FAT1 表开始扇区

由式(5.10)可知：

保留扇区数 = FAT1 表开始扇区号 − FAT32_DBR 所在扇区号 = 6694 − 128 = 6566

步骤8 按 F3 键继续向下查找，在7507号扇区找到，存储内容与6694号扇区相同，即 FAT2 表开始扇区号；由式(5.14)可知：

每个 FAT 表所占扇区数 = FAT2 表开始扇区号 − FAT1 表开始扇区号
= 7507 − 6694
= 813

步骤 9 查找子目录开始扇区号，使用 WinHex 的搜索功能中的"查找 Hex 数值(T)…"，在"Find Hex Values"窗口的"The following hex values will be searched:"文本框中输入"2E202020"(子目录开始值的 ASCII 码)，在"Search:"列表框中选择"Down"，选择"Cond:"左侧的复选框，在"offset mod"右侧的两个文本框中分别输入"512"和"0"，单击 OK 按钮。

步骤 10 在 8324 号扇区找到第 1 个子目录的开始扇区，如图 7.106 所示，从图 7.106 可知，该子目录的开始簇号为 03。

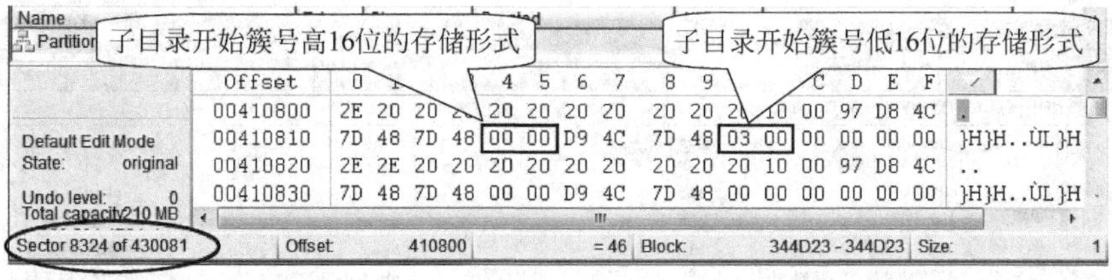

图 7.106 在整个硬盘 8324 号扇区找到第 1 个子目录的开始扇区

步骤 11 按 F3 继续向下查找，在 8412 号扇区找到第 2 个子目录的开始扇区如图 7.107 所示，从图 7.107 可知，该子目录的开始簇号为 25。

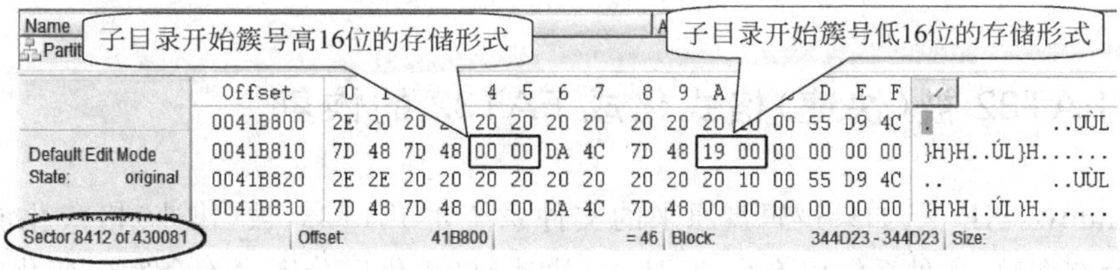

图 7.107 在整个硬盘的 8412 号扇区找到第 2 个子目录的开始扇区

由式(5.22)可知：每个簇的扇区数 =(8412−8324) ÷ (25−3)=4

步骤 12 综合步骤 3~步骤 11，FAT32_DBR 中部分 BPB 参数，见表 7.26 所列。

表 7.26 FAT32_DBR 中的部分 BPB 参数

字节偏移	字节数	含　义	值					
			十进制	十六进制	存储形式			
0X0D	1	扇区数/簇	4	4	04			
0X0E	2	保留扇区数	6566	19A6	A6		19	
0X1C	4	隐藏扇区数	128	80	80	00	00	00
0X20	4	总扇区数	423936	67800	00	78	06	00
0X24	4	每 FAT 所占扇区数	813	32D	2D	03	00	00

步骤 13 将同一版本 FAT32_DBR 复制到该硬盘的 128 号扇区处，将 128 号扇区中的每个簇的扇区数、保留扇区数、隐藏扇区数、总扇区数、每个 FAT 所占扇区数修改为表 7.26 中 FAT32_DBR 的 BPB 参数，如图 7.108 所示，然后存盘并退出 WinHex。

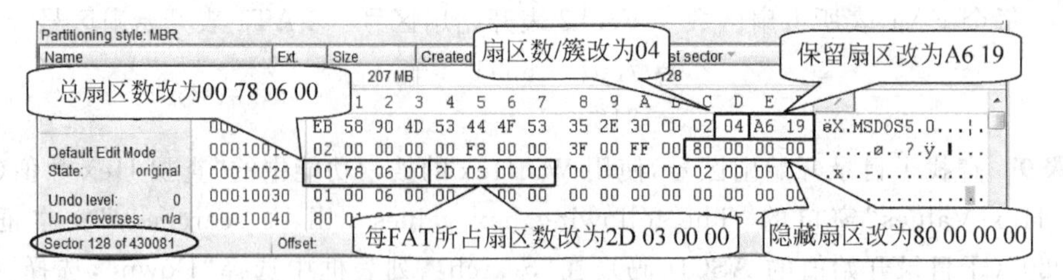

图 7.108 恢复(快速)格式化前 FAT32_DBR

步骤 14 使用计算机管理中的磁盘管理功能附加 abcd76.vhd 后，到资源管理器中可以看到 H 盘中的文件和文件夹，如图 7.109 所示。

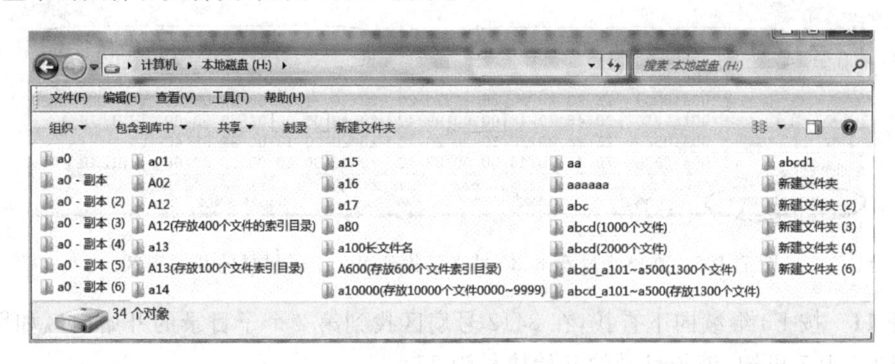

图 7.109 在资源管理器中查看 H 盘中的文件夹和文件

7.5.2 FAT32 被(快速)格式化成 FAT32 的恢复

在 Windows XP 下，如果逻辑盘原来的文件系统是 FAT32，被(快速)格式化成 FAT32，由于分区没有调整，文件系统没有变化，所以(快速)格式化后分区表不会发生变化。FAT32_DBR 中的总扇区数也不会发生变化。

作者做了大量的实验发现：在 Windows XP 下，如果逻辑盘原来的文件系统是 FAT32，被(快速)格式化成为 FAT32 后，可能会出现下列 3 种情况。

【情况一】 (快速)格式化前的 FAT32_DBR 和 FAT32_DBR 备份被覆盖，而(快速)格式化前 FAT1 以后的数据完好无损。

【解决方法】 重建格式化前 FAT32_DBR，即可恢复(快速)格式化前逻辑盘中的全部数据。

【情况二】 (快速)格式化前 FAT32_DBR 至 FAT1 表之间的数据已被覆盖，而(快速)格式化前 FAT2 表以后的数据完好无损。

【解决方法】 重建(快速)格式化前的 FAT32_DBR 和 FAT1 表，可恢复(快速)格式化前逻辑盘中的全部数据。

【情况三】 (快速)格式化前的 FAT32_DBR、FAT32_DBR 备份、FAT1 表和 FAT2 表已被覆盖，即 FAT 表除 2 号簇号项外，其他簇号项的值已被置为“00000000”。

【解决方法】 可以按文件类型来恢复所需要的文件。

在 Windows XP 下，对逻辑盘(快速)格式化后，【情况一】和【情况三】发生的概率比较高，下面以实例的形式讨论【情况一】：

例 7.18　使用计算机管理中的磁盘管理功能附加素材中的 abcd77.vhd 文件,附加后的磁盘为磁盘 1；盘符为 H:,在资源管理器中可以看到 H 盘上没有任何文件(注: H 盘原来的文件系统为 FAT32,在 Windows XP 下被(快速)格式化为 FAT32)。

【数据恢复基本思路与方法】

恢复(快速)格式化前 FAT32_DBR 的 BPB 参数,也就是说要计算并恢复 FAT32_DBR 中每个簇的扇区数、保留扇区数和每个 FAT 表占用扇区数。

【操作步骤】

步骤 1　使用计算机管理中的磁盘管理工具分离磁盘 1,使用 WinHex 打开 abcd77.vhd 文件,并映像文件为磁盘。

步骤 2　将光标移动到整个硬盘 0 号扇区,从整个硬盘的 0 号扇区可知,该硬盘只有一个分区表,如图 7.110 所示,分区表为“00 02 03 00 0B FE 3F 31 80 00 00 00 00 68 0C 00”。

```
Partitioning style: MBR                                              3 files, 1 partitions
Name            Ext.    Size     Created            1st sector
Partition 1     FAT32   397 MB                      128
                               分区表
[D:...\FAT32_FAT32.hd   Offset    0  1  2  3  4  5  6  7   8  9  A  B  C  D  E  F
                        000001A0  67 20 6F 70 65 72 61 74  69    67 20 73 79 73 74  g operating syst
Default Edit Mode       000001B0  65 6D 00 00 00 63 7B 9A  19 E1 87 A5 00 00 00 02  em...c{.á.¥....
State:       original   000001C0  03 00 0B FE 3F 31 80 00  00 00 00 68 0C 00 00 00  ...þ?.....x....
Undo level:        0    000001D0  00 00 00 00 00 00 00 00  00 00 00 00 00 00 00 00  ................
Undo reverses:   n/a    000001E0  00 00 00 00 00 00 00 00  00 00 00 00 00 00 00 00  ................
                        000001F0  00 00 00 00 00 00 00 00  00 00 00 00 00 00 55 AA  ..............Uª
Sector 0 of 819201      Offset          1EC      = 0  Block          27C - 2AE  Size:   33
```

图 7.110　硬盘 0 号扇区的分区表

步骤 3　从该分区表的标志可知,该分区表对应的文件系统为 FAT32,FAT32_DBR 在 128 号扇区。

步骤 4　将光标移动到 128 号扇区,如图 7.111 所示,从图 7.111 可知,每个簇的扇区数为 4,保留扇区数为 36,隐藏扇区数为 128,总扇区数为 813056,每个 FAT 表占用扇区数为 1582。

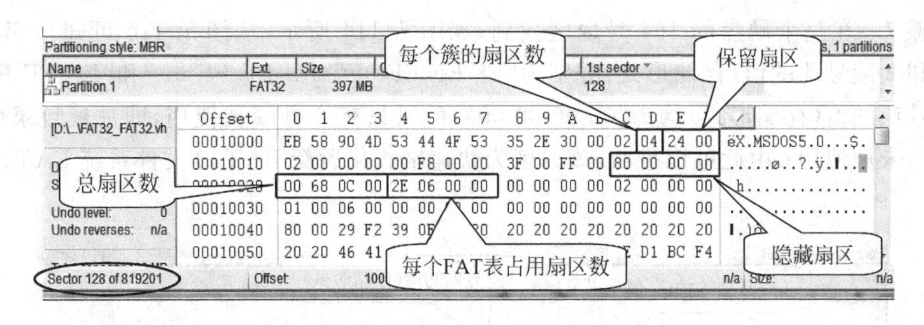

图 7.111　格式化后 FAT32_DBR 中的 BPB 参数

计算(快速)格式化前 FAT32_DBR 中每个簇的扇区数、保留扇区数、隐藏扇区数和每个 FAT 表占用扇区数。

步骤 5　计算每个簇的扇区数。

操作方式: 查找子目录开始扇区号,使用 WinHex 的搜索功能中的“查找 Hex 数值(T)…”,在“Find Hex Values”窗口的“The following hex values will be searched:”文本框中输入“2E202020”,在“Search:”列表框中选择“Down”,选择“Cond”前的复选框,在“offset mod”后两个文本框中分别输入“512”和“0”,单击 OK 按钮。

在 8328 号扇区找到第 1 个子目录的开始扇区号,如图 7.112 所示,从图 7.112 可知,第 1

个子目录的开始簇号为03。

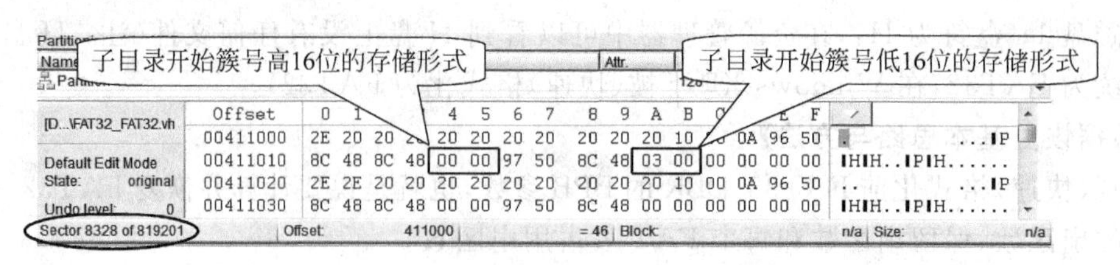

图7.112　第1个子目录的开始扇区

按F3键继续向下查找第2个子目录开始扇区号，在8344号扇区找到，如图7.113所示，从图7.113可知，第2个子目录的开始簇号为05。

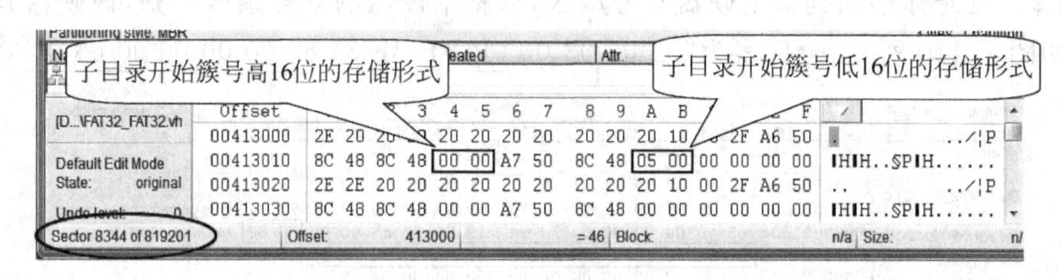

图7.113　第2个子目录的开始扇区

由式(5.23)可知：

$$每个簇的扇区数 = (8344 - 8328) \div (5 - 3) = 8$$

步骤6　将光标移动到硬盘0号扇区，查找FAT1表开始扇区号。使用WinHex搜索功能中的“查找Hex数值(T)…”，在“Find Hex Values”窗口的“The following hex values will be searched:”文本框中输入“F8FFFF”(即FAT1表开始值)，在“Search:”列表框中选择“Down”，选择“Cond”左侧的复选框，在“offset mod”右侧的两个文本框中分别输入“512”和“0”，单击OK按钮。

步骤7　在整个硬盘的164号扇区找到，如图7.114所示，从图7.114可知，0簇号项、1簇号项和2簇号项的值(存储形式)分别为“F8 FF FF 0F”“FF FF FF 0F”和“FF FF FF 0F”，其他簇号项的值(存储形式)均为“00 00 00 00”，所以只有2号簇被使用，即被根目录使用，其他簇号均未被使用；由此可以推断，该扇区为快速格式化后新FAT32文件系统FAT1表开始扇区号。

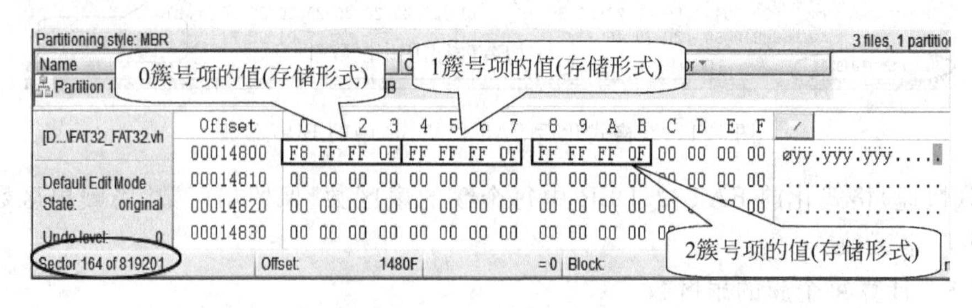

图7.114　格式化后FAT1表开始扇区前64字节

步骤8　按F3键继续向下查找，在1746号扇区找到，其存储内容与164号扇区相同。由此可以推断，快速格式化后新FAT32文件系统FAT1表占用扇区号范围为164～1745，而新FAT32文件系统FAT2表占用扇区号范围为1746～3327。

步骤 9 按 F3 键继续向下查找，在 6746 号扇区找到，如图 7.115 所示，从图 7.115 可知，该扇区的 2 号簇项至 127 簇号项已被使用。

Partitioning style: MBR　　3 files, 1 partitio

Name	Ext.	Size	Created	Attr.	1st sector
Partition 1	FAT32	397 MB			128

Offset	0	1	2	3	4	5	6	7	8	9	A	B	C	D	E	F	
0034B400	F8	FF	FF	0F	FF	FF	FF	FF	FF	FF	FF	0F	FF	FF	FF	0F	øÿÿ.ÿÿÿÿÿÿÿ.ÿÿÿ
0034B410	FF	FF	FF	0F	FF	FF	FF	0F	FF	FF	FF	0F	FF	FF	FF	0F	ÿÿÿ.ÿÿÿ.ÿÿÿ.ÿÿÿ
0034B420	FF	FF	FF	0F	FF	FF	FF	0F	FF	FF	FF	0F	FF	FF	FF	0F	ÿÿÿ.ÿÿÿ.ÿÿÿ.ÿÿÿ
0034B430	FF	FF	FF	0F	FF	FF	FF	0F	FF	FF	FF	0F	FF	FF	FF	0F	ÿÿÿ.ÿÿÿ.ÿÿÿ.ÿÿÿ
0034B440	14	00	00	00	FF	FF	FF	0F	FF	FF	FF	0F	FF	FF	FF	0F	....ÿÿÿ.ÿÿÿ.ÿÿÿ
0034B450	15	00	00	00	16	00	00	00	17	00	00	00	FF	FF	FF	0F	............ÿÿÿ
0034B460	1E	00	00	00	1A	00	00	00	1B	00	00	00	1C	00	00	00	....

[D:\abcd77\abcd77.\
Default Edit Mode State: original
Undo level: 0
Undo reverses: n/a
Total capacity: 400 MB 419,430,912 bytes
Sector 6746 of 819201　Offset: 34B46F　= 0　Block:　n/a　Size:

图 7.115　格式化前 FAT1 表开始扇区前 96 字节

将光标移动到 6747 和 6748 号扇区，发现 6747 和 6748 号扇区所存储的簇号项已被使用。

将光标移动到 6749 号扇区，发现 6749 号扇区只使用了 7 个簇号项(即 384 簇号项至 390 簇号项)，其他簇号项均未使用。

步骤 10 按 F3 键继续向下查找，在 7533 号扇区找到，其存储内容与 6746 号扇区相同。7534 号扇区存储内容与 6747 号扇区相同；7535 号扇区存储内容与 6748 号扇区相同；7536 号扇区存储内容与 6749 号扇区相同；以此类推。

由此可以推断，(快速)格式化前 FAT1 表开始扇区号为 6746，FAT2 表开始扇区号为 7533；由式(5.14)可知：

每个 FAT 所占扇区数 = FAT2 表开始扇区号 − FAT1 表开始扇区号 = 7533 − 6746 = 787

因此，(快速)格式化前，H 盘 FAT1 表占用扇区号范围为 6746～7532，而 FAT2 表占用扇区号范围为 7533～8319。

步骤 11 由于(快速)格式化前 FAT1 表开始扇区号为 6746，FAT32_DBR 所在扇区号为 128，由式(5.10)可知：

保留扇区数 = FAT1 表开始扇区号 − FAT32_DBR 所在扇区号 = 6746 − 128 = 6618

步骤 12 综合步骤 5、步骤 10 和步骤 11，(快速)格式化前，H 盘 FAT32_DBR 中每个簇的扇区数为 8、保留扇区数为 6618、每个 FAT 表占用扇区数为 787(注：这 3 个 BPB 参数在 FAT32_DBR 中的存储形式分别为“08”“DA 19”和“13 03 00 00”)。

步骤 13 将光标移到 128 号扇区，将该扇区以文件的形式保存，存储位置和文件名自定。将每个簇的扇区数修改为 8、保留扇区数修改为 6618 和每个 FAT 表占用扇区数修改为 787，如图 7.116 所示；然后存盘并退出 WinHex。

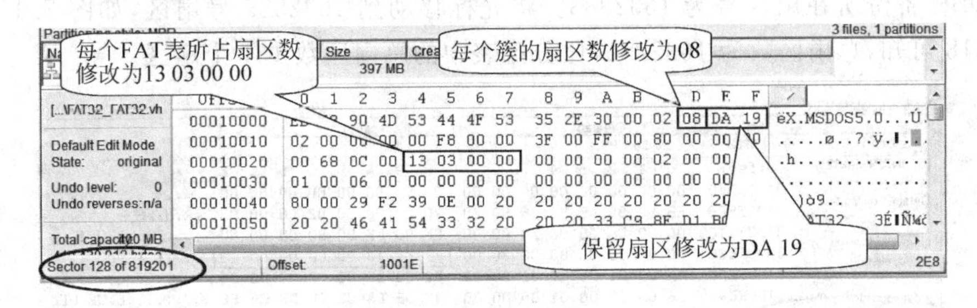

图 7.116　恢复(快速)格式化前的 FAT32_DBR

步骤 14 使用计算机管理中的磁盘管理功能附加 abcd77. vhd 文件后，到资源管理器中可以看到 H 盘根目录下的文件和文件夹。

7.5.3 NTFS 被（快速）格式化成 FAT32 的恢复

在 Windows XP 下，如果逻辑盘原来的文件系统是 NTFS，被（快速）格式化成 FAT32 文件系统，由于分区没有调整，分区标志会由“07”变为“0B”或“0C”。

存储在逻辑盘 0 号扇区至 2 号簇之间的数据被覆盖，而 2 号簇以后的数据仍然保留。

例 7.19 使用计算机管理中的磁盘管理工具附加素材中的 abcd78. vhd 文件，附加后的磁盘为磁盘 1；盘符为 H:，在资源管理器中可以看到 H 盘上没有任何文件（注：H 盘原来的文件系统为 NTFS，在 Windows XP 下被（快速）格式化为 FAT32）。

【恢复基本思路与方法】

恢复（快速）格式化前 NTFS_DBR 的 BPB 参数；也就是说，要计算并恢复（快速）格式化前 NTFS_DBR 中每个簇的扇区数、总扇区数、元文件 $MFT 开始簇号、元文件 $MFTMirr 开始簇号、元文件 $MFT 每条记录大小描述和每个索引节点大小描述这 6 个参数。

由于（快速）格式化后 FAT32 文件系统 2 号簇以后的数据仍然保留，也可以通过 NTFS_DBR 备份来恢复（快速）格式化前的 NTFS_DBR，本例主要介绍通过 NTFS_DBR 备份来恢复（快速）格式化前的 NTFS_DBR。

【操作步骤】

步骤 1 使用计算机管理中的磁盘管理工具分离磁盘 1，使用 WinHex 打开 abcd78. vhd 文件，并映像文件为磁盘。

步骤 2 将光标移动到整个硬盘的 0 号扇区，从整个硬盘的 0 号扇区可知，该磁盘只有一个分区表，将分区标志由“0B”修改为“07”后，然后存盘，如图 7.117 所示。

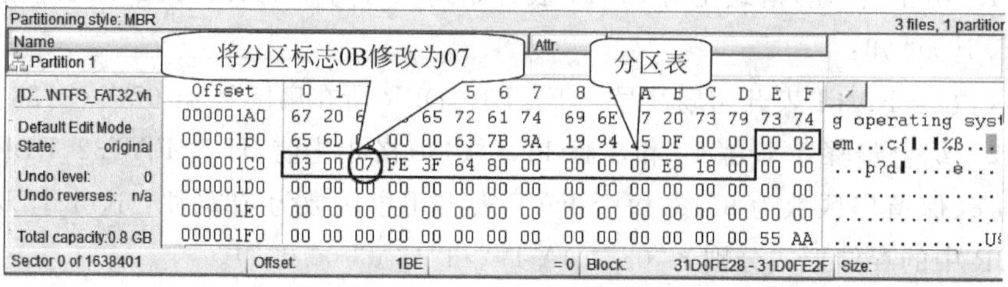

图 7.117 （快速）格式化后，0 号扇区的分区表

步骤 3 从分区表可知，相对扇区数为 128，总扇区数为 1632256，所以（快速）格式化前 NTFS_DBR 备份所在扇区号为 1632383。将光标移动到 1632383 号扇区，如图 7.118 所示，从图 7.118 可知，总扇区数为 1632255，比分区表中的总扇区数少 1 个扇区。

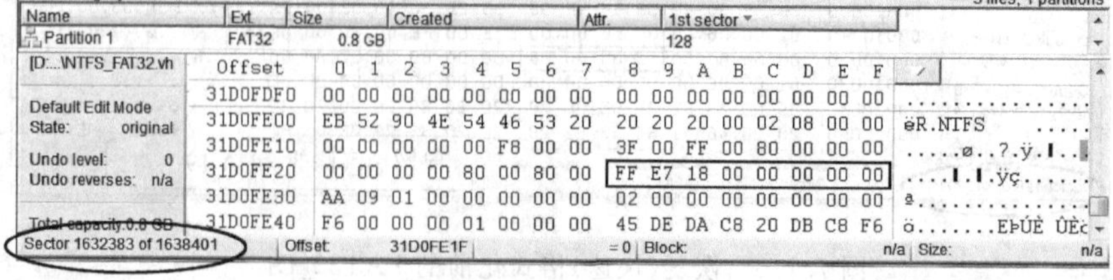

图 7.118 （快速）格式化后，NTFS_DBR 备份所在扇区号

步骤4 将128号扇区以文件的形式存储,存储位置和文件名自定,将1632383号扇区复制到128号扇区,如图7.119所示,即通过NTFS_DBR备份恢复(快速)格式化前的NTFS_DBR,然后存盘并退出WinHex。

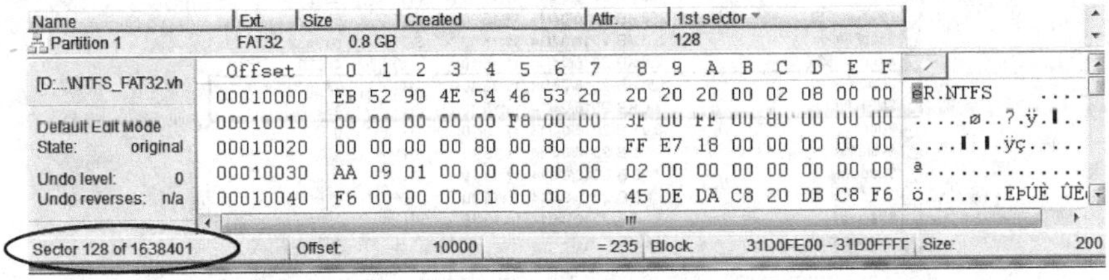

图7.119 通过NTFS_DBR备份恢复(快速)格式化前的NTFS_DBR

步骤5 使用计算机管理中的磁盘管理功能附加abcd78.vhd文件后成为磁盘1,文件系统为RAW,如图7.120所示。从资源管理器中可以看到H盘,但单击H盘时,出现"无法访问H:\,文件或目录损坏且无法读取",如图7.121所示。

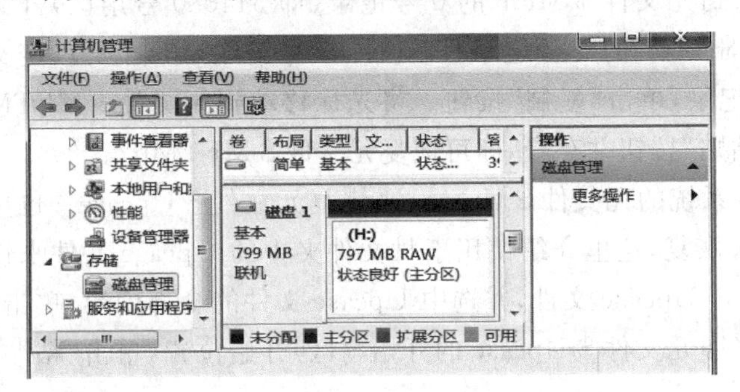

图7.120 附加abcd78.vhd后

图7.121 无法访问H:\

步骤6 在计算机管理的磁盘管理中,将光标移动到磁盘1处,右击,从弹出的快捷菜单中选择"分离VHD",将磁盘1从计算机管理的磁盘管理中分离。

步骤7 使用WinHex打开abcd78.vhd文件,并映像文件为磁盘;通过"访问功能"菜单打开分区1(操作方式"▽"→"Partition1(0.8GB,NTFS)"→"Open"),如图7.122所示。

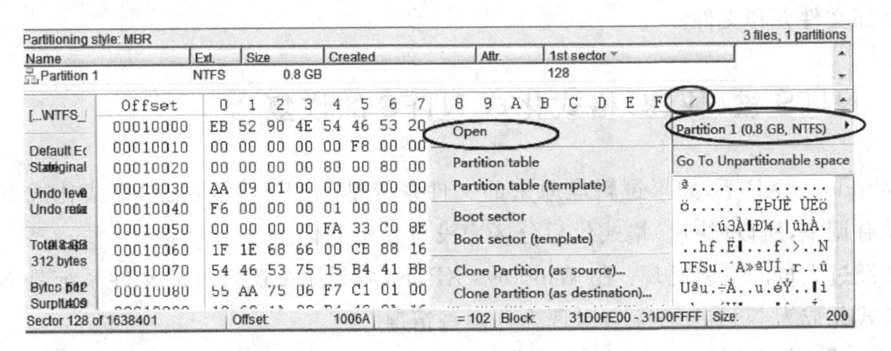

图7.122 使用WinHex打开abcd78.vhd

步骤8 可以查看到元文件的基本情况,如图7.123所示,从图7.123可知,元文件$Upcase的开始扇区号为24,元文件$MFTMirr的开始扇区号为16,可以初步判断这两个元文件的内容已被覆盖,需要恢复这两个元文件的内容。

\ 18 files, 50 dir.

Name	Ext.	Size	Created	Attr.	1st sector
$MFT		25.0 MB	2016/04/14 11:15:10	SH	544080
$MFT:$Bitmap		4.0 KB	2016/04/14 11:15:10	(BTM)	544072
$Secure:$SDH		4.0 KB	2016/04/14 11:15:10	(INDX)	544064
$Bitmap		24.9 KB	2016/04/14 11:15:10	SH	544008
$AttrDef		2.5 KB	2016/04/14 11:15:10	SH	532248
$Secure:$SDS		258 KB	2016/04/14 11:15:10	(ADS)	531728
$LogFile		6.0 MB	2016/04/14 11:15:10	SH	519432
$Secure:$SII		4.0 KB	2016/04/14 11:15:10	(INDX)	44088
$UpCase		128 KB	2016/04/14 11:15:10	SH	24
$MFTMirr		4.0 KB	2016/04/14 11:15:10	SH	16
$Boot		8.0 KB	2016/04/14 11:15:10	SH	0
$Volume		0 B	2016/04/14 11:15:10	SH	
$BadClus		0 B	2016/04/14 11:15:10	SH	
$BadClus:$Bad		0 B	2016/04/14 11:15:10	(ADS)	
$Secure		0 B	2016/04/14 11:15:10	SH	
Volume slack		4.0 KB			1632248
Free space		0.7 GB			

图 7.123 查看 NTFS 元文件

步骤 9 通过元文件＄MFT 恢复元文件＄MFTMirr。

从 NTFS_DBR 备份可知，每个簇的扇区数为 8，所以，元文件＄MFTMirr 的记录数为 4 条(记录编号为 0～3)。将光标移动到元文件＄MFT 的 0 号记录(即 544080 号扇区)开始位置，定义块首，将光标移动到元文件＄MFT 的 3 号记录(即 544087 号扇区)结束位置，定义块尾；选中元文件＄MFT 的 0～3 号记录，单击"复制"按钮。将光标移动到元文件＄MFTMirr 的开始位置(即 16 号扇区)，单击"粘贴"按钮并存盘，即可恢复元文件＄MFTMirr。

步骤 10 通过其他 NTFS 文件系统的元文件＄Upcase 来恢复元文件＄Upcase。也可以使用素材文件夹中的 Upcase 文件来恢复，这里介绍使用素材文件夹中的 Upcase 文件来恢复元文件＄Upcase。使用 WinHex 打开 Upcase 文件，并选中 Upcase 文件的全部内容，单击"复制"按钮。将光标移动到 24 号扇区(即元文件＄Upcase 的开始扇区)开始位置，单击"粘贴"按钮。然后存盘并退出 WinHex。

步骤 11 使用计算机管理中的磁盘管理功能，附加 abcd78.vhd 文件后形成磁盘 1，在资源管理器中可以看到恢复出来 H 盘中的全部文件夹和文件。

注：步骤 7～步骤 10 可以省略，直接到步骤 11，附加 abcd78.vhd 文件后所形成的磁盘 1，但 H 盘的文件系统为 RAW；此时回到 DOS 提示符下，使用"CHKDSK H:/F/I"命令自动修复受损 H 盘中的元文件和索引目录结构；修复完成后，在资源管理器中可以看到恢复出来 H 盘中的全部文件夹和文件。

7.5.4 NTFS 被(快速)格式化成 NTFS 的恢复

在 Windows XP 下，如果逻辑盘原来的文件系统是 NTFS，被(快速)格式化成 NTFS，由于分区没有调整，所以(快速)格式化后分区表没有发生变化。

作者经过大量的实验发现：在 Windows XP 下，如果原来逻辑盘的文件系统是 NTFS，被(快速)格式化成为 NTFS，可能会出现下列两种情况。

【情况一】 如果用户在(快速)格式化时，"分配单元大小"选择与(快速)格式化前"分配单元大小"不相同时，那么(快速)格式化前的主要元文件，如：＄MFT、＄Bitmap、＄Attrdef 等一般不会被覆盖，或者只会被部分覆盖。

【解决方法】 只要重建(快速)格式化前 NTFS_DBR，一般情况下，可以恢复(快速)格式化前逻辑盘中的所有文件。

例 7.20 使用计算机管理中的磁盘管理工具附加素材中的 abcd79. vhd 文件，附加后的磁盘为磁盘 1；对应的盘符为 H:，在资源管理器中可以看到 H 盘上没有任何文件(注：H 盘原来的文件系统为 NTFS，在 Windows XP 下被格式化成 NTFS)。

【数据恢复思路与方法】

恢复(快速)格式化前 NTFS_DBR 的 BPB 参数，也就是说要计算并恢复(快速)格式化前 NTFS_DBR 中每个簇的扇区数、元文件 $MFT 开始簇号、元文件 $MFTMirr 开始簇号、元文件 $MFT 每条记录大小描述和索引节点大小描述这 5 个参数。

【操作步骤】

步骤 1 使用计算机管理中的磁盘管理功能分离磁盘 1，使用 WinHex 打开 abcd79. vhd 文件，并映像文件为磁盘。

步骤 2 将光标移动到整个硬盘的 0 号扇区，从 0 号扇区可知，该盘只有一个分区表，如图 7.124 所示，分区表为“80 02 03 00 *07* FE 3F 81 80 00 00 00 00 E8 1F 00”。

```
Partitioning style: MBR                                   3 files, 1 partitions
Name            Ext.   Size      分区表          Attr.   1st sector
Partition 1     NTFS   1.0 GB                            128

[D:\a23\NTFS_NTFS.\   Offset     0  1  2  3  4  5  6  7   8  9  A  B  C  D  E  F
Undo level:     0     000001B0  65 6D 00 00 00 63 7B 9A  CE BB CB 1E 00 00 80 02  em...c{▌Î»Ë...▌.
Undo reverses:  n/a   000001C0  03 00 07 FE 3F 81 80 00  00 00 00 E8 1F 00 00 00  ...þ?.▌....è....
                      000001D0  00 00 00 00 00 00 00 00  00 00 00 00 00 00 00 00  ................
Total capacity: 1.0 GB 000001E0 00 00 00 00 00 00 00 00  00 00 00 00 00 00 00 00  ................
1,073,742,336 bytes   000001F0  00 00 00 00 00 00 00 00  00 00 00 00 00 00 55 AA  ..............Uª
Sector 0 of 2097153   Offset          180      = 32  Block:                  n/a
```

图 7.124 0 号扇区存储的分区表

步骤 3 从该分区表的标志可知，该分区表对应的文件系统为 NTFS，从相对扇区可知，NTFS_DBR 在 128 号扇区。

步骤 4 将光标移动到 128 号扇区，如图 7.125 所示，从图 7.125 可知，每个簇的扇区数为 2，隐藏扇区数为 128，总扇区数为 2091007，元文件 $MFT 开始簇号为 20910，元文件 $MFTMirr 开始簇号为 522751，元文件 $MFT 每条记录大小描述为 1，索引节点大小描述为 4。

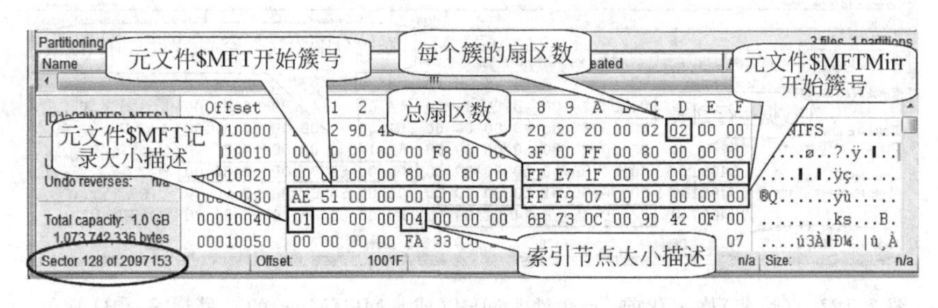

图 7.125 128 号扇区所存储的 NTFS_DBR

步骤 5 计算(快速)格式化前，每个簇的扇区数、元文件 $MFT 开始簇号、元文件 $MFTMirr 开始簇号、元文件 $MFT 每条记录大小描述和索引节点大小描述这 5 个参数。

步骤 6 计算每个簇的扇区数和元文件 $MFT 开始簇号。

查找(快速)格式化前元文件 $MFT(或者元文件 $MFTMirr)，从元文件 $MFT(或元文件 $MFTMirr)的 0 号记录 80H 属性可以计算出每个簇的扇区数和元文件 $MFT 的开始簇号。

将光标移动到128号扇区,使用WinHex搜索功能中的“查找文本(T)…”,在“查找文本(T)”窗口的“The following text string will be searched:”文本框中输入“$MFT”,在Match case下的列表框中选择“Unicode”,在“Search:”列表框中选择“Down”,单击OK按钮。找到后,记录下扇区号,按F3键继续向下查找直到结束。

分别在144号、481号、41948号、697128号、1045630号和1059225号扇区找到,经确认,只有41948号、697128号和1045630号扇区为元文件$MFT(或$MFTMirr)的0号记录的第1个扇区;而41948号扇区的内容与1045630号扇区内容完全相同。

将光标移动到41948号扇区,其80H属性如图7.126所示;从80H属性中的数据运行列表可知,元文件$MFT开始簇号为20910,与NTFS_DBR扇区偏移0X30～0X37记录的元文件$MFT开始簇号相同,由此可以推断,41948号扇区为(快速)格式化后元文件$MFT(或$MFTMirr)的0号记录的第1个扇区;而1045630号扇区为(快速)格式化后元文件$MFTMirr(或$MFT)的0号记录的第1个扇区。

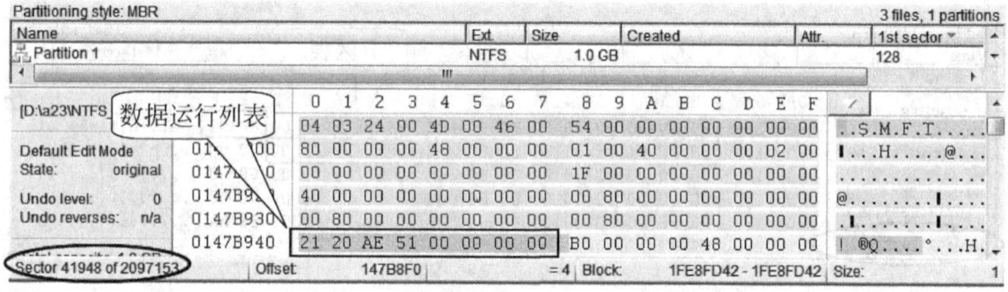

图7.126 (快速)格式化后,元文件$MFT(或$MFTMirr)的0号记录80H属性

将光标移动到697128号扇区,其80H属性如图7.127所示;从80H属性中的数据运行列表可知,元文件$MFT开始簇号为87125,在NTFS_DBR中的存储形式为“55 54 01 00 00 00 00 00”;所占簇数为5376,系统分配给元文件$MFT的空间为22020096字节;由此可以推断,697128号扇区为(快速)格式化前元文件$MFT(或$MFTMirr)的0号记录的第1个扇区。

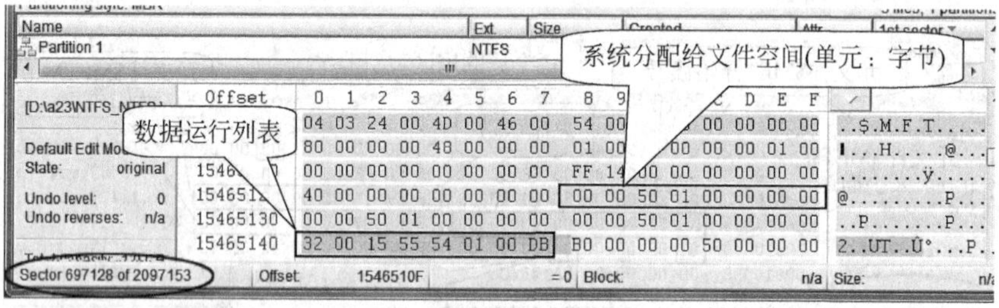

图7.127 (快速)格式化前,元文件$MFT(或$MFTMirr)的0号记录80H属性

由式(6.18)可知:

系统分配给文件的空间 = 文件所占簇数之和 × 每个簇的扇区数 × 512字节/扇区

22020096字节 = 5376 × 每个簇的扇区数 × 512字节

所以,每簇的扇区数=8

步骤7 获得元文件$MFTMirr开始簇号。

将光标移动到697130号扇区,即元文件$MFT(或$MFTMirr)1号记录第1个扇区,

80H 属性中的数据运行列表为“11 01 02”，从数据运行表可知，元文件＄MFTMirr 开始簇号为 2，在 NTFS_DBR 中的存储形式为“02 00 00 00 00 00 00 00”，占 1 个簇。

由于元文件＄MFTMirr 的开始簇号小于元文件＄MFT 的开始簇号，由此可以推断，697128～697129 号扇区存储的 0 号记录和 697130～697131 号扇区存储的 1 号记录分别为元文件＄MFT 的 0 号记录和 1 号记录。

步骤 8 计算元文件＄MFT 每条记录大小描述和索引节点大小描述以及在 NTFS_DBR 中的存储形式。

由于每个簇的扇区数为 8，由表 6.5 可知，元文件＄MFT 每条记录大小描述为 1024 字节；索引节点大小描述为 1 个簇，在 NTFS_DBR 中的存储形式分别为“F6”和“01”。

步骤 9 综合步骤 6～步骤 8，需要修改 NTFS_DBR 中的 BPB 参数，见表 7.27 所列。

表 7.27 NTFS_DBR 中的 BPB 部分参数

字节偏移	字节数	含 义	值									
			十进制	十六进制	存储形式							
0X0D	1	扇区数/簇	8	8	08							
0X30	8	元文件＄MFT 开始簇号	87125	15455	55	54	01	00	00	00	00	00
0X38	8	元文件＄MFTMirr 开始簇号	2	2	02	00	00	00	00	00	00	00
0X40	1	元文件＄MFT 每条记录大小描述	1024	F6	F6							
0X44	1	每个索引节点大小描述	1	1	01							

步骤 10 恢复(快速)格式化前 NTFS_DBR。

将光标移动到 128 号扇区，并按表 7.27 修改 NTFS_DBR 中相应的 BPB 参数，如图 7.128 所示，然后存盘。

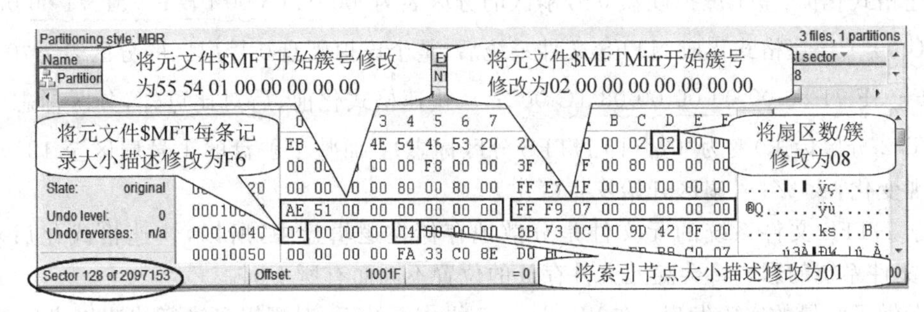

图 7.128 修改(快速)格式化前，NTFS_DBR 中的部分 BPB 参数

步骤 11 恢复元文件＄MFTMirr。

由于(快速)格式化前，每个簇的扇区数为 8，元文件＄MFTMirr 开始簇号为 2，占 1 个簇，即(快速)格式化前，元文件＄MFTMirr 占 H 盘的 16～23 号扇区(对应整个硬盘的 144～151 号扇区)，将 H 盘的 16～23 号扇区以文件的形式保存，存储位置和文件名自定。

由表 6.2 可知，元文件＄MFTMirr 的记录数为 4 条，将(快速)格式化前元文件＄MFT 的前 4 条记录复制到 2 号簇(即 H 盘的 16～23 号扇区，对应整个硬盘的 144～151 号扇区)，即恢复元文件＄MFTMirr，然后存盘并退出 WinHex。

步骤 12 使用计算机管理中的磁盘管理功能附加 abcd79.vhd 文件后，到资源管理器中可以看到恢复出来的 H 盘中的文件和文件夹。

【情况二】 如果用户在(快速)格式化时,选择"分配单元大小"与(快速)格式化前"分配单元大小"相同时,那么(快速)格式化前的主要元文件,如:$MFT、$Bitmap、$AttrDef 等会被新的元文件所覆盖。

【解决方法】 对于这种情况的数据恢复最好还是采用 WinHex 软件中的"按类型恢复文件(T)..."来恢复数据;也可使用其他数据恢复软件(如:Easy Recovery、Final Recovery、Disk Genius、Get data back for NTFS 等)来进行恢复。

7.6 Windows 7 下快速格式化后的数据恢复

对逻辑盘进行格式化后,格式化前逻辑盘中的数据能否被恢复取决于格式化操作对逻辑盘原来文件系统和数据的破坏程度。在不同的操作系统下,格式化操作对原来文件系统和数据的破坏程度不同。下面以 Windows 7 操作系统下的快速格式化操作为例,介绍快速格式化后对原来文件系统的影响以及恢复数据的基本思路与方法。

7.6.1 FAT32 被快速格式化成 NTFS 的恢复

本节以实例的形式介绍 FAT32 文件系统被快速格式化成 NTFS 文件系统的数据恢复。

例 7.21 使用计算机管理中的磁盘管理功能附加素材中的 abcd710.vhd 文件,附加后的磁盘为磁盘 1;盘符为 H:,在资源管理器中可以看到 H 盘上没有任何文件(注:H 盘原来的文件系统为 FAT32,在 Windows 7 下被快速格式化为 NTFS)。

【说明】

快速格式化前,整个虚拟硬盘 0 号扇区的分区表为"00 02 03 00 *0B* FE 3F 71 80 00 00 00 00 08 1C 00";快速格式化成 NTFS 文件系统后,整个虚拟硬盘 0 号扇区的分区表为"00 02 03 00 *07* FE 3F 71 80 00 00 00 00 08 1C 00";从快速格式化前、后对比可知,分区标志由"0B"(即 FAT32 分区标志)变为"07"(即 NTFS 分区标志);而整个硬盘的 1 号扇区至 127 号扇区则没发现变化,从 128 号扇区开始发生变化。

由于 NTFS 文件系统的元文件是分散地存储在逻辑盘中,所以,快速格式化后对原来 FAT32 文件系统的影响将会随元文件存放的位置不同而有所不同。

作者做了大量的实验发现:在 Windows 7 操作系统下,对逻辑盘进行快速格式化后,原来 FAT32 文件系统的 FAT1 表、FAT2 表和 2 号簇已经被破坏,而 2 号簇以后的数据是否被破坏则取决于 NTFS 元文件所存放的位置,没有被元文件覆盖的数据仍然保留。

对于这种情况,数据恢复最好还是采用 WinHex 软件中的"按文件类型恢复"来恢复数据,也可使用其他数据恢复软件(如:Easy Recovery、Final Recovery、Disk Genius、Get data back for FAT32 等)来进行恢复。

7.6.2 FAT32 被快速格式化成 FAT32 的恢复

在 Windows 7 下,如果逻辑盘原来的文件系统是 FAT32 被快速格式化成 FAT32,由于分区没有调整,文件系统仍然为 FAT32,所以快速格式化后分区表不会发生变化。FAT32_

DBR 中的总扇区数也不会发生变化。

作者做了大量的实验发现：如果逻辑盘原来的文件系统是 FAT32，被快速格式化成 FAT32，对原来数据的破坏程度与 Windows XP 下基本相同，也可以分为 3 种情况来分析。

【情况一】 快速格式化前的 FAT32_DBR 和 FAT32_DBR 备份已经被覆盖，而 FAT1 表和 FAT2 表以后的数据完好保存。

【解决方法】 重建格式化前 FAT32_DBR，即可恢复快速格式化前逻辑盘中的所有文件。

【情况二】 快速格式化前 FAT32_DBR、FAT32_DBR 备份和 FAT1 表已经被覆盖，而 FAT2 表以后的数据完好保存。

【解决方法】 重建快速格式化前的 FAT32_DBR 和 FAT1 表，即可恢复快速格式化前逻辑盘中的所有文件。

【情况三】 快速格式化前 FAT32_DBR、FAT32_DBR 备份、FAT1 表和 FAT2 表已被覆盖，即 FAT 表除 2 号簇号项外，其他簇号项的值已被置为“00000000”。

【解决方法】 重建快速格式化前 FAT32_DBR，使用数据恢复软件（如：Easy Recovery、Final Recovery、Disk Genius、Get data back for NTFS 等）来进行恢复。

本节以实例的形式重点讨论【情况二】。

例 7.22 使用计算机管理中的磁盘管理功能附加素材中的 abcd711. vhd 文件，附加后的磁盘为磁盘 1；盘符为 H:，在资源管理器中可以看到 H 盘上没有任何文件（注：H 盘原来的文件系统为 FAT32，在 Windows 7 下被快速格式化为 FAT32）。

【恢复基本思路与方法】

恢复快速格式化前 FAT32_DBR 和 FAT1 表，也就是说，计算并恢复 FAT32_DBR 中每个簇的扇区数、保留扇区数、每个 FAT 表占用扇区数；通过 FAT2 表来恢复 FAT1 表。

【操作步骤】

步骤 1 使用计算机管理中的磁盘管理功能分离磁盘 1，使用 WinHex 打开 abcd711. vhd 文件，并映像文件为磁盘。

步骤 2 将光标移动到整个硬盘 0 号扇区，从整个硬盘 0 号扇区可知，该硬盘只有一个 MBR 分区表，如图 7.129 所示，分区表为“00 02 03 00 0B DC 04 58 80 00 00 00 00 C8 15 00”。

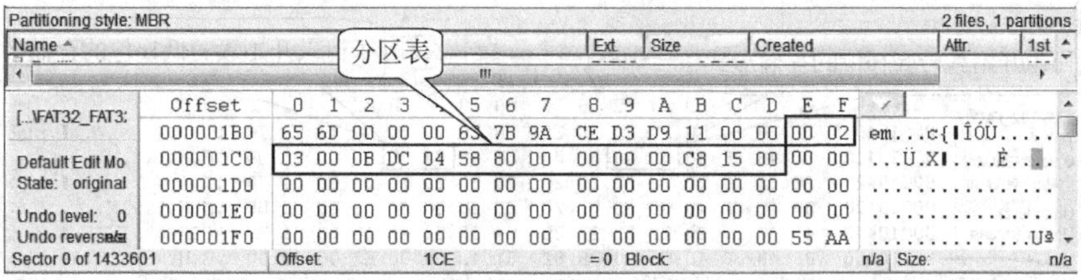

图 7.129 硬盘 0 号扇区的分区表

步骤 3 从该分区表的标志可知，该分区表对应的文件系统为 FAT32，FAT32_DBR 所在扇区号为 128。

步骤 4 将光标移动到 128 号扇区，如图 7.130 所示，从图 7.130 可知，每个簇的扇区数为 16，保留扇区数为 6804，隐藏扇区数为 128，总扇区数为 1427456，每个 FAT 表占用扇区数为 694。

步骤 5 计算快速格式化前，FAT32_DBR 中的每个簇的扇区数、保留扇区数、每个 FAT 表占用扇区数。

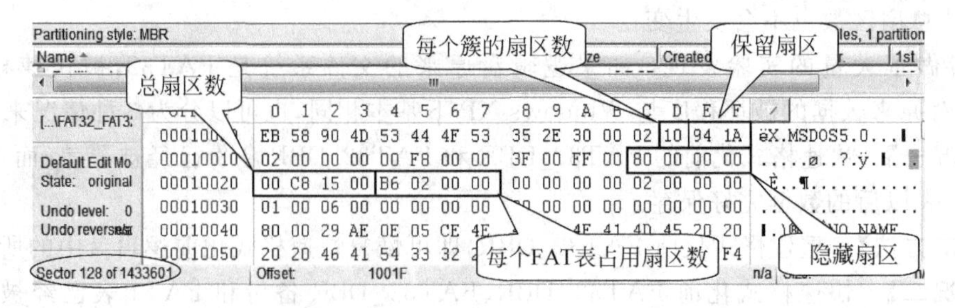

图 7.130　快速格式化后 FAT32_DBR 中 BPB 参数

步骤 6　计算每个簇的扇区数。

查找子目录开始扇区号，使用 WinHex 的搜索功能中的“查找 Hex 数值(T)…”，在“Find Hex Values”窗口的“The following hex values will be searched:”文本框中输入“2E202020”(子目录开始扇区的前 4 个 ASCII 码)，在“Search:”列表框中选择“Down”，选择“Cond”左侧的复选框，在“offset mod”右侧的两个文本框中分别输入“512”和“0”，单击 OK 按钮。

步骤 7　在 24705 号扇区找到第 1 个子目录的开始扇区，如图 7.131 所示，从图 7.131 可知，第 1 个子目录的开始簇号为 03。

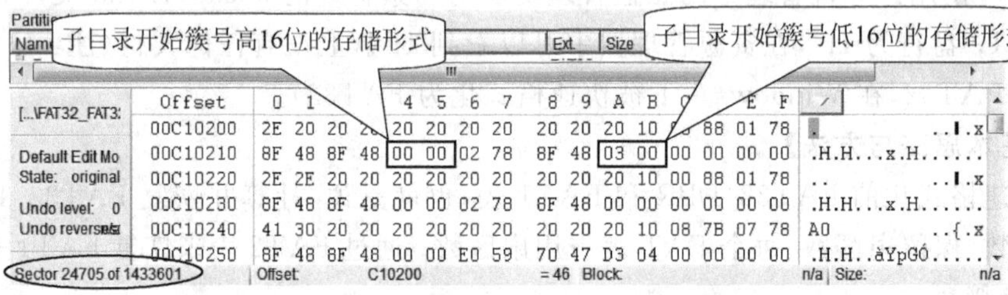

图 7.131　第 1 个子目录的开始扇区

步骤 8　按 F3 键，继续向下查找下一个子目录开始扇区号，在 24706 号扇区找到，如图 7.132 所示，第 2 个子目录的开始簇号为 04，由此可以计算出快速格式化前 H 盘每个簇的扇区数。

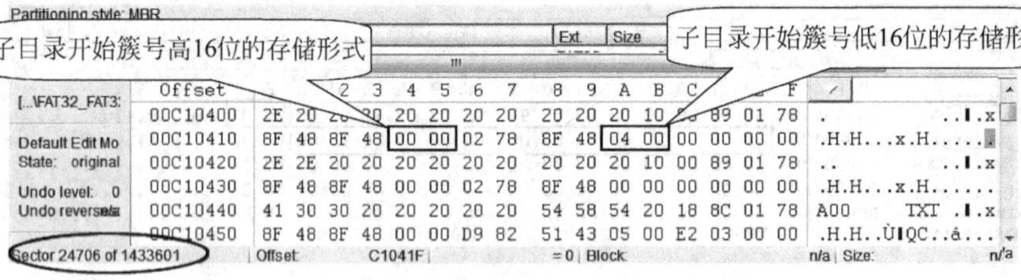

图 7.132　第 2 个子目录的开始扇区

每个簇的扇区数 =(第 2 个子目录开始扇区号 − 第 1 个子目录开始扇区号) ÷ (第 2 个子目录开始簇号 − 第 1 个子目录开始簇号)
=(24706 − 24705) ÷ (4 − 3) = 1

步骤 9　查找 FAT 的开始扇区号。

将光标移动到 0 号扇区，使用 WinHex 搜索功能中的“查找 Hex 数值(T)…”，在“Find Hex Values”窗口的“The following hex values will be searched:”文本框中输入“F8FFFF”(即

FAT 的开始值)，在“Search:”列表框中选择“Down”，选择“Cond”前复选框，在“offset mod”右侧的两个文本框中分别输入“512”和“0”，单击 OK 按钮。

步骤 10 在整个硬盘的 6932 号扇区找到，如图 7.133 所示，从图 7.133 可知，0 簇号项、1 簇号项和 2 簇号项存储的值(存储形式)分别为“F8 FF FF 0F”“FF FF FF 0F”和“FF FF FF 0F”，其他簇号项的值(存储形式)均为“00 00 00 00”，所以只有 2 号簇被使用，即被根目录使用，其他簇号均未被使用；由此可以推断，该扇区为快速格式化后新 FAT32 文件系统的 FAT1 表开始扇区号。

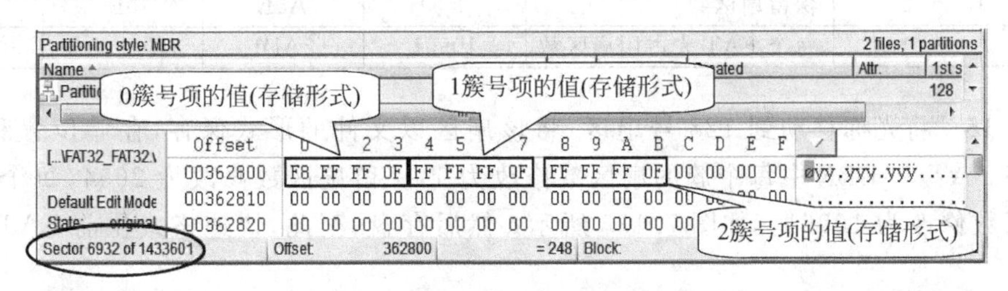

图 7.133 快速格式化后 FAT1 表开始扇区

步骤 11 按 F3 键，继续向下查找，在 7626 号扇区找到，其存储内容与 6932 号扇区相同。由此可以推断，该扇区为快速格式化后新 FAT32 文件系统的 FAT2 表开始扇区。

步骤 12 按 F3 键，继续向下查找，在 13743 号扇区找到，如图 7.134 所示，从图 7.134 可知，该扇区所存储的 2 号簇项至 127 簇项已被使用；按 F3 键，继续向后查找，直到最后一个扇区，也未找到，由此可以推断，13743 号扇区为快速格式化前 FAT32 文件系统 FAT2 表开始扇区。

Partitioning style: MBR　　2 files, 1 partitions

Sector 13743 of 1433601　Offset 6B5E0F　= 0　Block n/a　Size: n/a

Offset	0	1	2	3	4	5	6	7	8	9	A	B	C	D	E	F
006B5E00	F8	FF	FF	0F	FF	FF	FF	FF	B5	00	00	00	57	05	00	00
006B5E10	0C	00	00	00	06	00	00	00	FF	FF	FF	0F	08	00	00	00
006B5E20	FF	FF	FF	0F	0A	00	00	00	0B	00	00	00	FF	FF	FF	0F
006B5E30	0D	00	00	00	0E	00	00	00	0F	00	00	00	10	00	00	00
006B5E40	11	00	00	00	12	00	00	00	13	00	00	00	14	00	00	00
006B5E50	15	00	00	00	16	00	00	00	17	00	00	00	18	00	00	00
006B5E60	19	00	00	00	1A	00	00	00	1B	00	00	00	1C	00	00	00
006B5E70	1D	00	00	00	1E	00	00	00	1F	00	00	00	20	00	00	00

图 7.134 快速格式化前 FAT2 表开始扇区

步骤 13 由图 7.131 可知，快速格式化前，3 号簇的开始扇区号为 24705，而每个簇的扇区数为 1，所以，2 号簇的开始扇区号为 24704(即快速格式化前根目录的开始扇区号)。

每个 FAT 表占用扇区数 = 2 号簇开始扇区号 − FAT2 表开始扇区号

= 24704 − 13743 = 10961

每个 FAT 表占用扇区数 = FAT2 表开始扇区号 − FAT1 表开始扇区号

FAT1 表开始扇区号 = FAT2 表开始扇区号 − 每个 FAT 表占用扇区数

= 13743 − 10961 = 2782

从分区表中的相对扇区可知，FAT32_DBR 在 128 号扇区，而快速格式化前 FAT1 表开始扇区号为 2782，所以：

格式化前保留扇区数 = FAT1 表开始扇区号 − FAT32_DBR 所在扇区号

= 2782 − 128 = 2654

步骤 14 综合步骤 8、步骤 12 和步骤 13。快速格式化前，FAT32_DBR 中的部分 BPB 参数，见表 7.28 所示。

表 7.28 快速格式化前 FAT32_DBR 中的 BPB 部分参数

字节偏移	字节数	含 义	值					
			十进制	十六进制	存储形式			
0X0D	1	扇区数/簇	1	1	01			
0X0E	2	保留扇区数	2654	A5E	5E		0A	
0X24	4	每个 FAT 表占用扇区数	10961	2AD1	D1	2A	00	00

步骤 15 将光标移动到 128 号扇区，将该扇区以文件的形式保存，存储位置和文件名自定。将 FAT32_DBR 中每个簇的扇区数修改为 1，保留扇区数修改为 2654，每个 FAT 表占用扇区数修改为 10961。如图 7.135 所示；然后存盘，至此，快速格式化前 FAT32_DBR 已恢复。

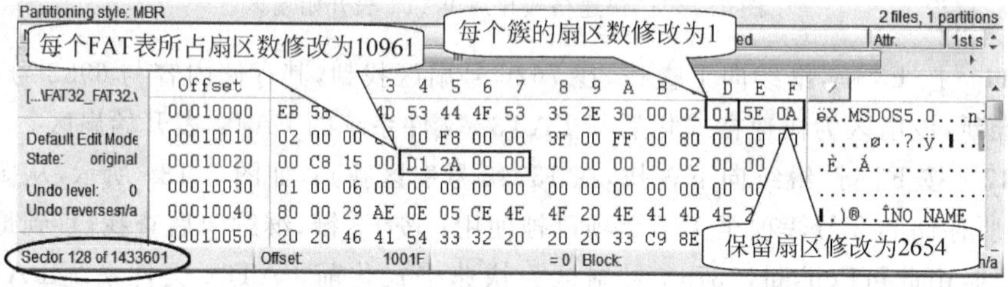

图 7.135 恢复快速格式化前 FAT32_DBR

步骤 16 通过快速格式化前 FAT2 表恢复快速格式化前 FAT1 表，由于快速格式化前每个 FAT 表占用扇区数为 10961，FAT1 表开始扇区号为 2782，FAT2 表开始扇区号为 13743。

所以，快速格式化前，FAT1 表占用扇区号范围为 2782～13742；而 FAT2 表占用扇区号范围为 13743～24703。将 2782～13742 号扇区以文件的形式存储，存储位置和文件名自定；将 13743～24703 号扇区内容复制到 2782～13742 号扇区；然后存盘并退出 WinHex，至此快速格式化前的 FAT1 表已成功恢复。

步骤 17 使用计算机管理中的磁盘管理功能，附加 abcd711.vhd 文件后成为磁盘 1，在资源管理器中可以看到恢复出来的 H 盘中的文件夹和文件，如图 7.136 所示。

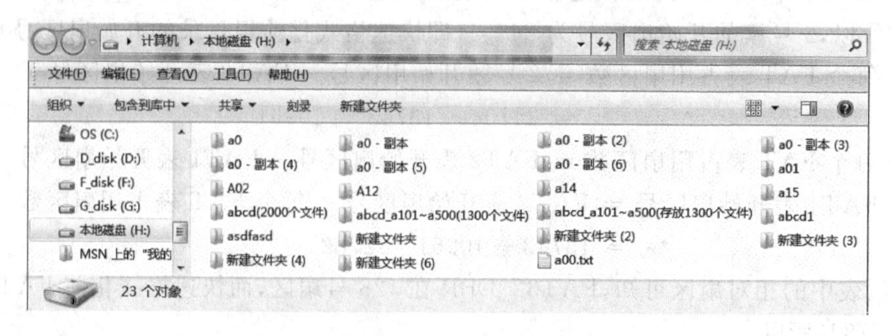

图 7.136 恢复格式化前 H 盘中的文件和文件夹

7.6.3 NTFS 被快速格式化成 FAT32 的恢复

在 Windows 7 下,如果原来的文件系统是 NTFS,被快速格式化成 FAT32,该分区表的分区标志"07"会变为"0C"或"0B"。

作者做了大量的实验发现:如果原来的文件系统是 NTFS,被快速格式化成 FAT32,从 FAT32_DBR 至 FAT32 的 2 号簇之间所存储的数据会被覆盖,而 FAT32 的 3 号簇以后的数据仍然保留,但快速格式化前 NTFS_DBR 备份已被 00 填充。

例 7.23 使用计算机管理中的磁盘管理功能附加素材中的 abcd712.vhd 文件,附加后的磁盘为磁盘 1;盘符为 H:,在资源管理器中可以看到 H 盘上没有任何文件(注:H 盘原来的文件系统为 NTFS,在 Windows 7 下被快速格式化为 FAT32)。

【数据恢复基本思路】

(1) 恢复快速格式化前 NTFS_DBR,也就是说,计算并恢复 NTFS_DBR 中每个簇的扇区数、总扇区数、元文件 $MFT 开始簇号、元文件 $MFTMirr 开始簇号、元文件 $MFT 每条记录大小描述和索引节点大小描述这 6 个参数(注:由于隐藏扇区数的正确性系统不进行校验,可以不进行修改)。

(2) 恢复被破坏的元文件。

【基本方法】

(1) 通过查找元文件 $MFT 的特征值(特征值为"$MFT")获得元文件 $MFT 或者 $MFTMirr 的 0 号记录,从元文件 $MFT 或者 $MFTMirr 的 0 号记录 80H 属性数据运行列表得到元文件 $MFT 开始簇号;通过 1 号记录 80H 属性数据运行列表得到元文件 $MFTMirr 开始簇号。

(2) 通过元文件 $MFT 或者 $MFTMirr 的 0 号记录 80H 属性计算每个簇的扇区数。

(3) 通过分区表获得总扇区数。

(4) 通过每个簇的扇区数获得元文件 $MFT 每条记录大小描述和每个索引节点大小描述。

(5) 通过正常 NTFS 文件系统的元文件恢复被破坏的元文件。

【操作步骤】

步骤 1 使用计算机管理中的磁盘管理功能分离磁盘 1,使用 WinHex 打开 abcd712.vhd 文件,并映像文件为磁盘。

步骤 2 将光标移动到整个硬盘 0 号扇区,如图 7.137 所示,从整个硬盘的 0 号扇区可知,该硬盘只有一个分区表,分区表为"00 02 03 00 *0B* FE 3F 9B 80 00 00 00 00 50 26 00";从该分区表可知,分区标志为"0B",该分区表对应的文件系统为 FAT32,FAT32_DBR 在 128 号扇区,将分区标志"0B"修改为"07",如图 7.137 所示,然后存盘。

步骤 3 从分区表可知,相对扇区和总扇区数在分区表中的存储形式分别为"80 00 00 00"和"00 50 26 00";所以,相对扇区为 128,总扇区数为 2510848;将 128 号扇区(即 FAT32_DBR)以文件的形式存储,存储位置和文件名自定。

步骤 4 获得元文件 $MFT 的开始簇号。

查找快速格式化前,元文件 $MFT 或者元文件 $MFTMirr 的 0 号记录,从元文件 $MFT 或元文件 $MFTMirr 的 0 号记录 80H 属性获得元文件 $MFT 开始簇号。

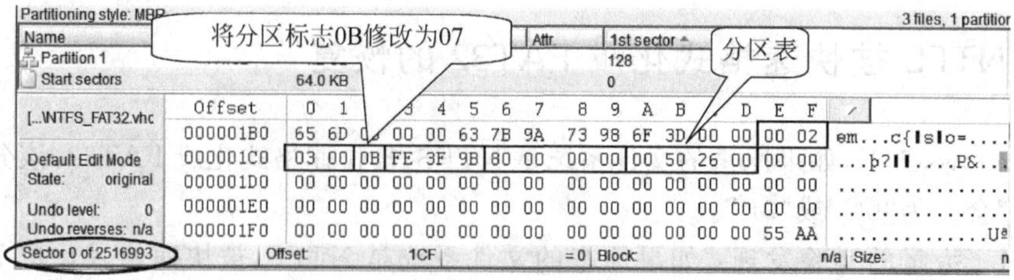

图 7.137　0 号扇区的分区表

将光标移动到 128 号扇区，使用 WinHex 搜索功能中的“查找文本(T)…”，在“Find Text”窗口的“The following text string will be searched:”文本框中输入“$MFT”，在 Match case 下的列表框中选择“Unicode”，在“Search:”列表框中选择“Down”，单击 OK 按钮。找到后，记录下该扇区号，按 F3 键继续向下查找直到结束。

分别在 41473 号和 837072 号扇区找到。经确认，837072～837073 号扇区为元文件 $MFT 或 $MFTMirr 的 0 号记录；将光标移动到 837072 号扇区，其 80H 属性如图 7.138 所示。

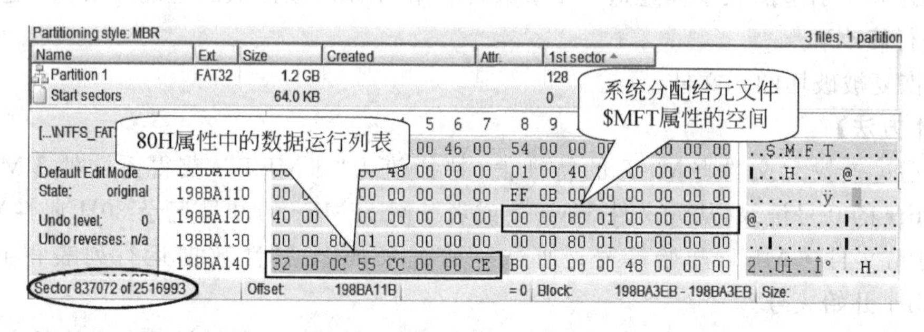

图 7.138　快速格式化前，元文件 $MFT 或 $MFTMirr 的 0 号记录 80H 属性

从元文件 $MFT 或 $MFTMirr 的 0 号记录 80H 属性数据运行表可知，元文件 $MFT 开始簇号为 52309(注：存储形式为“55 CC 00”)。

步骤 5　获得元文件 $MFTMirr 开始簇号，计算每个簇的扇区数。

将光标移动到 837074 号扇区，即元文件 $MFT 或者 $MFTMirr 的 1 号记录，其 80H 属性如图 7.139 所示。

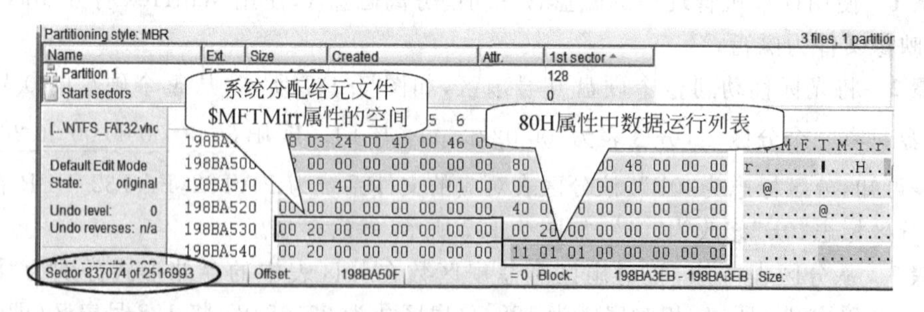

图 7.139　快速格式化前，元文件 $MFT 或 $MFTMirr 的 1 号记录 80H 属性

从元文件 $MFT 或 $MFTMirr 的 1 号记录 80H 属性数据运行表可知，元文件 $MFTMirr 的开始簇号为 1，占 1 个簇；系统分配给元文件 $MFTMirr 的空间为 8192 字节。每个簇的扇区数 = 系统分配空间 ÷ 文件所占簇数之和 ÷ 512 字节 = 8192 ÷ 1 ÷ 512 = 16

步骤 6　由于每个簇的扇区数为 16,由表 6.5 可知,元文件＄MFT 每条记录大小描述为 1024 字节,在 NTFS_DBR 中的存储形式为“F6”;每个索引节点大小描述为 4096 字节,在 NTFS_DBR 中的存储形式为“F4”。

步骤 7　综合步骤 4～步骤 6,需要修改的 NTFS_DBR 中的参数见表 7.29 所列。

表 7.29　NTFS_DBR 中的 BPB 部分参数

字节偏移	字节数	含　义	值									
			十进制	十六进制	存储形式							
0X0D	1	扇区数/簇	16	10	10							
0X28	8	总扇区数	2510847	264FFF	FF	4F	26	00	00	00	00	00
0X30	8	元文件＄MFT 开始簇号	52309	CC55	55	CC	00	00	00	00	00	00
0X38	8	元文件＄MFTMirr 开始簇号	1	1	01	00	00	00	00	00	00	00
0X40	1	元文件＄MFT 每条记录大小描述	1024	F6	F6							
0X44	1	每个索引节点大小描述	4096	F4	F4							

步骤 8　将同一版本的 NTFS_DBR 复制到 128 号扇区,并按表 7.29 中的值修改 NTFS_DBR 中的 BPB 参数;如图 7.140 所示;修改后的 NTFS_DBR 中 BPB 参数如图 7.141 所示,然后存盘并退出 WinHex。

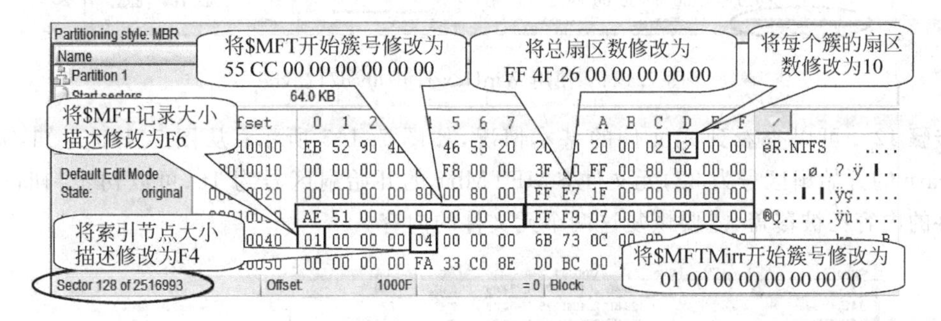

图 7.140　修改前的 NTFS_DBR 中的参数

```
Partitioning style: MBR                                          3 files, 1 partition
Name          Ext.   Size       Created           Attr.   1st sector
Partition 1   NTFS   1.2 GB                               128
[D:\...\NTFS_FAT32.vhc
              Offset     0  1  2  3  4  5  6  7   8  9  A  B  C  D  E  F
              00010000  EB 52 90 4E 54 46 53 20  20 20 20 00 02 10 00 00  ëR.NTFS     ....
Default Edit Mode
              00010010  00 00 00 00 00 F8 00 00  3F 00 FF 00 80 00 00 00  .....ø..?.ÿ.I...
State: original
              00010020  00 00 00 00 80 00 80 00  FF 4F 26 00 00 00 00 00  ....I.I.ÿO&.....
Undo level: 0 00010030  55 CC 00 00 00 00 00 00  01 00 00 00 00 00 00 00  UÌ..............
Undo reverses: n/a
              00010040  F6 00 00 00 F4 00 00 00  6B 73 0C 00 9D 42 0F 00  ö...ô...ks...B.
              00010050  00 00 00 00 FA 33 C0 8E  D0 BC 00 7C FB B8 C0 07  ....ú3ÀIÐ¼.|û¸À
Sector 128 of 2516993   Offset: 1001F   = 0  Block: 1017E - 198BA3EB  Size: 198AA26
```

图 7.141　修改后的 NTFS_DBR 中的参数

步骤 9　使用计算机管理中的磁盘管理功能附加 abcd712.vhd 文件后成为磁盘 1,文件系统为 RAW,如图 7.142 所示。从资源管理器中可以看到 H 盘,但单击 H 盘时,出现“无法访问 H:\,文件或目录损坏且无法读取”,如图 7.143 所示,以及“是否要将其格式化?”提示;此时,单击“取消”按钮。

步骤 10　在计算机管理的磁盘管理中,将光标移动到磁盘 1 处,右击,从弹出的快捷菜单中选择“分离 VHD”,将磁盘 1 从计算机管理的磁盘管理中分离。

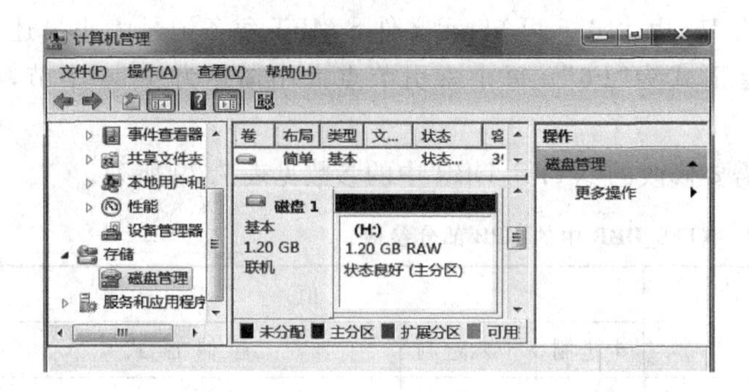

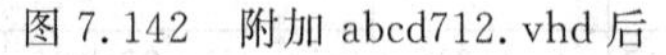
图 7.142 附加 abcd712. vhd 后

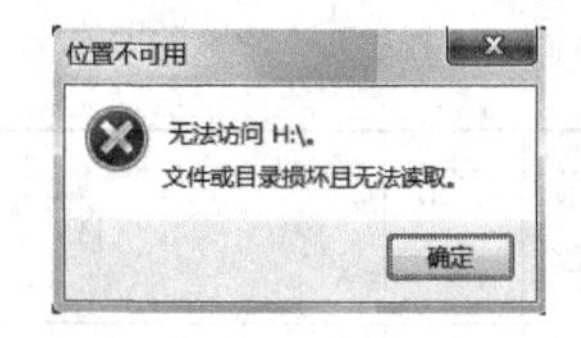

图 7.143 无法访问 H:\

步骤 11 使用 WinHex 打开 abcd712. vhd 文件，并映像文件为磁盘；通过"访问功能"菜单打开分区 1(操作方式"▽"→"Partition1(1. 2GB，NTFS)"→"Open")，如图 7. 144 所示。

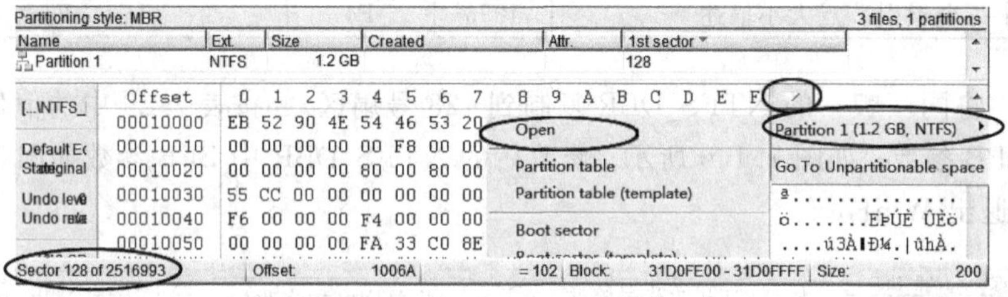

图 7. 144 使用 WinHex 打开 abcd712. vhd

步骤 12 可以查看到元文件的基本情况，如图 7. 145 所示；从图 7. 145 可知，元文件 $ Upcase 的开始扇区号为 32，元文件 $ MFTMirr 的开始扇区号为 16，可以初步判断这两个元文件的内容已被覆盖，需要恢复这两个元文件的内容。

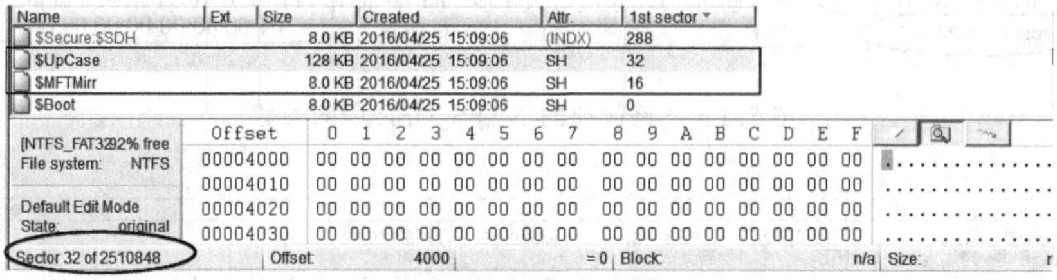

图 7. 145 查看被破坏的元文件 $ Upcase

步骤 13 通过元文件 $ MFT 来恢复元文件 $ MFTMirr。

由于每个簇的扇区数为 16，由表 6. 2 可知，元文件 $ MFTMirr 的记录数为 8 条(记录编号为 0～7)。将元文件 $ MFT 的 0～7 号记录复制到 16～31 号扇区(即元文件 $ MFTMirr 所在扇区号)，即通过元文件 $ MFT 的 0～7 号记录恢复元文件 $ MFTMirr 的 0～7 号记录。然后存盘。

步骤 14 通过其他 NTFS 文件系统的元文件 $ Upcase 来恢复元文件 $ Upcase。也可以使用素材文件夹中的 Upcase 文件来恢复，这里介绍使用 Upcase 文件来恢复元文件 $ Upcase。使用 WinHex 打开 Upcase，并选中 Upcase 文件的全部内容，单击"复制"按钮。将光标移动到 32 号扇区(即元文件 $ Upcase 的开始扇区)开始位置，单击"粘贴"按钮。然后存盘并退出 WinHex。

注：步骤 10～步骤 14，也可以省略，在 DOS 提示符下，使用“CHKDSK H:/F”命令来自动修复受损的元文件 $Upcase 和 $MFTMirr。

步骤 15 使用计算机管理中的磁盘管理功能附加 abcd712. vhd 文件后成为磁盘 1，在资源管理器中可以看到恢复出来的 H 盘中的文件夹和文件，如图 7.146 所示。

图 7.146 恢复快速格式化前 H 盘中的文件和文件夹

7.6.4 NTFS 被快速格式化成 NTFS 的恢复

原来的文件系统是 NTFS，快速格式化成 NTFS，由于分区没调整，文件系统没有变化，所以，快速格式化后分区表不会发生变化。

NTFS 被快速格式化成 NTFS 分两种情况来分析。

【情况一】 在快速格式化窗口中，用户选择的“分配单元大小(A)：”与原来 NTFS 的“分配单元大小(A)：”相同；快速格式化后，原来的 NTFS 元文件将被新的元文件所覆盖，而原来 NTFS 文件系统的根目录已被新的 NTFS 文件系统的根目录所覆盖，原来 NTFS 文件系统的其他索引目录一般仍然会保留。

【数据恢复思路与方法(一)】 重建快速格式化前元文件 $MFT 的 0 号记录 80H 属性中的元文件 $MFT 所占簇数、结束 VCN、系统分配给元文件 $MFT 的空间、元文件 $MFT 实际占用空间和元文件 $MFT 初始化空间。

回到 DOS 提示符下，使用“CHKDSK 盘符:/F/I”命令以元文件 $MFT 中的记录作为依据对逻辑盘受损的 NTFS 文件系统进行自动修复；修复完成后，到资源管理器中可以查看到逻辑盘中的文件和文件夹。

例 7.24 使用计算机管理中的磁盘管理功能附加素材中的 abcd713. vhd 文件，附加后的磁盘为磁盘 1；盘符为 H:，在资源管理器中可以看到 H 盘上没有任何文件(注：H 盘原来的文件系统为 NTFS，在 Windows 7 下被快速格式化为 NTFS；素材文件名为 abcd713. vhd，快速格式化前、后，H 盘的“分配单元大小(A)”均为 4096 字节，即每个簇的扇区数为 8)。

【数据恢复步骤】

步骤 1 通过 WinHex 软件打开 abcd713. vhd 文件并映像为磁盘。在 WinHex 主界面窗口中，通过“访问功能”菜单打开分区 1(操作方式：“▽”→“Partition1(1. 2GB，NTFS)”→“Open”)，获得元文件 $MFT 的开始扇区号为 836944。

步骤 2 查找元文件 $MFT 的结束扇区号。

将光标移动到“Partition1”的最后一个扇区，使用 WinHex 搜索功能中的“查找文本(T)…”，在“Find Text”窗口的“The following text string will be searched:”文本框中输入“FILE”,在Match case下的列表框中选择“ASCII/Code page”,在“Search:”列表框中选择“Up”,选择“Cond”前复选框,在“offset mod”右侧的两个文本框中分别输入“512”和“0”,单击OK按钮。在886606号扇区找到。所以快速格式化前元文件$MFT结束扇区号为886607。

步骤3 计算快速格式化前元文件$MFT所占扇区数、元文件$MFT所占簇数、元文件$MFT的0号记录80H属性中的结束VCN等;从NTFS_DBR获得每个簇的扇区数为8。

元文件 $MFT 所占扇区数 = 元文件 $MFT 的结束扇区号 − 元文件 $MFT 的开始扇区号 + 1
= 886 607 − 836 944 + 1 = 49 664

元文件 $MFT 所占簇数 = 元文件 $MFT 所占扇区数 / 每个簇的扇区数
= 49 664/8 = 6208

元文件 $MFT 的结束 VCN = 元文件 $MFT 所占簇数 − 1 = 6208 − 1 = 6207

系统分配给元文件 $MFT 的空间 = 元文件 $MFT 所占扇区数 × 512 字节
= 49 664 × 512 = 25 427 968 字节

元文件 $MFT 实际占用空间 = 元文件 $MFT 所占扇区数 × 512 字节
= 25 427 968 字节

元文件 $MFT 初始化空间 = 元文件 $MFT 所占扇区数 × 512 字节
= 25 427 968 字节

综上所述,元文件$MFT的0号记录80H属性中部分参数值见表7.30所列。

表7.30 元文件$MFT的0号记录80H属性中部分参数表

字节偏移	字节数	含义	值									
			十进制	十六进制	存储形式							
0X018	8	结束VCN	6207	183F	3F	18	00	00	00	00	00	00
0X028	8	系统分配给元文件$MFT的空间	25427968	1840000	00	00	84	01	00	00	00	00
0X030	8	元文件$MFT实际占用空间	25427968	1840000	00	00	84	01	00	00	00	00
0X038	8	元文件$MFT初始化空间	25427968	1840000	00	00	84	01	00	00	00	00
0X041	2	元文件$MFT所占簇数	6208	1840	40				18			

修改元文件$MFT的0号记录80H属性中部分参数,即表7.30中的值;也就是说,恢复快速格式化前元文件$MFT的0号记录80H属性中的结束VCN、系统分配给元文件$MFT的空间、元文件$MFT实际占用空间、元文件$MFT初始化空间和元文件$MFT所占簇数。

步骤4 将光标移动到元文件$MFT的0号记录80H属性处;按表7.31修改元文件$MFT的0号记录80H属性中部分参数;修改后的值如图7.147所示。

表7.31 元文件$MFT的0号记录80H属性中部分参数表

字节偏移	字节数	含义	值(存储形式)															
			修改前的值								修改后的值							
0X018	8	结束VCN	3F	00	00	00	00	00	00	00	3F	18	00	00	00	00	00	00
0X028	8	系统分配给元文件$MFT的空间	00	00	04	00	00	00	00	00	00	00	84	01	00	00	00	00
0X030	8	元文件$MFT实际占用空间	00	00	04	00	00	00	00	00	00	00	84	01	00	00	00	00
0X038	8	元文件$MFT初始化空间	00	00	04	00	00	00	00	00	00	00	84	01	00	00	00	00
0X040	8	数据运行列表	31	40	AA	98	01	00	FC	CF	32	40	18	AA	98	01	00	CF

```
Offset     0  1  2  3  4  5  6  7   8  9  A  B  C  D  E  F
198AA0F0  04 03 24 00 4D 00 46 00  54 00 00 00 00 00 00 00   ..$.M.F.T.......
198AA100  80 00 00 00 48 00 00 00  01 00 40 00 00 00 01 00   ▮...H.....@.....
198AA110  00 00 00 00 00 00 00 00  3F 18 00 00 00 00 00 00   ........?.......
198AA120  40 00 00 00 00 00 00 00  00 00 84 01 00 00 00 00   @.........▮.....
198AA130  00 00 84 01 00 00 00 00  00 00 84 01 00 00 00 00   ..▮.......▮.....
198AA140  32 40 18 AA 98 01 00 CF  B0 00 00 00 50 00 00 00   2@.ª▮..Ï°...P...
Sector 836944 of 2510848   Offset   198AA147   = 207  Block   n/a
```

图 7.147 恢复快速格式化前元文件＄MFT 的 0 号记录 80H 属性部分

注：在元文件＄MFT 的 0 号记录 80H 属性中，元文件＄MFT 所占簇数存储在数据运行列表中，所以元文件＄MFT 的 0 号记录 80H 属性中的数据运行列表由“31 40 AA 98 01 00 FC CF”修改为“32 40 18 AA 98 01 00 CF”。

步骤 5 使用计算机管理中的磁盘管理功能附加素材中的 abcd713. vhd 文件，附加后的磁盘为磁盘 1，盘符为 H:。

步骤 6 在 DOS 提示符下，通过“CHKDSK H:/F/I”修复受损的 NTFS 文件系统结构，经过大约 8 分钟；在资源管理器中可以查看到 H 盘中的文件和文件夹。

【数据恢复思路与方法(二)】 重建快速格式化前元文件＄MFT 的 0 号记录。

(1) 计算快速格式化前元文件＄MFT 所占扇区数，通过元文件＄MFT 所占扇区数，计算快速格式化前元文件＄MFT 中的记录数；假设快速格式化前元文件＄MFT 中的记录数为 S。

(2) 从 NTFS_DBR 中获得总扇区数和每个簇的扇区数；通过总扇区数计算该逻辑盘(卷)的容量，假设该逻辑盘(卷)的容量为 Z，每个簇的扇区数为 X。

(3) 通过 Windows 7 的虚拟磁盘管理功能创建一个虚拟硬盘文件，假设文件名为 abcd. vhd，虚拟硬盘文件大小略大于 Z；附加 abcd. vhd 虚拟硬盘文件，初始化为 MBR 并建立一个分区，分区大小为 Z，对该分区进行快速格式化，文件系统选择 NTFS，每个簇的扇区数选择 X；假设对应的盘符为 H:，复制大约($S-34$)个文件(夹)到 H 盘中。

(4) 使用 WinHex 软件打开 H 盘，将元文件＄MFT 的 0 号记录以文件的形式存储，假设文件名为 MFT_0Sector。

(5) 通过 MFT_0Sector 文件恢复快速格式化前元文件＄MFT 的 0 号记录。

(6) 回到 DOS 提示符下，使用“CHKDSK 盘符:/F/I”命令以元文件＄MFT 中的记录作为依据对逻辑盘中受损的 NTFS 文件系统进行自动修复；修复完成后，到资源管理器中可以查看到逻辑盘中的文件和文件夹。

由于篇幅限制，【数据恢复步骤】请读者自行实践；如果需要帮助，请通过 QQ 与作者联系。

【情况二】 在快速格式化窗口中，用户选择的“分配单元大小(A):”与原来 NTFS 的“分配单元大小(A):”不同；那么，快速格式化后，快速格式化前的 NTFS 元文件可能会被快速格式化后的其他元文件覆盖，未覆盖的部分一般仍然会保留。

【数据恢复思路与方法】 计算快速格式化前“分配单元大小(A)”，即每个簇的扇区数；再次快速格式化该逻辑盘，在快速格式化窗口中，选择“分配单元大小(A):”与原来 NTFS 的“分配单元大小(A):”相同；【数据恢复步骤】与【情况一】的【数据恢复步骤】相同。

由于篇幅限制，【数据恢复方法与步骤】请读者自行实践；如果需要帮助，请通过 QQ 与作者联系(注：思考题 7.16 属于这种情况)。

用户也可以采用 WinHex 软件中的"按文件类型恢复"来恢复数据；或者使用其他数据恢复软件(如 Easy Recovery、Final Recovery、Disk Genius、Get data back for NTFS 等)来进行恢复。

7.7 Windows 7 下格式化后的数据情况

作者经过多次实验发现：在 Windows 7 操作系统下，对逻辑盘进行格式化后，存储在逻辑盘上的数据将被填充为"00"，对于这种情况数据将无法恢复。

7.8 数据恢复案例

【案例 1】至【案例 8】 是作者基于从事数据恢复过程中所遇到的情况，经整理而形成的，供读者学习研究。

【案例 1】

【客户描述】 U 盘只有一个 MBR 分区，对应的文件系统为 FAT32，在 Windows 7 下，将 U 盘插入计算机 USB 口后，在资源管理器中没有出现 U 盘的盘符提示(注：素材文件名为 abcd714.vhd)。

【分析】 根据客户描述，将 U 盘插入计算机 USB 口后，在资源管理器中没有出现 U 盘的盘符提示。可能的原因是 U 盘的 0 号扇区已被破坏。

【查找原因】 经查找，FAT32_DBR 和 FAT32_DBR 备份正常；FAT1 表和 FAT2 表正常；只有 U 盘的 0 号扇区不正常，需要恢复 0 号扇区。

【恢复思路】 恢复 U 盘的 0 号扇区，即恢复主引导记录、MBR 分区表和分区结束标志。

【操作系统】 Windows 7

【使用软件】 WinHex 软件 15.1

【操作步骤】

步骤 1 使用计算机管理中的磁盘管理功能附加素材文件夹中的 abcd714.vhd 文件后形成磁盘 1，如图 7.148 所示。从图 7.148 可知，磁盘 1 没有初始化；由于磁盘 1 未初始化，在资源管理器中无法查看到 U 盘产生的盘符，分离 abcd714.vhd 文件。

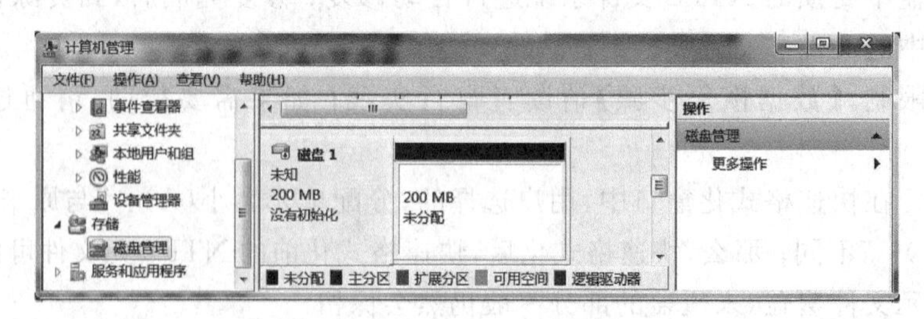

图 7.148 附加 abcd714.vhd 后的磁盘 1

温馨提示：千万不要对磁盘 1 进行初始化操作！ 否则，会将 **0** 号扇区的 **MBR** 分区表删除。

步骤 2 使用 WinHex 打开 abcd714.vhd 文件并映像为磁盘；将光标移动到 0 号扇区，查看主引导扇区，如图 7.149 所示。

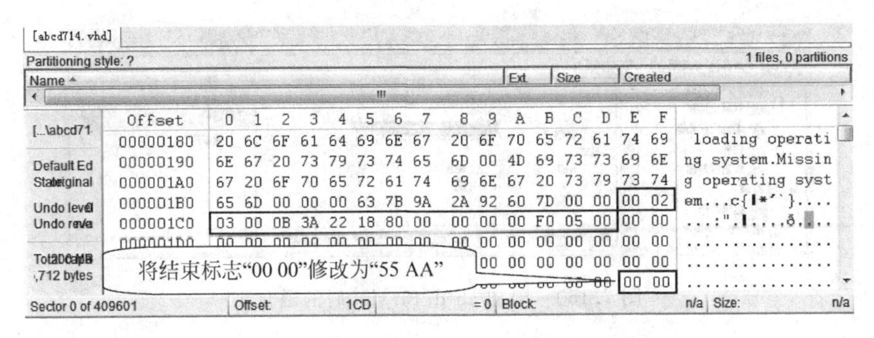

图 7.149　U 盘的 0 号扇区

步骤 3　从主引导扇区初步判断，主引导记录正常，磁盘签名正常，只有一个分区表，分区表为“00 02 03 00 0B 3A 22 18 80 00 00 00 00 F0 05 00”(存储形式)，即分区表正常；扇区结束标志为“00 00”(存储形式)，结束标志不正常，正常的结束标志为“55 AA”(存储形式)。

步骤 4　将结束标志“00 00”修改为“55 AA”，然后存盘并退出 WinHex。

步骤 5　使用计算机管理中的磁盘管理功能附加素材文件夹中的 abcd714.vhd 文件，附加后的磁盘为磁盘 1；在资源管理器中产生的逻辑盘符为 H:，可以查看到 H 盘中存储的全部文件夹和文件夹。

【所用时间】　2 分钟

【客户评价】　非常满意

【形成原因分析】　造成 0 号扇区结束标志不是“55 AA”的主要原因可能是用户在没有将 U 盘卸下的情况下，直接将 U 盘从 USB 口拔出。

【温馨提示】　将 U 盘从 USB 口拔出前，一定要将 U 盘卸下；如果无法卸下，请关闭计算机后，再将 U 盘从 USB 口拔出。

【案例 2】

【客户描述】　U 盘的文件系统为 FAT32，在 Windows 7 下，将 U 盘插入计算机 USB 口后，在资源管理器中没有出现 U 盘的盘符提示(注：素材文件名为 abcd715.vhd)。

【分析】　根据客户描述，可能的原因是：U 盘的 0 号扇区已被破坏。

【查找原因】　经查找，该 U 盘只有一个 FAT32_DBR；FAT1 表和 FAT2 表正常；需要恢复 0 号扇区。

【恢复思路】　恢复 U 盘 0 号扇区 FAT32_DBR；或者恢复 U 盘的 0 号扇区，即恢复主引导记录、MBR 分区表和分区结束标志。

【操作系统】　Windows 7

【使用软件】　WinHex 软件 15.1

【操作步骤】

步骤 1　使用计算机管理中的磁盘管理功能附加素材文件夹中的 abcd715.vhd 文件后形成磁盘 1，如图 7.150 所示。从图 7.150 可知，磁盘 1“联机”，但“未分配”；由于磁盘 1 未分配，在资源管理器中无法查看到 U 盘产生的盘符，分离 abcd715.vhd 文件。

步骤 2　使用 WinHex 打开 abcd715.vhd 文件并映像为磁盘；将光标移动到 0 号扇区，查看主引导扇区，如图 7.151 所示。

步骤 3　从主引导扇区初步判断，引导记录正常，磁盘签名正常，扇区结束标志为“55 AA”(存储形式)，正常；存放 4 个 MBR 分区表位置的值均为“00”，即该 U 盘的 0 号扇区没有分区

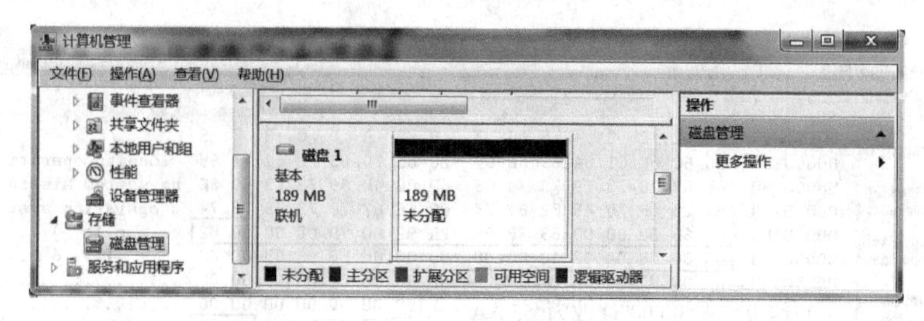

图 7.150　附加 abcd715. vhd 后的磁盘 1

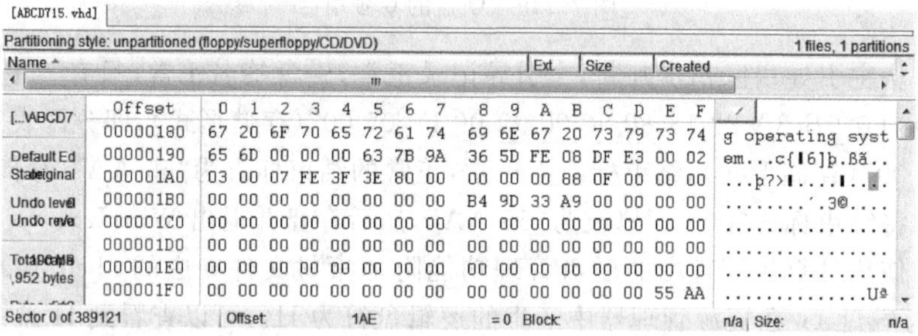

```
[ABCD715. vhd]
Partitioning style: unpartitioned (floppy/superfloppy/CD/DVD)        1 files, 1 partitions
Name ^                                   Ext.  Size  Created
 Offset     0  1  2  3  4  5  6  7   8  9  A  B  C  D  E  F
00000180   67 20 6F 70 65 72 61 74  69 6E 67 20 73 79 73 74   g operating syst
00000190   65 6D 00 00 00 63 7B 9A  36 5D FE 08 DF E3 00 02   em...c{▮6]þ.ßã..
000001A0   03 00 07 FE 3F 3E 80 00  00 00 00 88 0F 00 00 00   ...þ?>▮....▮...
000001B0   00 00 00 00 00 00 00 00  B4 9D 33 A9 00 00 00 00   ........´.3©....
000001C0   00 00 00 00 00 00 00 00  00 00 00 00 00 00 00 00   ................
000001D0   00 00 00 00 00 00 00 00  00 00 00 00 00 00 00 00   ................
000001E0   00 00 00 00 00 00 00 00  00 00 00 00 00 00 00 00   ................
000001F0   00 00 00 00 00 00 00 00  00 00 00 00 00 00 55 AA   ..............Uª
Sector 0 of 389121    Offset:    1AE    = 0  Block:    n/a  Size:    n/a
```

图 7.151　U 盘的 0 号扇区

表,需要恢复分区表。

步骤 4　由于 U 盘的文件系统为 FAT32,查找 FAT32_DBR,在 6 号扇区找到,如图 7.152 所示。继续向下查找 FAT32_DBR,没有找到。由此可以推断,6 号扇区为 FAT32_DBR 或者是 FAT32_DBR 备份。

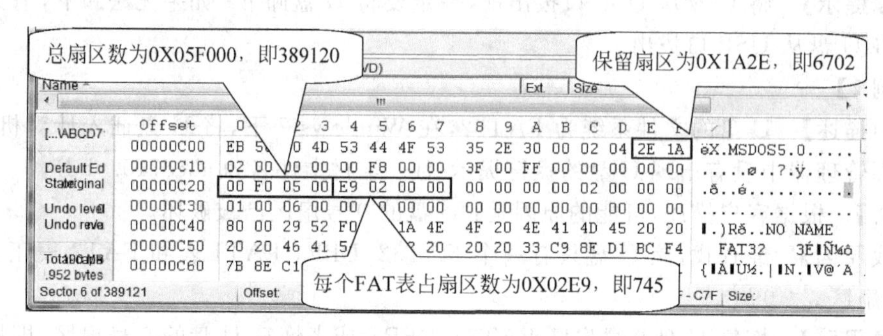

图 7.152　U 盘的 6 号扇区

步骤 5　查找 FAT 的开始扇区,在 6702 号扇区找到,如图 7.153 所示;继续向下查找 FAT 的开始扇区,在 7447 号扇区找到,如图 7.154 所示;继续向下查找 FAT 的开始扇区,没有找到。

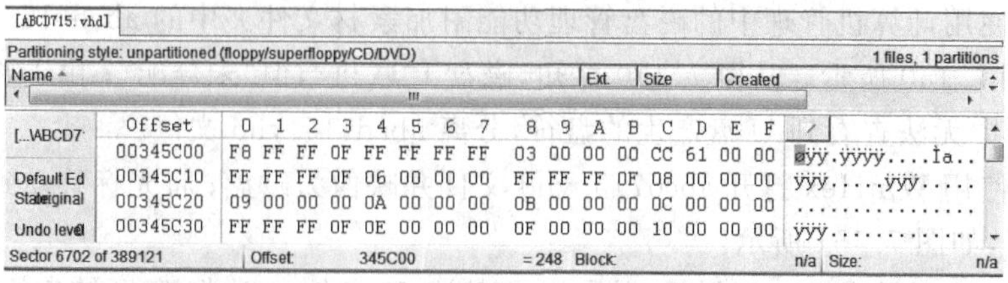

```
[ABCD715. vhd]
Partitioning style: unpartitioned (floppy/superfloppy/CD/DVD)        1 files, 1 partitions
Name ^                                   Ext.  Size  Created
 Offset     0  1  2  3  4  5  6  7   8  9  A  B  C  D  E  F
00345C00   F8 FF FF 0F FF FF FF FF  03 00 00 00 CC 61 00 00   øÿÿ.ÿÿÿÿ....Ìa..
00345C10   FF FF FF 0F 06 00 00 00  FF FF FF 0F 08 00 00 00   ÿÿÿ.....ÿÿÿ.....
00345C20   09 00 00 00 0A 00 00 00  0B 00 00 00 0C 00 00 00   ................
00345C30   FF FF FF 0F 0E 00 00 00  0F 00 00 00 10 00 00 00   ÿÿÿ.............
Sector 6702 of 389121    Offset:    345C00    = 248  Block:    n/a  Size:    n/a
```

图 7.153　U 盘的 6702 号扇区

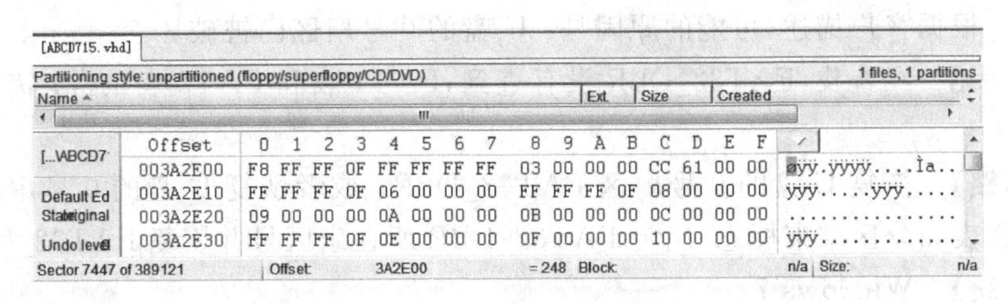

图 7.154　U 盘的 7447 号扇区

由此可以推断，FAT1 表开始扇区号为 6702，而 FAT2 表开始扇区号为 7447。

由式(5.14)可知：

$$每个 FAT 表所占扇区数 = FAT2 表开始扇区号 - FAT1 表开始扇区号 = 7447 - 6702 = 745$$

由于 FAT1 表开始扇区号为 6702，正好等于 FAT32_DBR 中的保留扇区数。

由式(5.10)可知：

$$FAT32\_DBR 所在扇区号 = FAT1 表开始扇区号 - 保留扇区数 = 6702 - 6702 = 0$$

由此可以推断，该 U 盘没有主引导扇区，也就是说，没有分区表；而 6 号扇区为 FAT32_DBR 备份；这种情况非常罕见，恢复 U 盘 0 号扇区 FAT32_DBR。

步骤 6　将 0 号扇区以文件的形式存储，文件名和存储位置自定，将 6 号扇区复制到 0 号扇区，存盘并退出 WinHex。

步骤 7　使用计算机管理中的磁盘管理功能附加素材中的 abcd715.vhd 文件，附加后的磁盘为磁盘 1；在资源管理器中对应的逻辑盘符为 H:，可以查看到 H 盘中存储的全部文件夹和文件夹。

【所用时间】　5 分钟

【客户评价】　非常满意

【形成原因分析】　造成 0 号扇区被破坏的主要原因可能是用户在没有将 U 盘卸下的情况下，直接将 U 盘从 USB 口拔出；或者是计算机病毒破坏。

【温馨提示】　直接将 U 盘从 USB 口拔出前，一定要将 U 盘卸下；如果无法卸下，请关闭计算机后，再将 U 盘从 USB 口拔出；定期或者不定期使用杀毒软件对 U 盘进行杀毒。

注：用户也可以使用下列方法来恢复，由于篇幅限制，该方法请读者自行实践。

(1) 将 6 号扇区作为 FAT32_DBR 来处理，保留扇区数和总扇区数减少 6 个扇区，即保留扇区数由 6702(注：存储形式为“2E　1A”)修改为 6696(注：存储形式为“28 1A”)；总扇区数由 389120(注：存储形式为“00 F0 05 00”)修改为 389114(注：存储形式为“FA EF 05 00”)。

(2) 由于分区表存储在 0 号扇区，而 FAT32_DBR 在 6 号扇区，所以，MBR 分区表中的相对扇区为 06(注：在分区中的存储形式为“06 00 0000”)，而总扇区数为 389114(注：在分区中的存储形式为“FA EF 05 00”)，而文件系统为 FAT32；分区标志为“0C”或“0B”。

(3) 分区表为“00 01 01 00 0C FE FF FF 06 00 00 00 FA EF 05 00”，将分区表填入到 0 号扇区偏移 0X01BE～0X01CD 处；存盘并退出 WinHex。

【案例 3】

【客户描述】　U 盘的文件系统为 FAT32，在 Windows 7 下，将 U 盘插入计算机的 USB 口后，在资源管理器中没有出现 U 盘的盘符提示(注：素材文件名为 abcd716.vhd)。

【分析】 根据客户描述，可能的原因是：U盘的0号扇区已被破坏。

【查找原因】 经查找，FAT32_DBR没有查到，FAT1表和FAT2表正常；需要恢复0号扇区。

【恢复思路】 恢复U盘的0号扇区FAT32_DBR；或者恢复U盘的0号扇区主引导记录、MBR分区表和分区结束标志，确定FAT32_DBR所在扇区号并恢复FAT32_DBR。

【操作系统】 Windows 7

【使用软件】 WinHex软件15.1

【操作步骤】

步骤1 使用计算机管理中的磁盘管理功能附加素材中的abcd716.vhd文件后形成磁盘1，如图7.155所示。从图7.155可知，磁盘1"没有初始化"，在资源管理器中没有查看到U盘产生的逻辑盘符，分离abcd716.vhd文件。

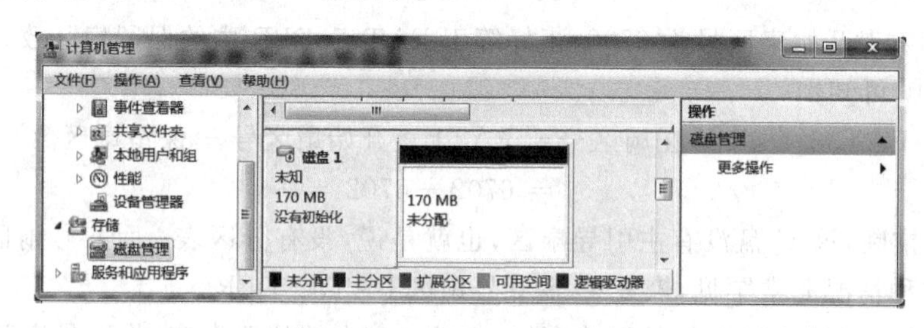

图7.155 附加abcd716.vhd后的磁盘1

步骤2 使用WinHex打开abcd716.vhd文件并映像为磁盘；将光标移动到0号扇区，查看主引导扇区，发现0号扇区的内容全为"00"，可以判断0号扇区已经被破坏；需要恢复0号扇区的主引导记录、分区表和扇区结束标志。

步骤3 由于U盘的文件系统为FAT32，查找FAT32_DBR，没有找到；可以判断FAT32_DBR及其备份已经被破坏；需要确定FAT32_DBR所在扇区号并恢复FAT32_DBR。

步骤4 需要计算FAT32_DBR中的参数，即计算每个簇的扇区数、保留扇区数、总扇区数和每个FAT表占用扇区数这4个参数。

步骤5 通过子目录的特征值，在9324号扇区查找到第1个子目录的开始扇区，如图7.156所示。从图7.156可知，第1个子目录的开始扇区号为9324，而开始簇号为568(注：存储形式见图7.156中的2个方框)。

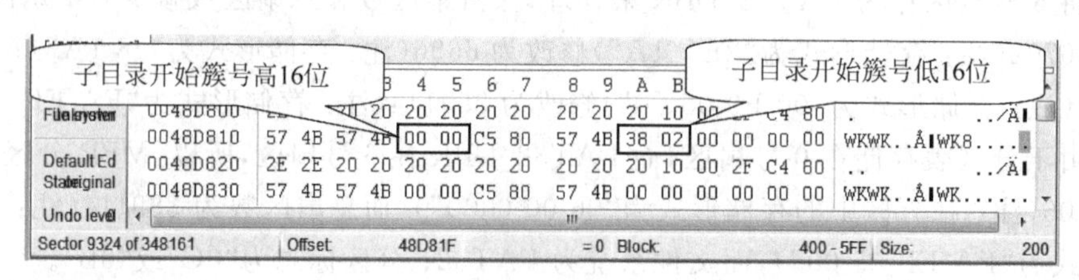

图7.156 在9324号扇区找到第1个子目录的开始扇区

按F3键继续向下查找，在66986号扇区查找到第2个子目录的开始扇区，如图7.157所示，从图7.157可知，第2个子目录的开始扇区号为66986，而开始簇号为29399(注：存储形式见图7.157中的2个方框)。

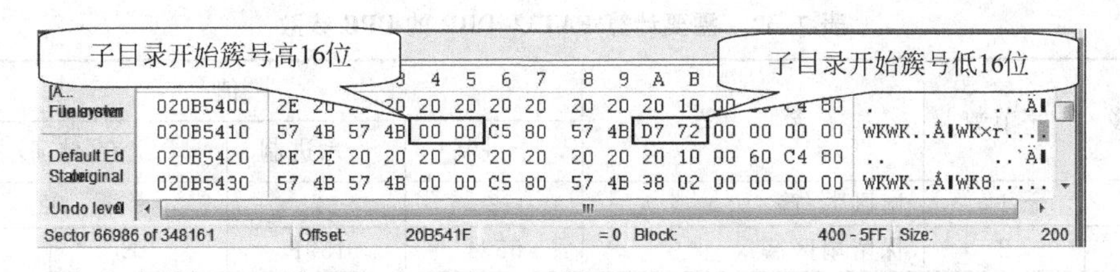

图 7.157　在 66986 号扇区找到第 2 个子目录的开始扇区

由式(5.23)可知：

每个簇的扇区数＝(第 2 个子目录开始扇区号－第 1 个子目录开始扇区号)÷(第 2 个子目录开始簇号－第 1 个子目录开始簇号)

$=(66986-9324)\div(29399-568)=2$

步骤 6　通过 FAT 的特征值，在 5534 号扇区查找到 FAT1 表开始扇区；按“F3”键继续向下查找，在 6863 号扇区查找到 FAT2 表开始扇区。

由式(5.14)可知：

每个 FAT 表占扇区数＝FAT2 表开始扇区号－FAT1 表开始扇区号

$=6863-5534=1329$

步骤 7　估算 FAT32 文件系统数据区所占扇区数。

由于每个 FAT 占 1329 个扇区，所以

FAT32 文件系统数据区最大占用簇数＝每个 FAT 表占扇区数×128－2

$=1329\times128-2=170110$

FAT32 文件系统数据区最小占用簇数＝(每个 FAT 表占扇区数－1)×128－2＋1

$=(1329-1)\times128-2+1=169983$

由于每个簇的扇区数为 2，所以，FAT32 文件系统数据区占用扇区数在 339966～340220 之间。

步骤 8　假设 FAT32_DBR 存储在该 U 盘的 0 号扇区，即 FAT1 表开始扇区号为保留扇区数，由式(5.3)可知：

逻辑盘最大总扇区数＝保留扇区数＋每个 FAT 表占扇区数×2＋数据区占用最大扇区数

$=5534+1329\times2+340220=348412$

逻辑盘最小总扇区数＝保留扇区数＋每个 FAT 表占扇区数×2＋数据区占用最小扇区数

$=5534+1329\times2+339966=348158$

逻辑盘的最大容量＝逻辑盘最大总扇区数×512/1024/1024MB＝170.123MB

逻辑盘的最小容量＝逻辑盘最小总扇区数×512/1024/1024MB＝169.999MB

所以，逻辑盘的容量为 169.999～170.123MB。由于用户在建立分区时，分区容量只可能输入正整数，由此可以推断，逻辑盘的容量为 170MB。

逻辑盘占用总扇区数＝逻辑盘容量/512 扇区/字节＝170MB/512 扇区/字节

$=170\times1024\times1024/512$ 扇区 $=348160$ 扇区

综上所述，假设 FAT32_DBR 存储在 U 盘的 0 号扇区，FAT32_DBR 的部分参数见表 7.32 所列。

表 7.32 需要计算 FAT32_DBR 的 BPB 参数

字节位移	字节数	含 义	值					
			十进制	十六进制	存储形式			
0X0D	1	扇区数/簇	2	2	02			
0X0E	2	保留扇区簇	5534	159E	9E		15	
0X1C	4	隐藏扇区数	0	0	00	00	00	00
0X20	4	总扇区数	348160	55000	00	50	05	00
0X24	4	每个 FAT 所占扇区数	1329	531	31	05	00	00

步骤 9 将同一版本的 FAT32_DBR 复制到 U 盘的 0 号扇区，并修改每个簇的扇区数、保留扇区数、总扇区数和每个 FAT 表占用扇区数，如图 7.158 所示；存盘并退出 WinHex。

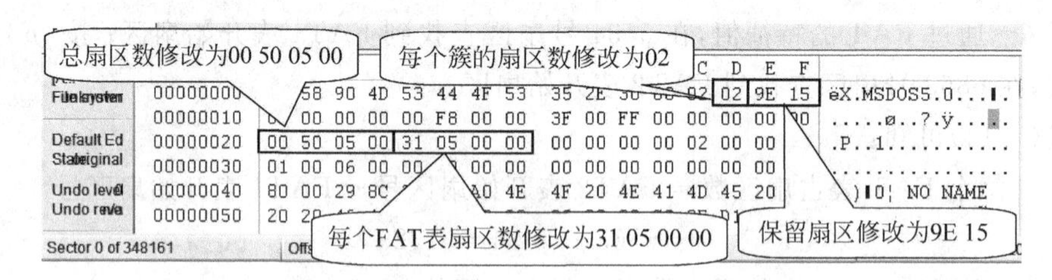

图 7.158 修改好的 U 盘 0 号扇区 FAT32_DBR

步骤 10 使用计算机管理中的磁盘管理功能附加素材中的 abcd716.vhd 文件，附加后的磁盘为磁盘 1；在资源管理器中对应的逻辑盘符为 H：可以查看到 H 盘中存储的全部文件夹和文件夹。

【所用时间】 8 分钟

【客户评价】 非常满意

【形成原因分析】 造成 0 号扇区以及其多个扇区被破坏的主要原因可能是计算机病毒破坏。

【温馨提示】 定期或者不定期使用杀毒软件对 U 盘进行杀毒。

注：用户也可以使用下列方法来恢复，由于篇幅限制，该方法请读者自行实践。

(1) 将 FAT32_DBR 存放在 1～5533 号扇区中的任意一个扇区，对应的分区表存放在 0 号扇区偏移 0X01BE～0X01CD 处。

(2) 在 FAT32_DBR 参数中，每个簇的扇区数为 2、每个 FAT 占用扇区数为 1329，根据 FAT32_DBR 所在扇区号，重新计算 FAT32_DBR 参数中保留扇区数和总扇区数。

(3) 计算 0 号扇区的 MBR 分区表。

【案例 4】

【客户描述】 U 盘的文件系统为 FAT32，在 Windows 7 下，将 U 盘插入计算机的 USB 口后，在资源管理器中没有出现 U 盘的盘符提示(注：素材文件名为 abcd717.vhd)。

【分析】 根据客户描述，可能的原因是：U 盘的 0 号扇区已被破坏。

【查找原因】 经查找，U 盘的 FAT2 表完好，FAT1 表、FAT32 DBR 和 FAT32 DBR 备份已被破坏，需要恢复 FAT32_DBR 和 FAT1 表。

【恢复思路】 通过 FAT2 表恢复 FAT1 表；恢复 U 盘 0 号扇区的 FAT32_DBR 或者恢复 U 盘的 0 号扇区主引导记录、MBR 分区表和分区结束标志，确定 FAT32_DBR 所在扇区号并恢复 FAT32_DBR。

【操作系统】 Windows 7

【使用软件】 WinHex 软件 15.1

【操作步骤】

步骤 1～步骤 4 与案例 3 中步骤 1～步骤 4 相同。

步骤 5 查找第 1 个子目录的开始扇区，在 11571 号扇区找到。从 11571 号扇区的第 1 个目录项可知，该目录的开始簇号为 3381(注：簇号的高 16 位存储形式为“00 00”，低 16 位存储形式为“35 0D”)。

步骤 6 继续向下查找第 2 个子目录的开始扇区，在 69219 号扇区找到，从 69219 号扇区的第 1 个目录项可知，该目录的开始簇号为 61029(注：簇号的高 16 位存储形式为“00 00”，低 16 位存储形式为“65 EE”)。

由式(5.23)可知：

每个簇的扇区数 =(第 2 个子目录的开始扇区号 − 第 1 个子目录的开始扇区号) ÷

(第 2 个子目录的开始簇号 − 第 1 个子目录的开始簇号)

$= (69219 - 11571) \div (61029 - 3381) = 1$

步骤 7 通过 FAT 的特征值，在 5215 号扇区查找到 FAT 表开始扇区；继续向下查找，没有找到；由此可以推断，5215 号扇区为 FAT2 表开始扇区号，而 FAT1 表开始扇区号已被破坏。

由此可以推断，该 FAT32 文件系统的 FAT32_DBR、FAT32_DBR 备份以及 FAT1 表已经被破坏，需要恢复。

步骤 8 计算 2 号簇的开始扇区号，由于 FAT32 文件系统数据区的开始簇号为 2。

由式(5.23)可知：

每个簇的扇区数 =(第 1 个子目录开始扇区号 − 根目录开始扇区号) ÷

(第 1 个子目录开始簇号 − 根目录开始簇号)

1 =(11571 − 根目录开始扇区号) ÷ (3381 − 2)

所以，根目录开始扇区号(即 2 号簇开始扇区号)=8192

步骤 9 计算每个 FAT 表占扇区数，由式(5.14)可知：

每个 FAT 表占扇区数= 根目录开始扇区号(即 2 号簇开始扇区号) − FAT2 表开始扇区号

$= 8192 - 5215 = 2977$

由式(5.14)可知：

FAT1 表开始扇区号= FAT2 表开始扇区号 − 每个 FAT 表占扇区数

$= 5215 - 2977 = 2238$

所以，FAT1 表占用扇区号范围为 2238～5214；而 FAT2 表占用扇区号范围为 5215～8191。

步骤 10 将 2238～5214 号扇区以文件的形式存储，文件名和存储位置自定，将 5215～8191 号扇区复制到 2238～5214 号扇区处，即通过 FAT2 表恢复 FAT1 表。

步骤 11 估算 FAT32 文件系统数据区所占扇区数。

由于每个 FAT 占 2977 个扇区，所以

FAT32 文件系统数据区最大占用簇数= 每个 FAT 表占扇区数 × 128 − 2

$= 2977 \times 128 - 2 = 381054$

$$FAT32 文件系统数据区最小占用簇数 = (每个 FAT 表占扇区数 - 1) \times 128 - 2 + 1$$
$$= (2977 - 1) \times 128 - 2 + 1 = 380927$$

由于每个簇的扇区数为 1，因此，FAT32 文件系统数据区占用扇区数在 380927～381054 之间。

步骤 12 假设 FAT32_DBR 存储在该 U 盘的 0 号扇区，即 FAT1 表开始扇区号为保留扇区数。

由式(5.3)可知：

$$逻辑盘最大总扇区数 = 保留扇区数 + 每个 FAT 表占扇区数 \times 2 + 数据区占用最大扇区数$$
$$= 2238 + 2977 \times 2 + 381054 = 389246$$

$$逻辑盘最小总扇区数 = 保留扇区数 + 每个 FAT 表占扇区数 \times 2 + 数据区占用最小扇区数$$
$$= 2238 + 2977 \times 2 + 380927 = 389119$$

$$逻辑盘的最大容量 = 逻辑盘最大总扇区数 \times 512/1024/1024\text{MB}$$
$$= 190.0615\text{MB}$$

$$逻辑盘的最小容量 = 逻辑盘最小总扇区数 \times 512/1024/1024\text{MB}$$
$$= 189.9995\text{MB}$$

所以，逻辑盘的容量为 189.9995～190.0615MB。由于用户在建立分区时，分区容量只可能输入正整数，由此可以推断，逻辑盘的容量为 190MB。

$$逻辑盘占用总扇区数 = 逻辑盘容量 /512 扇区 / 字节 = 190\text{MB}/512 扇区 / 字节$$
$$= 190 \times 1024 \times 1024/512 扇区 = 389120 扇区$$

综上所述，假设 FAT32_DBR 存储在 U 盘的 0 号扇区，FAT32_DBR 的部分参数见表 7.33 所列。

表 7.33 需要计算 FAT32_DBR 的 BPB 参数

字节位移	字节数	含 义	值					
			十进制	十六进制	存储形式			
0X0D	1	扇区数/簇	1	1	01			
0X0E	2	保留扇区数	2238	8BE	BE		08	
0X1C	4	隐藏扇区数	0	0	00	00	00	00
0X20	4	总扇区数	389120	5F000	00	F0	05	00
0X24	4	每个 FAT 所占扇区数	2977	BA1	A1	0B	00	00

步骤 13 将同一版本的 FAT32_DBR 复制到 U 盘的 0 号扇区，并按表 7.33 修改每个簇的扇区数、保留扇区数、总扇区数和每个 FAT 表占用扇区数，如图 7.159 所示。

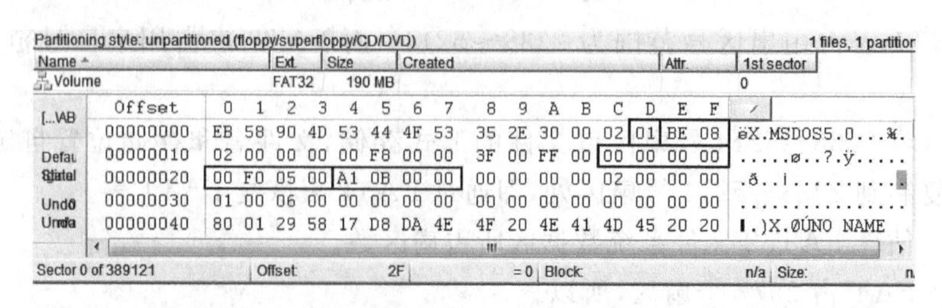

图 7.159 修改好的 U 盘 0 号扇区 FAT32_DBR

步骤 14 使用计算机管理中的磁盘管理功能附加素材中的 abcd717. vhd 文件,附加后的磁盘为磁盘 1;在资源管理器中对应的逻辑盘符为 H:可以查看到 H 盘中存储的全部文件夹和文件夹。

【所用时间】 10 分钟

【客户评价】 非常满意

【形成原因分析】 造成 0 号扇区至 FAT1 表的部分扇区被破坏的主要原因可能是计算机病毒破坏。

【温馨提示】 定期或者不定期使用杀毒软件对 U 盘进行杀毒。

注:用户也可以使用下列方法来恢复,由于篇幅限制,该方法请读者自行实践。

(1) 通过 FAT2 表恢复 FAT1 表。

(2) 将 FAT32_DBR 存放在 1~2237 号扇区中的任意一个扇区,对应的分区表存放在 0 号扇区偏移 0X01BE~0X01CD 处。

(3) 在 FAT32_DBR 参数中,每个簇的扇区数为 1、每个 FAT 表占用扇区数为 2977,根据 FAT32_DBR 所在扇区号,重新计算 FAT32_DBR 参数中保留扇区数和总扇区数。

(4) 计算 0 号扇区的 MBR 分区表。

【案例 5】

【客户描述】 移动硬盘只有一个分区,对应的文件系统是 NTFS,在 Windows 7 下,将移动硬盘插入计算机的 USB 口后,在资源管理器中没有出现盘符提示(注:素材文件名为 abcd718. vhd)。

【分析】 根据客户描述,在资源管理器中没有出现盘符提示。可能的原因是:移动硬盘的 0 号扇区已被破坏。

【查找原因】 经查找,该移动硬盘的 NTFS_DBR 已被破坏,而 NTFS_DBR 备份完好。

【恢复思路】 需要计算 NTFS_DBR 所在扇区号,通过 NTFS_DBR 备份恢复 NTFS_DBR;通过 NTFS_DBR 所在扇区号和总扇区数,计算 0 号扇区的 MBR 分区表,并恢复 MBR 分区表。

【操作系统】 Windows 7

【使用软件】 WinHex 软件 15.1

【操作步骤】

步骤 1 使用计算机管理中的磁盘管理功能附加素材中的 abcd718. vhd 文件后形成磁盘 1,出现“磁盘 1 没有初始化”提示,在资源管理器中无法查看到移动硬盘产生的逻辑盘符,分离 abcd718. vhd 文件。

步骤 2 使用 WinHex 打开 abcd718. vhd 文件并映像为磁盘;将光标移动到整个硬盘的 0 号扇区,发现 0 号扇区的内容为乱码,可以判断 0 号扇区已经被破坏,需要恢复。

步骤 3 查找 NTFS_DBR,在 614399 号扇区找到,如图 7.160 所示。从图 7.160 可知,NTFS 文件系统的总扇区数为 614399(注:存储形式为 FF 5F 09 00 00 00 00 00);正好等于 NTFS_DBR 所在扇区号,由此可以推断,614399 号扇区为 NTFS_DBR 备份;此移动硬盘没有主引导扇区,即 NTFS_DBR 存储在移动硬盘的 0 号扇区。

步骤 4 将 0 号扇区以文件的形式存储,文件名和存储位置自定,将 614399 号扇区复制到 0 号扇区,存盘并退出 WinHex。

步骤 5 使用计算机管理中的磁盘管理功能附加素材中的 abcd718. vhd 文件,附加后为磁盘

```
Offset     0  1  2  3  4  5  6  7   8  9  A  B  C  D  E  F
12BFFE00  EB 52 90 4E 54 46 53 20  20 20 20 00 02 08 00 00  ëR.NTFS     .....
12BFFE10  00 00 00 00 00 F8 00 00  3F 00 FF 00 00 00 00 00  .....ø..?.ÿ.....
12BFFE20  00 00 00 00 80 00 80 00  FF 5F 09 00 00 00 00 00  ....|.|.ÿ_......
12BFFE30  00 64 00 00 00 00 00 00  02 00 00 00 00 00 00 00  .d..............
12BFFE40  F6 00 00 00 01 00 00 00  D8 E2 40 F0 F5 40 F0 90  ö.......Øâ@ðõ@ð.
12BFFE50  00 00 00 00 FA 33 C0 8E  D0 BC 00 7C FB 68 C0 07  ....ú3À|Ð¼.|ûhÀ.
Sector 614399 of 614401 | Offset: 12BFFE1F | = 0 | Block: n/a | Size:
```

图 7.160　NTFS_DBR 备份

1；在资源管理器中对应的逻辑盘符为 H:，可以查看到 H 盘中存储的全部文件夹和文件。

【所用时间】 5 分钟

【客户评价】 非常满意

【形成原因分析】 造成 0 号扇区被破坏的主要原因可能是用户在没有将移动硬盘卸下的情况下，直接将移动硬盘从 USB 口拔出；或者是计算机病毒破坏。

【温馨提示】 直接将移动硬盘从 USB 口拔出前，一定要将移动硬盘卸下；如果无法卸下，请关闭计算机后，再将移动硬盘从 USB 口拔出；定期或者不定期使用杀毒软件对移动硬盘进行杀毒。

【案例 6】

【客户描述】 移动硬盘只有一个分区，对应的文件系统是 NTFS，在 Windows 7 下，将移动硬盘插入计算机的 USB 口后，在资源管理器中没有发现盘符提示（注：素材文件名为 abcd719.vhd）。

【分析】 根据客户描述，在资源管理器中没有发现盘符提示。可能的原因是：移动硬盘的 0 号扇区已被破坏。

【查找原因】 经查找，在移动硬盘中没有找到 NTFS_DBR，该移动硬盘的 NTFS_DBR 和 NTFS_DBR 备份已被破坏。

【恢复思路】 需要计算 NTFS_DBR 所在扇区号，恢复 NTFS_DBR；计算 0 号扇区的 MBR 分区表，并恢复 MBR 分区表。

【操作系统】 Windows 7

【使用软件】 WinHex 软件 15.1

步骤 1 使用计算机管理中的磁盘管理功能附加素材中的 abcd719.vhd 文件后形成磁盘 1，出现“磁盘 1 没有初始化”，在资源管理器中无法查看到移动硬盘产生的逻辑盘符，分离 abcd719.vhd 文件。

步骤 2 使用 WinHex 打开 abcd719.vhd 文件并映像为磁盘；将光标移动到 0 号扇区，发现 0 号扇区的内容为乱码，可以判断 0 号扇区已经被破坏，需要恢复。

步骤 3 查找元文件 $MFT 或者 $MFTMirr 的 0 号记录，在 16 号扇区找到，其 80H 属性和 B0H 属性如图 7.161 所示。

```
Offset     0  1  2  3  4  5  6  7   8  9  A  B  C  D  E  F
000020F0  04 03 24 00 4D 00 46 00  54 00 00 00 00 00 00 00  ..$.M.F.T.......
00002100  80 00 00 00 48 00 00 00  01 00 40 00 00 00 01 00  |...H.....@.....
00002110  00 00 00 00 00 00 00 00  FF 00 00 00 00 00 00 00  ........ÿ.......
00002120  40 00 00 00 00 00 00 00  00 00 10 00 00 00 00 00  @...............
00002130  00 00 10 00 00 00 00 00  00 00 10 00 00 00 00 00  ................
00002140  22 00 01 00 50 00 64 D1  B0 00 00 00 48 00 00 00  "...P.dÑ°...H...
00002150  01 00 40 00 00 00 05 00  00 00 00 00 00 00 00 00  ..@.............
00002160  01 00 00 00 00 00 00 00  40 00 00 00 00 00 00 00  ........@.......
00002170  00 20 00 00 00 00 00 00  08 10 00 00 00 00 00 00  ................
00002180  08 10 00 00 00 00 00 00  21 01 FF 4F 11 01 FF 00  ........!.ÿO..ÿ.
Sector 16 of 491521 | Offset: 211F | = 0 | Block: n/a | Size:
```

图 7.161　元文件 $MFT 或 $MFTMirr 的 0 号记录 80H 属性

从图 7.161 可知,元文件 $ MFT 或者 $ MFTMirr 的 0 号记录 80H 属性数据运行列表为“22 00 01 00 50”,系统分配给元文件 $ MFT 的空间为 0X100000(即 1048576)字节。

所以,元文件 $ MFT 的开始簇号为 0X5000(即 20480),所占簇数为 0X0100(即 256)。

由式(6.20)可知:

系统分配给文件的空间 = 文件所占簇数之和 × 每个簇的扇区数 × 512 字节 / 扇区

1048576 = 256 × 每个簇的扇区数 × 512 字节 / 扇区

因此,每个簇的扇区数=1048576÷256÷512=8

步骤 4 由于每个簇的扇区数等于 8,由表 6.5 可知,元文件 $ MFT 每条记录大小的描述为 1024 字节,在 NTFS_DBR 中的存储形式为“F6”;每个索引节点大小的描述为 1 个簇,在 NTFS_DBR 中的存储形式为“01”。

步骤 5 将光标移动到 18 号扇区,其 80H 属性如图 7.162 所示,从图 7.162 可知,元文件 $ MFT 或者 $ MFTMirr 的 1 号记录数据运行列表为“11 01 02”,所以,元文件 $ MFTMirr 的开始簇号为 0X02(即 02),所占簇数为 0X01(即 1)。

```
Offset      0  1  2  3  4  5  6  7   8  9  A  B  C  D  E  F
000024F0   08 03 24 00 4D 00 46 00  54 00 4D 00 69 00 72 00   ..$.M.F.T.M.i.r.
00002500   72 00 00 00 00 00 00 00  80 00 00 00 48 00 00 00   r.......▮...H...
00002510   01 00 40 00 00 00 01 00  00 00 00 00 00 00 00 00   ..@.............
00002520   00 00 00 00 00 00 00 00  40 00 00 00 00 00 00 00   ........@.......
00002530   00 10 00 00 00 00 00 00  00 10 00 00 00 00 00 00   ................
00002540   00 10 00 00 00 00 00 00  11 01 02 00 00 00 00 00   ................
Sector 18 of 491521   Offset: 24FF   = 0 Block:   n/a Size:
```

图 7.162 元文件 $ MFT 或 $ MFTMirr 的 1 号记录 80H 属性

由于元文件 $ MFT 的开始簇号大于元文件 $ MFTMirr 的开始簇号,所以,16~19 号扇区的这两条记录属于元文件 $ MFTMirr 的 0 号记录和 1 号记录,即元文件 $ MFTMirr 的开始扇区号为 16,而开始簇号为 2。

步骤 6 查找元文件 $ MFT 的 8 号记录,在 163856 号扇区找到,其 2 个 80H 属性如图 7.163 所示;从图 7.163 第 2 个 80H 属性可知,坏簇号为 61439(存储形式为 FF EF 00),所以,该 NTFS 对应的逻辑盘总簇数为 61440(簇号范围为 0~61439)。

```
Offset      0  1  2  3  4  5  6  7   8  9  A  B  C  D  E  F
050020F0   08 03 24 00 42 00 61 00  64 00 43 00 6C 00 75 00   ..$.B.a.d.C.l.u.
05002100   73 00 00 00 00 00 00 00  80 00 00 00 18 00 00 00   s.......▮.......
05002110   00 00 18 00 00 00 02 00  00 00 00 00 18 00 00 00   ................
05002120   80 00 00 00 50 00 00 00  01 04 40 00 00 00 01 00   ▮...P.....@.....
05002130   00 00 00 00 00 00 00 00  FE EF 00 00 00 00 00 00   ........þï......
05002140   48 00 00 00 00 00 00 00  00 F0 FF 0E 00 00 00 00   H........ðÿ.....
05002150   00 F0 FF 0E 00 00 00 00  00 00 00 00 00 00 00 00   .ðÿ.............
05002160   24 00 42 00 61 00 64 00  03 FF EF 00 00 00 00 00   $.B.a.d..ÿï.....
Sector 163856 of 491521   Offset: 50020FF   = 0 Block:   n/a Size:
```

图 7.163 元文件 $ MFT 的 8 号记录 80H 属性

由于每个簇的扇区数=8,而 61439 号簇为坏簇,即 61439 号簇只有 7 个扇区,所以,该 NTFS 对应的逻辑盘总扇区数为 491519(扇区号范围为 0~491518)。

步骤 7 由于每个簇的扇区数=8,元文件 $ MFTMirr 的开始簇号为 2,开始扇区号为 16,元文件 $ Boot 的开始簇号固定为 0;所以,元文件 $ Boot 的开始扇区号为 0,即 NTFS_DBR 位于 0 号扇区。也就是说,该移动硬盘没有分区表。

步骤 8 综合步骤 3~步骤 7,需要计算 NTFS_DBR 中的 BPB 参数见表 7.34 所列。

表 7.34　需要计算 NTFS_DBR 的 BPB 参数

字节位移	字节数	含　义	值									
			十进制	十六进制	存储形式							
0X0D	1	每个簇的扇区数	8	8	08							
0X1C	4	隐藏扇区数	0	00	00		00		00		00	
0X28	8	总扇区数	491519	77FFF	FF	7F	07	00	00	00	00	00
0X30	8	元文件 $MFT 开始簇号	20480	5000	00	50	00	00	00	00	00	00
0X38	8	元文件 $MFTMirr 开始簇号	2	2	02	00	00	00	00	00	00	00
0X40	1	$MFT 每条记录大小描述	1024 字节	F6	F6							
0X44	1	每个索引节点大小描述	1 个簇	1	01							

步骤 9　将 0 号扇区以文件的形式保存，文件名和存储位置自定。将同一版本 NTFS_DBR 复制到 0 号扇区，并按表 7.34 中的参数修改 NTFS_DBR 中相应的 BPB 参数，如图 7.164 所示，然后存盘并退出 WinHex。

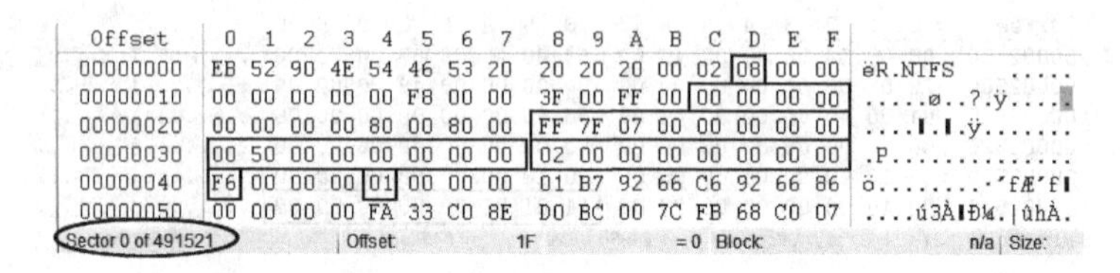

图 7.164　按表 7.33 修改 NTFS_DBR 中的相应 BPB 参数

步骤 10　使用计算机管理中的磁盘管理功能附加素材中的 abcd719.vhd 文件，附加后为磁盘 1；在资源管理器中对应的逻辑盘符为 H:，可以查看到 H 盘中存储的全部文件和文件夹。

【所用时间】　8 分钟

【客户评价】　非常满意

【形成原因分析】　造成 0 号扇区被破坏的主要原因可能是：用户在没有将移动硬盘卸下的情况下，直接将移动硬盘从 USB 口拔出；或者是计算机病毒的破坏。

【温馨提示】　将移动硬盘从 USB 口拔出前，一定要将移动硬盘卸下；如果无法卸下，请关闭计算机后，再将移动硬盘从 USB 口拔出；定期或者不定期使用杀毒软件对移动硬盘杀毒。

【案例 7】

【客户描述】　在 Windows XP 操作系统下，硬盘有 4 个分区，对应的逻辑盘分别为 C 盘、D 盘、E 盘和 F 盘，文件系统均为 NTFS。客户将 E 盘和 F 盘分区删除后，重新建立一个分区，分区大小为原来 E 盘和 F 盘容量之和，该分区所对应的逻辑盘为 E 盘；用户突然想到，原来 E 盘和 F 盘的数据没有备份，要求恢复原来 E 盘和 F 盘的数据（注：素材文件名为 abcd720.vhd）。

【分析】　根据客户描述，在 Windows XP 操作系统下，将两个逻辑盘分区删除（即 E 盘和 F 盘分区），并重新建立分区（分区大小为原来 E 盘和 F 盘之和），可以得出如下结论：

(1) 原来 F 盘分区表已被删除。

(2) 原来 E 盘分区表和 F 盘分区链接项已被删除。

(3) 原来 E 盘 DBR 已被“00”填充，因为用户建立了新的 E 盘分区，原来 E 盘 DBR 备份仍然完好。

(4) 原来 F 盘 DBR 和 DBR 备份仍然完好。

【方法一】 恢复 D 盘、E 盘和 F 盘在整个硬盘 0 号扇区的分区表；恢复原来 E 盘 DBR。

【恢复思路】

(1) 查找 D 盘 DBR，通过 D 盘 DBR 得到 D 盘总扇区数，通过 D 盘 DBR 所在扇区号和 D 盘总扇区数，计算 D 盘在 0 号扇区的分区表。

(2) 查找 E 盘 DBR 备份，通过 E 盘 DBR 备份计算出 E 盘 DBR 所在扇区号和 E 盘分区表；恢复 E 盘在 0 号扇区分区表，通过 E 盘 DBR 备份恢复 E 盘 DBR。

(3) 查找 F 盘 DBR，通过 F 盘 DBR 得到 F 盘总扇区数，通过 F 盘 DBR 所在扇区号和 F 盘总扇区数，计算出 F 盘在 0 号扇区的分区表。

【操作系统】 Windows 7

【使用软件】 WinHex 软件 15.1

【操作步骤】

步骤 1　使用计算机管理中的磁盘管理功能附加素材中的 abcd720.vhd 文件，附加后为磁盘 1；所产生的盘符分别为 H:、I:和 J:，即分别对应磁盘 0 时的 C:、D:和 E:。如图 7.165 所示，从图 7.165 可知，H 盘、I 盘和 J 盘的容量分别为 100MB、200MB 和 719MB；文件系统分别为 NTFS、NTFS 和 RAW。

图 7.165　附加 abcd720.vhd 后产生的逻辑盘

步骤 2　使用计算机管理中的磁盘管理功能分离 abcd720.vhd 文件；使用 WinHex 打开 abcd720.vhd 文件并映像为磁盘，从整个硬盘的 0 号扇区可以看到 2 个 MBR 分区表，一个为主分区表(即 C 盘分区)，另一个为扩展分区表，如图 7.166 所示，从图 7.166 可知，磁盘 1 有 3 个分区，即 Partition1(即 H 盘分区)文件系统为 NTFS，Partition2(即 I 盘分区)文件系统为 NTFS，Partition3(即 J 盘分区)文件系统为"?"。

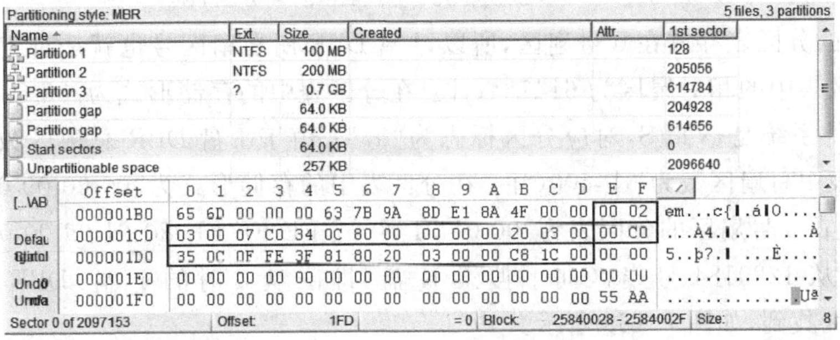

图 7.166　查看 H 盘分区表和扩展分区表

从 0 号扇区可以得到 2 个分区表，即 H 盘分区表和扩展分表，分别为"00 02 03 00 07 C0 34 0C 80 00 00 00 00 20 03 00"和"00 C0 35 0C 0F FE 3F 81 80 20 03 00 00 C8 1C 00"。由此可知，该盘的 MBR 分区形式为"逻辑盘分区与扩展分区"(注：参见第 4.2.3 节)。

步骤 3 单击 Partition2，如图 7.167 所示，从图 7.167 可知，I 盘的 DBR 在整个硬盘中的 205056 号扇区，而总扇区数为 409599(存储形式为 FF 3F 06 00 00 00 00 00)。

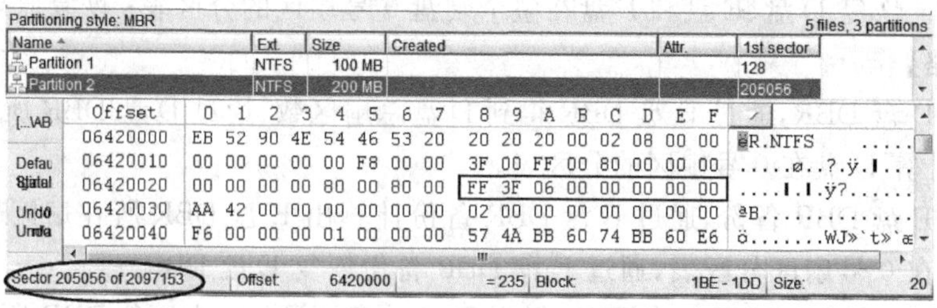

Partitioning style: MBR　　5 files, 3 partitions

Name	Ext.	Size	Created	Attr.	1st sector
Partition 1	NTFS	100 MB			128
Partition 2	NTFS	200 MB			205056

Offset	0	1	2	3	4	5	6	7	8	9	A	B	C	D	E	F	
06420000	EB	52	90	4E	54	46	53	20	20	20	20	00	02	08	00	00	ëR.NTFS .....
06420010	00	00	00	00	00	F8	00	00	3F	00	FF	00	80	00	00	00	.....ø..?.ÿ....
06420020	00	00	00	00	80	00	80	00	FF	3F	06	00	00	00	00	00	.......ÿ?......
06420030	AA	42	00	00	00	00	00	00	02	00	00	00	00	00	00	00	ªB..............
06420040	F6	00	00	00	01	00	00	00	57	4A	BB	60	74	BB	60	E6	ö.......WJ»`t»`æ

Sector 205056 of 2097153　Offset 6420000　= 235　Block 1BE - 1DD　Size: 20

图 7.167 I 盘的 DBR

由于 I 盘的分区表存放在 0 号扇区，所以，I 盘 DBR 所在扇区号也就是对应分区表中的相对扇区，即分区表中相对扇区为 205056(注：在分区表中的存储形式为“00 21 03 00”)。

I 盘文件系统是 NTFS，对应分区标志为“07”；由于 I 盘 DBR 总扇区数为 409599，所以，对应分区表中总扇区数为 409600(注：在分区表中的存储形式为“00 40 06 00”)。

因此，I 盘在 0 号扇区的分区表为“00 01 01 00 07 FE FF FF *00 21 03 00* *00 40 06 00*”。

步骤 4 单击 Partition3，从 614784 号扇区向下搜索 J 盘 DBR 备份所在扇区，在 1229183 号扇区找到，如图 7.168 所示。

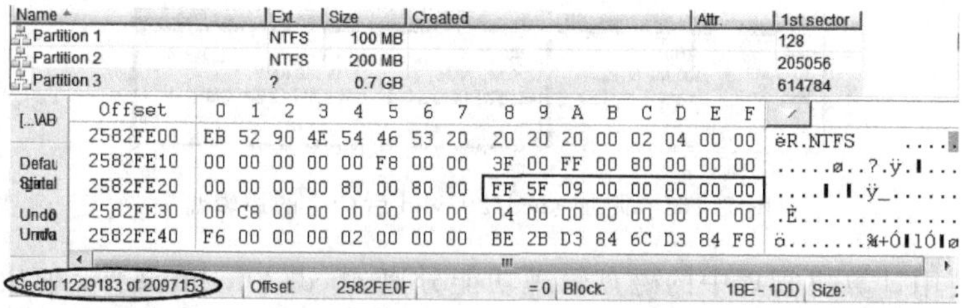

Name	Ext.	Size	Created	Attr.	1st sector
Partition 1	NTFS	100 MB			128
Partition 2	NTFS	200 MB			205056
Partition 3	?	0.7 GB			614784

Offset	0	1	2	3	4	5	6	7	8	9	A	B	C	D	E	F	
2582FE00	EB	52	90	4E	54	46	53	20	20	20	20	00	02	04	00	00	ëR.NTFS .....
2582FE10	00	00	00	00	00	F8	00	00	3F	00	FF	00	80	00	00	00	.....ø..?.ÿ....
2582FE20	00	00	00	00	80	00	80	00	FF	5F	09	00	00	00	00	00	.......ÿ_......
2582FE30	00	C8	00	00	00	00	00	00	04	00	00	00	00	00	00	00	.È..............
2582FE40	F6	00	00	00	02	00	00	00	BE	2B	D3	84	6C	D3	84	F8	ö.......¾+Ó.lÓ.ø

Sector 1229183 of 2097153　Offset 2582FE0F　= 0　Block 1BE - 1DD　Size:

图 7.168 J 盘 DBR 备份所在扇区

从图 7.168 可知，J 盘 DBR 备份所在扇区号为 1229183，J 盘总扇区数为 614399。

$$\begin{aligned}J\text{ 盘 DBR 所在扇区号} &= J\text{ 盘 DBR 备份所在扇区号} - J\text{ 盘总扇区数}\\ &= 1229183 - 614399 = 614784\end{aligned}$$

由于 J 盘的分区表存放在 0 号扇区，所以，J 盘 DBR 所在扇区号也就是对应分区表中的相对扇区，即分区表中的相对扇区为 614784(注：在分区表中的存储形式为“80 61 09 00”)。

J 盘的文件系统是 NTFS，对应分区标志为“07”；由于 J 盘 DBR 总扇区数为 614399，所以，对应分区表中总扇区数为 614400(注：在分区表中的存储形式为“00 60 09 00”)。

因此，J 盘在 0 号扇区的分区表为“00 01 01 00 07 FE FF FF *80 61 09 00* *00 60 09 00*”。

步骤 5 从 1229184 号扇区向下搜索 K 盘(即磁盘 0 时的 F 盘)DBR 所在扇区，在 1229312 号扇区找到，如图 7.169 所示。

从图 7.169 可知，K 盘 DBR 在整个硬盘中的 1229312 号扇区，而总扇区数为 858111(存储形式为“FF 17 0D 00 00 00 00 00”)。

由于 K 盘的分区表存放在 0 号扇区，所以 K 盘 DBR 所在扇区号也就是对应分区表中的相对扇区，即分区表中的相对扇区为 1229312(注：在分区表中的存储形式为“00 C2 12 00”)。

K 盘的文件系统是 NTFS，对应分区标志为“07”；由于 K 盘 DBR 总扇区数为 858111，所

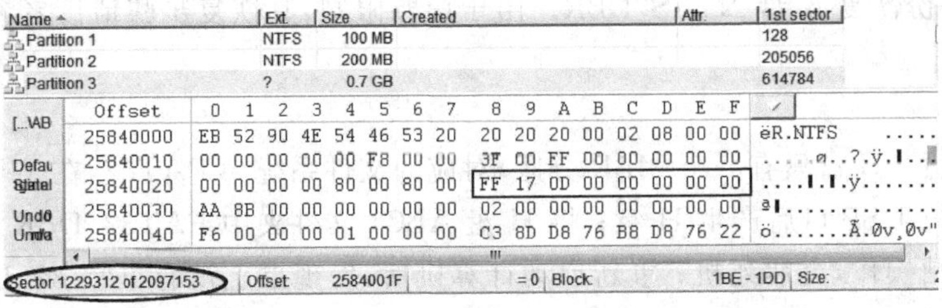

图 7.169　K 盘 DBR 所在扇区

以，对应分区表中的总扇区数为 858112（注：在分区表中的存储形式为“00 18 0D 00”）。

因此，K 盘在 0 号扇区的分区表为“00 01 01 00 07 FE FF FF 00 C2 12 00 00 18 0D 00”。

步骤 6　综合步骤 3～步骤 5 可以得到存储在整个硬盘 0 号扇区偏移 0X01BE～0X01FD 处 4 个 MBR 分区表（存储形式），见表 7.35 所列。

表 7.35　整个硬盘 0 号扇区 4 个 MBR 分区表的存储形式

分区表（盘符）	扇区偏移	分区表
第 1 个（H 盘）	01BE～01CD	00 02 03 00 07 C0 34 0C 80 00 00 00 00 20 03 00
第 2 个（I 盘）	01CE～01DD	00 01 01 00 07 FE FF FF 00 21 03 00 00 40 06 00
第 3 个（J 盘）	01DE～01ED	00 01 01 00 07 FE FF FF 80 61 09 00 00 60 09 00
第 4 个（K 盘）	01EE～01FD	00 01 01 00 07 FE FF FF 00 C2 12 00 00 18 0D 00

步骤 7　将硬盘 0 号扇区以文件的形式存储，存储位置和文件名自定；将第 2～4 个分区表填入到 0 号扇区偏移 0X01CE～0X01FD 处，如图 7.170 所示，然后存盘。

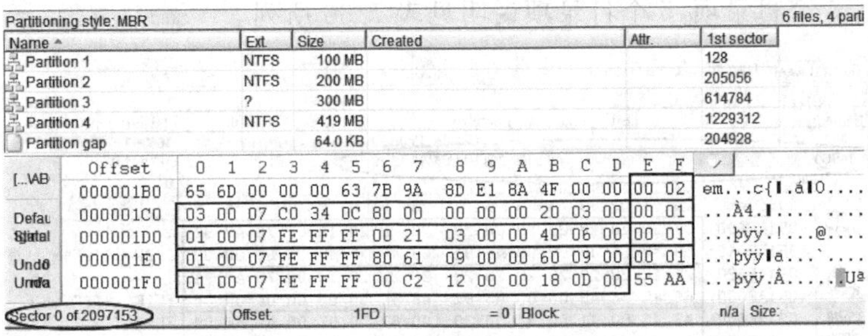

图 7.170　硬盘 0 号扇区的 4 个分区表

注：0 号扇区的第 1 个分区表保留，第 2 个分区表即扩展分区表被新的分区表所替换。

步骤 8　由于第 3 个分区的 DBR 已被破坏，可以通过第 3 个分区的 DBR 备份恢复第 3 个分区的 DBR，即将 1229183 号扇区复制到 614784 号扇区，存盘并退出 WinHex。

步骤 9　使用计算机管理中的磁盘管理功能附加素材中的 abcd720.vhd 文件，附加后为磁盘 1；在资源管理器中可以查找到 I 盘、J 盘（原来 E 盘）和 K 盘（原来 F 盘）中的全部数据。

【所用时间】　20 分钟

【客户评价】　非常满意

【方法二】　删除新的 J 盘分区表，计算原来 J 盘和 K 盘容量，重建 J 盘分区表、J 盘链接项和 K 盘分区表（注：千万不要对 J 盘或 K 盘进行（快速）格式化操作）。将 J 盘和 K 盘分区表中的标志由“06”修改为“07”；通过 J 盘 NTFS_DBR 备份恢复 J 盘 NTFS_DBR；通过 K 盘

NTFS_DBR 备份恢复 K 盘 NTFS_DBR。由于篇幅限制，其恢复步骤请读者参照本章 7.1.3 节例 7.1。

【案例 8】

【客户描述】 U 盘只有一个 MBR 分区，对应的文件系统为 FAT32，在 Windows 7 下，将 U 盘插入计算机 USB 口后产生 H 盘；将 H 盘 ABC1 文件夹中 FAT32_DBR. doc 文件剪切，到桌面进行粘贴操作，突然死机；重新启动计算机后，发现桌上没有 FAT32_DBR. doc 文件，H 盘 ABC1 文件夹中也没有该文件。用户使用 Easyrecovery 软件进行恢复，没有成功(注：素材文件名为 abcd721. vhd)。

【分析】 根据客户描述，用户使用 Easyrecovery 软件没有成功恢复 FAT32_DBR. doc 文件，可能的原因以下：

(1) 用户剪切 FAT32_DBR. doc 文件前，该文件内容在 H 盘上没有连续存储。

(2) 用户剪切 FAT32_DBR. doc 文件前，该文件内容在 H 盘上连续存储；用户剪切 FAT32_DBR. doc 文件后，该文件在 H 盘 ABC1 文件夹中目录项开始簇号的高 16 位已经被填充为“0000”。

【操作系统】 Windows 7

【使用软件】 WinHex 软件 15.1

【操作步骤】

步骤 1 使用 WinHex 软件打开 abcd721. vhd 文件，并映像为磁盘。

步骤 2 单击“访问”功能菜单按钮“▽”，然后选择“Partition1 (497MB，FAT32)→Open”打开“Partition1”。

步骤 3 单击目录浏览中的 ABC1 文件夹，如图 7.171 所示。从图 7.171 可知，在 ABC1 文件夹中存储了 5 个目录项，5 个目录项说明见表 7.36 所列。

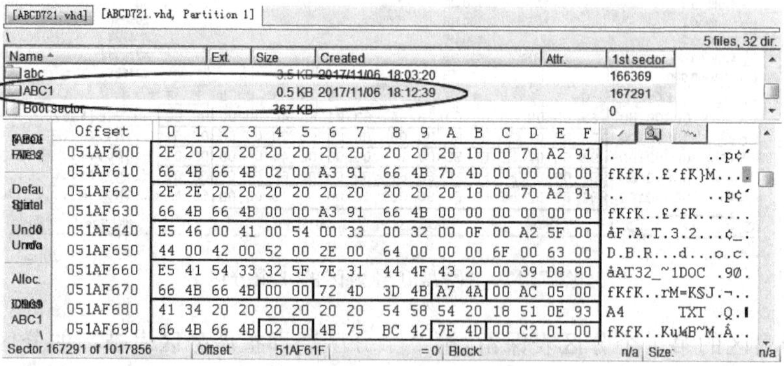

图 7.171 ABC1 文件夹存储的目录项

表 7.36 ABC1 文件夹下存储的目录项(注：表中的数据为十六进制)

目录项	名　称	开始簇号高 16 位	开始簇号低 16 位	所占字节数	备注
第 1 个	.	0002	4D7D		
第 2 个	..	0000	0000		
第 3 个	FAT32_DBR. DOC				
第 4 个	? AT32_~1. doc	0000	4AA7	05AC00	
第 5 个	a4. txt	0002	4D7E	01C200	

说明：第 3 个目录项为第 4 个目录项的长文件名目录项。由于这两个目录项的第 1 字节的 ASCII 码值为 0XE5，表示这两个目录项已被删除。

步骤 4 从第 4 个目录项可知，FAT32_DBR. doc 文件内容的开簇号为 0X00004AA7，大小为 0X0005AC00 字节；从第 5 个目录项可知，a4. txt 文件内容的开始簇号为 0X00024D7E，大小为 0X0001C200 字节；由此可以推断，FAT32_DBR. DOC 文件剪切前高 16 位的开始簇号可能是 0X0002。也就是说，FAT32_DBR. doc 文件剪切前，该文件的开始簇号可能是 0X00024AA7。

步骤 5 将第 4 个目录项文件内容开始簇号的高 16 位修改为 0002(注：存储形式为 02 00)，如图 7.172 所示，然后存盘并退出 WinHex。

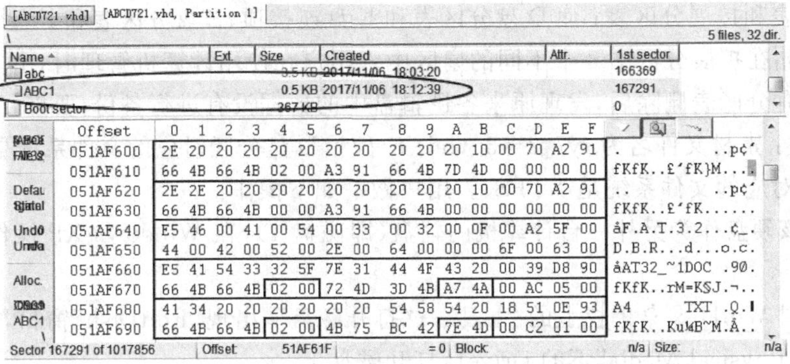

```
[ABCD721.vhd] [ABCD721.vhd, Partition 1]
\                                                        5 files, 32 dir.
Name       Ext.  Size    Created               Attr.  1st sector
abc              3.5 KB  2017/11/06 18:03:20          166369
ABC1             0.5 KB  2017/11/06 18:12:39          167291
Boot sector      267 KB                               0

Offset     0  1  2  3  4  5  6  7   8  9  A  B  C  D  E  F
051AF600  2E 20 20 20 20 20 20 20  20 20 20 10 00 70 A2 91   .          ..p¢'
051AF610  66 4B 66 4B 02 00 A3 91  66 4B 7D 4D 00 00 00 00   fKfK..£'fK}M....
051AF620  2E 2E 20 20 20 20 20 20  20 20 20 10 00 70 A2 91   ..         ..p¢'
051AF630  66 4B 66 4B 00 00 A3 91  66 4B 00 00 00 00 00 00   fKfK..£'fK......
051AF640  E5 46 00 41 00 54 00 33  00 32 00 0F 00 A2 5F 00   åF.A.T.3.2...¢_.
051AF650  44 00 42 00 52 00 2E 00  64 00 00 00 6F 00 63 00   D.B.R...d...o.c.
051AF660  E5 41 54 33 32 5F 7E 31  44 4F 43 20 00 39 D8 90   åAT32_~1DOC .9Ø.
051AF670  66 4B 66 4B 02 00 72 4D  3D 4B A7 4A 00 AC 05 00   fKfK..rM=K§J.¬..
051AF680  41 34 20 20 20 20 20 20  54 58 54 20 18 51 0E 93   A4      TXT .Q..
051AF690  66 4B 66 4B 02 00 4B 75  BC 42 7E 4D 00 C2 01 00   fKfK..Ku¼B~M.Â..
Sector 167291 of 1017856   Offset: 51AF61F   = 0 Block:   n/a Size: n/a
```

图 7.172 修改第 4 个目录项开始簇号高 16 位

步骤 6 删除 WinHex 软件“临时文件夹”中存储的所有文件，并清空回收站；并重复步骤 1～步骤 3。

步骤 7 双击 ABC1 文件夹，在 ABC1 文件夹下找到已删除的 FAT32_DBR. doc 文件；将光标移动到 FAT32_DBR. doc 文件目录处，右击，从弹出的快捷菜单中选择“Recover/Copy...”；如图 7.173 所示。

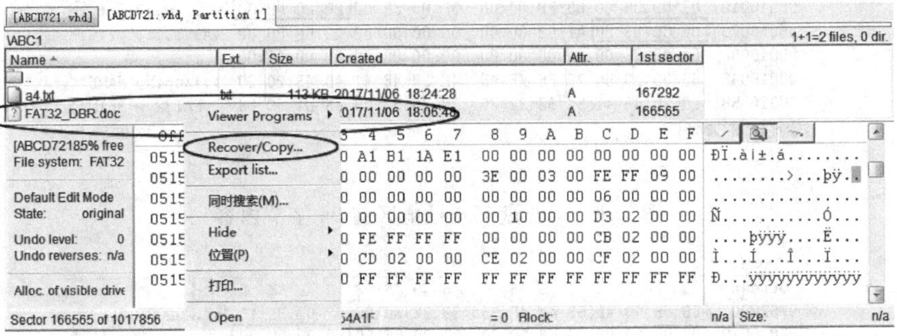

```
[ABCD721.vhd] [ABCD721.vhd, Partition 1]
\ABC1                                                    1+1=2 files, 0 dir.
Name            Ext.  Size    Created               Attr.  1st sector
..
a4.txt          txt   113 KB  2017/11/06 18:24:28   A      167292
FAT32_DBR.doc               017/11/06 18:06:44      A      166565

Viewer Programs
Recover/Copy...
Export list...
同时搜索(M)...
Hide
位置(P)
打印...
Open

Sector 166565 of 1017856   = 0 Block:   n/a Size: n/a
```

图 7.173 在 ABC1 文件夹下找到 FAT32_DBR. doc 文件

步骤 8 出现“Select Target Folder”窗口，在“Select Target Folder”窗口中，选择存储文件的位置，假设将要恢复的文件存储到 D 盘的根目录下；单击“OK”按钮。

步骤 9 到 D 盘根目录下可以找到已恢复的文件，文件名为“FAT32_DBR. doc”。

【所用时间】 2 分钟

【客户评价】 非常满意

【经验总结】 对于被删除文件开始簇号高 16 位被填充为“0000”后，可以通过查看被删除目录项的前、后目录项开始簇号高 16 位的值，来推断该目录项开始簇号高 16 位的值；如果该逻辑盘的容量比较小，也可以使用尝试法来推断被删除目录项的高 16 位，即高 16 位值取“0001”“0002”“0003”等。

思考题

7.1 用户在使用计算机时，出现哪些现象？可以初步判断可能是硬盘主引导扇区已经被破坏。

7.2 某用户的计算机只有一个硬盘，硬盘 MBR 分区形式为：在整个硬盘 0 号扇区存储着 C 盘分区表和扩展分区表；而 D 盘分区表和 E 盘连接项、E 盘分区表和 F 盘连接项、F 盘分区表分别存储在扩展分区中 3 个不同的扇区中。用户在使用计算机管理时，由于操作不慎，将硬盘中的所有分区表删除后，发现原来各逻辑盘中的数据没有进行备份，要恢复原来各逻辑盘中的数据(注：素材文件名为 zy7_2～3.vhd；C 盘和 D 盘分区对应的文件系统是 FAT32，E 盘和 F 盘分区对应的文件系统是 NTFS)。用户做了如下操作：

(1) 将该硬盘作为另外一台计算机的辅盘(即磁盘 1)，在 Windows XP 操作系统下，启动 WinHex。

(2) 使用 WinHex 菜单栏上的“工具”→“打开磁盘”，出现“EditDisk”窗口，在“Edit Disk”窗口中选择“Physical Media”下的 Drive1，打开磁盘 1。

(3) 通过查找 FAT32_DBR 的特征值(注：特征值为“MSDOS”，扇区偏移为 3～7)，分别在 128 号、134 号、246016 号和 246022 号扇区找到 FAT32_DBR。经审核，发现 128 号扇区存储的内容与 134 号扇区存储的内容相同，246016 号扇区存储的内容与 246022 号扇区存储的内容相同。128 号扇区前 96 字节内容如图 7.174 所示，246016 号扇区前 96 字节内容如图 7.175 所示。

```
Offset     0  1  2  3  4  5  6  7   8  9  A  B  C  D  E  F
00010000  EB 58 90 4D 53 44 4F 53  35 2E 30 00 02 02 BE 18  ëX.MSDOS5.0...¾.
00010010  02 00 00 00 00 F8 00 00  3F 00 FF 00 80 00 00 00  .....ø..?.ÿ.▮...
00010020  00 C0 03 00 A1 03 00 00  00 00 00 00 02 00 00 00  .À..¡...........
00010030  01 00 06 00 00 00 00 00  00 00 00 00 00 00 00 00  ................
00010040  80 00 29 58 75 FE EE 4E  4F 20 4E 41 4D 45 20 20  ▮.)XuþîNO NAME
00010050  20 20 46 41 54 33 32 20  20 20 33 C9 8E D1 BC F4    FAT32   3É▮Ñ¼ô
Sector 128 of 1024001            Offset               1001F
```

图 7.174 硬盘 128 号扇区前 96 字节内容

```
Offset     0  1  2  3  4  5  6  7   8  9  A  B  C  D  E  F
07820000  EB 58 90 4D 53 44 4F 53  35 2E 30 00 02 02 3E 1B  ëX.MSDOS5.0...>.
07820010  02 00 00 00 00 F8 00 00  3F 00 FF 00 80 00 00 00  .....ø..?.ÿ.▮...
07820020  00 80 02 00 61 02 00 00  00 00 00 00 02 00 00 00  .▮..a...........
07820030  01 00 06 00 00 00 00 00  00 00 00 00 00 00 00 00  ................
07820040  80 00 29 FC 53 09 BC 4E  4F 20 4E 41 4D 45 20 20  ▮.)üS.¼NO NAME
07820050  20 20 46 41 54 33 32 20  20 20 33 C9 8E D1 BC F4    FAT32   3É▮Ñ¼ô
Sector 246016 of 1024001         Offset               1001F
```

图 7.175 硬盘 246016 号扇区前 96 字节内容

(4) 通过查找 NTFS_DBR 的特征值(注：特征值为“NTFS”，扇区偏移为 3～6)，分别在 409984 号、737663 号、737792 号和 1014271 号扇区找到 NTFS_DBR。经审核，发现 409984

号扇区存储的内容与 737663 号扇区存储的内容相同，737792 号扇区存储的内容与 1014271 号扇区存储的内容相同。409984 号扇区前 96 字节内容如图 7.176 所示，737792 号扇区前 96 字节内容如图 7.177 所示。

```
Offset     0  1  2  3  4  5  6  7   8  9  A  B  C  D  E  F
0C830000  EB 52 90 4E 54 46 53 20  20 20 20 00 02 04 00 00  ëR.NTFS    .....
0C830010  00 00 00 00 00 F8 00 00  3F 00 FF 00 80 00 00 00  .....ø..?.ÿ.I...
0C830020  00 00 00 00 80 00 80 00  FF FF 04 00 00 00 00 00  ....I.I.ÿÿ......
0C830030  AA 6A 00 00 00 00 00 00  04 00 00 00 00 00 00 00  ªj..............
0C830040  F6 00 00 00 02 00 00 00  71 7C 12 D0 AE 12 D0 2E  ö.......q|.Ð®.Ð.
0C830050  00 00 00 00 FA 33 C0 8E  D0 BC 00 7C FB 68 C0 07  ....ú3ÀIÐ¼.|ûhÀ.
Sector 409984 of 1024001          Offset:                  C83001F
```

图 7.176 硬盘 409984 号扇区前 96 字节内容

```
Offset     0  1  2  3  4  5  6  7   8  9  A  B  C  D  E  F
16840000  EB 52 90 4E 54 46 53 20  20 20 20 00 02 02 00 00  ëR.NTFS
16840010  00 00 00 00 00 F8 00 00  3F 00 FF 00 80 00 00 00  .....ø..?.ÿ.I...
16840020  00 00 00 00 80 00 80 00  FF 37 04 00 00 00 00 00  ....I.I.ÿ7......
16840030  00 B4 00 00 00 00 00 00  08 00 00 00 00 00 00 00  .´..............
16840040  01 00 00 00 04 00 00 00  D8 FB 1C 46 3F 1D 46 FC  ........Øû.F?.Fü
16840050  00 00 00 00 FA 33 C0 8E  D0 BC 00 7C FB 68 C0 07  ....ú3ÀIÐ¼.|ûhÀ.
Sector 737792 of 1024001          Offset:                  1684002F
```

图 7.177 硬盘 737792 号扇区前 96 字节内容

请回答下列问题：

(1) 请根据用户对 FAT32_DBR 和 NTFS_DBR 的查询结果，将 4 个分区所对应的文件系统、FAT32_DBR(或者是 NTFS_DBR)、FAT32_DBR 备份(或者是 NTFS_DBR 备份)所在扇区号和总扇区数填入表 7.37 对应单元格中。

表 7.37 硬盘中 DBR 所在扇区情况表

分区	文件系统	DBR 所在扇区号	DBR 备份所在扇区号	总扇区数						
				在 DBR 中的存储形式					十六进制	十进制
第 1 个										
第 2 个										
第 3 个										
第 4 个										

(2) 根据图 7.174～图 7.177 中 DBR 所在硬盘扇区号和 DBR 中存储的总扇区数，计算 4 个文件系统在整个硬盘 0 号扇区偏移 0X01BE～0X01FD 对应 4 个 MBR 分区表中的相对扇区和总扇区数，并将结果填入到表 7.38 对应单元格中，将 4 个分区标志填入到表 7.38 对应单元格中(注：DBR 所在硬盘扇区号为对应分区表的相对扇区)。

表 7.38 整个硬盘逻辑 0 号扇区 4 个 MBR 分区表的存储形式

分区表	扇区偏移	自举标志	开始地址(未定义)			分区标志	结束地址(未定义)			相对扇区				总扇区数			
第 1 个	01BE～01CD	80	01	01	00		FE	FF	FF								
第 2 个	01CE～01DD	00	01	01	00		FE	FF	FF								
第 3 个	01DE～01ED	00	01	01	00		FE	FF	FF								
第 4 个	01EE～01FD	00	01	01	00		FE	FF	FF								

(3) 请将表 7.38 中的 4 个 MBR 分区表填入到图 7.178 对应下画线处。

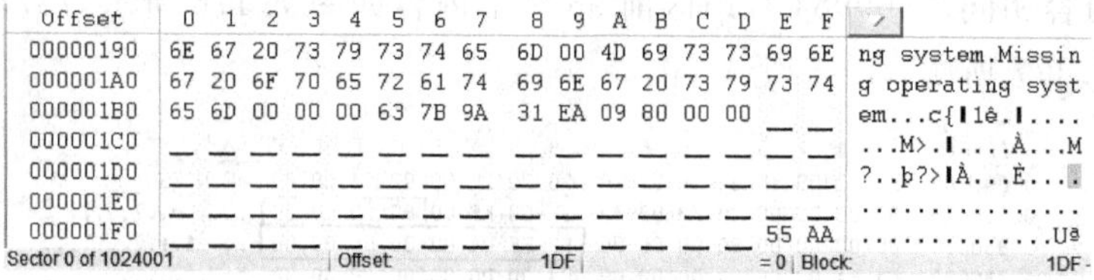

```
Offset     0  1  2  3  4  5  6  7   8  9  A  B  C  D  E  F
00000190  6E 67 20 73 79 73 74 65  6D 00 4D 69 73 73 69 6E   ng system.Missin
000001A0  67 20 6F 70 65 72 61 74  69 6E 67 20 73 79 73 74   g operating syst
000001B0  65 6D 00 00 00 63 7B 9A  31 EA 09 80 00 00 __ __   em...c{▌lê.▌....
000001C0  __ __ __ __ __ __ __ __  __ __ __ __ __ __ __ __   ...M>.▌....À...M
000001D0  __ __ __ __ __ __ __ __  __ __ __ __ __ __ __ __   ?..þ?>▌À...È....
000001E0  __ __ __ __ __ __ __ __  __ __ __ __ __ __ __ __   ................
000001F0  __ __ __ __ __ __ __ __  __ __ __ __ __ __ 55 AA   ..............Uª
Sector 0 of 1024001        Offset        1DF        = 0  Block        1DF-
```

图 7.178 硬盘 0 号扇区后 112 字节的内容

(4) 硬盘的整体布局如图 7.179 所示，请根据整个硬盘 0 号扇区的 4 个 MBR 分区表，将各逻辑盘在整个硬盘中的开始扇区号和结束扇区号以及各逻辑盘单独打开后的结束扇区号填入到图 7.179 相应位置处(注：假设该硬盘附加后为磁盘 1。其中：4 个 MBR 分区表对应的逻辑盘分别为 H、I、J 和 K 盘，即分别对应磁盘 0 时的 C、D、E 和 F 盘)。

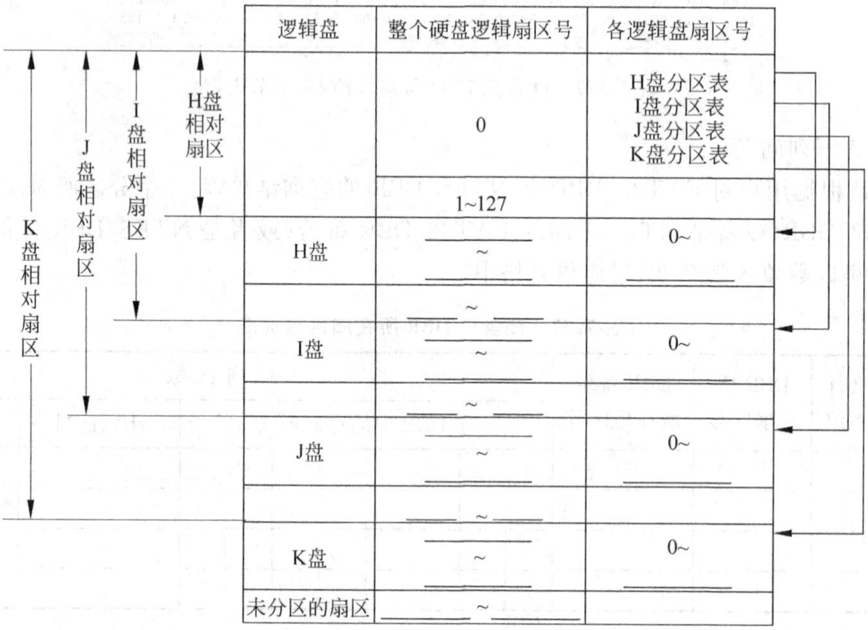

逻辑盘	整个硬盘逻辑扇区号	各逻辑盘扇区号
	0	H盘分区表 I盘分区表 J盘分区表 K盘分区表
	1~127	
H盘	______~______	0~______
	______~______	
I盘	______~______	0~______
	______~______	
J盘	______~______	0~______
	______~______	
K盘	______~______	0~______
未分区的扇区	______~______	

图 7.179 硬盘中各逻辑盘分布图

(5) 在 Windows XP 操作系统下，启动 WinHex，打开 zy2～3.vhd 文件；请将表 7.38 中的 4 个 MBR 分区表填入到整个硬盘 0 号扇区偏移 0X01BE～0X01FD 处，存盘并退出 WinHex(实际操作题)。

7.3 在题 7.2 中，恢复整个硬盘中的 C 盘分区表和扩展分区表、D 盘分区表和 E 盘连接项、E 盘分区表和 F 盘连接项、F 盘分区表。请回答下列问题：

(1) 根据图 7.174～图 7.177 的 DBR 中所存储的隐藏扇区数和总扇区数，计算 4 个文件系统所对应 4 个 MBR 分区表中的相对扇区和总扇区数，并将结果和 4 个分区标志填入到表 7.39 对应单元格中(提示：DBR 中所存储的隐藏扇区数为各逻辑盘对应分区表中的相对扇区)。

表 7.39　整个硬盘各逻辑盘分区表的存储形式

分区表	扇区偏移	自举标志	开始地址（未定义）			分区标志	结束地址（未定义）			相对扇区				总扇区数			
C 盘	01BE～01CD	80	01	01	00		FE	FF	FF								
D 盘	01BE～01CD	00	01	01	00		FE	FF	FF								
E 盘	01BE～01CD	00	01	01	00		FE	FF	FF								
F 盘	01BE～01CD	00	01	01	00		FE	FF	FF								

（2）请根据 C 盘的相对扇区和总扇区数，计算扩展分区的相对扇区；根据扩展分区的相对扇区和 F 盘 DBR 备份所在扇区号（即 1014271），计算扩展分区的总扇区数；将扩展分区的相对扇区、总扇区数和扩展分区标志填入到表 7.40 对应单元格中（注：在 Windows 7 操作系统下，扩展分区的结束扇区号比最后一个逻辑盘的结束扇区号多 4096 个扇区）。

表 7.40　硬盘 0 号扇区扩展分区的存储形式

分区表	扇区偏移	自举标志	开始地址（未定义）			分区标志	结束地址（未定义）			相对扇区				总扇区数			
扩展分区	01CE～01DD	00	01	01	00		FE	FF	FF								

（3）请根据 E 盘 DBR（即 409984 号扇区）中隐藏扇区数和总扇区数，计算出 E 盘连接项的总扇区数，根据 D 盘相对扇区和总扇区数，计算 E 盘链接项的相对扇区，最后计算 E 盘的链接项分区表，并将 E 盘链接项分区表填入到表 7.41 对应单元格中。

表 7.41　E 盘链接项分区表的存储形式

分区表	扇区偏移	自举标志	开始地址（未定义）			分区标志	结束地址（未定义）			相对扇区				总扇区数			
E 盘链接项	01CE～01DD	00	01	01	00		FE	FF	FF								

（4）请根据 F 盘 DBR（即 737792 号扇区）中隐藏扇区数和总扇区数，计算 F 盘链接项的总扇区数；根据 D 盘相对扇区和总扇区数、E 盘相对扇区和总扇区数，计算出 F 盘链接项的相对扇区，最后计算 F 盘链接项的分区表，将 F 盘链接项分区表填入到表 7.42 对应单元格中。

表 7.42　F 盘链接项分区表的存储形式

分区表	扇区偏移	自举标志	开始地址（未定义）			分区标志	结束地址（未定义）			相对扇区				总扇区数			
F 盘链接项	01CE～01DD	00	01	01	00		FE	FF	FF								

（5）C 盘分区表和扩展分区表存储在整个硬盘的 0 号扇区，综合表 7.39 和表 7.40，请将 C 盘分区表和扩展分区表填入到表 7.43 对应单元格中。

表 7.43　C 盘分区表和扩展分区表的存储形式

分区表	扇区号	扇区偏移	自举标志	开始地址（未定义）			分区标志	结束地址（未定义）			相对扇区				总扇区数			
C 盘	0	01BE～01CD																
扩展分区		01CE～01DD																

（6）D 盘分区表和 E 盘链接项存储在同一扇区号，请根据 C 盘分区表的相对扇区和总扇区数，计算 D 盘分区表和 E 盘链接项所在扇区号，综合表 7.39 和表 7.41，将 D 盘分区表和 E 盘链接项分区表填入到表 7.44 对应单元格中。

表 7.44　D 盘分区表和 E 盘链接项的存储形式

分区表	扇区号	扇区偏移	自举标志	开始地址（未定义）			分区标志	结束地址（未定义）			相对扇区				总扇区数			
D 盘		01BE～01CD																
E 盘链接项		01CE～01DD																

（7）E 盘分区表和 F 盘链接项存储在同一扇区，请根据 C 盘分区表的相对扇区和总扇区数、D 盘分区表的相对扇区和总扇区数，计算 E 盘分区表和 F 盘链接项所在扇区号；结合表 7.39 和表 7.42，将 E 盘分区表和 F 盘链接项填入到表 7.45 对应单元格中。

表 7.45　E 盘分区表和 F 盘链接项的存储形式

分区表	扇区号	扇区偏移	自举标志	开始地址（未定义）			分区标志	结束地址（未定义）			相对扇区				总扇区数			
E 盘		01BE～01CD																
F 盘链接项		01CE～01DD																

（8）请根据 C 盘分区表的相对扇区和总扇区数、D 盘分区表的相对扇区和总扇区数、E 盘分区表的相对扇区和总扇区数，计算 F 盘分区表所在扇区号；综合表 7.39，将 F 盘分区表填入到表 7.46 中。

表 7.46　F 盘分区表的存储形式

分区表	扇区号	扇区偏移	自举标志	开始地址（未定义）			分区标志	结束地址（未定义）			相对扇区				总扇区数			
F 盘		01BE～01CD																

（9）整个硬盘布局如图 7.180 所示，请根据整个硬盘 0 号扇区的 C 盘分区表和扩展分区表、D 盘分区表和 E 盘链接项、E 盘分区表和 F 盘链接项以及 F 盘分区表，将各逻辑盘的容量、在整个硬盘中的扇区号范围、各逻辑盘单独打开后的结束扇区号等值填入到图 7.180 中相应位置。

7.4　某用户的计算机只有一个硬盘，用户将硬盘的分区形式转换为 GPT，并建立了 3 个分区，3 个分区对应的文件系统均为 NTFS；由于用户操作不慎，将 3 个 GPT 分区删除，并将硬盘分区形式转换为 MBR，现要恢复 3 个 NTFS 文件系统中的所有数据（注：素材文件名为 zy7_4.vhd）。用户做了下列操作（实际操作题）：

（1）将该硬盘作为另外一台计算机的辅盘（即磁盘 1），在 Windows XP 操作系统下，启动 WinHex。

（2）使用 WinHex 菜单栏上的“工具”→“打开磁盘”，出现“EditDisk”窗口，在“Edit Disk”窗口中选择“Physical Media”下的 Drive1，打开磁盘 1。

（3）通过 NTFS_DBR 的特征值（注：特征值为“NTFS”，位于扇区偏移 3～6），分别在 65664 号、434303 号、434304 号、843903 号、843904 号和 1224831 号扇区找到 NTFS_DBR。

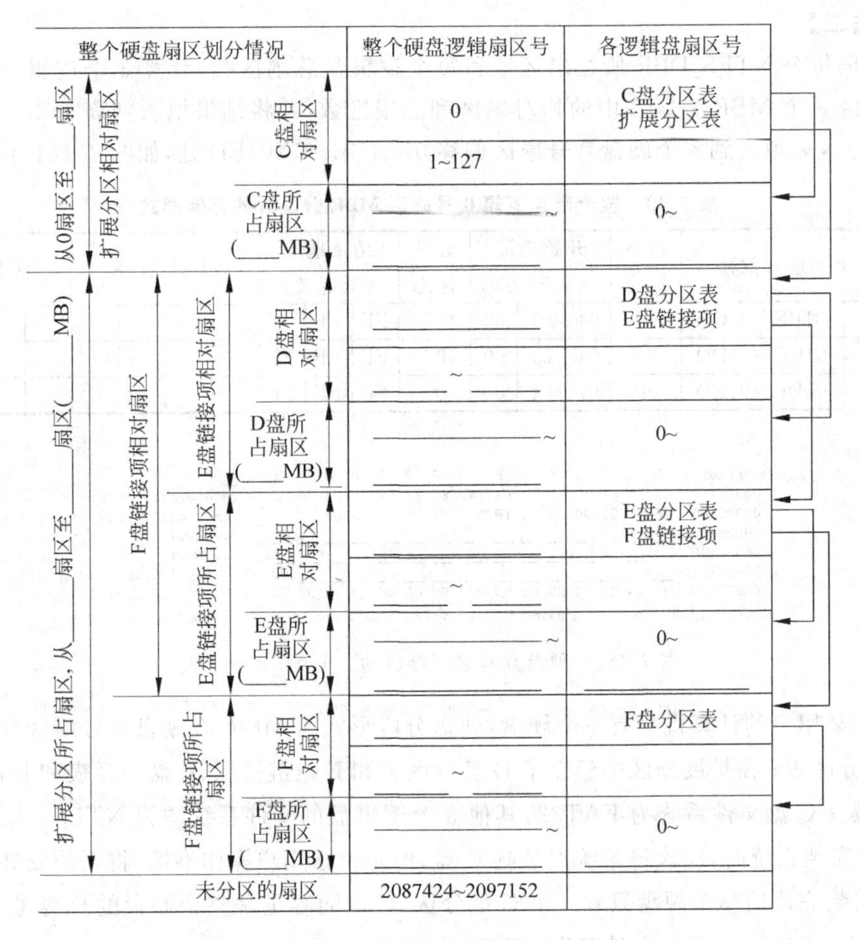

图 7.180 硬盘中各逻辑盘分布图

经审核,发现 434303 号扇区所存储的内容与 65664 号扇区存储的内容相同；843903 号扇区所存储的内容与 434304 号扇区存储的内容相同；1224831 号扇区所存储的内容与 843904 号扇区存储的内容相同。请将 3 个逻辑盘的基本情况填入到表 7.47 中。

表 7.47 硬盘 NTFS_DBR 及备份情况表

分　　区	文件系统	NTFS_DBR 所在扇区号	NTFS_DBR 备份所在扇区号	总扇区数	容量（单位：MB）
第 1 个(C 盘)					
第 2 个(D 盘)					
第 3 个(E 盘)					

请通过以下两种方法来恢复硬盘中这 3 个逻辑盘的所有数据。

【方法一】

通过建立被删除的 GPT 分区形式来恢复 3 个逻辑盘中的所有数据。温馨提示：在依次建立 3 个 GPT 分区时,“**千万不要对这 3 个逻辑盘进行格式化**”操作。3 个逻辑盘的 GPT 分区建立好后,分别通过这 3 个逻辑盘的 NTFS_DBR 备份来恢复建立 GPT 分区时被破坏的 NTFS_DBR。

【方法二】

请根据每个 NTFS_DBR 所在扇区号和每个逻辑盘总扇区数，计算 3 个逻辑盘在整个硬盘 0 号扇区 3 个 MBR 分区表中的相对扇区和总扇区数，并将结果填入到表 7.48 中；将这 3 个 MBR 分区表填入到整个硬盘 0 号扇区偏移 0X01BE～0X01ED 处，如图 7.181 下画线处。

表 7.48　整个硬盘逻辑 0 号扇区 MBR 分区表的存储形式

分区表	扇区偏移	自举标志	开始地址（未定义）			分区标志	结束地址（未定义）			相对扇区				总扇区数			
第 1 个	01BE～01CD	80	01	01	00	07	FE	FF	FF								
第 2 个	01CE～01DD	00	01	01	00	07	FE	FF	FF								
第 3 个	01DE～01ED	00	01	01	00	07	FE	FF	FF								

```
Offset     0  1  2  3  4  5  6  7   8  9  A  B  C  D  E  F
000001A0  67 20 6F 70 65 72 61 74  69 6E 67 20 73 79 73 74   g operating syst
000001B0  65 6D 00 00 00 63 7B 9A  31 D8 ED CB 00 00 __ __   em...c{▌1ØiË....
000001C0  __ __ __ __ __ __ __ __  __ __ __ __ __ __ __ __   ...þÿÿ▌.... ....
000001D0  __ __ __ __ __ __ __ __  __ __ __ __ __ __ __ __   ...þÿÿ▌ ...@....
000001E0  __ __ __ __ __ __ __ __  __ __ __ __ __ __ 00 00   ...þÿÿ▌à...Ð....
000001F0  00 00 00 00 00 00 00 00  00 00 00 00 00 00 55 AA   ..............Uª
Sector 0 of 1228801    Offset:    1BE = 0  Block:    n/a  Size:
```

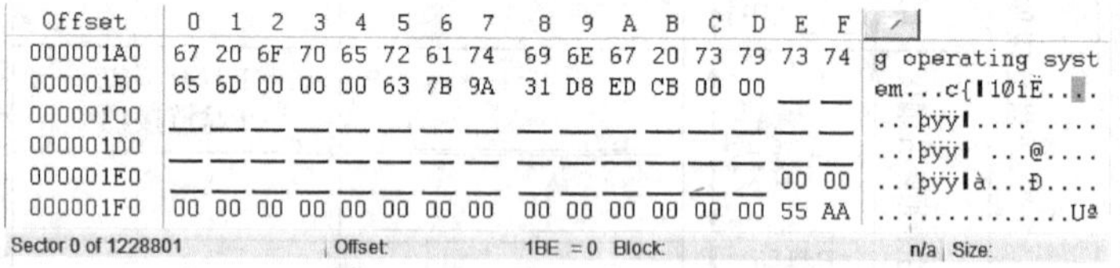

图 7.181　硬盘 0 号扇区存放的 3 个 MBR 分区表

7.5　某用户的计算机只有一个硬盘，硬盘分区形式为 MBR，在硬盘 0 号扇区有 C 盘分区表和扩展分区表；在扩展分区中建立了 D 盘分区表和 E 盘链接项、E 盘分区表和 F 盘链接项、F 盘分区表；C 盘文件系统为 FAT32，其他 3 个逻辑盘的文件系统均为 NTFS。用户在使用 Ghost8.0 安装系统时，应该将系统安装到 C 盘，但是由于用户操作不慎，将系统安装到整个硬盘，系统安装完成后整个硬盘只有一个 C 盘分区，C 盘的容量是整个硬盘的总容量，C 盘的文件系统是 FAT32(注：素材文件名为 zy7_5. vhd)。

请使用两种方法恢复 Ghost 前的 D 盘、E 盘和 F 盘中的所有数据。

【方法一】

(1) 恢复 Ghost 前 D 盘、E 盘和 F 盘在硬盘 0 号扇区偏移 0X01CE～0X01FD 处的 3 个 MBR 分区表。

(2) 修改 Ghost 后 C 盘的分区表和 C 盘 FAT32_DBR 中的总扇区数。

用户做了下列操作：

(1) 将该硬盘作为另外一台计算机的辅盘(即磁盘 1)，在 Windows XP 操作系统下，启动 WinHex。

(2) 使用 WinHex 菜单栏上的“工具”→“打开磁盘”，出现 EditDisk 窗口，在 Edit Disk 窗口中选择“Physical Media”下的 Drive1；打开磁盘 1。

(3) 通过 NTFS_DBR 的特征值(注：特征值为“NTFS”，位于扇区偏移 3～6)，分别在 409856 号、778495 号、778624 号、1167743 号、1167872 号和 1423871 号扇区找到 NTFS_DBR。经审核，发现 778495 号扇区所存储的内容与 409856 号扇区存储的内容相同；而 1167743 号扇区所存储的内容与 778624 号扇区存储的内容相同；而 1423871 号扇区所存储的内容与 1167872 号扇区存储的内容相同。请将这 3 个逻辑盘的基本情况填入到表 7.49 对应单元格中。

表 7.49　Ghost 前，硬盘 NTFS_DBR 及 NTFS_DBR 备份所在硬盘位置情况表

分区	文件系统	NTFS_DBR 所在扇区号	NTFS_DBR 备份所在扇区号	总扇区数
第 2 个	NTFS			
第 3 个	NTFS			
第 4 个	NTFS			

(4) 请根据每个 NTFS_DBR 所在扇区号和总扇区数，计算出 3 个逻辑盘在整个硬盘 0 号扇区偏移 0X01CE～0X01FD 处的 3 个 MBR 分区表，并分别将这 3 个 MBR 分区表填入到表 7.50 相应单元格中。

表 7.50　整个硬盘逻辑 0 号扇区 MBR 分区表的存储形式

分区表	扇区偏移	自举标志	开始地址（未定义）			分区标志	结束地址（未定义）			相对扇区				总扇区数			
第 1 个	01BE～01CD	00	01	00	00	0B	FE	3F	58	3F	00	00	00	C1	40	06	00
第 2 个	01CE～01DD																
第 3 个	01DE～01ED																
第 4 个	01EE～01FD																

(5) 将这 3 个 MBR 分区表填入到整个硬盘 0 号扇区偏移 0X01CE～0X01FD 处，如图 7.182 下画线处。

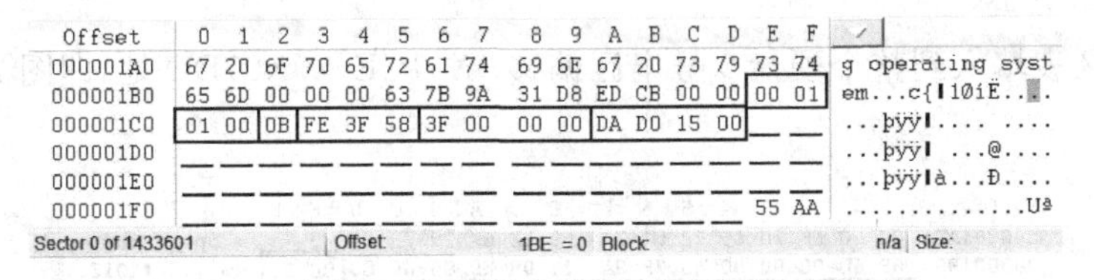

图 7.182　在硬盘 0 号扇区偏移 0X01CE～0X01FD 处填写 3 个 MBR 分区表

(6) 由于 Ghost 前，第 1 个 NTFS 开始扇区号为 409856，由此可以推断 Ghost 前 C 盘的结束扇区号为 409855。而 C 盘的开始扇区号为 63，所以 C 盘的总扇区数为 409793（在分区表中的存储形式为“C1 40 06 00”），将第 1 分区表（即 C 盘的分区表）中的总扇区数由“DA D0 15 00”（存储形式）修改为“C1 40 06 00”（存储形式），然后存盘。

(7) 将光标移动到整个硬盘 63 号扇区，即 C 盘 FAT32_DBR 所在扇区号，将 FAT32_DBR 中的总扇区数由“DA D0 15 00”（存储形式）修改为“C1 40 06 00”（存储形式）；如图 7.183 所示，然后存盘退出 WinHex。

```
Offset     0  1  2  3  4  5  6  7   8  9  A  B  C  D  E  F
00007E00  EB 58 90 4D 53 44 4F 53  35 2E 30 00 02 08 24 00  eX.MSDOS5.0...$.
00007E10  02 00 00 00 00 F8 00 00  3F 00 FF 00 3F 00 00 00  ......ø..?.ÿ.?...
00007E20  C1 40 06 00 72 05 00 00  00 00 00 00 02 00 00 00  ØÐ..r...........
00007E30  01 00 06 00 00 00 00 00  00 00 00 00 00 00 00 00  ................
00007E40  80 00 29 94 C3 30 14 4E  4F 20 4E 41 4D 45 20 20  ..)ÃO.NO NAME
00007E50  20 20 46 41 54 33 32 20  20 20 33 C9 8E D1 BC F4    FAT32   3É Ñ¼ô
Sector 63 of 1433601   Offset 7E00   = 235  Block   1CD - 1CD | Size:
```

图 7.183　修改 FAT32_DBR 中总扇区数

(8) 通过计算机管理中的硬盘管理功能附加 zy7_5. vhd 后，可以看到恢复出的 3 个逻辑盘中的全部文件。

【方法二】

(1) 恢复 Ghost 前存储在整个硬盘 0 号扇区偏移 0X01CE～0X01DD 处的扩展分区表。

(2) 修改 Ghost 后 C 盘的分区表和 C 盘 FAT32_DBR 中的总扇区数。

用户做了下列操作：

(1)～(3)与【方法一】中(1)～(3)相同。

(4) 通过查找分区表所在扇区的特征值(注：特征值为十六进制数"55 AA"，位于扇区偏移 510～511 处)，分别在 409728 号、778496 号和 1167744 号扇区找到。经审核，409728 号扇区为扩展分区表的开始扇区号，而第 3 个 NTFS_DBR 备份所在扇区号(所在扇区号为 1423871)为扩展分区的结束扇区号，但在 Windows 7 操作系统下扩展分区结束扇区号要比最后一个逻辑盘结束扇区多 4096 个扇区；所以扩展分区所占扇区号范围为 409728～1427967。总扇区数为 1018240(在分区表中的存储形式为"80 89 0F 00")。根据扩展分区表的开始扇区号和总扇区数，将扩展分区表填入到表 7.51 相应单元格中。

表 7.51 整个硬盘逻辑 0 号扇区 MBR 分区表的存储形式

分区表	扇区偏移	自举标志	开始地址(未定义)			分区标志	结束地址(未定义)			相对扇区				总扇区数			
第 1 个	01BE～01CD	00	01	00	00	0B	FE	3F	58	3F	00	00	00	DA	D0	15	00
第 2 个	01CE～01DD																
第 3 个	01DE～01ED	00	00	00	00	00	00	00	00	00	00	00	00	00	00	00	00
第 4 个	01EE～01FD	00	00	00	00	00	00	00	00	00	00	00	00	00	00	00	00

将扩展分区表填入到整个硬盘 0 号扇区偏移 0X01CE～0X01DD 处，即图 7.184 对应下画线处。

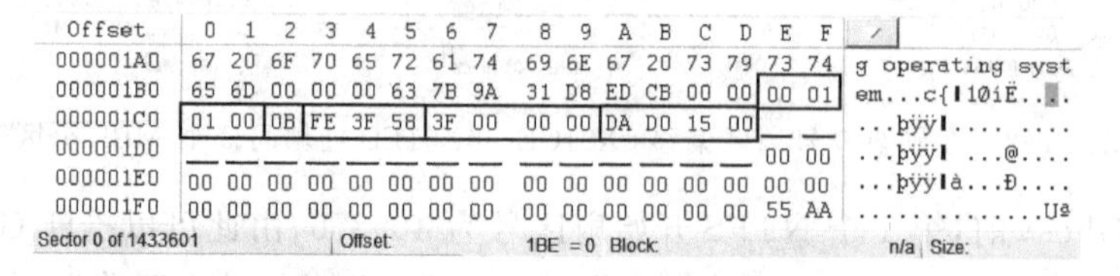

图 7.184 在硬盘 0 号扇区偏移 0X01CE～0X01DD 处填写扩展分区表

(5) 由于 Ghost 前 D 盘分区表和 E 盘链接项在 409728 号扇区，由此可以推算 Ghost 前，C 盘的结束扇区号为 409727。而 C 盘的开始扇区号为 63，所以 C 盘的总扇区数为 409665(在分区表中的存储形式为"41 40 06 00")，将第 1 分区表中的总扇区数由"DA D0 15 00"(存储形式)修改为"41 40 06 00"(存储形式)，然后存盘。

(6) 将光标移动到整个硬盘 63 号扇区，即 C 盘 FAT32_DBR 所在扇区号，将 FAT32_DBR 中的总扇区数由"DA D0 15 00"(存储形式)修改为"41 40 06 00"(存储形式)；如图 7.185 所示，然后存盘并退出 WinHex。

(7) 通过计算机管理中的磁盘管理功能附加 zy75.vhd 后，可以看到恢复出的 3 个逻辑盘中的全部文件。

7.6 某用户的计算机只有一个硬盘，在硬盘的 0 号扇区有 4 个分区表，4 个分区表对应 4 个逻辑盘的 DBR 和 DBR 备份均已被破坏。请恢复第 1 个分区表所对应逻辑盘中的 DBR 和 DBR 备份(注：素材文件名为 zy7_6～9.vhd)。

```
Offset     0  1  2  3  4  5  6  7   8  9  A  B  C  D  E  F
00007E00  EB 58 90 4D 53 44 4F 53  35 2E 30 00 02 08 24 00  ëX.MSDOS5.0...$.
00007E10  02 00 00 00 00 F8 00 00  3F 00 FF 00 3F 00 00 00  .....ø..?.ÿ.?...
00007E20  41 40 06 00 72 05 00 00  00 00 00 00 02 00 00 00  ØÐ..r...........
00007E30  01 00 06 00 00 00 00 00  00 00 00 00 00 00 00 00  ................
00007E40  80 00 29 94 C3 30 14 4E  4F 20 4E 41 4D 45 20 20  ▮.)▮Ã0.NO NAME
00007E50  20 20 46 41 54 33 32 20  20 20 33 C9 8E D1 BC F4    FAT32   3É▮Ñ¼ô
Sector 63 of 1433601    Offset: 7E00    = 235  Block:    1CD - 1CD | Size:
```

图 7.185　修改 FAT32_DBR 中总扇区数

用户做了下列操作，请根据用户的操作将一些信息填入到对应表格或图中相应位置。

(1) 将该硬盘作为另外一台计算机的辅盘(即磁盘 1)，在 Windows XP 操作系统下，启动 WinHex。

(2) 使用 WinHex 菜单栏上的"工具"→"打开磁盘"，出现"EditDisk"窗口，在"Edit Disk"窗口中选择"Physical Media"下的 Drive1；打开磁盘 1。

(3) 磁盘 1 的 0 号扇区最后 112 字节内容如图 7.186 所示，请根据 0 号扇区 4 个分区表，分别将 4 个逻辑盘在整个硬盘中的开始扇区号(即 DBR 所在扇区号)、结束扇区号、总扇区数和 DBR 备份所在扇区号填入到表 7.52 对应单元格中；将 4 个逻辑盘对应的文件系统填入到表 7.52 对应单元格中(注：一般情况下，FAT32_DBR 备份位于该分区的 6 号扇区，而 NTFS_DBR 备份则位于该分区的最后一个扇区)。

```
Offset     0  1  2  3  4  5  6  7   8  9  A  B  C  D  E  F
00000190  6E 67 20 73 79 73 74 65  6D 00 4D 69 73 73 69 6E  ng system.Missin
000001A0  67 20 6F 70 65 72 61 74  69 6E 67 20 73 79 73 74  g operating syst
000001B0  65 6D 00 00 00 63 7B 9A  BB 2E DE EF 00 00 00 02  em...c{▮».Þï....
000001C0  03 00 0B DA 09 11 80 00  00 00 00 60 04 00 00 DA  ...Ú..▮....`...Ú
000001D0  0A 11 0B 99 3B 1E 80 60  04 00 00 20 03 00 00 99  ...▮;.▮`... ...▮
000001E0  3C 1E 07 19 21 38 80 80  07 00 00 40 06 00 00 19  <...!8▮▮...@....
000001F0  22 38 07 FE 3F 4B 80 C0  0D 00 00 F0 04 00 55 AA  "8.þ?K▮À...ð..Uª
Sector 0 of 1228801    Offset: 1BD    = 0  Block:
```

图 7.186　硬盘 0 号扇区最后 112 字节内容

表 7.52　各逻辑盘在整个硬盘中的位置

分区表	文件系统	开始扇区号	结束扇区号	总扇区数	DBR 备份所在扇区号
第 1 个					
第 2 个					
第 3 个					
第 4 个					

(4) 单独打开每个逻辑盘后，开始扇区号均为 0，请将各逻辑盘单独打开后的结束扇区号和总扇区数填入到表 7.53 对应单元格中；将 4 个逻辑盘对应的文件系统填入到表 7.53 对应单元格中(注：NTFS 文件系统总扇区数要比分区表中的总扇区数少 1 个扇区)。

表 7.53　单独打开各逻辑盘后结束扇区号和总扇区数

分区表	文件系统	开始扇区号即 DBR 所在扇区号	结束扇区号	总扇区数
第 1 个		0		
第 2 个		0		
第 3 个		0		
第 4 个		0		

(5) 将光标移动到128号扇区号,查找第1个FAT32文件系统FAT表的开始扇区号(注:FAT32文件系统FAT表的开始值为“F8FFFF”),在整个硬盘的7230号扇区找到,如图7.187所示,按F3键向下继续查找,在7775号扇区找到,如图7.188所示。

```
Offset     0  1  2  3  4  5  6  7   8  9  A  B  C  D  E  F
00387C00  F8 FF FF 0F FF FF FF FF  FF FF FF 0F FF FF FF 0F  øÿÿ.ÿÿÿÿÿÿÿ.ÿÿÿ.
00387C10  FF FF FF 0F 06 00 00 00  07 00 00 00 08 00 00 00  ÿÿÿ.............
00387C20  09 00 00 00 0A 00 00 00  0B 00 00 00 0C 00 00 00  ................
00387C30  0D 00 00 00 0E 00 00 00  0F 00 00 00 10 00 00 00  ................
00387C40  11 00 00 00 12 00 00 00  13 00 00 00 14 00 00 00  ................
Sector 7230 of 1228801    | Offset:    387C1F    = 0 | Block:    387C47 - 3
```

图7.187 第1个FAT32文件系统FAT1表开始扇区前80字节

```
Offset     0  1  2  3  4  5  6  7   8  9  A  B  C  D  E  F
003CBE00  F8 FF FF 0F FF FF FF FF  FF FF FF 0F FF FF FF 0F  øÿÿ.ÿÿÿÿÿÿÿ.ÿÿÿ.
003CBE10  FF FF FF 0F 06 00 00 00  07 00 00 00 08 00 00 00  ÿÿÿ.............
003CBE20  09 00 00 00 0A 00 00 00  0B 00 00 00 0C 00 00 00  ................
003CBE30  0D 00 00 00 0E 00 00 00  0F 00 00 00 10 00 00 00  ................
003CBE40  11 00 00 00 12 00 00 00  13 00 00 00 14 00 00 00  ................
Sector 7775 of 1228801    | Offset:    387C1F    = 0 | Block:    387C47 - 3
```

图7.188 第1个FAT32文件系统FAT2表开始扇区前80字节

经审核,7230号扇区为第1个FAT32文件系统FAT1表开始扇区,7775号扇区为FAT2表开始扇区;请计算每个FAT表占用扇区数、FAT1表和FAT2表结束扇区号,将计算结果填入到表7.54对应单元格中。

表7.54 计算第1个FAT32文件系统每个FAT表占用扇区数

FAT1表		FAT2表		每个FAT表占用扇区数
开始扇区号	结束扇区号	开始扇区号	结束扇区号	
7230		7775		

(6) 将光标移动到128号扇区,即第1个FAT32文件系统的开始扇区号,向下查找第1个FAT32文件系统子目录的开始扇区,在8324号扇区找到第1个子目录的开始扇区号,如图7.189所示。

```
Offset     0  1  2  3  4  5  6  7   8  9  A  B  C  D  E  F
00410800  2E 20 20 20 20 20 20 20  20 20 20 10 00 B0 03 4C  .          ..°.L
00410810  CD 48 CD 48 00 00 04 4C  CD 48 03 00 00 00 00 00  ÍHÍH...LÍH......
00410820  2E 2E 20 20 20 20 20 20  20 20 20 10 00 B0 03 4C  ..         ..°.L
00410830  CD 48 CD 48 00 00 04 4C  CD 48 00 00 00 00 00 00  ÍHÍH...LÍH......
00410840  41 30 30 20 20 20 20 20  54 58 54 20 18 B2 03 4C  A00     TXT .².L
Sector 8324 of 1228801    | Offset:    410800    = 46 | Block:    387C47 - 3
```

图7.189 第1个FAT32文件系统第1个子目录开始扇区号前80字节

按F3键继续向下查找第2个子目录的开始扇区号,在8332号扇区找到,如图7.190所示;请将两个子目录的开始簇号填入到表7.55对应单元格中。

```
Offset     0  1  2  3  4  5  6  7   8  9  A  B  C  D  E  F
00411800  2E 20 20 20 20 20 20 20  20 20 20 10 00 B7 03 4C  .          ..·.L
00411810  CD 48 CD 48 00 00 04 4C  CD 48 05 00 00 00 00 00  ÍHÍH...LÍH......
00411820  2E 2E 20 20 20 20 20 20  20 20 20 10 00 B7 03 4C  ..         ..·.L
00411830  CD 48 CD 48 00 00 04 4C  CD 48 00 00 00 00 00 00  ÍHÍH...LÍH......
00411840  30 30 30 30 20 20 20 20  20 20 20 20 00 B7 03 4C  0000        .·.L
Sector 8332 of 1228801    | Offset:    41183F |    = 0 | Block:    387C47 - 3
```

图7.190 第1个FAT32文件系统第2个子目录开始扇区号前80字节

(7) 通过两个子目录开始扇区号和开始簇号，计算第 1 个 FAT32 文件系统每个簇的扇区数，将计算结果填入到表 7.55 对应单元格中。

(8) 通过第 1 个 FAT32 文件系统开始扇区号（即 FAT32_DBR 所在扇区号）和第 1 个 FAT32 文件系统的 FAT1 表开始扇区号，计算第 1 个 FAT32 文件系统保留扇区数，并将结果填入到表 7.55 对应单元格中。

表 7.55　计算第 1 个 FAT32 文件系统每个簇的扇区数

第 1 个子目录		第 2 个子目录		每个簇的扇区数	保留扇区数
开始扇区号	开始簇号	开始扇区号	开始簇号		
8324		8332			

(9) 将第 1 个 FAT32_DBR 中每个簇的扇区数、保留扇区数、隐藏扇区数、每个 FAT 表占用扇区数和总扇区数填入到表 7.56 对应单元格中（注：隐藏扇区数为从分区表到 FAT32_DBR 的扇区数）。

表 7.56　第 1 个 FAT32 文件系统 FAT32_DBR 部分 BPB 参数

字节位移	字节数	含　义	值		
			十进制	十六进制	存储形式
0X0D	1	扇区数/簇			
0X0E	2	保留扇区数			
0X1C	4	隐藏扇区数			
0X20	4	总扇区数			
0X24	4	每个 FAT 所占扇区数			

(10) 将硬盘 128 号扇区以文件的形式保存，文件名和存储位置自定，将同一版本的 FAT32_DBR 复制到硬盘 128 号扇区，并将计算好的第 1 个 FAT32_DBR 的部分 BPB 参数填入到图 7.191 对应下画线处，将硬盘 134 号扇区以文件的形式保存，文件名和存储位置自定，将 128 号扇区复制到 134 号扇区，然后存盘并退出 WinHex。

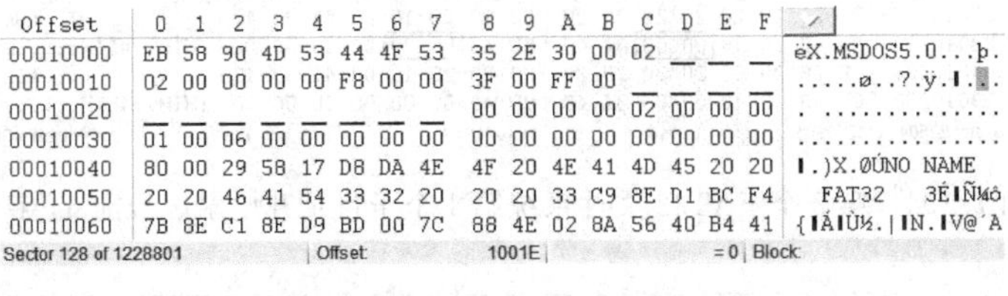

```
Offset     0  1  2  3  4  5  6  7   8  9  A  B  C  D  E  F
00010000  EB 58 90 4D 53 44 4F 53  35 2E 30 00 02 __ __ __  ëX.MSDOS5.0...þ.
00010010  02 00 00 00 00 F8 00 00  3F 00 FF 00 __ __ __ __  .....ø..?.ÿ.▌..
00010020  __ __ __ __ __ __ __ __  00 00 00 00 02 00 00 00  . ..............
00010030  01 00 06 00 00 00 00 00  00 00 00 00 00 00 00 00  ................
00010040  80 00 29 58 17 D8 DA 4E  4F 20 4E 41 4D 45 20 20  ▌.)X.ØÚNO NAME
00010050  20 20 46 41 54 33 32 20  20 20 33 C9 8E D1 BC F4    FAT32   3É▌Ñ¼ô
00010060  7B 8E C1 8E D9 BD 00 7C  88 4E 02 8A 56 40 B4 41  {▌Á▌Ù½.|▌N.▌V@´A
Sector 128 of 1228801      | Offset      1001E|      = 0 | Block
```

图 7.191　修改硬盘 128 号扇区第 1 个 FAT32_DBR 中的 BPB 参数

(11) 通过计算机管理中的磁盘管理功能附加 zy7_6～9.vhd 后，可以看到恢复出的第 1 个 FAT32 文件系统所对应逻辑盘中的全部文件。

7.7　如题 7.6 所述，请恢复第 2 个分区表所对应逻辑盘中的全部数据。用户做了下列操作：

(1)～(4)与 7.6 题(1)～(4)相同。

(5) 将光标移动到 286848 号扇区即第 2 个分区对应逻辑盘的开始扇区，查找第 2 个 FAT32 文件系统 FAT 表的开始扇区号（注：FAT32 文件系统 FAT 表的开始值为

“F8FFFF”)，在整个硬盘 291966 号扇区找到，如图 7.192 所示；按“F3”键继续下向查找，在 293503 号扇区找到，如图 7.193 所示。

```
Offset     0  1  2  3  4  5  6  7   8  9  A  B  C  D  E  F
08E8FC00  F8 FF FF 0F FF FF FF FF  63 01 00 00 FF FF FF 0F  øÿÿ.ÿÿÿÿc...ÿÿÿ.
08E8FC10  05 00 00 00 06 00 00 00  FF FF FF 0F FF FF FF 0F  ........ÿÿÿ.ÿÿÿ.
08E8FC20  FF FF FF 0F 11 00 00 00  0B 00 00 00 FF FF FF 0F  ÿÿÿ.........ÿÿÿ.
08E8FC30  0D 00 00 00 FF FF FF 0F  0F 00 00 00 10 00 00 00  ....ÿÿÿ.........
08E8FC40  FF FF FF 0F 12 00 00 00  13 00 00 00 14 00 00 00  ÿÿÿ.............
Sector 291966 of 1228801 | Offset 8E8FC3F = 0 | Block 387C47-3
```

图 7.192　第 2 个 FAT32 文件系统 FAT1 表开始扇区前 80 字节

```
Offset     0  1  2  3  4  5  6  7   8  9  A  B  C  D  E  F
08E8FC00  F8 FF FF 0F FF FF FF FF  63 01 00 00 FF FF FF 0F  øÿÿ.ÿÿÿÿc...ÿÿÿ.
08E8FC10  05 00 00 00 06 00 00 00  FF FF FF 0F FF FF FF 0F  ........ÿÿÿ.ÿÿÿ.
08E8FC20  FF FF FF 0F 11 00 00 00  0B 00 00 00 FF FF FF 0F  ÿÿÿ.........ÿÿÿ.
08E8FC30  0D 00 00 00 FF FF FF 0F  0F 00 00 00 10 00 00 00  ....ÿÿÿ.........
08E8FC40  FF FF FF 0F 12 00 00 00  13 00 00 00 14 00 00 00  ÿÿÿ.............
Sector 293503 of 1228801 | Offset 8F4FE00 = 248 | Block 387C47-3
```

图 7.193　第 2 个 FAT32 文件系统 FAT2 表开始扇区前 80 字节

经审核，291966 号扇区和 293503 号扇区分别为第 2 个 FAT32 文件系统的 FAT1 表和 FAT2 表开始扇区；计算每个 FAT 表占用扇区数、FAT1 表和 FAT2 表结束扇区号，并将计算结果填入到表 7.57 对应单元格中。

表 7.57　计算第 2 个 FAT32 文件系统每个 FAT 表占用扇区数

FAT1 表		FAT2 表		每个 FAT 表所占扇区数
开始扇区号	结束扇区号	开始扇区号	结束扇区号	
291966		293503		

(6) 将光标移动到 286848 号扇区即第 2 个 FAT32 文件系统的开始扇区号，向下查找第 2 个 FAT32 文件系统子目录的开始扇区号，在 295041 号扇区找到，如图 7.194 所示。

按“F3”键，继续向下查找第 2 个子目录的开始扇区号，在 295046 号扇区找到，如图 7.195 所示；请将两个子目录的开始簇号填入到表 7.58 对应单元格中。

```
Offset     0  1  2  3  4  5  6  7   8  9  A  B  C  D  E  F
09010200  2E 20 20 20 20 20 20 20  20 20 20 10 00 41 33 4C  .          ..A3L
09010210  CD 48 CD 48 00 00 34 4C  CD 48 03 00 00 00 00 00  ÍHÍH..4LÍH......
09010220  2E 2E 20 20 20 20 20 20  20 20 20 10 00 41 33 4C  ..         ..A3L
09010230  CD 48 CD 48 00 00 34 4C  CD 48 00 00 00 00 00 00  ÍHÍH..4LÍH......
Sector 295041 of 1228801 | Offset 901021F | = 0 | Block 901021F-90
```

图 7.194　第 2 个 FAT32 文件系统第 1 个子目录开始扇区号前 64 字节

```
Offset     0  1  2  3  4  5  6  7   8  9  A  B  C  D  E  F
09010C00  2E 20 20 20 20 20 20 20  20 20 20 10 00 49 33 4C  .          ..I3L
09010C10  CD 48 CD 48 00 00 34 4C  CD 48 08 00 00 00 00 00  ÍHÍH..4LÍH......
09010C20  2E 2E 20 20 20 20 20 20  20 20 20 10 00 49 33 4C  ..         ..I3L
09010C30  CD 48 CD 48 00 00 34 4C  CD 48 00 00 00 00 00 00  ÍHÍH..4LÍH......
Sector 295046 of 1228801 | Offset 9010C1F | = 0 | Block 901021F-90
```

图 7.195　第 2 个 FAT32 文件系统第 2 个子目录开始扇区号前 64 字节

(7) 通过两个子目录开始扇区号和开始簇号，计算第 2 个 FAT32 文件系统每个簇的扇区数，将计算结果填入到表 7.58 对应单元格中。

(8) 通过第 2 个 FAT32 文件系统开始扇区号(即 FAT32_DBR 所在扇区号)和第 2 个

FAT32 文件系统 FAT1 表开始扇区号，计算第 2 个 FAT32 文件系统保留扇区数，并将结果填入到表 7.58 对应单元格中。

表 7.58 计算第 2 个 FAT32 文件系统每个簇的扇区数

第 1 个子目录		第 2 个子目录		每个簇的扇区数	保留扇区数
开始扇区号	开始簇号	开始扇区号	开始簇号		
295041		295046			

(9) 将第 2 个 FAT32_DBR 中每个簇的扇区数、保留扇区数、隐藏扇区数、每个 FAT 表占用扇区数和总扇区数填入到表 7.59 对应单元格中。

表 7.59 第 2 个 FAT32 文件系统 FAT32_DBR 部分 BPB 参数

字节位移	字节数	含　义	值		
			十进制	十六进制	存 储 形 式
0X0D	1	扇区数/簇			
0X0E	2	保留扇区数			
0X1C	4	隐藏扇区数			
0X20	4	总扇区数			
0X24	4	每个 FAT 所占扇区数			

(10) 将 286848 号扇区以文件的形式保存，存储文件名和位置自定，将同一版本的 FAT32_DBR 复制到 286848 号扇区，并将计算好的第 2 个 FAT32_DBR 的 BPB 参数填入到图 7.196 对应下画线处，将 286854 号扇区以文件的形式保存，存储文件名和位置自定，将 286848 号扇区复制到 286854，然后存盘并退出 WinHex。

```
Offset     0  1  2  3  4  5  6  7   8  9  A  B  C  D  E  F
08C10000  EB 58 90 4D 53 44 4F 53  35 2E 30 00 02 __ __ __   ëX.MSDOS5.0...þ.
08C10010  02 00 00 00 00 F8 00 00  3F 00 FF 00 __ __ __ __   .....ø..?.ÿ.▮.▮.
08C10020  __ __ __ __ __ __ __ __  00 00 00 00 02 00 00 00   ................
08C10030  01 00 06 00 00 00 00 00  00 00 00 00 00 00 00 00   ................
08C10040  80 00 29 58 17 D8 DA 4E  4F 20 4E 41 4D 45 20 20   ▮.)X.ØÚNO NAME
08C10050  20 20 46 41 54 33 32 20  20 20 33 C9 8E D1 BC F4     FAT32   3É▮Ñ¼ô
08C10060  7B 8E C1 8E D9 BD 00 7C  88 4E 02 8A 56 40 B4 41   {▮Á▮Ù½.|▮N.▮V@´A
Sector 286848 of 1228801   | Offset:   1001E |   = 0 | Block:
```

图 7.196 修改硬盘 286848 号扇区第 2 个 FAT32_DBR 中的 BPB 参数

(11) 通过计算机管理中的磁盘管理功能附加 zy7_6～9. vhd 后，可以看到恢复出的第 2 个 FAT32 文件系统所对应逻辑盘中的全部文件。

7.8 如题 7.6 所述，请恢复第 3 个分区表(即第 1 个 NTFS 文件系统)所对应逻辑盘中的全部数据。用户做了下列操作：

(1)～(4)与 7.6 题中(1)～(4)相同。

(5) 将光标移动到 491648 号扇区，即第 1 个 NTFS 文件系统的开始扇区号，向下查找第 1 个 NTFS 文件系统元文件 $ MFT 或 $ MFTMirr 的 0 号记录，在 491664 号扇区找到，其 0 号记录 80H 属性和 B0H 属性值如图 7.197 所示。

(6) 将光标移动到 491666 号扇区，即元文件 $ MFT 或 $ MFTMirr 的 1 号记录，其记录的 80H 属性如图 7.198 所示。

(7) 根据元文件 $ MFT 或 $ MFTMirr 的 0 号记录 80H 属性或 B0H 属性计算第 1 个

```
Offset      0  1  2  3  4  5  6  7   8  9  A  B  C  D  E  F
0F012100   80 00 00 00 48 00 00 00  01 00 40 00 00 00 01 00   ▮...H.....@.....
0F012110   00 00 00 00 00 00 00 00  FF 01 00 00 00 00 00 00   ........ÿ.......
0F012120   40 00 00 00 00 00 00 00  00 00 20 00 00 00 00 00   @...............
0F012130   00 00 20 00 00 00 00 00  00 00 20 00 00 00 00 00   .. ....... .....
0F012140   22 00 02 AA 42 00 FC C7  B0 00 00 00 50 00 00 00   "..ªB.üÇ°...P...
0F012150   01 00 40 00 00 00 05 00  00 00 00 00 00 00 00 00   ..@.............
0F012160   01 00 00 00 00 00 00 00  40 00 00 00 00 00 00 00   ........@.......
0F012170   00 20 00 00 00 00 00 00  08 10 00 00 00 00 00 00   . ..............
0F012180   08 10 00 00 00 00 00 00  21 01 A9 42 21 01 FD FD   ........!.©B!.ýý
0F012190   00 00 01 00 00 60 54 8D  FF FF FF FF 00 00 00 00   .....`T.ÿÿÿÿ....
Sector 491664 of 1228801   | Offset:   F01211F |   = 0 | Block:
```

图 7.197 第 1 个 NTFS 元文件 $ MFT 或 $ MFTMirr 的 0 号记录 80H 属性和 B0H 属性

```
Offset      0  1  2  3  4  5  6  7   8  9  A  B  C  D  E  F
0F012500   72 00 00 00 00 00 00 00  80 00 00 00 48 00 00 00   r.......▮...H...
0F012510   01 00 40 00 00 00 01 00  00 00 00 00 00 00 00 00   ..@.............
0F012520   00 00 00 00 00 00 00 00  40 00 00 00 00 00 00 00   ........@.......
0F012530   00 10 00 00 00 00 00 00  00 10 00 00 00 00 00 00   ................
0F012540   00 10 00 00 00 00 00 00  11 01 02 00 00 00 00 00   ................
Sector 491666 of 1228801   | Offset:   F01252F |   = 0 | Block:
```

图 7.198 第 1 个 NTFS 元文件 $ MFT 或 $ MFTMirr 的 1 号记录 80H 属性

NTFS 文件系统每个簇的扇区数，从 0 号记录 80H 属性中的数据运行列表获得元文件 $ MFT 的开始簇号，从 1 号记录 80H 属性中的数据运行列表获得元文件 $ MFTMirr 的开始簇号。从第 1 个 NTFS 文件系统所对应的分区表中获得隐藏扇区数和总扇区数。并将每个簇的扇区数、隐藏扇区数、总扇区数、元文件 $ MFT 的开始簇号、元文件 $ MFTMirr 的开始簇号、元文件 $ MFT 记录大小描述和索引节点大小描述填入到表 7.60 对应单元格中(注：分区表中存储的总扇区数要比 NTFS_DBR 中存储的总扇区数多 1 个扇区)。

表 7.60 第 1 个 NTFS_DBR 部分 BPB 参数

字节位移	字节数	含义	值		
			十进制	十六进制	存储形式
0X0D	1	扇区数/簇			
0X1C	4	隐藏扇区数			
0X28	8	总扇区数			
0X30	8	元文件 $ MFT 开始簇号			
0X38	8	元文件 $ MFTMirr 开始簇号			
0X40	1	$ MFT 每条记录大小描述			
0X44	1	每个索引节点大小描述			

(8) 请判断 491664～491667 号扇区存储的这两条记录是属于元文件 $ MFT 还是元文件 $ MFTMirr 的 0 号记录和 1 号记录？为什么？

(9) 将 491648 号扇区以文件的形式保存，文件名和存储位置自定，将同一版本的 NTFS_DBR 复制到硬盘 491648 号扇区，并将计算好的第 1 个 NTFS_DBR 的 BPB 参数填入到图 7.199 对应下画线处，然后存盘并退出 WinHex。

(10) 通过计算机管理中的磁盘管理功能附加 zy7_6～9.vhd 后，可以看到恢复出的第 1 个 NTFS 文件系统所对应逻辑盘中的全部文件。

7.9 如题 7.6 所述，请恢复第 4 个分区表(即第 2 个 NTFS 文件系统)所对应逻辑盘中的全部数据。用户做了下列操作：

(1)～(4)与 7.6 题中(1)～(4)相同。

```
Offset     0  1  2  3  4  5  6  7   8  9  A  B  C  D  E  F
0F010000  EB 52 90 4E 54 46 53 20  20 20 20 00 02 __ 00 00   ëR.NTFS     .....
0F010010  00 00 00 00 00 F8 00 00  3F 00 FF 00 __ __ __ __   .....ø..?.ÿ.▌...
0F010020  00 00 00 00 80 00 80 00  __ __ __ __ __ __ __ __   ....▌.▌.ÿ▌......
0F010030  __ __ __ __ __ __ __ __  __ __ __ __ __ __ __ __   UK..............
0F010040  __ 00 00 00 __ 00 00 00  01 B7 92 66 C6 92 66 86   ö.........'fÆ'f▌
0F010050  00 00 00 00 FA 33 C0 8E  D0 BC 00 7C FB 68 C0 07   ....ú3À▌Ð¼.|ûhÀ.
Sector 491648 of 1228801 | Offset    F010000 |   = 235 | Block
```

图 7.199 修改硬盘 491648 号扇区第 1 个 NTFS_DBR 中 BPB 参数

(5) 将光标移动到 901248 号扇区，即第 2 个 NTFS 文件系统的开始扇区号，向下查找第 2 个 NTFS 文件系统元文件＄MFT 或＄MFTMirr 的 0 号记录，在 901264 号扇区找到，其记录的 80H 属性和 B0H 属性值如图 7.200 所示。

```
Offset     0  1  2  3  4  5  6  7   8  9  A  B  C  D  E  F
1B812100  80 00 00 00 48 00 00 00  01 00 40 00 00 00 01 00   ▌...H.....@.....
1B812110  00 00 00 00 00 00 00 00  BF 0B 00 00 00 00 00 00   ........¿.......
1B812120  40 00 00 00 00 00 00 00  00 00 BC 00 00 00 00 00   @.........¼.....
1B812130  00 00 BC 00 00 00 00 00  00 00 BC 00 00 00 00 00   ..¼.......¼.....
1B812140  22 C0 0B AA 34 00 2C BC  B0 00 00 00 50 00 00 00   "À.ª4.,¼°...P...
1B812150  01 00 40 00 00 00 05 00  00 00 00 00 00 00 00 00   ..@.............
1B812160  01 00 00 00 00 00 00 00  40 00 00 00 00 00 00 00   ........@.......
1B812170  00 20 00 00 00 00 00 00  08 10 00 00 00 00 00 00   . ..............
1B812180  08 10 00 00 00 00 00 00  21 01 A9 34 21 01 FD FD   ........!.©4!.ýý
1B812190  00 00 01 00 00 60 54 8D  FF FF FF FF 00 00 00 00   .....`T.ÿÿÿÿ....
Sector 901264 of 1228801 | Offset    1B81212F |   = 0 | Block
```

图 7.200 第 2 个 NTFS 元文件＄MFT 或＄MFTMirr 的 0 号记录 80H 属性和 B0H 属性

(6) 将光标移动到 901266 号扇区，即元文件＄MFT 或＄MFTMirr 的 1 号记录，其记录的 80H 属性如图 7.201 所示。

```
Offset     0  1  2  3  4  5  6  7   8  9  A  B  C  D  E  F
1B812500  72 00 00 00 00 00 00 00  80 00 00 00 48 00 00 00   r.......▌...H...
1B812510  01 00 40 00 00 00 01 00  00 00 00 00 00 00 00 00   ..@.............
1B812520  00 00 00 00 00 00 00 00  40 00 00 00 00 00 00 00   ........@.......
1B812530  00 10 00 00 00 00 00 00  00 10 00 00 00 00 00 00   ................
1B812540  00 10 00 00 00 00 00 00  11 01 02 00 00 00 00 00   ................
Sector 901266 of 1228801 | Offset    1B81252F |   = 0 | Block
```

图 7.201 第 2 个 NTFS 文件系统元文件＄MFT 或＄MFTMirr 的 1 号记录 80H 属性

(7) 请根据元文件＄MFT 或＄MFTMirr 的 0 号记录 80H 属性或 B0H 属性计算第 2 个 NTFS 文件系统每个簇的扇区数，从 0 号记录 80H 属性中的数据运行列表获得元文件＄MFT 开始簇号，从 1 号记录 80H 属性中的数据运行列表获得元文件＄MFTMirr 开始簇号。从第 2 个 NTFS 文件系统所对应的分区表中获得隐藏扇区数和总扇区数。并将每个簇的扇区数、隐藏扇区数、总扇区数、元文件＄MFT 的开始簇号、元文件＄MFTMirr 的开始簇号、元文件＄MFT 记录大小描述和索引节点大小描述填入到表 7.61 对应单元格中。

表 7.61 第 2 个 NTFS_DBR 部分 BPB 参数

字节位移	字节数	含义	值		
			十进制	十六进制	存储形式
0X0D	1	扇区数/簇			
0X1C	4	隐藏扇区数			
0X28	8	总扇区数			
0X30	8	元文件＄MFT 开始簇号			
0X38	8	元文件＄MFTMirr 开始簇号			
0X40	1	＄MFT 每条记录大小描述			
0X44	1	每个索引节点大小描述			

(8) 将 901248 号扇区以文件的形式存储，文件名和存储位置自定，将同一版本的 NTFS_DBR 复制到硬盘 901248 号扇区，并将计算好的第 2 个 NTFS_DBR 部分 BPB 参数填入到图 7.202 对应下画线处，然后存盘并退出 WinHex。

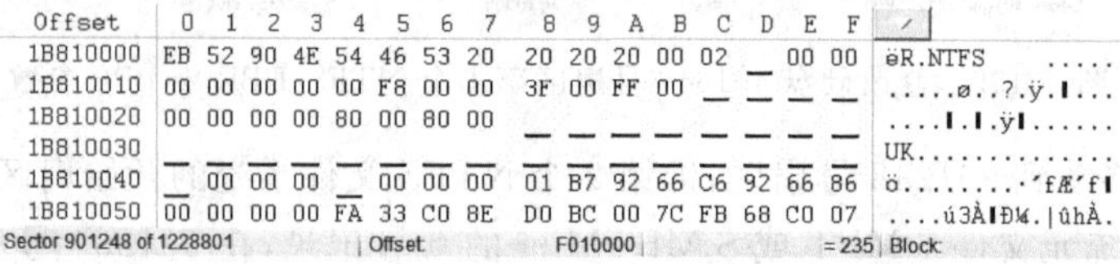

```
Offset     0  1  2  3  4  5  6  7   8  9  A  B  C  D  E  F
1B810000  EB 52 90 4E 54 46 53 20  20 20 20 00 02 __ 00 00  ëR.NTFS     .....
1B810010  00 00 00 00 00 F8 00 00  3F 00 FF 00 __ __ __ __  .....ø..?.ÿ.▌...
1B810020  00 00 00 00 80 00 80 00  __ __ __ __ __ __ __ __  ....▌.▌.ÿ▌......
1B810030  __ __ __ __ __ __ __ __  __ __ __ __ __ __ __ __  UK..............
1B810040  __ 00 00 00 __ 00 00 00  01 B7 92 66 C6 92 66 86  ö........·'fÆ'f▌
1B810050  00 00 00 00 FA 33 C0 8E  D0 BC 00 7C FB 68 C0 07  ....ú3À▌Ð¼.|ûhÀ.
Sector 901248 of 1228801    | Offset:    F010000 |    = 235 | Block:
```

图 7.202　修改硬盘 901248 号扇区第 2 个 NTFS_DBR 中 BPB 参数

(9) 通过计算机管理中的磁盘管理功能附加 zy7_6～9.vhd 后，可以看到恢复出的第 2 个 NTFS 文件系统所对应逻辑盘中的全部文件。

(题 7.10～题 7.16 为实际操作题)

7.10　某用户的计算机安装了两个硬盘，第 2 个硬盘(即磁盘 1)的 0 号扇区有 2 个分区表，第 1 个分区表对应盘符为 G 盘，文件系统为 FAT32。在 Windows XP 操作系统下，由于用户操作不慎，将 G 盘格式化成 NTFS，要求恢复格式化前 G 盘中的数据(注：素材文件名为 zy7_10～11.vhd)。

【恢复格式化前 G 盘中数据的基本思路】

(1) 修改第 1 个分区表 MBR 中的分区标志。

(2) 恢复格式化前 G 盘的 FAT32_DBR。

7.11　如 7.10 题所述，第 2 个硬盘第 2 个分区表对应盘符为 H 盘，文件系统为 NTFS。在 Windows XP 操作系统下，由于用户操作不慎，将 H 盘格式化成 FAT32，要求恢复格式化前 H 盘中的数据(注：素材文件名为 zy7_10～11.vhd)。

【恢复格式化前 H 盘中数据的基本思路】

(1) 修改第 2 个分区表 MBR 中的分区标志。

(2) 恢复格式化前 H 盘的 NTFS_DBR。

7.12　某用户的 U 盘 0 号扇区只有 1 个 MBR 分区表，对应的文件系统为 FAT32。由于其他原因导致 U 盘 0 号扇区、FAT32_DBR 和 FAT32_DBR 备份遭到破坏，请使用两种方法来恢复 U 盘中的全部文件(注：素材文件名为 zy7_12.vhd)。

【恢复数据的基本思路(一)】

(1) 估算 U 盘 FAT32_DBR 所在扇区号。

(2) 恢复 U 盘 FAT32_DBR。

(3) 恢复 U 盘 0 号扇区的 MBR 分区表。

【恢复数据的基本思路(二)】

恢复 U 盘 0 号扇区的 FAT32_DBR，即该 U 盘没有分区表，将 FAT32_DBR 存放在 U 盘的 0 号扇区。

7.13　某用户 U 盘 0 号扇区只有 1 个 MBR 分区表，对应的文件系统为 FAT32。由于其他原因导致 U 盘 0 号扇区、FAT32_DBR、FAT32_DBR 备份和 FAT1 表遭到破坏；请恢复 FAT1 表、FAT32_DBR、FAT32_DBR 备份和 U 盘 0 号扇区的 MBR 分区表(注：素材文件名为 zy7_13.vhd)。

【恢复数据的基本思路(一)】

(1) 通过U盘FAT2表恢复FAT1表。

(2) 估算U盘FAT32_DBR所在扇区号。

(3) 恢复U盘FAT32_DBR。

(4) 恢复U盘0号扇区的MBR分区表。

【恢复数据的基本思路(二)】

(1) 通过U盘FAT2表恢复FAT1表。

(2) 恢复U盘0号扇区的FAT32_DBR,即该U盘没有分区表,将FAT32_DBR存放在U盘0号扇区。

7.14 某用户的移动硬盘0号扇区只有1个MBR分区表,对应的文件系统为NTFS。由于其他原因导致移动硬盘0号扇区和NTFS_DBR遭到破坏,而NTFS_DBR备份完好,请恢复NTFS_DBR和移动硬盘0号扇区中的MBR分区表(注:素材文件名为zy7_14.vhd)。

【恢复数据的基本思路】

(1) 通过NTFS_DBR备份来确定NTFS_DBR所在扇区号并恢复NTFS_DBR。

(2) 通过NTFS_DBR所在扇区号和总扇区数计算存储在移动硬盘0号扇区的MBR分区表,并恢复硬盘0号扇区的MBR分区表。

7.15 某用户的移动硬盘0号扇区只有1个MBR分区表,对应的文件系统为NTFS。由于其他原因导致移动硬盘0号扇区、NTFS_DBR、NTFS_DBR备份遭到破坏,请恢复NTFS_DBR和0号扇区的MBR分区表(注:素材文件名为zy7_15.vhd)。

【恢复数据的基本思路(一)】

(1) 查找元文件$MFT或$MFTMirr的0号记录,通过元文件$MFT或$MFTMirr的0号记录80H属性获得元文件$MFT开始簇号,并计算每个簇的扇区数,通过每个簇的扇区数获得元文件$MFT每条记录大小描述和索引节点大小描述。

(2) 将光标移动到元文件$MFT或$MFTMirr的1号记录,通过元文件$MFT或$MFTMirr的1号记录80H属性获得元文件$MFTMirr开始簇号。

(3) 通过比较元文件$MFT和$MFTMirr开始簇号,最终确定查找到的是元文件$MFT还是元文件$MFTMirr,并记录下元文件$MFT或者元文件$MFTMirr开始扇区号。

(4) 通过每个簇的扇区数、元文件$MFT或$MFTMirr开始簇号和开始扇区号,计算出元文件$Boot在移动硬盘中的开始扇区号(即NTFS_DBR在移动硬盘中的扇区号)。

(5) 查找元文件$MFT的8号记录,即元文件$BadClus所在记录,从元文件$MFT的8号记录80H属性获得NTFS文件系统最后一个簇号,并计算NTFS总扇区数。

(6) 将同一版本的NTFS_DBR复制到NTFS_DBR所在扇区号,并修改每个簇的扇区数、总扇区数、元文件$MFT开始簇号、元文件$MFTMirr开始簇号、元文件$MFT记录大小描述和索引节点大小描述这6个参数。

(7) 通过NTFS_DBR所在扇区号和总扇区数,计算出存储在移动硬盘0号扇区的MBR分区表;恢复移动硬盘0号扇区的MBR分区表。

【恢复数据的基本思路(二)】

(1) 查找元文件$MFT或$MFTMirr的0号记录,通过元文件$MFT或$MFTMirr的0号记录80H属性获得元文件$MFT开始簇号,并计算每个簇的扇区数,假设每个簇的扇

区数为 X。

(2) 将光标移动到元文件 $MFT 或 $MFTMirr 的 1 号记录，通过元文件 $MFT 或 $MFTMirr 的 1 号记录 80H 属性获得元文件 $MFTMirr 开始簇号。

(3) 通过比较元文件 $MFT 和 $MFTMirr 开始簇号，最终确定查找到的是元文件 $MFT 还是元文件 $MFTMirr。并记录下元文件 $MFT 或者元文件 $MFTMirr 开始扇区号。

(4) 通过每个簇的扇区数、元文件 $MFT 或 $MFTMirr 开始簇号和开始扇区号，计算出元文件 $Boot 在移动硬盘中的开始扇区号(即 NTFS_DBR 在移动硬盘中的扇区号)，假设元文件 $Boot 的开始扇区号为 Y。

(5) 查找元文件 $MFT 的 8 号记录，即元文件 $BadClus 所在记录，从元文件 $MFT 的 8 号记录 80H 属性获得 NTFS 文件系统最后一个簇号，并计算 NTFS 总扇区数；通过 NTFS 总扇区数计算出该逻辑盘(卷)的容量，假设该逻辑盘(卷)的容量为 Z。

(6) 通过 Windows 7 的虚拟磁盘管理功能创建一个虚拟硬盘文件，假设文件名为 abcd.vhd，虚拟文件大小略大于 Z；附加 abcd.vhd 虚拟硬盘文件，初始化为 MBR 并建立一个分区，分区大小为 Z，对该分区进行快速格式化，文件系统选择 NTFS，每个簇的扇区数选择 X；分离该虚拟硬盘。

(7) 使用 WinHex 软件打开 abcd.vhd 虚拟硬盘文件并映像为磁盘，将该文件的 0 号扇区以文件的形式存储，假设文件名为 0.vhd；通过分区表获得该分区的开始扇区号，将该分区的开始扇区以文件的形式存储，假设文件名为 NTFS_DBR.vhd。

(8) 使用 WinHex 软件打开 zy7_15.vhd 虚拟硬盘文件并映像为磁盘，将 0.vhd 文件内容复制到该虚拟硬盘的 0 号扇区，然后存盘；将 NTFS_DBR.vhd 内容复制到该虚拟硬盘 Y 号扇区，然后存盘。

(9) 通过 NTFS_DBR 所在扇区号和总扇区数，计算出存储在移动硬盘 0 号扇区的 MBR 分区表；恢复移动硬盘 0 号扇区的 MBR 分区表。

7.16 用户的移动硬盘 0 号扇区只有 1 个 MBR 分区表，对应的盘符为 I 盘，I 盘的文件系统为 NTFS；在 Windows 7 操作系统下，由于用户操作不慎将其快速格式化成 NTFS；请恢复快速格式化前 I 盘中的数据(注：素材文件名为 zy7_16.vhd)。

提示：

(1) 使用 WinHex 打开 zy7_16.vhd 文件并映像为磁盘，由于快速格式化后，I 盘元文件 $MFT 只有 255 记录，将光标移动到 I 盘元文件 $MFT 的 255 号记录(即 683176 号扇区)处，向下查找元文件 $MFT 文件夹记录的 A0H 属性或者元文件 $MFT 文件记录 80H 非常驻属性。

(2) 通过文件夹记录的 A0H 属性或文件记录的 80H 属性相关参数，计算快速格式化前 I 盘每个簇的扇区数(即分配单元)，假设快速格式前 I 盘每簇的扇区数为 X，退出 WinHex。

(3) 在 Windows 7 操作系统下，对 I 盘再次进行快速格式化操作，每个簇的扇区数选择 X。

(4) 其余操作请参照 7.6.4 节例 7.24。

参考文献

[1] 陈培德，吴建平，王丽清. NTFS 文件系统实例详解[M]. 北京：国防工业出版社，2015.
[2] 刘伟. 数据恢复技术深度揭秘[M]. 北京：电子工业出版社，2010.
[3] 马林. 数据重现：文件系统原理精解与数据恢复最佳实践[M]. 北京：清华大学出版社，2009.
[4] 刘乃琦，郭建东，张可. 系统与数据恢复技术[M]. 成都：电子科技大学出版社，2008.
[5] CARRIER B. File system forensic analysis[M]. Addison Wesley Professional，2005.
[6] RUSSINOVICH M，SOLOMON D A，IONESCU A. 深入解析 Windows 操作系统[M]. 5 版. 北京：人民邮电出版社，2009.
[7] 汪中夏，张京生，刘伟. RAID 数据恢复技术揭秘[M]. 北京：清华大学出版社，2010.
[8] 宋群生，宋亚琼. NTFS 文件系统扇区存储探秘[M]. 北京：人民邮电出版社，2012.
[9] 戴士剑. 数据恢复技术[M]. 2 版. 北京：电子工业出版社，2005.
[10] 杨倩. 数据备份与恢复实训教程[M]. 北京：电子工业出版社，2016.
[11] 陈培德. 微机组装与维修实用技术教程[M]. 成都：电子科技大学出版社，1999.
[12] 张钟澍，陈代军，李新萌. 修复与维护你的硬盘[M]. 北京：北京希望电子出版社，2002.
[13] 唐策善，李龙澍，黄刘生. 数据结构：用 C 语言描述[M]. 北京：高等教育出版社，2006.
[14] IVENS K，GARDINIER K. Windows 2000：the complete reference 2001[M]. 北京：机械工业出版社. 2001.
[15] SOLOMON D A. Inside Windows NT[M]. 2nd Edition. Redmond Washington：Microsoft Press，1997.
[16] NTFS optimization[EB/OL]. [2017-12-10]. http://www. ntfs. com/ntfs_optimization. htm. 2010.
[17] IONESCS A. NTFS on-disk structure：Visual basic NTFS programmer's guide [EB/OL]. [2017-12-10]. http://www. alex-ionescu. com. 2009.
[18] Microsoft TechNet. Optimizing NTFS. disabling unnecessary access updates[EB/OL]. [2017-12-10]. http://technet. microsoft. com/en-us/library/cc7679 61. aspx. 2010.

图书资源支持

感谢您一直以来对清华版图书的支持和爱护。为了配合本书的使用，本书提供配套的资源，有需求的读者请扫描下方的"书圈"微信公众号二维码，在图书专区下载，也可以拨打电话或发送电子邮件咨询。

如果您在使用本书的过程中遇到了什么问题，或者有相关图书出版计划，也请您发邮件告诉我们，以便我们更好地为您服务。

我们的联系方式：

地　　址：北京市海淀区双清路学研大厦 A 座 707

邮　　编：100084

电　　话：010－62770175－4520

资源下载：http://www.tup.com.cn

电子邮件：huangzh@tup.tsinghua.edu.cn

QQ：81283175（请写明您的单位和姓名）

资源下载、样书申请

书圈

用微信扫一扫右边的二维码，即可关注清华大学出版社公众号"书圈"。